SYSTEM DER ORGANISCHEN VERBINDUNGEN

EIN LEITFADEN FÜR DIE BENUTZUNG VON

BEILSTEINS HANDBUCH DER ORGANISCHEN CHEMIE

HERAUSGEGEBEN VON DER
DEUTSCHEN CHEMISCHEN GESELLSCHAFT

BEARBEITET VON
B. PRAGER · D. STERN · K. ILBERG

BERLIN
VERLAG VON JULIUS SPRINGER
1929

ALLE RECHTE,
INSBESONDERE DAS DER ÜBERSETZUNG IN FREMDE SPRACHEN, VORBEHALTEN,
COPYRIGHT 1929 BY JULIUS SPRINGER IN BERLIN.
Softcover reprint of the hardcover 1st edition 1929

ISBN-13: 978-3-642-47264-0   e-ISBN-13: 978-3-642-47670-9
DOI: 10.1007/978-3-642-47670-9

Inhalt.

	Seite
Einleitung	1
Leitsätze für die systematische Anordnung von organischen Verbindungen, angewandt in der vierten Auflage von Beilsteins Handbuch der Organischen Chemie	5
Grundgedanken des Systems	49
Schlüssel zum System	51
Beispiele für die Gestaltung systematischer Signaturen	52
Verzeichnis der Systemnummern	57
Verzeichnis von Trivialnamen mit den zugehörigen systematischen Signaturen	147
Alphabetisches Klassenregister	217

Einleitung.

Die Aufgabe, eine Vielheit zu ordnen, wird in einem progressiven Verhältnis schwieriger aber zugleich auch dringlicher, je mehr sich die Anzahl der zu ordnenden Einzelheiten erhöht. Ähnliches gilt für die Aufgabe, in einer geordneten Vielheit eine bestimmte Einzelheit aufzusuchen, d. h. sich in einer getroffenen Anordnung zurecht zu finden. Die 4. Auflage von Beilsteins Handbuch der Organischen Chemie, in der sämtliche bis 1. Januar 1910 beschriebenen organischen Verbindungen behandelt werden, und von der bisher in 11 Bänden etwas mehr als die Hälfte zur Ausgabe gelangt ist, wird etwa 150000 Verbindungen enthalten. Eine erste Reihe von Ergänzungsbänden, die unter der Leitung von Fr. Richter zu erscheinen begonnen hat, wird die Literaturjahre 1910—1919 umfassen und etwa gleichzeitig mit dem Hauptwerk zur Vollendung gelangen. Mit ihrem Abschluß wird die Zahl der aufgeführten Verbindungen auf etwa 200000 gestiegen sein. Daß bei einer solchen Fülle die Orientierung nicht ganz leicht aber von wesentlichem Belang ist, leuchtet ein.

Die bei weitem bequemsten Hilfsmittel dazu werden durch 2 Gesamtregister geboten werden: ein Gesamt-Formelregister und ein alphabetisches Gesamtregister, von denen das zweite aus sogleich anzuführendem Grunde dem ersten an Gebrauchswert nicht gleichkommt. Beide Gesamtregister aber können natürlich erst nach Abschluß des Werkes fertiggestellt werden. Die den einzelnen Bänden angefügten alphabetischen Register bieten einen vorläufigen, aber nur unvollkommenen Ersatz. Denn ihr Gebrauch setzt die richtige Auswahl des Bandes voraus oder nötigt, eine Reihe von Bänden zur Prüfung mitheranzuziehen. Dazu kommt, daß bei der großen Mannigfaltigkeit der Benennungsmöglichkeiten in der organischen Chemie nicht jeder denkbare Name aufgenommen werden kann. Wenngleich dieser Schwierigkeit bis zu einem gewissen Grade bei der Gestaltung der Überschriften der einzelnen Artikel des Beilstein-Werkes Rechnung getragen ist, so bleibt doch notwendigerweise eine gewisse Unsicherheit bei der Benutzung jedes alphabetischen Registers organischer Verbindungen bestehen.

Im Hinblick auf diese Sachlage wurden bereits im 1. Bande die Grundsätze dargelegt, nach denen die Anordnung der Verbindungen in der 4. Auflage erfolgt ist. Durch die Kenntnis dieser Leitsätze für die systematische Anordnung wird der Benutzer des Werkes in den Stand gesetzt, für jede Verbindung von gegebener Struktur den Beilstein-Ort zu bestimmen. Er kann daher auch erkennen, ob die Verbindung in dem bisher erschienenen Teile des Werkes schon behandelt sein muß, und, wenn dies der Fall, sie dort entweder auffinden oder aus ihrem Fehlen an der ihr zukommenden Stelle den Schluß ziehen, daß sie bis zum Literatur-Schlußtermin nicht bekannt geworden ist. Es ist auf diese

Weise also vom Anbeginn des Erscheinens der 4. Auflage eine Möglichkeit zur zuverlässigen Orientierung geboten worden. Der Text der Leitsätze ist jetzt auf Grund vieljähriger Erfahrungen einer genauen Durchsicht unterzogen worden und wird mit einigen Verbesserungen und Erweiterungen auf S. 5 bis 48 dieses Leitfadens neu herausgegeben.

Daß die Lektüre der Leitsätze keine ganz leichte ist, haben ihre Urheber bereits im Vorwort des ersten Bandes ausgesprochen. Sie wird überdies vielen Fachgenossen wenig reizvoll erscheinen. Dennoch soll mit einigen Worten auf den Nutzen der darauf verwendeten Mühe eingegangen werden. Von der durch die Kenntnis des Systems erleichterten Orientierung im Beilstein-Werk ist bereits die Rede gewesen. Darüber hinaus aber muß gesagt werden, daß bei weiterer intensiver Bearbeitung der organischen Chemie das Bedürfnis nach einer möglichst verbreiteten Systematik immer dringlicher hervortreten wird. Der Nutzen einer einheitlichen Systematik in den beschreibenden Wissenschaften ist nie bestritten worden. Dabei ist auch z. B. in der Botanik das jetzt allgemein anerkannte natürliche System keineswegs etwa leicht erlernbar, sondern nimmt im Lehrgang dieser Wissenschaft einen erheblichen Zeitaufwand in Anspruch. Die Sachlage in Fragen der Systematik zeigt überhaupt in den beiden Wissenschaften manche Parallele. Wer sich endlich in der organischen Chemie mit der Systematik eingehender beschäftigt, wird auf mancherlei Zusammenhänge und Tatsachen aufmerksam werden, die sonst keine besondere Beachtung finden und doch einen vertieften Einblick in manche Probleme oder auch eine festere Grundlage für kritische Beurteilung widersprechender Angaben gewähren.

Es ist nun nicht zu erwarten, daß jemals ein System den in der Wirklichkeit bestehenden Sachverhalten sich an allen Stellen ganz zwanglos anpaßt. Dies beruht letzten Grundes auf der wesentlichen Gegensätzlichkeit zwischen der Natur, die allenthalben Übergänge zwischen den Einzeldingen zeigt, und der Systematik, die nichts als Abgrenzung bedeutet. Ferner gilt hier, was Schopenhauer im Vorwort zur „Welt als Wille und Vorstellung" ausspricht: „Ein Buch muß eine erste und letzte Zeile haben und wird insofern einem Organismus allemal sehr unähnlich sein, so sehr diesem ähnlich immer sein Inhalt sein mag: folglich werden Form und Stoff hier im Widerspruch stehen." In der Tat wird auch in der organischen Chemie, wie schon im Vorwort zum 1. Bande des Beilstein-Werkes ausgesprochen wurde, jedes System gewisse Zusammenhänge aufdecken und andere verschleiern. Es ist wohl möglich, daß ein des Systems unkundiger Benutzer mitunter Verbindungen, die er beieinander angeordnet zu finden erwartet, an verschiedenen Stellen aufzusuchen hat. Wiederum kann die im Beilstein-Werk getroffene Anordnung sich für andere Absichten und Betrachtungen als besonders nützlich erweisen.

Die Grundgedanken des Systems sind auf S. 49 bis 50 dieses Leitfadens gleichsam als Zusammenfassung des in den vorangehenden „Leitsätzen" Ausgeführten übersichtlich zusammengestellt worden. Zur eingehenden Orientierung im Beilstein-Werk reicht aber die Kenntnis der Grundgedanken nicht aus. Leider kann hier kein anderer Weg als der mühselige durch das trockene Gelände der Leitsätze gewiesen werden.

Dem idealen Leser, der diesen Weg vollendet hat, können nun einige Hilfsmittel zur bequemeren Benutzung des Werkes (und seines Systems) geboten werden, und diese Absicht hat zu vorliegender Veröffentlichung den Anlaß gegeben. Kann man nämlich auch mit Hilfe der Leitsätze den systematischen Ort einer beliebig gebauten Verbindung bestimmen, so ist doch diese Bestimmung zunächst nur gedanklicher Art, d. h. man vermag anzugeben, in welche Hauptabteilung, Klasse, Unterklasse die Verbindung gehört, welcher anderen Verbindung sie als Derivat zuzuordnen ist usw. Es besteht aber das Bedürfnis, den Beilstein-Ort nicht nur in dieser Art gedanklich zu bestimmen, sondern ihn auch sprachlich oder schriftlich kurz und genau auszudrücken. Im Betrieb der Redaktion findet seit langer Zeit für diesen Zweck ein Schlüssel zum System Verwendung. Mit ihm läßt sich der Beilstein-Ort für jede Verbindung auch in dem noch nicht erschienenen Teil des Werkes durch eine einfache Signatur mit ausreichender Genauigkeit angeben.

Vor einiger Zeit teilte nun ein Benutzer des Werkes, Herr Direktor Koetschet in Lausanne, der Redaktion mit, daß er das Beilstein-System für verschiedenartige Anwendung als geeignet erkannt hat, und er empfahl, die genaue systematische Gliederung des Handbuchs in allen seinen Teilen möglichst bald bekannt zu geben. Die Redaktion ist dieser Anregung gefolgt und veröffentlicht auf S. 51 bis 146 dieses Leitfadens den oben erwähnten Schlüssel zum System nebst einigen Erläuterungen.

Die systematische Bestimmung einer Verbindung mit Hilfe dieses Schlüssels ist im allgemeinen leicht auszuführen. Immerhin erfordert sie einen gewissen Zeitaufwand. Es wäre nun unrationell, wenn man für vielbearbeitete Verbindungen den Beilstein-Ort jedesmal neu bestimmen müßte. Erfahrungsgemäß haben aber gerade die am meisten bearbeiteten Verbindungen fast immer bequem zu gebrauchende Trivialnamen erhalten und werden fast nur unter diesen Namen erwähnt. Man brauchte deshalb nur ein alphabetisches Register dieser Trivialnamen herzustellen, in dem jedem Namen die systematische Kennzeichnung beigefügt war, und war so der jedesmaligen Neubestimmung überhoben. Dieses alphabetische Verzeichnis der Trivialnamen findet sich auf S. 147 bis 216 der vorliegenden Veröffentlichung abgedruckt. Es wird bis zur Fertigstellung der Gesamtregister in vielen Fällen das bequemste Mittel zur Auffindung sein.

Nachdem in den anfänglichen Ausführungen der Nutzen gezeigt worden ist, den die Kenntnis des Systems dem Benutzer des Beilstein-Werks bietet, soll endlich noch ein Hilfsmittel zur Orientierung erwähnt werden, das in manchen Fällen auch ohne Kenntnis des Systems angewandt werden kann. Es ist das den letzten Teil dieses Leitfadens bildende Alphabetische Klassenregister (S. 217 bis 246). Seine Einrichtung bedarf kaum einer Erläuterung.

Es muß schließlich noch darauf hingewiesen werden, daß, wie in jeder Wissenschaft, so natürlich auch in der sich stetig fortentwickelnden Chemie weder ein systematischer Ort noch ein System selbst Anspruch auf dauernden Bestand erheben kann. Entsprechend den Ergebnissen neuer Forschungen werden Verbindungen von früher unbekannter Konstitution strukturell aufgeklärt, andere, deren vermeintliche Konstitution zur Grundlage der systematischen Bestimmung gedient hat, erhalten eine veränderte Formulierung und damit einen anderen System-Ort. In vielen Fällen wird auf derartige Änderungen bereits in den Bänden des Hauptwerks Rücksicht genommen, in anderen kann das erst im Ergänzungswerk geschehen. Es werden daher im Ergänzungswerk oder auch in den erst noch herzustellenden Bänden des Hauptwerkes manche Einordnungen oder Gruppierungen anders erfolgen müssen als in diesem Leitfaden vorgesehen war. Dafür, daß er trotzdem mit seinen System-Nummern nicht seinen Gebrauchswert verliert, wird durch zahlreiche Verweisungen im Haupt- und Ergänzungswerk Sorge getragen.

Was den Bestand des Systems selbst angeht, so hat es seit seiner im Jahre 1907 durch P. Jacobson und B. Prager erfolgten Ausarbeitung bei den vielseitigen Arbeiten der Redaktion allen Anforderungen genügt. Die Zuversicht, daß es noch lange Zeit den Bedürfnissen der organischen Chemie entsprechen wird, ist deshalb wohl berechtigt.

Leitsätze für die systematische Anordnung von organischen Verbindungen
angewandt in der vierten Auflage von
Beilsteins Handbuch der Organischen Chemie.

Inhalt.

	Seite
A. Bildung von Hauptabteilungen.	5
B. Bildung von Hauptklassen innerhalb der Hauptabteilungen.	8
C. Weitere Gliederung der Hauptklassen in Unterklassen usw. nebst Anordnung ihrer einzelnen Vertreter („Registrier-Verbindungen")	14
D. Anordnung der Derivate, die sich an eine „Registrier-Verbindung" anschließen	20
E. Richtlinien für die Behandlung der Fälle von leichtveränderlicher Struktur (Tautomerie, Desmotropie, Pseudosäuren, Pseudobasen)	36

§ 1. Die systematische Anordnung gründet sich, soweit Verbindungen von bekannter Konstitution in Betracht kommen, auf die Strukturformel.

Künstlich erhaltene Verbindungen von unbekannter oder nicht genügend aufgeklärter Struktur werden als Umwandlungsprodukte bei einem ihrer Ausgangsstoffe eingeordnet. Für Naturstoffe von unbekannter oder nicht genügend aufgeklärter Struktur wird eine besondere Abteilung gebildet.

A. Bildung von Hauptabteilungen
(nebst erster Einteilung der dritten Hauptabteilung).

§ 2. Wenn man in den Strukturformeln organischer Verbindungen alle direkt an C gebundenen Atome außer Wasserstoff — sofern diese Atome nicht mit C-Atomen einen cyclischen Komplex bilden — sich äquivalent durch Wasserstoff ersetzt denkt, so gelangt man zu **Stammkernen**, z. B.[1]):

1. $CH_3 \cdot CHCl \cdot C\langle^O_{OH}$ ⟶ Stammkern: $CH_3 \cdot CH_2 \cdot CH_3$

2. [Struktur] ⟶ ,, [Struktur]

3. [Struktur] ⟶ ,, [Struktur]

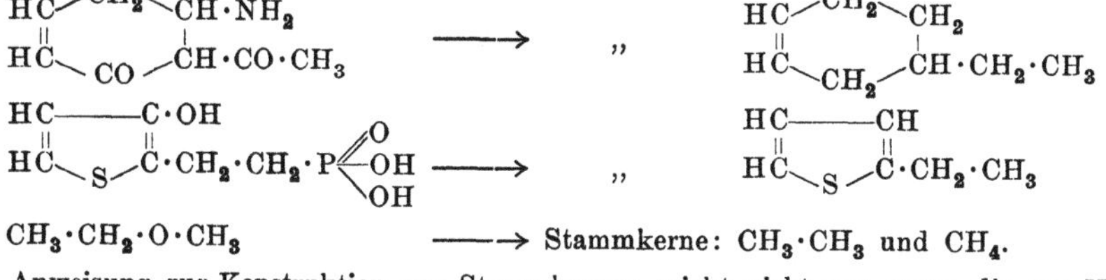

4. $CH_3 \cdot CH_2 \cdot O \cdot CH_3$ ⟶ Stammkerne: $CH_3 \cdot CH_3$ und CH_4.

Diese Anweisung zur Konstruktion von Stammkernen reicht nicht aus, wenn die von Kohlenstoff verschiedenen cyclisch gebundenen Atome — die „Heteroatome" — nicht in ihrer niedrigsten Valenzstufe fungieren und wenn sie ihre extranuclearen Valenzen anders als zur Bindung von Wasserstoff verbrauchen. Vgl. hierüber § 33 und § 47.

---

[1]) Die Beispiele in diesen Leitsätzen sind — unabhängig davon, ob die Verbindungen wirklich dargestellt sind — lediglich von dem Gesichtspunkt ausgewählt, daß sie die dargelegten Prinzipien möglichst gut erläutern.

Die Stammkerne kommen in erster Linie für die Systematisierung in Betracht.

§ 3. Es erscheinen 3 Hauptarten von Stammkernen möglich:
I. Acyclische Stammkerne, d. h. solche, in denen die Kohlenstoffatome ausschließlich offene Ketten bilden (Beispiele 1 und 4 in § 2).
II. Isocyclische[1]) Stammkerne, d. h. solche, in denen die Kohlenstoffatome Ringe bilden, aber nur Ringe, die lediglich Kohlenstoffatome als Ringglieder enthalten (Beispiel 2 in § 2).

Aus dem Beispiel ist bereits ersichtlich, daß hierher auch solche Stammkerne gehören, welche Kohlenstoff sowohl in acyclischer wie in isocyclischer Bindung enthalten.

III. Heterocyclische Stammkerne, d. h. solche, in denen die Kohlenstoffatome nicht nur mit ihresgleichen, sondern auch mit anderen mehrwertigen Atomen („Heteroatomen") Ringe bilden („Heterocyclen") (Beispiel 3 in § 2).

Hierher gehören natürlich auch wieder diejenigen Stammkerne, welche neben heterocyclischen Komplexen acyclische oder isocyclische enthalten.

Bezüglich der Zugehörigkeit zur III. Hauptabteilung muß hier noch eine Erläuterung gegeben werden. Zur III. Hauptabteilung wird im Beilstein-Handbuch jede Verbindung gerechnet, in deren Molekül ein bestimmter Heteroring angenommen werden darf, gleichgültig ob das Ringsystem schwer oder leicht aufzuspalten ist, — also auch solche Körper, die man sonst häufig bei den acyclischen oder isocyclischen Verbindungen als Anhydride, Imide, Lactone, Lactame angeordnet findet, wie:

$$\begin{matrix}H_2C-CO\\H_2C-CO\end{matrix}\!\!>\!O, \quad \bigcirc\!\!\begin{matrix}-CO\\-CO\end{matrix}\!\!>\!NH, \quad \begin{matrix}H_2C-CO\\H_2C-CH_2\end{matrix}\!\!>\!O, \quad \begin{matrix}H_2C-CO\\H_2C-CH_2\end{matrix}\!\!>\!NH.$$

Nun gibt es aber eine Anzahl von anhydridartigen Körpern, in deren Molekül man zwar zweifellos einen Heteroring annehmen darf, ohne daß man aber eine begründete Vorstellung über die Größe dieses Ringes besitzt. Dem Betain z. B. kann man mit demselben Recht die Formel I oder II oder noch komplexere Formeln als II erteilen. Nach jeder dieser Formeln würde es

$$\text{I.} \;\; \begin{matrix}CH_3\\CH_3\\CH_3\end{matrix}\!\!>\!N\!<\!\begin{matrix}CH_2\\O\end{matrix}\!\!>\!CO, \qquad \text{II.} \;\; \begin{matrix}CH_3\\CH_3\\CH_3\end{matrix}\!\!>\!N\!<\!\begin{matrix}CH_2-CO-O\\O-CO-CH_2\end{matrix}\!\!>\!N\!<\!\begin{matrix}CH_3\\CH_3\\CH_3\end{matrix}$$

innerhalb der III. Hauptabteilung eine andere Stelle erhalten. Demgemäß empfiehlt es sich, solche heterocyclischen Anhydride von unbekannter Ringgröße als „Umwandlungsprodukte von nicht sicher bekannter Struktur" an ihre Muttersubstanzen anzuschließen (vgl. § 1), das Betain z. B. an Dimethylaminoessigsäure-hydroxymethylat $(CH_3)_3N(OH)\cdot CH_2\cdot CO\cdot OH$.

Hiernach werden die drei ersten **Hauptabteilungen** des Handbuchs gebildet:
I. Acyclische Verbindungen;
II. Isocyclische Verbindungen;
III. Heterocyclische Verbindungen.
Als letzte schließt sich an sie gemäß § 1 die Abteilung:
IV. Naturstoffe, deren bisherige Kenntnis für die Einordnung an einer bestimmten Stelle der drei ersten Hauptabteilungen nicht ausreicht.

In den nächsten Paragraphen wird die Systematik der Hauptabteilungen I—III dargelegt.

Auf die Unterteilung der Abteilung IV, bei welcher die Struktur nicht zugrunde gelegt werden konnte, mithin lediglich praktische Bedürfnisse maßgebend waren, hier näher einzugehen, erscheint nicht nötig.

§ 4. Erhält man bei der Zergliederung einer Verbindung nach dem in § 2 gegebenen Verfahren mehrere Stammkerne, die verschiedenen Hauptabteilungen angehören, so wird

---

[1]) Die mehrfach hierfür gebrauchte Bezeichnung „carbocyclisch" erscheint weder zweckmäßig noch logisch, weil der Kohlenstoff das selbstverständliche Element aller organischen Verbindungen ist, und es sich also überhaupt nur um eine Angabe über die Bindungsart des Kohlenstoffs handelt. Dementsprechend gehört z. B. eine Verbindung der Formel $CH_3\cdot CH_2\cdot N{\underset{N}{\overset{N}{\|}}}$, obwohl sie einen Ring enthält, zu den acyclischen Verbindungen, weil Kohlenstoff nicht als Glied eines Ringes vorkommt.

§ 4—5.]   Bildung von Hauptabteilungen.   7

die Verbindung derjenigen Hauptabteilung zugewiesen, welche den systematisch an späterer Stelle zu behandelnden Stammkern enthält.

Beispiel: Die Verbindung

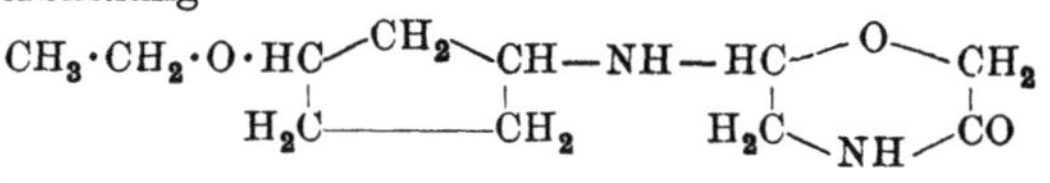

$$CH_3 \cdot CH_2 \cdot O \cdot HC \diagup^{CH_2}\diagdown CH-NH-HC\diagup^{O}\diagdown CH_2$$
$$H_2C\text{———}CH_2 \quad H_2C\diagdown_{NH}\diagup CO$$

hat drei Stammkerne,

a) einen acyclischen: $CH_3 \cdot CH_3$

b) einen isocyclischen: $H_2C\diagup^{CH_2}\diagdown CH_2$
$$H_2C\text{———}CH_2$$

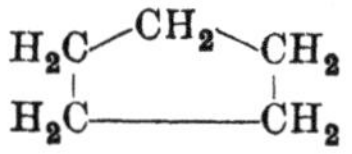

c) einen heterocyclischen: $H_2C\diagup^{O}\diagdown CH_2$
$$H_2C\diagdown_{NH}\diagup CH_2 \,.$$

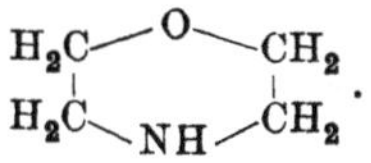

Sie wird also in Hauptabteilung III eingeordnet.

Dieses hier für die Einordnung in Hauptabteilungen benutzte **„Prinzip der spätesten Systemstelle"** gilt allgemein für alle ähnlichen Fragen, die bei der feineren Einteilung in Klassen usw. auftreten.

§ 5. Während die Stammkerne der acyclischen und isocyclischen Hauptabteilung nur aus Kohlenstoff und Wasserstoff bestehen, enthalten die heterocyclischen Stammkerne noch andere Elemente. Dies macht bei den letzteren zunächst eine Einteilung in „Heteroklassen" nötig.

Als maßgebend für die Einteilung der heterocyclischen Stammkerne in Heteroklassen gelten uns zunächst die Art, weiterhin die Zahl der „Heteroatome" (d. h. der cyclisch gebundenen Atome außer C).

Bezüglich der Art der Heteroatome brauchten für die Einteilung im wesentlichen nur Sauerstoff und Stickstoff in Betracht gezogen zu werden. Die Verbindungen mit Schwefel als Heteroatom sind als Anhang zu den entsprechenden Verbindungen mit cyclisch gebundenem Sauerstoff gebracht worden (vgl. auch § 10), also z. B. Thiophen hinter Furan; demnach brauchten für Verbindungen mit cyclisch gebundenem Schwefel (und ebenso Selen und Tellur) keine besonderen Heteroklassen gebildet zu werden. Verbindungen mit cyclisch gebundenem P, Hg, I^{III} usw. waren nur wenige einzuordnen.

Bezüglich der Zahl der Heteroatome wird für unser System der Umstand, ob zwei Heteroatome einem oder mehreren Ringen angehören, als unwesentlich betrachtet. Die Verbindung II gehört also ebenso wie die Verbindung I in die „Heteroklasse mit 2 cyclisch gebundenen Sauerstoffatomen".

I. 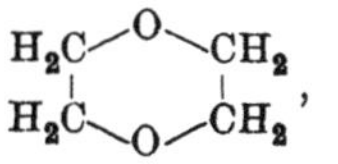 $H_2C\diagup^{O}\diagdown CH_2$ II. 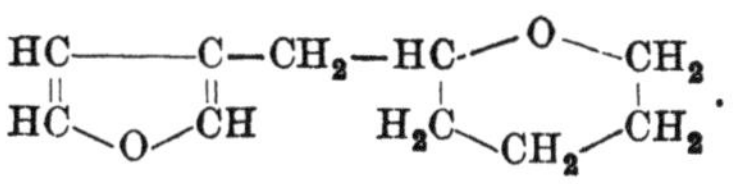 $HC\text{———}C-CH_2-HC\diagup^{O}\diagdown CH_2$
$H_2C\diagdown_{O}\diagup CH_2$, $HC\diagdown_{O}\diagup CH \quad H_2C\diagdown_{CH_2}\diagup CH_2 \,.$

Hiernach ergibt sich die folgende Einteilung der dritten Hauptabteilung in Heteroklassen:

Verbindungen mit 1 cyclisch gebundenen O (bzw. S, Se, Te)
   „   „   2   „   „   O
   „   „   3   „   „   O usw.

Verbindungen mit 1 cyclisch gebundenen N
   „   „   2   „   „   N
   „   „   3   „   „   N usw.

Verbindungen mit 1 cyclisch gebundenen N und 1 cyclisch gebundenen O
   „   „   1   „   „   N „ 2 „   „   „   O
   „   „   1   „   „   N „ 3 „   „   „   O usw.

Verbindungen mit 2 cyclisch gebundenen N und 1 cyclisch gebundenen O
„   „   2   „   „   N „ 2   „   „   O
„   „   2   „   „   N „ 3   „   „   O usw.

Den Schluß bilden Verbindungen mit Heteroatomen, die von O, S, Se, Te und N verschieden sind (z. B. P, Hg, I^{III}).

Die Unterteilung jeder einzelnen Heteroklasse erfolgt nun in derselben Weise wie bei der I. und II. Hauptabteilung nach den in § 6 dargelegten Grundsätzen.

B. Bildung von Hauptklassen innerhalb der Hauptabteilungen
(bezw. innerhalb jeder einzelnen Heteroklasse).

§ 6. An den Stammkernen können Veränderungen vorgenommen werden, indem die an den Kohlenstoffatomen haftenden Wasserstoffatome durch Atome oder Atomgruppen „anorganischer" Elemente — unter dieser Bezeichnung mögen alle Elemente außer C zusammengefaßt werden — ersetzt werden [1]). Als die nach dem vorhandenen Material wichtigsten Elemente sind zunächst in Betracht zu ziehen:

die Halogene (F, Cl, Br, I),
Sauerstoff, Schwefel und Stickstoff.

Schon bei der Beschränkung auf diese sieben Elemente würde sich eine außerordentlich große Zahl von Klassen ergeben, wenn man alle ihre verschiedenen Kombinationen mit Wasserstoff und untereinander als berechtigt ansehen wollte, in unserem System je einer Klasse als charakteristisches Merkmal zu dienen, z. B. —OH, —O·OH, —OCl, —OBr, —SH, —S·SH, —SO·OH, —SO_2·OH, —SOCl, —SO_2Cl, —NH_2, —NHCl, —NCl_2, —NO, —NO_2, —NH·OH, —NH·SO_2·OH, —NH·NH_2, —NH·NH·NO_2. Es ergibt sich mithin hier die Notwendigkeit einer Auswahl, die auf Grund des vorhandenen Materials — also nach dem praktischen Bedürfnis — getroffen werden muß. Eine solche Auswahl bedingt eine gewisse Willkür, die sich aber nicht vermeiden läßt, wenn man nicht das System mit dem Ballast einer großen Zahl von wenig oder gar nicht ausgebauten Klassen beladen will. Wollte man etwa anderseits nur die eingliedrigen (d. h. höchstens ein mehrwertiges Atom enthaltenden) Gruppen als berechtigt zur Klassenbildung ansehen, so würde sich ein solches Verfahren ebenfalls als unpraktisch erweisen. Es würde z. B. dazu führen, für Hydroxylamine, Hydrazine, Azo-, Diazo-, Diazoamino-Verbindungen usw. auf die Zusammenfassung in besonderen Klassen zu verzichten, sie vielmehr sämtlich in einer Klasse — nämlich als Abkömmlinge der Amine — zu behandeln.

Analoge Schwierigkeiten treten fortwährend bei der weiteren Gliederung des Systems auf. Bei strenger Durchführung eines Prinzips würde man immer entweder eine zu einfache oder eine zu komplizierte Einteilung erhalten. Durch eine willkürliche, aber dem derzeitigen Bedürfnis entsprechende Auswahl mußte man versuchen, das Zweckmäßige zu treffen.

§ 7. Entsprechend dem im vorigen Paragraphen begründeten Gesichtspunkte seien hier zunächst die in praktisch-systematischer Beziehung wichtig erscheinenden Veränderungen zusammengestellt, welche an den Stammkernen durch Austausch eines Wasserstoffatoms gegen die Atome der in § 6 genannten, hauptsächlich in Betracht kommenden Elemente bezw. gegen Atomkombinationen dieser Elemente hervorgebracht werden:

Austausch von H gegen —F°
„   „   „   „   —Cl°
„   „   „   „   —Br°
„   „   „   „   —I°
„   „   „   „   —OH*
„   „   „   „   —SH*
„   „   „   „   —SO_2H*

---

[1]) Bei den heterocyclischen Stammkernen, welche am Heteroatom Wasserstoff enthalten, läßt sich außerdem noch der am Heteroatom gebundene Wasserstoff ersetzen. Über die Behandlung derartiger Fälle vgl. § 31—33.

§ 7—8.] Bildung von Hauptklassen. 9

Austausch von H gegen —SO$_3$H*
„   „   „   „   —NH$_2$*
„   „   „   „   —NH·OH*
„   „   „   „   —NO°
„   „   „   „   —NO$_2$°
„   „   „   „   —NH·NH$_2$*
„   „   „   „   —N:NH*

„   „   „   „   —N$\underset{OH}{\overset{N*}{\diagup\!\!\diagdown}}$ bezw. —N:N·OH*

„   „   „   „ $-N\underset{O}{\overset{-NH*}{\diagup\!\!\diagdown}}$ bezw. $-N\overset{:NH*}{\underset{O}{\cdots}}$ bezw. $-N\overset{:NH*}{\underset{O}{\cdots}}$

„   „   „   „   —N:N·NH$_2$* bezw. —NH·N:NH* bezw. —N$\underset{NH}{\overset{NH*}{\diagup\!\!\diagdown}}$

„   „   „   „   —N$\underset{N}{\overset{N°}{\diagup\!\!\diagdown}}\|$ bezw. —N:N:N°.

Überblickt man diese Zusammenstellung, so erkennt man einen wesentlichen Unterschied zwischen den mit einem Kreis bezeichneten Atomen und Atomgruppen einerseits und den mit einem Stern bezeichneten Atomgruppen anderseits. Während erstere frei von Wasserstoff sind, enthalten letztere solchen. Die mit einem Stern bezeichneten Gruppen bieten also die Möglichkeit für mannigfache weitere Veränderungen durch Austausch von Wasserstoff gegen anorganische oder organische Gruppen, die mit einem Kreis bezeichneten dagegen nicht. Da nun gerade der Austausch von Wasserstoff bei der Ableitung der organischen Verbindungen voneinander in erster Linie allgemein den Betrachtungen zugrunde gelegt wird, so erscheint es als unbedingt zweckmäßig, die mit einem Stern bezeichneten Komplexe als

funktionelle Gruppen

zur Klassenbildung zu verwerten. Bei den mit einem Kreis bezeichneten Atomen bezw. Gruppen liegt aber hierzu in viel geringerem Grade Veranlassung vor; sie erscheinen demgemäß unter dem Gesichtspunkt der für die Systematisierung ausschlaggebenden Bedürfnisfrage nicht als geeignete Grundlagen besonderer Klassen, sondern werden als

nichtfunktionelle Substituenten

behandelt[1]). Dies hat zur Folge, daß die Verbindungen, welche solche nichtfunktionellen Substituenten enthalten, als Substitutionsderivate bei denjenigen Verbindungen — „Registrier-Verbindungen" (vgl. § 19) — eingeordnet werden, die an Stelle der nichtfunktionellen Substituenten Wasserstoff enthalten, z. B. O$_2$N·CH$_2$·CH$_3$ bei CH$_3$·CH$_3$ oder ClCH$_2$·CH$_2$·OH bei CH$_3$·CH$_2$·OH usw. (über eine prinzipielle Ausnahme hiervon vgl. § 9).

§ 8. Die funktionellen Gruppen also liefern die Grundlage der Klassenbildung. Die Gruppe —OH z. B. charakterisiert die Klasse der „Oxy-Verbindungen" (Alkohole und Phenole), die Gruppe —NH$_2$ diejenige der Amine. Jede Funktion bezeichnet je eine Hauptklasse, die sich nun in Unterklassen teilt, je nachdem die charakteristische funktionelle Gruppe im Molekül nur einmal oder mehrmals, ob sie als einzige funktionelle Gruppe oder mit anderen kombiniert vorkommt. (Weiteres hierüber vgl. im Abschnitt C.)

Sobald man nun in dieser Weise die Hauptklasse der Oxy-Verbindungen in Unterklassen zu teilen beginnt, erkennt man, daß bei Vervielfältigung der Oxy-Funktion zwei Fälle zu unterscheiden sind, die im System nicht gleichartig behandelt werden dürfen. Die einzelnen OH-Gruppen können an verschiedene Kohlenstoffatome des Stammkerns oder an ein und dasselbe Kohlenstoffatom treten. Im ersten Falle entstehen Verbindungen wie

---

[1]) Diese Betrachtung erscheint natürlich nicht mehr berechtigt, wenn man z. B. für die Nitroso- und Nitro-Gruppe Hydratformen wie —N$\underset{OH}{\overset{OH}{\diagup\!\!\diagdown}}$ und —N$\underset{OH}{\overset{O}{\diagup\!\!\diagdown}}$OH konstruiert. Da aber solche Hydratformen praktisch kaum in Betracht kommen, werden die wenigen bekannten Abkömmlinge dieser Art im Anschluß an die entsprechenden anhydrischen Formen als Additionsprodukte (vgl. § 30) behandelt; vgl. auch S. 13 Anm. 4.

$$\begin{array}{c} CH_2 \cdot OH \\ | \\ CH_2 \cdot OH \end{array} \quad \text{und} \quad \begin{array}{c} OH \\ HC{-}C{=}C \cdot OH \\ \| \quad \| \\ HO \cdot C{-}C{=}CH \\ OH \end{array},$$

die man allgemein als mehrwertige Alkohole bezw. Phenole zu betrachten gewohnt ist. Im zweiten Falle aber kommt man zu Kombinationen wie

$$R \cdot CH{<}^{OH}_{OH}, \quad {}^{R}_{R'}{>}C{<}^{OH}_{OH}, \quad R \cdot C{<}^{OH}_{OH}^{OH} \quad \text{(R ein einwertiger organischer Komplex)},$$

welche erfahrungsgemäß in dieser hydroxylreichen Form wenig beständig sind, dagegen eine große Rolle in den durch Wasserabspaltung daraus hervorgehenden Formen

$$R \cdot CH : O, \quad {}^{R}_{R'}{>}C : O, \quad R \cdot C{<}^{O}_{OH}$$

spielen. Diese letzteren Formen stellen die Aldehyde, Ketone und Carbonsäuren dar. Es wird ohne weiteres einleuchten, daß es höchst unzweckmäßig (wenn auch rein formal zu rechtfertigen) wäre, diese Körper, die man gewohnt ist in besonderen Klassen vereinigt zu sehen, innerhalb des Systems als zwei- bzw. dreiwertige Alkohole erscheinen zu lassen. Vielmehr wird man unbedingt die Funktionen

$$: O \quad \text{und} \quad {<}^{O}_{OH}$$

als vollberechtigte Charakteristika für die Bildung besonderer Hauptklassen anerkennen.

Dagegen erscheint die vielfach übliche Bildung zweier Hauptklassen — Aldehyde und Ketone — aus der Funktion : O weder vom systematischen noch vom praktischen Standpunkt notwendig oder zweckmäßig. Denn Aldehyde unterscheiden sich von Ketonen weder formal noch nach ihrem chemischen Verhalten in anderer Weise als primäre von sekundären Alkoholen. Aus diesem Grunde werden Aldehyde und Ketone wie überhaupt alle Verbindungen mit der Gruppe >CO, sofern diese Gruppe mit beiden Valenzen an C oder einerseits an C und andererseits an H oder endlich in beliebiger Weise cyclisch gebunden ist, unter der Bezeichnung[1]) „Oxo-Verbindungen" zusammengefaßt. Zu den „Oxo-Verbindungen" gehören also auch die Ketone ${}^{R}_{R'}{>}C:CO$, die Chinone wie I und die heterocyclischen (vgl. § 3) Anhydride, Imide, Lactone, Lactame usw., wie z. B. II und III.

$$\text{I.} \quad OC{<}^{CH=CH}_{CH=CH}{>}CO \qquad \text{II.} \quad {}^{H_2C \cdot CO}_{H_2C \cdot CH_2}{>}O \qquad \text{III.} \quad H_2C{<}^{CH_2 \cdot CO}_{CH_2 \cdot CO}{>}NH$$

Es treten demnach zu den in der Liste von § 7 mit Stern bezeichneten funktionellen Gruppen noch

: O   als Grundlage für die Hauptklasse der „Oxo-Verbindungen",

${<}^{O}_{OH}$ „   „   „   „   „   „ „Carbonsäuren"

hinzu.

§ 9. Jener in § 8 für die Oxy-Gruppe entwickelte Unterschied, der sich für die Fälle des Herantretens an verschiedene C-Atome oder aber an ein und dasselbe C-Atom aufdrängt, besteht nun nicht für diese Gruppe allein, sondern macht sich allgemein bei jeder Kombination von funktionellen Gruppen untereinander oder mit nichtfunktionellen Substituenten geltend. Während es z. B. natürlich erscheint die Verbindung $CH_3 \cdot CHCl \cdot CHO$ als Chlor-Oxo-Verbindung (chlorsubstituierten Propionaldehyd) anzusehen, erscheint bei der stellungsisomeren Verbindung $CH_3 \cdot CH_2 \cdot COCl$ die analoge Betrachtungsweise durchaus unnatürlich; denn letztere Verbindung hat zum Propionaldehyd kaum Beziehungen, wird vielmehr allgemein als das Chlorid der Propionsäure aufgefaßt, in welche sie durch Austausch von —Cl gegen —OH übergeht. Die gleichen Verhältnisse treten uns beim Vergleich von $CH_3 \cdot CO \cdot CH_2 \cdot NH_2$ mit $CH_3 \cdot CH_2 \cdot CO \cdot NH_2$ usw. entgegen.

---

[1]) KEKULÉ; vgl. ANSCHÜTZ, PARLATO, *Ber. Dtsch. chem. Ges.* **25**, 1977.

Bildung von Hauptklassen.

In Rücksicht hierauf empfiehlt es sich, ganz allgemein alle Verbindungen, welche eine funktionelle Gruppe mit 1 oder 2 weiteren funktionellen Gruppen oder nichtfunktionellen Substituenten zusammen am **gleichen** Kohlenstoffatom enthalten, als Derivate derjenigen Oxo-Verbindungen oder Säuren zu behandeln, welche (in ihrer Hydratform) nach Austausch dieser Gruppen oder Substituenten gegen OH daraus entstehen würden. Beispiele:

$$\left.\begin{array}{l}CH_3\cdot CH{<}^{Cl}_{OH}\\CH_3\cdot CH{<}^{OH}_{NH_2}\\CH_3\cdot CH{<}^{Cl}_{NH_2}\\CH_3\cdot CH{<}^{NH_2}_{NH_2}\\CH_3\cdot CH{<}^{OH}_{SO_3H}\end{array}\right\} \text{Derivate des Acetaldehyds,} \left(=CH_3\cdot CH{<}^{OH}_{OH}-H_2O\right)$$

$$\left.\begin{array}{l}CH_3\cdot C{<}^{OH}_{Cl}{-}Cl\\CH_3\cdot C{<}^{O}_{Cl}\\CH_3\cdot C{<}^{Cl}_{NH_2}\\CH_3\cdot C{<}^{O}_{NH_2}\\CH_3\cdot C{<}^{O}_{N_3}\end{array}\right\} \text{Derivate der Essigsäure,} \left(CH_3\cdot CO\cdot OH =CH_3\cdot C{<}^{OH}_{OH}-H_2O\right)$$

Das gleiche gilt für diejenigen Verbindungen, welche Stickstoff in mehrfacher Bindung an **ein** Kohlenstoffatom gekettet enthalten, und die man sich durch „Aufrichtung" des Stickstoffs infolge von Wasseranlagerung in Verbindungen der eben besprochenen Art übergeführt denken kann:

$$>C:NH + H_2O = >C{<}^{OH}_{NH_2}; \quad -C \vdots N + H_2O = -C{<}^{O}_{NH_2}.$$

Demgemäß werden die Verbindungen:

$$CH_3\cdot CH:NH, \quad CH_3\cdot CH:N\cdot OH, \quad CH_3\cdot CH:N\cdot NH_2$$

als Derivate des Acetaldehyds, die Verbindungen:

$$CH_3\cdot C{<}^{OH}_{NH}, \quad CH_3\cdot C{<}^{OH}_{N\cdot OH}, \quad CH_3\cdot C{<}^{NH_2}_{NH}, \quad CH_3\cdot C{<}^{NO_2}_{N\cdot OH},$$

$$CH_3\cdot C \vdots N, \quad CH_3\cdot C{<}^{N\cdot NH_2}_{N:NH}$$

als Derivate der Essigsäure in unserem System behandelt.

Dagegen liegt für ein solches Verfahren kein gewichtiger Grund vor, wenn an einem und demselben Kohlenstoffatom zwei oder drei nichtfunktionelle Substituenten haften, ohne eine funktionelle Gruppe neben sich zu haben. Es gelten also z. B.

$CH_3\cdot CHCl_2$	nicht als Derivat des Acetaldehyds,	sondern des Äthans;				
$CH_3\cdot C(NO)(NO_2)\cdot CH_3$	,, ,, ,,	,, Acetons,	,,	,,	Propans;	
$CH_3\cdot CCl_3$	,, ,, ,,	der Essigsäure,	,,	,,	Äthans;	
$CH_3\cdot CBr_2\cdot NO_2$	,, ,, ,,	,, ,,	,,	,,	,,	

§ 10. Durch die Erwägungen von § 8 sind zu den in der Liste von § 7 mit Stern bezeichneten einwertigen funktionellen Gruppen noch die Fälle:

$$:O \text{ und } {<}^{O}_{OH}$$

als grundlegend für die Bildung von Hauptklassen getreten.

Umgekehrt empfiehlt sich eine Einschränkung der Hauptklassen, soweit die Gruppe —SH und die sich durch deren Anhäufung an einem Kohlenstoffatom ergebenden Fälle

$$:S \text{ und } {<}^{S}_{SH} \left(\text{wie auch } {<}^{O}_{SH} \text{ bezw. } {<}^{OH}_{S}\right)$$

in Betracht kommen. Man ist zwar vielfach gewöhnt, die Mercaptane als gleichberechtigte Klasse den Alkoholen zu koordinieren; dagegen pflegt man Thioaldehyde, Thioketone und Thiosäuren als Derivate den entsprechenden Sauerstoffverbindungen zu subordinieren. Es erscheint aber praktischer, in dieser Hinsicht einheitlich zu verfahren, und zwar allgemein jede einzelne S-Verbindung ihrem O-Analogon anzugliedern.

Demgemäß werden die Schwefelverbindungen stets als Anhang zu den entsprechenden Sauerstoffverbindungen gebracht, also z. B. Äthylmercaptan (mit seinen Derivaten) zum „Äthylalkohol" als Anhang, nachdem zunächst die funktionellen Derivate des Äthylalkohols (vgl. § 20ff.) und seine Substitutionsprodukte sämtlich aufgeführt worden sind.

An die Schwefelverbindungen schließen sich dann die entsprechenden Selen- und Tellurverbindungen an.

§ 11. Unter Berücksichtigung der in den §§ 7—10 gegebenen Entwicklungen gelangen wir nun — indem wir die unveränderten Stammkerne jeweils als erste Hauptklasse voranstellen, indem wir ferner bezüglich der Kombinationen mehrerer Stickstoffatome zu funktionellen Gruppen einige Ergänzungen vornehmen und endlich auch außer den am Anfang von § 6 genannten wichtigsten Elementen alle übrigen zur Bildung funktioneller Gruppen befähigten Elemente hinzuziehen — zu der nachstehenden Liste von **Hauptklassen**:

1. Stammkerne
2. Oxy-Verbindungen, charakteristische Gruppe: $-OH$ ⎫
3. Oxo-Verbindungen, „ „ : $=O$ ⎬ „O-Funktionen"
4. Carbonsäuren, „ „ : $-C\langle^O_{OH}$ ⎭
5. Sulfinsäuren, „ „ : $-SO_2H$
6. Sulfonsäuren, „ „ : $-SO_3H$
7. Seleninsäuren und „ „ : $-SeO_2H$ und SeO_3H
   Selenonsäuren,
8. Amine, „ „ : $-NH_2$
9. Hydroxylamine, „ „ : $-NH \cdot OH$
10. Hydrazine, „ „ : $-NH \cdot NH_2$
11. Azo-Verbindungen[1]), „ „ : $-N:NH$
12. Hydroxyhydrazine, „ „ : $-N(OH) \cdot NH_2$ bezw. $-NH \cdot NH \cdot OH$
13. Diazo-Verbindungen, „ „ : $-N\langle^N_{OH}$ bezw. $-N:N \cdot OH$[2])
14. Azoxy-Verbindungen[1]), „ „ :
    $-N\underset{\diagdown O \diagup}{}NH$ bezw. $-N:NH$ bezw. $-N:NH$
     $\overset{..}{O}$ $\overset{..}{O}$
15. Nitramine, Isonitramine, Nitrosohydroxylamine, charakteristische Gruppe: $-N_2O_2H$[3])
16. Triazane, charakteristische Gruppe: $-NH \cdot NH \cdot NH_2$ bezw. $-N\langle^{NH_2}_{NH_2}$

---

[1]) Vgl. § 12a.

[2]) Hier werden auch die desmotropen (s. § 44) Nitrosamine $R \cdot NH \cdot NO$ abgehandelt. Die N-Nitroso-Derivate **sekundärer** Amine werden aber nicht bei den Diazo-Verbindungen, sondern bei den Aminen als Salpetrigsäure-Derivate eingeordnet, z. B. erscheint Methyl-phenyl-nitrosamin $C_6H_5 \cdot N(NO) \cdot CH_3$ unter den Derivaten des Anilins.

[3]) In dieser Klasse werden die Verbindungen vom Typus $R \cdot N_2O_2H$ behandelt, für welche die Formeln:

a) $R \cdot NH \cdot NO_2$ (eigentliche Nitramine),

b) $R \cdot N(NO) \cdot OH$ (eigentliche Nitrosohydroxylamine)

und außerdem die desmotropen (s. § 44) Formeln:

c) $R \cdot N:N\langle^O_{OH}$, d) $R \cdot N\underset{\diagdown O \diagup}{}N \cdot OH$, e) $R \cdot N\langle^O_{N \cdot OH}$

in Betracht gezogen werden.

Verbindungen dagegen, welche den labilen Wasserstoff ersetzt enthalten und sicher auf die Formeln a oder b bezogen werden können, sind unter den Abkömmlingen der Amine $R \cdot NH_2$ bezw. der Hydroxylamine $R \cdot NH \cdot OH$ zu registrieren, also:

Verbindungen der sicheren Struktur $^R_R{>}N \cdot NO_2$ als Salpetersäure-Derivate von Aminen,

„ „ „ „ $R \cdot N(NO) \cdot O \cdot Alkyl$ als Salpetrigsäure-Derivate von Hydroxylaminen.

17. Triazene, charakteristische Gruppe:
$$-N:N\cdot NH_2 \text{ bezw. } -NH\cdot N:NH \text{ bezw. } -N{<}^{NH}_{NH}$$
18. Hydroxytriazene, charakteristische Gruppe:
 $-N:N\cdot NH\cdot OH$ bezw. $-NH\cdot N:N\cdot OH$ bezw. $-N(OH)\cdot N:NH$ [1])
19. Azoamidoxyde, charakteristische Gruppe:
$$-N\underset{O}{-\!\!-\!\!-}N\cdot NH_2 \text{ bezw. } -NH\cdot N\underset{O}{-\!\!-\!\!-}NH \text{ bezw. } -N\!:\!N\cdot NH_2 \text{ bezw. } -NH\cdot N\!:\!NH$$
$$OO$$
20. Tetrazane, charakteristische Gruppe: $-NH\cdot NH\cdot NH\cdot NH_2$ bezw. $-N(NH_2)\cdot NH\cdot NH_2$
21. Tetrazene, charakteristische Gruppe:
 $-NH\cdot N:N\cdot NH_2$ bezw. $-N:N\cdot NH\cdot NH_2$ bezw. $-NH\cdot NH\cdot N:NH$
  bezw. $-N(NH_2)\cdot N:NH$
22. Verbindungen mit Stickstoffketten aus mehr als 4 N-Atomen
23. Verbindungen mit direkter Bindung von C an Elemente der 5. Gruppe [2]) des periodischen Systems außer N, wie P, As, Sb, Bi (Phosphine, Phosphinsäuren [3]) usw.)
24. Verbindungen mit direkter Bindung von C an Elemente der 4. Gruppe [2]) (wie Si, Ge, Sn, Pb)
25. dto. der 3. Gruppe [2]) (wie B, Al, Tl)
26. dto. der 2. Gruppe [2]) (wie Be, Mg, Ca, Zn, Cd, Hg)
27. dto. der 1. Gruppe, soweit sie mehrwertig sind [2]) (z. B. Au)
28. dto. der 6., 7. und 8. Gruppe [2]) (z. B. Pt), soweit sie nicht gemäß den §§ 7—10 systematisch anders zu behandeln sind.

§ 12. Bemerkungen zu der Liste der Hauptklassen in § 11.

a) Wie sich schon aus der Anweisung zur Konstruktion der Stammkerne ergibt (vgl. § 2), gilt für uns allgemein der Grundsatz, daß Körper, in denen zwei oder mehr organische Komplexe durch Zwischenschaltung „anorganischer Atome oder Atomgruppen" verkettet werden, zunächst zu zergliedern und von einer Verbindung abzuleiten sind, die nur e i n e n organischen Komplex enthält. Dementsprechend wird z. B. für Äther $\left(\!\!>\!\!C\cdot O\cdot C\!\!<\!\!\right)$ keine besondere Klasse gebildet, sie erscheinen vielmehr als Derivate (vgl. § 22) von Alkoholen $>\!\!C\cdot OH$; Hydrazo-Verbindungen $\left(\!\!>\!\!C\cdot NH\cdot NH\cdot C\!\!<\!\!\right)$ werden als Derivate von Hydrazinen aufgefaßt usw. Für Azo-Verbindungen ist als charakteristische Gruppe angegeben $-N:NH$, obwohl Verbindungen vom Typus $R\cdot N:NH$ nicht mit Sicherheit bekannt sind; aber diese einstweilen hypothetischen Verbindungen $R\cdot N:NH$ erscheinen in unserem System als Grundtypus, von dem die wirklichen Azo-Verbindungen $R\cdot N:N\cdot R$ als Derivate abgeleitet werden. Analoges gilt für die Azoxy-Verbindungen, für Quecksilberverbindungen vom Typus $R\cdot Hg\cdot R$ usw.

b) Innerhalb der Klasse 23 und der folgenden Klassen erfolgt in bezug auf die Kombination aus mehreren „anorganischen Atomen", soweit erforderlich, eine ähnliche (aber den Bedürfnissen angepaßte) Anordnung, wie sie für die Verbindungen mit C—N-Bindung in den Klassen 8—22 gegeben ist, z. B.:

$$-PH_2, \qquad -PH\cdot OH, \qquad -P(OH)_2{}^{4)\,5)}, \qquad -PO(OH)_2{}^{4)}$$
$$>\!\!P\cdot P\!\!<, \qquad -P:P-, \qquad >\!\!P\cdot N\!\!<, \qquad -P:N-{}^{6)} \text{ usw.}$$

---

[1]) Hier werden auch desmotrope, zu Hydroxytriazenen isomerisierbare Nitrosohydrazine der Formel ${}^R_{R'}\!\!>\!\!N\cdot NH\cdot NO$ abgehandelt, nicht aber Nitrosohydrazine der Formeln ${}^R_{R'}\!\!>\!\!N\cdot N(R'')\cdot NO$ und $R\cdot N(NO)\cdot NH_2$, die vielmehr bei Hydrazinen als Salpetrigsäure-Derivate eingeordnet werden.
[2]) Vgl § 12 c.
[3]) Vgl. § 12 b.
[4]) Die entsprechenden Stickstoff-Funktionen sind in den Klassen 8—22 (sie würden sinngemäß zwischen 9 und 10 gehören) nicht berücksichtigt, weil sie nur in der anhydrischen Form —NO und —NO$_2$ („nichtfunktionelle Substituenten") praktische Bedeutung haben; vgl. Anm. S. 9. Bei den Phosphorverbindungen liegen aber die Verhältnisse praktisch gerade umgekehrt.
[5]) u. [6]) s. S. 14.

c) In die Hauptklassen 23 bis 28 werden Verbindungen, in denen man direkte Bindung von Metallen an C anzunehmen hat, dann nicht aufgenommen, wenn es nahe liegt, sie ähnlich wie Salze zu behandeln, z. B. die Metallderivate des Acetylens, der Blausäure u. dgl.

Als salzartige Verbindungen werden auch alle Stoffe mit direkter Bindung von C an Alkalimetalle behandelt. Ihre Aufführung in der Hauptklasse 27 würde nicht in Übereinstimmung stehen mit unserer in § 7 gegebenen Definition von funktionellen Gruppen; denn die Alkalimetalle können wegen ihrer Einwertigkeit keinen Wasserstoff mehr neben dem organischen Komplex gebunden enthalten.

C. Weitere Gliederung der Hauptklassen in Unterklassen usw., nebst Anordnung ihrer einzelnen Vertreter („Registrier-Verbindungen").

§ 13. Entsprechend der Liste in § 11 bilden innerhalb der I. und II. Hauptabteilung sowie innerhalb jeder Heteroklasse der III. Hauptabteilung die 1. Hauptklasse die Stammkerne (in der I. und II. Hauptabteilung sind dies die Kohlenwasserstoffe). Diese Stammkerne werden in Unterklassen (homologe Reihen) zunächst nach fallendem Sättigungsgrad eingeteilt:

Stammkerne der I. Hauptabteilung	Stammkerne der II. Hauptabteilung	Stammkerne der III. Hauptabteilung, beispielsweise aus der Heteroklasse mit einem N
C_nH_{2n+2}	C_nH_{2n}	$C_nH_{2n+1}N$
C_nH_{2n}	C_nH_{2n-2}	$C_nH_{2n-1}N$
C_nH_{2n-2}	C_nH_{2n-4}	$C_nH_{2n-3}N$
usw.	usw.	usw.

Die weitere Einteilung erfolgt dann nach der Kohlenstoffzahl; innerhalb der Unterklasse C_nH_{2n+2} haben wir also die Rubriken:

Kohlenwasserstoff	CH_4
„	C_2H_6
„	C_3H_8
Kohlenwasserstoffe	C_4H_{10}
„	C_5H_{12}
	usw.

Innerhalb dieser Rubriken werden endlich, soweit vorhanden, die einzelnen Isomeren aufgeführt.

§ 14. Für die Reihenfolge der isomeren Stammkerne sind bestimmte Grundsätze befolgt worden.

Was zunächst die strukturisomeren **acyclischen Kohlenwasserstoffe** anbelangt, so kommt für ihre Anordnung in erster Linie die Länge der Hauptkette in Betracht. Als Hauptkette einer Verbindung wird die längste Kette von Kohlenstoffatomen, die sich in ihrem Kohlenstoffgerüst befindet, bezeichnet. Indem die isomeren Kohlenwasserstoffe zunächst nach abnehmender Länge ihrer Hauptkette aufgeführt werden, bildet in jeder Isomerengruppe jeweils der Stammkern mit unverzweigter Kette den Anfang. Wir kommen also z. B. bei Kohlenwasserstoffen $C_{10}H_{22}$ zu der Reihenfolge:

Decan, Methylnonane, Äthyloctane usw.

In weiterer Verfolgung des Grundsatzes, daß vom Einfachen zum Komplizierteren aufgestiegen werde, erfolgt die Anordnung bei Isomeren von gleichlanger Hauptkette in zweiter Linie nach Maßgabe zunehmender Verzweigung. Beispiel:

Propylheptan, Isopropylheptane, Methyläthylheptane, Trimethylheptane.

---

[5]) In der Klasse —$P(OH)_2$ der Phosphinigsäuren werden außer den Phosphinigsäuren $R \cdot P(OH)_2$ auch die in der Literatur inkonsequenterweise als Dialkyl-(bezw. Diaryl-)phosphinsäuren bezeichneten Verbindungen $R_2PO \cdot OH$ abgehandelt, da sie sich von derselben Oxydationsstufe des Phosphors wie die Phosphinigsäuren ableiten, während die Monoalkylphosphinsäuren $R \cdot PO(OH)_2$ mit ihrem höheren Oxydationsgrad die nächste Klasse —$PO(OH)_2$ bilden.

[6]) Dieser Typus ist hier nur für Hinweise vorgesehen. Die ihm entsprechenden Verbindungen werden praktisch besser als Derivate von $R \cdot P(OH)_2$ bezw. $H_2N \cdot R$ eingeordnet, indem man sie sich derartig hydrolysiert denkt, daß —OH an P, H an N tritt; z. B. kommt $C_6H_5 \cdot N:PCl$ zu Anilin, $C_6H_5 \cdot P:N \cdot CH_3$ zu $C_6H_5 \cdot P(OH)_2$.

§ 14.] Gliederung in Unterklassen usw. 15

Weiterhin kommen nacheinander für die Anordnung in Betracht: die **Stellung der Seitenketten** und bei ungesättigten Kohlenwasserstoffen die **Anzahl der Wasserstofflücken** (eine dreifache Bindung vor zwei Doppelbindungen), sowie **deren Stellung**.

Bei den strukturisomeren **isocyclischen Kohlenwasserstoffen** ist das Hauptkennzeichen die **Anzahl der Ringe**. Die Isomeren folgen sich nach steigender Ringzahl. Beispiel:

$$\begin{array}{c} H_2C{-}CH_2{-}CH_2 \\ | \qquad\qquad | \\ HC{=}CH{-}CH_2 \end{array} \quad \text{vor} \quad \begin{array}{c} H_2C \\ H_2C \end{array}\!\!>\!CH-HC\!<\!\!\begin{array}{c} CH_2 \\ CH_2 \end{array}$$

Die Anordnung der **monoisocyclischen** Isomeren unter sich erfolgt in Anlehnung an diejenige der acyclischen Verbindungen (vgl. S. 14), indem als **Hauptkette der Ring** betrachtet wird; sie beginnt also mit demjenigen Isomeren, das den größten Ring (die meisten Ringglieder) hat und schreitet nach fallender Gliederzahl fort (Cyclohexan vor Methylcyclopentan). Auch im übrigen sind hier dieselben Gesichtspunkte wie dort maßgebend.

Bei den **polyisocyclischen** Isomeren ist nächst der Anzahl der Ringe wesentlich die Art ihrer Verknüpfung. Die Anordnung der Isomeren gleicher Ringzahl erfolgt nach Maßgabe ihrer **Kondensation**, und zwar kommen erst nicht kondensierte, dann partiell kondensierte, zuletzt vollständig kondensierte Systeme. Beispiel:

$$(C_6H_5)_3CH \quad \text{vor} \quad [\text{Decalin}] \cdot CH_2 \cdot CH : CH \cdot C_6H_5 \quad \text{vor} \quad [\text{Anthracen}] \cdot CH_2 \cdot C : C \cdot CH_2 \cdot CH_3$$

Bei den **nichtkondensierten Systemen** ist erst, wie bei den monoisocyclischen Verbindungen (s. o.) die Ringgröße maßgebend. Bei Isomeren, die in dieser Beziehung übereinstimmen, folgen auf Verbindungen mit möglichst vielgliedriger Verbindungskette, also größerer Entfernung der Ringe voneinander, Isomere, deren Verbindungskette immer kürzer wird, deren Kerne immer näher zusammenrücken:

$$\bigcirc\!\cdot CH_2\cdot CH_2\cdot CH_2\cdot CH_2\cdot CH_2\!\cdot\!\bigcirc \quad \text{vor} \quad \bigcirc\!\cdot CH_2\cdot CH_2\!\cdot\!\overset{CH_3}{\underset{C_2H_5}{\bigcirc}}$$

$$\text{vor} \quad \bigcirc\!\cdot\underset{C_4H_9}{CH}\!\cdot\!\bigcirc \quad \text{vor} \quad \bigcirc\!\!-\!\!\overset{C_3H_7}{\underset{CH_3}{\bigcirc}}\!\cdot CH_3$$

Bei den **vollständig kondensierten Systemen** ist zunächst die **Anzahl der Brücken** entscheidend, wobei unter einer Brücke die zwei Ringen gemeinsamen Ringglieder verstanden werden; Systeme mit 2 Brücken kommen vor solchen mit 3 Brücken:

$$[\text{Struktur mit 2 Brücken}] \quad \text{vor} \quad [\text{Struktur mit 3 Brücken}]$$

Bei Isomeren mit gleich viel Brücken wird auf die **Anzahl der Brückenglieder** Rücksicht genommen; es kommen erst Systeme mit einem Brückenglied (spirocyclische), dann solche mit zweigliedrigen Brücken (ortho-kondensierte Systeme), dann solche mit dreigliedrigen Brücken usw.:

$$H_2C\!\!<\!\!\begin{array}{c}CH_2\cdot CH_2\\CH_2\cdot CH_2\end{array}\!\!>\!\!C\!\!<\!\!\begin{array}{c}CH_2\cdot CH_2\\CH_2\cdot CH_2\end{array}\!\!>\!\!CH_2 \quad \text{vor} \quad \begin{array}{c}H_2C\\ \\H_2C\end{array}\!\!<\!\!\begin{array}{c}CH_2\\ \\CH_2\end{array}\!\!\overset{H}{\underset{H}{C}}\!\!<\!\!\begin{array}{c}CH\\ \\CH_2\end{array}\!\!\overset{CH_3}{}\!\!<\!\!\begin{array}{c}CH_2\\ \\CH_2\end{array}$$

$$\text{vor} \quad \begin{array}{c}H_2C\\ \\H_2C\end{array}\!\!<\!\!\begin{array}{c}\overset{CH_3}{C}\\ \\CH\end{array}\!\!\overset{\displaystyle CH_3}{\underset{\displaystyle|}{\underset{\displaystyle C(CH_3)_2}{}}}\!\!\overset{\displaystyle |}{}\!\!\begin{array}{c}CH\cdot CH_3\\ \\CH_2\end{array}$$

Bei den drei- und mehrkernigen kondensierten Ringsystemen, die sowohl in bezug auf Anzahl der Brücken und Brückenglieder wie auf Ringgröße übereinstimmen, tritt als neues Moment für die noch weitergehende Unterteilung die **Art der Anellierung** hinzu. Auf Systeme von linearer Anellierung (Anthracen) folgen solche von angulärer Anellierung (Phenanthren):

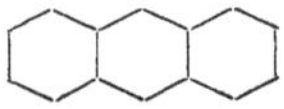

[Strukturformeln: Anthracen vor Phenanthren]

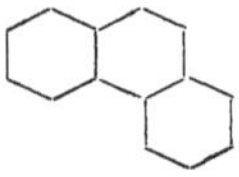

Endlich bleibt die Anordnung strukturisomerer **heterocyclischer Stammkerne** zu erläutern. Zur Einteilung wird bei den Heteroklassen mit einem Heteroatom, wie bei den isocyclischen Verbindungen, in erster Linie die Ringzahl herangezogen. Auch die weitere Anordnung erfolgt bei monocyclischen Isomeren mit einem Heteroatom wie bei den monoisocyclischen Stammkernen (zunächst also nach fallender Ringgliederzahl):

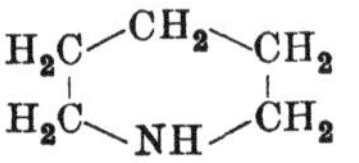

[Strukturformeln: Piperidin vor Pyrrolidin-Derivat]

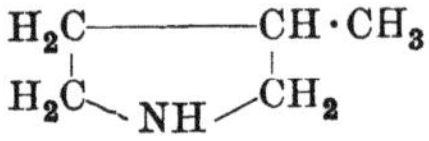

Bei den mehrkernigen Isomeren mit einem Heteroatom ist zunächst wieder (wie bei den mehrkernigen isocyclischen Stammkernen) die Art der Kondensation maßgebend. Bei gleicher Art der Kondensation und der Brücken (s. S. 15 bei isocyclischen Verbindungen) ist danach vor allem die Größe des Heterorings und erst später die Größe isocyclischer Ringe maßgebend:

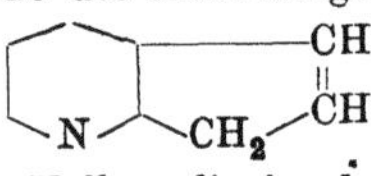

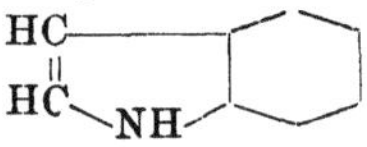

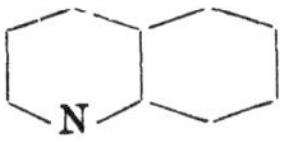

[Strukturformeln]

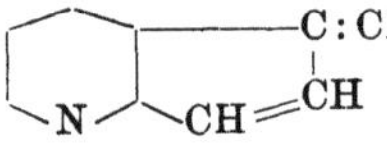

Vollständig kondensierte Systeme, die ferner auch in der Art ihrer Anellierung übereinstimmen (s. o.), können sich noch dadurch unterscheiden, daß ihr Heteroring im einen Fall **endständig**, im anderen Fall **mittelständig** ist. Voran geht das Isomere mit endständigem Heteroring:

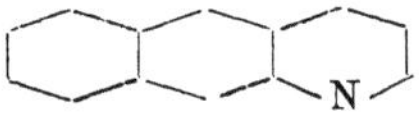

[Strukturformeln]

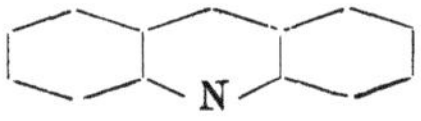

Sodann kann bei im übrigen herrschender Übereinstimmung die **Stellung des Heteroatoms zu der Kondensationsstelle (Brückenstelle)** eine verschiedene sein. Solche Isomeren folgen sich mit wachsender Entfernung des Heteroatoms von der Kondensationsstelle:

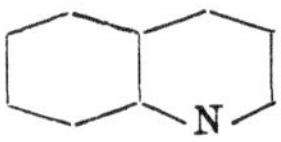

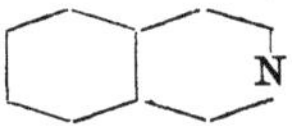

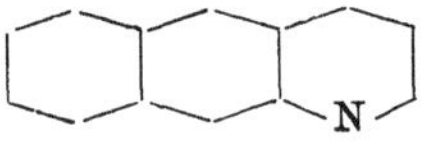

[Strukturformeln]

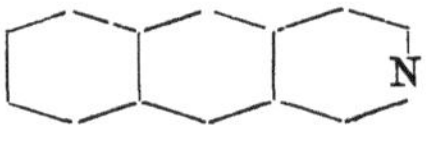

Bei den Heteroklassen mit mehreren Heteroatomen ist für die einkernigen Verbindungen zunächst wieder die Ringgröße maßgebend:

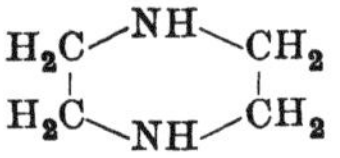

[Strukturformeln]

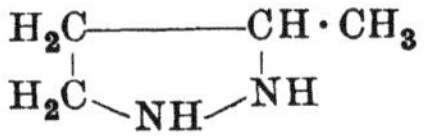

Danach aber erscheint vor allem charakteristisch die **Stellung der Heteroatome zueinander**. Es rangiert:

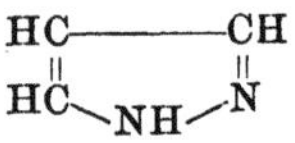

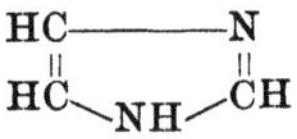

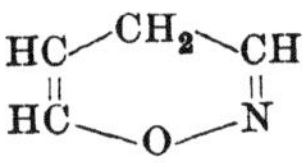

[Strukturformeln]

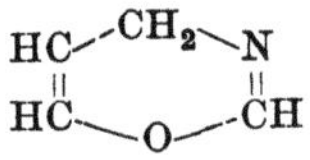

Für die polycyclischen Isomeren mit mehreren Heteroatomen erscheint bei gleicher Ringzahl als wesentlichstes Moment die **Art der Verteilung der Heteroatome auf die Ringe**. Es kommen erst Verbindungen, in denen die Heteroatome einem Ringe angehören, dann solche, in denen sie auf mehrere Ringe verteilt sind:

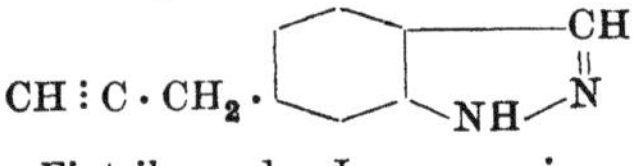

[Strukturformeln]

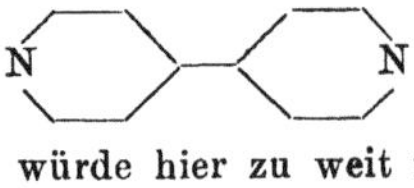

Auf die feinere Einteilung der Isomeren einzugehen, würde hier zu weit führen.

Die Anordnung der Stammkerne, wie sie hier dargelegt ist, wird nun allgemein der Anordnung von Verbindungen mit funktionellen Gruppen (Hauptklassen 2—28) zugrunde gelegt.

§ 15. Mit der 2. Hauptklasse wird die Reihe der durch funktionelle Gruppen charakterisierten Hauptklassen eröffnet. Hier beginnt die Unterteilung auf Grund der Anzahl der funktionellen Gruppen.

Die 2. Hauptklasse (vgl. § 11) zerfällt also zunächst in die Unterklassen:
Monooxy-Verbindungen: 1 —OH im Molekül,
Dioxy-   „   : 2 —OH „   „
Trioxy-   „   : 3 —OH „   „
                          usw.

Jede dieser Unterklassen wird dann im Sinne von § 13 erst nach fallendem Sättigungsgrad, dann nach steigender Kohlenstoffzahl weiter geteilt, z. B. die erste Unterklasse folgendermaßen:

Monooxy-Verbindungen $C_nH_{2n+2}O$ (= $C_nH_{2n+1}\cdot OH$)
CH_4O
C_2H_6O
C_3H_8O
⋮
Monooxy-Verbindungen $C_nH_{2n}O$
usw.

Für die Anordnung der einzelnen isomeren Oxy-Verbindungen ist in erster Linie die Anordnung der ihnen zugrunde liegenden Stammkerne maßgebend, wie sie in § 14 festgesetzt worden ist, z. B.:

$CH_3\cdot CH_2\cdot CH_2\cdot CH(OH)\cdot CH_2\cdot CH_2\cdot CH_3$ vor $CH_3\cdot C(OH)\cdot CH_2\cdot CH\cdot CH_3$
                                                                    CH_3 CH_3
Stammkern: Heptan   Stammkern: 2.4-Dimethyl-pentan

CH_2 : $CH\cdot CH(OH)\cdot CH_2\cdot CH_3$ vor $HO\cdot CH_2\cdot CH$: $CH\cdot CH_2\cdot CH_3$
Stammkern: Penten-(1)   Stammkern: Penten-(2)

Bei Oxy-Verbindungen, die in bezug auf ihren Stammkern völlig übereinstimmen, wird nunmehr die Stellung der Oxy-Gruppen zur Bestimmung ihrer Reihenfolge herangezogen, und zwar werden Isomere, deren Oxy-Gruppen nur in der Hauptkette bezw. im Ring stehen, vor solchen Isomeren angeordnet, welche Oxy-Gruppen in der Seitenkette tragen, z. B.:

$CH_3\cdot CH_2\cdot CH\cdot CH(OH)\cdot CH_2\cdot CH_2\cdot CH_3$ vor $CH_3\cdot CH_2\cdot CH\cdot CH_2\cdot CH_2\cdot CH_3$
       CH_3 $CH_2\cdot OH$

          CH_3 $CH_2\cdot OH$
         ⬡ · OH   vor   ⬡

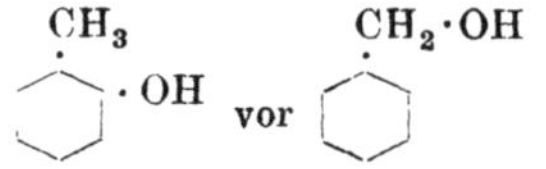

Wo dies nicht entscheidet, folgen sich Isomere im Sinne des Beispiels:

$CH_3\cdot CH_2\cdot \overset{2}{C}H(OH)\cdot \overset{1}{C}H_2\cdot OH$ vor $CH_3\cdot \overset{3}{C}H(OH)\cdot CH_2\cdot \overset{1}{C}H_2\cdot OH$ vor
$\overset{4}{C}H_2(OH)\cdot CH_2\cdot CH_2\cdot \overset{1}{C}H_2\cdot OH$ vor $CH_3\cdot \overset{3}{C}H(OH)\cdot \overset{2}{C}H(OH)\cdot CH_3$

Dieselben Regeln gelten auch für die Anordnung der Isomeren aller anderen Hauptklassen, sofern nur gleichartige Funktionen vorhanden sind, z. B. kommt:

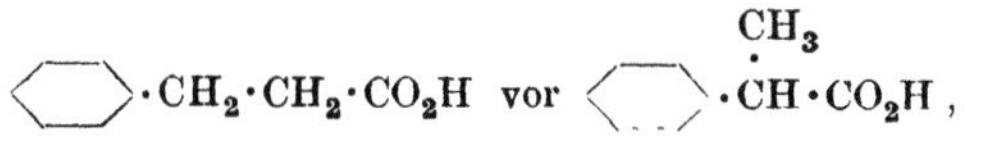

                                              CH_3
         ⬡·$CH_2\cdot CH_2\cdot CO_2H$ vor   ⬡·$CH\cdot CO_2H$,

entsprechend der Anordnung der Stammkerne:

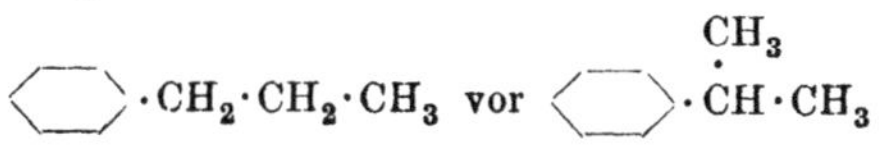

                                              CH_3
         ⬡·$CH_2\cdot CH_2\cdot CH_3$ vor   ⬡·$CH\cdot CH_3$

§ 16. Bei der 3. Hauptklasse tritt zuerst ein weiteres für die Unterteilung wichtiges Moment hinzu: Die Kombination der für eine Klasse charakteristischen funktionellen Gruppe mit den funktionellen Gruppen der vorhergehenden Hauptklassen („Nebenfunktionen"). Denn zu den „reinen" Oxo-Verbindungen kommen hier noch Oxy-oxo-Verbindungen, die zugleich —OH und =O im Molekül enthalten.

Solche Verbindungen von gemischter Funktion werden immer hinter den Verbindungen von einheitlicher Funktion gebracht. Wir haben also in der 3. Hauptklasse als erste Unterteilung:

Monooxo-Verbindungen: 1 = O im Molekül
Dioxo-   „   : 2 = O   „   „
Trioxo-   „   : 3 = O   „   „
⋮

Oxy-oxo-Verbindungen[1]): —OH und = O im Molekül.

Analog in der 4. Hauptklasse:

Monocarbonsäuren
Dicarbonsäuren
Tricarbonsäuren
⋮

Oxy-carbonsäuren
⋮

Oxo-carbonsäuren
⋮

Oxy-oxo-carbonsäuren.

Innerhalb der für Verbindungen von gemischter Funktion gebildeten Unterklassen handelt es sich nun um weitere Unterteilungen. Die dabei für die 3. und 4. Hauptklasse in Betracht kommenden Verbindungen bestehen ausschließlich aus drei Elementen: C, H und O; hier stützt sich die Unterteilung auf die empirische Formel, und zwar derart, daß in erster Linie die Sauerstoffzahl, in zweiter der Sättigungsgrad, in dritter die Kohlenstoffzahl maßgebend ist[2]).

Hiernach ergibt sich z. B. für die Unterklasse der acyclischen Oxy-oxo-Verbindungen die Einteilung:

Oxy-oxo-Verbindungen mit 2 O:
Verbindungen $C_nH_{2n}O_2$
Verbindungen $C_2H_4O_2$
„ $C_3H_6O_2$
⋮

Verbindungen $C_nH_{2n-2}O_2$
„ $C_nH_{2n-4}O_2$
⋮

Oxy-oxo-Verbindungen mit 3 O
„   „   „   „ 4 O
usw.

Für die Anordnung der innerhalb jeder Rubrik etwa auftretenden Isomeren gemischter Funktion ist wieder die Anordnung der Stammkerne maßgebend, z. B.:

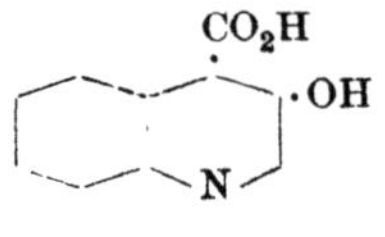

CO_2H ⟨Ring⟩·OH   OH ⟨Ring⟩ N
          N   vor CO_2H

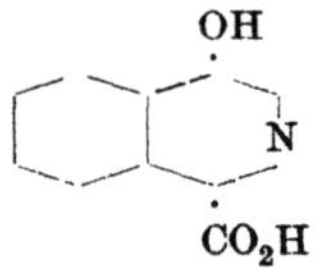

Für Isomere, deren Reihenfolge hiernach noch nicht bestimmt ist, gilt die Anweisung:

Von den drei „O-Funktionen" —OH, = O, $<^O_{OH}$ wird jeweils die systematisch letzte für die Anordnung bestimmend (vgl. § 15); in den Fällen, wo die Anordnung auch dann noch fraglich bleibt, entscheidet die systematisch vorletzte Funktion usw.

---

[1]) Selbstverständlich ausschließlich der Carbonsäuren, entsprechend den Entwicklungen von § 8—9.
[2]) Diese Art der Unterteilung, die den Charakter der einzelnen funktionellen Gruppen innerhalb einer Unterklasse unberücksichtigt läßt, wurde gewählt, weil dadurch einmal die Aufstellung einer übergroßen Zahl von Klassen, wie sie die strenge Anwendung der Kombinationslehre ergäbe, vermieden wird, und weil ferner auch solche Oxy-oxo-Verbindungen (bezw. Oxy-oxo-carbonsäuren), bei denen vorläufig unbestimmt ist, wie viele der vorhandenen O-Atome auf die Oxy-, wie viele auf die Oxo- (bezw. Carboxyl-) Gruppen entfallen, doch einer bestimmten Isomerenschar zugeteilt werden können.

Beispiel für die Anordnung der Monooxy-monooxo-pentane:

$CH_3 \cdot CH_2 \cdot CH_2 \cdot \overset{2}{C}H(OH) \cdot \overset{1}{C}HO$ Pentanol-(2)-al-(1)
$CH_3 \cdot CH_2 \cdot \overset{3}{C}H(OH) \cdot CH_2 \cdot \overset{1}{C}HO$ —— ol-(3)-al-(1)
$CH_3 \cdot \overset{4}{C}H(OH) \cdot CH_2 \cdot CH_2 \cdot \overset{1}{C}HO$ ———— ol-(4)-al-(1)
$\overset{5}{C}H_2(OH) \cdot CH_2 \cdot CH_2 \cdot \overset{1}{C}HO$ —— ol-(5)-al-(1)

$CH_3 \cdot CH_2 \cdot CH_2 \cdot \overset{2}{C}O \cdot \overset{1}{C}H_2 \cdot OH$ Pentanol-(1)-on-(2)
$CH_3 \cdot CH_2 \cdot \overset{3}{C}H(OH) \cdot \overset{2}{C}O \cdot CH_3$ ·· ——— ol-(3)-on-(2)
$CH_3 \cdot \overset{4}{C}H(OH) \cdot CH_2 \cdot \overset{2}{C}O \cdot CH_3$ —— ol-(4)-on-(2)
$\overset{5}{C}H_2(OH) \cdot CH_2 \cdot CH_2 \cdot \overset{2}{C}O \cdot CH_3$ ——— ol-(5)-on-(2)

$CH_3 \cdot CH_2 \cdot \overset{3}{C}O \cdot CH_2 \cdot \overset{1}{C}H_2 \cdot OH$ Pentanol-(1)-on-(3)
$CH_3 \cdot CH_2 \cdot \overset{3}{C}O \cdot \overset{2}{C}H(OH) \cdot CH_3$ ———— ol-(2)-on-(3)

Beispiel für die Anordnung der Monooxy-hydrozimtsäuren:

$HO \cdot C_6H_4 \cdot CH_2 \cdot CH_2 \cdot CO_2H$ (o-, m- und p-Verbindung)
$C_6H_5 \cdot CH(OH) \cdot CH_2 \cdot CO_2H$
$C_6H_5 \cdot CH_2 \cdot CH(OH) \cdot CO_2H$

§ 17. Von der 5. Hauptklasse an lassen sich die Unterklassen von Verbindungen mit gleichartigen Funktionen zwar noch analog, wie dies § 15 geschildert ist, anordnen. Bei den jeweils darauffolgenden Unterklassen von Verbindungen gemischter Funktion gestaltet sich die Einteilung aber weniger einfach als bei den Verbindungen der 3. und 4. Hauptklasse (s. § 16), die nur Kombinationen von „O-Funktionen" enthalten.

Bei den zunächst zu betrachtenden Kombinationen von Funktionen aus einer der Hauptklassen 5—28 mit „O-Funktionen" erweist sich eine Unterteilung auf Grund der empirischen Formel, welche die einzuordnenden Verbindungen selbst besitzen, hier, wo neben C, H und O noch N, S usw. vorkommen, als zu kompliziert und unpraktisch. Es empfiehlt sich vielmehr, bei der Unterteilung zurückzugreifen auf die Unterteilung der Hauptklassen, welche nur „O-Funktionen" enthalten, indem zunächst ganz abgesehen wird von Zahl und Stellung derjenigen funktionellen Gruppen, die für die Einordnung in eine der späteren Hauptklassen (5—28) maßgebend waren. Am Beispiel der isocyclischen Amino-oxy-carbonsäuren möge erläutert werden, wie dies zu verstehen ist:

Aminoverbindungen der Oxy-carbonsäuren mit 3 O
Aminoverbindungen der Oxy-carbonsäuren $C_nH_{2n-2}O_3$
   ,,   ,,   ,,   ,, $C_nH_{2n-4}O_3$
   ,,   ,,   ,,   ,, $C_nH_{2n-6}O_3$
   ,,   ,,   ,,   ,, $C_nH_{2n-8}O_3$
Aminoverbindungen der Oxy-carbonsäuren $C_6H_4O_3$
   ,,   ,,   ,,   ,, $C_7H_6O_3$
    Aminoverbindungen der Salicylsäure
    Isomere Monoaminoverbindungen der Salicylsäure
  ,,   Diaminoverbindungen   ,,   ,,
    ⋮

Aminoverbindungen der m-Oxy-benzoesäure
  ,,   ,,   der p-Oxy-benzoesäure
    usw.
Aminoverbindungen der Oxy-carbonsäuren mit 4 O
    ⋮

Bei Kombinationen der Funktionen der Hauptklassen 5—28 unter sich ergibt sich dieselbe Schwierigkeit, wie sie eben für die Kombination mit „O-Funktionen" erwähnt worden ist. Hier wird folgendermaßen verfahren:

Nachdem die Hauptklasse durch diejenige Funktion bestimmt ist, welche in der Liste der Funktionen, § 11, am spätesten steht, wird für die Unterteilung der Klassen gemischter Funktionen zuerst diejenige Funktionsart maßgebend, die am frühesten in unserer Liste der Funktionen steht; demnächst beeinflussen dann innerhalb der so sich ergebenden Gruppierung nacheinander (nach Maßgabe ihrer Entfernung vom Anfang der Funktionenliste) die anderen Funktionen die feinere Unterteilung.

Beispiel: Die **Naphthylaminsulfonsäuren** kommen in die Hauptklasse der Amine, und zwar nach Erledigung der Mono-, Di-, Tri- usw. amine, der Oxy-amine, Oxo-amine, Aminocarbonsäuren, Amino-sulfinsäuren in die **Unterklasse der Amino-sulfonsäuren**. Hier werden nun unter den **Aminoverbindungen der Monosulfonsäuren** die Aminoverbindungen der Naphthalinmonosulfonsäuren behandelt, unter diesen zunächst die **Aminoverbindungen der Naphthalin-sulfonsäure-(1)**, hierunter

zuerst die isomeren **Monoaminoverbindungen** der Naphthalin-sulfonsäure-(1),
hierauf die isomeren **Diaminoverbindungen** ,, ,,
,, ,, ,, **Triaminoverbindungen** ,, ,,
:
usw.

Es folgen die **Aminoverbindungen der Naphthalin-sulfonsäure-(2)**, in gleicher Anordnung wie diejenigen der Naphthalin-sulfonsäure-(1). Nachdem dann sämtliche Aminoverbindungen aller weiteren systematisch auf die Naphthalinmonosulfonsäuren folgenden **Monosulfonsäuren**,

hierauf die **Aminoverbindungen der Disulfonsäuren** $C_nH_{2n}O_6S_2$ bis $C_nH_{2n-10}O_6S_2$ aufgeführt sind, erscheinen unter den Aminoverbindungen der Disulfonsäuren $C_nH_{2n-12}O_6S_2$ die **Aminoverbindungen der Naphthalindisulfonsäuren**,
beginnend mit 3-Amino-naphthalin-disulfonsäure-(1. 2).

Die Unterteilung derjenigen Unterklassen, die neben verschiedenen funktionellen Gruppen der 5. bis 28. Hauptklasse noch „O-Funktionen" enthalten, erfolgt durch sinngemäße Übertragung der soeben aufgeführten Grundsätze.

§ 18. In den vorhergehenden Paragraphen sind Richtlinien für die Unterteilung bis zur feinsten Gliederung gegeben worden. Das experimentelle Material, welches auf die verschiedenen Kapitel entfällt, ist nun aber sehr ungleich stark; unter der großen Zahl der möglichen Klassen gibt es manche, die nur sehr wenige, andere, die gar keine bekannten Vertreter enthalten. An solchen Stellen des Beilstein-Handbuches würde die Einfügung des vollständigen Rahmenwerks in Gestalt aller Gruppenüberschriften zu viel Raum beanspruchen; die wirklich vorkommenden Verbindungen sind vielmehr an solchen experimentell wenig bearbeiteten Stellen unter zusammenfassenden Überschriften angeordnet, aber stets in der systematischen Reihenfolge.

D. Anordnung der Derivate, die sich an eine „Registrier-Verbindung" anschließen.

§ 19. Wenn man nach dem Abschnitt C die Einteilung der Hauptklassen in Unterklassen, Rubriken usw. fortführt, so kommt man schließlich zu den einzelnen Verbindungen, die als eigentliche Vertreter der in den Überschriften speziell gekennzeichneten Klassen auftreten. Diese einzelnen Vertreter erhalten eine **Nummer**[1]; man kann sie als „**Registrier-Verbindungen**" bezeichnen. An jede einzelne werden ihre **Derivate** (Näheres vgl. in den folgenden Paragraphen) angeschlossen. Häufig tritt der Fall ein, daß die „Registrier-Verbindung" selbst gar nicht bekannt ist, sondern nur ihr Name nebst Formel unter einer Nummer aufgeführt wird, damit die geeignete Stelle für Unterbringung der bekannten Derivate geschaffen wird; es wäre daher streng genommen richtiger, in solchen Fällen anstatt von „Registrier-Verbindungen" von „**Registrier-Überschriften**" zu sprechen[2].

---

[1] In den in § 17 gekennzeichneten Fällen werden sie nicht einzeln numeriert sondern gruppenweise in einer numerierten Überschrift zusammengefaßt z. B.:
1. Aminoverbindungen der Salicylsäure.
2. Aminoverbindungen der m-Oxy-benzoesäure.

[2] Für die einzelnen Vertreter der in § 17 gekennzeichneten Klassen werden aber, wenn sie nur in Form von Derivaten beschrieben sind, **im allgemeinen keine besonderen Überschriften** gebracht.

§ 20. Als Derivate sind in Betracht zu ziehen:
1. Derivate, entstanden durch Veränderung der funktionellen Gruppe: **Funktionelle Derivate.**
   Zu diesen gehören aber im Sinne unseres Systems nicht die Schwefel-Analoga; vgl. Ziffer 3.
2. Derivate, entstanden durch Substitution des Stammkerns an einem keine funktionelle Gruppe tragenden Kohlenstoffatom[1] mittels der nichtfunktionellen Substituenten (vgl. § 7): **Substitutionsprodukte.**
3. Derivate, entstanden durch Austausch von Funktions-Sauerstoff oder Hetero-Sauerstoff gegen Schwefel (bezw. Se oder Te) (vgl. § 10 und § 5): **Schwefel usw.-Analoga.**

Diese drei Arten von Derivaten folgen sich immer in der hier gegebenen Reihenfolge. Entsprechend dem Prinzip der spätesten Systemstelle (vgl. § 4) gehören selbstverständlich solche Derivate, welche sowohl durch Veränderung der funktionellen Gruppe wie durch Substitution im Stammkern gebildet sind, zur zweiten Art; solche, die funktionelle Veränderung oder Substitution neben dem Ersatz von O durch S aufweisen, zur dritten Art.

§ 21. Für die Stammkerne der I. und II. Hauptabteilung — acyclische und isocyclische Kohlenwasserstoffe — kommen lediglich Derivate der zweiten Art, also Substitutionsprodukte in Betracht[2]. Für deren Anordnung gilt in erster Linie die folgende **Rangordnung der Substituenten**[3]):

$$F, Cl, Br, I, NO, NO_2, N_3.$$

Im Anschluß an „Methan" wären also zunächst zu bringen die vier Fluorderivate:

$$CH_3F, CH_2F_2, CHF_3 \text{ und } CF_4.$$

Geht man nun zu den Chlorderivaten über, so sind nicht nur die Verbindungen mit Chlor als alleinigem Substituenten, sondern auch solche mit Chlor und Fluor anzuordnen. Gewählt wird die Reihenfolge:

$$CH_3Cl, CH_2FCl, CHF_2Cl, CF_3Cl. - CH_2Cl_2, CHFCl_2, CF_2Cl_2. -$$
$$CHCl_3, CFCl_3. - CCl_4.$$

Es werden also nach Einführung eines Chloratoms erst alle Kombinationen von einem Chloratom mit dem vorher behandelten Substituenten Fluor aufgeführt, bevor man zum Dichlorderivat übergeht. Dieses Verfahren kann man durch die Regel:

Erst Kombination des Neuen mit allem Vorhergegangenen, dann Multiplikation des Neuen

kurz kennzeichnen[4]).

Die Anordnung **isomerer Substitutionsprodukte** erfolgt in analoger Weise, wie dies in den §§ 15 und 16 für die feinere Anordnung isomerer Verbindungen mit „O-Funktionen" dargelegt ist, z. B.:

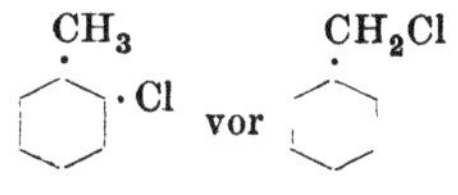

$$\overset{CH_3}{\underset{}{\bigcirc}} \cdot Cl \quad \text{vor} \quad \overset{CH_2Cl}{\underset{}{\bigcirc}}$$

$$CH_3 \cdot \overset{4}{C}HCl \cdot CH_2 \cdot CH_2 \cdot \overset{1}{C}H_2 \cdot NO_2 \quad \text{vor} \quad CH_3 \cdot CH_2 \cdot CH_2 \cdot \overset{2}{C}H(NO_2) \cdot \overset{1}{C}H_2Cl$$

§ 22. Von der 2. Hauptklasse an besteht außer der Substitution im Stammkern die Möglichkeit der Veränderung innerhalb der funktionellen Gruppe. In den fol-

---

[1]) Über Substitution an einem Kohlenstoffatom, das zugleich eine funktionelle Gruppe trägt, vgl. § 9.
[2]) Über funktionell aufgefaßte Derivate heterocyclischer Stammkerne vgl. § 31.
[3]) Verbindungen, welche dadurch entstehen, daß Jod in höherwertigen Zustand übergeht, werden im direkten Anschluß an das Substitutionsprodukt mit einwertigem Jod gebracht; Beispiel für die Reihenfolge:

$$C_6H_5I, \ C_6H_5IO, \ C_6H_5ICl_2, \ C_6H_5IO_2, \ (C_6H_5)_2I \cdot OH.$$

Über ähnliche Behandlung von Additionsprodukten funktioneller Derivate vgl. § 30.
[4]) Es sei darauf hingewiesen, daß bei der Unterteilung der funktionellen Klassen (vgl. § 16 und 17) gerade umgekehrt verfahren wird.

genden Paragraphen werden zunächst nur die funktionellen Veränderungen an Registrier-Verbindungen mit **einer** funktionellen Gruppe erörtert.

Dabei sei zunächst abgesehen von denjenigen Veränderungen, welche mit einem **Valenzwechsel** des für die funktionelle Gruppe charakteristischen Elementes verbunden sind, z. B.:

$$CH_3 \cdot \overset{III}{N}H_2 \rightarrow CH_3 \cdot \overset{V}{N}(CH_3)_3 \cdot OH \quad (\text{vgl. hierüber § 30}).$$

Die funktionellen Derivate einer Registrier-Verbindung bauen wir aus dieser allgemein auf „**anhydrosynthetischem**" Wege auf; d. h. wir denken sie uns dadurch entstanden, daß die Funktion der Registrier-Verbindung (evtl. in der Hydratform) mit einer **organischen** C-Hydroxyl-Verbindung:

$$\overset{}{\underset{}{>}}\!C\!-\!OH\,, \quad >\!C\!<\!\!{}^{OH}_{OH}\, (=\, >\!CO + H_2O)\,, \quad -C\!<\!\!{}^{OH}_{OH}\!\!{}^{OH}\, (=\, -\!CO\cdot OH + H_2O)$$

oder mit einer **anorganischen** H-haltigen Verbindung unter Wasseraustritt verkuppelt worden ist. Die bei der „Anhydrosynthese" mit der Registrier-Verbindung reagierend gedachte Komponente bezeichnen wir als „**Kuppelungs-Verbindung**".

Beispiele:

Registrier-Verbindung (A)		Kuppelungs-Verbindung (B)		Derivat 1. Grades (primäres Derivat)
$C_6H_5 \cdot OH$	+	$HO \cdot CH_3$	=	$C_6H_5 \cdot O \cdot CH_3 + H_2O$;
$C_6H_5 \cdot OH$	+	$HO \cdot SO_2 \cdot OH$	=	$C_6H_5 \cdot O \cdot SO_2 \cdot OH + H_2O$;
$C_6H_5 \cdot CO \cdot OH$	+	$HO \cdot CH_2 \cdot CO_2H$	=	$C_6H_5 \cdot CO \cdot O \cdot CH_2 \cdot CO_2H + H_2O$;
$C_6H_5 \cdot CO \cdot OH$	+	HCl	=	$C_6H_5 \cdot COCl + H_2O$;
$C_6H_5 \cdot CO \cdot OH$	+	H_3N	=	$C_6H_5 \cdot CO \cdot NH_2 + H_2O$.

Eine solche Veränderung der Funktion der Registrier-Verbindung bezeichnen wir als **Veränderung 1. Grades**.

Ist nun die Kuppelungs-Verbindung derartig konstituiert, daß sie eine fernere Veränderung — sei es durch Substitution, sei es durch anhydrosynthetische Verkuppelung mit einer organischen oder anorganischen Kuppelungs-Verbindung — zuläßt, so werden Veränderungen möglich, die wir als **Veränderungen 2. Grades** bezeichnen. Beispiele:

Registrier-Verbindung	Derivat 1. Grades	Derivat 2. Grades
$C_6H_5 \cdot NH_2$	$C_6H_5 \cdot NH \cdot CO \cdot CH_3$	$C_6H_5 \cdot NH \cdot CO \cdot CH_2Cl$
$C_6H_5 \cdot CO \cdot OH$	$C_6H_5 \cdot CO \cdot NH_2$	$C_6H_5 \cdot CO \cdot NH \cdot CO \cdot CH_3$
$C_6H_5 \cdot NH_2$	$C_6H_5 \cdot NH \cdot CH_2 \cdot CH_2 \cdot OH$	$C_6H_5 \cdot NH \cdot CH_2 \cdot CH_2 \cdot O \cdot CH_3$
$C_6H_5 \cdot OH$	$C_6H_5 \cdot O \cdot SO_2 \cdot OH$	$C_6H_5 \cdot O \cdot SO_2 \cdot NH_2$

In dieser Weise kann bei geeigneter Konstitution der letzten Kuppelungs-Verbindung beliebig weiter gegangen werden, und es können so Derivate 3., 4. usw. Ableitungsgrades auftreten.

§ 23. Für die Anordnung der Derivate einer Registrier-Verbindung gilt nun ganz allgemein die Regel:

Eine neue Veränderung 1. Grades darf erst vorgenommen werden, nachdem alle Veränderungen 2. Grades abgehandelt worden sind; Analoges gilt für Veränderungen 3. usw. Grades.

Erstes Beispiel:

$C_6H_5 \cdot NH \cdot CH_2 \cdot CH_3$: Veränderung 1. Grades (Kuppelungs-Verbindung: Äthylalkohol),

$C_6H_5 \cdot NH \cdot CH_2 \cdot CH_2Cl$: Veränderung 2. Grades (der Äthylalkohol wird substituiert),

$C_6H_5 \cdot NH \cdot CH_2 \cdot CH_2 \cdot CH_3$: Neue Veränderung 1. Grades (Kuppelungs-Verbindung: Propylalkohol).

Zweites Beispiel:

$C_6H_5 \cdot NH \cdot CH_2 \cdot CH_2 \cdot OH$: Veränderung 1. Grades,
$C_6H_5 \cdot NH \cdot CH_2 \cdot CH_2 \cdot O \cdot CH_2 \cdot CH_3$: Veränderung 2. Grades,
$C_6H_5 \cdot NH \cdot CH_2 \cdot CH_2 \cdot O \cdot CH_2 \cdot CH_2Cl$: Veränderung 3. Grades,
$C_6H_5 \cdot NH \cdot CH_2 \cdot CH_2 \cdot O \cdot CO \cdot CH_3$: Neue Veränderung 2. Grades,
$C_6H_5 \cdot NH \cdot CH_2 \cdot CH_2 \cdot CH_2 \cdot OH$: Neue Veränderung 1. Grades.

Weiteres über Veränderungen 2., 3. usw. Grades vgl. § 27.

Es braucht nun aber die Veränderungsfähigkeit einer funktionellen Gruppe mit einer Veränderung 1. Grades nicht erschöpft zu sein. Nachdem z. B. im Anilin ein H-Atom der Amino-Gruppe durch eine organische oder anorganische Gruppe ersetzt worden ist ($C_6H_5 \cdot NH \cdot C_2H_5$, $C_6H_5 \cdot NH \cdot SO_3H$), kann auch das zweite H-Atom in ähnlicher Weise anhydrosynthetisch ersetzt werden $\left(C_6H_5 \cdot N {<}{}^{C_2H_5}_{CH_3}\right)$, und auch diese Veränderung muß als 1. Grades bezeichnet werden. An dem Carboxyl (in der Hydratform) sind sogar drei Veränderungen 1. Grades denkbar:

$$C_6H_5 \cdot C{<}^{OH}_{OH}_{OH} \rightarrow C_6H_5 \cdot C{<}^{NH_2}_{NH \cdot OH}_{O \cdot CH_3}.$$

Daß wir eine solche zweite (bezw. dritte) Veränderung 1. Grades erst vornehmen dürfen, nachdem vorher alle möglichen Veränderungen 2., 3. usw. Grades (an der zuerst eingeführten Kuppelungs-Verbindung) Berücksichtigung gefunden haben, geht schon aus der oben aufgestellten Regel hervor.

Die Einordnung derjenigen Verbindungen, welche durch mehr als eine Veränderung 1. Grades entstanden zu denken sind, erfolgt nach dem Prinzip, welches oben (§ 21) für die Behandlung der Substituenten in die Formel gefaßt wurde: „Erst kombinieren, dann multiplizieren."

Unter Berücksichtigung unserer im nächsten Paragraphen für die Kuppelungs-Verbindungen aufgestellten Rangliste ergibt sich hiernach z. B. die Reihenfolge:

$C_6H_5 \cdot NH \cdot CH_3$
$C_6H_5 \cdot N(CH_3)_2$

$C_6H_5 \cdot NH \cdot SO_3H$

$C_6H_5 \cdot NH \cdot SO_2Cl$ (Derivat 2. Grades)

$C_6H_5 \cdot N(CH_3) \cdot SO_3H$

$C_6H_5 \cdot N(C_2H_5) \cdot SO_3H$

$C_6H_5 \cdot N(SO_3H)_2$

Hat die Kuppelungs-Verbindung (B) mehrere zur Anhydrosynthese verwendbare Stellen [z. B. $(HO)_2SO_2$, $(HO)_2CH_2$, $(HO)_2CO$, H_3N], und tritt sie im Verhältnis von 1 Molekül B zu 1 Molekül A an mehreren Stellen mit der Registrier-Verbindung (A) zusammen, ohne daß aber dadurch Bildung eines heterocyclischen Komplexes erfolgt, so entstehen Derivate, welche die Reste von A und B durch mehrfache Bindung aneinander gekettet enthalten, z. B.

$C_6H_5 \cdot N : SO_2$, $C_6H_5 \cdot N : CH_2$, $C_6H_5 \cdot N : CO$, $C_6H_5 \cdot C : N$.

Solche Verbindungen werden ganz am Schluß derjenigen Derivate angeordnet, welche 1 Molekül B in Kombination mit 1 Molekül A enthalten, und zwar vorkommenden Falles erst das Derivat mit doppelt gebundener, dann das mit dreifach gebundener Kuppelungs-Verbindung. Hierauf folgen dann Derivate, bei welchen 2 Moleküle B auf 1 Molekül A kommen.

Beispiel:

$C_6H_5 \cdot NH \cdot CO \cdot OH$ (1 B auf 1 A, einfach gebunden)
$C_6H_5 \cdot N(CH_3) \cdot CO \cdot OH$ (1 B auf 1 A, einfach gebunden)

$C_6H_5 \cdot N : CO$ (1 B auf 1 A, doppelt gebunden)
$C_6H_5 \cdot N(CO \cdot OH)_2$ (2 B auf 1 A)

Eine Bestimmung brauchen wir noch für den Fall, daß in einer funktionellen Gruppe mehrere nicht gleichartig gebundene H-Atome vorhanden sind, wie z. B. in der Hydrazino-Gruppe —NH*·NH$_2$ oder in der Hydroxylamino-Gruppe —NH*·OH. Mit einem Molekül einer und derselben Kuppelungs-Verbindung sind in diesem Fall schon mehrere verschiedene Derivate 1. Grades herstellbar, z. B.:

$$C_6H_5 \cdot N(CH_3) \cdot OH \text{ und } C_6H_5 \cdot NH \cdot O \cdot CH_3.$$

Wir bestimmen: Man ersetzt zuerst das der Anknüpfungsstelle der funktionellen Gruppe am Stammkern am nächsten stehende H-Atom (oben mit * bezeichnet) und ordnet dann weiter nach Maßgabe des folgenden Beispiels:

$$C_6H_5 \cdot N(CO \cdot CH_3) \cdot NH_2$$
$$C_6H_5 \cdot N(CO \cdot CH_3) \cdot NH \cdot CH_3$$
$$C_6H_5 \cdot N(CO \cdot CH_3) \cdot N(CHO)_2$$
$$C_6H_5 \cdot NH \cdot NH \cdot CO \cdot CH_3$$
$$C_6H_5 \cdot N(CH_3) \cdot NH \cdot CO \cdot CH_3$$
$$C_6H_5 \cdot N(CHO) \cdot N(CHO) \cdot CO \cdot CH_3$$
$$C_6H_5 \cdot N(CO \cdot CH_3) \cdot NH \cdot CO \cdot CH_3$$
$$C_6H_5 \cdot NH \cdot N(CO \cdot CH_3)_2$$
$$C_6H_5 \cdot N(CO \cdot CH_3) \cdot N(CO \cdot CH_3)_2$$

§ 24. Wir bedürfen nun einer Anweisung für die Reihenfolge, in welcher die verschiedenen Veränderungen 1. Grades abzuhandeln sind. Zu diesem Zweck wurde zunächst — wiederum unter Berücksichtigung der praktischen Bedürfnisse (vgl. § 6) — die folgende **Rangliste für die Kuppelungs-Verbindungen** aufgestellt (in welcher unter II auch einige einstweilen hypothetische, nur in organischen Abkömmlingen bekannte anorganische Paarlinge aufgeführt sind):

I. Organische Kuppelungs-Verbindungen.

C-Hydroxyl-Verbindungen (d. h. organische Verbindungen, die „O-Funktionen" allein oder in Kombination mit anderen Funktionen enthalten) in der Reihenfolge wie sie sich im System des Beilstein-Handbuches folgen (vgl. dazu § 25 c—e).

II. Anorganische Kuppelungs-Verbindungen.

Hydroperoxyd HO·OH.
Sauerstoffsäuren:

HO·Cl; HO·ClO; HO·ClO$_2$; HO·ClO$_3$. — HO·Br usw. — HO·I usw.;

HO·S·OH bezw. HO·S$\overset{O}{\underset{H}{<}}$ (Sulfoxylsäure); H$_2$S$_2$O$_4$ (Hydroschweflige Säure); HO·SO·OH

bezw. HO·S$\overset{O}{\underset{H}{\lessgtr}}$O; HO·SO$_2$·OH; — HO·Se·OH usw.;

HO·N:N·OH; HO·NO; HO·NO$_2$;
HO·P(OH)$_2$ usw.;
HO·SiO·OH usw.

Halogenwasserstoffe:

HF, HCl, HBr, HJ.

Stickstoffverbindungen, bei deren Kuppelung direkt an Stickstoff gebundener Wasserstoff reagiert:

H$_3$N; H$_2$N·OH; HNO bezw. Hydratform HN$\underset{OH}{\overset{OH}{<}}$ und Nebenform H$_2$N$\underset{OH}{\overset{O}{<}}$; HNO$_2$;

H$_2$N·NH$_2$ und andere Zweistickstoff-Verbindungen (vgl. in § 11 die Reihenfolge der für die Hauptklassen 10—15 maßgebenden funktionellen Gruppen);

H$_2$N·NH·NH$_2$ und andere Dreistickstoff-Verbindungen (vgl. in § 11 die Hauptklassen 16—19); hierher gehört auch HN$_3$;

Stickstoffverbindungen mit mehr als 3 N (vgl. in § 11 die Hauptklassen 20—22).

Verbindungen des P, As, Sb, Bi, ferner von Elementen der 4., 3., 2., 1., 6., 7. und 8. Gruppe des periodischen Systems (vgl. in § 11 die Hauptklassen 23 bis 28), bei deren Kuppelung direkt an P usw. gebundener H reagiert, soweit diese Verbindungen nicht systematisch anders zu behandeln sind (vgl. oben und § 25 b).

§ 25. Bemerkungen zu der Liste der Kuppelungs-Verbindungen:

a) Es muß darauf hingewiesen werden, daß nicht jede Verbindung obiger Rangliste mit jeder funktionellen Gruppe verkuppelt werden kann, z. B. ist eine Anhydrosynthese zwischen $C_6H_5 \cdot NH_2$ und HCl nicht möglich.

Ferner führt häufig die Kombination einer Registrier-Verbindung mit einer Kuppelungs-Verbindung zu Körpern, welche unserem System entsprechend gar nicht als Derivate dieser Registrier-Verbindung eingeordnet werden, sondern an anderen Stellen als Substitutionsprodukte oder als selbständige, funktionelle Gruppen enthaltende Registrier-Verbindungen zu bringen sind, z. B.:

$C_6H_5 \cdot OH + HCl \rightarrow C_6H_5Cl$ (Substitutionsprodukt von C_6H_6);
$C_6H_5 \cdot OH + H_3N \rightarrow C_6H_5 \cdot NH_2$ (Registrier-Verbindung aus der Hauptklasse der Amine);
$C_6H_5 \cdot OH + H\,NH \cdot OH \rightarrow C_6H_5 \cdot NH \cdot OH$ (Registrier-Verbindung aus der Hauptklasse der Hydroxylamine)[1]).

b) Der Schwefelwasserstoff ist in unserer Reihe der anorganischen Kuppelungs-Verbindungen nicht aufgeführt. Dies hat seinen Grund in den Bestimmungen von § 10 und § 20, denen zufolge die Schwefelverbindungen stets als besonderer Anhang (als dritte Art von Derivaten) nach Erledigung sowohl der funktionellen Derivate wie der Substitutionsprodukte zu bringen sind.

c) Entsprechend dem Prinzip der spätesten Systemstelle (vgl. § 4) **kommen bei einer Registrier-Verbindung selbstverständlich nur diejenigen organischen Kuppelungs-Verbindungen in Betracht, welche ihr im Beilstein-System vorangehen**[2]). Die Kombinationsprodukte mit solchen Paarlingen werden nun in derjenigen Reihenfolge aufgeführt, in welcher sich die organischen Paarlinge selbst im Beilstein-System folgen. Hierbei empfiehlt es sich aber, eine generelle Abweichung vom Beilstein-System zu machen, nämlich die gleichbenannten Klassen der I. und II. Hauptabteilung zusammenzuziehen, so daß also z. B. die acyclischen Monooxy-Verbindungen mit den isocyclischen Monooxy-Verbindungen als Glieder einer und derselben, in sich nach fallendem Sättigungsgrade geordneten Unterklasse betrachtet werden. (Näheres vgl. am Beispiel der Benzoesäure § 26.)

Bei den in der III. Hauptabteilung vorkommenden Fällen von heterocyclischen Kuppelungs-Verbindungen werden die durch Kombination mit diesen erhaltenen Verbindungen ganz an den Schluß der Derivate mit organischen Kuppelungs-Verbindungen unmittelbar vor Aufzählung der Derivate mit anorganischen Kuppelungs-Verbindungen gebracht, in der Reihenfolge, wie sich diese heterocyclischen Kuppelungs-Verbindungen im Beilstein-System folgen.

d) Als organische Kuppelungs-Verbindungen werden von uns nur **solche organischen Verbindungen in Betracht gezogen, aus welchen bei der Kuppelung an Kohlenstoff gebundenes Hydroxyl austreten kann**. Es kommen demnach in unserer Liste Verbindungen wie $CH_3 \cdot NH_2$, $C_6H_5 \cdot NH_2$, $C_6H_5 \cdot SO_3H$, Piperidin usw. nicht vor. Derivate wie $C_6H_5 \cdot CO \cdot NH \cdot CH_3$ denken wir uns vielmehr stufenweise so entstanden, daß Benzoesäure erst mit NH_3 unter Bildung eines Derivates 1. Grades (Benzamid) reagiert, aus dem dann durch Kuppelung 2. Grades mit einer organischen C-Hydroxyl-Verbindung ($CH_3 \cdot OH$) obiges Derivat hervorgeht, das bei Benzamid als Benzoesäure-Derivat 2. Grades aufgeführt wird:

$$C_6H_5 \cdot CO \cdot OH \;+\; H_3N \;=\; C_6H_5 \cdot CO \cdot NH_2 + H_2O\,.$$
Derivat 1. Grades

$$C_6H_5 \cdot CO \cdot NH_2 + HO \cdot CH_3 = C_6H_5 \cdot CO \cdot NH \cdot CH_3 + H_2O\,.$$
Derivat 2. Grades

Analog denken wir uns das Derivat $C_6H_5 \cdot NH \cdot SO_2 \cdot C_6H_5$ in folgenden zwei Stufen entstanden:

$$C_6H_5 \cdot NH_2 \quad + HO \cdot SO_2H = C_6H_5 \cdot NH \cdot SO_2H + H_2O\,.$$
Derivat 1. Grades

$$C_6H_5 \cdot NH \cdot SO_2H + HO \cdot C_6H_5 = C_6H_5 \cdot NH \cdot SO_2 \cdot C_6H_5 + H_2O\,.$$
Derivat 2. Grades

---

[1]) Dagegen gehört die Kombination $C_6H_5 \cdot OH + H\,O \cdot NH_2 = H_2O + C_6H_5 \cdot O \cdot NH_2$ zu den Derivaten des Phenols.

[2]) Über eine Ausnahme vgl. in § 29.

Enthält eine organische Verbindung außer einer Funktion mit C-gebundenem Hydroxyl noch eine andere Funktion — man denke z. B. an $HO_2C \cdot CH_2 \cdot CH_2 \cdot NH_2$, $HO \cdot CH_2 \cdot CH_2 \cdot NH_2$ oder $HO \cdot CH_2 \cdot CH_2 \cdot SO_3H$ —, so wird diese Verbindung nur dann unzergliedert als Kuppelungs-Verbindung betrachtet, wenn sie mit ihrer Hydroxylseite reagiert hat:

$$C_6H_5 \cdot CO \cdot OH + HO \cdot CH_2 \cdot CH_2 \cdot NH_2 = C_6H_5 \cdot CO \cdot O \cdot CH_2 \cdot CH_2 \cdot NH_2.$$
Aminoäthylalkohol   Aminoäthylester der Benzoesäure

Ist hingegen der Aminoäthylalkohol lediglich als Amin in Reaktion getreten, indem die H_2N-Gruppe die Kombination bewirkt hat, wie in $C_6H_5 \cdot CO \cdot NH \cdot CH_2 \cdot CH_2 \cdot OH$, so denken wir uns, analog wie dies oben für den Fall des reinen Amins (Methylamin) dargelegt ist, die Verbindung schrittweise aufgebaut aus Benzoesäure, NH_3 und Glykol (C-Hydroxyl-Verbindung):

$$C_6H_5 \cdot CO \cdot OH + H_3N = C_6H_5 \cdot CO \cdot NH_2 + H_2O.$$
Derivat 1. Grades

$$C_6H_5 \cdot CO \cdot NH_2 + HO \cdot CH_2 \cdot CH_2 \cdot OH = C_6H_5 \cdot CO \cdot NH \cdot CH_2 \cdot CH_2 \cdot OH + H_2O.$$
Derivat 2. Grades

Während die Verbindung $C_6H_5 \cdot CO \cdot O \cdot CH_2 \cdot CH_2 \cdot NH_2$ also unter den Kuppelungsprodukten aus Benzoesäure und C-Hydroxyl-Verbindungen aufgeführt wird, erscheint die isomere Verbindung $C_6H_5 \cdot CO \cdot NH \cdot CH_2 \cdot CH_2 \cdot OH$ erst viel später unter den Abkömmlingen des Benzamids.

Besonders zu beachten ist, daß für die Anordnung niemals mehrere Stellen einer Kuppelungs-Verbindung zugleich zur Anhydrosynthese mit mehreren Molekülen der Registrier-Verbindung benutzt werden dürfen. Solche Kombinationsprodukte, aus deren Molekül zweimal (oder dreimal usw.) ein und dieselbe Registrier-Verbindung hydrolytisch herausgespalten werden könnte, werden vielmehr für ihre Einordnung immer schrittweise aus einem Molekül der Registrier-Verbindung aus den allgemeinen Regeln abgeleitet. Die Verbindung $C_6H_5 \cdot CO \cdot O \cdot CH_2 \cdot CH_2 \cdot O \cdot CO \cdot C_6H_5$ hat man sich also so aufzubauen, daß zuerst ein Molekül der Registrier-Verbindung Benzoesäure mit einem Molekül der Kuppelungs-Verbindung Glykol das Derivat 1. Grades $C_6H_5 \cdot CO \cdot O \cdot CH_2 \cdot CH_2 \cdot OH$ bildet. Durch weitere Verknüpfung mit Benzoesäure, die jetzt aber nicht mehr als Registrier-Verbindung sondern als Kuppelungs-Verbindung auftritt, entsteht hieraus das Derivat 2. Grades $C_6H_5 \cdot CO \cdot O \cdot CH_2 \cdot CH_2 \cdot O \cdot CO \cdot C_6H_5$. Dieses wird im Anhang obigen Derivates 1. Grades folgendermaßen eingereiht:

$C_6H_5 \cdot CO \cdot O \cdot CH_2 \cdot CH_2 \cdot OH$ Derivat 1. Grades
$C_6H_5 \cdot CO \cdot O \cdot CH_2 \cdot CH_2 \cdot O \cdot CH_3$
$C_6H_5 \cdot CO \cdot O \cdot CH_2 \cdot CH_2 \cdot O \cdot C_6H_5$
$C_6H_5 \cdot CO \cdot O \cdot CH_2 \cdot CH_2 \cdot O \cdot CO \cdot CH_3$ Derivate 2. Grades
$C_6H_5 \cdot CO \cdot O \cdot CH_2 \cdot CH_2 \cdot O \cdot CO \cdot C_6H_5$

Hiernach darf also auch die Verbindung

$$\begin{array}{c} C_6H_5 \cdot NH \cdot CH_2 \\ | \\ C_6H_5 \cdot NH \cdot CH_2 \end{array}$$

nicht nach der Anhydrosynthese:

$$2\,C_6H_5 \cdot NH_2 + \begin{array}{c} HO \cdot CH_2 \\ | \\ HO \cdot CH_2 \end{array} = \begin{array}{c} C_6H_5 \cdot NH \cdot CH_2 \\ | \\ C_6H_5 \cdot NH \cdot CH_2 \end{array} + 2\,H_2O$$

entstanden gedacht werden. Man hat vielmehr folgendermaßen zu verfahren:

$$C_6H_5 \cdot NH_2 + HO \cdot CH_2 \cdot CH_2 \cdot NH_2 = C_6H_5 \cdot NH \cdot CH_2 \cdot CH_2 \cdot NH_2 + H_2O;$$
(Derivat 1. Grades)

$$C_6H_5 \cdot NH \cdot CH_2 \cdot CH_2 \cdot NH_2 + HO \cdot C_6H_5 = C_6H_5 \cdot NH \cdot CH_2 \cdot CH_2 \cdot NH \cdot C_6H_5 + H_2O.$$
(Derivat 2. Grades)

Glykol kommt als Kuppelungs-Verbindung 1. Grades bei diesem schrittweisen Vorgehen hier deshalb nicht in Betracht, weil man zum weiteren Aufbau auf das mit Glykol gewonnene Derivat 1. Grades $C_6H_5 \cdot NH \cdot CH_2 \cdot CH_2 \cdot OH$ zunächst NH_3 einwirken lassen müßte; dadurch würde aber eine Amino-Verbindung $C_6H_5 \cdot NH \cdot CH_2 \cdot CH_2 \cdot NH_2$ als Derivat einer Oxy-Verbindung $C_6H_5 \cdot NH \cdot CH_2 \cdot CH_2 \cdot OH$ erscheinen, was mit der Auswahl unserer selbständigen Funktionen OH und NH_2 unvereinbar ist.

e) Zu erörtern ist noch der Fall, daß eine organische oder anorganische Kuppelungs-Verbindung an zwei verschiedenen Stellen ihres Moleküls eine Anhydrosynthese mit der Registrier-Verbindung zuläßt:

Erstes Beispiel:

$$C_6H_5 \cdot NH_2 + HO \cdot CH_2 \cdot CO \cdot OH = C_6H_5 \cdot NH \cdot CH_2 \cdot CO \cdot OH + H_2O,$$
$$C_6H_5 \cdot NH_2 + HO \cdot CO \cdot CH_2 \cdot OH = C_6H_5 \cdot NH \cdot CO \cdot CH_2 \cdot OH + H_2O;$$

§ 25—26.] Anordnung von Derivaten. 27

Zweites Beispiel:
$$C_6H_5 \cdot CO \cdot OH + HO \cdot NH_2 = C_6H_5 \cdot CO \cdot O \cdot NH_2 + H_2O,$$
$$C_6H_5 \cdot CO \cdot OH + H_2N \cdot OH = C_6H_5 \cdot CO \cdot NH \cdot OH + H_2O.$$

In diesen Fällen wird so verfahren, als hätte man es mit zwei ganz verschiedenen Kuppelungs-Verbindungen zu tun, allerdings solchen, welche sich in der Rangliste unmittelbar folgen. Die Glykolsäure z. B. wird zunächst lediglich als „Alkohol" im Sinne der Anhydrosynthese:
$$C_6H_5 \cdot NH_2 + HO \cdot CH_2 \cdot CO \cdot OH = C_6H_5 \cdot NH \cdot CH_2 \cdot CO \cdot OH + H_2O$$
verwendet; erst, nachdem die Verbindung $C_6H_5 \cdot N(CH_2 \cdot CO \cdot OH)_2$ mit allen ihren Derivaten 2. usw. Grades abgehandelt ist, beginnt man von neuem mit der Glykolsäure als „Carbonsäure" zu kombinieren im Sinne der Anhydrosynthese:
$$C_6H_5 \cdot NH_2 + HO \cdot CO \cdot CH_2 \cdot OH = C_6H_5 \cdot NH \cdot CO \cdot CH_2 \cdot OH + H_2O.$$
Weiterschreitend gelangt man über die unsymmetrische Verbindung $C_6H_5 \cdot N{<}^{CO \cdot CH_2 \cdot OH}_{CH_2 \cdot CO \cdot OH}$ schließlich zu $C_6H_5 \cdot N(CO \cdot CH_2 \cdot OH)_2$.

Ganz ähnlich wird bei Kombination von $C_6H_5 \cdot CO \cdot OH$ mit $H_2N \cdot OH$ verfahren:
$$C_6H_5 \cdot CO \cdot O \cdot NH_2,$$
$$C_6H_5 \cdot CO \cdot NH \cdot OH = C_6H_5 \cdot C{<}^{N \cdot OH}_{OH},$$
$$C_6H_5 \cdot C{<}^{N \cdot OH}_{O \cdot NH_2},$$
$$C_6H_5 \cdot C{<}^{N \cdot OH}_{NH \cdot OH}.$$

Die Entscheidung darüber, welche Verwendungsform der Kuppelungs-Verbindung vorangehen soll, wird möglichst in Anlehnung an die Reihenfolge der Funktionen in den Hauptklassen getroffen; daher bei Glykolsäure OH vor ${<}^O_{OH}$, bei Hydroxylamin OH vor NH_2.

§ 26. Ein Beispiel für den Fall, daß die funktionelle Gruppe mit sämtlichen Verbindungen der Rangliste gekuppelt werden kann, bietet das Carboxyl. Am Fall der Benzoesäure sei daher gezeigt, wie sich die Anordnung einiger typischer Derivate [1]) 1. Grades nach Vorstehendem gestaltet:

I. **Derivate mit organischen Kuppelungs-Verbindungen.**

Derivate von:

$C_6H_5 \cdot CO \cdot O \cdot CH_3$

$C_6H_5 \cdot CO \cdot O \cdot CH{:}CH_2$
$C_6H_5 \cdot CO \cdot O \cdot CH{:}CH \cdot CH_3$
$C_6H_5 \cdot CO \cdot O \cdot CH_2 \cdot CH{:}CH_2$
$C_6H_5 \cdot CO \cdot O \cdot HC{<}^{CH_2}_{|\ CH_2}$
$C_6H_5 \cdot CO \cdot O \cdot CH_2 \cdot CH{:}CH \cdot CH_3$

$C_6H_5 \cdot CO \cdot O \cdot C_6H_5$

⎤ Monooxy-Verbindungen

$C_6H_5 \cdot CO \cdot O \cdot CH_2 \cdot CH_2 \cdot OH$

$C_6H_5 \cdot CO \cdot O \cdot C_6H_4 \cdot OH$

⎤ Dioxy-Verbindungen

$C_6H_5 \cdot CO \cdot O \cdot CH_2 \cdot CH(OH) \cdot CH_2 \cdot OH$ ⎤ Trioxy-Verbindungen usw.

$C_6H_5 \cdot CO \cdot O \cdot CH(CH_3) \cdot OH$

$C_6H_5 \cdot CO \cdot O \cdot CH(C_6H_5) \cdot OH$

⎤ Monooxo-Verbindungen

---

[1]) Zur Verdeutlichung des Prinzips sind hier (wie auch schon mehrfach in den früheren Beispielen) auch Derivate aufgeführt, die nicht wirklich dargestellt worden sind.

$C_6H_5 \cdot CO \cdot O \cdot CH(OH) \cdot CH_2 \cdot CO \cdot CH_3$]	Dioxo-Verbindungen usw.
$C_6H_5 \cdot CO \cdot O \cdot CH_2 \cdot CHO$]	Oxy-oxo-Verbindungen
$C_6H_5 \cdot CO \cdot O \cdot CHO$ ⎫	
$C_6H_5 \cdot CO \cdot O \cdot CO \cdot HC{<}^{CH_2-CH_2}_{CH_2-CH_2}{>}CH_2$ ⎬	Monocarbonsäuren, soweit sie systematisch nicht später als Benzoesäure stehen
$C_6H_5 \cdot CO \cdot O \cdot CO \cdot C_6H_5$ ⎭	
$C_6H_5 \cdot CO \cdot O \cdot CO \cdot CO_2H$]	acyclischen Dicarbonsäuren, Tricarbonsäuren usw.
$C_6H_5 \cdot CO \cdot O \cdot CH_2 \cdot CO_2H$]	„ Oxy-carbonsäuren
$C_6H_5 \cdot CO \cdot O \cdot CH(OH) \cdot CO_2H$]	„ Oxo-carbonsäuren
$C_6H_5 \cdot CO \cdot O \cdot CH_2 \cdot CH_2 \cdot SO_3H$ ⎫	
$C_6H_5 \cdot CO \cdot O \cdot CO \cdot CH_2 \cdot SO_3H$ ⎭	„ Sulfonsäuren mit „O-Funktionen" (vgl. § 17)
$C_6H_5 \cdot CO \cdot O \cdot CH_2 \cdot CH_2 \cdot NH_2$ ⎫	
$C_6H_5 \cdot CO \cdot O \cdot CO \cdot CH_2 \cdot NH_2$ ⎭	„ Amino-Verbindungen mit „O-Funktionen"
$C_6H_5 \cdot CO \cdot O \cdot CH_2 \cdot CH_2 \cdot NH \cdot OH$ ⎫	
$C_6H_5 \cdot CO \cdot O \cdot CH_2 \cdot CH_2 \cdot NH \cdot NH_2$ ⎭	„ Hydroxylamino-, Hydrazino- usw.-Verbindungen mit „O-Funktionen"

II. Derivate mit anorganischen Kuppelungs-Verbindungen.

$C_6H_5 \cdot CO \cdot O \cdot OH$ → $C_6H_5 \cdot CO \cdot O \cdot NH_2$ → $C_6H_5 \cdot CO \cdot NH \cdot NH_2$
$C_6H_5 \cdot CO \cdot OCl$ $C_6H_5 \cdot CO \cdot NH \cdot OH$ $C_6H_5 \cdot C{<}^{NH \cdot NH_2}_{NH}$
$C_6H_5 \cdot CO \cdot O \cdot SO_3H$ $C_6H_5 \cdot C{<}^{N \cdot OH}_{Cl}$
$C_6H_5 \cdot CO \cdot O \cdot NO_2$ $C_6H_5 \cdot C{<}^{N \cdot OH}_{NH \cdot OH}$ $C_6H_5 \cdot C{<}^{N \cdot NH_2}_{NH \cdot NH_2}$
$C_6H_5 \cdot COCl$
$C_6H_5 \cdot CO \cdot NH_2$ $C_6H_5 \cdot C{<}^{NO}_{N \cdot OH}$ $C_6H_5 \cdot CO \cdot N:NH$
$C_6H_5 \cdot CCl_2 \cdot NH_2$ $C_6H_5 \cdot C{<}^{NO_2}_{N \cdot OH}$ ⋙— $C_6H_5 \cdot C{<}^{N:NH}_{N \cdot NH_2}$
$C_6H_5 \cdot C{<}^{NH}_{O \cdot CH_3}$ $C_6H_5 \cdot CO \cdot N_2O_2H$
$C_6H_5 \cdot C{<}^{NH}_{Cl}$ $C_6H_5 \cdot CO \cdot N_3$
$C_6H_5 \cdot C:N$ usw.
$C_6H_5 \cdot C{<}^{NH}_{NH_2}$
$C_6H_5 \cdot C(NH_2)_3$ ⋙—

Laut der § 23 gegebenen Regel sind in unmittelbarem Anschluß an jedes einzelne dieser Derivate 1. Grades (also noch vor dem nächsten Derivate 1. Grades) die sämtlichen Verbindungen aufzuführen, welche aus ihm durch Veränderungen 2. usw. Grades gebildet werden können.

Sind derart die funktionellen Derivate der Benzoesäure sämtlich aufgezählt, so folgt die Reihe der Substitutionsprodukte, angeordnet nach den in § 21 entwickelten Grundsätzen, wobei an jedes einzelne Substitutionsprodukt die zugehörigen funktionellen Derivate in der Reihenfolge, die bei den funktionellen Derivaten der Benzoesäure selbst befolgt wurde, angeschlossen werden.

Zum Schluß kommen die Schwefel-Analoga der Benzoesäure, und zwar erst die Monothiobenzoesäure mit ihren funktionellen Derivaten und Substitutionsprodukten, dann die Dithiobenzoesäure und schließlich die Trithioorthobenzoesäure, jede mit ihren Derivaten.

§ 27. Für die Veränderungen 2., 3. usw. Grades behalten nun alle Bestimmungen Geltung, welche sich von der Behandlung der Veränderungen 1. Grades sinngemäß auf sie übertragen lassen. Besonders aufmerksam ist noch auf folgenden Punkt zu machen:

Die Veränderungen 2. Grades, d. h. die Veränderungen in einer organischen Kuppelungs-Verbindung, erfolgen in derselben Reihenfolge, in welcher sie an derjenigen Stelle des Beilstein-Handbuches zu behandeln sind, wo diese Verbindung Registrier-Verbindung ist.

Bei Essigsäure folgen einander:
$CH_3 \cdot CO \cdot OH$
$CH_3 \cdot CO \cdot O \cdot CH_3$
$CH_3 \cdot COCl$
$CH_2Cl \cdot CO \cdot OH$
$CH_3 \cdot CS \cdot OH$

Daher folgen bei Acetanilid einander:
$C_6H_5 \cdot NH \cdot CO \cdot CH_3$
$C_6H_5 \cdot NH \cdot C(O \cdot CH_3)_2 \cdot CH_3$
$C_6H_5 \cdot NH \cdot CCl_2 \cdot CH_3$
$C_6H_5 \cdot NH \cdot CO \cdot CH_2Cl$
$C_6H_5 \cdot NH \cdot CS \cdot CH_3$

Daß wir erst, nachdem so alle Veränderungen 2. usw. Grades berücksichtigt sind, zu der durch eine neue Veränderung 1. Grades entstandenen Verbindung $C_6H_5 \cdot N(CH_3) \cdot CO \cdot CH_3$ (N-Methylacetanilid) übergeben dürfen (vgl. § 23), sei hier nochmals betont. Ferner sei nochmals darauf hingewiesen, daß (ebenfalls nach § 23) Derivate, in denen man Verknüpfung der Kuppelungs-Verbindung mit der Registrier-Verbindung durch mehrfache Bindung annehmen muß, wie z. B. in $C_6H_5 \cdot N : C(O \cdot CH_3) \cdot CH_3$, erst ganz am Schluß aller derjenigen Derivate 1. Grades, in denen 1 Molekül der Kuppelungs-Verbindung (Essigsäure) mit 1 Molekül der Registrier-Verbindung kombiniert ist, gebracht werden, worauf man dann zur Verknüpfung von 2 Molekülen der Kuppelungs-Verbindung mit 1 Molekül der Registrier-Verbindung — $C_6H_5 \cdot N(CO \cdot CH_3)_2$ — übergeht.

§ 28. Hat die Registrier-Verbindung zwei funktionelle Gruppen, so sind folgende Fälle zu unterscheiden:

A. Die beiden funktionellen Gruppen sind gleichartig. Dann unterwerfen wir zuerst die eine der gleichartigen funktionellen Gruppen einer Veränderung 1. Grades, lassen darauf die Derivate 2. usw. Grades folgen und beginnen dann mit der Veränderung der zweiten funktionellen Gruppe, wobei wir mit dieser Veränderung von Anfang an (Methylierung = Anhydrosynthese mit Methylalkohol) jeweils so weit fortschreiten, bis die Veränderungsstufe der ersten funktionellen Gruppe erreicht ist.

Erstes Beispiel:

$HO \cdot OC \cdot CH_2 \cdot CO \cdot OH$
$HO \cdot OC \cdot CH_2 \cdot CO \cdot O \cdot CH_3$
$CH_3 \cdot O \cdot OC \cdot CH_2 \cdot CO \cdot O \cdot CH_3$
$HO \cdot OC \cdot CH_2 \cdot C{\Large\langle}^{O \cdot CH_3}_{O \cdot CH_3}{\Large\rangle}\cdot O \cdot CH_3$
$HO \cdot OC \cdot CH_2 \cdot CO \cdot O \cdot C_2H_5$
$HO \cdot OC \cdot CH_2 \cdot CO \cdot O \cdot CH_2 \cdot CH_2Cl$
$CH_3 \cdot O \cdot OC \cdot CH_2 \cdot CO \cdot O \cdot C_2H_5$
$CH_3 \cdot O \cdot OC \cdot CH_2 \cdot CO \cdot O \cdot CH_2 \cdot CH_2Cl$
$C_2H_5 \cdot O \cdot OC \cdot CH_2 \cdot CO \cdot O \cdot C_2H_5$
⋮

→

$HO \cdot OC \cdot CH_2 \cdot CO \cdot NH_2$
$HO \cdot OC \cdot CH_2 \cdot CO \cdot NH \cdot CH_3$
$HO \cdot OC \cdot CH_2 \cdot CO \cdot NH \cdot CH_2 \cdot CH_2 \cdot OH$
$HO \cdot OC \cdot CH_2 \cdot CO \cdot NH \cdot CH_2 \cdot CH_2 \cdot O \cdot CH_3$
$HO \cdot OC \cdot CH_2 \cdot CO \cdot N(CH_3) \cdot CH_2 \cdot CH_2 \cdot OH$
$CH_3 \cdot O \cdot OC \cdot CH_2 \cdot CO \cdot NH_2$
$C_2H_5 \cdot O \cdot OC \cdot CH_2 \cdot CO \cdot NH_2$
$ClOC \cdot CH_2 \cdot CO \cdot NH_2$
$H_2N \cdot OC \cdot CH_2 \cdot CO \cdot NH_2$
$HO \cdot OC \cdot CH_2 \cdot C{\Large\langle}^{NH}_{O \cdot CH_3}$.

Zweites Beispiel:

$H_2N \cdot CH_2 \cdot CH_2 \cdot NH \cdot CO \cdot CH_3$
$H_2N \cdot CH_2 \cdot CH_2 \cdot NH \cdot CO \cdot CH_2Cl$
$CH_3 \cdot NH \cdot CH_2 \cdot CH_2 \cdot NH \cdot CO \cdot CH_3$
$(CH_3)_2N \cdot CH_2 \cdot CH_2 \cdot NH \cdot CO \cdot CH_3$
$C_2H_5 \cdot NH \cdot CH_2 \cdot CH_2 \cdot NH \cdot CO \cdot CH_3$
$CH_3 \cdot CO \cdot NH \cdot CH_2 \cdot CH_2 \cdot NH \cdot CO \cdot CH_3$

→

$H_2N \cdot CH_2 \cdot CH_2 \cdot N(CH_3) \cdot CO \cdot CH_3$
$CH_3 \cdot NH \cdot CH_2 \cdot CH_2 \cdot N(CH_3) \cdot CO \cdot CH_3$
$CH_3 \cdot CO \cdot NH \cdot CH_2 \cdot CH_2 \cdot N(CH_3) \cdot CO \cdot CH_3$
$CH_3 \cdot CO \cdot N(CH_3) \cdot CH_2 \cdot CH_2 \cdot N(CH_3) \cdot CO \cdot CH_3$
$H_2N \cdot CH_2 \cdot CH_2 \cdot N(C_2H_5) \cdot CO \cdot CH_3$
⋮
$H_2N \cdot CH_2 \cdot CH_2 \cdot N : C(O \cdot CH_3) \cdot CH_3$
$H_2N \cdot CH_2 \cdot CH_2 \cdot N(CO \cdot CH_3)_2$.

Enthält eine Verbindung mehrere gleichartige funktionelle Gruppen, die zu den übrigen Teilen des Moleküls eine verschiedene Lage einnehmen, z. B.

$HO_2C \cdot CH(CH_3) \cdot CH_2 \cdot CO_2H$, [Benzolring mit CO_2H und NO_2], [Benzolring mit $CH_2 \cdot NH_2$ und NH_2], $HO \cdot CH_2 \cdot CH(OH) \cdot CH_2 \cdot OH$

so wird hierdurch das Auftreten neuer Isomerer verursacht, z. B.

$$\underset{NO_2}{\underset{|}{\bigcirc}}\begin{matrix}CO_2 \cdot CH_3 \\ \cdot CO_2H\end{matrix} \quad \text{und} \quad \underset{NO_2}{\underset{|}{\bigcirc}}\begin{matrix}CO_2H \\ \cdot CO_2 \cdot CH_3\end{matrix}, \quad \underset{NH \cdot CH_3}{\underset{|}{\bigcirc}}CH_2 \cdot NH_2 \quad \text{und} \quad \underset{NH_2}{\underset{|}{\bigcirc}}CH_2 \cdot NH \cdot CH_3$$

Bei der Anordnung der funktionellen Derivate solcher Verbindungen wird im allgemeinen, wie am Anfang dieses Paragraphen für symmetrisch gebaute Verbindungen angegeben, verfahren; es werden aber zwei isomere Derivate 1. Grades, deren Isomerie lediglich durch die verschiedene Lage der funktionellen Gruppen bedingt ist, so angeordnet, daß sie nur durch etwa einzuschaltende Derivate 2., 3. usw. Grades (s. § 23) getrennt sind, bei Abwesenheit solcher also direkt hintereinander auftreten. Es kommen also die beiden obigen 3-Nitro-phthalsäure-monomethylester und analog die beiden obigen Monomethyl-Derivate des p-Amino-benzylamins (und zwar in der angeführten Reihenfolge) zusammen. Beim Glycerin ergibt sich z. B. folgende Anordnung für die von ihm ableitbaren Äthyl-Derivate:

$$C_2H_5 \cdot O \cdot CH_2 \cdot CH(OH) \cdot CH_2 \cdot OH$$
$$CH_2Cl \cdot CH_2 \cdot O \cdot CH_2 \cdot CH(OH) \cdot CH_2 \cdot OH \quad \text{(Derivat 2. Grades)}$$
$$HO \cdot CH_2 \cdot CH(O \cdot C_2H_5) \cdot CH_2 \cdot OH$$
$$C_2H_5 \cdot O \cdot CH_2 \cdot CH(O \cdot CH_3) \cdot CH_2 \cdot OH$$
$$C_2H_5 \cdot O \cdot CH_2 \cdot CH(OH) \cdot CH_2 \cdot O \cdot CH_3$$
$$CH_3 \cdot O \cdot CH_2 \cdot CH(O \cdot C_2H_5) \cdot CH_2 \cdot OH$$
$$C_2H_5 \cdot O \cdot CH_2 \cdot CH(O \cdot CH_3) \cdot CH_2 \cdot O \cdot CH_3$$
$$CH_3 \cdot O \cdot CH_2 \cdot CH(O \cdot C_2H_5) \cdot CH_2 \cdot O \cdot CH_3$$
$$C_2H_5 \cdot O \cdot CH_2 \cdot CH(O \cdot C_2H_5) \cdot CH_2 \cdot OH$$
$$C_2H_5 \cdot O \cdot CH_2 \cdot CH(OH) \cdot CH_2 \cdot O \cdot C_2H_5$$
$$C_2H_5 \cdot O \cdot CH_2 \cdot CH(O \cdot C_2H_5) \cdot CH_2 \cdot O \cdot CH_3$$
$$C_2H_5 \cdot O \cdot CH_2 \cdot CH(O \cdot CH_3) \cdot CH_2 \cdot O \cdot C_2H_5$$
$$C_2H_5 \cdot O \cdot CH_2 \cdot CH(O \cdot C_2H_5) \cdot CH_2 \cdot O \cdot C_2H_5$$

Ähnlich werden Fälle von mehreren gleichen „O-Funktionen" behandelt, bei denen ein teilweiser Ersatz von O durch S (vgl. § 10 und § 20) stattgefunden hat. Zwei isomere Derivate 1. Grades einer solchen geschwefelten Verbindung, die bei Rücksubstitution von S durch O identisch würden, werden (abgesehen von etwa dazwischen zu schaltenden Derivaten 2., 3. usw. Grades) direkt hintereinander gebracht. Für die Äthyl-Derivate des Monothioäthylenglykols $HO \cdot CH_2 \cdot CH_2 \cdot SH$ führt das zu der Reihenfolge:

$$C_2H_5 \cdot O \cdot CH_2 \cdot CH_2 \cdot SH$$
$$CH_2Cl \cdot CH_2 \cdot O \cdot CH_2 \cdot CH_2 \cdot SH \quad \text{(Derivat 2. Grades)}$$
$$HO \cdot CH_2 \cdot CH_2 \cdot S \cdot C_2H_5$$
$$C_2H_5 \cdot O \cdot CH_2 \cdot CH_2 \cdot S \cdot CH_3$$
$$CH_3 \cdot O \cdot CH_2 \cdot CH_2 \cdot S \cdot C_2H_5$$
$$C_2H_5 \cdot O \cdot CH_2 \cdot CH_2 \cdot S \cdot C_2H_5$$

B. Die beiden funktionellen Gruppen sind **verschiedenartig**. Dann wird zunächst nur die eine funktionelle Gruppe, und zwar die im System (vgl. die Liste der Hauptklassen in § 11) vorangehende, verändert; die andere aber wird unverändert gelassen. Erst, wenn alle Veränderungen der ersten Funktion berücksichtigt worden sind, beginnen wir mit den Veränderungen der zweiten Funktion und kombinieren jede einzelne Veränderung 1. Grades der zweiten Funktion mit sämtlichen Veränderungen der ersten Funktion, ehe wir zu einer neuen Veränderung 1. Grades der zweiten Funktion übergehen.

Beispiel:

$$\begin{matrix} H_2N \cdot C_6H_4 \cdot CO \cdot OH \\ H_2N \cdot C_6H_4 \cdot CO \cdot O \cdot CH_3 \\ H_2N \cdot C_6H_4 \cdot CO \cdot NH_2 \\ H_2N \cdot C_6H_4 \cdot CO \cdot NH \cdot CO \cdot C_6H_5 \\ H_2N \cdot C_6H_4 \cdot CO \cdot N(CH_3) \cdot CO \cdot C_6H_5 \\ H_2N \cdot C_6H_4 \cdot C{<}{\begin{matrix}NH \\ NH_2\end{matrix}} \\ H_2N \cdot C_6H_4 \cdot CO \cdot N_3 \\ \vdots \end{matrix} \quad \longrightarrow \quad \begin{matrix} CH_3 \cdot NH \cdot C_6H_4 \cdot CO \cdot OH \\ CH_3 \cdot NH \cdot C_6H_4 \cdot CO \cdot O \cdot CH_3 \\ CH_3 \cdot NH \cdot C_6H_4 \cdot CO \cdot NH_2 \\ CH_3 \cdot NH \cdot C_6H_4 \cdot CO \cdot NH \cdot CO \cdot C_6H_5 \\ CH_3 \cdot NH \cdot C_6H_4 \cdot CO \cdot N(CH_3) \cdot CO \cdot C_6H_5 \\ CH_3 \cdot NH \cdot C_6H_4 \cdot C{<}{\begin{matrix}NH \\ NH_2\end{matrix}} \\ CH_3 \cdot NH \cdot C_6H_4 \cdot CO \cdot N_3 \\ \vdots \\ (CH_3)_2N \cdot C_6H_4 \cdot CO \cdot OH \,. \end{matrix}$$

Hat die Registrier-Verbindung drei oder mehr funktionelle Gruppen, so erfolgt die Anordnung der Derivate in möglichster Anlehnung an vorstehende Bestimmungen A und B.

§ 29. In den §§ 22—28 ist gezeigt worden, auf welche Weise und in welcher Reihenfolge die funktionellen Derivate von einer Registrier-Verbindung durch Anhydrosynthese mit organischen und anorganischen Molekülen abgeleitet werden.

Wenn man aber komplizierte Körper, in denen mehrere organische Komplexe (acyclische, isocyclische oder heterocyclische) durch „anorganische Atome" getrennt sind, einzuordnen bezw. zu suchen hat, so bietet sich die umgekehrte Frage dar:

Welches ist die Registrier-Verbindung, die dem Körper von komplizierter Struktur nach unserem System zugrunde liegt, und an welcher Stelle hat man ihn unter den Derivaten dieser Registrier-Verbindung zu suchen?

Um diese Frage einfach zu entscheiden, müssen wir den entgegengesetzten Weg einschlagen wie bisher, d. h. statt der Anhydrosynthese die „hydrolytische Spaltung" in Betrachtung ziehen. Wir beschäftigen uns zunächst nur mit dem Fall, daß das anorganische Verkettungsglied (An) beiderseits an Kohlenstoff gebunden ist, ohne daß dabei ein Heteroring entsteht (vgl. weiteres betreffs heterocyclischer Verbindungen § 34).

Zur Ermittelung der Registrier-Verbindung konstruieren wir uns die hydrolytischen Aufspaltungsprodukte, welche dadurch entstehen, daß OH an C, H an das anorganische Verkettungsglied (An) tritt (bezw. wenn An an C doppelt gebunden ist, dadurch, daß : O an C, H_2 an An tritt). Hierdurch kommen wir z. B., wenn zwei organische Komplexe vorhanden sind, im allgemeinen zu vier verschiedenen Spaltungsprodukten:

$$\overset{1}{\ge}\text{C}-\text{An}-\overset{2}{\text{C}}\!\!< + H_2O = \overset{1}{\ge}\text{C}-\text{AnH} + \text{HO}\cdot\overset{2}{\text{C}}\!\!<$$

$$\overset{1}{\ge}\text{C}-\text{An}-\overset{2}{\text{C}}\!\!< + H_2O = \overset{1}{\ge}\text{C}\cdot\text{OH} + \text{HAn}-\overset{2}{\text{C}}\!\!<$$

Sind die vier Spaltungsprodukte sämtlich Registrier-Verbindungen, so ist zu überlegen, welcher die späteste Systemstelle zukommt; in dieser durch die späteste Systemstelle gekennzeichneten Registrier-Verbindung hat man dann im allgemeinen direkt die gesuchte Registrier-Verbindung. Sind dagegen die Spaltungsprodukte nicht an sich Registrier-Verbindungen, sondern Derivate von solchen, so muß man sie zuerst durch weiteren hydrolytischen Abbau auf eine Registrier-Verbindung zurückführen, um die späteste Systemstelle der vier in Frage kommenden Registrier-Verbindungen ermitteln zu können. Je mehr organische Komplexe und anorganische Verkettungsglieder in der zu zerlegenden Verbindung vorhanden sind, um so mehr Registrier-Verbindungen ergeben sich natürlich bei der hydrolytischen Spaltung, zwischen denen dann die Auswahl zu treffen ist.

Erstes Beispiel: $H_2N\cdot CH_2\cdot CO\cdot NH\cdot CH(CH_3)\cdot CO\cdot OH$.

Spaltungsprodukte sind:

$H_2N\cdot CH_2\cdot CO\cdot OH$ + **$H_2N\cdot CH(CH_3)\cdot CO\cdot OH$**,
$H_2N\cdot CH_2\cdot CO\cdot NH_2$ + **$HO\cdot CH(CH_3)\cdot CO\cdot OH$**.

Unter diesen sind die drei Verbindungen, deren Formeln fett gedruckt sind, direkt Registrier-Verbindungen, während die vierte ($H_2N\cdot CH_2\cdot CO\cdot NH_2$) erst durch weiteren hydrolytischen Abbau auf eine solche — nämlich $H_2N\cdot CH_2\cdot CO_2H$ — zurückgeführt werden muß. Die für die Einordnung maßgebende, systematisch späteste Registrier-Verbindung ist: $H_2N\cdot CH(CH_3)\cdot CO_2H$. Obiges Beispiel findet sich also bei Alanin unter den Derivaten mit veränderter Aminogruppe, und zwar an der Stelle, wo Aminoessigsäure damit gekuppelt ist.

Zweites Beispiel: $C_6H_5\cdot CO\cdot O \quad CO\cdot N\!:\!CH\cdot C_6H_5$

Spaltungsprodukte sind:

$C_6H_5\cdot CO\cdot OH$ + $HO\cdot C_6H_4\cdot CO\cdot NH_2$ + $OCH\cdot C_6H_5$.
$C_6H_5\cdot CO\cdot OH$ + $HO\cdot C_6H_4\cdot CO\cdot OH$ + $HN\!:\!CH\cdot C_6H_5$.

Durch weiteren hydrolytischen Abbau der Verbindungen, deren Formeln nicht fett gedruckt sind, erhält man wieder

$HO\cdot C_6H_4\cdot CO\cdot OH$ und $OCH\cdot C_6H_5$.

Systematisch am spätesten rangiert $HO\cdot C_6H_4\cdot CO\cdot OH$. Das Beispiel ist unter denjenigen

Derivaten der Salicylsäure, bei deren Bildung das Carboxyl mit Ammoniak reagiert hat, zu suchen.

Bei obiger Anweisung zur Ermittlung der Registrier-Verbindung ist natürlich Voraussetzung, daß sich die einzuordnende bezw. zu suchende Verbindung auch aus der Registrier-Verbindung, welche als die systematisch späteste gefunden wird, nach unseren Regeln wieder aufbauen läßt; andernfalls wird diejenige systematisch späteste Verbindung Registrier-Verbindung, welche dieser Bedingung genügt.

Beispiel: $H_2N \cdot \langle \underline{\quad} \rangle \cdot NH \cdot CH_3$.

Spaltungsprodukte sind:

$$H_2N \cdot C_6H_4 \cdot NH_2 + HO \cdot CH_3$$
$$H_2N \cdot C_6H_4 \cdot OH + H_2N \cdot CH_3$$

Systematisch am spätesten rangiert p-Amino-phenol. Aus diesem läßt sich aber bei Beachtung der Darlegungen von § 25a und d obige Verbindung nicht aufbauen. Registrier-Verbindung wird daher p-Phenylendiamin.

In Fällen dieser Art kann es vorkommen, daß eine Registrier-Verbindung mit einer Kupplungs-Verbindung anhydrosynthetisch zusammentritt, welche systematisch später rangiert als die Registrier-Verbindung.

Beispiel: $H_2N \cdot \langle \underline{\quad} \rangle \cdot NH \cdot \langle \underline{\quad} \rangle \cdot NH_2$

Von den sich ergebenden Hydrolisierungsprodukten

$$H_2N \cdot C_6H_4 \cdot NH_2 \text{ und } H_2N \cdot C_6H_4 \cdot OH$$

kommt p-Amino-phenol ebensowenig wie in dem vorangehenden Beispiel als Registrier-Verbindung in Betracht. Als solche muß vielmehr wieder p-Phenylendiamin gewählt werden. Um obige Verbindung aus p-Phenylendiamin anhydrosynthetisch aufzubauen, muß man dieses mit dem systematisch später rangierenden p-Amino-phenol verkuppeln. Das Beispiel tritt also im Anhang des p-Phenylendiamins auf, und zwar an derjenigen Stelle, wo Amino-Verbindungen mit „O-Funktionen" (beginnend mit $HO \cdot CH_2 \cdot CH_2 \cdot NH_2$) damit gekuppelt sind.

§ 30. Von den möglichen Veränderungen der funktionellen Gruppe wurden bisher diejenigen unberücksichtigt gelassen, welche mit einem Valenzwechsel des für die funktionelle Gruppe charakteristischen Elements verbunden sind. Diese sollen nunmehr behandelt werden. Hierher gehört besonders der Übergang von zweiwertigem Schwefel in vier- und sechswertigen, von dreiwertigem Stickstoff in fünfwertigen, sofern nicht durch solche Übergänge andere funktionelle Gruppen oder nichtfunktionelle Substituenten entstehen, deren Behandlung in unserem System bereits generell geregelt ist.

Wir fassen solche Produkte als Additionsprodukte der entsprechenden Verbindungen von niederer Valenzstufe auf und bringen sie im Anschluß an diese, indem wir sie für die feinere Einordnung gleichsam durch Veränderung 1. Grades (vgl. § 22 und § 23) hervorgegangen denken.

Beispiele.

Sulfoxyde, Sulfone, Sulfoniumverbindungen schließen sich an die Sulfide an:

$$C_6H_5 \cdot S \cdot C_2H_5, \ C_6H_5 \cdot S \cdot CH_2 \cdot CH_2Cl \text{ (Derivat 2. Grades)} \ldots, \ C_6H_5 \cdot \overset{O}{\underset{..}{S}} \cdot C_2H_5 \ldots, \ C_6H_5 \cdot \overset{O}{\underset{\overset{..}{O}}{S}} \cdot C_2H_5 \ldots,$$

$$C_6H_5 \cdot S(C_2H_5)(CH_3) \cdot OH \text{ (nebst Salzen)}, \ldots C_6H_5 \cdot S \cdot CH_2 \cdot CH_2 \cdot CH_3.$$

Aminoxyde und quartäre Ammoniumverbindungen folgen den tertiären Aminen:

$$C_6H_5 \cdot N(CH_3) \cdot C_2H_5, \ C_6H_5 \cdot N(CH_3) \cdot CH_2 \cdot CH_2Cl \text{ (Derivat 2. Grades)} \ldots, \ C_6H_5 \cdot \overset{O}{N}(CH_3) \cdot C_2H_5 \ldots,$$
$$C_6H_5 \cdot N(CH_3)_2(C_2H_5) \cdot OH \text{ (nebst Salzen)}, \ldots C_6H_5 \cdot N(C_2H_5)_2.$$

Für Aminoessigsäure ergibt sich, unter Mitberücksichtigung von § 28 B, die Reihenfolge:

$$(CH_3)_2N \cdot CH_2 \cdot CO \cdot OH, \ (CH_3)_2N \cdot CH_2 \cdot CO \cdot O \cdot CH_3, \ldots (CH_3)_2N \cdot CH_2 \cdot CO \cdot NH_2 \ldots,$$
$$HO \cdot (CH_3)_3N \cdot CH_2 \cdot CO \cdot OH \text{ (nebst Salzen)}, \ HO \cdot (CH_3)_3N \cdot CH_2 \cdot CO \cdot O \cdot CH_3 \text{ (nebst Salzen)} \ldots,$$
$$HO \cdot (CH_3)_3N \cdot CH_2 \cdot CO \cdot NH_2 \text{ (nebst Salzen)}, \ldots (C_2H_5)(CH_3)N \cdot CO \cdot OH.$$

Über die ähnliche Behandlung von Verbindungen mit mehrwertigem Jod vgl. S. 21, Anmerkung 3.

§ 31—32.]   Anordnung von Derivaten.   33

§ 31. Die Regeln für die Anordnung der Derivate, die im Vorhergehenden entwickelt wurden, sind bisher durch Beispiele aus den beiden ersten Hauptabteilungen (acyclische und isocyclische Verbindungen) erläutert worden. Sie gelten natürlich ebenfalls für die dritte Hauptabteilung — die heterocyclischen Verbindungen. Aber hier bedürfen sie noch einer Ergänzung.

Wenn nämlich im heterocyclischen Stammkerne Wasserstoffatome nicht nur an Kohlenstoff, sondern auch an Heteroatome gebunden sind, so entstehen durch Austausch dieser Wasserstoffatome Derivate, welche einen neuen Fall darbieten. Die Verbindung:

$\begin{matrix} H_2C \cdot CH_2 \\ | \\ H_2C \cdot CH_2 \end{matrix} \!\!> N \cdot CH_3$ z. B. darf **nicht** mit den Stammkernen $C_5H_{11}N$ (C-Methyl-pyrrolidinen u. dgl.),

$\begin{matrix} H_2C \cdot CH_2 \\ | \\ H_2C \cdot CH_2 \end{matrix} \!\!> N \cdot OH$ darf **nicht** mit C-Oxy-pyrrolidinen,

$\begin{matrix} H_2C \cdot CH_2 \\ | \\ H_2C \cdot CH_2 \end{matrix} \!\!> N \cdot NH_2$,,   ,,   ,, C-Amino-pyrrolidinen,

$\begin{matrix} H_2C \cdot CH_2 \\ | \\ H_2C \cdot CH_2 \end{matrix} \!\!> NCl$,,   ,,   ,, C-Chlor-Substitutionsprodukten des Pyrrolidins

zusammengeworfen werden.

Wir betrachten in solchen Fällen den mit Wasserstoff behafteten Heteroteil des Stammkernes, soweit es sich um die Anordnung der Derivate handelt, als funktionelle Gruppe und wenden darauf die Regeln der §§ 22—30 an (vgl. auch § 32).

Beispiel. Reihenfolge der Derivate des Piperidins:
Piperidin in anhydrosynthetischer Kombination mit organischen C-Hydroxyl-Verbindungen:

$C_5H_{10} \!\!> N \cdot CH_3$, $C_5H_{10} \!\!> N \!\!<\!\!^{CH_3}_{O}$, $C_5H_{10} \!\!> N \!\!\!-\!\!\!<\!\!^{CH_3}_{CH_3}_{OH}$, $C_5H_{10} \!\!> N \cdot C_2H_5$, $C_5H_{10} \!\!> N \cdot CO \cdot CH_3$ usw.;

Piperidin in anhydrosynthetischer Kombination mit anorganischen (Hydroxyl enthaltenden) Verbindungen:

$C_5H_{10} \!\!> N \cdot OH$ (Kuppelungs-Verbindung ist $HO \cdot OH$) und dessen organische Derivate;

$C_5H_{10} \!\!> NCl$ und andere N-Derivate mit anorganischen Acylen, wie $C_5H_{10} \!\!> N \cdot NO$ (Kuppelungs-Verbindungen sind Sauerstoffsäuren, z. B. $HO \cdot Cl$);

$C_5H_{10} \!\!> N \cdot NH_2$ (Kuppelungs-Verbindung ist Hydroxylamin); usw.

Auf diese funktionellen Derivate folgen die C-Chlor-, C-Nitroso-, C-Nitro-Substitutionsprodukte des Piperidins.

Sind außer dem Heteroteil $>NH$ andere („eigentliche") funktionelle Gruppen gegenwärtig, dann wird er systematisch so behandelt, als wäre er eine NH_2-Gruppe (vgl. § 28).

Beispiele für die Reihenfolge:

$\begin{matrix} & CO \cdot O \cdot CH_3 \\ & | \\ H_2C & CH & CH_2 \\ & \diagdown \! \diagup \\ H_2C & NH & CH_2 \end{matrix}$, $\begin{matrix} & CO \cdot NH_2 \\ & | \\ H_2C & CH & CH_2 \\ & \diagdown \! \diagup \\ H_2C & HN & CH_2 \end{matrix}$, $\begin{matrix} & CO \cdot OH \\ & | \\ H_2C & CH & CH_2 \\ & \diagdown \! \diagup \\ H_2C & N & CH_2 \\ & | \\ & CH_3 \end{matrix}$, $\begin{matrix} & CO \cdot NH_2 \\ & | \\ H_2C & CH & CH_2 \\ & \diagdown \! \diagup \\ H_2C & N & CH_2 \\ & | \\ & CH_3 \end{matrix}$,

$\begin{matrix} & CO \cdot OH \\ & | \\ H_2C & CH & CH_2 \\ & \diagdown \! \diagup \\ H_2C & N & CH_2 \\ & \diagup \! \diagdown \\ & CH_3 \; CH_3I \end{matrix}$, $\begin{matrix} & COCl \\ & | \\ H_2C & CH & CH_2 \\ & \diagdown \! \diagup \\ H_2C & N & CH_2 \\ & \diagup \! \diagdown \\ & CH_3 \; CH_3I \end{matrix}$, $\begin{matrix} & CO \cdot OH \\ & | \\ H_2C & CH & CH_2 \\ & \diagdown \! \diagup \\ H_2C & N & CH_2 \\ & | \\ & C_2H_5 \end{matrix}$

§ 32. Einen sehr eigentümlichen Fall bieten die Verbindungen mit spirocyclisch gebundenem Heteroatom in höherer Valenzstufe, z. B. Formel I. Von einem Stammkern II können wir die Verbindung I nicht ableiten, da wir für die systematische

I. $C_6H_4 \!\!<\!\!^{CH_2}_{CH_2}\!\!> N \!\!<\!\!^{CH_2 \cdot CH_2}_{CH_2 \cdot CH_2}\!\!> CH_2$ II. $C_6H_4 \!\!<\!\!^{CH_2}_{CH_2}\!\!> N \!\!<\!\!^{CH_2 \cdot CH_2}_{CH_2 \cdot CH_2}\!\!> CH_2$
$\qquad\qquad\qquad OH$ $\qquad\qquad\qquad\qquad\qquad\qquad\qquad H$

Beilstein, System.   3

Eingliederung immer nur dreiwertigen Stickstoff in Stammkernen annehmen. Wir müssen also auf einen Stammkern mit dreiwertigem Stickstoff zurückgehen, und zwar auf III, weil IV systematisch früher rangiert. Aus diesem Stammkern III (Dihydroisoindol)

$$\text{III. } C_6H_4{<}^{CH_2}_{CH_2}{>}NH, \qquad \text{IV. } HN{<}^{CH_2\cdot CH_2}_{CH_2\cdot CH_2}{>}CH_2$$

$$\text{V. } C_6H_4{<}^{CH_2}_{CH_2}{>}N{<}^{CH_2\cdot CH_2}_{CH_2\cdot CH_2}{>}CH_2, \qquad \text{VI. } C_6H_4{<}^{CH_2}_{CH_2}{>}N{<}^{CH_2\cdot CH_2}_{CH_2\cdot CH_2}{>}CH_2$$
$$\qquad\qquad\qquad\text{OH} \qquad\qquad\qquad\qquad\qquad\qquad\qquad\text{Cl}$$

können wir erst das Derivat V mit dreiwertigem Stickstoff bilden, das durch „intramolekulare Quartärammoniumhydroxyd-Bildung" in die zu registrierende Verbindung I übergehen kann. Als Isomerisationsprodukt jener Verbindung V, die ein Pentamethylenglykol-Derivat des Dihydroisoindols ist, wäre also das hier gewählte Beispiel zu registrieren.

Sind spirocyclische Ammoniumsalze, z. B. VI, einzuordnen, so konstruieren wir uns die zugrunde liegende Ammoniumbase (I) und bestimmen für diese, wie vorstehend angegeben, die Systemstelle.

§ 33. Aus den in § 31 und § 32 besprochenen Beispielen ist ersichtlich, daß die in § 2 für die Konstruktion des Stammkerns gegebene einfache Anweisung nicht für alle Fälle ausreicht. Bei heterocyclischen Verbindungen hat man sich vielmehr fünfwertigen Stickstoff zunächst auf dreiwertigen (analog vierwertigen Schwefel auf zweiwertigen) zurückgeführt[1]) und ferner alle etwa am Heteroatom extranuclear gebundenen Gruppen durch Wasserstoff ersetzt zu denken. Nur solche Verbindungen gelten als heterocyclische Stammkerne, bei denen die cyclisch gebundenen Heteroatome außerhalb des Ringes nicht anders als an Wasserstoff gebunden sind. Dementsprechend enthält also auch eine Verbindung wie:

$$H_2C{<}^{CH_2\cdot CH_2}_{CH_2\cdot CH_2}{>}N{-}CH_2\cdot CH_2{-}N{<}^{HC{<}^{CH-CH}_{C=\!=C}{>}CH}_{CH_2{-}S{>}CH_2},$$

zwei heterocyclische Stammkerne und einen acyclischen Stammkern und ist einzuordnen als Derivat des (an die späteste Systemstelle gehörenden) Stammkerns:

$$HN{<}^{HC{<}^{CH-CH}_{C=\!=C}{>}CH}_{CH_2{-}S{>}CH_2}$$

§ 34. Bei der Aufsuchung der Registrier-Verbindung gilt für die Anwendung der Hydrolysierregel (§ 29) auf heterocyclische Verbindungen, deren Heteroatome nach Rückführung auf die niedrigste Valenzstufe außerhalb des Ringes anders als an H-Atome gebunden sind, — sie seien als extranuclear beanspruchte Heteroatome bezeichnet — der Satz:
Man hat als hydrolytische Produkte in Betracht zu ziehen sowohl
  a) diejenigen, welche sich bei Abspaltung des extranuclearen Anhangs ergeben, wie auch
  b) diejenigen, welche bei Aufspaltung des Heteroringes an den extranuclear beanspruchten Heteroatomen entstehen,
wenn man sowohl in Fall a) wie in Fall b) Wasserstoff an das extranuclear beanspruchte Heteroatom treten läßt.

Beispiele:

$$\text{I. } {}^{H_2C}_{H_2C}{>}N\cdot CH_3.$$

Spaltungsprodukte:

$$\text{a) } {}^{H_2C}_{H_2C}{>}NH \text{ und } HO\cdot CH_3,$$

$$\text{b) } {}^{CH_2\cdot OH}_{CH_2\cdot OH} \text{ und } H_2N\cdot CH_3;$$

Registrier-Verbindung: $\;{}^{H_2C}_{H_2C}{>}NH$.

---

[1]) Beim Jod gilt dreiwertiges Jod für diese Betrachtung als niedrigste Valenzstufe, weil einwertiges Jod als Heteroatom nicht auftreten kann.

Anordnung von Derivaten.

II. 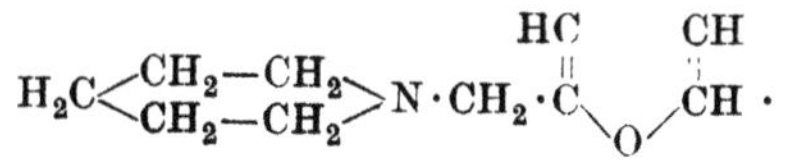 $H_2C\genfrac{<}{>}{0pt}{}{CH_2-CH_2}{CH_2-CH_2}N\cdot CH_2\cdot\underset{O}{C\genfrac{}{}{0pt}{}{HC=CH}{\diagup\,\,\diagdown}CH}$.

Spaltungsprodukte:

a) 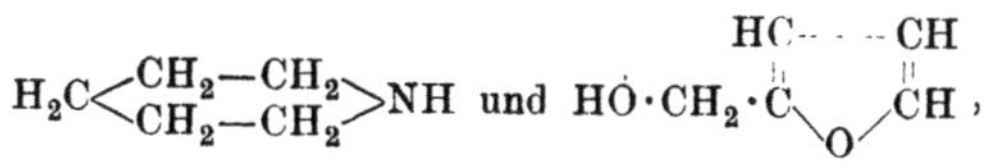 $H_2C\genfrac{<}{>}{0pt}{}{CH_2-CH_2}{CH_2-CH_2}NH$ und $HO\cdot CH_2\cdot\underset{O}{C\genfrac{}{}{0pt}{}{HC\cdots CH}{\diagup\,\,\diagdown}CH}$,

b) 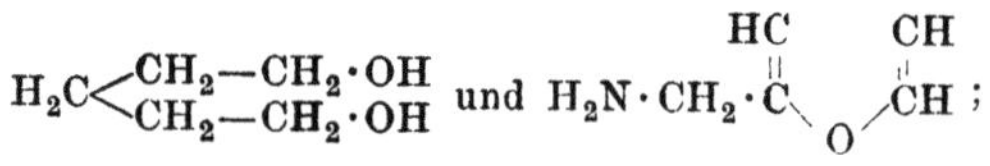 $H_2C\genfrac{<}{>}{0pt}{}{CH_2-CH_2\cdot OH}{CH_2-CH_2\cdot OH}$ und $H_2N\cdot CH_2\cdot\underset{O}{C\genfrac{}{}{0pt}{}{HC=CH}{\diagup\,\,\diagdown}CH}$;

Registrier-Verbindung: Piperidin.

III. 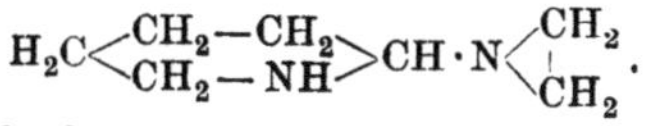 $H_2C\genfrac{<}{>}{0pt}{}{CH_2-CH_2}{CH_2-NH}CH\cdot N\genfrac{<}{>}{0pt}{}{CH_2}{CH_2}$.

Spaltungsprodukte:

a) 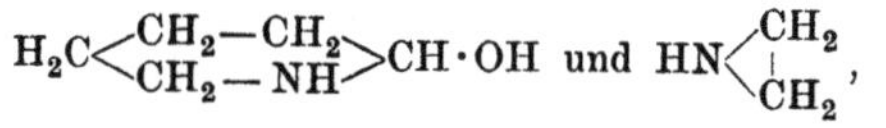 $H_2C\genfrac{<}{>}{0pt}{}{CH_2-CH_2}{CH_2-NH}CH\cdot OH$ und $HN\genfrac{<}{>}{0pt}{}{CH_2}{CH_2}$,

b) 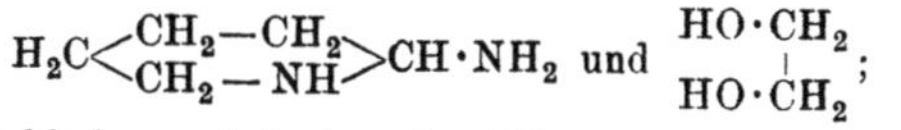 $H_2C\genfrac{<}{>}{0pt}{}{CH_2-CH_2}{CH_2-NH}CH\cdot NH_2$ und $\genfrac{}{}{0pt}{}{HO\cdot CH_2}{HO\cdot CH_2}$;

Registrier-Verbindung: 2-Amino-piperidin.

IV. 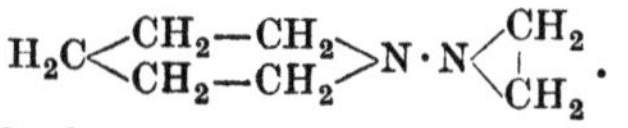 $H_2C\genfrac{<}{>}{0pt}{}{CH_2-CH_2}{CH_2-CH_2}N\cdot N\genfrac{<}{>}{0pt}{}{CH_2}{CH_2}$.

Spaltungsprodukte: nach a) unmöglich;

b α) 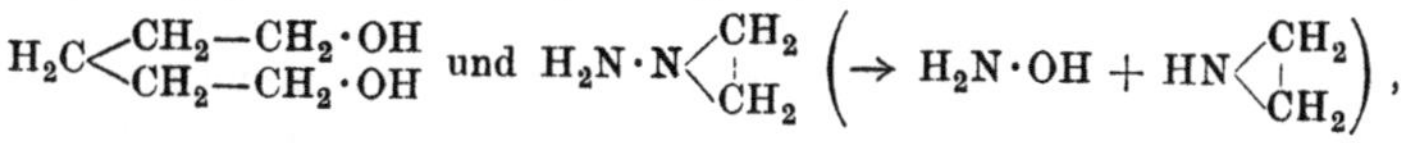 $H_2C\genfrac{<}{>}{0pt}{}{CH_2-CH_2\cdot OH}{CH_2-CH_2\cdot OH}$ und $H_2N\cdot N\genfrac{<}{>}{0pt}{}{CH_2}{CH_2}$ $\left(\rightarrow H_2N\cdot OH + HN\genfrac{<}{>}{0pt}{}{CH_2}{CH_2}\right)$,

b β) 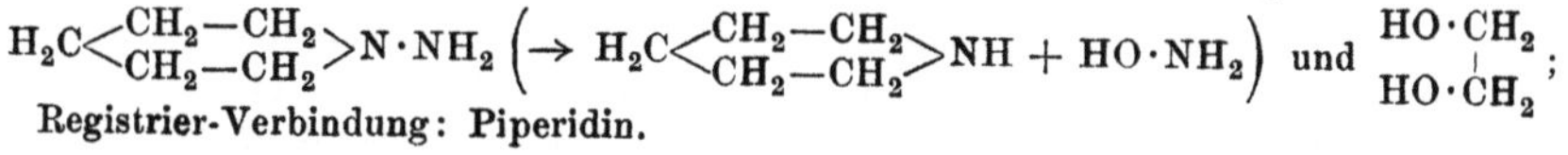 $H_2C\genfrac{<}{>}{0pt}{}{CH_2-CH_2}{CH_2-CH_2}N\cdot NH_2$ $\left(\rightarrow H_2C\genfrac{<}{>}{0pt}{}{CH_2-CH_2}{CH_2-CH_2}NH + HO\cdot NH_2\right)$ und $\genfrac{}{}{0pt}{}{HO\cdot CH_2}{HO\cdot CH_2}$;

Registrier-Verbindung: Piperidin.

§ 35. Die Befolgung solcher, zunächst vielleicht recht umständlich erscheinender Regeln, wie sie in den Paragraphen 19—34 für die Anordnung der Derivate entwickelt worden sind, erweist sich an den Häufungsstellen als unerläßlich. Von Registrier-Verbindungen wie Essigsäure, Benzoesäure, Salicylsäure, Anilin, Phenylhydrazin, Piperidin ist eine Unzahl von Derivaten bekannt, und der „Anhang" einer solchen Registrier-Verbindung kann sich daher im Beilstein-Handbuch über Hunderte von Seiten erstrecken. In einem solchen Meer würde ohne die Möglichkeit genauer Ortsbestimmung die einzelne Verbindung unauffindbar sein. — Wo sich an eine Registrier-Verbindung nur wenige Derivate anschließen, ist die strenge Einhaltung der Regeln natürlich von viel geringerem Belang. Dennoch ist von ihnen nur in seltenen Fällen und aus besonderem Anlaß abgewichen worden.

§ 36. Es möge hier noch einiges über die **Reihenfolge** angeschlossen werden, in welcher bei organischen Säuren bezw. Basen ihre **Salze** angeordnet werden, sofern das vorliegende Material so umfangreich ist, daß Befolgung eines bestimmten Schemas angezeigt erscheint.

Für die **Salze organischer Säuren** gilt das Schema:
a) Salze mit $-NH_4$, $-NH_3\cdot OH$, $-NH_3\cdot NH_2$,
b) Salze mit den übrigen anorganischen Komponenten im Sinne der folgenden **Elementen-Liste**:

Li, Na, K, Rb, Cs; Cu, Ag, Au;
Be, Mg, Ca, Sr, Ba, Ra; Zn, Cd, Hg;
B, Al, Ga, In, Tl; Sc, Y, La, Ce, Pr, Nd, Sm, Eu, Gd, Tb, Dy, Ho, Er, Tu, Yb;
Si, Ti, Zr, Th; Ge, Sn, Pb;
V, Nb, Ta; As, Sb, Bi;
Cr, Mo, W, U;
Mn, Fe, Co, Ni;
Ru, Rh, Pd;
Os, Ir, Pt.

c) Salze mit organischen Basen, soweit solche im Beilstein-System vor der betreffenden organischen Säure auftreten.

Für die **Salze organischer Basen** mit anorganischen Säuren wird zur Anordnung die nachstehende Liste anorganischer Säuren[1]) zugrunde gelegt:

Wasserstoffsäuren (HF, HCl, HBr, HI; H_2S, H_2Se, H_2Te).

Sauerstoffsäuren von:
Cl, Br, I;
S, Se, Te;
Cr, Mo, W, U;
Mn, Os usw.;
N, P, V, Nb, Ta, As, Sb, Bi;
C, Si, Ti, Zr;
B.

E. Richtlinien für die Behandlung der Fälle von leicht veränderlicher Struktur (Tautomerie, Desmotropie, Pseudobasen, Pseudosäuren).

§ 37. Nach § 1 bildet die Grundlage für die systematische Anordnung die Strukturformel, soweit es sich um Verbindungen von bekannter Konstitution handelt.

Besonders häufig ist aber der Fall, daß man bei der Untersuchung einer Verbindung zweifelhaft in der Auswahl zwischen einer beschränkten Zahl von Strukturformeln geblieben ist, die durch einen Bindungswechsel — unter gleichzeitiger Verschiebung von Wasserstoffatomen und Veränderung mehrfacher Bindungen — ineinander übergeführt werden können, z. B.:

$$\begin{array}{c}-CH_2 \\ -C=O\end{array} \rightleftarrows \begin{array}{c}-CH \\ \| \\ -C-OH\end{array}$$

Solche Verbindungen mit „labilen" Wasserstoffatomen bezeichnet man als tautomer oder desmotrop. Der zweite Ausdruck wird im folgenden bevorzugt.

In manchen Fällen ist man zu der Ansicht gelangt, daß unter den möglichen Formeln eine den Vorzug verdient; in anderen Fällen läßt man auch heute noch die verschiedenen Formeln als gleichberechtigt gelten. Für eine noch verhältnismäßig kleine Anzahl desmotroper Verbindungen ist es gelungen, zwei gesondert existenzfähige, aber sehr leicht ineinander übergehende Formen zu gewinnen, denen man dann meist bestimmte Strukturformeln beilegen kann. Für den flüssigen (bezw. gelösten) Zustand wird meist ein Gleichgewichtszustand zwischen zwei (bezw. mehreren) desmotropen Formen angenommen.

Die Erscheinung der Desmotropie bedingt für die Systematisierung der organischen Verbindungen besondere Schwierigkeiten. Bei dem großen Umfang des Gebietes erscheint es unerläßlich, für ihre Behandlung besondere Richtlinien festzuhalten. Wir wählen im allgemeinen eine Formel als Grundlage für den **Registrierort** (d. h. die Stelle, an welcher die vorliegenden Angaben über die Verbindung gebracht werden) aus; an der anderen in Betracht kommenden Stelle (bezw. den anderen Stellen) werden **Hinweise** angebracht, soweit dafür ein Bedürfnis vorliegt.

Die Regeln, die für die Auswahl des Registrierorts aufgestellt worden sind, werden in den folgenden Paragraphen mitgeteilt. Es wird von ihnen nur abgewichen, wo ihre Anwendung zu Folgerungen von zweifelloser Unzweckmäßigkeit führt; auch in solchen Fällen wird der systematischen Vorschrift durch Anbringung eines geeigneten Hinweises Rechnung getragen.

Außer Betracht gelassen werden solche Desmotropiefälle, in welchen den verschiedenen möglichen Formeln innerhalb des Beilstein-Systems ohnedies einander naheliegende Registrierorte zukommen, z. B.:

$$\text{Säureamide:} -C\!\!\begin{array}{c}O\\NH_2\end{array} \text{ und Imidsäuren:} -C\!\!\begin{array}{c}OH\\NH\end{array}.$$

§ 38. Allgemein für alle Desmotropiefälle gelten zunächst folgende Regeln:

a) Die Derivate (aber nicht die Salze, vgl. Regel c) desmotroper Verbindungen, welche eindeutige Struktur besitzen, weil der labile Wasserstoff durch weniger bewegliche

---

[1]) Diese Liste ist auch für die Anordnung von Estern aus Oxy-Verbindungen und Sauerstoffsäuren maßgebend.

Gruppen vertreten ist, werden gemäß ihren Strukturformeln auf verschiedene Registrierorte verteilt.

Beispiel (Derivate des α-Oxy-pyridins bezw. α-Pyridons):

$$\begin{array}{c} HC{\diagup}^{CH}{\diagdown}_{CH} \\ HC{\diagdown}_{N}{\diagup}^{C\cdot O\cdot C_2H_5} \end{array}$$
kommt zum Registriernamen „α-Oxy-pyridin" bei Oxypyridinen,

$$\begin{array}{c} HC{\diagup}^{CH}{\diagdown}_{CH} \\ HC{\diagdown}_{N}{\diagup}^{CO} \\ \;\;\; C_2H_5 \end{array}$$
kommt zum Registriernamen „α-Pyridon" bei Oxodihydropyridinen.

b) Die desmotropen Verbindungen selbst erhalten dagegen nur einen Registrierort, auch dann, wenn sie in verschiedenen Formen isoliert sind.

Beispiel: Phenylnitromethan $C_6H_5\cdot CH_2\cdot NO_2$ und Phenylisonitromethan $C_6H_5\cdot CH:NO\cdot OH$ werden an einer Stelle hintereinander als „Modifikationen" gebracht; an die andere Stelle kommt ein Hinweis.

c) Die Salze von desmotropen Substanzen (Pseudosäuren, Pseudobasen; über diese s. auch § 47) werden immer mit den freien Verbindungen (vgl. Regel b) zusammen behandelt, auch wenn die freie Verbindung nur in einer — und zwar der Pseudo-Form — bekannt ist.

Beispiele: 1. Die Salze des Nitroäthans werden beim Nitroäthan behandelt, obwohl man dem freien Nitroäthan die Formel $CH_3\cdot CH_2\cdot NO_2$, den Salzen die Formel $CH_3\cdot CH:NO\cdot OMe$ zuschreibt.
2. Die aus Phenylnitromethan entstehenden Salze werden am Registrierort des Phenylnitromethans (vgl. § 43) als Salze des Phenylisonitromethans, dem sie in ihrer Struktur entsprechen, gebracht (vgl. Beispiel zu Regel b).

Regeln für die einfachsten Fälle der Desmotropie.

§ 39. Oxo-Oxy- (Oxo-Enol-, Keto-Enol-)Desmotropie.
Schema des einfachsten Falls:

$$>CH\cdot CO \rightleftarrows >C:C(OH)-$$

A. Durch die Enol-Formel wird der Registrierort regelmäßig in den folgenden Fällen gegeben:

a) Wenn die Enol-Formulierung zu einer Formel führt, welche die OH-Gruppe in einem wahren (echt aromatischen) Benzolring oder Pyridinring enthält.

Als wahre Benzolringe gelten auch die beiden Sechsringe des Naphthalins, die drei Sechsringe des Phenanthrens, die beiden äußeren Sechsringe des Anthracens, aber nicht der innere Sechsring des Anthracens. Als wahre Pyridinringe gelten auch die Stickstoffringe des Chinolins, Isochinolins, der Naphthochinoline, aber nicht derjenige des Acridins. Als wahre Benzolringe gelten demgemäß natürlich auch die Kohlenstoffringe des Chinolins, Isochinolins, der Naphthochinoline, des Acridins, Chinoxalins usw.

b) Wenn die Enol-Formulierung zu einer Formel führt, welche die OH-Gruppe in einem chinoiden C_6-Ring enthält.

Als chinoid gelten diejenigen C_6-Ringe, welche zwei intranucleare und zwei seminucleare Doppelbindungen enthalten;

es gilt also [Ring mit O oben und CH₂ unten] als chinoid, dagegen gelten [Ring mit O oben und CH₃ CH₃ unten] und [Ring mit O oben und CH₃ OH unten] nicht als chinoid.

Erscheinen für eine Verbindung eine parachinoide und eine orthochinoide Formulierung gleichberechtigt, so lassen wir den Registrierort durch die parachinoide Formel bestimmen.

c) Wenn die Enol-Formulierung zu einer Formel führt, welche die OH-Gruppe in einem heterocyclischen (vom Pyridin [vgl. a] verschiedenen) Ring von aromatischem Charakter enthält, wobei aber hier Bedingung sein soll, daß die OH-Gruppe keinem Heteroatom benachbart ist.

Als heterocyclische Ringe von aromatischem Charakter gelten das Furfuran, Thiophen, Pyrrol[1]) und diejenigen Ringe, welche aus diesen eben genannten Fünfringen, sowie aus dem Pyridin durch Austausch von HC≦ gegen N≦ hervorgehen.

Die hier aufgeführten Fälle betreffen ausschließlich Verbindungen, bei denen die fragliche Gruppe (Oxo oder Enol) cyclisch gebunden ist.

B. In allen Fällen, welche durch die drei unter A enthaltenen Bestimmungen nicht getroffen werden, bildet die Oxo-Formel den Registrierort, d. h. also stets wenn die fragliche Gruppe acyclisch gebunden ist, und ferner wenn die fragliche Gruppe cyclisch gebunden ist, durch die Enolisierung aber keine der drei unter A aufgestellten Bedingungen erfüllt wird.

Beispiele für A. a:

Registrierort	Hinweisort[2])
HO·C⟨CH–CH / CH=CH⟩CH	OC⟨CH$_2$–CH / CH=CH⟩CH
HO·C⟨CH–C·OH / CH=C·OH⟩CH	OC⟨CH$_2$–CO / CH$_2$–CO⟩CH$_2$
HC⟨CH–C·OH / CH=CH⟩N	HC⟨CH–CO / CH=CH⟩NH

Beispiel für A. b:

Registrierort	Hinweisort
OC⟨CH=C·OH / HO·C=CH⟩CO (parachinoid)	OC⟨CH=C·OH / CO–CH⟩C·OH und OC⟨CH$_2$–CO / CO–CH$_2$⟩CO (orthochinoid)

Beispiele für A. c:

Registrierort	Hinweisort
HO·C=CH / HC=CH⟩O	OC–CH$_2$ / HC=CH⟩O
HO·C=CH / HC=CH⟩NH	OC–CH$_2$ / HC=CH⟩NH
HC⟨N=CH / HO·C–CH⟩N	H$_2$C⟨N=CH / CO–CH⟩N

---

[1]) Pyrrolenin HC—CH$_2$ / HC=N–CH bezw. HC=CH / HC=N–CH$_2$ wird (wie auch ähnliche Verbindungen) trotz seines aromatischen Sättigungszustandes nicht als heterocyclischer Ring von aromatischem Charakter betrachtet. Es wird daher z. B.

H$_2$C—CO / HC=N–CCl$_2$ Registrierort,   HC=C·OH / HC=N–CCl$_2$ evtl. Hinweisort.

[2]) Hinweise werden im allgemeinen nur dann gebracht, wenn es wahrscheinlich ist, daß die Verbindungen an den betreffenden Stellen von den Benutzern des Handbuches gesucht werden könnten.

§ 39—40.]   Fälle von leicht veränderlicher Struktur.

Beispiele für B[1]):

Registrierort	Hinweisort
$CH_3 \cdot CO \cdot CH_3$	$CH_3 \cdot C(OH) : CH_2$
$CH_3 \cdot CO \cdot CH_2 \cdot CO_2 \cdot C_2H_5$	$CH_3 \cdot C(OH) : CH \cdot CO_2 \cdot C_2H_5$
$OHC \cdot CH(CO_2H)_2$	$HO \cdot CH : C(CO_2H)_2$
$\begin{array}{c} OC-CH_2 \\ \mid \quad\quad\;\; \diagdown CH_2 \\ H_2C-CH_2 \diagup \end{array}$	$\begin{array}{c} HO \cdot C =\!= CH \\ \mid \quad\quad\quad\;\; \diagdown CH_2 \\ H_2C-CH_2 \diagup \end{array}$
$\begin{array}{c} OC-CH_2 \\ \mid \quad\quad\;\; \diagdown CH_2 \\ HC =\!= CH \diagup \end{array}$	$\begin{array}{c} HO \cdot C =\!= CH \\ \mid \quad\quad\quad\;\; \diagdown CH_2 \\ HC =\!= CH \diagup \end{array}$
$OC \diagup\!\!\begin{array}{c} CO-CH_2 \\ CH=CH \end{array}\!\!\diagdown C \diagup\!\!\begin{array}{c} CH_3 \\ CH_3 \end{array}$	$\begin{array}{c} HO \cdot C =\!= CH \\ OC \diagdown \quad\quad\quad\;\; \diagdown \\ \quad\;\; CH=CH \end{array} C \diagup\!\!\begin{array}{c} CH_3 \\ CH_3 \end{array}$
(Decalin-CO-CH₂)	(Decalin-C(OH)-CH)
$\begin{array}{c} H_2C-CO \\ \mid \quad\quad\;\; \diagdown O \\ H_2C-CH_2 \diagup \end{array}$	$\begin{array}{c} HC=C \cdot OH \\ \mid \quad\quad\quad\;\; \diagdown O \\ H_2C-CH_2 \diagup \end{array}$
$\begin{array}{c} H_2C-CO \\ \mid \quad\quad\;\; \diagdown S \\ HC=CH \diagup \end{array}$	$\begin{array}{c} HC=C \cdot OH \\ \mid \quad\quad\quad\;\; \diagdown S \\ HC=CH \diagup \end{array}$
$\begin{array}{c} H_2C-CO \\ \mid \quad\quad\;\; \diagdown NH \\ HC =\!= N \diagup \end{array}$	$\begin{array}{c} HC=C \cdot OH \\ \mid \quad\quad\quad\;\; \diagdown NH \\ HC=N \diagup \end{array}$
$\begin{array}{c} HN-CO \\ \mid \quad\;\; \mid \\ OC \quad C-NH \\ \mid \quad\;\; \parallel \quad\quad\diagdown CO \\ HN-C-NH \diagup \end{array}$	$\begin{array}{c} N=C \cdot OH \\ \mid \quad\;\; \mid \\ HO \cdot C \quad C-N \\ \parallel \quad\;\; \parallel \quad\quad\diagdown C \cdot OH \\ N-C-NH \diagup \end{array}$

§ **40. Oxo-Cyclo-Desmotropie** $\left[\begin{array}{cc} O & OH \\ \parallel & \mid \\ -C- \cdots -C- \end{array} \rightleftarrows \begin{array}{c} HO \diagdown \;\; O\!-\!\!\!-\!\!\!- \\ -C- \cdots -C- \end{array} \right]$[2]).

Der Registrierort wird durch die offene Formel (Oxo-Formel) bestimmt.

Beispiele:

Registrierort	Hinweisort
(Glykose) $\begin{array}{c} CHO \\ \mid \\ CH(OH) \\ \mid \\ CH(OH) \end{array}$ $HO \cdot CH_2 \cdot CH(OH) \cdot CH(OH)$	$\begin{array}{c} CH \diagup OH \\ \mid \\ CH(OH) \\ \mid \\ CH(OH) \end{array}$ $HO \cdot CH_2 \cdot CH(OH) \cdot CH \cdot O\!-\!\!\!-$
$CH_3 \cdot CO \cdot CH_2 \cdot CH_2 \cdot CO \cdot OH$	$\begin{array}{c} HO \diagdown \;\;\;\;\;\;\;\;\;\;\;\;\;\;\; O \\ \diagup\! \\ CH_3 \cdot C \cdot CH_2 \cdot CH_2 \cdot CO \end{array}$

---

[1]) Vgl. auch S. 38, Anm. 1.

[2]) **Nicht** zur Oxo-Cyclo-Desmotropie gehören Fälle, bei denen das in der heterocyclischen Formel vorhandene **Hydroxyl** an einem doppeltgebundenen C-Atom haftet, also ohne Ringaufspaltung zu Oxo isomerisierbar ist. Ein solcher Fall ist vielmehr nach § 39 zu erledigen; vgl. dort das 8. Beispiel unter B.

Registrierort	Hinweisort
$C_6H_4{<}{\substack{CO \cdot OH \\ CHO}}$	$C_6H_4{<}{\substack{CO \\ CH \cdot OH}}{>}O$
$CBr \cdot CO \cdot OH$ $CBr \cdot CHO$	$\substack{CBr \cdot CO \\ \| \\ CBr \cdot CH \cdot OH}{>}O$

§ 41. Imino-Amino-Desmotropie und Ähnliches.
Schema des einfachsten Falls:
$${>}CH \cdot C(:NH){-} \rightleftarrows {>}C:C(NH_2){-}$$
Die Fälle von Imino-Amino-Desmotropie werden genau nach § 39 behandelt, indem man sich $=NH$ durch $=O$ und $-NH_2$ durch $-OH$ ersetzt denkt.

Beispiele:

Registrierort	Hinweisort
$CH_3 \cdot \underset{NH}{C} \cdot CH_2 \cdot CO_2 \cdot C_2H_5$	$CH_3 \cdot \underset{NH_2}{C} : CH \cdot CO_2 \cdot C_2H_5$
$CH_3 \cdot \underset{N \cdot CH_3}{C} \cdot CH_2 \cdot CO_2 \cdot C_2H_5{}^{1})$	$CH_3 \cdot \underset{NH \cdot CH_3}{C} : CH \cdot CO_2 \cdot C_2H_5$
$\substack{HN:C{-}C(CH_3)_2 \\ \| \\ CH_3 \cdot HC{-\!\!\!-\!\!\!-}CH_2}{>}C(CH_3)_2$	$\substack{H_2N \cdot C{-}C(CH_3)_2 \\ \| \\ CH_3 \cdot C{-\!\!\!-\!\!\!-}CH_2}{>}C(CH_3)_2$
$C_6H_5 \cdot N:C{<}{\substack{CH_2{-}CO \\ CH_2{-}CH_2}}{>}CH_2{}^{2})$	$C_6H_5 \cdot NH \cdot C{<}{\substack{CH{-}C \cdot OH \\ CH_2{-}CH_2}}{>}CH$
$H_2N \cdot C{<}{\substack{CH{-}C \cdot OH \\ CH=C \cdot OH}}{>}CH$	$HN:C{<}{\substack{CH_2{-}CO \\ CH_2{-}CO}}{>}CH_2$ (Hinweis kaum nötig)
$\substack{CH=CH \\ OC{<} \qquad {>}CO \\ H_2N \cdot C{=\!\!=}CH}$ (parachinoid)	$\substack{CH=CH \\ OC{<} \qquad {>}C \cdot OH \\ HN:C{-\!\!\!-\!\!\!-}CH}$ (orthochinoid)
$HN:C{<}{\substack{CH=CH \\ CH=C \cdot OH}}{>}CO$ (parachinoid)	$H_2N \cdot C{<}{\substack{CH=CH \\ CH{-}CO}}{>}CO$ (orthochinoid)
$H_2N \cdot C{<}{\substack{CH{-}CH \\ CH=CH}}{>}N$	$HN:C{<}{\substack{CH=CH \\ CH=CH}}{>}NH$
$HC{<}{\substack{CH{-}C \cdot NH_2 \\ CH=CH}}{>}N$	$HC{<}{\substack{CH{-}C:NH \\ CH=CH}}{>}NH$
$\substack{HN{-}C:NH \\ \| \quad \| \\ HC \quad C{-\!\!\!-}N \\ \| \quad \| \\ N{-}C{-}NH}{>}CH$	$\substack{N=C \cdot NH_2 \\ \| \\ HC \quad C{-\!\!\!-}N \\ \| \quad \| \\ N{-}C{-}NH}{>}CH$

---

[1]) Registrier-Verbindung wird hier Methylamin (vgl. § 29).
[2]) Registrier-Verbindung wird hier Anilin (vgl. § 29).

[§ 41—42.]   Fälle von leicht veränderlicher Struktur.   41

Ganz analog wird die Desmotropie ferner behandelt bei folgenden Gruppen:

$>CH \cdot C(:N \cdot OH)-$ $\rightleftarrows$ $>C:C(NH \cdot OH)-$ (vgl. auch § 42)
$>CH \cdot C(:N \cdot NH_2)-$ $\rightleftarrows$ $>C:C(NH \cdot NH_2)-$ (vgl. auch § 45)
$>CH \cdot C(:N \cdot NO)-$ $\rightleftarrows$ $>C:C(NH \cdot NO)-$ (vgl. auch § 44)
$>CH \cdot C(:N \cdot NO_2)-$ $\rightleftarrows$ $>C:C(NH \cdot NO_2)-$ (vgl. auch § 44)
$>CH \cdot C(:N \cdot NH \cdot NH_2)-$ $\rightleftarrows$ $>C:C(NH \cdot NH \cdot NH_2)-$
$>CH \cdot C(:N \cdot N:NH)-$ $\rightleftarrows$ $>C:C(NH \cdot N:NH)-$

Beispiele:

Registrierort	Hinweisort
$CH_3 \cdot C(:N \cdot OH) \cdot CH_3$	$CH_2 : C(NH \cdot OH) \cdot CH_3$ (Hinweis kaum nötig)
 $HO \cdot HN \cdot C \begin{smallmatrix}CH-CH\\CH=CH\end{smallmatrix} CH$	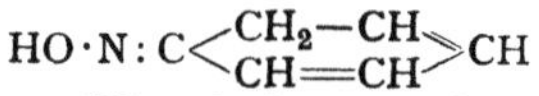 $HO \cdot N : C \begin{smallmatrix}CH_2-CH\\CH=CH\end{smallmatrix} CH$ (Hinweis kaum nötig)
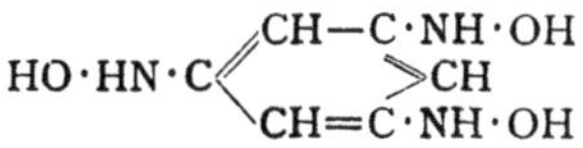 $HO \cdot HN \cdot C \begin{smallmatrix}CH-C \cdot NH \cdot OH\\CH=C \cdot NH \cdot OH\end{smallmatrix} CH$	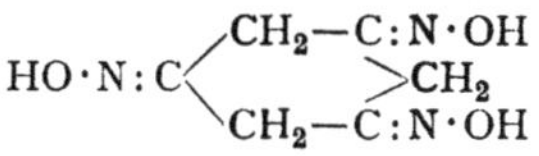 $HO \cdot N : C \begin{smallmatrix}CH_2-C:N \cdot OH\\CH_2-C:N \cdot OH\end{smallmatrix} CH_2$
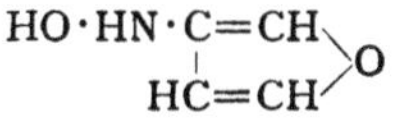 $HO \cdot HN \cdot C=CH$ $HC=CH$ $>O$	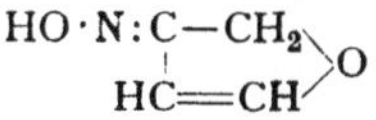 $HO \cdot N : C-CH_2$ $HC=CH$ $>O$
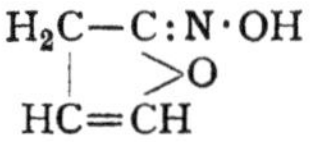 $H_2C-C:N \cdot OH$ $HC=CH$ $>O$	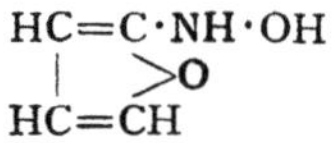 $HC=C \cdot NH \cdot OH$ $HC=CH$ $>O$
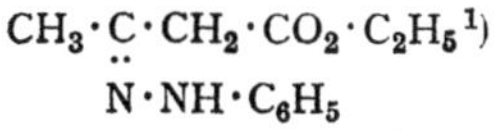 $CH_3 \cdot \overset{..}{C} \cdot CH_2 \cdot CO_2 \cdot C_2H_5$ [1]) $N \cdot NH \cdot C_6H_5$	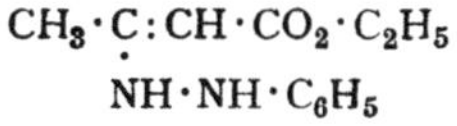 $CH_3 \cdot C:CH \cdot CO_2 \cdot C_2H_5$ $NH \cdot NH \cdot C_6H_5$
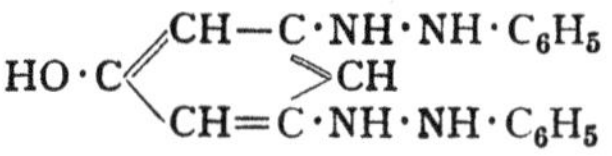 $HO \cdot C \begin{smallmatrix}CH-C \cdot NH \cdot NH \cdot C_6H_5\\CH=C \cdot NH \cdot NH \cdot C_6H_5\end{smallmatrix} CH$	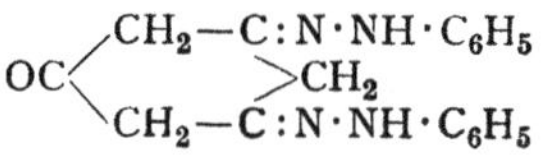 $OC \begin{smallmatrix}CH_2-C:N \cdot NH \cdot C_6H_5\\CH_2-C:N \cdot NH \cdot C_6H_5\end{smallmatrix} CH_2$

§ 42. Oxim-Isoxim-Desmotropie $\left[>C:N \cdot OH \rightleftarrows >C\begin{smallmatrix}NH\\O\end{smallmatrix} \text{ bezw. } >C:\overset{..}{N}\!\!\underset{O}{}H\right]$

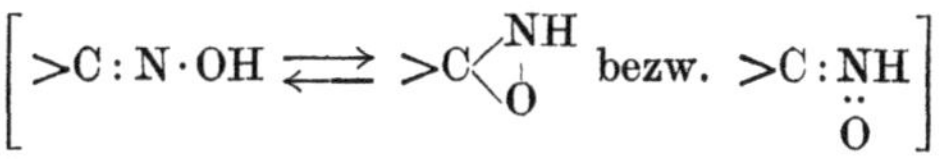

und C-Nitroso-Isonitroso-Desmotropie $[>CH \cdot NO \rightleftarrows >C:NOH]$.

Die Einordnung von Oximen (Isonitroso-Verbindungen) erfolgt auf Grund der Formel $>C:N \cdot OH$ [2]).

In Fällen, in denen die weitere Desmotropie:
$$>CH \cdot C(:N \cdot OH)- \rightleftarrows >C:C(NH \cdot OH)-$$
vorliegt, kann entsprechend den Bestimmungen von § 41 aber auch eine Einordnung als Hydroxylamino-Verbindung in Betracht zu ziehen sein.

In geringer Zahl sind wahre Nitroso-Verbindungen mit sekundär gebundener Nitroso-Gruppe bekannt, deren Nitroso-Natur in Anbetracht der charakteristischen Eigenschaften (Farbe, Geruch) nicht zweifelhaft sein kann, z. B.:
$$CH_3 \cdot CH \begin{smallmatrix}Cl\\NO\end{smallmatrix}.$$

Diese Verbindungen werden entsprechend ihrer Nitroso-Formel registriert (die obige also bei Äthan), und anderseits werden die aus ihnen durch Umlagerung hervorgehenden Oxime als solche registriert, z. B.:
$$CH_3 \cdot C \begin{smallmatrix}Cl\\N \cdot OH\end{smallmatrix} \text{ bei Essigsäure.}$$

---

[1]) Registrier-Verbindung wird hier Phenylhydrazin (vgl. § 29).
[2]) Bezüglich Einordnung der Isoxim-Derivate vgl. das alphabetische Klassen-Register.

Hierin liegt eine Abweichung von der Bestimmung in § 38b, welche dadurch begründet ist, daß man hier von einer eigentlichen, in den Reaktionsverhältnissen zutage tretenden Desmotropie nicht mehr reden kann.

Eine solche in den Reaktionsverhältnissen sich andeutende C-Nitroso-Isonitroso-Desmotropie findet man indes bei cyclischen Verbindungen, die zugleich zur Oxo-Enol- oder Imino-Amino-Desmotropie befähigt sind (Nitroso-phenolen, Nitroso-aminen). In diesen Fällen bildet für uns die Oxim-Formel den Registrierort, indem die Bestimmungen von § 39 und § 41 über Oxo-Enol- und Imino-Amino-Desmotropie außer Kraft gesetzt werden.

Beispiele:

Registrierort	Hinweisort
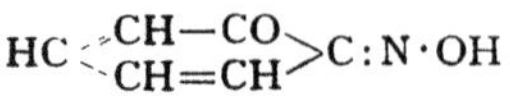 HC⟨CH—CO / CH=CH⟩C:N·OH	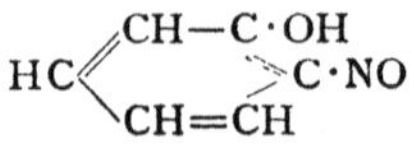 HC⟨CH—C·OH / CH=CH⟩C·NO
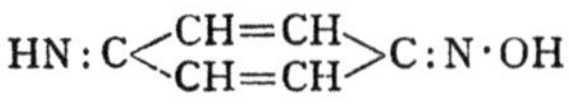 HN:C⟨CH=CH / CH=CH⟩C:N·OH	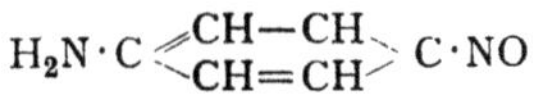 $H_2N·C$⟨CH—CH / CH=CH⟩C·NO
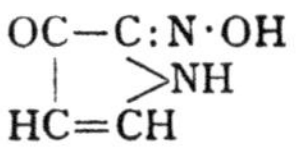 OC—C:N·OH ｜ ⟩NH HC=CH	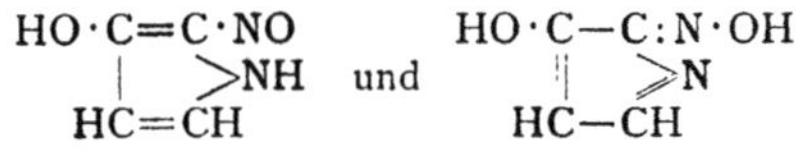 HO·C=C·NO ｜ ⟩NH und HC=CH ｜｜ ⟩N HC—CH ; HO·C—C:N·OH
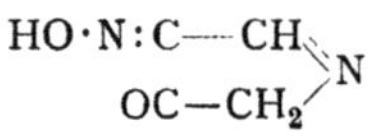 HO·N:C—CH₂ ⟩N OC—CH₂	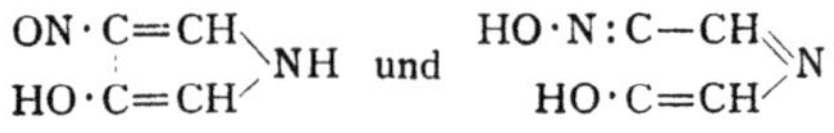 ON·C=CH ⟩NH und HO·N:C—CH ⟩N HO·C=CH ; HO·C=CH

§ 43. C-Nitro-Isonitro-Desmotropie [>CH·NO₂ ⇄ >C:NO·OH].

Der Registrierort wird immer durch die wahre Nitro-Formel >CH·NO₂ gegeben, der Hinweisort durch die Isonitro-Formel >C:NO·OH.

§ 44. Nitrosamin-Isodiazo-Desmotropie [—NH·NO ⇄ —N:N·OH] und Nitramin-Isonitramin-Nitrosohydroxylamin-Desmotropie, d. h. die Desmotropien

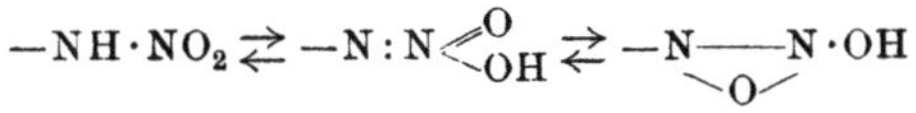

$$-NH·NO_2 \rightleftarrows -N:N\langle^O_{OH} \rightleftarrows -N\langle^{N·OH}_{O}$$

und

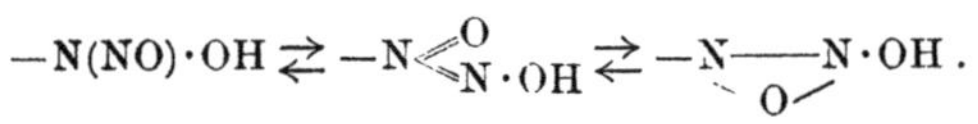

$$-N(NO)·OH \rightleftarrows -N\langle^O_{N·OH} \rightleftarrows -N\langle^{N·OH}_{O}.$$

Der Registrierort wird durch die Isodiazo- und die Isonitramin-Formeln gegeben, der Hinweisort durch die Formeln mit wahrer Nitroso- und wahrer Nitro-Gruppe.

Beispiele:

Name	Registrierort	Hinweisort
Phenylnitrosamin	$C_6H_5·N:N·OH$ (Hauptklasse 13, s. S. 12)	$C_6H_5·NH·NO$ (bei Anilin)
Methylnitramin	$CH_3·N_2O_2H$ (Hauptklasse 15, s. S. 12)	$CH_3·NH·NO_2$ (bei Methylamin)
Phenylnitramin (Diazobenzolsäure)	$C_6H_5·N_2O_2H$ (Hauptklasse 15, s. S. 12)	$C_6H_5·NH·NO_2$ (bei Anilin)
Phenylnitrosohydroxyl- amin	$C_6H_5·N_2O_2H$ (Hauptklasse 15, s. S. 12)	$C_6H_5·N(NO)·OH$ (bei Phenylhydroxylamin)

Voraussetzung ist hierbei, daß nicht nach den Bestimmungen von § 41 eine Umformung
von >C:C(NH·NO)— in >CH·C(:N·NO)—
und von >C:C(NH·NO₂)— in >CH·C(:N·NO₂)— stattzufinden hat.

§ 44—45.]   Fälle von leicht veränderlicher Struktur.   43

Beispiel:
$CH_3 \cdot C(:N \cdot NO) \cdot CH_2 \cdot CO_2H$ (bei Acetessigsäure) ist der Registrierort,
$CH_3 \cdot C(NH \cdot NO):CH \cdot CO_2H$ (bei Aminocrotonsäure) und $CH_3 \cdot C(N:N \cdot OH):CH \cdot CO_2H$ (Hauptklasse 13) sind die Hinweisorte.

§ 45. Azo-Hydrazon-Desmotropie.

Läßt sich die fragliche Verbindung ohne Verletzung unserer Regeln über Oxo-Enol-Desmotropie usw. (vgl. § 39 und § 41), die dieser Regel übergeordnet sein sollen, als beiderseits aromatische Oxy-Azo- (oder Amino-Azo-) Verbindung formulieren, so wird die Azo-Formel Registrierort.

Beispiele:

Registrierort	Hinweisort
$HO \cdot C\!\!<\!\!{}^{CH-CH}_{CH=CH}\!\!>\!\!C \cdot N:N \cdot C_6H_5$	$OC\!\!<\!\!{}^{CH=CH}_{CH=CH}\!\!>\!\!C:N \cdot NH \cdot C_6H_5$
$HC\!\!\stackrel{CH}{=}\!\!C\!\!\stackrel{NH_2}{-}\!\!C\!\!=\!\!C \cdot N:N \cdot C_6H_5$ (mit $HC\!\!=\!\!CH\!\!-\!\!C\!\!=\!\!CH\!\!-\!\!CH$)	$HC\!\!\stackrel{CH}{=}\!\!C\!\!\stackrel{NH}{-}\!\!C\!\!\sim\!\!C:N \cdot NH \cdot C_6H_5$ (mit $HC\!\!=\!\!CH\!\!-\!\!C\!\!=\!\!CH\!\!-\!\!CH$)
$HC\!\!-\!\!-\!\!-\!\!C \cdot OH$ $HC\!\!\sim\!\!{}_{NH}\!\!-\!\!C \cdot N:N \cdot C_6H_5$	$HC\!\!-\!\!-\!\!-\!\!CO$ $HC\!\!\sim\!\!{}_{NH}\!\!-\!\!C:N \cdot NH \cdot C_6H_5$

Die Azo-Formel wird ferner Registrierort, wenn ihre Umformung in eine Hydrazon-Formel die Umformung einer Isonitroso-Gruppe in eine Nitroso-Gruppe nötig machen würde, ohne daß aber eine wahre Nitroso-Verbindung (vgl. § 42) vorliegt; z. B. ist
$C_6H_5 \cdot C(:N \cdot OH) \cdot N:N \cdot C_6H_5$ Registrierort, $C_6H_5 \cdot C(NO):N \cdot NH \cdot C_6H_5$ Hinweisort.

In allen anderen Fällen bestimmt die Hydrazon-Formel den Registrierort.
(Wenn die Hydrazon-Formel noch die Umwandlung in eine Hydrazino-Formel zuläßt, wird diese weitere Desmotropie aber nach den Regeln von § 41 behandelt.)

Beispiele:

Registrierort	Hinweisort
$CH_3 \cdot CO \cdot C(:N \cdot NH \cdot C_6H_5) \cdot CO_2 \cdot C_2H_5$	$CH_3 \cdot CO \cdot CH(N:N \cdot C_6H_5) \cdot CO_2 \cdot C_2H_5$
$OC\!\!<\!\!{}^{CH=CH}_{CH=CH}\!\!>\!\!C:N \cdot NH \cdot CO \cdot NH_2$	$HO \cdot C\!\!<\!\!{}^{CH-CH}_{CH=CH}\!\!>\!\!C \cdot N:N \cdot CO \cdot NH_2$
$HC\!\!-\!\!-\!\!C:N \cdot NH \cdot C_6H_5$ $N\!\!\sim\!\!{}_N\!\!-\!\!CH$	$HC\!\!-\!\!-\!\!-\!\!C:N:N \cdot C_6H_5$ $N\!\!\sim\!\!{}_{NH}\!\!-\!\!CH$
$HC\!\!=\!\!=\!\!CH$ $HC\!\!=\!\!{}_N\!\!-\!\!C:N \cdot NH \cdot C_6H_5$	$HC\!\!-\!\!-\!\!-\!\!CH$ $HC\!\!\sim\!\!{}_{NH}\!\!-\!\!C:N:N \cdot C_6H_5$
$HC\!\!-\!\!-\!\!C:N \cdot NH \cdot C_6H_5$ $HC\!\!\sim\!\!{}_N\!\!-\!\!CO$ C_6H_5	$HC\!\!-\!\!-\!\!-\!\!C:N:N \cdot C_6H_5$ $HC\!\!\sim\!\!{}_N\!\!-\!\!C \cdot OH$ C_6H_5

Können zwei verschiedene Hydrazon-Formeln konstruiert werden, so wird diejenige bevorzugt, welche sich von einem aromatischen Hydrazin ableitet.

Leitsätze für die systematische Anordnung. [§ 45—46.

Beispiele:

Registrierort	Hinweisort
$HO \cdot C {<}{{CH-CH} \atop {CH=CH}}{>} C \cdot NH \cdot N : C{<}{{CO_2 \cdot C_2H_5} \atop {CO \cdot CH_3}}$	$OC{<}{{CH=CH} \atop {CH=CH}}{>}C : N \cdot NH \cdot CH {<}{{CO_2 \cdot C_2H_5} \atop {CO \cdot CH_3}}$ und
	$HO \cdot C {<}{{CH-CH} \atop {CH=CH}}{>}C \cdot N : N \cdot CH {<}{{CO_2 \cdot C_2H_5} \atop {CO \cdot CH_3}}$
$\begin{array}{c} HC{-\!\!-\!\!-\!\!-\!\!-\!\!-}C : N \cdot NH \cdot C{<}{{CH-CH} \atop {CH=CH}}{>}C \cdot OH \\ \| \hspace{3em} \| \\ HC{\diagdown}_{NH}{\diagup}CO \end{array}$	$\begin{array}{c} HC{-\!\!-\!\!-\!\!-\!\!-}CH \cdot NH \cdot N : C{<}{{CH=CH} \atop {CH=CH}}{>}CO \\ \| \hspace{3em} \| \\ HC{\diagdown}_{NH}{\diagup}CO \end{array}$ und
	$\begin{array}{c} HC{-\!\!-\!\!-\!\!-\!\!-}C \cdot N : N \cdot C{<}{{CH-CH} \atop {CH=CH}}{>}C \cdot OH \\ \| \hspace{3em} \| \\ HC{\diagdown}_{NH}{\diagup}C \cdot OH \end{array}$

Anhang betreffs Konkurrenz mehrerer veränderlicher Gruppen.

§ 46. Die Regeln, die in den §§ 39—45 mitgeteilt wurden, genügen nicht immer, wenn mehrere veränderliche Gruppen im Molekül vorkommen.

Oft führt ihre Anwendung zwar auch in solchen Fällen zu einem eindeutigen Ergebnis. Dies trifft immer zu, wenn die Veränderung jeder einzelnen variablen Gruppe für sich vorgenommen werden kann, ohne unmittelbar eine andere variable Gruppe zu beeinflussen. Fälle dieser Art, z. B.:

Registrierort	Hinweisort
$HO \cdot C{<}{{CH-C \cdot OH} \atop {CH=C \cdot OH}}{>}CH$	$OC{<}{{CH_2-CO} \atop {CH_2-CO}}{>}CH_2$

sind schon mehrfach in den Beispielen der vorhergehenden Paragraphen angeführt worden.

Aber es gibt viele andere Fälle, in denen man zu einem verschiedenen Ergebnis gelangt, je nachdem man die eine oder die andere der möglichen Veränderungen zuerst im Sinne unserer Regeln behandelt. Wir können z. B. die Formel:

$$CH_3 \cdot C(NH_2) : C(OH) \cdot CO_2H \text{ (Amino-oxy-crotonsäure)}$$

nach § 39 in

$$CH_3 \cdot CH(NH_2) \cdot CO \cdot CO_2H \text{ (Amino-oxo-buttersäure)}$$

oder nach § 41 in

$$CH_3 \cdot C(:NH) \cdot CH(OH) \cdot CO_2H \text{ (Imino-oxy-buttersäure)}$$

umformen.

Wollte man auch die Behandlung aller solchen Fälle gesetzmäßig bestimmen, so hätte man eine Rangordnung der einzelnen Desmotropie-Regeln aufstellen müssen. Der Versuch einer solchen allgemeineren Regelung zeigt jedoch, daß man befürchten muß, zu systematischen Folgerungen zu gelangen, welche den praktisch vorliegenden Verhältnissen widersprechen.

Immerhin wird man sich aber auch hier bemühen, für eine Reihe offenbar analog konstituierter Verbindungen auch bei etwa zufällig verschiedenartiger Formulierung in der Original-Literatur doch analoge Registrierorte zu wählen. Selbstverständlich müssen an geeigneten Stellen, besonders an der Stelle, welche der Autoren-Formel zukommt, sofern diese nicht selbst den Registrierort darstellt, Hinweise gebracht werden.

Besondere Regeln für einige häufig auftretende Fälle, in denen Veränderlichkeit der Struktur bezw. Verschiedenheit der in der Literatur vertretenen Formulierungen zu Zweifeln über den Registrierort Anlaß gibt.
(Farbstoffe der Di- und Triphenylmethan-Reihe, sowie Farbstoffe, die sich von heterocyclischen Stammkernen ableiten. — Halogenalkylate heterocyclischer Verbindungen und ihre Pseudobasen.)

§ 47. Die Behandlung der Bindungsveränderungen, welche bei einigen **Farbstoffklassen** in Betracht kommen, ist zum Teil schon durch die vorhergehenden Regeln entschieden (vgl. § 45 betreffs der Oxy-Azo- und Amino-Azo-Verbindungen).

Doch sind noch andere Bindungsveränderungen zu besprechen, die für wichtige Farbstoffklassen typisch sind und zum Teil **nicht auf Wasserstoff-Platzwechsel** (Desmotropie im engeren Sinne) beruhen. Man denke z. B. an das Parafuchsin. Es ist ein Salz, dem man die Formel:

$$(H_2N \cdot C_6H_4)_2C : C_6H_4 : NH_2Cl,$$

entsprechend einer Ammoniumbase:

$$(H_2N \cdot C_6H_4)_2C : C_6H_4 : NH_2 \cdot OH,$$

zuschreibt, während die wirklich isolierte freie Verbindung die Struktur:

$$(H_2N \cdot C_6H_4)_2C(OH) \cdot C_6H_4 \cdot NH_2$$

besitzt, also eine **Pseudobase** (Carbinolamin) ist, die aus der Ammoniumbase durch **Hydroxyl-Platzwechsel** hervorgeht.

Die Befolgung der Regel § 38c, nach welcher freie Verbindungen und Salze an einem Orte behandelt werden, auch wenn sie in ihrer Konstitution einander nicht entsprechen, erscheint in den durch dieses Beispiel charakterisierten Fällen besonders notwendig. Das Material über Bildungsweisen und Umsetzungen macht hier eine Trennung in zwei (bezw. mehr) an verschiedene Orte zu bringende Artikel fast unmöglich. Denn man kann häufig gar nicht aus den Angaben entnehmen, welcher Konstitutionsform die zu registrierende Erscheinung direkt entspricht, und würde daher bei dem Versuche einer solchen Trennung fortwährend in Zweifel geraten. Selbst wenn eine einigermaßen einwandfreie Sonderung endlich gelingen sollte, würde man damit dem Benutzer des Beilstein-Handbuches nur Schwierigkeiten bereiten; müßte er doch nun z. B. die Bildungsweisen und Umsetzungen, die bei Gegenwart von Alkali verlaufen, an der einen, diejenigen in saurer Lösung an einer anderen Stelle suchen.

Es ist also die Auswahl zu treffen, ob der Registrierort der freien (nicht chinoiden) Verbindung oder dem (chinoiden) Salz angepaßt werden soll.

Ähnlich wie bei den Farbstoffen der Di- und Triphenylmethan-Reihe liegen die Verhältnisse bei Farbkörpern der Pyran-Reihe. Auch diejenigen der Acridin-Reihe und der Azin-Reihe können mit den vorgenannten Klassen gleichartig im Sinne der folgenden Regel A behandelt werden:

Regel A. Der Registrierort wird bei Farbstoffen der Di- und Triphenylmethan-Reihe, der Pyran-Reihe, der Acridin-Reihe und der Azin-Reihe durch diejenigen Formeln der freien Verbindungen bestimmt, welche die bezüglich ihrer inneren Bindungsverhältnisse veränderlichen Sechskohlenstoffringe in benzoidem (nichtchinoidem) Zustand darstellen.

Beispiele:

Registrierort	Hinweisort
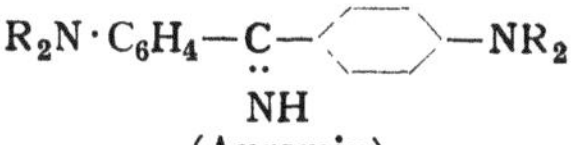 $R_2N \cdot C_6H_4 - \underset{NH}{C} - \langle \rangle - NR_2$ (Auramin)	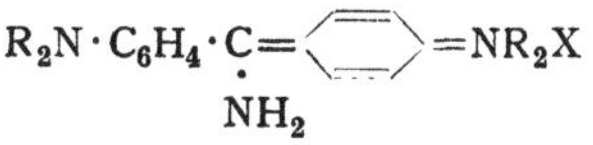 $R_2N \cdot C_6H_4 \cdot \underset{NH_2}{C} = \langle \rangle = NR_2X$
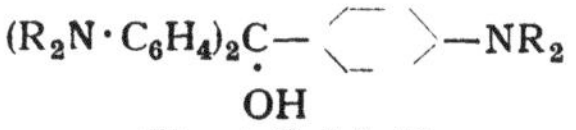 $(R_2N \cdot C_6H_4)_2 \underset{OH}{C} - \langle \rangle - NR_2$ (Krystallviolett)	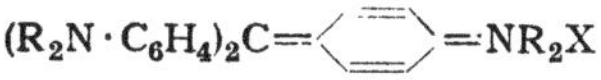 $(R_2N \cdot C_6H_4)_2 C = \langle \rangle = NR_2X$

Registrierort	Hinweisort

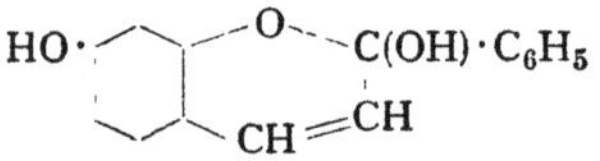

HO·⌬—O—C(OH)·C₆H₅ ¹⁾
      CH=CH

ist Registrierort für die Salze

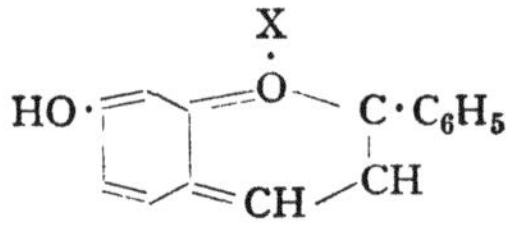

$$\text{HO}\cdot\underset{\text{CH}}{\overset{\overset{X}{\overset{\cdot}{\text{O}}}}{\bigodot}}\text{C}\cdot\text{C}_6\text{H}_5 \quad {}^{2)}$$

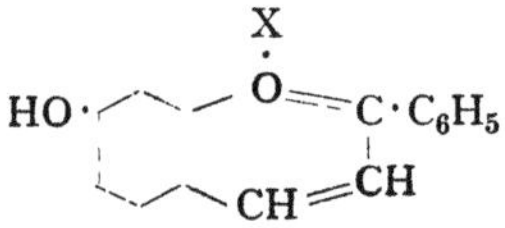

bezw. HO·⌬—O=C·C₆H₅ ²⁾
         CH—CH

R₂N·⌬—O—⌬·NR₂
      CH
      OH
(Pyronin)

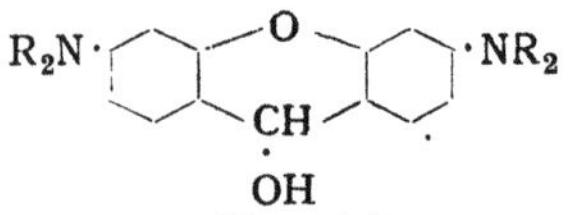

ist Registrierort für die Salze

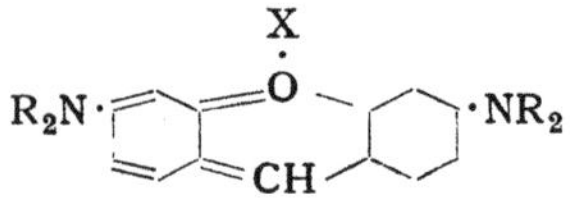

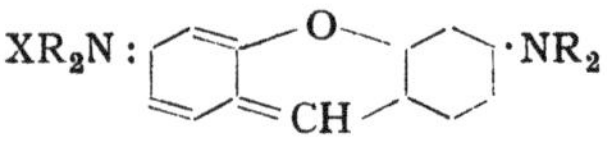

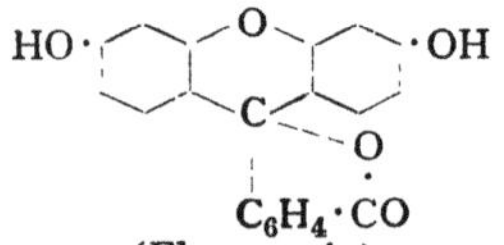

$$\text{R}_2\text{N}\cdot\underset{\text{CH}}{\overset{\overset{X}{\overset{\cdot}{\text{O}}}}{\bigodot}}\cdot\text{NR}_2 \quad {}^{2)}$$

bezw. $\text{XR}_2\text{N}:\underset{\text{CH}}{\bigodot}\text{—O—}\bigodot\cdot\text{NR}_2$

HO·⌬—O—⌬·OH   O:⌬—O—⌬·OH
      C—O   C
      C₆H₄·CO   C₆H₄·CO·OH
(Fluorescein)

                C₆H₅   C₆H₅
CH₃·⌬—C—⌬·CH₃ ³⁾   CH₃·⌬=C—⌬·CH₃
H₂N·   N   ·NH₂   HN: N   ·NH₂
     HO CH₃   CH₃

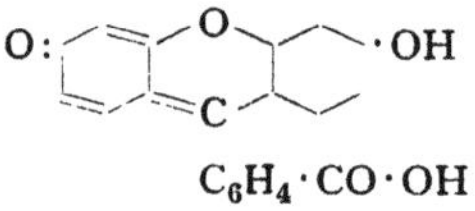

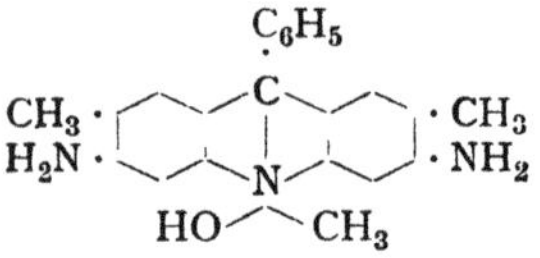

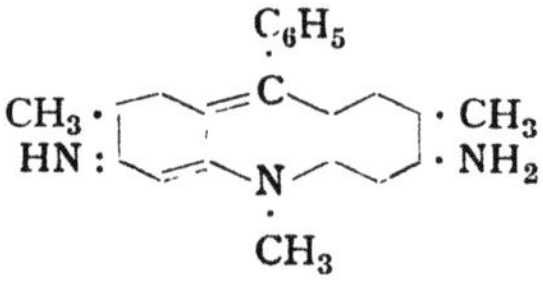

¹) Nach § 40 über Oxo-Cyclo-Desmotropie wäre hier noch die Formel

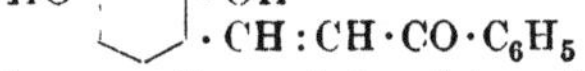

$$\text{HO}\cdot\bigodot\cdot\text{OH}$$
$$\cdot\text{CH:CH·CO·C}_6\text{H}_5$$

in Betracht zu ziehen. Auf Beziehungen dieser Art weist auch die Original-Literatur hin. Aus praktischen Gründen (wegen der heterocyclischen Struktur der Salze) empfiehlt es sich, hier als Registrierort die heterocyclische Formel zu wählen.

²) Da wir für die systematische Eingliederung **nur zweiwertigen Sauerstoff** bezw. **Schwefel in Stammkernen** annehmen (vgl. Analoges für Stickstoff in § 32) kommen Formeln, die mit drei Valenzen esocyclisch gebundenen Sauerstoff bezw. Schwefel enthalten, als Registrierorte nicht in Betracht.

³) Vgl. hierzu § 48.

§ 47.] Fälle von leicht veränderlicher Struktur. 47

Registrierort	Hinweisort
HO·[structure] (Eurhodol)	O:[structure]NH[structure]
C₆H₅·N·[structure]·C₆H₅ (Phenylrosindulin)	C₆H₅·N·[structure] C₆H₅

Bei dem letzten Beispiel wird der Registrierort durch eine Formel bestimmt, für deren Einordnung die Ableitung als inneres Anhydrid einer Amino-ammoniumbase

$$C_6H_5 \cdot NH \cdot C_{10}H_5 \underset{HO \quad C_6H_5}{\overset{N}{\underset{N}{\langle\,\rangle}}} C_6H_4$$

maßgebend ist. Das Phenylrosindulin erscheint also unter den Derivaten des Amino-naphthophenazins

$$H_2N \cdot C_{10}H_5 \underset{N}{\overset{N}{\langle\,\rangle}} C_6H_4.$$

Die Regel A soll nicht ausschließen, daß für gut charakterisierte Anhydroderivate, an deren chinoider Konstitution nicht gezweifelt wird (wie z. B. bei Anhydroderivaten mancher Oxy-carbinole), die chinoide Formel den Registrierort bildet.

Beispiele:

Registrierort	Hinweisort
(HO·C₆H₄)₂C=[structure]=O (Aurin)	(HO·C₆H₄)₂C(OH)—[structure]—OH
O:[structure]·OH C₆H₅ (Resorcinbenzein)	HO·[structure]·OH C₆H₅ OH

Für die Farbstoffe der Oxazin- und Thiazin-Reihe würde die Behandlung im Sinne der Regel A zur Konstruktion von nichtchinoiden Formeln führen, deren Berechtigung recht fraglich erscheint. Für die Pseudobase des Methylenblaus (Formel I) würde man z. B. die Formel II einer N-Oxy-Verbindung wählen müssen:

I. $(CH_3)_2N\cdot$[structure]$\cdot N(CH_3)_2$, [1])   II. $(CH_3)_2N\cdot$[structure]$\cdot N(CH_3)_2$.

Es wird vorgezogen, hier folgende Regel B zur Richtschnur zu nehmen:

Regel B. Die Farbstoffe der Oxazin- und Thiazin-Reihe werden als Oxydationsprodukte ihrer Leukoverbindungen gebracht.

---
[1]) Vgl. S. 46 Anm. 2.

Beispiel:

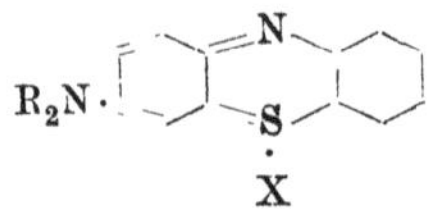

[structure] bei [structure]

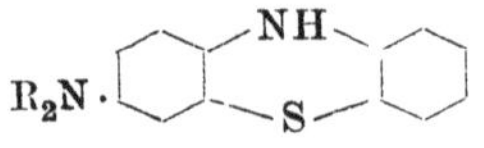

§ 48. Im engen Zusammenhang mit dem Fall der Farbstoff-Basen und -Salze stehen die Verhältnisse bei den **Halogenalkylaten der Verbindungen mit heterocyclisch gebundenem Stickstoff und den ihnen entsprechenden Pseudobasen.** Es empfiehlt sich auch hier, die Basen und Salze — obwohl ihre Konstitution fraglos verschiedenartig ist — an einer Stelle zusammen zu behandeln.

Den Registrierort lassen wir hier durch die Formel der quartären Ammonium-Verbindungen bestimmen.

Beispiele:

Registrierort	Hinweisort
Chinolin-Jodmethylat	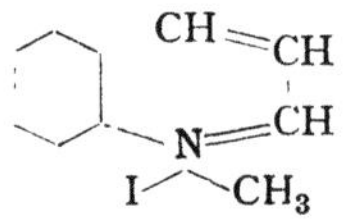	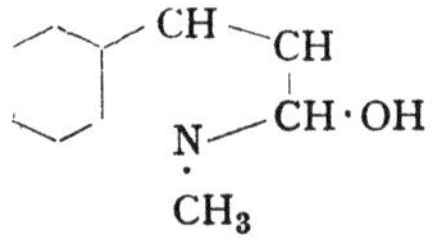
Phenylacridin-Jodmethylat	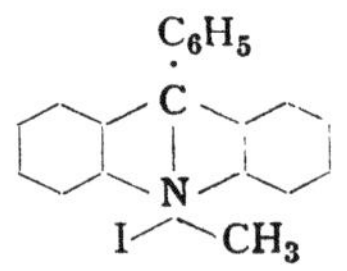	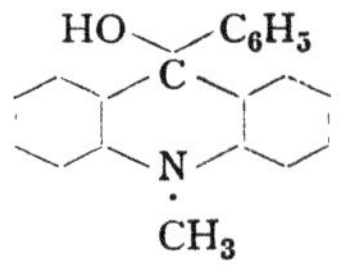
Stilbazonium-Verbindungen	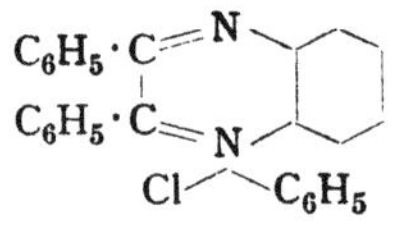	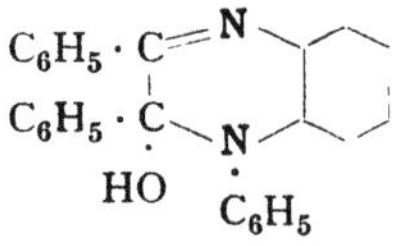

Befindet sich orthoständig zum Stickstoffatom eine Seitenkette —CHRR′, so kann bei der Einwirkung von Alkali auf das Halogenalkylat eine weitere Veränderung der durch Hydroxyl-Wanderung gebildeten Pseudobase (Carbinolbase) stattfinden, wobei unter Wasserabspaltung:

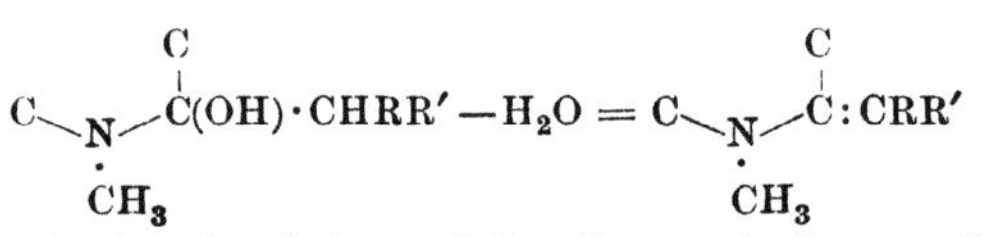

$$\text{C}{\searrow}\text{N}{\swarrow}\text{C(OH)}\cdot\text{CHRR}' - \text{H}_2\text{O} = \text{C}{\searrow}\text{N}{\swarrow}\text{C}:\text{CRR}'$$
$$\text{CH}_3 \qquad\qquad \text{CH}_3$$

ein Alkyliden-cyclamin entsteht, das bei der Behandlung mit Säuren die quartäre Ammonium-Verbindung zurückliefert. Ferner wird in manchen Fällen Aufspaltung der Carbinolbase zu einem Oxo-amin in Betracht gezogen:

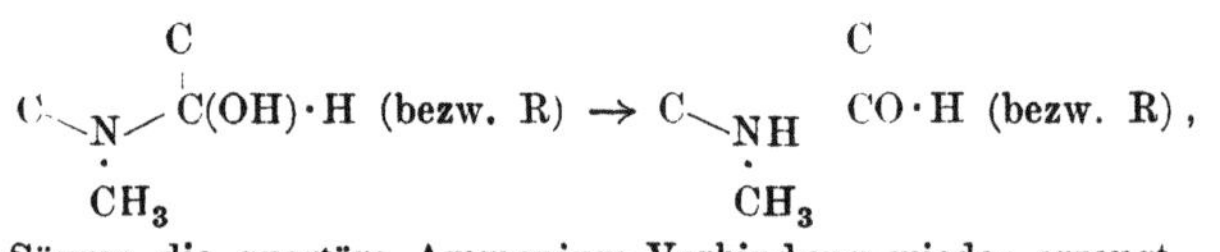

$$\text{C}{\searrow}\text{N}{\swarrow}\text{C(OH)}\cdot\text{H (bezw. R)} \rightarrow \text{C}{\searrow}\text{NH} \quad \text{CO}\cdot\text{H (bezw. R)},$$
$$\text{CH}_3 \qquad\qquad \text{CH}_3$$

das ebenfalls mit Säuren die quartäre Ammonium-Verbindung wieder erzeugt.

In den Fällen, bei denen das experimentelle Material auf das Vorliegen derartiger Beziehungen hinweist, wird die quartäre Ammonium-Verbindung zum Registrierort auch für die Produkte solcher weiteren, durch Säurewirkung wieder umkehrbaren Umformungen gewählt.

---

[1]) Vgl. S. 46 Anm. 2

Grundgedanken des Systems.

Es sollen hier die Grundgedanken angeführt werden, von denen man bei der Ausarbeitung des Beilstein-Systems ausgegangen ist. Sie lassen sich leicht einprägen und können auch als eine kurze Zusammenfassung der wichtigsten Bestimmungen der vorangehenden „Leitsätze" angesehen werden.

1. Ein System, das alle organischen Verbindungen umfassen soll, kann nur die **Struktur** der Verbindungen zur Grundlage haben.
2. Für die Struktur der organischen Verbindungen ist vor allem die **Kohlenstoff-Anordnung** charakteristisch.
3. Die organischen Verbindungen gliedern sich in solche mit offener Kohlenstoffkette (**acyclische**), solche mit Ringen, deren Glieder nur aus Kohlenstoffatomen bestehen (**isocyclische**) und solche, die einen Ring enthalten, dessen Glieder teils aus Kohlenstoffatomen, teils aus anderen Atomen bestehen (**heterocyclische**).
4. In den beiden ersten dieser Hauptabteilungen gelten die Kohlenwasserstoffe, in der dritten die Heterocyclen als Stammverbindungen („**Stammkerne**").

    Stammkerne sind daher z. B.

    $(CH_3)_2C:CH \cdot CH_2 \cdot CH_2 \cdot C(CH_3):CH \cdot CH_3$

    $CH_3 \cdot CH \!<\!\!{}^{CH_2 \cdot CH_2}_{CH_2 \cdot CH_2}\!\!>\! CH \cdot CH(CH_3)_2$

    $\overset{\shortparallel}{HC}\!\!-\!\!-\!\!-\!\!-\!\!\overset{\shortparallel}{CH}$
    $HC\!\!-\!\!O\!\!-\!\!C \cdot CH_3$

5. Wird in einem Stammkern ein Wasserstoffatom durch eine einwertige wasserstoffhaltige Gruppe ($\cdot OH$, $\cdot NH_2$ usw., vgl. S. 12) ersetzt, so entsteht eine Verbindung mit einer bestimmten chemischen **Funktion**. Eine solche Verbindung ist je nach Art ihrer Funktion (bezw. ihrer Funktionen) einer besonderen Klasse (Alkohole, Amine, Aminoalkohole usw.) zuzuordnen. Vgl. hierzu No. 11.
6. Stammkerne und solche Verbindungen, die durch Eintritt von funktionellen Gruppen in einen Stammkern entstehen, bilden als sog. „**Registrier-Verbindungen**" das Fachwerk des Systems.
7. Jeder Registrier-Verbindung mit Funktion sind als **funktionelle Derivate** zuzuordnen die Verbindungen, die dadurch entstehen, daß Wasserstoff der funktionellen Gruppe durch andere Elemente oder Elementgruppen ersetzt wird.

    $C_2H_5 \cdot OCl$, $C_2H_5 \cdot O \cdot NO_2$, $C_2H_5 \cdot O \cdot CH_3$ usw. sind daher $C_2H_5 \cdot OH$ als funktionelle Derivate zuzuordnen. Vgl. hierzu No. 13.
8. Jeder Registrier-Verbindung (sowohl denjenigen mit Funktion als den Stammkernen) sind als **Substitutionsprodukte** zuzuordnen die Verbindungen, die dadurch entstehen, daß andere Wasserstoffatome als der Wasserstoff der funktionellen Gruppe durch Halogene oder durch einwertige, wasserstofffreie und kohlenstofffreie Gruppen (Substituenten, z. B. $\cdot Cl$, $\cdot NO_2$, $\cdot N_3$) ersetzt wird. Vgl. aber No. 12.

    C_6H_5Cl, $C_6H_5 \cdot NO_2$, $C_6H_5 \cdot N_3$ werden daher C_6H_6 zugeordnet,
    $C_6H_4Cl \cdot OH$, $O_2N \cdot C_6H_4 \cdot OH$ werden daher $C_6H_5 \cdot OH$ zugeordnet.
9. Jedem Substitutionsprodukt einer Registrier-Verbindung mit Funktion werden seine funktionellen Derivate zugeordnet.

    $O_2N\!-\!\langle\ \rangle\!-\!O \cdot CH_3$ wird daher $O_2N\!-\!\langle\ \rangle\!-\!OH$ zugeordnet.

10. **Schwefelhaltige Verbindungen**, die als Analoga von Sauerstoff-Verbindungen aufgefaßt werden können, werden der entsprechenden sauerstoffhaltigen Registrier-Verbindung zugeordnet, und zwar nach den funktionellen Derivaten und nach den Substitutionsprodukten der sauerstoffhaltigen Registrier-Verbindung

$C_6H_5 \cdot SH$ wird daher $C_6H_5 \cdot OH$ zugeordnet,
$(C_6H_5)_2CS$,, ,, $(C_6H_5)_2CO$,,
$C_6H_5 \cdot COSH$,, ,, $C_6H_5 \cdot CO_2H$,,
Thiophen ,, ,, Furfuran ,,

11. Enthält eine Verbindung **2 oder 3 funktionelle Gruppen** an einem und demselben Kohlenstoffatom haftend, „**in geminaler Stellung**", so wird sie nicht als difunktionelle bezw. trifunktionelle Verbindung angesehen, vielmehr erscheint sie als eine Verbindung mit einer neuen Funktion, nämlich als Oxo-Verbindung bezw. als Carbonsäure oder auch als Derivat von diesen.

$CH_3 \cdot CH(OH)_2$ wird daher zusammen mit $CH_3 \cdot CHO$ behandelt,
$C_6H_5 \cdot CH(OH)(SO_3H)$ wird $C_6H_5 \cdot CHO$ als funktionelles Derivat zugeordnet,
$HC(OH)(SO_3H)_2$,, $HCO \cdot OH$,, ,, ,, ,,

12. Wird in einer Verbindung mit Funktion Wasserstoff, der mit der funktionellen Gruppe am selben Kohlenstoffatom haftet, durch Substituenten ersetzt, so ist die entstehende Verbindung nicht als Substitutionsprodukt der vorherigen anzusehen; solche Verbindungen, die also **Substituenten und funktionelle Gruppe in geminaler Stellung** enthalten, sind vielmehr als funktionelle Derivate einer Verbindung mit anderer Funktion als der ursprünglichen, nämlich als Derivate einer Oxo-Verbindung bezw. einer Carbonsäure anzusehen und dieser Verbindung zuzuordnen.

$CH_3 \cdot CHCl \cdot OH$ ist daher $CH_3 \cdot CHO$ zuzuordnen,
$CH_3 \cdot CCl_2 \cdot OH$,, ,, $CH_3 \cdot CO \cdot OH$,,
$CH_3 \cdot COCl$,, ,, $CH_3 \cdot CO \cdot OH$,,

13. Kann man eine Verbindung mit gleicher Berechtigung von 2 verschiedenen Registrier-Verbindungen als funktionelles Derivat ableiten, so wird sie derjenigen Registrier-Verbindung zugeordnet, welche im System an **späterer Stelle** auftritt.

$C_6H_5 \cdot NH \cdot CO \cdot CH_3$ ist daher $C_6H_5 \cdot NH_2$ zuzuordnen,
$C_6H_5 \cdot NH \cdot C_6H_4 \cdot CH_3$,, ,, $CH_3 \cdot C_6H_4 \cdot NH_2$,,

14. Verbindungen, die infolge des Vorhandenseins leichtbeweglicher Wasserstoffatome **desmotrope Formulierungen** zulassen, werden gemäß besonders aufgestellter Regeln (vgl. S. 36 ff.) an einer der in Betracht kommenden Systemstellen eingeordnet und erhalten an den Stellen der desmotropen Formulierung Hinweise. Die Derivate dieser Verbindungen, die das bewegliche Wasserstoffatom nicht mehr enthalten, werden gemäß ihrer (nunmehr eindeutigen) Strukturformel eingeordnet.

$CH_3 \cdot C(:NH) \cdot CH_2 \cdot CO_2H$ bezw. $CH_3 \cdot C(NH_2):CH \cdot CO_2H$ wird mit der ersten Formulierung der Verbindung $CH_3 \cdot CO \cdot CH_2 \cdot CO_2H$ als funktionelles Derivat zugeordnet und erhält an dem Systemort für $CH_3 \cdot C(NH_2):CH \cdot CO_2H$ nur einen Hinweis,
$CH_3 \cdot C[N(C_2H_5)_2]:CH \cdot CO_2H$ wird dagegen an diesem letzterwähnten Systemort angeordnet.

15. Verbindungen von **nicht oder nicht genügend aufgeklärter Struktur** werden, sofern sie natürlich vorkommen, in einer vierten Hauptabteilung in besonderen Klassen angeordnet, sofern sie künstlich erhalten sind, bei ihren Ausgangsstoffen als Umwandlungsprodukte aufgeführt.

Schlüssel zum System.

Der Zweck des hier veröffentlichten Schlüssels zum Beilstein-System, der mit seinen etwa 5000 Systemnummern[1]) gewissermaßen ein systematisches Inhaltsverzeichnis des gesamten Werkes[2]) darstellt, ist bereits S. 3 angegeben worden. Seine Handhabung sowohl zur Auffindung einer Verbindung im Beilstein-Werk als auch zur Kennzeichnung einer Anzahl systematisch anzuordnender Verbindungen durch eine einfache Signatur ergibt sich bei Kenntnis der „Leitsätze für die systematische Anordnung" (S. 5) von selbst. Das Erfordernis der Handlichkeit dieses Schlüssels nötigte zur Anwendung technischer Ausdrücke wie Hetero, Stammkerne, O-Funktionen u. dgl., deren Erklärung in den Leitsätzen gegeben ist.

Wie man leicht erkennt, ist die Verteilung der Systemnummern nicht nach formalen Gesichtspunkten erfolgt; man hat vielmehr gesucht, die Ausführlichkeit an den verschiedenen Stellen den wirklichen Bedürfnissen möglichst anzupassen. Ist doch das weite Gebiet der organischen Chemie sehr verschieden dicht bebaut. Beispielsweise enthält von den zwei formal gleichgestellten Reihen der isocyclischen Trioxy-Verbindungen $C_nH_{2n-4}O_3$ (Syst. No. 576) und $C_nH_{2n-6}O_3$ (Syst. No. 577—580a) die erste nur einen einzigen Vertreter (Dioxydihydrosantalol, Bd. VI, S. 1071), während die zweite sämtliche Trioxy-Verbindungen des Benzols und seiner Homologen mit ihren zahlreichen Derivaten aufzunehmen hat. Dadurch daß dieser Sachlage Rechnung getragen worden ist, wird erreicht, daß die einzelne Systemnummer kein allzu großes Gebiet umfaßt.

Man kann nun die systematische Ortsbestimmung in den die strukturell aufgeklärten Verbindungen enthaltenden drei ersten Hauptabteilungen durch eine im System selbst begründete Fortentwicklung der systematischen Signatur noch ganz wesentlich verschärfen. Für Fachgenossen, die an der Herstellung systematisch geordneter Sammlungen Interesse haben, soll die dafür wichtige „Untersignatur", deren man sich im Bedarfsfalle vorteilhaft bedient, weiter unten durch eine Reihe von Beispielen erläutert werden.

In der vierten Hauptabteilung werden die Naturstoffe von nicht oder nicht genügend aufgeklärter Konstitution in die bekannten Klassen (z. B. Sterine, Harze, Kohlenhydrate, Glykoside, Alkaloide, Proteine usw.) gegliedert. Für manche von diesen Klassen (z. B. die Proteine) sind speziellere Einteilungen ziemlich eingebürgert, die in das Beilstein-System übernommen worden sind. Dies geschah natürlich mit dem S. 3—4 angeführten Vorbehalt. Gerade für diese Klassen kann vor der endgültigen Bearbeitung des Gegenstandes für das Handbuch die Anordnung nicht festgelegt werden. Andere Klassen der Naturstoffe lassen sich zweckmäßig in solche pflanzlichen und tierischen Ursprungs unterteilen. Die mitunter zahlreichen Vertreter pflanzlicher Herkunft können ihrerseits recht gut nach ihrer Stammpflanze in eine zweckmäßige Ordnung gebracht werden. Denn es zeigt sich, daß die von verwandten Pflanzen erzeugten Vertreter oft auch chemisch einander nahe stehen. In der Redaktion des Beilstein-Handbuchs wird diese botanische Systematisierung mit Hilfe von Englers Syllabus der Pflanzenfamilien ausgeführt, indem man unter der im Schlüssel vorgesehenen Systemnummer der Verbindung die Seitenzahl verzeichnet, auf welcher die Stammpflanze im Englerschen Syllabus behandelt wird.

---

[1]) Wo hinter einer Systemnummer eine Einschaltung in den ursprünglich 4877 Nummern umfassenden Schlüssel wünschenswert wurde, ist dies durch die betr. Systemnummer mit angefügtem a, b usw. ausgedrückt worden. Analog ist natürlich in zukünftigen Bedarfsfällen zu verfahren.

[2]) Eine kurze Übersicht über die Gliederung des Handbuches ist bereits in Bd. I, S. XXXI bis XXXV enthalten.

Beispiele für die Gestaltung systematischer Signaturen.

1. CH$_3$·CH·CH$_2$·CH·CO$_2$H
 　　　　CH$_3$　　CH$_3$
erhält die Signatur

```
┌─────────┐
│   162   │
│   C$_7$    │
│    5    │
│  1·1    │
└─────────┘
```

Erklärung.
Die Systemnummer 162 lautet: Propionsäure und Homologe.
Die Untersignatur bedeutet: das Kohlenstoffgerüst enthält 7 C-Atome; diese sind angeordnet in einer Hauptkette von 5 C-Atomen, von der sich zwei Seitenketten C$_1$ abzweigen.

2. CH$_3$·⟨▱⟩·CH$_2$·CO$_2$H (mit CH$_3$ oben)
erhält die Signatur

```
┌─────────┐
│   943   │
│    6    │
│  1·1·2  │
└─────────┘
```

Erklärung.
Die Systemnummer 943 drückt aus: isocyclische Monocarbonsäuren C$_{10}$H$_{12}$O$_2$.
Die Untersignatur bedeutet: die 10 C-Atome sind angeordnet in einem 6-gliedrigen Ring, von dem sich drei Seitenketten C$_1$, C$_1$ und C$_2$ abzweigen.

3. HO·⟨▱⟩·CH·CH$_3$ (mit CH$_3$ unten) erhält die Signatur

```
┌─────────┐
│   530   │
│    6    │
│    2    │
│    1    │
└─────────┘
```

Erklärung.
Die Systemnummer 530 drückt aus: isocyclische Monooxy-Verbindungen C$_9$H$_{12}$O.
Die Untersignatur bedeutet: die 9 C-Atome sind angeordnet in einem 6-gliedrigen Ring, der eine Seitenkette trägt; die Seitenkette besteht aus einer C$_2$-Kette, von der sich eine C$_1$-Kette abzweigt.

4. H$_2$C——CH·CO$_2$H
　　　OC╲_O_╱CH·CH$_3$
erhält die Signatur

```
┌─────────┐
│  2619   │
│   −4    │
│   C$_6$   │
│    5    │
│  1·1    │
└─────────┘
```

Erklärung.
Die Systemnummer 2619 drückt aus: heterocyclische Reihe; Hetero 1O; Oxocarbonsäuren mit 4O.
Die Untersignatur bedeutet: es liegt eine Verbindung vom Sättigungsgrad C$_n$H$_{2n-4}$O$_4$ mit 6 C-Atomen vor; in dieser befindet sich ein 5-gliedriger Ring, der zwei Seitenketten C$_1$ trägt.

5. H$_2$C⟨CH$_2$·NH / CH$_2$—N⟩C·CH$_3$
erhält die Signatur

```
┌──────────┐
│   3461   │
│    C$_5$   │
│ 6(H 1:3) │
│     1    │
└──────────┘
```

Erklärung.
Die Systemnummer 3461 drückt aus: heterocyclische Reihe; Hetero 2N; Stammkerne C$_n$H$_{2n}$N$_2$.
Die Untersignatur bedeutet: die Verbindung enthält 5 C-Atome; es ist ein 6-gliedriger Ring vorhanden, in welchem die Hetero-Stickstoffe zueinander die Stellung 1:3 einnehmen; es zweigt sich eine Seitenkette C$_1$ ab.

6. CH$_3$·C————C·CH$_3$
　　　　　N╲_O_╱N
erhält die Signatur

```
┌───────────────┐
│     4488      │
│      C$_4$      │
│ 5(O:N:N=1:2:5)│
│      1·1      │
└───────────────┘
```

Erklärung.
Die Systemnummer 4488 drückt aus: heterocyclische Reihe; Hetero 1O und 2N; Stammkerne C$_n$H$_{2n-2}$ON$_2$.
Die Untersignatur bedeutet: die Verbindung enthält 4 C-Atome; sie hat einen 5-gliedrigen Ring, in welchem die Heteroatome O und 2N die Stellungen 1:2:5 einnehmen; es zweigen sich zwei Seitenketten C$_1$ ab.

7. C$_6$H$_5$·CH(NH$_2$)·C$_6$H$_5$ erhält die Signatur

```
┌─────────┐
│  1734   │
│   C$_{13}$  │
│ bicycl. │
│  n. k.  │
└─────────┘
```

Erklärung.
Die Systemnummer 1734 drückt aus: isocyclische Monoamine C$_n$H$_{2n-13}$N.
Die Untersignatur bedeutet: die Verbindung enthält 13 C-Atome; es sind 2 Ringe vorhanden, die nicht kondensiert sind.

Beispiele für systematische Signaturen.

8. 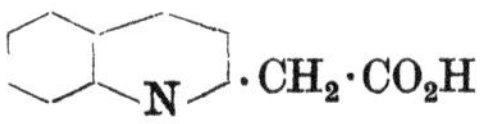 [Struktur] $\cdot CH_2 \cdot CO_2H$
erhält die Signatur

```
3258
bicycl.
k.
```

Erklärung.

Die **Systemnummer 3258** drückt aus: heterocyclische Reihe; Hetero 1N; Monocarbonsäuren $C_{11}H_9O_2N$.

Die **Untersignatur** bedeutet: es sind 2 Ringe vorhanden, die kondensiert sind.

9. 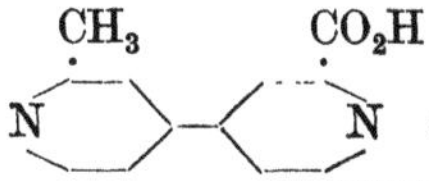 [Struktur mit CH_3, CO_2H, N, N] erhält die Signatur

```
3648
C_{12}
bicycl.
```

Erklärung.

Die **Systemnummer 3648** drückt aus: heterocyclische Reihe; Hetero 2N; Monocarbonsäuren $C_nH_{2n-14}O_2N_2$.

Die **Untersignatur** bedeutet: die Verbindung enthält 12 C-Atome; es sind 2 Ringe vorhanden.

10. 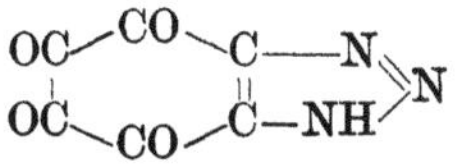 [Struktur mit OC, CO, C—N, OC, CO, C—NH, N] erhält die Signatur

```
3889
Tetraoxo
−11
C_6
bicycl.
```

Erklärung.

Die **Systemnummer 3889** drückt aus: heterocyclische Reihe; Hetero 3N; Trioxo-Verbindungen, Tetraoxo-Verbindungen usw.

Die **Untersignatur** bedeutet: es liegt eine Tetraoxo-Verbindung vom Sättigungsgrad $C_nH_{2n-11}O_4N_3$ mit 6 C-Atomen vor, die 2 Ringe enthält.

11. 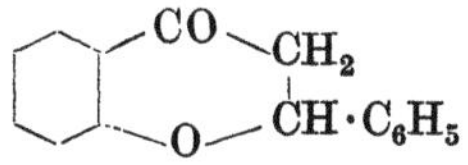 [Struktur mit CO, CH_2, O, CH·C_6H_5] erhält die Signatur

```
2467
C_{15}
tricycl.
```

Erklärung.

Die **Systemnummer 2467** drückt aus: heterocyclische Reihe; Hetero 1 O; Monooxo-Verbindungen $C_nH_{2n-18}O_2$.

Die **Untersignatur** bedeutet: die Verbindung enthält 15 C-Atome; es sind 3 Ringe vorhanden.

12. $HO \cdot C_{21}H_{30} \cdot CO_2H$ (Anacardsäure) erhält die Signatur

```
1087
C_{22}
x
```

Erklärung.

Die **Systemnummer 1087** drückt aus: isocyclische Oxy-carbonsäuren $C_nH_{2n-12}O_3$.

Die **Untersignatur** bedeutet: die Verbindung enthält 22 C-Atome, deren genauere Anordnung aber unbekannt ist.

13. $H_2N \cdot CH_2 \cdot CH(OH) \cdot CO_2H$
erhält die Signatur

```
376
O_3
± 0
C_3
```

Erklärung.

Die **Systemnummer 376** drückt aus: Amino-Derivate der acyclischen Oxy-carbonsäuren.

Die **Untersignatur** bezieht sich auf die zugrunde liegende Oxy-carbonsäure (s. S. 19) und bedeutet: diese besitzt 3 O-Atome, hat den Sättigungsgrad $C_nH_{2n}O_3$ und enthält 3 C-Atome.

14. $HO \cdot CH_2 \cdot CH_2 \cdot SO_3H$ erhält die Signatur

```
328
Monooxy
+ 2
C_2
```

Erklärung.

Die **Systemnummer 328** drückt aus: acyclische Oxy-sulfonsäuren.

Die **Untersignatur** bezieht sich auf die zugrunde liegende Oxy-Verbindung (s. S. 19) und bedeutet: diese ist eine Monooxy-Verbindung vom Sättigungsgrad $C_nH_{2n+2}O$, die 2 C-Atome enthält.

15. 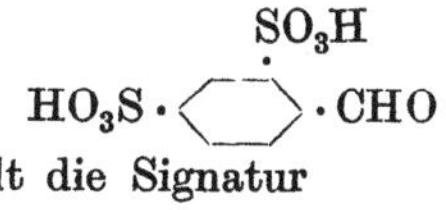 $HO_3S \cdot$ [Struktur mit SO_3H] $\cdot CHO$ erhält die Signatur

```
1572
− 8
C_7
6
1
```

Erklärung.

Die Systemnummer 1572 drückt aus: Sulfonsäuren der isocyclischen Monooxo-Verbindungen.

Die Untersignatur bezieht sich auf die zugrunde liegende Monooxo-Verbindung (s. S. 19) und bedeutet: diese hat den Sättigungsgrad $C_nH_{2n-8}O$ und enthält 7 C-Atome, die angeordnet sind in einem 6-gliedrigen Ring, von dem sich eine Seitenkette C_1 abzweigt.

16. 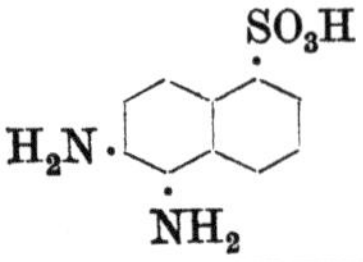 $H_2N\cdot$[Struktur mit SO_3H und NH_2] erhält die Signatur

```
1923
-12
C₁₀
bicycl.
k.
```

Erklärung.

Die Systemnummer 1923 drückt aus: Amino-Derivate der isocyclischen Monosulfonsäuren.

Die Untersignatur bezieht sich auf die zugrunde liegende Monosulfonsäure (s. S. 19) und bedeutet: diese hat den Sättigungsgrad $C_nH_{2n-12}O_3S$ und enthält 10 C-Atome; es sind 2 Ringe vorhanden, die kondensiert sind.

17. 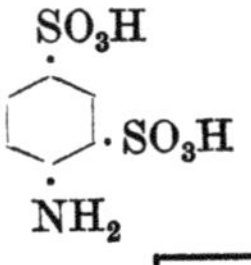 [Struktur mit SO_3H, SO_3H, NH_2] erhält die Signatur

```
1924
Disulfonsäure
-6
C₆
6/0
```

Erklärung.

Die Systemnummer 1924 drückt aus: Amino-Derivate der isocyclischen Polysulfonsäuren.

Die Untersignatur bezieht sich auf die zugrunde liegende Sulfonsäure (s. S. 19) und bedeutet: diese ist eine Disulfonsäure, hat den Sättigungsgrad $C_nH_{2n-6}O_6S_2$, besitzt 6 C-Atome und enthält einen 6-gliedrigen Ring ohne Seitenketten.

18. 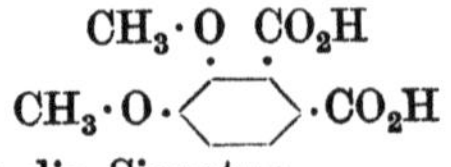 $CH_3\cdot O\cdot$[Ring]$\cdot CO_2H$ mit $CH_3\cdot O$ und CO_2H erhält die Signatur

```
1163
C₈
6
1·1
```

Erklärung.

Die Systemnummer 1163 drückt aus: die obiger Verbindung zugrunde liegende Registrier-Verbindung (s. S. 20) $(HO)_2C_6H_2(CO_2H)_2$ ist eine isocyclische Oxy-carbonsäure mit 6 O vom Sättigungsgrad $C_nH_{2n-10}O_6$.

Die Untersignatur bedeutet: diese Registrier-Verbindung enthält 8 C-Atome; diese sind angeordnet in einem 6-gliedrigen Ring, von dem sich zwei Seitenketten C_1 abzweigen.

19. 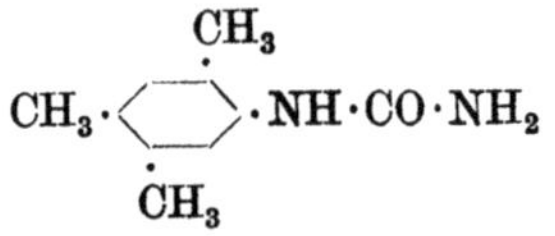 $CH_3\cdot$[Ring]$\cdot NH\cdot CO\cdot NH_2$ mit CH_3 und CH_3 erhält die Signatur

```
1705
6
1·1·1
```

Erklärung.

Die Systemnummer 1705 drückt aus: die obiger Verbindung zugrunde liegende Registrier-Verbindung (s. S. 20) $(CH_3)_3C_6H_2\cdot NH_2$ ist ein isocyclisches Monoamin $C_9H_{13}N$.

Die Untersignatur bedeutet: diese Registrier-Verbindung enthält einen 6-gliedrigen Ring, von dem sich drei Seitenketten C_1 abzweigen.

20. 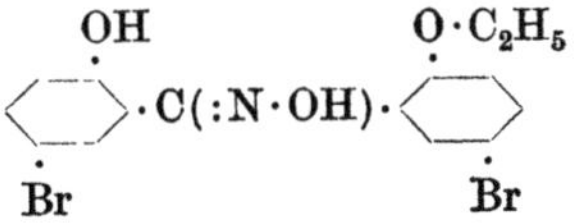 [Ring mit OH, Br]$\cdot C(:N\cdot OH)\cdot$[Ring mit $O\cdot C_2H_5$, Br] erhält die Signatur

```
779
C₁₃
bicycl.
n. k.
```

Erklärung.

Die Systemnummer 779 drückt aus: die obiger Verbindung zugrunde liegende Registrier-Verbindung (s. S. 20) $HO\cdot C_6H_4\cdot CO\cdot C_6H_4\cdot OH$ ist eine isocyclische Oxy-oxo-Verbindung $C_nH_{2n-16}O_3$.

Die Untersignatur bedeutet: diese Registrier-Verbindung enthält 13 C-Atome; es sind 2 Ringe vorhanden, die nicht kondensiert sind.

Beispiele für systematische Signaturen.

21. HC————CH
HC⟍N⟋CH   erhält die Signatur
  |
  C_6H_5

3048
C_4
5
—
0

Erklärung.
Die Systemnummer 3048 drückt aus: die obiger Verbindung zugrunde liegende Registrier-Verbindung (s. S. 20 u. S. 33) (Pyrrol) ist heterocyclisch, Hetero 1 N, und gehört zu den Stammkernen $C_nH_{2n-3}N$.
Die Untersignatur bedeutet: diese Registrier-Verbindung enthält 4 C-Atome; es ist in ihr ein 5-gliedriger Ring ohne Seitenketten vorhanden.

22. HC————CH
HC⟍S⟋Ċ·CO·CH_2·SH
erhält die Signatur

2508
C_6
5
—
2

Erklärung.
Die Systemnummer 2508 drückt aus: die obiger Verbindung zugrunde liegende Registrier-Verbindung (d. h. die entsprechende Sauerstoff-Verbindung, s. S. 21) gehört zur heterocyclischen Reihe, Hetero 1 O, und zwar zu Oxy-oxo-Verbindungen $C_nH_{2n-6}O_3$.
Die Untersignatur bedeutet: diese Verbindung enthält 6 C-Atome; es ist ein 5-gliedriger Ring vorhanden, von dem sich eine Seitenkette C_2 abzweigt.

23. C_6H_5·CO·O·CH_2·C_6H_4·CH_2·OH
erhält die Signatur

901
zu -6
C_8
isocycl.
6
———
1·1

Erklärung.
Die Systemnummer 901 drückt aus: Ester aus Benzoesäure und Dioxy-Verbindungen.
Die mit „zu" eingeleitete Untersignatur bezieht sich auf die Dioxy-Verbindung und bedeutet: diese hat den Sättigungsgrad $C_nH_{2n-6}O_2$, enthält 8 C-Atome, ist isocyclisch und besitzt einen 6-gliedrigen Ring, von dem sich zwei Seitenketten C_1 abzweigen.

24. ⬡·O·⬡ erhält die Signatur

514
zu Monooxy
-6
C_6
isocycl.
6
———
0

Erklärung.
Die Systemnummer 514 drückt aus: Äther aus Phenol und Oxy-Verbindungen.
Die mit „zu" eingeleitete Untersignatur bezieht sich auf die Oxy-Verbindung und bedeutet: diese ist eine Monooxy-Verbindung vom Sättigungsgrad $C_nH_{2n-6}O$, enthält 6 C-Atome, ist isocyclisch und besitzt einen 6-gliedrigen Ring ohne Seitenketten.

25. HO·⬡·NH·⬡·OH
erhält die Signatur

1846
zu Dioxy
-6
C_6
isocycl.
6
———
0

Erklärung.
Die Systemnummer 1846 drückt aus: funktionelle Derivate des p-Amino-phenols, in denen die NH_2-Gruppe verändert ist; N-Derivate, entstanden durch Kuppelung mit Oxy- und Oxo-Verbindungen.
Die mit „zu" eingeleitete Untersignatur bezieht sich auf die Kuppelungs-Verbindung (s. S. 22) HO·C_6H_4·OH und bedeutet: diese ist eine Dioxy-Verbindung vom Sättigungsgrad $C_nH_{2n-6}O_2$, enthält 6 C-Atome, ist isocyclisch und besitzt einen 6-gliedrigen Ring ohne Seitenketten.

26. ⬡·NH·CH_2·CH_2·NH_2
erhält die Signatur

1720
zu Oxy-amin
Monooxy
$+2$
C_2

Erklärung.
Die Systemnummer 1720 drückt aus: funktionelle Derivate von α-Naphthylamin; Derivate von Sulfinsäuren, Sulfonsäuren, Aminen usw. mit O-Funktion.

Die mit „zu" eingeleitete Untersignatur bezieht sich auf die Kuppelungs-Verbindung (s. S. 22) $HO \cdot CH_2 \cdot CH_2 \cdot NH_2$ und bedeutet: diese ist ein Oxy-amin, und zwar das Amino-Derivat einer Monooxy-Verbindung; die Monooxy-Verbindung hat den Sättigungsgrad $C_nH_{2n+2}O$ und enthält 2 C-Atome.

27. $C_6H_5 \cdot N(CH_3) \cdot CH_2 \cdot CH:CH_2$
erhält die Signatur

```
   1601
  zu ±O
    C₃
   acycl.
```

Erklärung.

Die Systemnummer 1601 drückt aus: funktionelle Derivate des Anilins; Derivate von Monooxy-Verbindungen.

Die mit „zu" eingeleitete Untersignatur bezieht sich auf diejenige der beiden hier am Aufbau beteiligten Monooxy-Verbindungen, die im System die spätere Stelle einnimmt, und bedeutet: diese Monooxy-Verbindung hat den Sättigungsgrad C_nH_{2n}, enthält 3 C-Atome und ist acyclisch.

28. ⬡ mit $O \cdot SO_2 \cdot OH$ und $CO \cdot OH$ erhält die Signatur

```
   1059
  zu H₂SO₄
```

Erklärung.

Die Systemnummer 1059 druckt aus: funktionelle Derivate der Salicylsäure, in denen nur die OH-Gruppe verändert ist. Die mit „zu" eingeleitete Untersignatur bedeutet: Kuppelungs-Verbindung (s. S. 22) ist H_2SO_4.

29. ⬡ mit $O \cdot CO \cdot C_6H_5$ und $CO \cdot O \cdot CH_3$
erhält die Signatur

```
   1061
 zu Monooxy
    +2
    C₁
```

Erklärung.

Die Systemnummer 1061 drückt aus: funktionelle Derivate der Salicylsäure, in denen die CO_2H-Gruppe verändert ist (sei es die CO_2H-Gruppe allein, sei es sowohl CO_2H-Gruppe als auch OH-Gruppe); Ester und Anhydride von C-Hydroxyl-Verbindungen.

Die mit „zu" eingeleitete Untersignatur bezieht sich auf diejenige Kuppelungs-Verbindung (s. S. 22), welche mit der CO_2H-Gruppe reagiert hat, und bedeutet: diese Kuppelungs-Verbindung ist eine Monooxy-Verbindung vom Sättigungsgrad $C_nH_{2n+2}O$ und enthält 1 C-Atom.

30. $CH_3 \cdot CO \cdot NH \cdot N:C(CH_3)_2$
erhält die Signatur

```
     159
  zu H₂N·NH₂
```

Erklärung.

Die Systemnummer drückt aus: funktionelle Derivate der Essigsäure.

Die mit „zu" eingeleitete Untersignatur bedeutet: in dem Derivat 1. Grades (s. S. 22) $CH_3 \cdot CO \cdot NH \cdot NH_2$, welches obiger Verbindung zugrunde liegt, ist Hydrazin Kuppelungs-Verbindung.

31. $CH_3 \cdot$ ⬡ $\cdot NH \cdot CH_2 \cdot CO \cdot NH \cdot CO \cdot NH_2$
erhält die Signatur

```
    1689
  zu Oxycarb.
     O₃
     +O
     C₂
```

Erklärung.

Die Systemnummer 1689 druckt aus: funktionelle Derivate des p-Toluidins; Derivate von Carbonsäuren, die systematisch hinter Kohlensäure stehen.

Die mit „zu" eingeleitete Untersignatur bedeutet: in dem Derivat 1. Grades (s. S. 22) $CH_3 \cdot C_6H_4 \cdot NH \cdot CH_2 \cdot CO_2H$, welches obiger Verbindung zugrunde liegt, ist Kuppelungs-Verbindung eine Oxy-carbonsäure; diese enthält 3 O-Atome, hat den Sättigungsgrad $C_nH_{2n}O_3$ und besitzt 2 C-Atome.

Es sei darauf hingewiesen, daß die Untersignatur die in den Leitsätzen vorgesehene Gliederung in der richtigen Reihenfolge, ohne Auslassung zum Ausdruck bringen muß. In Fällen, wo eine größere Anzahl von Literaturauszügen od. dgl. systematisch geordnet werden soll, wird diese Arbeit dann sehr erleichtert.

Verzeichnis der Systemnummern.

1) **Erste Hauptabteilung: Acyclische Verbindungen.**
2) **Kohlenwasserstoffe**
   3) C_nH_{2n+2}
      4) Methan
         5) Halogen-Derivate des Methans
         6) Nitroso-, Nitro- und Azido-Derivate des Methans
      7) Äthan
         8) Halogen-Derivate des Äthans
         9) Nitroso-, Nitro- und Azido-Derivate des Äthans
     10) Propan und Homologe
  11) C_nH_{2n}, z. B. Äthylen
  12) C_nH_{2n-2}, z. B. Acetylen, Isopren
  13) C_nH_{2n-4}
  14) C_nH_{2n-6}
  15) C_nH_{2n-8}, C_nH_{2n-10} usw.
16) **Oxy-Verbindungen**
  17) Monooxy-Verbindungen
    18) $C_nH_{2n+2}O$
      19) Methylalkohol
      20) Äthylalkohol
        21) Funktionelle Derivate des Äthylalkohols, z. B. $C_2H_5 \cdot O \cdot C_2H_5$, $C_2H_5 \cdot O \cdot SO_3H$
        22) β-Substitutionsprodukte des Äthylalkohols
        23) Äthylmercaptan sowie Selen- und Tellur-Analoga des Äthylalkohols
      24) Propylalkohol, Isopropylalkohol und Homologe
    25) $C_nH_{2n}O$, z. B. Allylalkohol
    26) $C_nH_{2n-2}O$, z. B. Geraniol
    27) $C_nH_{2n-4}O$
    28) $C_nH_{2n-6}O$, $C_nH_{2n-8}O$ usw.
  29) Dioxy-Verbindungen
    30) $C_nH_{2n+2}O_2$, z. B. Glykol
    31) $C_nH_{2n}O_2$
    32) $C_nH_{2n-2}O_2$
    33) $C_nH_{2n-4}O_2$
    34) $C_nH_{2n-6}O_2$
    35) $C_nH_{2n-8}O_2$, $C_nH_{2n-10}O_2$ usw.
  36) Trioxy-Verbindungen
    37) $C_nH_{2n+2}O_3$
      38) Glycerin
        39) Funktionelle Derivate des Glycerins, z. B. Glycerinalkyläther, Glycerintrinitrat
        40) Thioglycerine sowie Selen- und Tellur-Analoga des Glycerins
      41) $C_4H_{10}O_3$ und Homologe
    42) $C_nH_{2n}O_3$
    43) $C_nH_{2n-2}O_3$
    44) $C_nH_{2n-4}O_3$
    45) $C_nH_{2n-6}O_3$, $C_nH_{2n-8}O_3$ usw.
  46) Tetraoxy-Verbindungen
    47) $C_nH_{2n+2}O_4$, z. B. Erythrit
    48) $C_nH_{2n}O_4$
    49) $C_nH_{2n-2}O_4$
    50) $C_nH_{2n-4}O_4$

51) $C_nH_{2n-6}O_4$
52) $C_nH_{2n-8}O_4$, $C_nH_{2n-10}O_4$ usw.
53) **Pentaoxy-Verbindungen**
54) $C_nH_{2n+2}O_5$, z. B. Pentite
55) $C_nH_{2n}O_5$
56) $C_nH_{2n-2}O_5$
57) $C_nH_{2n-4}O_5$, $C_nH_{2n-6}O_5$ usw.
58) **Hexaoxy-Verbindungen**
59) $C_nH_{2n+2}O_6$, z. B. Hexite wie Mannit, Sorbit
60) $C_nH_{2n}O_6$
61) $C_nH_{2n-2}O_6$
62) $C_nH_{2n-4}O_6$, $C_nH_{2n-6}O_6$ usw.
63) **Heptaoxy-Verbindungen**
64) $C_nH_{2n+2}O_7$
65) $C_nH_{2n}O_7$, $C_nH_{2n-2}O_7$ usw.
66) **Oktaoxy-Verbindungen**
67) $C_nH_{2n+2}O_8$
68) $C_nH_{2n}O_8$, $C_nH_{2n-2}O_8$ usw.
69) **Enneaoxy-Verbindungen**
70) **Dekaoxy-Verbindungen, Hendekaoxy-Verbindungen** usw.

71) **Oxo-Verbindungen**
72) **Monooxo-Verbindungen**
73) $C_nH_{2n}O$
74) **Formaldehyd**
75) Funktionelle Derivate, z. B. $CH_2(O \cdot CH_3)_2$, $HO \cdot CH_2 \cdot SO_3H$, $CH_2Cl \cdot O \cdot CH_3$, $CH:N \cdot OH$
76) Thioformaldehyd, auch Derivate wie $CH_2(S \cdot C_2H_5)_2$, $CH_2(SO_2 \cdot C_2H_5)_2$, ferner Selen- und Tellur-Analoga
77) **Acetaldehyd**
78) Funktionelle Derivate
79) Substitutionsprodukte, z. B. Chloral
80) Schwefel-, Selen- und Tellur-Analoga, z. B. Thioacetaldehyd
81) C_3H_6O
82) Propionaldehyd
83) Aceton
84) Funktionelle Derivate, z. B. Acetoxim, Tetramethylazimethylen
85) Substitutionsprodukte
86) Schwefel-, Selen- und Tellur-Analoga, z. B. Thioaceton
87) C_4H_8O und Homologe, z. B. Pinakolin
88) $C_nH_{2n-2}O$
89) Kohlenoxyd-Derivate [1]), z. B. Knallsäure $C:N \cdot OH$
90) C_2H_2O, C_3H_4O usw., z. B. Acrolein und Mesityloxyd
91) $C_nH_{2n-4}O$, z. B. Citral
92) $C_nH_{2n-6}O$, z. B. Pseudojonon
93) $C_nH_{2n-8}O$, $C_nH_{2n-10}O$ usw.
94) **Dioxo-Verbindungen**
95) $C_nH_{2n-2}O_2$, z. B. Glyoxal, Diacetyl
96) $C_nH_{2n-4}O_2$
97) $C_nH_{2n-6}O_2$, z. B. Kohlensuboxyd
98) $C_nH_{2n-8}O_2$, $C_nH_{2n-10}O_2$ usw.
99) **Trioxo-Verbindungen**
100) $C_nH_{2n-4}O_3$
101) $C_nH_{2n-6}O_3$
102) $C_nH_{2n-8}O_3$, $C_nH_{2n-10}O_3$ usw.
103) **Tetraoxo-Verbindungen**
104) $C_nH_{2n-6}O_4$
105) $C_nH_{2n-8}O_4$
106) $C_nH_{2n-10}O_4$
107) $C_nH_{2n-12}O_4$, $C_nH_{2n-14}O_4$ usw.
108) **Pentaoxo-Verbindungen**
109) **Hexaoxo-Verbindungen**

---

[1]) Kohlenoxyd selbst wird im Beilstein-Handbuch nicht abgehandelt; s. die Handbücher der anorganischen Chemie.

Acyclische Reihe.
Oxy- und Oxo-Verbindungen, Mono- und Dicarbonsäuren.

110) Heptaoxo-Verbindungen, Oktaoxo-Verbindungen usw.
111) **Oxy-oxo-Verbindungen**
  112) Oxy-oxo-Verbindungen mit 2 O
    113) $C_nH_{2n}O_2$, z. B. Aldol
    114) $C_nH_{2n-2}O_2$
    115) $C_nH_{2n-4}O_2$
    116) $C_nH_{2n-6}O_2$
    117) $C_nH_{2n-8}O_2$, $C_nH_{2n-10}O_2$ usw.
  118) Oxy-oxo-Verbindungen mit 3 O
    119) $C_nH_{2n}O_3$, z. B. Glycerinaldehyd
    120) $C_nH_{2n-2}O_3$
    121) $C_nH_{2n-4}O_3$
    122) $C_nH_{2n-6}O_3$, $C_nH_{2n-8}O_3$ usw.
  123) Oxy-oxo-Verbindungen mit 4 O
    124) $C_nH_{2n}O_4$, z. B. Tetrosen
    125) $C_nH_{2n-2}O_4$
    126) $C_nH_{2n-4}O_4$
    127) $C_nH_{2n-6}O_4$
    128) $C_nH_{2n-8}O_4$
    129) $C_nH_{2n-10}O_4$, $C_nH_{2n-12}O_4$ usw.
  130) Oxy-oxo-Verbindungen mit 5 O
    131) $C_nH_{2n}O_5$
      132) Pentosen $C_5H_{10}O_5$
        133) Unverzweigte Aldopentosen, z. B. Arabinose
        134) Unverzweigte Ketopentosen
        135) Weitere Pentosen, z. B. Apiose
      136) $C_6H_{12}O_5$
        137) Unverzweigte Oxyaldehyde $C_6H_{12}O_5$, z. B. Rhamnose
        138) Unverzweigte Oxyketone $C_6H_{12}O_5$
        139) Weitere Isomere
      139a) $C_7H_{14}O_5$ und Homologe
    140) $C_nH_{2n-2}O_5$, $C_nH_{2n-4}O_5$ usw.
  141) Oxy-oxo-Verbindungen mit 6 O
    142) $C_nH_{2n}O_6$
      143) Hexosen $C_6H_{12}O_6$
        144) Unverzweigte Aldohexosen, z. B. Glykose, Mannose, Galaktose
        145) Unverzweigte Ketohexosen, z. B. Fructose, Sorbose
      146) Weitere Hexosen
    147) $C_7H_{14}O_6$ und Homologe
    148) $C_nH_{2n-2}O_6$, $C_nH_{2n-4}O_6$ usw.
  149) Oxy-oxo-Verbindungen mit 7 O
  150) Oxy-oxo-Verbindungen mit 8 O
  151) Oxy-oxo-Verbindungen mit 9 und mehr O
152) **Carbonsäuren**
  153) Monocarbonsäuren
    154) $C_nH_{2n}O_2$
      155) Ameisensäure
        156) Funktionelle Derivate
        157) Schwefel-, Selen- und Tellur-Analoga, z. B. Thioameisensäure
      158) Essigsäure
        159) Funktionelle Derivate, z. B. Essigsäureäthylester, Acetylchlorid, Acetamid
        160) Substitutionsprodukte
        161) Schwefel-, Selen- und Tellur-Analoga, z. B. Thioessigsäure
      162) Propionsäure und Homologe, z. B. Palmitinsäure, Stearinsäure
    163) $C_nH_{2n-2}O_2$, z. B. Acrylsäure, Ölsäure
    164) $C_nH_{2n-4}O_2$, z. B. Propiolsäure, Sorbinsäure
    165) $C_nH_{2n-6}O_2$, z. B. Linolensäure
    166) $C_nH_{2n-8}O_2$
    167) $C_nH_{2n-10}O_2$, $C_nH_{2n-12}O_2$ usw.
  168) Dicarbonsäuren
    169) $C_nH_{2n-2}O_4$
      170) Oxalsäure
      171) Malonsäure
      172) Bernsteinsäure

173) Isobernsteinsäure
174) $C_5H_8O_4$, z. B. Brenzweinsäure
175) $C_6H_{10}O_4$, z. B. Adipinsäure
176) $C_7H_{12}O_4$
177) $C_8H_{14}O_4$
178) $C_9H_{16}O_4$ und Homologe
179) $C_nH_{2n-4}O_4$, z. B. Fumar- und Maleinsäure, Glutaconsäure
180) $C_nH_{2n-6}O_4$, z. B. Muconsäure
181) $C_nH_{2n-8}O_4$
182) $C_nH_{2n-10}O_4$, $C_nH_{2n-12}O_4$ usw.
183) Tricarbonsäuren
184) $C_nH_{2n-4}O_6$, z. B. Tricarballylsäure
185) $C_nH_{2n-6}O_6$, z. B. Aconitsäure
186) $C_nH_{2n-8}O_6$
187) $C_nH_{2n-10}O_6$, $C_nH_{2n-12}O_6$ usw.
188) Tetracarbonsäuren
189) $C_nH_{2n-6}O_8$
190) $C_nH_{2n-8}O_8$
191) $C_nH_{2n-10}O_8$, $C_nH_{2n-12}O_8$ usw.
192) Pentacarbonsäuren
193) Hexacarbonsäuren
194) Heptacarbonsäuren, Oktacarbonsäuren usw.
195) Oxy-carbonsäuren
196) Oxy-carbonsäuren mit 3 O
197) $C_nH_{2n}O_3$
198) Kohlensäure-Derivate [1])
199) Ester usw., z. B. $CO(O \cdot C_2H_5)_2$, $COCl_2$
200) NH_3-Derivate der Kohlensäure
201) Carbamidsäure und Derivate, z. B. $H_2N \cdot CO_2 \cdot C_2H_5$, $H_2N \cdot COCl$
202) Isocyansäure bezw. Cyansäure
203) Isocyansäure-Derivate, z. B. $O:C:N \cdot CO \cdot CH_3$, $(C_2H_5 \cdot O)_2C:NH$
204) Cyansäure-Derivate, z. B. $BrC \vdots N$
205) Harnstoff und Derivate, z. B. Acetylharnstoff, Oxalursäure, Biuret; Isoharnstoff-Derivate, z. B. $H_2N \cdot C(O \cdot CH_3):NH$
206) Carbodiimid bezw. Cyanamid und Derivate
207) Weitere NH_3-Derivate der Kohlensäure, z. B. Guanidin
208) Kohlensäure-Derivate des Hydroxylamins
209) Kohlensäure-Derivate des Hydrazins, z. B. Semicarbazid, Carbohydrazid
210) Kohlensäure-Derivate von NH:NH und weiteren Zweistickstoff-Verbindungen, z. B. $O_2N \cdot NH \cdot CO_2 \cdot C_2H_5$; Kohlensäure-Derivate von Dreistickstoff-Verbindungen [z. B. $CO(N_3)_2$] usw.; Kohlensäure-Derivate von PH_3 usw.
211) Monothiokohlensäure und COS
212) Ester usw., z. B. $CS(O \cdot C_2H_5)_2$, $CSCl_2$
213) NH_3-Derivate
214) Monothiocarbamidsäure und Derivate, z. B. $H_2N \cdot CS \cdot O \cdot C_2H_5$
215) Isothiocyansäure bezw. Thiocyansäure (Rhodanwasserstoff) und Derivate, z. B. $CH_3 \cdot CO \cdot N:C:S$, $CH_3 \cdot S \cdot C \vdots N$
216) Thioharnstoff und Derivate, z. B. $CH_3 \cdot CO \cdot NH \cdot CS \cdot NH_2$; Isothioharnstoff-Derivate, z. B. $CH_3 \cdot CO \cdot S \cdot C(NH_2):NH$; weitere NH_3-Derivate der Monothiokohlensäure
217) Weitere Derivate der Monothiokohlensäure, z. B. Thiosemicarbazid
218) Dithiokohlensäure und CS_2, ferner Derivate, z. B. Xanthogensäure
219) Trithiokohlensäure, Tetrathioorthokohlensäure und Derivate
219a) Selen- und Tellur-Analoga der Kohlensäure
220) Glykolsäure
221) α-Oxy-propionsäure
222) β-Oxy-propionsäure
223) $C_4H_8O_3$ (z. B. Oxybuttersäuren) und Homologe
224) $C_nH_{2n-2}O_3$, z. B. Ricinolsäure
225) $C_nH_{2n-4}O_3$
226) $C_nH_{2n-6}O_3$
227) $C_nH_{2n-8}O_3$

---

[1]) Kohlendioxyd und Carbonate anorganischer Basen, ferner Perkohlensäuren wie $H_2C_2O_6$ werden im Beilstein-Handbuch nicht abgehandelt; s. die Handbücher der anorganischen Chemie.

Acyclische Reihe.
Tricarbonsäuren usw., Oxy- und Oxo-carbonsäuren.

228) $C_nH_{2n-10}O_3$, $C_nH_{2n-12}O_3$ usw.
229) Oxy-carbonsäuren mit 4 O
230) $C_nH_{2n}O_4$, z. B. Glycerinsäure
231) $C_nH_{2n-2}O_4$
232) $C_nH_{2n-4}O_4$
233) $C_nH_{2n-6}O_4$
234) $C_nH_{2n-8}O_4$
235) $C_nH_{2n-10}O_4$, $C_nH_{2n-12}O_4$ usw.
236) Oxy-carbonsäuren mit 5 O
237) $C_nH_{2n}O_5$, z. B. Erythronsäure
238) $C_nH_{2n-2}O_5$
239) Tartronsäure
240) Äpfelsäure
241) Isoäpfelsäuren
242) $C_5H_8O_5$ (z. B. Citramalsäure) und Homologe
243) $C_nH_{2n-4}O_5$
244) $C_nH_{2n-6}O_5$
245) $C_nH_{2n-8}O_5$
246) $C_nH_{2n-10}O_5$, $C_nH_{2n-12}O_5$ usw.
247) Oxy-carbonsäuren mit 6 O
248) $C_nH_{2n}O_6$, z. B. Arabonsäure, Rhamnonsäure
249) $C_nH_{2n-2}O_6$
250) Weinsäuren (einschl. Meso-)
250a) Isoweinsäure
251) $C_5H_8O_6$ und Homologe
252) $C_nH_{2n-4}O_6$
253) $C_nH_{2n-6}O_6$
254) $C_nH_{2n-8}O_6$
255) $C_nH_{2n-10}O_6$, $C_nH_{2n-12}O_6$ usw.
256) Oxy-carbonsäuren mit 7 O
257) $C_nH_{2n}O_7$, z. B. Glykonsäure
258) $C_nH_{2n-2}O_7$, z. B. Trioxyglutarsäure
259) $C_nH_{2n-4}O_7$, z. B. Citronensäure
260) $C_nH_{2n-6}O_7$
261) $C_nH_{2n-8}O_7$
262) $C_nH_{2n-10}O_7$
263) $C_nH_{2n-12}O_7$, $C_nH_{2n-14}O_7$ usw.
264) Oxy-carbonsäuren mit 8 O
265) $C_nH_{2n}O_8$, z. B. Glykoheptonsäuren
266) $C_nH_{2n-2}O_8$, z. B. Zuckersäure, Schleimsäure
267) $C_nH_{2n-4}O_8$, z. B. Desoxalsäure
268) $C_nH_{2n-6}O_8$
269) $C_nH_{2n-8}O_8$
270) $C_nH_{2n-10}O_8$, $C_nH_{2n-12}O_8$ usw.
271) Oxy-carbonsäuren mit 9 O
272) Oxy-carbonsäuren mit 10 O
273) Oxy-carbonsäuren mit 11 O
274) Oxy-carbonsäuren mit 12 O
275) Oxy-carbonsäuren mit 13 und mehr O
276) Oxo-carbonsäuren
277) Oxo-carbonsäuren mit 3 O
278) $C_nH_{2n-2}O_3$
279) Säuren $C_2H_2O_3$ und $C_3H_4O_3$
279a) Propionylameisensäure $C_4H_6O_3$
280) Acetessigsäure $C_4H_6O_3$
280a) Weitere Säuren $C_4H_6O_3$
281) $C_5H_8O_3$ (z. B. Lävulinsäure) und Homologe
282) $C_nH_{2n-4}O_3$
283) $C_nH_{2n-6}O_3$
284) $C_nH_{2n-8}O_3$
285) $C_nH_{2n-10}O_3$, $C_nH_{2n-12}O_3$ usw.
286) Oxo-carbonsäuren mit 4 O
287) $C_nH_{2n-4}O_4$, z. B. Dioxobuttersäuren
288) $C_nH_{2n-6}O_4$
289) $C_nH_{2n-8}O_4$

290) $C_nH_{2n-10}O_4$, $C_nH_{2n-12}O_4$ usw.
291) Oxo-carbonsäuren mit 5 O
  292) $C_nH_{2n-4}O_5$, z. B. Mesoxalsäure
  293) $C_nH_{2n-6}O_5$
  294) $C_nH_{2n-8}O_5$
  295) $C_nH_{2n-10}O_5$, $C_nH_{2n-12}O_5$ usw.
296) Oxo-carbonsäuren mit 6 O
  297) $C_nH_{2n-6}O_6$, z. B. Ketipinsäure, Diacetbernsteinsäure
  298) $C_nH_{2n-8}O_6$
  299) $C_nH_{2n-10}O_6$
  300) $C_nH_{2n-12}O_6$, $C_nH_{2n-14}O_6$ usw.
301) Oxo-carbonsäuren mit 7 O
  302) $C_nH_{2n-6}O_7$, z. B. Oxalbernsteinsäure
  303) $C_nH_{2n-8}O_7$
  304) $C_nH_{2n-10}O_7$
  305) $C_nH_{2n-12}O_7$, $C_nH_{2n-14}O_7$ usw.
306) Oxo-carbonsäuren mit 8 O
  307) $C_nH_{2n-8}O_8$
  308) $C_nH_{2n-10}O_8$
  309) $C_nH_{2n-12}O_8$, $C_nH_{2n-14}O_8$ usw.
310) Oxo-carbonsäuren mit 9 O
  311) $C_nH_{2n-8}O_9$
  312) $C_nH_{2n-10}O_9$
  313) $C_nH_{2n-12}O_9$, $C_nH_{2n-14}O_9$ usw.
314) Oxo-carbonsäuren mit 10 O
315) Oxo-carbonsäuren mit 11 O
316) Oxo-carbonsäuren mit 12 und mehr O
317) Oxy-oxo-carbonsäuren
318) Oxy-oxo-carbonsäuren mit 4 O
319) Oxy-oxo-carbonsäuren mit 5 O
320) Oxy-oxo-carbonsäuren mit 6 O
321) Oxy-oxo-carbonsäuren mit 7 O, z. B. Glykuronsäure
322) Oxy-oxo-carbonsäuren mit 8 und mehr O

323) **Sulfinsäuren**

324) **Sulfonsäuren**
  325) Monosulfonsäuren
  326) Disulfonsäuren
  327) Trisulfonsäuren, Tetrasulfonsäuren usw.
  328) Oxy-sulfonsäuren, z. B. Isäthionsäure
  329) Oxo-sulfonsäuren, Oxy-oxo-sulfonsäuren
  330) Sulfonsäuren der Carbonsäuren
  331) Sulfonsäuren der Sulfinsäuren

331a) **Selenin- und Selenonsäuren, Tellurin- und Telluronsäuren**

332) **Amine**
  333) Monoamine
    334) $C_nH_{2n+3}N$
      335) Methylamin
      336) Äthylamin
      337) Propylamin, Isopropylamin und Homologe
    338) $C_nH_{2n+1}N$, z. B. Allylamin
    339) $C_nH_{2n-1}N$
    340) $C_nH_{2n-3}N$, $C_nH_{2n-5}N$ usw.
  341) Diamine
    342) $C_nH_{2n+4}N_2$
      343) Äthylendiamin
      344) Propylendiamin, Trimethylendiamin und Homologe
    345) $C_nH_{2n+2}N_2$
    346) $C_nH_{2n}N_2$
    347) $C_nH_{2n-2}N_2$, $C_nH_{2n-4}N_2$ usw.
  348) Triamine
  349) Tetraamine, Pentaamine usw.

Acyclische Reihe.
Sulfonsäuren, Amine, Hydroxylamine usw.

350) **Oxy-amine**
351) Amino-Derivate der Monooxy-Verbindungen
352) Amino-Derivate der Monooxy-Verbindungen $C_nH_{2n+2}O$
353) β-Amino-äthylalkohol
354) Amino-Derivate der Homologen des Äthylalkohols, z. B. $CH_3 \cdot CH(OH) \cdot CH_2 \cdot NH_2$, $H_2N \cdot CH_2 \cdot CH(OH) \cdot CH_2 \cdot NH_2$
355) Amino-Derivate der Monooxy-Verbindungen $C_nH_{2n}O$, $C_nH_{2n-2}O$ usw.
356) Amino-Derivate der Polyoxy-Verbindungen, z. B. Arabinamin, Glykamin
357) Oxo-amine
358) Amino-Derivate der Monooxo-Verbindungen, z. B. Aminoaceton, Diacetonamin
359) Amino-Derivate der Polyoxo-Verbindungen
360) Amino-Derivate der Oxy-oxo-Verbindungen, z. B. Glykosamin
361) Amino-carbonsäuren
362) Amino-Derivate der Monocarbonsäuren
363) Amino-Derivate der Monocarbonsäuren $C_nH_{2n}O_2$
364) Aminoessigsäure
365) Amino-Derivate der Propionsäure, z. B. Alanin
366) Amino-Derivate der Carbonsäuren $C_4H_8O_2$
367) Amino-Derivate der Carbonsäuren $C_5H_{10}O_2$, z. B. Ornithin, Valin
368) Amino-Derivate der Carbonsäuren $C_6H_{12}O_2$, z. B. Lysin, Leucin
369) Amino-Derivate der Carbonsäuren $C_7H_{14}O_2$, $C_8H_{16}O_2$ usw.
370) Amino-Derivate der Monocarbonsäuren $C_nH_{2n-2}O_2$, $C_nH_{2n-4}O_2$ usw.
371) Amino-Derivate der Dicarbonsäuren
372) Amino-Derivate der Dicarbonsäuren $C_nH_{2n-2}O_4$, z. B. Asparaginsäure, Glutaminsäure
373) Amino-Derivate der Dicarbonsäuren $C_nH_{2n-4}O_4$
374) Amino-Derivate der Dicarbonsäuren $C_nH_{2n-6}O_4$, $C_nH_{2n-8}O_4$ usw.
375) Amino-Derivate der Tricarbonsäuren, Tetracarbonsäuren usw.
376) Amino-Derivate der Oxy-carbonsäuren, z. B. Serin
377) Amino-Derivate der Oxo-carbonsäuren, z. B. α-Amino-acetessigsäure
378) Amino-sulfinsäuren
379) Amino-sulfonsäuren, z. B. Taurin

380) **Hydroxylamine**[1])
381) Monohydroxylamine, z. B. N-Äthyl-hydroxylamin, O.N-Diäthyl-hydroxylamin
382) Polyhydroxylamine (Verbindungen, die mehrmals die Gruppe —NH·OH enthalten)
383) Oxy-hydroxylamine (Verbindungen, die zugleich Alkohole und Hydroxylamine sind)
384) Oxo-hydroxylamine
385) Hydroxylamino-carbonsäuren, -sulfinsäuren, -sulfonsäuren und -amine

386) **Hydrazine**
387) Monohydrazine und Polyhydrazine
388) Oxy-hydrazine (Verbindungen, die zugleich Alkohole und Hydrazine sind)
389) Oxo-hydrazine
390) Hydrazino-carbonsäuren, -sulfinsäuren und -sulfonsäuren
391) Hydrazino-amine und -hydroxylamine

392) **Azo-Verbindungen** (Verbindungen, die vom Typus R·N:NH ableitbar sind, wie $CH_3 \cdot N:N \cdot CH_3$)[2])

393) **Diazo-Verbindungen** (Verbindungen vom Typus $R \cdot N_2 \cdot OH$)

394) **Azoxy-Verbindungen**[2])

395) **Nitramine, Isonitramine, Nitrosohydroxylamine** (Verbindungen vom Typus $R \cdot N_2O_2H$)[3])

396) **Triazane** (Verbindungen vom Typus $R \cdot NH \cdot NH \cdot NH_2$ bezw. $H_2N \cdot N(R) \cdot NH_2$)

397) **Triazene** (Verbindungen vom Typus $R \cdot N:N \cdot NH_2$ bezw. $R \cdot NH \cdot N:NH$)

---

[1]) Es erscheinen hier nur Verbindungen, in denen der Stickstoff des Hydroxylamins alkyliert ist (β-Derivate); Verbindungen, die nur am Sauerstoff alkyliert sind (α-Derivate), sind unter den funktionellen Derivaten der entsprechenden Oxy-Verbindungen zu suchen; vgl. S. 25 Anm. 1.
[2]) Vgl. S. 13, § 12a.
[3]) Vgl. hierzu S. 12 Anm. 3.

398) **Hydroxytriazene**[1])

399) **Tetrazane**

400) **Weitere Verbindungen mit Ketten aus 4 N-Atomen, z. B. Tetrazene**

400a) **Verbindungen mit Ketten aus mehr als 4 N-Atomen**

401) **C-Phosphor-Verbindungen**
    402) Derivate von PH_3 und $PH_4 \cdot OH$ (Phosphine und Phosphonium-Verbindungen)
    403) Derivate von $H_2P \cdot OH$ (Hydroxyphosphine) bezw. $H_3P(OH)_2$ bezw. H_3PO, z. B. Trimethylphosphinoxyd
    404) Derivate von $HP(OH)_2$ bezw. $H_2P(OH)_3$ bezw. $H_2PO \cdot OH$ (Phosphinigsäuren)
    405) Derivate der von $P(OH)_3$ abgeleiteten Formen $HP(OH)_4$ bezw. $HPO(OH)_2$ (Phosphinsäuren)
    406) Derivate von $H_2P \cdot PH_2$
    407) Derivate von $HP:PH$
    408) Weitere C-Phosphor-Verbindungen (vgl. S. 13, § 12b)

409) **C-Arsen-Verbindungen**
    410) Derivate von AsH_3 und $AsH_4 \cdot OH$ (Arsine und Arsonium-Verbindungen)
    411) Derivate von $H_2As \cdot OH$ (Hydroxyarsine) bezw. $H_3As(OH)_2$ bezw. H_3AsO, z. B. Kakodyloxyd
    412) Derivate von $HAs(OH)_2$ bezw. $H_2As(OH)_3$ bezw. $H_2AsO \cdot OH$ (Arsinigsäuren)
    413) Derivate der von $As(OH)_3$ abgeleiteten Formen $HAs(OH)_4$ bezw. $HAsO(OH)_2$ (Arsinsäuren)
    414) Derivate von $H_2As \cdot AsH_2$
    415) Derivate von $HAs:AsH$ (Arseno-Verbindungen)
    416) Weitere C-Arsen-Verbindungen (vgl. S. 13, § 12b)

417) **C-Antimon-Verbindungen**

418) **C-Wismut-Verbindungen**

418a) **C-Verbindungen weiterer Elemente aus der 5. Gruppe des period. Systems**

419) **C-Silicium-Verbindungen**
    420) Derivate von H_4Si
    421) Derivate von $H_3Si \cdot OH$
    422) Derivate von $H_2Si(OH)_2$ bezw. H_2SiO
    423) Derivate von $HSi(OH)_3$ bezw. $HSiO \cdot OH$
    424) Derivate von $H_3Si \cdot SiH_3$
    425) Weitere C-Silicium-Verbindungen

426) **C-Germanium-Verbindungen**

427) **C-Zinn-Verbindungen**
    428) Derivate von H_4Sn
    429) Derivate von $H_3Sn \cdot OH$
    429a) Derivate von $H_2Sn(OH)_2$ bezw. H_2SnO
    430) Derivate von $HSn(OH)_3$ bezw. $HSnO \cdot OH$
    431) Derivate von $H_3Sn \cdot SnH_3$
    432) Weitere C-Zinn-Verbindungen

433) **C-Blei-Verbindungen**

433a) **C-Verbindungen weiterer Elemente aus der 4. Gruppe des period. Systems**

434) **C-Bor-Verbindungen**

435) **C-Aluminium-Verbindungen**

435a) **C-Verbindungen weiterer Elemente aus der 3. Gruppe des period. Systems**

436) **C-Beryllium-Verbindungen**

---

[1]) Vgl. hierzu S. 13 Anm. 1.

437) **C-Magnesium-Verbindungen**

437a) **C-Calcium-, Strontium-, Barium-Verbindungen**

438) **C-Zink-Verbindungen**

439) **C-Cadmium-Verbindungen**

440) **C-Quecksilber-Verbindungen**
    441) Verbindungen, die vom Typus $R \cdot HgH$ ableitbar sind, z. B. $CH_3 \cdot Hg \cdot CH_3$[1])
    442) Verbindungen vom Typus $R \cdot Hg \cdot OH$ (Hydroxymercuri-Verbindungen)
    443) Hydroxymercuri-Kohlenwasserstoffe, z. B. $CH_3 \cdot Hg \cdot OH$
    444) Hydroxymercuri-oxy-Verbindungen, z. B. $HO \cdot CH_2 \cdot CH_2 \cdot Hg \cdot OH$
    445) Hydroxymercuri-oxo-Verbindungen
    446) Hydroxymercuri-carbonsäuren, z. B. $HO_2C \cdot CH_2 \cdot Hg \cdot OH$
    447) Hydroxymercuri-Verbindungen mit anderen Nebenfunktionen[2])

448) **C-Verbindungen der mehrwertigen**[3]) **Elemente aus der 1. Gruppe des periodischen Systems**, z. B. C-Gold-Verbindungen

449) **C-Verbindungen der Elemente aus der 6., 7. und 8. Gruppe des periodischen Systems** (z. B. C-Chrom- und C-Platin-Verbindungen), soweit sie nicht systematisch anders zu behandeln sind

450) **Zweite Hauptabteilung: Isocyclische Verbindungen**

451) **Kohlenwasserstoffe**
  452) C_nH_{2n}, z. B. Cyclohexan
  453) C_nH_{2n-2}, z. B. Cyclohexen, Naphthalinperhydrid, Camphan
  454) C_nH_{2n-4}
    455) C_3H_2 bis C_9H_{14}, z. B. Tricyclooctan, Santen
    456) $C_{10}H_{16}$, z. B. Terpene
      457) Monocyclische Kohlenwasserstoffe, z. B. Menthadiene wie Silvestren und Carvestren, Limonen und Dipenten
      458) Bicyclische Kohlenwasserstoffe, z. B. Pinen, Camphen, Fenchen
      459) Tricyclen und andere tricyclische Kohlenwasserstoffe
      460) Weitere Isomere
    461) $C_{11}H_{18}$ und Homologe, z. B. Anthracenperhydrid
  462) C_nH_{2n-6}
    463) Benzol C_6H_6
    464) Halogen-Derivate
    465) Nitroso-, Nitro- und Azido-Derivate
    465a) Kohlenwasserstoffe, die systematisch zwischen Benzol und Toluol stehen, z. B. Fulven, Cycloheptatrien
    466) Toluol C_7H_8
    466a) Weitere Kohlenwasserstoffe C_7H_8
    467) C_8H_{10}, z. B. Xylole
    468) C_9H_{12}, z. B. Mesitylen
    469) $C_{10}H_{14}$, z. B. Cymol
    470) $C_{11}H_{16}$ bis $C_{14}H_{22}$
    471) $C_{15}H_{24}$, z. B. Sesquiterpene
    472) $C_{16}H_{26}$ und Homologe
  473) C_nH_{2n-8}, z. B. Styrol, Hydrinden, Tetralin
  474) C_nH_{2n-10}, z. B. Inden, Naphthalindihydride
  475) C_nH_{2n-12}
    475a) Verbindungen C_nH_{2n-12}, die systematisch vor Naphthalin stehen
    476) Naphthalin
      477) Halogen-Derivate
      478) Nitroso-, Nitro- und Azido-Derivate
    478a) Verbindungen C_nH_{2n-12}, die systematisch hinter Naphthalin stehen

---

[1]) Vgl. S. 13, § 12a.
[2]) Innerhalb einer Hauptklasse bezeichnen wir als Nebenfunktionen solche funktionellen Gruppen, die der für diese Hauptklasse charakteristischen Gruppe im System vorangehen; vgl. S. 17, § 16; S. 19, § 17.
[3]) Vgl. hierzu S. 14, § 12c.

479) C_nH_{2n-14}, z. B. Diphenyl, Anthracentetrahydride
480) C_nH_{2n-16}, z. B. Fluoren, Stilben
481) C_nH_{2n-18}
    481a) Verbindungen C_nH_{2n-18}, die systematisch vor Anthracen stehen
482) Anthracen
    483) Halogen-Derivate
    484) Nitroso-, Nitro- und Azido-Derivate
485) Phenanthren
    485a) Verbindungen C_nH_{2n-18}, die systematisch hinter Phenanthren stehen
486) C_nH_{2n-20}, z. B. Phenylnaphthaline
487) C_nH_{2n-22}, z. B. Triphenylmethan
    487a) C_nH_{2n-23}, z. B. Triphenylmethyl
488) C_nH_{2n-24}, z. B. Naphthacen, Chrysen
489) C_nH_{2n-26}, z. B. Dinaphthyle
490) C_nH_{2n-28}
491) C_nH_{2n-30}
492) C_nH_{2n-32}
493) C_nH_{2n-34}
494) C_nH_{2n-36}
495) C_nH_{2n-38}
496) C_nH_{2n-40}
497) C_nH_{2n-42} bis C_nH_{2n-80}
498) Kohlenwasserstoffe C_nH_{2n-82}, C_nH_{2n-84} usw.

499) **Oxy-Verbindungen**
  500) Monooxy-Verbindungen
    501) $C_nH_{2n}O$
    502) C_3H_6O bis $C_9H_{18}O$, z. B. Cyclohexanol, Pulenol
    503) $C_{10}H_{20}O$, z. B. Menthanole wie Carvomenthol, Menthol
    504) $C_{11}H_{22}O$ und Homologe
  505) $C_nH_{2n-2}O$
    506) C_3H_4O bis $C_9H_{16}O$, z. B. Santenol
    507) Monocyclische Verbindungen $C_{10}H_{18}O$, z. B. Menthenole wie Terpineole, Dihydrocarveol
    508) Bicyclische Verbindungen $C_{10}H_{18}O$, z. B. Dekahydronaphthole, Thujylalkohol, Pinocampheol, Borneol und Isoborneol
    508a) Weitere Isomere
    509) $C_{11}H_{20}O$ und Homologe
  510) $C_nH_{2n-4}O$, z. B. Carveol, Sabinol, Eksantalole
  511) $C_nH_{2n-6}O$
  512) Phenol C_6H_6O
    513) Funktionelle Derivate
      514) Derivate von Oxy-Verbindungen, z. B. $C_6H_5 \cdot O \cdot CH_3$, $C_6H_5 \cdot O \cdot C_6H_5$
      515) Derivate von Oxo-Verbindungen, z. B. $C_6H_5 \cdot O \cdot CH_2 \cdot O \cdot C_6H_5$, $C_6H_5 \cdot O \cdot CH_2 \cdot CHO$, Phenolglykosid
      516) Derivate acyclischer Carbonsäuren, z. B. $C_6H_5 \cdot O \cdot CO \cdot CH_3$, $C_6H_5 \cdot O \cdot CH_2 \cdot CO_2H$
      517) Derivate anderer acyclischer Verbindungen mit O-Funktion, z. B. $C_6H_5 \cdot O \cdot CH_2 \cdot CH_2 \cdot NH_2$
      518) Derivate von $HO \cdot OH$ und $HO \cdot SH$
      519) Derivate anorganischer Säuren, z. B. $C_6H_5 \cdot O \cdot SO_2 \cdot OH$
      520) Weitere funktionelle Derivate, z. B. $C_6H_5 \cdot O \cdot NH_2$ [1])
    521) Substitutionsprodukte
      522) Halogen-Derivate
      523) Nitroso- [2]), Nitro- und Azido-Derivate, z. B. Pikrinsäure
    524) Thiophenol
    524a) Selenophenol, Tellurophenol
    524b) Oxy-Verbindungen, die systematisch zwischen Phenol und o-Kresol stehen, und Allgemeines über Kresole
  525) o-Kresol C_7H_8O

---

[1]) Diese als Beispiel gewählte Verbindung ist bisher nicht beschrieben worden.
[2]) o- und p-Nitroso-phenol selbst sind entsprechend S. 42, § 42 als o- bezw. p-Chinon-monoxim eingeordnet (Syst. No. 670, 671).

Isocyclische Reihe.
Mono-, Di- und Trioxy-Verbindungen.

526) m-Kresol C_7H_8O
527) p-Kresol C_7H_8O
528) Benzylalkohol C_7H_8O
528a) Weitere Isomere
529) $C_8H_{10}O$
530) $C_9H_{12}O$
530a) Verbindungen $C_{10}H_{14}O$, die systematisch vor Carvacrol stehen, z. B. Butylphenole
531) Carvacrol (2-Oxy-1-methyl-4-isopropyl-benzol)
532) Thymol (3-Oxy-1-methyl-4-isopropyl-benzol)
532a) Weitere Isomere, z. B. Cuminalkohol
533) $C_{11}H_{16}O$ und Homologe, z. B. Santalol
534) $C_nH_{2n-8}O$, z. B. Zimtalkohol, Tetrahydronaphthole
535) $C_nH_{2n-10}O$, z. B. Amyrine
536) $C_nH_{2n-12}O$
536a) Verbindungen $C_nH_{2n-12}O$, die systematisch vor α-Naphthol stehen
537) α-Naphthol $C_{10}H_8O$
538) β-Naphthol $C_{10}H_8O$
538a) Verbindungen $C_nH_{2n-12}O$ (z. B. Methylnaphthole), die systematisch hinter β-Naphthol anzuordnen sind
539) $C_nH_{2n-14}O$, z. B. Benzhydrol
540) $C_nH_{2n-16}O$, z. B. Fluorenol
541) $C_nH_{2n-18}O$, z. B. Anthrole
542) $C_nH_{2n-20}O$, z. B. Phenylnaphthole
543) $C_nH_{2n-22}O$, z. B. Triphenylcarbinol
544) $C_nH_{2n-24}O$
545) $C_nH_{2n-26}O$
546) $C_nH_{2n-28}O$
547) $C_nH_{2n-30}O$, $C_nH_{2n-32}O$ usw.
548) Dioxy-Verbindungen
549) $C_nH_{2n}O_2$, z. B. Chinit, Terpin
550) $C_nH_{2n-2}O_2$, z. B. Santenglykol, Sobrerol, Camphenglykol
551) $C_nH_{2n-4}O_2$
552) $C_nH_{2n-6}O_2$
553) Brenzcatechin $C_6H_6O_2$
554) Resorcin $C_6H_6O_2$
555) Hydrochinon $C_6H_6O_2$
555a) Dioxybenzol-Derivate mit ungewisser Oxy-Stellung sowie weitere Isomere $C_6H_6O_2$
556) $C_7H_8O_2$, z. B. Orcin, Saligenin
557) $C_8H_{10}O_2$ (z. B. Betorcinol, Xylylenglykole) und Homologe
558) $C_nH_{2n-8}O_2$
558a) Verbindungen $C_nH_{2n-8}O_2$, die systematisch vor 3.4-Dioxy-1-propenyl-benzol stehen
559) 3.4-Dioxy-1-propenyl-benzol $C_6H_3(OH)_2^{3.4} \cdot CH:CH \cdot CH_3$
559a) Verbindungen, die systematisch zwischen 3.4-Dioxy-1-propenyl-benzol und 3.4-Dioxy-1-allyl-benzol stehen, z. B. 2.3-Dioxy-1-allyl-benzol
560) 3.4-Dioxy-1-allyl-benzol $C_6H_3(OH)_2^{3.4} \cdot CH_2 \cdot CH:CH_2$
560a) Weitere Isomere und Homologe, z. B. Tetrahydronaphthylenglykol
561) $C_nH_{2n-10}O_2$
562) $C_nH_{2n-12}O_2$, z. B. Dioxynaphthaline
563) $C_nH_{2n-14}O_2$, z. B. Diphenole, Hydrobenzoin
564) $C_nH_{2n-16}O_2$, z. B. 4.4'-Dioxy-stilben
565) $C_nH_{2n-18}O_2$, z. B. Dioxyphenanthrene wie Morphol
566) $C_nH_{2n-20}O_2$
567) $C_nH_{2n-22}O_2$
568) $C_nH_{2n-24}O_2$
569) $C_nH_{2n-26}O_2$
570) $C_nH_{2n-28}O_2$
571) $C_nH_{2n-30}O_2$
572) $C_nH_{2n-32}O_2$
573) $C_nH_{2n-34}O_2$, $C_nH_{2n-36}O_2$ usw.
574) Trioxy-Verbindungen
575) $C_nH_{2n}O_3$, z. B. Menthantriole
576) $C_nH_{2n-2}O_3$ und $C_nH_{2n-4}O_3$

577) $C_nH_{2n-6}O_3$
  578) Pyrogallol $C_6H_6O_3$
  579) Oxyhydrochinon $C_6H_6O_3$
  580) Phloroglucin $C_6H_6O_3$
  580a) Verbindungen $C_nH_{2n-6}O_3$, die systematisch hinter Phloroglucin anzuordnen sind
581) $C_nH_{2n-8}O_3$
582) $C_nH_{2n-10}O_3$
583) $C_nH_{2n-12}O_3$, z. B. Trioxynaphthaline
584) $C_nH_{2n-14}O_3$, z. B. Trioxydiphenylmethane
585) $C_nH_{2n-16}O_3$
586) $C_nH_{2n-18}O_3$, z. B. Trioxyphenanthrene
587) $C_nH_{2n-20}O_3$
588) $C_nH_{2n-22}O_3$ (z. B. Trioxytriphenylmethane), $C_nH_{2n-24}O_3$ usw.
589) Tetraoxy-Verbindungen
  590) $C_nH_{2n}O_4$, z. B. Menthantetrole
  591) $C_nH_{2n-2}O_4$
  592) $C_nH_{2n-4}O_4$
  593) $C_nH_{2n-6}O_4$, z. B. Tetraoxybenzole
  594) $C_nH_{2n-8}O_4$
  595) $C_nH_{2n-10}O_4$
  596) $C_nH_{2n-12}O_4$
  597) $C_nH_{2n-14}O_4$, z. B. Tetraoxydiphenyle
  598) $C_nH_{2n-16}O_4$
  599) $C_nH_{2n-18}O_4$
  600) $C_nH_{2n-20}O_4$
  601) $C_nH_{2n-22}O_4$
  602) $C_nH_{2n-24}O_4$, $C_nH_{2n-26}O_4$ usw.
603) Pentaoxy-Verbindungen, z. B. Quercit
604) Hexaoxy-Verbindungen, z. B. Inosit
605) Heptaoxy-Verbindungen
606) Oktaoxy-Verbindungen
607) Enneaoxy-Verbindungen
608) Dekaoxy-Verbindungen, Hendekaoxy-Verbindungen usw.

609) **Oxo-Verbindungen**
  610) Monooxo-Verbindungen
    611) $C_nH_{2n-2}O$
      612) C_3H_4O bis $C_9H_{16}O$, z. B. Cyclohexanon, Hexahydrobenzaldehyd
      613) $C_{10}H_{18}O$, z. B. Menthanone wie Carvomenthon, Menthon
      614) $C_{11}H_{20}O$ und Homologe
    615) $C_nH_{2n-4}O$
      616) C_3H_2O bis $C_9H_{14}O$, z. B. Cyclohexenone, Isophoron, Camphenilon
      617) Monocyclische Verbindungen $C_{10}H_{16}O$, z. B. Menthenone wie Carvotanaceton, Carvenon, Pulegon, Dihydrocarvon
      618) Bicyclische Verbindungen $C_{10}H_{16}O$, z. B. Caron, Thujon, Fenchon, Campher
      618a) Weitere Isomere
      619) $C_{11}H_{18}O$ und Homologe
    620) $C_nH_{2n-6}O$, z. B. Dihydrobenzaldehyde, Eucarvon, Carvon, Jonon
    621) $C_nH_{2n-8}O$
      621a) Oxo-Verbindungen C_7H_6O, die systematisch vor Benzaldehyd stehen
      622) Benzaldehyd C_7H_6O
        623) Funktionelle Derivate
          624) Derivate von Oxy-Verbindungen, z. B. $C_6H_5 \cdot CH(O \cdot CH_3)_2$
          625) Derivate von Oxo-Verbindungen
          626) Derivate von acyclischen Carbonsäuren, z. B. $C_6H_5 \cdot CH(O \cdot CO \cdot CH_3)_2$
          627) Derivate anderer acyclischer Verbindungen mit O-Funktion, z. B. $C_6H_5 \cdot CH(O \cdot CH_2 \cdot CH_2 \cdot NH_2)_2$
          628) Derivate von HO·OH und von HO·SH, z. B. $C_6H_5 \cdot CH(OH) \cdot O \cdot O \cdot CH(OH) \cdot C_6H_5$
          629) Derivate anorganischer Säuren, z. B. $C_6H_5 \cdot CHCl \cdot O \cdot C_2H_5$
          630) Derivate von NH_3, z. B. $C_6H_5 \cdot CH:N \cdot C_2H_5$, $C_6H_5 \cdot CH(N:CH \cdot C_6H_5)_2$
          631) Derivate von $NH_2 \cdot OH$, z. B. $C_6H_5 \cdot CH:N \cdot OH$
          632) Derivate von $H_2N \cdot NH_2$, z. B. $C_6H_5 \cdot CH:N \cdot NH_2$
          633) Weitere funktionelle Derivate, z. B. $C_6H_5 \cdot CH(OH) \cdot PO(OH)_2$
      634) Substitutionsprodukte des Benzaldehyds

Isocyclische Reihe.
Tetraoxy-Verbindungen usw., Mono- und Dioxo-Verbindungen.

635) Halogen-Derivate
636) Nitroso-, Nitro- und Azido-Derivate
637) Schwefel-, Selen- und Tellur-Analoga des Benzaldehyds, z. B. $C_6H_5 \cdot CH(S \cdot CH_3)_2$
638) Verbindungen, die systematisch zwischen Benzaldehyd und Acetophenon stehen, z. B. p-Chinonmethid $CH_2:C_6H_4:O$
639) Acetophenon C_8H_8O
640) Verbindungen, die systematisch hinter Acetophenon stehen, z. B. Toluylaldehyde, Propiophenon, Hydrozimtaldehyd
641) $C_nH_{2n-10}O$
642) Verbindungen, die systematisch vor Zimtaldehyd stehen, z. B. $C_6H_5 \cdot CH:CO$
643) Zimtaldehyd C_9H_8O
644) Verbindungen, die systematisch hinter Zimtaldehyd stehen, z. B. Hydrindone, Benzalaceton, Ketotetrahydronaphthaline
645) $C_nH_{2n-12}O$
646) Verbindungen, die systematisch vor Indon stehen, z. B. Phenylpropargylaldehyd
647) Indon C_9H_6O
648) Verbindungen, die systematisch hinter Indon stehen, z. B. Cinnamalaceton, Benzalmenthon, Benzylcampher
649) $C_nH_{2n-14}O$, z. B. Naphthaldehyde, Benzalcampher
650) $C_nH_{2n-16}O$
651) Verbindungen, die systematisch vor Benzophenon stehen, z. B. Acenaphthenon
652) Benzophenon $C_{13}H_{10}O$
653) Verbindungen, die systematisch hinter Benzophenon stehen, z. B. Desoxybenzoin
654) $C_nH_{2n-18}O$, z. B. Fluorenon, Anthron, Chalkon, Dypnon
655) $C_nH_{2n-20}O$, z. B. Cinnamalacetophenon, Dibenzalaceton
656) $C_nH_{2n-22}O$, z. B. Benzoylnaphthaline
657) $C_nH_{2n-24}O$, z. B. Peribenzanthron, Chrysoketon, Fuchson
658) $C_nH_{2n-26}O$, z. B. Phenylanthron
659) $C_nH_{2n-28}O$, z. B. Dinaphthylketone
660) $C_nH_{2n-30}O$
661) $C_nH_{2n-32}O$
662) $C_nH_{2n-34}O$
663) $C_nH_{2n-36}O$
664) $C_nH_{2n-38}O$
665) $C_nH_{2n-40}O$, $C_nH_{2n-42}O$ usw.
666) Dioxo-Verbindungen
667) $C_nH_{2n-4}O_2$, z. B. Hydroresorcin, Diosphenol, Formylmenthon (= Oxymethylen-menthon)
668) $C_nH_{2n-6}O_2$, z. B. Campherchinon, Formylcampher (= Oxymethylen-campher)
669) $C_nH_{2n-8}O_2$
670) o-Chinon $C_6H_4O_2$
671) p-Chinon $C_6H_4O_2$
671a) Verbindungen $C_nH_{2n-8}O_2$, die systematisch hinter p-Chinon stehen, z. B. Toluchinon
672) $C_nH_{2n-10}O_2$, z. B. Phenylglyoxal, Phthalaldehyde, Benzoylaceton
673) $C_nH_{2n-12}O_2$, z. B. Diketohydrindene
674) $C_nH_{2n-14}O_2$, z. B. Naphthochinone, Benzoylcampher
675) $C_nH_{2n-16}O_2$, z. B. Diphenochinone
676) $C_nH_{2n-18}O_2$
676a) Verbindungen, die systematisch vor Benzil stehen, z. B. Acenaphthenchinon
677) Benzil $C_{14}H_{10}O_2$
677a) Verbindungen, die systematisch hinter Benzil stehen, z. B. Stilbenchinon
678) $C_nH_{2n-20}O_2$
678a) Verbindungen, die systematisch vor Anthrachinon stehen
679) Anthrachinon $C_{14}H_8O_2$
679a) Verbindungen, die systematisch zwischen Anthrachinon und Phenanthrenchinon stehen
680) Phenanthrenchinon $C_{14}H_8O_2$
680a) Weitere Isomere
681) $C_{15}H_{10}O_2$ und Homologe
682) $C_nH_{2n-22}O_2$
683) $C_nH_{2n-24}O_2$, z. B. Pyrenchinon
684) $C_nH_{2n-26}O_2$, z. B. Naphthacenchinon
685) $C_nH_{2n-28}O_2$
686) $C_nH_{2n-30}O_2$

687) $C_nH_{2n-32}O_2$, z. B. Picenchinon
688) $C_nH_{2n-34}O_2$, z. B. Didesyl
689) $C_nH_{2n-36}O_2$, z. B. Dibenzoylstilben
690) $C_nH_{2n-38}O_2$
691) $C_nH_{2n-40}O_2$
692) $C_nH_{2n-42}O_2$, $C_nH_{2n-44}O_2$ usw.
693) **Trioxo-Verbindungen**
  694) $C_nH_{2n-6}O_3$, z. B. Filicinsäure
  695) $C_nH_{2n-8}O_3$
  696) $C_nH_{2n-10}O_3$
  697) $C_nH_{2n-12}O_3$, z. B. Trimesintrialdehyd
  698) $C_nH_{2n-14}O_3$
  699) $C_nH_{2n-16}O_3$
  700) $C_nH_{2n-18}O_3$
  701) $C_nH_{2n-20}O_3$, z. B. Diphenyltriketon
  702) $C_nH_{2n-22}O_3$
  703) $C_nH_{2n-24}O_3$
  704) $C_nH_{2n-26}O_3$, z. B. Bindon
  705) $C_nH_{2n-28}O_3$
  706) $C_nH_{2n-30}O_3$
  707) $C_nH_{2n-32}O_3$
  708) $C_nH_{2n-34}O_3$
  709) $C_nH_{2n-36}O_3$
  710) $C_nH_{2n-38}O_3$
  711) $C_nH_{2n-40}O_3$
  712) $C_nH_{2n-42}O_3$
  713) $C_nH_{2n-44}O_3$, $C_nH_{2n-46}O_3$ usw.
714) **Tetraoxo-Verbindungen**
  715) $C_nH_{2n-8}O_4$
  716) $C_nH_{2n-10}O_4$, z. B. Dichinoyl
  717) $C_nH_{2n-12}O_4$
  718) $C_nH_{2n-14}O_4$
  719) $C_nH_{2n-16}O_4$
  720) $C_nH_{2n-18}O_4$
  721) $C_nH_{2n-20}O_4$
  722) $C_nH_{2n-22}O_4$, z. B. Diphenyltetraketon
  723) $C_nH_{2n-24}O_4$
  724) $C_nH_{2n-26}O_4$, z. B. Bisdiketohydrinden
  725) $C_nH_{2n-28}O_4$, z. B. Naphthacendichinon
  726) $C_nH_{2n-30}O_4$
  727) $C_nH_{2n-32}O_4$
  728) $C_nH_{2n-34}O_4$
  729) $C_nH_{2n-36}O_4$
  730) $C_nH_{2n-38}O_4$
  731) $C_nH_{2n-40}O_4$
  732) $C_nH_{2n-42}O_4$, $C_nH_{2n-44}O_4$ usw.
733) **Pentaoxo-Verbindungen**
734) **Hexaoxo-Verbindungen**
735) **Heptaoxo-Verbindungen**
736) **Oktaoxo-Verbindungen, Enneaoxo-Verbindungen** usw.
737) **Oxy-oxo-Verbindungen**
  738) Oxy-oxo-Verbindungen mit 2 O
    739) $C_nH_{2n-2}O_2$, z. B. Cyclohexanolone
    740) $C_nH_{2n-4}O_2$, z. B. Carvonhydrat, Oxycampher
    741) $C_nH_{2n-6}O_2$, z. B. Xylochinole
    742) $C_nH_{2n-8}O_2$
      743) Verbindungen, die systematisch vor Salicylaldehyd stehen
      744) Salicylaldehyd $C_7H_6O_2$
      745) m-Oxy-benzaldehyd $C_7H_6O_2$
      746) p-Oxy-benzaldehyd $C_7H_6O_2$
      747) Weitere Isomere
      748) $C_8H_8O_2$ (z. B. **Oxyacetophenone**) und Homologe
    749) $C_nH_{2n-10}O_2$, z. B. Cumaraldehyde, Salicylalaceton
    750) $C_nH_{2n-12}O_2$, z. B. Oxybenzylcampher
    751) $C_nH_{2n-14}O_2$, z. B. Oxynaphthaldehyde

Isocyclische Reihe.
Trioxo-Verbindungen usw., Oxy-oxo-Verbindungen mit 2 bis 4 O.

752) $C_nH_{2n-16}O_2$, z. B. Oxybenzophenone, Benzoin
753) $C_nH_{2n-18}O_2$, z. B. Oxyanthrone
754) $C_nH_{2n-20}O_2$, z. B. Oxybenzalhydrindone
755) $C_nH_{2n-22}O_2$
756) $C_nH_{2n-24}O_2$, z. B. Oxyfuchsone
757) $C_nH_{2n-26}O_2$
758) $C_nH_{2n-28}O_2$
759) $C_nH_{2n-30}O_2$
760) $C_nH_{2n-32}O_2$
761) $C_nH_{2n-34}O_2$
762) $C_nH_{2n-36}O_2$
763) $C_nH_{2n-38}O_2$
764) $C_nH_{2n-40}O_2$
765) $C_nH_{2n-42}O_2$, $C_nH_{2n-44}O_2$ usw.
766) Oxy-oxo-Verbindungen mit 3 O
767) $C_nH_{2n-2}O_3$, z. B. Menthandiolone
768) $C_nH_{2n-4}O_3$
769) $C_nH_{2n-6}O_3$
770) $C_nH_{2n-8}O_3$
771) $C_5H_2O_3$ und $C_6H_4O_3$
772) Verbindungen $C_7H_6O_3$, die systematisch vor Protocatechualdehyd stehen
773) Protocatechualdehyd $C_6H_3(OH)_2^{3,4} \cdot CHO$
774) Weitere Isomere, z. B. Oxytoluchinone
775) $C_8H_8O_3$ (z. B. Resacetophenon) und Homologe
776) $C_nH_{2n-10}O_3$, z. B. Oxyphthalaldehyde
777) $C_nH_{2n-12}O_3$, z. B. Carminon
778) $C_nH_{2n-14}O_3$, z. B. Oxynaphthochinone wie Juglon
779) $C_nH_{2n-16}O_3$, z. B. Dioxybenzophenone, Lapachol
780) $C_nH_{2n-18}O_3$, z. B. Dioxyanthrone
781) $C_nH_{2n-20}O_3$, z. B. Oxyanthrachinone
782) $C_nH_{2n-22}O_3$, z. B. Dioxybenzoylnaphthaline
783) $C_nH_{2n-24}O_3$, z. B. Aurin, Rosolsäure
784) $C_nH_{2n-26}O_3$
785) $C_nH_{2n-28}O_3$
786) $C_nH_{2n-30}O_3$
787) $C_nH_{2n-32}O_3$
788) $C_nH_{2n-34}O_3$
789) $C_nH_{2n-36}O_3$
790) $C_nH_{2n-38}O_3$
791) $C_nH_{2n-40}O_3$
792) $C_nH_{2n-42}O_3$
793) $C_nH_{2n-44}O_3$, $C_nH_{2n-46}O_3$ usw.
794) Oxy-oxo-Verbindungen mit 4 O
795) $C_nH_{2n-2}O_4$
796) $C_nH_{2n-4}O_4$
797) $C_nH_{2n-6}O_4$
798) $C_nH_{2n-8}O_4$, z. B. Dioxybenzochinone, Trioxybenzaldehyde
799) $C_nH_{2n-10}O_4$, z. B. Dioxyphthalaldehyde
800) $C_nH_{2n-12}O_4$, z. B. Dioxydioxonaphthalintetrahydride
801) $C_nH_{2n-14}O_4$, z. B. Dioxynaphthochinone
802) $C_nH_{2n-16}O_4$, z. B. Trioxybenzophenone
803) $C_nH_{2n-18}O_4$, z. B. Dioxybenzile, Trioxyanthrone
804) $C_nH_{2n-20}O_4$
805) Verbindungen, die systematisch vor Dioxyanthrachinon stehen
806) Dioxyanthrachinone $C_{14}H_8O_4$, z. B. Alizarin
807) Weitere Isomere, z. B. Dioxyphenanthrenchinone
808) $C_{15}H_{10}O_4$ (z. B. Rubiadin, Chrysophansäure) und Homologe
809) $C_nH_{2n-22}O_4$
810) $C_nH_{2n-24}O_4$
811) $C_nH_{2n-26}O_4$, z. B. Dioxynaphthacenchinone, Dioxydibenzoylbenzole
812) $C_nH_{2n-28}O_4$
813) $C_nH_{2n-30}O_4$
814) $C_nH_{2n-32}O_4$
815) $C_nH_{2n-34}O_4$
816) $C_nH_{2n-36}O_4$

817) $C_nH_{2n-38}O_4$
818) $C_nH_{2n-40}O_4$
819) $C_nH_{2n-42}O_4$, $C_nH_{2n-44}O_4$ usw.
820) **Oxy-oxo-Verbindungen mit 5 O**
821) $C_nH_{2n-2}O_5$
822) $C_nH_{2n-4}O_5$
823) $C_nH_{2n-6}O_5$
824) $C_nH_{2n-8}O_5$, z. B. Krokonsäure, Trioxychinon
825) $C_nH_{2n-10}O_5$
826) $C_nH_{2n-12}O_5$
827) $C_nH_{2n-14}O_5$, z. B. Trioxynaphthochinone
828) $C_nH_{2n-16}O_5$, z. B. Tetraoxybenzophenone, Phloretin
829) $C_nH_{2n-18}O_5$, z. B. Tetraoxychalkone
830) $C_nH_{2n-20}O_5$, z. B. Trioxyanthrachinone wie Anthragallol, Purpurin
831) $C_nH_{2n-22}O_5$
832) $C_nH_{2n-24}O_5$
833) $C_nH_{2n-26}O_5$
834) $C_nH_{2n-28}O_5$
835) $C_nH_{2n-30}O_5$
836) $C_nH_{2n-32}O_5$
837) $C_nH_{2n-34}O_5$
838) $C_nH_{2n-36}O_5$
839) $C_nH_{2n-38}O_5$
840) $C_nH_{2n-40}O_5$
841) $C_nH_{2n-42}O_5$, $C_nH_{2n-44}O_5$ usw.
842) **Oxy-oxo-Verbindungen mit 6 O**
843) $C_nH_{2n-2}O_6$
844) $C_nH_{2n-4}O_6$
845) $C_nH_{2n-6}O_6$
846) $C_nH_{2n-8}O_6$, z. B. Tetraoxybenzochinon
847) $C_nH_{2n-10}O_6$, z. B. Rhodizonsäure
848) $C_nH_{2n-12}O_6$
849) $C_nH_{2n-14}O_6$
850) $C_nH_{2n-16}O_6$, z. B. Pentaoxybenzophenone
851) $C_nH_{2n-18}O_6$, z. B. Pentaoxyanthrone, Pentaoxychalkone
852) $C_nH_{2n-20}O_6$, z. B. Tetraoxyanthrachinone
853) $C_nH_{2n-22}O_6$
854) $C_nH_{2n-24}O_6$
855) $C_nH_{2n-26}O_6$
856) $C_nH_{2n-28}O_6$
857) $C_nH_{2n-30}O_6$
858) $C_nH_{2n-32}O_6$
859) $C_nH_{2n-34}O_6$
860) $C_nH_{2n-36}O_6$
861) $C_nH_{2n-38}O_6$
862) $C_nH_{2n-40}O_6$
863) $C_nH_{2n-42}O_6$
864) $C_nH_{2n-44}O_6$, $C_nH_{2n-46}O_6$ usw.
865) **Oxy-oxo-Verbindungen mit 7 O**
866) $C_nH_{2n-2}O_7$
867) $C_nH_{2n-4}O_7$
868) $C_nH_{2n-6}O_7$
869) $C_nH_{2n-8}O_7$
870) $C_nH_{2n-10}O_7$
871) $C_nH_{2n-12}O_7$
872) $C_nH_{2n-14}O_7$
873) $C_nH_{2n-16}O_7$, z. B. Hexaoxybenzophenone
874) $C_nH_{2n-18}O_7$
875) $C_nH_{2n-20}O_7$, z. B. Pentaoxyanthrachinone
876) $C_nH_{2n-22}O_7$, $C_nH_{2n-24}O_7$ usw.
877) **Oxy-oxo-Verbindungen mit 8 O**
878) $C_nH_{2n-2}O_8$
879) $C_nH_{2n-4}O_8$
880) $C_nH_{2n-6}O_8$
881) $C_nH_{2n-8}O_8$

Isocyclische Reihe.
Oxy-oxo-Verbindungen mit 5 und mehr O, Monocarbonsäuren.

882) $C_nH_{2n-10}O_8$
883) $C_nH_{2n-12}O_8$
884) $C_nH_{2n-14}O_8$
885) $C_nH_{2n-16}O_8$
886) $C_nH_{2n-18}O_8$
887) $C_nH_{2n-20}O_8$, z. B. Hexaoxyanthrachinone
888) $C_nH_{2n-22}O_8$, $C_nH_{2n-24}O_8$ usw.
889) Oxy-oxo-Verbindungen mit 9 O
890) Oxy-oxo-Verbindungen mit 10 und mehr O, z. B. Filixsäure

891) **Carbonsäuren**
  892) Monocarbonsäuren
    893) $C_nH_{2n-2}O_2$, z. B. Hexahydrobenzoesäure, Dihydroisolauronolsaure, Campholsäure
    894) $C_nH_{2n-4}O_2$, z. B. Tetrahydrobenzoesäuren, Isolauronolsäure, Campholensäuren
    895) $C_nH_{2n-6}O_2$, z. B. Dihydrobenzoesäuren, Camphylsäuren, Tricyclensäure
    896) $C_nH_{2n-8}O_2$
    897) Benzoesäure $C_7H_6O_2$
    898) Funktionelle Derivate
      899) Ester von Oxy-Verbindungen
        900) Ester von Monooxy-Verbindungen, z. B. $C_6H_5 \cdot CO \cdot O \cdot C_2H_5$
        901) Ester von Dioxy-Verbindungen, z. B. $C_6H_5 \cdot CO \cdot O \cdot C_6H_4 \cdot OH$
        902) Ester von weiteren Oxy-Verbindungen
      903) Derivate von Oxo-Verbindungen
        904) Derivate von Monooxo- und Polyoxo-Verbindungen, z. B. $C_6H_5 \cdot CO \cdot O \cdot CH_2Cl$, $(C_6H_5 \cdot CO \cdot O)_2CH \cdot C_6H_5$
        905) Derivate von Oxy-oxo-Verbindungen, z. B. $C_6H_5 \cdot CO \cdot O \cdot CH_2 \cdot CO \cdot CH_3$
      906) Derivate von Carbonsäuren, z. B. $C_6H_5 \cdot CO \cdot O \cdot CO \cdot CH_3$, $C_6H_5 \cdot CO \cdot O \cdot CH_2 \cdot CO_2H$
      907) Derivate acyclischer Sulfinsäuren und Sulfonsäuren mit O-Funktion, z. B. $C_6H_5 \cdot CO \cdot O \cdot CH_2 \cdot CH_2 \cdot SO_3H$
      908) Derivate acyclischer Amine mit O-Funktion, z. B. $C_6H_5 \cdot CO \cdot O \cdot CH_2 \cdot CH_2 \cdot NH_2$
      909) Derivate weiterer acyclischer Verbindungen mit O-Funktion, z. B. $C_6H_5 \cdot CO \cdot O \cdot CH_2 \cdot CH_2 \cdot HgI$
      910) Derivate von HO·OH und HO·SH, z. B. $[C_6H_5 \cdot CO \cdot O-]_2$
      911) Derivate anorganischer Säuren, z. B. $C_6H_5 \cdot CO \cdot O \cdot NO_2$, $C_6H_5 \cdot COCl$
      912) Derivate von NH_3
        913) Benzamid
        914) Derivate von Monooxy-Verbindungen, z. B. $C_6H_5 \cdot CO \cdot NH \cdot CH_3$
        915) Derivate von Polyoxy-Verbindungen, z. B. $C_6H_5 \cdot CO \cdot NH \cdot CH_2 \cdot CH_2 \cdot OH$
        916) Derivate von Oxo-Verbindungen, z. B. $C_6H_5 \cdot CO \cdot NH \cdot CH_2 \cdot OH$, $(C_6H_5 \cdot CO \cdot NH)_2CH \cdot C_6H_5$, $C_6H_5 \cdot CO \cdot NH \cdot CH_2 \cdot CHO$
        917) Derivate von Carbonsäuren
        918) von Monocarbonsäuren, z. B. $C_6H_5 \cdot CO \cdot NH \cdot CO \cdot CH_3$
        919) von Polycarbonsäuren, z. B. $[C_6H_5 \cdot CO \cdot NH \cdot CO-]_2$
        920) von Oxy-carbonsäuren, z. B. $C_6H_5 \cdot CO \cdot NH \cdot CO_2 \cdot C_2H_5$, $C_6H_5 \cdot CO \cdot NH \cdot CH_2 \cdot CO_2H$, $C_6H_5 \cdot CO \cdot NH \cdot CH(CO_2H) \cdot CH_2 \cdot CO_2H$
        921) von Oxo- und Oxy-oxo-carbonsäuren, z. B. $C_6H_5 \cdot CO \cdot N{:}C(CH_3) \cdot CH_2 \cdot CO_2 \cdot C_2H_5$, $C_6H_5 \cdot CO \cdot NH \cdot CH_2 \cdot CO \cdot CO_2H$
        922) Derivate von acyclischen Sulfin- und Sulfonsäuren mit O-Funktion, z. B. $C_6H_5 \cdot CO \cdot NH \cdot CH_2 \cdot CH_2 \cdot CH_2 \cdot SO_3H$
        923) Derivate von acyclischen Aminen mit O-Funktion und weiteren acyclischen Verbindungen mit O-Funktion, z. B. $C_6H_5 \cdot CO \cdot NH \cdot CH_2 \cdot [CH_2]_3 \cdot CH_2 \cdot NH_2$
        924) Derivate von anorganischen Sauerstoffsäuren, z. B. $C_6H_5 \cdot CO \cdot NHCl$, $C_6H_5 \cdot CO \cdot NH \cdot SO_3H$
        924a) Derivate des Benzamids, bei denen die Benzoesäure weiter funktionell verändert ist, z. B. $C_6H_5 \cdot CBr_2 \cdot NH_2$
      925) Isobenzamid-Derivate, z. B. $C_6H_5 \cdot C({:}NH) \cdot O \cdot CH_3$
      926) Benzonitril
      927) Weitere NH_3-Derivate der Benzoesäure, z. B. $C_6H_5 \cdot C({:}NH) \cdot NH_2$
    928) Derivate von $NH_2 \cdot OH$
      929) O-Benzoyl-hydroxylamin und Derivate, z. B. $C_6H_5 \cdot CO \cdot O \cdot N{:}C(CH_3)_2$

Verzeichnis der Systemnummern.

930) N-Benzoyl-hydroxylamin [Benzhydroxamsäure, $C_6H_5 \cdot CO \cdot NH \cdot OH$ bezw. $C_6H_5 \cdot C(OH):N \cdot OH$ [1])] und Derivate, bei denen nur der Hydroxylamin-Rest verändert ist, z. B. $C_6H_5 \cdot CO \cdot NH \cdot O \cdot CH_3$, $C_6H_5 \cdot CO \cdot N(C_2H_5) \cdot O \cdot C_2H_5$, $C_6H_5 \cdot CO \cdot NH \cdot O \cdot CO \cdot C_6H_5$

931) Derivate der Benzhydroxamsäure, bei denen die Benzoesäure weiter funktionell verändert ist, z. B. $C_6H_5 \cdot C(O \cdot CH_3)_2 \cdot NH \cdot O \cdot CH_3$, Benzamidoxim [$C_6H_5 \cdot C(:NH) \cdot NH \cdot OH$ bezw. $C_6H_5 \cdot C(NH_2):N \cdot OH$ [2])]

932) Benzhydroximsäure-Derivate, z. B. $C_6H_5 \cdot C(O \cdot CH_3):N \cdot OH$, $C_6H_5 \cdot CCl:N \cdot OH$, $C_6H_5 \cdot C[N(CH_2 \cdot CH_2 \cdot CH_3)_2]:N \cdot OH$

933) Weitere $NH_2 \cdot OH$-Derivate der Benzoesäure, z. B. $C_6H_5 \cdot C(:N \cdot OH) \cdot NH \cdot OH$

934) N-Benzoyl-Derivate von HNO und HNO_2, z. B. $C_6H_5 \cdot CO \cdot NO_2$

935) Derivate von $H_2N \cdot NH_2$, z. B. $C_6H_5 \cdot CO \cdot NH \cdot NH_2$, $[C_6H_5 \cdot CCl:N-]_2$

936) Derivate von NH:NH, z. B. $C_6H_5 \cdot CO \cdot N:N \cdot CO \cdot C_6H_5$

937) Weitere funktionelle Derivate, z. B. $C_6H_5 \cdot CO \cdot N_3$

938) Substitutionsprodukte der Benzoesäure

939) Monothiobenzoesäure

940) Weitere Schwefel-Analoga der Benzoesäure; Selen- und Tellur-Analoga

940a) Carbonsäuren $C_7H_6O_2$, die systematisch hinter Benzoesäure stehen

941) $C_8H_8O_2$, z. B. Phenylessigsäure, Toluylsäuren

942) $C_9H_{10}O_2$, z. B. Hydrozimtsäure, Xylylsäuren

943) $C_{10}H_{12}O_2$, z. B. Cuminsäure

944) $C_{11}H_{14}O_2$

945) $C_{12}H_{16}O_2$

946) $C_{13}H_{18}O_2$, $C_{14}H_{20}O_2$ usw.

947) $C_nH_{2n-10}O_2$

947a) Carbonsäuren, die systematisch vor Zimtsäure stehen

948) Zimtsäuren $C_9H_8O_2$

949) Weitere Isomere (z. B. Atropasäure) und Homologe (z. B. Hydrindencarbonsäuren)

950) $C_nH_{2n-12}O_2$, z. B. Phenylpropiolsäure

951) $C_nH_{2n-14}O_2$, z. B. Naphthoesäuren

952) $C_nH_{2n-16}O_2$, z. B. Diphenylcarbonsäuren

953) $C_nH_{2n-18}O_2$, z. B. Fluorencarbonsäuren, Phenylzimtsäuren

954) $C_nH_{2n-20}O_2$, z. B. Anthracencarbonsäuren

955) $C_nH_{2n-22}O_2$, z. B. Chrysensäuren

956) $C_nH_{2n-24}O_2$, z. B. Triphenylessigsäure

957) $C_nH_{2n-26}O_2$

958) $C_nH_{2n-28}O_2$

959) $C_nH_{2n-30}O_2$

960) $C_nH_{2n-32}O_2$

961) $C_nH_{2n-34}O_2$, $C_nH_{2n-36}O_2$ usw.

962) Dicarbonsäuren

963) $C_nH_{2n-4}O_4$

964) Dicarbonsäuren, die systematisch vor Camphersäure stehen, z. B. Cyclopropandicarbonsäuren, Hexahydrophthalsäuren, Apocamphersäure

965) Camphersäure und Isocamphersäure $C_{10}H_{16}O_4$

966) Dicarbonsäuren, die systematisch hinter Camphersäure stehen, z. B. Homocamphersäure

967) $C_nH_{2n-6}O_4$, z. B. Tetrahydrophthalsäuren

968) $C_nH_{2n-8}O_4$, z. B. Dihydrophthalsäuren

969) $C_nH_{2n-10}O_4$

970) o-Phthalsäure $C_8H_6O_4$

971) Funktionelle Derivate

972) Ester usw., z. B. $C_6H_4(CO_2 \cdot C_6H_5)_2$, $HO_2C \cdot C_6H_4 \cdot CO \cdot O \cdot OH$, $C_6H_4(COCl)_2$

973) Derivate von NH_3, z. B. $HO_2C \cdot C_6H_4 \cdot CO \cdot NH_2$, $C_6H_4(CN)_2$

974) Weitere funktionelle Derivate, z. B. $HO_2C \cdot C_6H_4 \cdot CO \cdot NH \cdot OH$

975) Substitutionsprodukte

976) Schwefel-, Selen- und Tellur-Analoga der Phthalsäure

977) Isophthalsäure

978) Terephthalsäure

---

[1]) Diese beiden Formen stehen im Verhältnis der Desmotropie. Derivate der Form $C_6H_5 \cdot C(O \cdot R):N \cdot OH$, in denen kein bewegliches Wasserstoffatom mehr vorhanden ist, s. Syst. No. 932.

[2]) Diese beiden Formen stehen im Verhältnis der Desmotropie. Derivate der Form $C_6H_5 \cdot C(NRR'):N \cdot OH$, in denen kein bewegliches Wasserstoffatom mehr vorhanden ist, s. Syst. No. 932.

Isocyclische Reihe.
Polycarbonsäuren.

978a) Benzoldicarbonsäure-Derivate mit ungewisser Carboxyl-Stellung sowie weitere Isomere $C_8H_6O_4$
979) $C_9H_8O_4$, z. B. Homophthalsäuren, Uvitinsäure
980) $C_{10}H_{10}O_4$, z. B. Phenylbernsteinsäure
981) $C_{11}H_{12}O_4$, z. B. Phenylglutarsäuren
982) $C_{12}H_{14}O_4$
983) $C_{13}H_{16}O_4$ und Homologe
984) $C_nH_{2n-12}O_4$
985) Säuren bis zu 9 C-Atomen
986) $C_9H_6O_4$
987) $C_{10}H_8O_4$, z. B. Benzalmalonsäure
988) $C_{11}H_{10}O_4$, z. B. Phenylitaconsäure
989) $C_{12}H_{12}O_4$, z. B. Benzalglutarsäuren
990) $C_{13}H_{14}O_4$ und Homologe
991) $C_nH_{2n-14}O_4$, z. B. Cinnamalmalonsäure
992) $C_nH_{2n-16}O_4$, z. B. Naphthalindicarbonsäuren
993) $C_nH_{2n-18}O_4$, z. B. Diphensäure
994) $C_nH_{2n-20}O_4$, z. B. Stilbendicarbonsäuren, Truxinsäuren, Truxillsäuren
995) $C_nH_{2n-22}O_4$, z. B. Anthracendicarbonsäuren
996) $C_nH_{2n-24}O_4$, z. B. Chrysodiphensäure
997) $C_nH_{2n-26}O_4$, z. B. Triphenylmethandicarbonsäuren
998) $C_nH_{2n-28}O_4$
999) $C_nH_{2n-30}O_4$
1000) $C_nH_{2n-32}O_4$
1001) $C_nH_{2n-34}O_4$
1002) $C_nH_{2n-36}O_4$
1003) $C_nH_{2n-38}O_4$, $C_nH_{2n-40}O_4$ usw.
1004) Tricarbonsäuren
1005) $C_nH_{2n-6}O_6$, z. B. Cyclopropantricarbonsäuren, Camphosäure
1006) $C_nH_{2n-8}O_6$
1007) $C_nH_{2n-10}O_6$
1008) $C_nH_{2n-12}O_6$, z. B. Trimesinsäure
1009) $C_nH_{2n-14}O_6$
1010) $C_nH_{2n-16}O_6$
1011) $C_nH_{2n-18}O_6$
1012) $C_nH_{2n-20}O_6$
1013) $C_nH_{2n-22}O_6$
1014) $C_nH_{2n-24}O_6$
1015) $C_nH_{2n-26}O_6$
1016) $C_nH_{2n-28}O_6$
1017) $C_nH_{2n-30}O_6$
1018) $C_nH_{2n-32}O_6$
1019) $C_nH_{2n-34}O_6$
1020) $C_nH_{2n-36}O_6$, $C_nH_{2n-38}O_6$ usw.
1021) Tetracarbonsäuren
1022) $C_nH_{2n-8}O_8$, z. B. Cyclopentantetracarbonsäuren
1023) $C_nH_{2n-10}O_8$
1024) $C_nH_{2n-12}O_8$
1025) $C_nH_{2n-14}O_8$, z. B. Benzoltetracarbonsäuren
1026) $C_nH_{2n-16}O_8$
1027) $C_nH_{2n-18}O_8$
1028) $C_nH_{2n-20}O_8$
1029) $C_nH_{2n-22}O_8$, z. B. Diphenyltetracarbonsäuren
1030) $C_nH_{2n-24}O_8$
1031) $C_nH_{2n-26}O_8$
1032) $C_nH_{2n-28}O_8$
1033) $C_nH_{2n-30}O_8$
1034) $C_nH_{2n-32}O_8$, $C_nH_{2n-34}O_8$ usw.
1035) Pentacarbonsäuren
1036) $C_nH_{2n-10}O_{10}$
1037) $C_nH_{2n-12}O_{10}$
1038) $C_nH_{2n-14}O_{10}$
1039) $C_nH_{2n-16}O_{10}$, z. B. Benzolpentacarbonsäure
1040) $C_nH_{2n-18}O_{10}$
1041) $C_nH_{2n-20}O_{10}$

1042) $C_nH_{2n-22}O_{10}$
1043) $C_nH_{2n-24}O_{10}$
1044) $C_nH_{2n-26}O_{10}$
1045) $C_nH_{2n-28}O_{10}$
1046) $C_nH_{2n-30}O_{10}$
1047) $C_nH_{2n-32}O_{10}$
1048) $C_nH_{2n-34}O_{10}$, $C_nH_{2n-36}O_{10}$ usw.
1049) Hexacarbonsäuren, z. B. Mellitsäure
1050) Heptacarbonsäuren, Oktacarbonsäuren usw.
1051) Oxy-carbonsäuren
  1052) Oxy-carbonsäuren mit 3 O
    1053) $C_nH_{2n-2}O_3$
    1054) $C_nH_{2n-4}O_3$
    1055) $C_nH_{2n-6}O_3$
    1056) $C_nH_{2n-8}O_3$
      1056a) Säuren mit weniger als 7 C-Atomen
      1057) Salicylsäure $C_7H_6O_3$
      1058) Funktionelle Derivate
        1059) Derivate, in denen nur die OH-Gruppe verändert ist, z. B. $CH_3 \cdot O \cdot C_6H_4 \cdot CO_2H$, $CH_3 \cdot CO \cdot O \cdot C_6H_4 \cdot CO_2H$, $HO \cdot SO_2 \cdot O \cdot C_6H_4 \cdot CO_2H$
        1060) Derivate, in denen die COOH-Gruppe (bezw. diese und die OH-Gruppe) verändert ist
          1061) Ester und Anhydride von C-Hydroxyl-Verbindungen, z. B. $HO \cdot C_6H_4 \cdot CO_2 \cdot CH_3$, $(HO)_4P \cdot O \cdot C_6H_4 \cdot CO_2 \cdot C_6H_5$, $HO \cdot C_6H_4 \cdot CO_2 \cdot CH_2 \cdot CH_2 \cdot N(C_2H_5)_2$
          1062) Derivate von $HO \cdot OH$, $HO \cdot SH$ und von anorganischen Säuren, z. B. $CH_3 \cdot O \cdot C_6H_4 \cdot COCl$
          1063) Derivate von NH_3, z. B. $HO \cdot C_6H_4 \cdot CO \cdot NH_2$, $HO \cdot C_6H_4 \cdot CN$, $C_2H_5 \cdot O \cdot C_6H_4 \cdot C(:NH) \cdot NH_2$
          1064) Derivate von $NH_2 \cdot OH$, z. B. $HO \cdot C_6H_4 \cdot C(:NH) \cdot NH \cdot OH$
          1065) Weitere funktionelle Derivate, z. B. $HO \cdot C_6H_4 \cdot CO \cdot NH \cdot NH_2$
      1066) Substitutionsprodukte der Salicylsäure
      1067) Schwefel-, Selen- und Tellur-Analoga der Salicylsäure
    1068) m-Oxy-benzoesäure
    1069) p-Oxy-benzoesäure
    1070) Oxy-carbonsäuren, die systematisch zwischen p-Oxy-benzoesäure und Mandelsäure stehen, z. B. 4-Oxy-phenylessigsäure
    1071) Mandelsäure $C_8H_8O_3$
    1072) Weitere Isomere, z. B. Kresotinsäuren
    1073) $C_9H_{10}O_3$, z. B. Hydrocumarsäuren wie Melilotsäure
    1074) $C_{10}H_{12}O_3$, z. B. Oxycuminsäuren
    1075) $C_{11}H_{14}O_3$, z. B. Thymotinsäuren
    1076) $C_{12}H_{16}O_3$
    1077) $C_{13}H_{18}O_3$ und Homologe
  1078) $C_nH_{2n-10}O_3$
    1079) Säuren mit weniger als 8 C-Atomen
    1080) $C_8H_6O_3$
    1081) $C_9H_8O_3$, z. B. Cumarsäuren
    1082) $C_{10}H_{10}O_3$, z. B. Oxyhydrindencarbonsäuren
    1083) $C_{11}H_{12}O_3$
    1084) $C_{12}H_{14}O_3$
    1085) $C_{13}H_{16}O_3$
    1086) $C_{14}H_{18}O_3$ und Homologe, z. B. Santonige Säure
  1087) $C_nH_{2n-12}O_3$, z. B. Cinnamalmilchsäure
  1088) $C_nH_{2n-14}O_3$, z. B. Oxynaphthoesäuren
  1089) $C_nH_{2n-16}O_3$, z. B. Benzilsäure
  1090) $C_nH_{2n-18}O_3$, z. B. Diphenylenglykolsäure
  1091) $C_nH_{2n-20}O_3$, z. B. Oxyphenanthrencarbonsäuren
  1092) $C_nH_{2n-22}O_3$, z. B. Phenyl-naphthyl-glykolsäure
  1093) $C_nH_{2n-24}O_3$, z. B. Oxy-triphenylmethan-carbonsäuren
  1094) $C_nH_{2n-26}O_3$
  1095) $C_nH_{2n-28}O_3$
  1096) $C_nH_{2n-30}O_3$
  1097) $C_nH_{2n-32}O_3$
  1098) $C_nH_{2n-34}O_3$, $C_nH_{2n-36}O_3$ usw.

Isocyclische Reihe.
Oxy-carbonsäuren mit 3 bis 6 O.

1099) **Oxy-carbonsäuren mit 4 O**
1100) $C_nH_{2n-2}O_4$, z. B. Cyclohexandiolcarbonsäuren
1101) $C_nH_{2n-4}O_4$
1102) $C_nH_{2n-6}O_4$
1103) $C_nH_{2n-8}O_4$
1104) Säuren mit weniger als 7 C-Atomen
1105) $C_7H_6O_4$, z. B. Gentisinsäure, Protocatechusäure
1106) $C_8H_8O_4$, z. B. Homogentisinsäure, Orsellinsäure
1107) $C_9H_{10}O_4$, z. B. Hydrokaffeesäure, Phenylglycerinsäuren
1108) $C_{10}H_{12}O_4$, z. B. Dioxyphenylbuttersäure
1109) $C_{11}H_{14}O_4$ und Homologe
1110) $C_nH_{2n-10}O_4$
1111) Säuren mit weniger als 9 C-Atomen
1112) $C_9H_8O_4$, z. B. Kaffeesäure
1113) $C_{10}H_{10}O_4$
1114) $C_{11}H_{12}O_4$
1115) $C_{12}H_{14}O_4$
1116) $C_{13}H_{16}O_4$ und Homologe, z. B. Desmotroposantoninsäure
1117) $C_nH_{2n-12}O_4$
1118) $C_nH_{2n-14}O_4$, z. B. Dioxynaphthoesäuren
1119) $C_nH_{2n-16}O_4$, z. B. Dioxy-diphenyl-carbonsäuren
1120) $C_nH_{2n-18}O_4$
1121) $C_nH_{2n-20}O_4$, z. B. Dioxyphenanthrencarbonsäuren
1122) $C_nH_{2n-22}O_4$
1123) $C_nH_{2n-24}O_4$, z. B. Dioxy-triphenylmethan-carbonsäuren
1124) $C_nH_{2n-26}O_4$
1125) $C_nH_{2n-28}O_4$
1126) $C_nH_{2n-30}O_4$
1127) $C_nH_{2n-32}O_4$
1128) $C_nH_{2n-34}O_4$
1129) $C_nH_{2n-36}O_4$, $C_nH_{2n-38}O_4$ usw.
1130) **Oxy-carbonsäuren mit 5 O**
1131) $C_nH_{2n-2}O_5$
1132) $C_nH_{2n-4}O_5$, z. B. Oxyhexahydrophthalsäuren, Oxycamphersäuren
1133) $C_nH_{2n-6}O_5$
1134) $C_nH_{2n-8}O_5$
1135) Verbindungen, die systematisch vor Gallussäure stehen
1136) Gallussäure (3.4.5-Trioxy-benzoesäure)
1137) Verbindungen, die systematisch nach Gallussäure stehen, z. B. Dioxymandelsäuren, Photosantonsäure
1138) $C_nH_{2n-10}O_5$
1139) Säuren mit weniger als 8 C-Atomen
1140) $C_8H_6O_5$, z. B. Oxyphthalsäuren
1141) $C_9H_8O_5$, z. B. Phenyltartronsäure, Oxyuvitinsäuren
1142) $C_{10}H_{10}O_5$, z. B. C-Phenyl-äpfelsäuren
1143) $C_{11}H_{12}O_5$
1144) $C_{12}H_{14}O_5$ und Homologe
1145) $C_nH_{2n-12}O_5$, z. B. Salicylalmalonsäure
1146) $C_nH_{2n-14}O_5$
1147) $C_nH_{2n-16}O_5$, z. B. Oxynaphthalsäure
1148) $C_nH_{2n-18}O_5$, z. B. Oxy-diphenylmethan-dicarbonsäuren
1149) $C_nH_{2n-20}O_5$, z. B. Trioxyphenanthrencarbonsäuren
1150) $C_nH_{2n-22}O_5$
1151) $C_nH_{2n-24}O_5$, z. B. Trioxy-triphenylmethan-carbonsäuren
1152) $C_nH_{2n-26}O_5$
1153) $C_nH_{2n-28}O_5$
1154) $C_nH_{2n-30}O_5$
1155) $C_nH_{2n-32}O_5$
1156) $C_nH_{2n-34}O_5$
1157) $C_nH_{2n-36}O_5$, $C_nH_{2n-38}O_5$ usw.
1158) **Oxy-carbonsäuren mit 6 O**
1159) $C_nH_{2n-2}O_6$, z. B. Chinasäure
1160) $C_nH_{2n-4}O_6$, z. B. Cyclohexandioldicarbonsäuren
1161) $C_nH_{2n-6}O_6$
1162) $C_nH_{2n-8}O_6$

1163) $C_nH_{2n-10}O_6$, z. B. Norhemipinsäure
1164) $C_nH_{2n-12}O_6$
1165) $C_nH_{2n-14}O_6$
1166) $C_nH_{2n-16}O_6$, z. B. Dioxynaphthalindicarbonsäuren
1167) $C_nH_{2n-18}O_6$, z. B. Dioxy-diphenyl-dicarbonsäuren
1168) $C_nH_{2n-20}O_6$, z. B. Dioxytruxillsäuren
1169) $C_nH_{2n-22}O_6$, z. B. Santononsäure
1170) $C_nH_{2n-24}O_6$
1171) $C_nH_{2n-26}O_6$
1172) $C_nH_{2n-28}O_6$
1173) $C_nH_{2n-30}O_6$
1174) $C_nH_{2n-32}O_6$
1175) $C_nH_{2n-34}O_6$
1176) $C_nH_{2n-36}O_6$, $C_nH_{2n-38}O_6$ usw.

1177) **Oxy-carbonsäuren mit 7 O**
1178) $C_nH_{2n-2}O_7$
1179) $C_nH_{2n-4}O_7$
1180) $C_nH_{2n-6}O_7$
1181) $C_nH_{2n-8}O_7$
1182) $C_nH_{2n-10}O_7$, z. B. Trioxybenzoldicarbonsäuren
1183) $C_nH_{2n-12}O_7$, z. B. Oxybenzoltricarbonsäuren
1184) $C_nH_{2n-14}O_7$
1185) $C_nH_{2n-16}O_7$
1186) $C_nH_{2n-18}O_7$
1187) $C_nH_{2n-20}O_7$
1188) $C_nH_{2n-22}O_7$
1189) $C_nH_{2n-24}O_7$
1190) $C_nH_{2n-26}O_7$
1191) $C_nH_{2n-28}O_7$, z. B. Oxy-triphenylmethan-tricarbonsäuren
1192) $C_nH_{2n-30}O_7$
1193) $C_nH_{2n-32}O_7$, $C_nH_{2n-34}O_7$ usw.

1194) **Oxy-carbonsäuren mit 8 O**
1195) $C_nH_{2n-2}O_8$
1196) $C_nH_{2n-4}O_8$
1197) $C_nH_{2n-6}O_8$
1198) $C_nH_{2n-8}O_8$
1199) $C_nH_{2n-10}O_8$, z. B. Tetraoxyterephthalsäure
1200) $C_nH_{2n-12}O_8$, z. B. Dioxytrimesinsäure
1201) $C_nH_{2n-14}O_8$
1202) $C_nH_{2n-16}O_8$
1203) $C_nH_{2n-18}O_8$, z. B. Tetraoxy-diphenylmethan-dicarbonsäuren
1204) $C_nH_{2n-20}O_8$
1205) $C_nH_{2n-22}O_8$
1206) $C_nH_{2n-24}O_8$
1207) $C_nH_{2n-26}O_8$
1208) $C_nH_{2n-28}O_8$
1209) $C_nH_{2n-30}O_8$
1210) $C_nH_{2n-32}O_8$, $C_nH_{2n-34}O_8$ usw.

1211) **Oxy-carbonsäuren mit 9 O**
1212) $C_nH_{2n-2}O_9$
1213) $C_nH_{2n-4}O_9$
1214) $C_nH_{2n-6}O_9$
1215) $C_nH_{2n-8}O_9$
1216) $C_nH_{2n-10}O_9$
1217) $C_nH_{2n-12}O_9$
1218) $C_nH_{2n-14}O_9$
1219) $C_nH_{2n-16}O_9$
1220) $C_nH_{2n-18}O_9$
1221) $C_nH_{2n-20}O_9$
1222) $C_nH_{2n-22}O_9$
1223) $C_nH_{2n-24}O_9$
1224) $C_nH_{2n-26}O_9$
1225) $C_nH_{2n-28}O_9$
1226) $C_nH_{2n-30}O_9$
1227) $C_nH_{2n-32}O_9$, $C_nH_{2n-34}O_9$ usw.

Isocyclische Reihe.

Oxy-carbonsäuren mit 7 und mehr O, Oxo-carbonsäuren mit 3 O.

1228) **Oxy-carbonsäuren mit 10 O**
  1229) $C_nH_{2n-2}O_{10}$
  1230) $C_nH_{2n-4}O_{10}$
  1231) $C_nH_{2n-6}O_{10}$
  1232) $C_nH_{2n-8}O_{10}$
  1233) $C_nH_{2n-10}O_{10}$
  1234) $C_nH_{2n-12}O_{10}$
  1235) $C_nH_{2n-14}O_{10}$
  1236) $C_nH_{2n-16}O_{10}$
  1237) $C_nH_{2n-18}O_{10}$, z. B. 2.2'-Methylen-di-gallussäure
  1238) $C_nH_{2n-20}O_{10}$
  1239) $C_nH_{2n-22}O_{10}$
  1240) $C_nH_{2n-24}O_{10}$
  1241) $C_nH_{2n-26}O_{10}$
  1242) $C_nH_{2n-28}O_{10}$
  1243) $C_nH_{2n-30}O_{10}$
  1244) $C_nH_{2n-32}O_{10}$
  1245) $C_nH_{2n-34}O_{10}$, $C_nH_{2n-36}O_{10}$ usw.
1246) **Oxy-carbonsäuren mit 11 O**
  1247) $C_nH_{2n-2}O_{11}$
  1248) $C_nH_{2n-4}O_{11}$
  1249) $C_nH_{2n-6}O_{11}$
  1250) $C_nH_{2n-8}O_{11}$
  1251) $C_nH_{2n-10}O_{11}$
  1252) $C_nH_{2n-12}O_{11}$
  1253) $C_nH_{2n-14}O_{11}$
  1254) $C_nH_{2n-16}O_{11}$
  1255) $C_nH_{2n-18}O_{11}$
  1256) $C_nH_{2n-20}O_{11}$
  1257) $C_nH_{2n-22}O_{11}$
  1258) $C_nH_{2n-24}O_{11}$
  1259) $C_nH_{2n-26}O_{11}$
  1260) $C_nH_{2n-28}O_{11}$
  1261) $C_nH_{2n-30}O_{11}$
  1262) $C_nH_{2n-32}O_{11}$, $C_nH_{2n-34}O_{11}$ usw.
1263) **Oxy-carbonsäuren mit 12 O**
  1264) $C_nH_{2n-2}O_{12}$
  1265) $C_nH_{2n-4}O_{12}$
  1266) $C_nH_{2n-6}O_{12}$
  1267) $C_nH_{2n-8}O_{12}$
  1268) $C_nH_{2n-10}O_{12}$
  1269) $C_nH_{2n-12}O_{12}$
  1270) $C_nH_{2n-14}O_{12}$
  1271) $C_nH_{2n-16}O_{12}$
  1272) $C_nH_{2n-18}O_{12}$
  1273) $C_nH_{2n-20}O_{12}$
  1274) $C_nH_{2n-22}O_{12}$
  1275) $C_nH_{2n-24}O_{12}$
  1276) $C_nH_{2n-26}O_{12}$
  1277) $C_nH_{2n-28}O_{12}$
  1278) $C_nH_{2n-30}O_{12}$
  1279) $C_nH_{2n-32}O_{12}$, $C_nH_{2n-34}O_{12}$ usw.
1280) **Oxy-carbonsäuren mit 13 O**
1281) **Oxy-carbonsäuren mit 14 und mehr O**
1282) **Oxo-carbonsäuren**
 1283) **Oxo-carbonsäuren mit 3 O**
  1284) $C_nH_{2n-4}O_3$, z. B. Cyclopentanoncarbonsäuren, Menthoncarbonsäuren
  1285) $C_nH_{2n-6}O_3$, z. B. Cyclohexenoncarbonsäuren, Isolauronsäure, Camphocarbonsäure
  1286) $C_nH_{2n-8}O_3$, z. B. Jononcarbonsäure
  1287) $C_nH_{2n-10}O_3$
   1288) **Säuren mit weniger als 8 C**
   1289) $C_8H_6O_3$, z. B. Phenylglyoxylsäure, Phthalaldehydsäuren
   1290) $C_9H_8O_3$, z. B. Benzoylessigsäure
   1291) $C_{10}H_{10}O_3$, z. B. Propiophenoncarbonsäuren

1292) $C_{11}H_{12}O_3$, z. B. Phenyllävulinsäuren
1293) $C_{12}H_{14}O_3$
1294) $C_{13}H_{16}O_3$
1295) $C_{14}H_{18}O_3$ und Homologe
1296) $C_nH_{2n-12}O_3$, z. B. Cinnamoylameisensäure, Benzalacetessigsäure
1297) $C_nH_{2n-14}O_3$, z. B. „Indenoxalsäure", Cinnamalacetessigsäure
1298) $C_nH_{2n-16}O_3$, z. B. Naphthylglyoxylsäuren
1299) $C_nH_{2n-18}O_3$, z. B. Benzophenoncarbonsäuren
1300) $C_nH_{2n-20}O_3$, z. B. Fluorenoncarbonsäuren, Anthroncarbonsäuren
1301) $C_nH_{2n-22}O_3$, z. B. Dibenzallävulinsäure
1302) $C_nH_{2n-24}O_3$, z. B. Naphthoylbenzoesäuren
1303) $C_nH_{2n-26}O_3$
1304) $C_nH_{2n-28}O_3$
1305) $C_nH_{2n-30}O_3$
1306) $C_nH_{2n-32}O_3$
1307) $C_nH_{2n-34}O_3$, $C_nH_{2n-36}O_3$ usw.
1308) **Oxo-carbonsäuren mit 4O**
1309) $C_nH_{2n-6}O_4$
1310) $C_nH_{2n-8}O_4$, z. B. „Campheroxalsäure"
1311) $C_nH_{2n-10}O_4$, z. B. Chinoncarbonsäure, Santonsäure
1312) $C_nH_{2n-12}O_4$
1313) Säuren mit weniger als 9C
1314) $C_9H_6O_4$, z. B. Benzoylglyoxylsäure
1315) $C_{10}H_8O_4$, z. B. „Acetophenonoxalsäure"
1316) $C_{11}H_{10}O_4$, z. B. Benzoylacetessigsäure
1317) $C_{12}H_{12}O_4$
1318) $C_{13}H_{14}O_4$ und Homologe
1319) $C_nH_{2n-14}O_4$, z. B. Diketohydrindencarbonsäuren, „Hydrindonoxalsäure"
1320) $C_nH_{2n-16}O_4$, z. B. Naphthochinoncarbonsäuren
1321) $C_nH_{2n-18}O_4$, Naphthoylacetessigsäure
1322) $C_nH_{2n-20}O_4$, z. B. Dibenzoylessigsäure
1323) $C_nH_{2n-22}O_4$, z. B. Anthrachinoncarbonsäuren
1324) $C_nH_{2n-24}O_4$
1325) $C_nH_{2n-26}O_4$
1326) $C_nH_{2n-28}O_4$, z. B. Dibenzoylbenzoesäuren
1327) $C_nH_{2n-30}O_4$
1328) $C_nH_{2n-32}O_4$
1329) $C_nH_{2n-34}O_4$
1330) $C_nH_{2n-36}O_4$, $C_nH_{2n-38}O_4$ usw.
1331) **Oxo-carbonsäuren mit 5O**
1331a) $C_nH_{2n-6}O_5$, z. B. Cyclopentanondicarbonsäuren, Menthanondicarbonsäuren
1332) $C_nH_{2n-8}O_5$, z. B. Keto-β-santorsäure, Santolsäure
1333) $C_nH_{2n-10}O_5$
1334) $C_nH_{2n-12}O_5$
1335) Säuren mit weniger als 9C
1336) $C_9H_6O_5$, z. B. Phthalonsäure
1337) $C_{10}H_8O_5$, z. B. Acetophenondicarbonsäuren
1338) $C_{11}H_{10}O_5$, z. B. Benzoylbernsteinsäure
1339) $C_{12}H_{12}O_5$, z. B. Benzoylglutarsäuren
1340) $C_{13}H_{14}O_5$ und Homologe
1341) $C_nH_{2n-14}O_5$
1342) $C_nH_{2n-16}O_5$
1343) $C_nH_{2n-18}O_5$
1344) $C_nH_{2n-20}O_5$, z. B. Benzophenondicarbonsäuren
1345) $C_nH_{2n-22}O_5$, z. B. Fluorenondicarbonsäure
1346) $C_nH_{2n-24}O_5$
1347) $C_nH_{2n-26}O_5$
1348) $C_nH_{2n-28}O_5$
1349) $C_nH_{2n-30}O_5$
1350) $C_nH_{2n-32}O_5$
1351) $C_nH_{2n-34}O_5$
1352) $C_nH_{2n-36}O_5$, $C_nH_{2n-38}O_5$ usw.
1353) **Oxo-carbonsäuren mit 6O**
1353a) $C_nH_{2n-8}O_6$, z. B. Succinylobernsteinsäure
1354) $C_nH_{2n-10}O_6$

Isocyclische Reihe.
Oxo-carbonsäuren mit 4 und mehr O, Oxy-oxo-carbonsäuren mit 4 O.

1355) $C_nH_{2n-12}O_6$
1356) $C_nH_{2n-14}O_6$
1357) $C_nH_{2n-16}O_6$
1358) $C_nH_{2n-18}O_6$
1359) $C_nH_{2n-20}O_6$
1360) $C_nH_{2n-22}O_6$, z. B. Diphthalylsäure, Dibenzoylbernsteinsäure
1361) $C_nH_{2n-24}O_6$, z. B. Anthrachinondicarbonsäuren
1362) $C_nH_{2n-26}O_6$
1363) $C_nH_{2n-28}O_6$
1364) $C_nH_{2n-30}O_6$
1365) $C_nH_{2n-32}O_6$
1366) $C_nH_{2n-34}O_6$
1367) $C_nH_{2n-36}O_6$, $C_nH_{2n-38}O_6$ usw.
1368) Oxo-carbonsäuren mit 7 O
  1368a) $C_nH_{2n-8}O_7$ und $C_nH_{2n-10}O_7$
  1369) $C_nH_{2n-12}O_7$
  1370) $C_nH_{2n-14}O_7$, z. B. Benzoyltricarballylsäuren
  1371) $C_nH_{2n-16}O_7$, z. B. Triketosantonsäure
  1372) $C_nH_{2n-18}O_7$
  1373) $C_nH_{2n-20}O_7$
  1374) $C_nH_{2n-22}O_7$, z. B. Benzophenontricarbonsäuren
  1375) $C_nH_{2n-24}O_7$
  1376) $C_nH_{2n-26}O_7$
  1377) $C_nH_{2n-28}O_7$
  1378) $C_nH_{2n-30}O_7$
  1379) $C_nH_{2n-32}O_7$, $C_nH_{2n-34}O_7$ usw.
1380) Oxo-carbonsäuren mit 8 O
  1380a) $C_nH_{2n-10}O_8$ und $C_nH_{2n-12}O_8$
  1381) $C_nH_{2n-14}O_8$
  1382) $C_nH_{2n-16}O_8$
  1383) $C_nH_{2n-18}O_8$, z. B. Terephthalylbisacetessigsäure
  1384) $C_nH_{2n-20}O_8$
  1385) $C_nH_{2n-22}O_8$
  1386) $C_nH_{2n-24}O_8$
  1387) $C_nH_{2n-26}O_8$, z. B. Anthrachinontricarbonsäuren
  1388) $C_nH_{2n-28}O_8$
  1389) $C_nH_{2n-30}O_8$
  1390) $C_nH_{2n-32}O_8$, $C_nH_{2n-34}O_8$ usw.
1391) Oxocarbonsäuren mit 9 O
1392) Oxocarbonsäuren mit 10 O, z. B. Chinontetracarbonsäure
1393) Oxocarbonsäuren mit 11 O
1394) Oxocarbonsäuren mit 12 und mehr O
1395) Oxy-oxo-carbonsäuren
  1396) Oxy-oxo-carbonsäuren mit 4 O
  1397) $C_nH_{2n-4}O_4$, z. B. Oxycamphonsäure
  1398) $C_nH_{2n-6}O_4$, z. B. Oxycamphercarbonsäure
  1399) $C_nH_{2n-8}O_4$, z. B. Chinolessigsäure, Hydrosantonsäure
  1400) $C_nH_{2n-10}O_4$
    1401) Säuren mit weniger als 8 C
    1402) $C_8H_6O_4$, z. B. Salicoylameisensäure
    1403) $C_9H_8O_4$, z. B. Oxyacetophenoncarbonsäuren
    1404) $C_{10}H_{10}O_4$, z. B. Phenacylglykolsäure
    1405) $C_{11}H_{12}O_4$
    1406) $C_{12}H_{14}O_4$
    1407) $C_{13}H_{16}O_4$ und Homologe, z. B. Santoninsäure
  1408) $C_nH_{2n-12}O_4$
    1409) Säuren mit weniger als 9 C
    1410) $C_9H_6O_4$
    1411) $C_{10}H_8O_4$
    1412) $C_{11}H_{10}O_4$, z. B. Salicylalacetessigsäure
    1413) $C_{12}H_{12}O_4$
    1414) $C_{13}H_{14}O_4$ und Homologe
  1415) $C_nH_{2n-14}O_4$
  1416) $C_nH_{2n-16}O_4$
  1417) $C_nH_{2n-18}O_4$, z. B. Oxybenzophenoncarbonsäuren

1418) $C_nH_{2n-20}O_4$
1419) $C_nH_{2n-22}O_4$
1420) $C_nH_{2n-24}O_4$, z. B. Oxynaphthoylbenzoesäuren
1421) $C_nH_{2n-26}O_4$
1422) $C_nH_{2n-28}O_4$
1423) $C_nH_{2n-30}O_4$
1424) $C_nH_{2n-32}O_4$
1425) $C_nH_{2n-34}O_4$, $C_nH_{2n-36}O_4$ usw.
1426) Oxy-oxo-carbonsäuren mit 5 O
   1427) $C_nH_{2n-4}O_5$
   1428) $C_nH_{2n-6}O_5$
   1429) $C_nH_{2n-8}O_5$
   1430) $C_nH_{2n-10}O_5$
     1431) Säuren mit weniger als 8 C
     1432) $C_8H_6O_5$, z. B. Noropiansäure
     1433) $C_9H_8O_5$
     1434) $C_{10}H_{10}O_5$
     1435) $C_{11}H_{12}O_5$
     1436) $C_{12}H_{14}O_5$ und Homologe
   1437) $C_nH_{2n-12}O_5$, z. B. Salicoylbrenztraubensäure
   1438) $C_nH_{2n-14}O_5$
   1439) $C_nH_{2n-16}O_5$
   1440) $C_nH_{2n-18}O_5$, z. B. Dioxybenzophenoncarbonsäuren
   1441) $C_nH_{2n-20}O_5$
   1442) $C_nH_{2n-22}O_5$, z. B. Oxyanthrachinoncarbonsäuren
   1443) $C_nH_{2n-24}O_5$, z. B. Dioxynaphthoylbenzoesäuren
   1444) $C_nH_{2n-26}O_5$, z. B. Aurincarbonsäure
   1445) $C_nH_{2n-28}O_5$
   1446) $C_nH_{2n-30}O_5$
   1447) $C_nH_{2n-32}O_5$
   1448) $C_nH_{2n-34}O_5$
   1449) $C_nH_{2n-36}O_5$, $C_nH_{2n-38}O_5$ usw.
1450) Oxy-oxo-carbonsäuren mit 6 O
   1451) $C_nH_{2n-4}O_6$
   1452) $C_nH_{2n-6}O_6$
   1453) $C_nH_{2n-8}O_6$
   1454) $C_nH_{2n-10}O_6$
   1455) $C_nH_{2n-12}O_6$
   1456) $C_nH_{2n-14}O_6$
   1457) $C_nH_{2n-16}O_6$
   1458) $C_nH_{2n-18}O_6$
   1459) $C_nH_{2n-20}O_6$
   1460) $C_nH_{2n-22}O_6$, z. B. Dioxyanthrachinoncarbonsäuren
   1461) $C_nH_{2n-24}O_6$
   1462) $C_nH_{2n-26}O_6$
   1463) $C_nH_{2n-28}O_6$
   1464) $C_nH_{2n-30}O_6$
   1465) $C_nH_{2n-32}O_6$
   1466) $C_nH_{2n-34}O_6$
   1467) $C_nH_{2n-36}O_6$, $C_nH_{2n-38}O_6$ usw.
1468) Oxy-oxo-carbonsäuren mit 7 O
   1469) $C_nH_{2n-4}O_7$
   1470) $C_nH_{2n-6}O_7$
   1471) $C_nH_{2n-8}O_7$
   1472) $C_nH_{2n-10}O_7$
   1473) $C_nH_{2n-12}O_7$
   1474) $C_nH_{2n-14}O_7$
   1475) $C_nH_{2n-16}O_7$, z. B. Carminazarin
   1476) $C_nH_{2n-18}O_7$
   1477) $C_nH_{2n-20}O_7$
   1478) $C_nH_{2n-22}O_7$, z. B. Trioxyanthrachinoncarbonsäuren
   1479) $C_nH_{2n-24}O_7$
   1480) $C_nH_{2n-26}O_7$
   1481) $C_nH_{2n-28}O_7$
   1482) $C_nH_{2n-30}O_7$

Isocyclische Reihe.
Oxy-oxo-carbonsäuren mit 5 und mehr O, Sulfinsäuren, Sulfonsäuren.

1483) $C_nH_{2n-32}O_7$, $C_nH_{2n-34}O_7$ usw.
1484) Oxy-oxo-carbonsäuren mit 8 O
  1485) $C_nH_{2n-4}O_8$
  1486) $C_nH_{2n-6}O_8$
  1487) $C_nH_{2n-8}O_8$
  1488) $C_nH_{2n-10}O_8$
  1489) $C_nH_{2n-12}O_8$, z. B. Dioxychinondicarbonsäure
  1490) $C_nH_{2n-14}O_8$
  1491) $C_nH_{2n-16}O_8$
  1492) $C_nH_{2n-18}O_8$
  1493) $C_nH_{2n-20}O_8$
  1494) $C_nH_{2n-22}O_8$
  1495) $C_nH_{2n-24}O_8$
  1496) $C_nH_{2n-26}O_8$
  1497) $C_nH_{2n-28}O_8$, z. B. Oxyaurindicarbonsäure
  1498) $C_nH_{2n-30}O_8$
  1499) $C_nH_{2n-32}O_8$, $C_nH_{2n-34}O_8$ usw.
1500) Oxy-oxo-carbonsäuren mit 9 O, z. B. Aurintricarbonsäure
1501) Oxy-oxo-carbonsäuren mit 10 O
1502) Oxy-oxo-carbonsäuren mit 11 O
1503) Oxy-oxo-carbonsäuren mit 12 bis 17 O
1504) Oxy-oxo-carbonsäuren mit 18 und mehr O

1505) **Sulfinsäuren**
  1506) Monosulfinsäuren
    1507) $C_nH_{2n}O_2S$
    1508) $C_nH_{2n-2}O_2S$
    1509) $C_nH_{2n-4}O_2S$
    1510) $C_nH_{2n-6}O_2S$, z. B. Benzolsulfinsäure
    1511) $C_nH_{2n-8}O_2S$, $C_nH_{2n-10}O_2S$ usw., z. B. Naphthalinsulfinsäuren
  1512) Polysulfinsäuren
  1513) Oxy-, Oxo-, Carboxy-sulfinsäuren, z. B. Camphersulfinsäure

1514) **Sulfonsäuren**
  1515) Monosulfonsäuren
    1516) $C_nH_{2n}O_3S$, z. B. Cyclopentansulfonsäure
    1517) $C_nH_{2n-2}O_3S$, z. B. Camphansulfonsäure
    1518) $C_nH_{2n-4}O_3S$, z. B. „Camphensulfonsäure"
    1519) $C_nH_{2n-6}O_3S$
      1520) Benzolsulfonsäure $C_6H_6O_3S$
      1520a) Weitere Isomere
      1521) $C_7H_8O_3S$
      1522) $C_8H_{10}O_3S$
      1523) $C_9H_{12}O_3S$ und Homologe
    1524) $C_nH_{2n-8}O_3S$, z. B. Hydrindensulfonsäuren, Tetrahydronaphthalinsulfonsäuren
    1525) $C_nH_{2n-10}O_3S$
    1526) $C_nH_{2n-12}O_3S$, z. B. Naphthalinsulfonsäuren
    1527) $C_nH_{2n-14}O_3S$, z. B. Diphenylsulfonsäure
    1528) $C_nH_{2n-16}O_3S$, z. B. Fluorensulfonsäuren
    1529) $C_nH_{2n-18}O_3S$, z. B. Anthracensulfonsäuren
    1530) $C_nH_{2n-20}O_3S$
    1531) $C_nH_{2n-22}O_3S$, z. B. Triphenylmethansulfonsäure
    1532) $C_nH_{2n-24}O_3S$, $C_nH_{2n-26}O_3S$ usw.
  1533) Disulfonsäuren
    1534) $C_nH_{2n}O_6S_2$
    1535) $C_nH_{2n-2}O_6S_2$
    1536) $C_nH_{2n-4}O_6S_2$
    1537) $C_nH_{2n-6}O_6S_2$, z. B. Benzoldisulfonsäuren
    1538) $C_nH_{2n-8}O_6S_2$
    1539) $C_nH_{2n-10}O_6S_2$
    1540) $C_nH_{2n-12}O_6S_2$
      1540a) Verbindungen, die systematisch vor Naphthalindisulfonsäure stehen
      1541) Naphthalindisulfonsäuren $C_{10}H_8O_6S_2$
      1541a) Verbindungen, die systematisch hinter Naphthalindisulfonsäure stehen

1542) $C_nH_{2n-14}O_6S_2$, $C_nH_{2n-16}O_6S_2$ usw., z. B. Diphenyldisulfonsäuren, Diphenylmethandisulfonsäuren, Stilbendisulfonsäuren, Anthracendisulfonsäuren
1543) Trisulfonsäuren
1544) Tetrasulfonsäuren, Pentasulfonsäuren usw.
1545) Oxy-sulfonsäuren
1546) Sulfonsäuren der Monooxy-Verbindungen
    1547) Sulfonsäuren der Monooxy-Verbindungen $C_nH_{2n}O$, z. B. Cyclohexanolsulfonsäure
    1548) Sulfonsäuren der Monooxy-Verbindungen $C_nH_{2n-2}O$
    1549) Sulfonsäuren der Monooxy-Verbindungen $C_nH_{2n-4}O$
    1550) Sulfonsäuren der Monooxy-Verbindungen $C_nH_{2n-6}O$
        1551) Sulfonsäuren des Phenols
        1552) Sulfonsäuren weiterer Oxy-Verbindungen $C_nH_{2n-6}O$, z. B. Kresolsulfonsäuren, Thymolsulfonsäuren
    1553) Sulfonsäuren der Monooxy-Verbindungen $C_nH_{2n-8}O$
    1554) Sulfonsäuren der Monooxy-Verbindungen $C_nH_{2n-10}O$
    1555) Sulfonsäuren der Monooxy-Verbindungen $C_nH_{2n-12}O$
        1555a) Sulfonsäuren der Monooxy-Verbindungen $C_nH_{2n-12}O$, die systematisch vor α-Naphthol stehen
        1556) Sulfonsäuren des α-Naphthols
        1557) Sulfonsäuren des β-Naphthols
        1557a) Sulfonsäuren weiterer Monooxy-Verbindungen $C_nH_{2n-12}O$
    1558) Sulfonsäuren der Monooxy-Verbindungen $C_nH_{2n-14}O$, $C_nH_{2n-16}O$ usw.
1559) Sulfonsäuren der Dioxy-Verbindungen
    1560) Sulfonsäuren der Dioxy-Verbindungen $C_nH_{2n}O_2$
    1561) Sulfonsäuren der Dioxy-Verbindungen $C_nH_{2n-2}O_2$
    1562) Sulfonsäuren der Dioxy-Verbindungen $C_nH_{2n-4}O_2$
    1563) Sulfonsäuren der Dioxy-Verbindungen $C_nH_{2n-6}O_2$, z. B. Brenzcatechinsulfonsäuren
    1564) Sulfonsäuren der Dioxy-Verbindungen $C_nH_{2n-8}O_2$
    1565) Sulfonsäuren der Dioxy-Verbindungen $C_nH_{2n-10}O_2$
    1566) Sulfonsäuren der Dioxy-Verbindungen $C_nH_{2n-12}O_2$
        1566a) Sulfonsäuren der Dioxy-Verbindungen $C_nH_{2n-12}O_2$, die systematisch vor 1.2-Dioxy-naphthalin stehen
        1567) Sulfonsäuren der Dioxynaphthaline
        1567a) Sulfonsäuren weiterer Dioxy-Verbindungen $C_nH_{2n-12}O_2$
    1568) Sulfonsäuren der Dioxy-Verbindungen $C_nH_{2n-14}O_2$, $C_nH_{2n-16}O_2$ usw.
1569) Sulfonsäuren der Trioxy-Verbindungen, z. B. Pyrogallolsulfonsäuren
1570) Sulfonsäuren der Tetraoxy-Verbindungen, Pentaoxy-Verbindungen usw.
1571) Oxo-sulfonsäuren
    1572) Sulfonsäuren der Monooxo-Verbindungen, z. B. Camphersulfonsäuren, Benzaldehydsulfonsäuren
    1573) Sulfonsäuren der Dioxo-Verbindungen, z. B. Anthrachinonsulfonsäuren
    1574) Sulfonsäuren der Trioxo-Verbindungen, Tetraoxo-Verbindungen usw.
1575) Sulfonsäuren der Oxy-oxo-Verbindungen
    1576) Sulfonsäuren der Oxy-oxo-Verbindungen mit 2 O
    1577) Sulfonsäuren der Oxy-oxo-Verbindungen mit 3 O
    1578) Sulfonsäuren der Oxy-oxo-Verbindungen mit 4 O
    1579) Sulfonsäuren der Oxy-oxo-Verbindungen mit 5 O
    1580) Sulfonsäuren der Oxy-oxo-Verbindungen mit 6 O
    1581) Sulfonsäuren der Oxy-oxo-Verbindungen mit 7 O
    1582) Sulfonsäuren der Oxy-oxo-Verbindungen mit 8 und mehr O
1583) Sulfonsäuren der Carbonsäuren
    1584) Sulfonsäuren der Monocarbonsäuren
        1584a) Sulfonsäuren der Monocarbonsäuren, die systematisch vor Benzoesäure stehen
        1585) Sulfobenzoesäuren
        1585a) Sulfonsäuren der Monocarbonsäuren, die systematisch hinter Benzoesäure stehen
    1586) Sulfonsäuren der Dicarbonsäuren
    1587) Sulfonsäuren der Tricarbonsäuren, Tetracarbonsäuren usw.
    1588) Sulfonsäuren der Oxy-carbonsäuren
    1589) Sulfonsäuren der Oxo-carbonsäuren
    1590) Sulfonsäuren der Oxy-oxo-carbonsäuren
1591) Sulfonsäuren der Sulfinsäuren

1591a) Selenin-, Selenon-, Tellurin-, Telluronsäuren

Isocyclische Reihe.
Oxy-sulfonsäuren, Oxo-sulfonsäuren usw., Amine bis Anilin.

1592) **Amine**
  1593) Monoamine
    1594) $C_nH_{2n+1}N$, z. B. Cyclopropylamin, Hexahydroanilin, Menthylamin
    1595) $C_nH_{2n-1}N$, z. B. Tetrahydroanilin, Aminocampholene, Aminomenthene, Aminocamphane
    1596) $C_nH_{2n-3}N$, z. B. Carvylamin, Pinylamin, Aminopinen
    1597) $C_nH_{2n-5}N$
    1598) Anilin C_6H_7N
    1599) Funktionelle Derivate
      1600) Anilin-Derivate von Oxy-Verbindungen
        1601) Derivate von Monooxy-Verbindungen, z. B. Dimethylanilin, Trimethylphenylammoniumhydroxyd, Diphenylamin, Triphenylamin
        1602) Derivate von Dioxy-Verbindungen, z. B. $C_6H_5 \cdot NH \cdot CH_2 \cdot CH_2 \cdot OH$, $C_6H_5 \cdot N(CH_2 \cdot CH_2 \cdot OH)_2$
        1603) Derivate von Trioxy-Verbindungen, Tetraoxy-Verbindungen usw.
      1604) Anilin-Derivate von Oxo-Verbindungen, z. B. $C_6H_5 \cdot NH \cdot CH_2 \cdot NH \cdot C_6H_5$, $C_6H_5 \cdot N:CH \cdot CH_3$, $C_6H_5 \cdot N:C$, $C_6H_5 \cdot NH \cdot CH(OH) \cdot C_6H_5$, $C_6H_5 \cdot N:C_6H_4:N \cdot C_6H_5$, $C_6H_5 \cdot NH \cdot CH_2 \cdot CO \cdot CH_3$, $C_6H_5 \cdot N:CH \cdot C_6H_4 \cdot OH$
      1605) Anilin-Derivate von Carbonsäuren
        1606) Derivate von Monocarbonsäuren
          1607) $C_nH_{2n}O_2$, z. B. $C_6H_5 \cdot N:CH \cdot NH \cdot C_6H_5$, $C_6H_5 \cdot NH \cdot CO \cdot CH_3$
          1608) $C_nH_{2n-2}O_2$, z. B. Crotonsäureanilid, Hexahydrobenzoesäureanilid
          1609) $C_nH_{2n-4}O_2$, z. B. Sorbinsäureanilid, Isolauronolsäureanilid
          1610) $C_nH_{2n-6}O_2$, z. B. α-Camphylsäureanilid
          1611) $C_nH_{2n-8}O_2$, z. B. Benzanilid
          1612) $C_nH_{2n-10}O_2$, z. B. Zimtsäureanilid
          1613) $C_nH_{2n-12}O_2$, z. B. Phenylpropiolsäureanilid
          1614) $C_nH_{2n-14}O_2$, z. B. Naphthoesäureanilide
          1615) $C_nH_{2n-16}O_2$, z. B. Diphenylessigsäureanilid
          1616) $C_nH_{2n-18}O_2$, z. B. Diphenylenessigsäureanilid
          1617) $C_nH_{2n-20}O_2$, $C_nH_{2n-22}O_2$ usw., z. B. Triphenylessigsäureanilid
        1618) Derivate von Dicarbonsäuren, z. B. Oxanilsäure, Oxanilid, „Cyananilin", Succinanilsäure, Phthalanilsäure
        1619) Derivate von Tricarbonsäuren, Tetracarbonsäuren usw.
      1620) Derivate von Oxy-carbonsäuren
        1621) Derivate von Oxy-carbonsäuren mit 3 O
          1622) Derivate der Kohlensäure
            1623) Carbanilsäure $C_6H_5 \cdot NH \cdot CO \cdot OH$[1])
            1624) Derivate der Carbanilsäure, in denen die Carboxyl-Gruppe funktionell verändert ist
              1625) Ester, Anhydride usw. der Carbanilsäure, z. B. $C_6H_5 \cdot NH \cdot CO_2 \cdot CH_3$, $C_6H_5 \cdot NH \cdot CO \cdot O \cdot CH_2 \cdot CO_2H$, $C_6H_5 \cdot NH \cdot CO \cdot O \cdot CH_2 \cdot CH_2 \cdot CH_2 \cdot N(C_2H_5)_2$, $C_6H_5 \cdot NH \cdot COCl$
              1626) Carbanilsäureamid, Phenylharnstoff $C_6H_5 \cdot NH \cdot CO \cdot NH_2$
              1627) N'-Alkyl-, N'-Aryl-, N'-Alkyliden- usw.-Derivate des N-Phenyl-harnstoffs, z. B. $C_6H_5 \cdot NH \cdot CO \cdot N(CH_3)_2$, $C_6H_5 \cdot NH \cdot CO \cdot NH \cdot C_6H_5$, $C_6H_5 \cdot NH \cdot CO \cdot N:CH \cdot CH_2 \cdot C_6H_5$, $C_6H_5 \cdot NH \cdot CO \cdot NH \cdot CH_2 \cdot CH(O \cdot C_2H_5)_2$
              1628) N'-Derivate des N-Phenyl-harnstoffs von Carbonsäuren, z. B. $C_6H_5 \cdot NH \cdot CO \cdot NH \cdot CO \cdot C_6H_5$, $C_6H_5 \cdot NH \cdot CO \cdot NH \cdot CO_2 \cdot C_2H_5$, $C_6H_5 \cdot NH \cdot CO \cdot NH \cdot CH_2 \cdot CO_2H$
              1628a) N'-Derivate des N-Phenyl-harnstoffs von Sulfinsäuren, Sulfonsäuren, Aminen usw. mit O-Funktion, z. B. $C_6H_5 \cdot NH \cdot CO \cdot NH \cdot CH_2 \cdot CH_2 \cdot SO_3H$, $C_6H_5 \cdot NH \cdot CO \cdot NH \cdot CH_2 \cdot CH_2 \cdot NH_2$
              1628b) N'-Derivate des N-Phenyl-harnstoffs von anorganischen Sauerstoffsäuren, z. B. $C_6H_5 \cdot NH \cdot CO \cdot NH \cdot SO_2 \cdot C_6H_5$, $C_6H_5 \cdot NH \cdot CO \cdot N(NO) \cdot C_2H_5$
              1628c) Derivate der Form $C_6H_5 \cdot NH \cdot CX_2 \cdot NH_2$ und N-Phenyl-isoharnstoff-Derivate, z. B. $C_6H_5 \cdot NH \cdot C(O \cdot C_2H_5):NH$

---

[1]) Für die in Syst. No. 1623—1638 behandelten Carbanilsäure-Derivate finden sich oft auch desmotrope Formeln wie $C_6H_5 \cdot N:C(O \cdot CH_3) \cdot NH_2$, die aber der systematischen Einordnung nicht zugrunde gelegt werden dürfen.

1629) Carbanilsäurenitril, Phenylcyanamid $C_6H_5 \cdot NH \cdot C \vdots N$
1630) Weitere NH_3-Derivate der Carbanilsäure, z. B. $C_6H_5 \cdot NH \cdot C(:NH) \cdot NH_2$
1631) $NH_2 \cdot OH$-Derivate der Carbanilsäure, z. B. $C_6H_5 \cdot NH \cdot CO \cdot O \cdot N:CH \cdot C_6H_5$, $C_6H_5 \cdot NH \cdot CO \cdot NH \cdot OH$, $(C_6H_5 \cdot NH)_2C:N \cdot OH$
1632) N_2H_4-Derivate der Carbanilsäure, z. B. $C_6H_5 \cdot NH \cdot CO \cdot NH \cdot NH_2$, $(C_6H_5 \cdot NH)_2C:N \cdot NH_2$
1632a) Carbanilsäure-Derivate von NH:NH oder weiteren anorganischen Kuppelungs-Verbindungen, z. B. $C_6H_5 \cdot NH \cdot CO \cdot N_3$
1633) Thiocarbanilsäure $C_6H_5 \cdot NH \cdot CO \cdot SH$ bezw. $C_6H_5 \cdot NH \cdot CS \cdot OH$
1634) Ester, Anhydride usw. der Thiocarbanilsäure, z. B. $C_6H_5 \cdot NH \cdot CS \cdot O \cdot C_2H_5$, $C_6H_5 \cdot NH \cdot CO \cdot S \cdot C_2H_5$, $C_6H_5 \cdot NH \cdot CO \cdot S \cdot CH_2 \cdot CH_2 \cdot CO_2H$
1635) Thiocarbanilsäureamid, Phenylthioharnstoff $C_6H_5 \cdot NH \cdot CS \cdot NH_2$
1636) N'-Alkyl-, N'-Aryl-, N'-Alkyliden- usw.-Derivate des N-Phenylthioharnstoffs, z. B. $C_6H_5 \cdot NH \cdot CS \cdot NH \cdot C_6H_5$, $C_6H_5 \cdot NH \cdot CS \cdot NH \cdot CH_2 \cdot O \cdot C_2H_5$
1637) N'-Derivate des N-Phenyl-thioharnstoffs von Carbonsäuren, z. B. $C_6H_5 \cdot NH \cdot CS \cdot NH \cdot CO \cdot C_6H_5$, $C_6H_5 \cdot NH \cdot CS \cdot NH \cdot CO_2 \cdot CH_3$, $C_6H_5 \cdot NH \cdot CS \cdot NH \cdot CH_2 \cdot CO_2H$
1637a) N'-Derivate des N-Phenyl-thioharnstoffs von Sulfinsäuren, Sulfonsäuren, Aminen usw. mit O-Funktion, z. B. $C_6H_5 \cdot NH \cdot CS \cdot NH \cdot CH_2 \cdot CH_2 \cdot NH_2$
1637b) N'-Derivate des N-Phenyl-thioharnstoffs von anorganischen Sauerstoffsäuren, z. B. $C_6H_5 \cdot NH \cdot CS \cdot NH \cdot P(NCS)_2$
1637c) N-Phenyl-isothioharnstoff-Derivate der Form $C_6H_5 \cdot NH \cdot C(S \cdot R):NH$ und weitere NH_3-Derivate der Thiocarbanilsäure
1637d) $NH_2 \cdot OH$-Derivate, N_2H_4-Derivate usw. der Thiocarbanilsäure, z. B. $C_6H_5 \cdot NH \cdot CS \cdot NH \cdot OH$, $C_6H_5 \cdot NH \cdot CS \cdot NH \cdot NH_2$
1638) Dithiocarbanilsäure $C_6H_5 \cdot NH \cdot CS \cdot SH$ sowie weitere Schwefel-, Selen- und Tellur-Analoga der Carbanilsäure
1639) N-substituierte Carbanilsäuren $C_6H_5 \cdot NR \cdot CO \cdot OH$ und Derivate, z. B. $C_6H_5 \cdot N(CH_3) \cdot CO_2 \cdot CH_3$, $C_6H_5 \cdot N(C_2H_5) \cdot CS_2H$, $(C_6H_5)_2N \cdot CO \cdot N(C_6H_5)_2$, $C_6H_5 \cdot N(CO \cdot CH_3) \cdot CO_2 \cdot C_2H_5$
1640) Phenylisocyanat $C_6H_5 \cdot N:CO$ und Derivate, z. B. $C_6H_5 \cdot N:C(O \cdot CH_3)_2$, $C_6H_5 \cdot N:CCl \cdot O \cdot C_2H_5$, $C_6H_5 \cdot N:C(O \cdot C_2H_5) \cdot NH \cdot C_6H_5$, $C_6H_5 \cdot N:C(NH \cdot C_6H_5)_2$, $C_6H_5 \cdot N:CS$, $C_6H_5 \cdot N:C(S \cdot CH_3) \cdot N(CH_3)_2$
1641) Anilin-N.N-dicarbonsäure $C_6H_5 \cdot N(CO_2H)_2$
1642) Ester, Anhydride usw., z. B. $C_6H_5 \cdot N(CO_2 \cdot CH_3)_2$
1643) Ammoniak-Derivate, z. B. $C_6H_5 \cdot N(CO \cdot NH_2)_2$
1644) Weitere Derivate, z. B. $C_6H_5 \cdot N(CO \cdot NH \cdot NH_2)_2$
1645) Schwefel-, Selen- und Tellur-Analoga der Anilin-N.N-dicarbonsäure, z. B. $C_6H_5 \cdot N[CS \cdot N(C_2H_5)(C_6H_5)]_2$
1646) Derivate der Glykolsäure, z. B. $C_6H_5 \cdot NH:CH_2 \cdot CO_2H$, $C_6H_5 \cdot NH \cdot CO \cdot CH_2 \cdot OH$
1647) Derivate von weiteren Oxy-carbonsäuren mit 3 O, z. B. $C_6H_5 \cdot NH \cdot CH(CH_3) \cdot CO_2H$, $C_6H_5 \cdot NH \cdot CO \cdot CH(OH) \cdot CH_3$, $C_6H_5 \cdot NH \cdot CO \cdot C_6H_4 \cdot OH$
1648) Derivate von Oxy-carbonsäuren mit 4 O, z. B. $C_6H_5 \cdot NH \cdot CO \cdot CH(OH) \cdot CH_2 \cdot OH$, $CH_3 \cdot CH(OH) \cdot CH_2 \cdot CH(NH \cdot C_6H_5) \cdot CO_2H$
1649) Derivate von Oxy-carbonsäuren mit 5 O, z. B. $C_6H_5 \cdot NH \cdot CH(CO_2H)_2$, $C_6H_5 \cdot NH \cdot CO \cdot C_6H_2(OH)_3$
1650) Derivate von Oxy-carbonsäuren mit 6 und mehr O, z. B. $C_6H_5 \cdot NH \cdot CO \cdot CH(OH) \cdot CH(OH) \cdot CO_2H$, $C_6H_5 \cdot NH \cdot C(CO_2H)(CH_2 \cdot CO_2H)_2$
1651) Derivate von Oxo-carbonsäuren
1652) Derivate von Oxo-carbonsäuren mit 3 O, z. B. $(C_6H_5 \cdot NH)_2CH \cdot CO_2H$, $C_6H_5 \cdot N:CH \cdot CO_2H$, $C_6H_5 \cdot NH \cdot CO \cdot CH_2 \cdot CO \cdot CH_3$
1653) Derivate von Oxo-carbonsäuren mit 4 O, z. B. $C_6H_5 \cdot N:C(CH_2 \cdot CO \cdot C_6H_5) \cdot CO_2H$, $C_6H_5 \cdot NH \cdot CO \cdot CH(CHO) \cdot CO \cdot C_6H_5$
1654) Derivate von Oxo-carbonsäuren mit 5 O, z. B. $(C_6H_5 \cdot NH)_2C(CO_2H)_2$, $(C_6H_5 \cdot NH \cdot CO \cdot CH_2)_2CO$

Isocyclische Reihe.
Anilin-Derivate, Toluidine.

1655) Derivate von Oxo-carbonsäuren mit 6 und mehr O, z. B. ($C_6H_5 \cdot NH \cdot CO \cdot CO \cdot CH_2)_2CH_2$
1656) Derivate von Oxy-oxo-carbonsäuren
1657) Derivate von Oxy-oxo-carbonsäuren mit 4 O, z. B. $C_6H_5 \cdot N:C(CH_2 \cdot OH) \cdot CO_2H$
1658) Derivate von Oxy-oxo-carbonsäuren mit 5 O, z. B. $C_6H_5 \cdot NH \cdot CO \cdot C_6H_2(O \cdot CH_3)_2 \cdot CHO$
1659) Derivate von Oxy-oxo-carbonsäuren mit 6 und mehr O, z. B. $C_6H_5 \cdot N:CH \cdot [CH(OH)]_4 \cdot CO_2H$
1660) Anilin-Derivate von Sulfin- und Sulfonsäuren mit O-Funktion, z. B. $C_6H_5 \cdot NH \cdot CH_2 \cdot SO_3H$, $C_6H_5 \cdot N:CH \cdot C_6H_3(OH) \cdot SO_3H$, $C_6H_5 \cdot NH \cdot CO \cdot C_6H_4 \cdot SO_3H$
1661) Anilin-Derivate von acyclischen Aminen mit O-Funktion
1662) Derivate von Oxy- und Oxo-Aminen, z. B. $C_6H_5 \cdot NH \cdot CH_2 \cdot CH_2 \cdot NH_2$, $C_6H_5 \cdot N:CH \cdot CH_2 \cdot NH \cdot C_6H_5$
1663) Derivate von Amino-carbonsäuren, z. B. $C_6H_5 \cdot NH \cdot CO \cdot CH_2 \cdot NH_2$
1663a) Anilin-Derivate von acyclischen Hydroxylaminen, Hydrazinen usw. mit O-Funktion
1664) Anilin-Derivate anorganischer Sauerstoffsäuren
1665) Derivate von Säuren der Halogene, des Schwefels, Selens, Tellurs usw., z. B. $C_6H_5 \cdot NCl \cdot CO \cdot CH_3$, $C_6H_5 \cdot NH \cdot SO_2 \cdot CH_3$, $C_6H_5 \cdot NH \cdot SO_2 \cdot C_{10}H_7$, $C_6H_5 \cdot N:SO$, $C_6H_5 \cdot NH \cdot SO_3H$
1666) Derivate von Säuren des Stickstoffs, z. B. $C_6H_5 \cdot N(CH_3) \cdot NO$, $C_6H_5 \cdot N(CH_3) \cdot NO_2$
1667) Derivate phosphorhaltiger Säuren, z. B. $(C_6H_5 \cdot NH)_2P \cdot OH$, $(C_6H_5 \cdot NH)_3PO$
1668) Derivate fernerer anorganischer Säuren, z. B. $C_6H_5 \cdot NH \cdot AsCl_2$, $(C_6H_5 \cdot NH)_3SiH$, $(C_6H_5 \cdot NH)_4Si$
1669) Substitutionsprodukte des Anilins
1670) Halogen-Derivate
1671) Nitroso-, Nitro- und Azido-Derivate
1671a) Amine, die systematisch zwischen Anilin und o-Toluidin stehen
1672) o-Toluidin C_7H_9N
1673) Funktionelle Derivate
1674) Derivate von Oxy- und Oxo-Verbindungen, z. B. $CH_3 \cdot C_6H_4 \cdot NH \cdot CH_3$, $CH_3 \cdot C_6H_4 \cdot N:CH \cdot C_6H_5$
1675) Derivate von Carbonsäuren
1676) Derivate von Carbonsäuren, die vor Kohlensäure stehen, z. B. $CH_3 \cdot C_6H_4 \cdot NH \cdot CHO$, $CH_3 \cdot C_6H_4 \cdot NH \cdot CO \cdot C_6H_4 \cdot CO_2H$
1677) Derivate der Kohlensäure, z. B. $CH_3 \cdot C_6H_4 \cdot NH \cdot CO_2 \cdot C_2H_5$, $CH_3 \cdot C_6H_4 \cdot NH \cdot CS \cdot NH_2$, $CH_3 \cdot C_6H_4 \cdot N:CO$
1678) Derivate von Carbonsäuren, die systematisch hinter Kohlensäure stehen. z. B. $CH_3 \cdot C_6H_4 \cdot NH \cdot CH_2 \cdot CO_2H$, $CH_3 \cdot C_6H_4 \cdot NH \cdot CO \cdot CH_2 \cdot OH$, $CH_3 \cdot C_6H_4 \cdot N:C(CH_3) \cdot CO_2H$, $CH_3 \cdot C_6H_4 \cdot NH \cdot CO \cdot CO \cdot C_6H_5$
1679) Derivate von Sulfinsäuren, Sulfonsäuren und Aminen usw. mit O-Funktion, z. B. $CH_3 \cdot C_6H_4 \cdot NH \cdot CO \cdot CH_2 \cdot SO_3H$, $CH_3 \cdot C_6H_4 \cdot NH \cdot CH_2 \cdot CH_2 \cdot NH_2$, $CH_3 \cdot C_6H_4 \cdot NH \cdot CO \cdot CH_2 \cdot NH_2$
1680) Derivate anorganischer Sauerstoffsäuren, z. B. $CH_3 \cdot C_6H_4 \cdot NCl \cdot CO \cdot CH_3$, $CH_3 \cdot C_6H_4 \cdot NH \cdot SO_2 \cdot C_6H_5$, $CH_3 \cdot C_6H_4 \cdot NH \cdot POCl_2$
1681) Substitutionsprodukte des o-Toluidins
1682) m-Toluidin C_7H_9N und Derivate
1683) p-Toluidin C_7H_9N
1684) Funktionelle Derivate
1685) Derivate von Oxy- und Oxo-Verbindungen, z. B. $CH_3 \cdot C_6H_4 \cdot N(CH_3)_2$, $CH_3 \cdot C_6H_4 \cdot N:C$, $CH_3 \cdot C_6H_4 \cdot N:CH \cdot C_6H_4 \cdot OH$
1686) Derivate von Carbonsäuren
1687) Derivate von Carbonsäuren, die systematisch vor Kohlensäure stehen, z. B. $CH_3 \cdot C_6H_4 \cdot NH \cdot CO \cdot C_6H_5$, $CH_3 \cdot C_6H_4 \cdot NH \cdot CO \cdot CO_2H$
1688) Derivate der Kohlensäure, z. B. $CH_3 \cdot C_6H_4 \cdot NH \cdot CO_2 \cdot C_2H_5$, $CH_3 \cdot C_6H_4 \cdot NH \cdot CS \cdot NH_2$, $CH_3 \cdot C_6H_4 \cdot N:CO$
1689) Derivate von Carbonsäuren, die systematisch hinter Kohlensäure stehen, z. B. $CH_3 \cdot C_6H_4 \cdot NH \cdot CH_2 \cdot CO_2H$, $CH_3 \cdot C_6H_4 \cdot NH \cdot CO \cdot CH(OH) \cdot C_6H_5$, $CH_3 \cdot C_6H_4 \cdot N:C(CH_3) \cdot CO_2H$

1690) Derivate von Sulfinsäuren, Sulfonsäuren, Aminen usw. mit O-Funktion, z. B. $CH_3 \cdot C_6H_4 \cdot NH \cdot CH_2 \cdot CH_2 \cdot SO_3H$, $CH_3 \cdot C_6H_4 \cdot NH \cdot CH_2 \cdot CH_2 \cdot NH_2$, $CH_3 \cdot C_6H_4 \cdot NH \cdot CO \cdot CH_2 \cdot NH_2$

1691) Derivate anorganischer Sauerstoffsäuren, z. B. $CH_3 \cdot C_6H_4 \cdot NCl \cdot CO \cdot CH_3$, $CH_3 \cdot C_6H_4 \cdot NH \cdot SO_2 \cdot C_6H_5$, $CH_3 \cdot C_6H_4 \cdot NH \cdot SO_3H$, $CH_3 \cdot C_6H_4 \cdot NH \cdot POCl_2$

1692) Substitutionsprodukte des p-Toluidins

1693) Benzylamin C_7H_9N

1694) Funktionelle Derivate

1695) Derivate von Oxy- und Oxo-Verbindungen, z. B. $C_6H_5 \cdot CH_2 \cdot NH \cdot CH_3$, $C_6H_5 \cdot CH_2 \cdot N:CH \cdot C_6H_5$

1696) Derivate von Carbonsäuren

1697) Derivate von Carbonsäuren, die systematisch vor Kohlensäure stehen, z. B. $C_6H_5 \cdot CH_2 \cdot NH \cdot CO \cdot CO_2H$

1698) Derivate der Kohlensäure, z. B. $C_6H_5 \cdot CH_2 \cdot NH \cdot CO_2H$, $C_6H_5 \cdot CH_2 \cdot NH \cdot CS_2H$, $C_6H_5 \cdot CH_2 \cdot N:CO$

1699) Derivate von Carbonsäuren, die systematisch hinter Kohlensäure stehen, z. B. $C_6H_5 \cdot CH_2 \cdot NH \cdot CH_2 \cdot CO_2H$, $C_6H_5 \cdot CH_2 \cdot NH \cdot CO \cdot C_6H_4 \cdot OH$, $C_6H_5 \cdot CH_2 \cdot N:C(C_6H_5) \cdot CH_2 \cdot CO_2 \cdot C_2H_5$

1700) Derivate von Sulfinsäuren, Sulfonsäuren, Aminen usw. mit O-Funktion, z. B. $C_6H_5 \cdot CH_2 \cdot NH \cdot CH_2 \cdot CH_2 \cdot NH_2$

1701) Derivate anorganischer Sauerstoffsäuren, z. B. $C_6H_5 \cdot CH_2 \cdot NCl_2$, $C_6H_5 \cdot CH_2 \cdot N(SO_2 \cdot C_6H_5)_2$

1702) Substitutionsprodukte des Benzylamins, z. B. $O_2N \cdot C_6H_4 \cdot CH_2 \cdot NH_2$

1703) Weitere Amine C_7H_9N

1704) $C_8H_{11}N$, z. B. Xylidine

1705) $C_9H_{13}N$, z. B. Cumidin, Pseudocumidin, Mesidin

1706) $C_{10}H_{15}N$, z. B. Duridin

1707) $C_{11}H_{17}N$

1708) $C_{12}H_{19}N$ und Homologe

1709) $C_nH_{2n-7}N$, z. B. Hydrindamine, Tetrahydronaphthylamine

1710) $C_nH_{2n-9}N$, z. B. Aminophenylacetylen

1711) $C_nH_{2n-11}N$

1712) Amine $C_nH_{2n-11}N$, die systematisch vor α-Naphthylamin stehen

1713) α-Naphthylamin $C_{10}H_9N$

1714) Funktionelle Derivate

1715) Derivate von Oxy- und Oxo-Verbindungen, z. B. $C_{10}H_7 \cdot NH \cdot CH_3$, $(C_{10}H_7)_2NH$, $C_{10}H_7 \cdot N:CH \cdot C_6H_5$

1716) Derivate von Carbonsäuren

1717) Derivate von Carbonsäuren, die systematisch vor Kohlensäure stehen, z. B. $C_{10}H_7 \cdot NH \cdot CHO$, $C_{10}H_7 \cdot NH \cdot CO \cdot C_6H_4 \cdot CO_2H$

1718) Derivate der Kohlensäure, z. B. $C_{10}H_7 \cdot NH \cdot CO_2 \cdot C_2H_5$, $C_{10}H_7 \cdot NH \cdot CS_2H$

1719) Derivate von Carbonsäuren, die systematisch hinter Kohlensäure stehen, z. B. $C_{10}H_7 \cdot NH \cdot CH_2 \cdot CO_2H$, $C_{10}H_7 \cdot NH \cdot CO \cdot C_6H_4 \cdot OH$

1720) Derivate von Sulfinsäuren, Sulfonsäuren, Aminen usw. mit O-Funktion, z. B. $C_{10}H_7 \cdot NH \cdot CH_2 \cdot CH_2 \cdot NH_2$

1721) Derivate anorganischer Sauerstoffsäuren, z. B. $C_{10}H_7 \cdot NH \cdot SO_3H$, $(C_{10}H_7)_2N \cdot NO$

1722) Substitutionsprodukte des α-Naphthylamins

1723) β-Naphthylamin $C_{10}H_9N$

1724) Funktionelle Derivate

1725) Derivate von Oxy- und Oxo-Verbindungen, z. B. $C_{10}H_7 \cdot NH \cdot CH_3$, $(C_{10}H_7)_2NH$, $C_{10}H_7 \cdot N:CH \cdot C_6H_5$

1726) Derivate von Carbonsäuren

1727) Derivate von Carbonsäuren, die systematisch vor Kohlensäure stehen, z. B. $C_{10}H_7 \cdot NH \cdot CO \cdot C_6H_5$, $C_{10}H_7 \cdot NH \cdot CO \cdot CO_2H$

1728) Derivate der Kohlensäure, z. B. $C_{10}H_7 \cdot NH \cdot CO_2 \cdot C_2H_5$, $C_{10}H_7 \cdot NH \cdot CS_2H$

1729) Derivate von Carbonsäuren, die systematisch hinter Kohlensäure stehen, z. B. $C_{10}H_7 \cdot NH \cdot CH_2 \cdot CO_2H$, $C_{10}H_7 \cdot NH \cdot CO \cdot C_6H_4 \cdot OH$

1730) Derivate von Sulfinsäuren, Sulfonsäuren, Aminen usw. mit O-Funktion, z. B. $C_{10}H_7 \cdot NH \cdot CH_2 \cdot CH_2 \cdot NH_2$

1731) Derivate anorganischer Sauerstoffsäuren, z. B. $C_{10}H_7 \cdot NH \cdot SO_3H$, $(C_{10}H_7)_2N \cdot NO$

1732) Substitutionsprodukte des β-Naphthylamins

1733) Weitere Amine $C_nH_{2n-11}N$, z. B. $C_{10}H_7 \cdot CH_2 \cdot NH_2$

1734) $C_nH_{2n-13}N$, z. B. Aminodiphenyle, Benzhydrylamin

Isocyclische Reihe.
Benzylamin usw., Diamine.

1735) $C_nH_{2n-15}N$, z. B. Aminofluorene
1736) $C_nH_{2n-17}N$, z. B. α-Anthramin
1737) $C_nH_{2n-19}N$
1738) $C_nH_{2n-21}N$, z. B. Aminopyren, Aminotriphenylmethane
1739) $C_nH_{2n-23}N$, $C_nH_{2n-25}N$ usw.
1740) Diamine
  1741) $C_nH_{2n+2}N_2$, z. B. Diaminocyclohexane, Diaminomenthane
  1742) $C_nH_{2n}N_2$, z. B. Phellandrendiamin
  1743) $C_nH_{2n-2}N_2$
  1744) $C_nH_{2n-4}N_2$
  1745) Diamine $C_nH_{2n-4}N_2$, die vor o-Phenylendiamin stehen
  1746) o-Phenylendiamin $C_6H_8N_2$
    1747) Funktionelle Derivate
      1748) Derivate von Oxy- und Oxo-Verbindungen, z. B. $H_2N \cdot C_6H_4 \cdot NH \cdot CH_3$, $H_2N \cdot C_6H_4 \cdot NH \cdot C_6H_5$, $C_6H_4(N:CH \cdot C_6H_5)_2$
      1749) Derivate von Carbonsäuren
        1750) Derivate von Monocarbonsäuren, z. B. $C_6H_4(NH \cdot CO \cdot CH_3)_2$
        1751) Derivate von Polycarbonsäuren, z. B. $[H_2N \cdot C_6H_4 \cdot NH \cdot CO \cdot CH_2-]_2$
        1752) Derivate von Oxy- und Oxo-carbonsäuren, z. B. $H_2N \cdot C_6H_4 \cdot NH \cdot CO_2 \cdot C_2H_5$, $C_6H_4[N:C(CH_3) \cdot CH_2 \cdot CN]_2$
      1753) Derivate von Sulfinsäuren, Sulfonsäuren, Aminen usw. mit O-Funktion, z. B. $H_2N \cdot C_6H_4 \cdot NH \cdot CH_2 \cdot CH_2 \cdot NH_2$
      1754) Derivate anorganischer Sauerstoffsäuren, z. B. $H_2N \cdot C_6H_4 \cdot NH \cdot SO_2 \cdot C_6H_5$
    1755) Substitutionsprodukte des o-Phenylendiamins
  1756) m-Phenylendiamin $C_6H_8N_2$
    1757) Funktionelle Derivate
      1758) Derivate von Oxy- und Oxo-Verbindungen, z. B. $H_2N \cdot C_6H_4 \cdot NH \cdot CH_3$, $C_6H_4(NH \cdot C_6H_5)_2$, $C_6H_4(N:CH \cdot C_6H_5)_2$
      1759) Derivate von Carbonsäuren
        1760) Derivate von Monocarbonsäuren, z. B. $C_6H_4(NH \cdot CO \cdot CH_3)_2$
        1761) Derivate von Polycarbonsäuren, z. B. $H_2N \cdot C_6H_4 \cdot NH \cdot CO \cdot CH_2 \cdot CH_2 \cdot CO_2H$
        1762) Derivate von Oxy- und Oxo-carbonsäuren, z. B. $H_2N \cdot C_6H_4 \cdot NH \cdot CO \cdot NH_2$
      1763) Derivate von Sulfinsäuren, Sulfonsäuren, Aminen usw. mit O-Funktion, z. B. $H_2N \cdot C_6H_4 \cdot NH \cdot CH_2 \cdot CH_2 \cdot NH_2$
      1764) Derivate anorganischer Sauerstoffsäuren, z. B. $H_2N \cdot C_6H_4 \cdot NH \cdot SO_2 \cdot C_6H_5$
    1765) Substitutionsprodukte des m-Phenylendiamins
  1766) p-Phenylendiamin $C_6H_8N_2$
    1767) Funktionelle Derivate
      1768) Derivate von Oxy-Verbindungen, z. B. $H_2N \cdot C_6H_4 \cdot NH \cdot CH_3$, $H_2N \cdot C_6H_4 \cdot NH \cdot C_6H_5$, $(C_6H_5)_2N \cdot C_6H_4 \cdot N(C_6H_5)_2$
      1769) Derivate von Oxo-Verbindungen, z. B. $C_6H_4(N:CH \cdot C_6H_5)_2$, $C_6H_4(N:CH \cdot C_6H_4 \cdot OH)_2$
      1770) Derivate von Carbonsäuren
        1771) Derivate von Monocarbonsäuren, z. B. $C_6H_4(NH \cdot CO \cdot CH_3)_2$
        1772) Derivate von Polycarbonsäuren, z. B. $H_2N \cdot C_6H_4 \cdot NH \cdot CO \cdot CH_2 \cdot CH_2 \cdot CO_2H$
        1773) Derivate von Oxy- und Oxo-carbonsäuren, z. B. $H_2N \cdot C_6H_4 \cdot NH \cdot CO_2 \cdot C_2H_5$, $C_6H_4[N:C(CH_3) \cdot CH_2 \cdot CN]_2$
      1774) Derivate von Sulfinsäuren, Sulfonsäuren, Aminen usw. mit O-Funktion, z. B. $H_2N \cdot C_6H_4 \cdot NH \cdot CH_2 \cdot CH_2 \cdot NH_2$, $(H_2N \cdot C_6H_4)_2NH$
      1775) Derivate anorganischer Sauerstoffsäuren, z. B. $H_2N \cdot C_6H_4 \cdot NH \cdot SO_2 \cdot C_6H_5$
    1776) Substitutionsprodukte des p-Phenylendiamins
  1777) Weitere Diamine $C_6H_8N_2$
  1778) $C_7H_{10}N_2$, z. B. Toluylendiamine, Aminobenzylamine
  1779) $C_8H_{12}N_2$
  1780) $C_9H_{14}N_2$ und Homologe
  1781) $C_nH_{2n-6}N_2$, z. B. Tetrahydronaphthylendiamine
  1782) $C_nH_{2n-8}N_2$
  1783) $C_nH_{2n-10}N_2$, z. B. Naphthylendiamine
  1784) $C_nH_{2n-12}N_2$
    1785) Diamine, die systematisch vor Benzidin stehen, z. B. 2.2′-Diamino-diphenyl
    1786) Benzidin (4.4′-Diamino-diphenyl)
    1787) Diamine, die systematisch hinter Benzidin stehen, z. B. Diaminodiphenylmethane, Diaminodibenzyle
  1788) $C_nH_{2n-14}N_2$, z. B. Diaminofluorene

1789) $C_nH_{2n-16}N_2$, z. B. 1.4-Diamino-anthracen
1790) $C_nH_{2n-18}N_2$
1791) $C_nH_{2n-20}N_2$, z. B. Diaminotriphenylmethane, Leukomalachitgrün
1792) $C_nH_{2n-22}N_2$
1793) $C_nH_{2n-24}N_2$, z. B. Diaminodinaphthyle
1794) $C_nH_{2n-26}N_2$
1795) $C_nH_{2n-28}N_2$, $C_nH_{2n-30}N_2$ usw.
1796) Triamine
1797) $C_nH_{2n+3}N_3$
1798) $C_nH_{2n+1}N_3$
1799) $C_nH_{2n-1}N_3$
1800) $C_nH_{2n-3}N_3$, z. B. Triaminobenzole
1801) $C_nH_{2n-5}N_3$
1802) $C_nH_{2n-7}N_3$
1803) $C_nH_{2n-9}N_3$, z. B. Triaminonaphthaline
1804) $C_nH_{2n-11}N_3$, z. B. Triaminodiphenylmethane, Leukauramin
1805) $C_nH_{2n-13}N_3$
1806) $C_nH_{2n-15}N_3$
1807) $C_nH_{2n-17}N_3$
1808) $C_nH_{2n-19}N_3$, z. B. Triaminotriphenylmethane, Paraleukanilin, Leukanilin
1809) $C_nH_{2n-21}N_3$
1810) $C_nH_{2n-23}N_3$
1811) $C_nH_{2n-25}N_3$
1812) $C_nH_{2n-27}N_3$
1813) $C_nH_{2n-29}N_3$
1814) $C_nH_{2n-31}N_3$
1815) $C_nH_{2n-33}N_3$
1816) $C_nH_{2n-35}N_3$
1817) $C_nH_{2n-37}N_3$
1818) $C_nH_{2n-39}N_3$, $C_nH_{2n-41}N_3$ usw.
1819) Tetraamine
1820) Pentaamine, Hexaamine usw.
1821) Oxy-amine
1822) Amino-monooxy-Verbindungen
1823) Amino-Derivate der Monooxy-Verbindungen $C_nH_{2n}O$, z. B. Aminocyclohexanole
1824) Amino-Derivate der Monooxy-Verbindungen $C_nH_{2n-2}O$, z. B. des-Methyltropin, Aminoborneole
1825) Amino-Derivate der Monooxy-Verbindungen $C_nH_{2n-4}O$
1826) Amino-Derivate der Monooxy-Verbindungen $C_nH_{2n-6}O$
1827) o-Amino-phenol
1828) Funktionelle Derivate, in denen nur die OH-Gruppe verändert ist
1829) O-Derivate von Oxy- und Oxo-Verbindungen, z. B. $CH_3 \cdot O \cdot C_6H_4 \cdot NH_2$, $HO \cdot C_6H_4 \cdot O \cdot C_6H_4 \cdot NH_2$, $CH_2Cl \cdot O \cdot C_6H_4 \cdot NH_2$
1830) O-Derivate von Carbonsäuren, z. B. $C_3H_7 \cdot CO \cdot O \cdot C_6H_4 \cdot NH_2$, $C_2H_5 \cdot O \cdot CO \cdot O \cdot C_6H_4 \cdot NH_2$, $HO_2C \cdot CH_2 \cdot O \cdot C_6H_4 \cdot NH_2$
1831) Weitere O-Derivate, z. B. $H_2N \cdot CH_2 \cdot CH_2 \cdot O \cdot C_6H_4 \cdot NH_2$, $CH_3 \cdot C_6H_4 \cdot SO_2 \cdot O \cdot C_6H_4 \cdot NH_2$
1831a) Funktionelle Derivate, in denen die NH_2-Gruppe (bezw. diese und die OH-Gruppe) verändert ist
1832) N-Derivate von Oxy- und Oxo-Verbindungen, z. B. $C_2H_5 \cdot O \cdot C_6H_4 \cdot N(C_2H_5)_2$, $HO \cdot C_6H_4 \cdot NH \cdot C_6H_5$, $HO \cdot C_6H_4 \cdot N:CH \cdot C_6H_5$, $C_2H_5 \cdot O \cdot C_6H_4 \cdot N:CH \cdot C_6H_4 \cdot OH$
1833) N-Derivate von Mono- und Polycarbonsäuren, z. B. $HO \cdot C_6H_4 \cdot NH \cdot CO \cdot CH_3$, $CH_3 \cdot O \cdot C_6H_4 \cdot NH \cdot CO \cdot CH_3$, $[HO \cdot C_6H_4 \cdot NH \cdot CO-]_2$
1834) N-Derivate der Kohlensäure, z. B. $HO \cdot C_6H_4 \cdot NH \cdot CS \cdot NH_2$, $C_6H_5 \cdot CO \cdot O \cdot C_6H_4 \cdot NH \cdot CO_2 \cdot C_2H_5$
1835) N-Derivate weiterer Oxy- und Oxo-carbonsäuren, z. B. $HO \cdot C_6H_4 \cdot NH \cdot CH_2 \cdot CO_2H$
1836) N-Derivate von Sulfinsäuren, Sulfonsäuren, Aminen usw. mit O-Funktion, z. B. $HO \cdot C_6H_4 \cdot NH \cdot CH_2 \cdot CH_2 \cdot NH_2$, $HO \cdot C_6H_4 \cdot NH \cdot CO \cdot CH_2 \cdot NH_2$
1837) N-Derivate anorganischer Sauerstoffsäuren, z. B. $CH_3 \cdot O \cdot C_6H_4 \cdot N:SO$, $HO \cdot C_6H_4 \cdot N(CH_3) \cdot NO$
1838) Substitutionsprodukte des o-Amino-phenols
1839) Schwefel-, Selen- und Tellur-Analoga des o-Amino-phenols, z. B. $HS \cdot C_6H_4 \cdot NH_2$

Isocyclische Reihe.
Triamine usw., Oxy-amine, Oxo-amine.

1840) m-Amino-phenol
1841) p-Amino-phenol
1842) Funktionelle Derivate, in denen nur die OH-Gruppe verändert ist
1843) O-Derivate von Oxy- und Oxo-Verbindungen, z. B. $CH_3 \cdot O \cdot C_6H_4 \cdot NH_2$, $CH_2Cl \cdot O \cdot C_6H_4 \cdot NH_2$
1844) O-Derivate von Carbonsäuren, z. B. $C_6H_5 \cdot CO \cdot O \cdot C_6H_4 \cdot NH_2$, $C_2H_5 \cdot O \cdot CO \cdot O \cdot C_6H_4 \cdot NH_2$, $HO_2C \cdot CH_2 \cdot O \cdot C_6H_4 \cdot NH_2$
1845) Weitere O-Derivate, z. B. $H_2N \cdot CH_2 \cdot CH_2 \cdot O \cdot C_6H_4 \cdot NH_2$, $CH_3 \cdot SO_2 \cdot O \cdot C_6H_4 \cdot NH_2$
1845a) Funktionelle Derivate, in denen die NH_2-Gruppe (bezw. diese und die OH-Gruppe) verändert ist
1846) N-Derivate von Oxy- und Oxo-Verbindungen, z. B. $HO \cdot C_6H_4 \cdot NH \cdot CH_3$, $HO \cdot C_6H_4 \cdot NH \cdot C_6H_5$, $HO \cdot C_6H_4 \cdot N:CH \cdot C_6H_5$
1847) N-Derivate von Mono- und Polycarbonsäuren, z. B. $HO \cdot C_6H_4 \cdot NH \cdot CO \cdot CH_3$, $CH_3 \cdot O \cdot C_6H_4 \cdot NH \cdot CO \cdot CH_3$, $CH_3 \cdot O \cdot C_6H_4 \cdot NH \cdot CO \cdot CO_2H$
1848) N-Derivate der Kohlensäure, z. B. $HO \cdot C_6H_4 \cdot NH \cdot CO_2 \cdot C_2H_5$, $HO \cdot C_6H_4 \cdot NH \cdot CS \cdot NH_2$
1849) N-Derivate weiterer Oxy- und Oxo-carbonsäuren, z. B. $HO \cdot C_6H_4 \cdot NH \cdot CH_2 \cdot CO_2H$
1850) N-Derivate von Sulfinsäuren, Sulfonsäuren, Aminen usw. mit O-Funktion, z. B. $CH_3 \cdot O \cdot C_6H_4 \cdot NH \cdot CO \cdot CH_2 \cdot SO_3H$, $HO \cdot C_6H_4 \cdot NH \cdot C_6H_4 \cdot NH_2$, $CH_3 \cdot O \cdot C_6H_4 \cdot NH \cdot CO \cdot CH_2 \cdot NH_2$
1851) N-Derivate anorganischer Sauerstoffsäuren, z. B. $HO \cdot C_6H_4 \cdot NH \cdot SO_2 \cdot C_6H_5$, $C_2H_5 \cdot O \cdot C_6H_4 \cdot N:SO$, $HO \cdot C_6H_4 \cdot N(C_6H_5) \cdot NO$
1852) Substitutionsprodukte des p-Amino-phenols
1853) Schwefel-, Selen- und Tellur-Analoga des p-Amino-phenols, z. B. $HS \cdot C_6H_4 \cdot NH_2$
1854) Polyaminophenole
1855) Amino-Derivate von Oxy-Verbindungen $C_nH_{2n-6}O$, die systematisch hinter Phenol stehen, z. B. Aminokresole, Aminobenzylalkohole
1856) Amino-Derivate der Monooxy-Verbindungen $C_nH_{2n-8}O$, z. B. Aminooxyhydrindene, Aminotetrahydronaphthole
1857) Amino-Derivate der Monooxy-Verbindungen $C_nH_{2n-10}O$
1858) Amino-Derivate der Monooxy-Verbindungen $C_nH_{2n-12}O$, z. B. Aminonaphthole
1859) Amino-Derivate der Monooxy-Verbindungen $C_nH_{2n-14}O$, z. B. Oxybenzidine
1860) Amino-Derivate der Monooxy-Verbindungen $C_nH_{2n-16}O$, z. B. Aminofluorenalkohole
1861) Amino-Derivate der Monooxy-Verbindungen $C_nH_{2n-18}O$, z. B. Aminooxyphenanthrene
1862) Amino-Derivate der Monooxy-Verbindungen $C_nH_{2n-20}O$, z. B. Aminooxyphenylnaphthaline
1863) Amino-Derivate der Monooxy-Verbindungen $C_nH_{2n-22}O$
1864) Amino-Derivate von Oxy-Verbindungen, die systematisch vor Triphenylcarbinol stehen, z. B. Aminodiphenylphenol
1865) Amino-Derivate des Triphenylcarbinols, z. B. Pararosanilin
1865a) Amino-Derivate von Oxy-Verbindungen, die systematisch zwischen Triphenylcarbinol und Diphenyl-m-tolyl-carbinol stehen
1866) Amino-Derivate des Diphenyl-m-tolyl-carbinols, z. B. Rosanilin
1867) Amino-Derivate weiterer Oxy-Verbindungen $C_nH_{2n-22}O$, z. B. Neufuchsin
1868) Amino-Derivate der Monooxy-Verbindungen $C_nH_{2n-24}O$, $C_nH_{2n-26}O$ usw.
1869) Amino-Derivate von Dioxy-Verbindungen, z. B. Aminobrenzcatechine
1870) Amino-Derivate von Trioxy-Verbindungen, z. B. Aminopyrogallole
1871) Amino-Derivate von Tetraoxy-Verbindungen, Pentaoxy-Verbindungen usw.
1872) Oxo-amine
1873) Amino-Derivate von Monooxo-Verbindungen, z. B. Aminomenthone, Aminocampher, Aminobenzaldehyde, Aminoacetophenone, Aminobenzophenone
1874) Amino-Derivate von Dioxo-Verbindungen, z. B. Aminobenzochinone, Aminoanthrachinone
1875) Amino-Derivate von Trioxo-Verbindungen, Tetraoxo-Verbindungen usw.
1876) Amino-Derivate von Oxy-oxo-Verbindungen
1877) Amino-Derivate der Oxy-oxo-Verbindungen mit 2O, z. B. Aminosalicylaldehyde
1878) Amino-Derivate der Oxy-oxo-Verbindungen mit 3O, z. B. Aminovanillin, Aminooxynaphthochinone, Aminooxyanthrachinone
1879) Amino-Derivate der Oxy-oxo-Verbindungen mit 4O, z. B. Aminoalizarine

Verzeichnis der Systemnummern.

1880) Amino-Derivate der Oxy-oxo-Verbindungen mit 5 O, z. B. Aminoanthrapurpurine
1881) Amino-Derivate der Oxy-oxo-Verbindungen mit 6 und mehr O
1882) Amino-carbonsäuren
1883) Amino-Derivate der Monocarbonsäuren
1884) Amino-Derivate der Monocarbonsäuren $C_nH_{2n-2}O_2$, z. B. Hexahydroanthranilsäure
1885) Amino-Derivate der Monocarbonsäuren $C_nH_{2n-4}O_2$
1886) Amino-Derivate der Monocarbonsäuren $C_nH_{2n-6}O_2$
1887) Amino-Derivate der Monocarbonsäuren $C_nH_{2n-8}O_2$
1888) Verbindungen, die systematisch vor Anthranilsäure stehen
1889) Anthranilsäure (o-Amino-benzoesäure)
1890) Funktionelle Derivate, in denen nur die CO_2H-Gruppe verändert ist
1891) Ester, Anhydride usw. der Anthranilsäure, z. B. $H_2N \cdot C_6H_4 \cdot CO_2 \cdot C_6H_5$, $H_2N \cdot C_6H_4 \cdot CO_2 \cdot CH_2 \cdot CH_2 \cdot N(C_2H_5)_2$
1892) Anthranilsäureamid und Derivate, z. B. $H_2N \cdot C_6H_4 \cdot CO \cdot NH \cdot C_6H_5$
1893) Anthranilsäureiminoäther und weitere Derivate mit Veränderungen der Carboxylgruppe, z. B. Anthranilsäurenitril, o-Amino-benzhydroxamsäure
1893a) Funktionelle Derivate, in denen die NH_2-Gruppe (bezw. diese und die CO_2H-Gruppe) verändert ist
1894) N-Derivate von Oxy- und Oxo-Verbindungen, z. B. $CH_3 \cdot NH \cdot C_6H_4 \cdot CO_2H$, $C_2H_5 \cdot NH \cdot C_6H_4 \cdot CO_2 \cdot CH_3$, $C_6H_5 \cdot CH:N \cdot C_6H_4 \cdot CO_2H$
1895) N-Derivate von Mono- und Polycarbonsäuren, z. B. $OHC \cdot NH \cdot C_6H_4 \cdot CO_2H$, $C_6H_5 \cdot CO \cdot NH \cdot C_6H_4 \cdot CO_2 \cdot C_2H_5$, $HO_2C \cdot CO \cdot NH \cdot C_6H_4 \cdot CO_2H$
1896) N-Derivate der Kohlensäure
1897) 2-Carboxy-carbanilsäure $HO_2C \cdot NH \cdot C_6H_4 \cdot CO_2H$ und ihre Derivate mit nicht substituiertem N-Wasserstoff, z. B. $H_2N \cdot CO \cdot NH \cdot C_6H_4 \cdot CN$
1898) Weitere N-Kohlensäure-Derivate, z. B. $C_6H_5 \cdot NH \cdot CO \cdot N(CO \cdot C_6H_5) \cdot C_6H_4 \cdot CO_2H$, $HO_2C \cdot NH \cdot C_6H_4 \cdot N:C(O \cdot C_2H_5) \cdot NH \cdot C_6H_4 \cdot CO_2H$
1899) N-Derivate der Glykolsäure, z. B. $HO_2C \cdot CH_2 \cdot NH \cdot C_6H_4 \cdot CO_2H$
1900) N-Derivate weiterer Oxy- und Oxo-carbonsauren, z. B. Diphenylamindicarbonsäure-(2.2') $HO_2C \cdot C_6H_4 \cdot NH \cdot C_6H_4 \cdot CO_2H$, $CH_3 \cdot CO \cdot CH_2 \cdot CO \cdot NH \cdot C_6H_4 \cdot CO_2H$
1901) N-Derivate von Sulfinsäuren, Sulfonsäuren, Aminen usw. mit O-Funktion z. B. $H_2N \cdot C_6H_4 \cdot NH \cdot C_6H_4 \cdot CO_2H$
1902) N-Derivate anorganischer Sauerstoffsäuren, z. B. $HO_3S \cdot NH \cdot C_6H_4 \cdot CO_2 \cdot CH_3$, $CH_3 \cdot N(NO) \cdot C_6H_4 \cdot CO_2H$
1903) Substitutionsprodukte der Anthranilsäure
1904) Schwefel-, Selen- und Tellur-Analoga der Anthranilsäure
1905) Weitere Amino-Derivate der Carbonsäuren $C_nH_{2n-8}O_2$, z. B. m- und p-Aminobenzoesäure, Diaminobenzeosäuren, Aminophenylessigsäuren
1906) Amino-Derivate der Monocarbonsäuren $C_nH_{2n-10}O_2$, z. B. eso-Amino-zimtsäuren
1907) Amino-Derivate der Monocarbonsäuren $C_nH_{2n-12}O_2$ (z. B. Aminonaphthoesäuren), $C_nH_{2n-14}O_2$ usw.
1908) Amino-Derivate der Dicarbonsäuren, z. B. Aminophthalsäuren
1909) Amino-Derivate der Tricarbonsäuren, Tetracarbonsäuren usw.
1910) Amino-Derivate der Oxy-carbonsäuren
1911) Amino-Derivate der Oxy-carbonsäuren mit 3 O, z. B. Aminosalicylsäuren, Tyrosin, eso-Amino-cumarsäuren
1912) Amino-Derivate der Oxy-carbonsäuren mit 4 O, z. B. Aminoorsellinsäure
1913) Amino-Derivate der Oxy-carbonsäuren mit 5 O, z. B. Aminogallussäure
1914) Amino-Derivate der Oxy carbonsäuren mit 6 und mehr O
1915) Amino-Derivate der Oxo-carbonsäuren
1916) Amino-Derivate der Oxo-carbonsäuren mit 3 O, z. B. Isatinsäure
1917) Amino-Derivate der Oxo-carbonsäuren mit 4 O
1918) Amino-Derivate der Oxo-carbonsäuren mit 5 O
1919) Amino-Derivate der Oxo-carbonsäuren mit 6 und mehr O, z. B. Diaminochinondicarbonsäuren
1920) Amino-Derivate der Oxy-oxo-carbonsäuren
1921) Amino-sulfinsäuren
1922) Amino-sulfonsäuren
1923) Amino-Derivate der Monosulfonsäuren, z. B. Sulfanilsäure, Naphthylaminsulfonsäuren, Naphthylendiaminsulfonsäuren, Benzidinsulfonsäuren

Isocyclische Reihe.
Amino-carbonsäuren usw., Hydroxylamine, Hydrazine bis Phenylhydrazin.

1924) Amino-Derivate der Polysulfonsäuren, z. B. Anilindisulfonsäuren, Naphthylamindisulfonsäuren, Benzidindisulfonsäuren
1925) Amino-Derivate der Oxy-sulfonsäuren
1926) Amino-Derivate von Sulfonsäuren der Monooxy-Verbindungen, z. B. Aminonaphtholsulfonsäuren
1927) Amino-Derivate von Sulfonsäuren der Polyoxy-Verbindungen, z. B. Aminoresorcinsulfonsäuren
1928) Amino-Derivate der Oxo-sulfonsäuren, Carboxy-sulfonsäuren usw., z. B. Aminonaphthochinonsulfonsäuren, Aminoalizarinsulfonsäuren, Tyrosinsulfonsäure

1929) **Hydroxylamine**[1])
  1930) Monohydroxylamine
  1931) Hydroxylamine, die systematisch vor N-Phenyl-hydroxylamin stehen, z. B. N-Menthyl-hydroxylamin
  1932) N-Phenyl-hydroxylamin
  1933) Hydroxylamine, die systematisch zwischen N-Phenyl-hydroxylamin und N-Benzyl-hydroxylamin stehen, z. B. N-Tolyl-hydroxylamine
  1934) N-Benzyl-hydroxylamin
  1935) Weitere Monohydroxylamine, z. B. N-α-Naphthyl-hydroxylamin
  1936) Polyhydroxylamine, z. B. 4.4′-Bis-hydroxylamino-diphenyl
  1937) Oxy-hydroxylamine, z. B. 2-Hydroxylamino-benzylalkohol
  1938) Oxo-hydroxylamine, z. B. Pulegonhydroxylamin, Hydroxylaminoanthrachinone
  1939) Hydroxylamino-carbonsäuren, Hydroxylamino-sulfinsäuren, Hydroxylamino-sulfonsäuren, Hydroxylamino-amine

1940) **Hydrazine**
  1941) Monohydrazine
  1942) $C_nH_{2n+2}N_2$, z. B. Menthylhydrazin
  1943) $C_nH_{2n}N_2$
  1944) $C_nH_{2n-2}N_2$
  1945) $C_nH_{2n-4}N_2$
  1946) Hydrazine, die systematisch vor Phenylhydrazin stehen
  1947) Phenylhydrazin
  1948) Funktionelle Derivate
    1949) Derivate von Oxy-Verbindungen
      1950) Derivate von Monooxy-Verbindungen, z. B. $C_6H_5 \cdot N(CH_3) \cdot NH_2$, $C_6H_5 \cdot NH \cdot NH \cdot CH_3$, $(C_6H_5)_2N \cdot NH_2$, $C_6H_5 \cdot NH \cdot NH \cdot C_6H_5$
      1951) Derivate von Polyoxy-Verbindungen, z. B. $C_6H_5 \cdot NH \cdot NH \cdot CH_2 \cdot CH_2 \cdot OH$
    1952) Derivate von Oxo-Verbindungen
      1953) Derivate von Monooxo-Verbindungen
        1954) Derivate der Monooxo-Verbindungen $C_nH_{2n}O$, z. B. $[C_6H_5 \cdot NH \cdot N(C_6H_5)]_2CH_2$, $C_6H_5 \cdot NH \cdot N:CH \cdot CH_3$, $C_6H_5 \cdot N(CH_3) \cdot N:C(C_2H_5)_2$
        1955) Derivate der Monooxo-Verbindungen $C_nH_{2n-2}O$
        1956) Derivate der Monooxo-Verbindungen $C_nH_{2n-4}O$, z. B. $C_6H_5 \cdot NH \cdot N:C_{10}H_{16}$
        1957) Derivate der Monooxo-Verbindungen $C_nH_{2n-6}O$, z. B. $C_6H_5 \cdot NH \cdot N:CH \cdot C_6H_7$
        1958) Derivate der Monooxo-Verbindungen $C_nH_{2n-8}O$, z. B. $C_6H_5 \cdot NH \cdot N:CH \cdot C_6H_5$, $C_6H_5 \cdot N(CH_3) \cdot N:CH \cdot C_6H_5$
        1959) Derivate der Monooxo-Verbindungen $C_nH_{2n-10}O$, z. B. $C_6H_5 \cdot NH \cdot N:CH \cdot CH:CH \cdot C_6H_5$
        1960) Derivate der Monooxo-Verbindungen $C_nH_{2n-12}O$
        1961) Derivate der Monooxo-Verbindungen $C_nH_{2n-14}O$, z. B. $C_6H_5 \cdot NH \cdot N:CH \cdot C_{10}H_7$
        1962) Derivate der Monooxo-Verbindungen $C_nH_{2n-16}O$, z. B. $C_6H_5 \cdot NH \cdot N:CH \cdot C_6H_4 \cdot C_6H_5$
        1963) Derivate der Monooxo-Verbindungen $C_nH_{2n-18}O$
        1964) Derivate der Monooxo-Verbindungen $C_nH_{2n-20}O$, $C_nH_{2n-22}O$ usw.
      1965) Derivate von Dioxo-Verbindungen

---

[1]) Es erscheinen hier nur Verbindungen, in denen am Stickstoff des Hydroxylamins ein isocyclisches Radikal haftet (β-Derivate); Verbindungen, in denen nur am Sauerstoff ein isocyclisches Radikal haftet (α-Derivate), sind unter den funktionellen Derivaten der entsprechenden Oxy-Verbindungen zu suchen; vgl. S. 25 Anm. 1.

Verzeichnis der Systemnummern.

1966) Derivate der Dioxo-Verbindungen $C_nH_{2n-2}O_2$, z. B. $C_6H_5 \cdot NH \cdot N:CH \cdot CO \cdot CH_3$
1967) Derivate der Dioxo-Verbindungen $C_nH_{2n-4}O_2$
1968) Derivate der Dioxo-Verbindungen $C_nH_{2n-6}O_2$
1969) Derivate der Dioxo-Verbindungen $C_nH_{2n-8}O_2$
1970) Derivate der Dioxo-Verbindungen $C_nH_{2n-10}O_2$, z. B. $C_6H_5 \cdot NH \cdot N:CH \cdot CO \cdot C_6H_5$
1971) Derivate der Dioxo-Verbindungen $C_nH_{2n-12}O_2$
1972) Derivate der Dioxo-Verbindungen $C_nH_{2n-14}O_2$
1973) Derivate der Dioxo-Verbindungen $C_nH_{2n-16}O_2$
1974) Derivate der Dioxo-Verbindungen $C_nH_{2n-18}O_2$, z. B. $C_6H_5 \cdot NH \cdot N:C(C_6H_5) \cdot CO \cdot C_6H_5$
1975) Derivate der Dioxo-Verbindungen $C_nH_{2n-20}O_2$, $C_nH_{2n-22}O_2$ usw.
1976) Derivate von Trioxo-Verbindungen, z. B. $C_6H_5 \cdot NH \cdot N:C(CHO)_2$
1977) Derivate von Tetraoxo-Verbindungen
1978) Derivate von Pentaoxo-Verbindungen, Hexaoxo-Verbindungen usw.
1979) Derivate von Oxy-oxo-Verbindungen
  1980) Derivate der Oxy-oxo-Verbindungen mit 2 O
    1981) Derivate der Oxy-oxo-Verbindungen $C_nH_{2n}O_2$, z. B. $C_6H_5 \cdot NH \cdot N:C(CH_3) \cdot CH_2 \cdot OH$
    1982) Derivate der Oxy-oxo-Verbindungen $C_nH_{2n-2}O_2$
    1983) Derivate der Oxy-oxo-Verbindungen $C_nH_{2n-4}O_2$
    1984) Derivate der Oxy-oxo-Verbindungen $C_nH_{2n-6}O_2$
    1985) Derivate der Oxy-oxo-Verbindungen $C_nH_{2n-8}O_2$, z. B. $C_6H_5 \cdot NH \cdot N:CH \cdot C_6H_4 \cdot OH$
    1986) Derivate der Oxy-oxo-Verbindungen $C_nH_{2n-10}O_2$
    1987) Derivate der Oxy-oxo-Verbindungen $C_nH_{2n-12}O_2$
    1988) Derivate der Oxy-oxo-Verbindungen $C_nH_{2n-14}O_2$
    1989) Derivate der Oxy-oxo-Verbindungen $C_nH_{2n-16}O_2$, z. B. $C_6H_5 \cdot NH \cdot N:C(C_6H_5) \cdot C_6H_4 \cdot OH$
    1990) Derivate der Oxy-oxo-Verbindungen $C_nH_{2n-18}O_2$
    1991) Derivate der Oxy-oxo-Verbindungen $C_nH_{2n-20}O_2$, $C_nH_{2n-22}O_2$ usw.
  1992) Derivate der Oxy-oxo-Verbindungen mit 3 O
    1993) Derivate der Oxy-oxo-Verbindungen $C_nH_{2n}O_3$, z. B. $(C_6H_5)_2N \cdot N:CH \cdot CH(OH) \cdot CH_2 \cdot OH$
    1994) Derivate der Oxy-oxo-Verbindungen $C_nH_{2n-2}O_3$
    1995) Derivate der Oxy-oxo-Verbindungen $C_nH_{2n-4}O_3$
    1996) Derivate der Oxy-oxo-Verbindungen $C_nH_{2n-6}O_3$
    1997) Derivate der Oxy-oxo-Verbindungen $C_nH_{2n-8}O_3$, z. B. $C_6H_5 \cdot NH \cdot N:CH \cdot C_6H_3(OH)_2$
    1998) Derivate der Oxy-oxo-Verbindungen $C_nH_{2n-10}O_3$
    1999) Derivate der Oxy-oxo-Verbindungen $C_nH_{2n-12}O_3$
    2000) Derivate der Oxy-oxo-Verbindungen $C_nH_{2n-14}O_3$
    2001) Derivate der Oxy-oxo-Verbindungen $C_nH_{2n-16}O_3$
    2002) Derivate der Oxy-oxo-Verbindungen $C_nH_{2n-18}O_3$
    2003) Derivate der Oxy-oxo-Verbindungen $C_nH_{2n-20}O_3$, $C_nH_{2n-22}O_3$ usw.
  2004) Derivate der Oxy-oxo-Verbindungen mit 4 O, z. B. $C_6H_5 \cdot NH \cdot N:CH \cdot C(:N \cdot NH \cdot C_6H_5) \cdot CH(OH) \cdot CH_2 \cdot OH$
  2005) Derivate der Oxy-oxo-Verbindungen mit 5 O, z. B. $C_6H_5 \cdot N(CH_3) \cdot N:CH \cdot [CH(OH)]_3 \cdot CH_2 \cdot OH$, $C_6H_5 \cdot NH \cdot N:CH \cdot C(:N \cdot NH \cdot C_6H_5) \cdot [CH(OH)]_3 \cdot CH_3$
  2006) Derivate der Oxy-oxo-Verbindungen mit 6 und mehr O
2007) Derivate von Carbonsäuren
  2008) Derivate von Monocarbonsäuren
    2009) Derivate der Monocarbonsäuren $C_nH_{2n}O_2$, z. B. $C_6H_5 \cdot NH \cdot NH \cdot CHO$, $C_6H_5 \cdot N(CO \cdot CH_3) \cdot NH_2$
    2010) Derivate der Monocarbonsäuren $C_nH_{2n-2}O_2$
    2011) Derivate der Monocarbonsäuren $C_nH_{2n-4}O_2$, z. B. $C_6H_5 \cdot NH \cdot NH \cdot CO \cdot CH:CH \cdot CH:CH \cdot CH_3$
    2012) Derivate der Monocarbonsäuren $C_nH_{2n-6}O_2$
    2013) Derivate der Monocarbonsäuren $C_nH_{2n-8}O_2$, z. B. $C_6H_5 \cdot NH \cdot NH \cdot CO \cdot C_6H_5$
    2014) Derivate der Monocarbonsäuren $C_nH_{2n-10}O_2$, z. B. $C_6H_5 \cdot NH \cdot NH \cdot CO \cdot CH:CH \cdot C_6H_5$

Isocyclische Reihe.
Phenylhydrazin-Derivate.

2015) Derivate der Monocarbonsäuren $C_nH_{2n-12}O_2$
2016) Derivate der Monocarbonsäuren $C_nH_{2n-14}O_2$
2017) Derivate der Monocarbonsäuren $C_nH_{2n-16}O_2$
2018) Derivate der Monocarbonsäuren $C_nH_{2n-18}O_2$
2019) Derivate der Monocarbonsäuren $C_nH_{2n-20}O_2$, $C_nH_{2n-22}O_2$ usw.
2020) Derivate von Dicarbonsäuren
  2021) Derivate der Dicarbonsäuren $C_nH_{2n-2}O_4$, z. B. $C_6H_5 \cdot NH \cdot NH \cdot CO \cdot CO_2H$
  2022) Derivate der Dicarbonsäuren $C_nH_{2n-4}O_4$
  2023) Derivate der Dicarbonsäuren $C_nH_{2n-6}O_4$
  2024) Derivate der Dicarbonsäuren $C_nH_{2n-8}O_4$
  2025) Derivate der Dicarbonsäuren $C_nH_{2n-10}O_4$, z. B. $C_6H_5 \cdot NH \cdot NH \cdot CO \cdot C_6H_4 \cdot CO_2H$
  2026) Derivate der Dicarbonsäuren $C_nH_{2n-12}O_4$
  2027) Derivate der Dicarbonsäuren $C_nH_{2n-14}O_4$
  2028) Derivate der Dicarbonsäuren $C_nH_{2n-16}O_4$
  2029) Derivate der Dicarbonsäuren $C_nH_{2n-18}O_4$
  2030) Derivate der Dicarbonsäuren $C_nH_{2n-20}O_4$, $C_nH_{2n-22}O_4$ usw.
2031) Derivate von Tricarbonsäuren, z. B. $C_6H_5 \cdot NH \cdot NH \cdot CO \cdot CH_2 \cdot CH(CO_2H) \cdot CH_2 \cdot CO_2H$
2032) Derivate von Tetracarbonsäuren, Pentacarbonsäuren usw.
2033) Derivate von Oxy-carbonsäuren
  2034) Derivate der Oxy-carbonsäuren mit 3 O
    2035) Derivate der Kohlensäure
      2036) $C_6H_5 \cdot N(CO_2H) \cdot NH_2$
      2037) Derivate, in denen nur die CO_2H-Gruppe verändert ist, z. B. $C_6H_5 \cdot N(CN) \cdot NH_2$, $C_6H_5 \cdot N(CS \cdot NH_2) \cdot NH_2$
      2038) N-substituierte Derivate, z. B. $C_6H_5 \cdot N(CN) \cdot N:CH \cdot CH_3$
    2039) $C_6H_5 \cdot NH \cdot NH \cdot CO_2H$
      2040) Derivate, in denen nur die CO_2H-Gruppe verändert ist, z. B. $C_6H_5 \cdot NH \cdot NH \cdot CO_2 \cdot C_2H_5$, $C_6H_5 \cdot NH \cdot NH \cdot CS_2H$
      2041) N-substituierte Derivate [z. B. $C_6H_5 \cdot N(CH_3) \cdot NH \cdot CO \cdot NH_2$] und $C_6H_5 \cdot NH \cdot N:CO$ nebst Derivaten, z. B. $C_6H_5 \cdot NH \cdot N:C(S \cdot CH_3)_2$
    2042) $C_6H_5 \cdot N(CO_2H) \cdot NH \cdot CO_2H$ und $C_6H_5 \cdot N(CO_2H) \cdot N:CO$
    2043) $C_6H_5 \cdot NH \cdot N(CO_2H)_2$ und $C_6H_5 \cdot N(CO_2H) \cdot N(CO_2H)_2$
    2044) Derivate weiterer Oxy-carbonsäuren mit 3 O, z. B. $C_6H_5 \cdot N(NH_2) \cdot CH_2 \cdot CO_2H$, $C_6H_5 \cdot NH \cdot NH \cdot CO \cdot C_6H_4 \cdot OH$
  2045) Derivate der Oxy-carbonsäuren mit 4 O
  2046) Derivate der Oxy-carbonsäuren mit 5 und mehr O
2047) Derivate von Oxo-carbonsäuren
  2048) Derivate der Oxo-carbonsäuren mit 3 O, z. B. $C_6H_5 \cdot NH \cdot N:CH \cdot CO_2H$, $C_6H_5 \cdot NH \cdot N:C(C_6H_5) \cdot CO_2H$, $C_6H_5 \cdot NH \cdot NH \cdot CO \cdot CH(CHO) \cdot C_6H_5$
  2049) Derivate der Oxo-carbonsäuren mit 4 O, z. B. $C_6H_5 \cdot NH \cdot N:C(CO \cdot CH_3) \cdot CO_2H$
  2050) Derivate der Oxo-carbonsäuren mit 5 O, z. B. $C_6H_5 \cdot NH \cdot N:C(CO_2H)_2$
  2051) Derivate der Oxo-carbonsäuren mit 6 O, z. B. $C_6H_5 \cdot NH \cdot N:C(CO_2H) \cdot C(CO_2H):N \cdot NH \cdot C_6H_5$
  2052) Derivate der Oxo-carbonsäuren mit 7 O, z. B. $C_6H_5 \cdot NH \cdot N:C(CO_2H) \cdot C_6H_3(CO_2H)_2$
  2053) Derivate der Oxo-carbonsäuren mit 8 und mehr O
2054) Derivate von Oxy-oxo-carbonsäuren
  2055) Derivate der Oxy-oxo-carbonsäuren mit 4 O $C_6H_5 \cdot NH \cdot N:C(CO_2H) \cdot C_6H_4 \cdot OH$
  2056) Derivate der Oxy-oxo-carbonsäuren mit 5 O $C_6H_5 \cdot NH \cdot N:C(CO_2H) \cdot C_6H_3(O \cdot CH_3)_2$
  2057) Derivate der Oxy-oxo-carbonsäuren mit 6 O
  2058) Derivate der Oxy-oxo-carbonsäuren mit 7 O
  2059) Derivate der Oxy-oxo-carbonsäuren mit 8 und mehr O
2060) Derivate von Sulfinsäuren mit O-Funktion
2061) Derivate von Sulfonsäuren mit O-Funktion, z. B. $C_6H_5 \cdot NH \cdot N:CH \cdot C_6H_4 \cdot SO_3H$
2062) Derivate von Aminen mit O-Funktion
  2063) Derivate von Oxy-aminen
  2064) Derivate von Oxo-aminen, z. B. $C_6H_5 \cdot NH \cdot N:CH \cdot C_6H_4 \cdot NH_2$
  2065) Derivate von Amino-carbonsäuren, z. B. $C_6H_5 \cdot N(NH_2) \cdot CO \cdot C_6H_4 \cdot NH_2$

Verzeichnis der Systemnummern.

2066) Derivate weiterer organischer Kuppelungs-Verbindungen, z. B. $C_6H_5 \cdot NH \cdot N:CH \cdot C_6H_4 \cdot NH \cdot OH$, $C_6H_5 \cdot NH \cdot NH \cdot CH_2 \cdot CH_2 \cdot NH \cdot NH_2$
2067) Derivate anorganischer Sauerstoffsäuren, z. B. $C_6H_5 \cdot NH \cdot NH \cdot SO_3H$, $C_6H_5 \cdot N(NO) \cdot NH_2$
2068) Substitutionsprodukte des Phenylhydrazins, z. B. $C_6H_4Cl \cdot NH \cdot NH_2$
2069) Weitere Hydrazine $C_6H_8N_2$
2070) $C_7H_{10}N_2$, z. B. Tolylhydrazine
2071) $C_8H_{12}N_2$ und Homologe
2072) $C_nH_{2n-6}N_2$, z. B. Tetrahydronaphthylhydrazin
2073) $C_nH_{2n-8}N_2$
2074) $C_nH_{2n-10}N_2$, z. B. Naphthylhydrazine
2075) $C_nH_{2n-12}N_2$, $C_nH_{2n-14}N_2$ usw.
2076) Dihydrazine
2077) Trihydrazine, Tetrahydrazine usw.
2078) Oxy-hydrazine, z. B. Hydrazinophenole
2079) Oxo-hydrazine
2080) Hydrazino-carbonsäuren
2081) Hydrazino-sulfinsäuren
2082) Hydrazino-sulfonsäuren
2083) Hydrazino-amine
2084) Hydrazino-hydroxylamine

2085) **Azo-Verbindungen.** Registrier-Typus $R \cdot N:NH$[1])
2086) Mono-azo-Verbindungen
  2087) $C_nH_{2n}N_2$
  2088) $C_nH_{2n-2}N_2$
  2089) $C_nH_{2n-4}N_2$
  2090) $C_nH_{2n-6}N_2$
  2091) Verbindungen $C_nH_{2n-6}N_6$, die systematisch vor Phenyldiimid stehen
  2092) Phenyldiimid und Derivate, z. B. Azobenzol $C_6H_5 \cdot N:N \cdot C_6H_5$, $C_6H_5 \cdot N:N \cdot CH:N \cdot OH$, $C_6H_5 \cdot N:N \cdot CO \cdot C_6H_5$, $C_6H_5 \cdot N:N \cdot CN$, $C_6H_5 \cdot N:N \cdot SO_3H$
  2093) Verbindungen, die systematisch zwischen Phenyldiimid und o-Tolyldiimid stehen
  2094) o-Tolyldiimid
  2095) m-Tolyldiimid
  2096) p-Tolyldiimid
  2097) Verbindungen $C_7H_8N_2$, die systematisch nach p-Tolyldiimid stehen
  2098) $C_8H_{10}N_2$
  2099) $C_9H_{12}N_2$ und Homologe
  2100) $C_nH_{2n-8}N_2$
  2101) $C_nH_{2n-10}N_2$
  2102) $C_nH_{2n-12}N_2$
  2103) $C_nH_{2n-14}N_2$, $C_nH_{2n-16}N_2$ usw.
2104) Bis-azo-Verbindungen (Disazo-Verbindungen; Derivate von Verbindungen, die zweimal die Azogruppe enthalten)
2105) Tris-azo-Verbindungen, Tetrakis-azo-Verbindungen usw.
2106) Oxy-azo-Verbindungen
2107) Azo-Derivate der Monooxy-Verbindungen
  2108) Azo-Derivate der Monooxy-Verbindungen $C_nH_{2n}O$
  2109) Azo-Derivate der Monooxy-Verbindungen $C_nH_{2n-2}O$
  2110) Azo-Derivate der Monooxy-Verbindungen $C_nH_{2n-4}O$
  2111) Azo-Derivate der Monooxy-Verbindungen $C_nH_{2n-6}O$
  2112) Azo-Derivate des Phenols, z. B. $HO \cdot C_6H_4 \cdot N:N \cdot C_6H_5$, $HO \cdot C_6H_4 \cdot N:N \cdot SO_3H$, $HO \cdot C_6H_3(N:N \cdot C_6H_5)_2$
  2113) Azo-Derivate der Monooxy-Verbindungen C_7H_8O
  2114) Azo-Derivate der Monooxy-Verbindungen $C_8H_{10}O$
  2115) Azo-Derivate der Monooxy-Verbindungen $C_9H_{12}O$, $C_{10}H_{14}O$ usw.
  2116) Azo-Derivate der Monooxy-Verbindungen $C_nH_{2n-8}O$
  2117) Azo-Derivate der Monooxy-Verbindungen $C_nH_{2n-10}O$
  2118) Azo-Derivate der Monooxy-Verbindungen $C_nH_{2n-12}O$

---

[1]) In dieser Hauptklasse sind die Registrier-Verbindungen kaum bekannt; sie sind jedoch die Grundkörper, von denen sich als funktionelle Derivate z. B. die Azo-Verbindungen $R \cdot N:N \cdot R'$ oder $R \cdot N:N \cdot R$ ableiten. Vgl. S. 13, § 12a.

Isocyclische Reihe.
Tolylhydrazine usw., Azo-Verbindungen.

2118a) Azo-Derivate der Monooxy-Verbindungen $C_nH_{2n-12}O$, die systematisch vor α-Naphthol stehen
2119) Azo-Derivate des α-Naphthols
2120) Azo-Derivate des β-Naphthols
2120a) Azo-Derivate weiterer Monooxy-Verbindungen $C_nH_{2n-12}O$
2121) Azo-Derivate der Monooxy-Verbindungen $C_nH_{2n-14}O$, $C_nH_{2n-16}O$ usw.
2122) Azo-Derivate der Dioxy-Verbindungen
2123) Azo-Derivate der Dioxy-Verbindungen $C_nH_{2n}O_2$
2124) Azo-Derivate der Dioxy-Verbindungen $C_nH_{2n-2}O_2$
2125) Azo-Derivate der Dioxy-Verbindungen $C_nH_{2n-4}O_2$
2126) Azo-Derivate der Dioxy-Verbindungen $C_nH_{2n-6}O_2$, z. B. $(HO)_2C_6H_3 \cdot N:N \cdot C_6H_5$, $(HO)_2C_6H_2(N:N \cdot C_6H_5)_2$
2127) Azo-Derivate der Dioxy-Verbindungen $C_nH_{2n-8}O_2$
2128) Azo-Derivate der Dioxy-Verbindungen $C_nH_{2n-10}O_2$
2129) Azo-Derivate der Dioxy-Verbindungen $C_nH_{2n-12}O_2$
2130) Azo-Derivate der Dioxy-Verbindungen $C_nH_{2n-14}O_2$, $C_nH_{2n-16}O_2$ usw.
2131) Azo-Derivate der Trioxy-Verbindungen
2132) Azo-Derivate der Tetraoxy-Verbindungen, Pentaoxy-Verbindungen usw.
2133) Oxo-azo-Verbindungen
2134) Azo-Derivate der Monooxo-Verbindungen, z. B. $OHC \cdot C_6H_4 \cdot N:N \cdot C_6H_5$, $OHC \cdot C_6H_4 \cdot N:N \cdot C_6H_4 \cdot CHO$
2135) Azo-Derivate der Dioxo-Verbindungen
2136) Azo-Derivate der Trioxo-Verbindungen, Tetraoxo-Verbindungen usw.
2137) Azo-Derivate der Oxy-oxo-Verbindungen, z. B. $OHC \cdot C_6H_3(OH) \cdot N:N \cdot C_6H_5$
2138) Azo-carbonsäuren
2139) Azo-Derivate der Monocarbonsäuren, z. B. $HO_2C \cdot C_6H_4 \cdot N:N \cdot C_6H_5$, $HO_2C \cdot C_6H_4 \cdot N:N \cdot C_6H_4 \cdot CO_2H$
2140) Azo-Derivate der Dicarbonsäuren
2141) Azo-Derivate der Tricarbonsäuren, Tetracarbonsäuren usw.
2142) Azo-Derivate der Oxy-carbonsäuren
2143) Azo-Derivate der Oxy-carbonsäuren mit 3 O, z. B. $HO_2C \cdot C_6H_3(OH) \cdot N:N \cdot C_6H_5$, $HO_2C \cdot C_6H_2(OH)(N:N \cdot C_6H_5)_2$
2144) Azo-Derivate der Oxy-carbonsäuren mit 4 O
2145) Azo-Derivate der Oxy-carbonsäuren mit 5 und mehr O
2146) Azo-Derivate der Oxo-carbonsäuren
2147) Azo-Derivate der Oxy-oxo-carbonsäuren
2148) Azo-sulfinsäuren, z. B. $HO_2S \cdot C_6H_4 \cdot N:N \cdot C_6H_4 \cdot SO_2H$
2149) Azo-sulfonsäuren
2150) Azo-Derivate der Monosulfonsäuren
2151) Azo-Derivate der Monosulfonsäuren, die vor Benzolsulfonsäure stehen
2152) Azo-Derivate der Benzolsulfonsäure, z. B. $HO_3S \cdot C_6H_4 \cdot N:N \cdot C_6H_5$, $HO_3S \cdot C_6H_4 \cdot N:N \cdot SO_3H$
2153) Azo-Derivate der Sulfonsäuren, die zwischen Benzolsulfonsäure und Naphthalinsulfonsäure stehen
2154) Azo-Derivate der Naphthalinsulfonsäuren
2155) Azo-Derivate weiterer Monosulfonsäuren
2156) Azo-Derivate der Polysulfonsäuren
2157) Azo-Derivate der Oxy-sulfonsäuren
2158) Azo-Derivate der Oxy-sulfonsäuren, die vor α-Naphtholsulfonsäuren stehen, z. B. $HO_3S \cdot C_6H_3(OH) \cdot N:N \cdot C_6H_5$
2159) Azo-Derivate der α-Naphtholsulfonsäuren
2160) Azo-Derivate der β-Naphtholsulfonsäuren
2161) Azo-Derivate der Oxy-sulfonsäuren, die zwischen β-Naphtholsulfonsäuren und Dioxynaphthalinsulfonsäuren stehen
2162) Azo-Derivate der Dioxynaphthalinsulfonsäuren
2163) Azo-Derivate weiterer Oxy-sulfonsäuren
2164) Azo-Derivate der Oxo-sulfonsäuren, z. B. $HO_3S \cdot C_6H_3(CHO) \cdot N:N \cdot C_6H_3(CHO) \cdot SO_3H$
2165) Azo-Derivate der Carboxysulfonsäuren und Sulfinsäuresulfonsäuren, z. B. $HO_3S \cdot C_6H_3(CO_2H) \cdot N:N \cdot C_{10}H_5(OH)(CO_2H)$
2166) Azo-amine
2167) Azo-Derivate der Monoamine
2168) Azo-Derivate der Amine $C_nH_{2n+1}N$
2169) Azo-Derivate der Amine $C_nH_{2n-1}N$
2170) Azo-Derivate der Amine $C_nH_{2n-3}N$

2171) Azo-Derivate der Amine $C_nH_{2n-5}N$
2172) Azo-Derivate des Anilins, z. B. $H_2N \cdot C_6H_4 \cdot N:N \cdot C_6H_5$, $H_2N \cdot C_6H_4 \cdot N:N \cdot C_6H_4 \cdot NH_2$, $[H_2N \cdot C_6H_4 \cdot N:N \cdot C_6H_4-]_2$
2173) Azo-Derivate der Amine C_7H_9N
2174) Azo-Derivate der Amine $C_8H_{11}N$
2175) Azo-Derivate der Amine $C_9H_{13}N$
2176) Azo-Derivate der Amine $C_{10}H_{15}N$, $C_{11}H_{17}N$ usw.
2177) Azo-Derivate der Amine $C_nH_{2n-7}N$
2178) Azo-Derivate der Amine $C_nH_{2n-9}N$
2179) Azo-Derivate der Amine $C_nH_{2n-11}N$
2179a) Azo-Derivate der Amine $C_nH_{2n-11}N$, die systematisch vor α-Naphthylamin stehen
2180) Azo-Derivate des α-Naphthylamins
2181) Azo-Derivate des β-Naphthylamins
2181a) Azo-Derivate weiterer Amine $C_nH_{2n-11}N$
2182) Azo-Derivate der Amine $C_nH_{2n-13}N$, $C_nH_{2n-15}N$ usw.
2183) Azo-Derivate der Diamine
2184) Azo-Derivate der Triamine, Tetraamine usw.
2185) Azo-Derivate der Oxy-amine, z. B. $(CH_3)_2N \cdot C_6H_3(OH) \cdot N:N \cdot C_{10}H_7$
2186) Azo-Derivate der Oxo-amine und der Amino-carbonsäuren
2187) Azo-Derivate der Amino-sulfinsäuren und der Amino-sulfonsäuren
2188) Azo-hydroxylamine und Azo-hydrazine

2188a) **Hydroxyhydrazine** [Verbindungen vom Typus $R \cdot N(OH) \cdot NH_2$ bezw. $R \cdot NH \cdot NH \cdot OH$]

2189) **Diazo-Verbindungen** [Verbindungen vom Typus $R \cdot N(OH):N$ bezw. $R \cdot N:N \cdot OH$][1]
2190) Monodiazo-Verbindungen
2191) $C_nH_{2n}ON_2$, $C_nH_{2n-2}ON_2$, $C_nH_{2n-4}ON_2$
2192) $C_nH_{2n-6}ON_2$
2193) Diazobenzol
2193a) Weitere Diazo-Verbindungen $C_nH_{2n-6}ON_2$
2194) $C_nH_{2n-8}ON_2$
2195) $C_nH_{2n-10}ON_2$
2196) $C_nH_{2n-12}ON_2$ (z. B. Diazonaphthalin), $C_nH_{2n-14}ON_2$ usw.
2197) Bisdiazo-Verbindungen (Tetrazo-Verbindungen), z. B. $C_6H_4(N_2 \cdot OH)_2$
2198) Trisdiazo-Verbindungen, Tetrakisdiazo-Verbindungen usw.
2199) Oxy-diazo-Verbindungen, z. B. $HO \cdot C_6H_4 \cdot N_2 \cdot OH$
2200) Oxo-diazo-Verbindungen, z. B. $C_6H_5 \cdot CO \cdot C_6H_4 \cdot N_2 \cdot OH$
2201) Diazo-carbonsäuren
2202) Diazo-sulfinsäuren und -sulfonsäuren
2203) Diazo-amine
2204) Diazo-hydroxylamine, Diazo-hydrazine usw.

2205) **Azoxy-Verbindungen.** Registrier-Typus $R(N_2O)H$[2]
2206) Monoazoxy-Verbindungen
2206a) $C_nH_{2n}ON_2$, $C_nH_{2n-2}ON_2$, $C_2H_{2n-4}ON_2$
2207) $C_nH_{2n-6}ON_2$, z. B. Azoxybenzol
2208) $C_nH_{2n-8}ON_2$
2209) $C_nH_{2n-10}ON_2$
2210) $C_nH_{2n-12}ON_2$, $C_nH_{2n-14}ON_2$ usw.
2211) Polyazoxy-Verbindungen
2212) Oxy-azoxy-Verbindungen, z. B. $HO \cdot C_6H_4 \cdot N_2O \cdot C_6H_5$, $HO \cdot C_6H_4 \cdot N_2O \cdot C_6H_4 \cdot OH$
2213) Oxo-azoxy-Verbindungen, z. B. $OHC \cdot C_6H_4 \cdot N_2O \cdot C_6H_4 \cdot CHO$
2214) Azoxy-carbonsäuren
2215) Azoxy-sulfinsäuren und -sulfonsäuren
2216) Azoxy-amine
2217) Azoxy-hydroxylamine, Azoxy-hydrazine usw.

---

[1] Vgl. hierzu S. 12 Anm. 2.
[2] Die in diese Hauptklasse gehörenden Registrier-Verbindungen sind selbst nicht bekannt; von ihnen leiten sich jedoch als funktionelle Derivate die Azoxy-Verbindungen $R \cdot N \!\!-\!\!\!-\!\! N \cdot R'$
bezw. $R \cdot N(:O):N \cdot R'$ bezw. $R \cdot N:N(:O) \cdot R'$ ab. Vgl. S. 13, § 12a.

Isocyclische Reihe.
Diazo-Verbindungen, Azoxy-Verbindungen, Nitramine usw., Phosphine.

2218) **Nitramine, Isonitramine, Nitrosohydroxylamine** (Verbindungen vom Typus $R \cdot N_2O_2H$)[1])
2219) Verbindungen, die einmal die Gruppe $-N_2O_2H$ enthalten
2220) Verbindungen, die mehrmals die Gruppe $-N_2O_2H$ enthalten
2221) Verbindungen, die außer der Gruppe $-N_2O_2H$ noch Nebenfunktionen[2]) enthalten, z. B. $C_6H_5 \cdot CO \cdot CH(CO \cdot CH_3) \cdot N_2O_2H$

2222) **Triazane** [Verbindungen vom Typus $R \cdot NH \cdot NH \cdot NH_2$ bezw. $H_2N \cdot N(R) \cdot NH_2$]
2223) Monotriazane
2224) Polytriazane
2225) Triazane mit Nebenfunktionen[2])

2226) **Triazene** (Verbindungen vom Typus $R \cdot N:N \cdot NH_2$ bezw. $R \cdot NH \cdot N:NH$)
2227) Monotriazene
  2227a) $C_nH_{2n+1}N_3$, $C_nH_{2n-1}N_3$, $C_nH_{2n-3}N_3$
  2228) $C_nH_{2n-5}N_3$, z. B. Diazoaminobenzol
  2229) $C_nH_{2n-7}N_3$
  2230) $C_nH_{2n-9}N_3$
  2231) $C_nH_{2n-11}N_3$
  2232) $C_nH_{2n-13}N_3$, $C_nH_{2n-15}N_3$ usw.
2233) Polytriazene
2234) Oxy-triazene
2235) Oxo-triazene
2236) Triazene von Carbonsäuren
2237) Triazene von Sulfinsäuren und Sulfonsäuren
2238) Triazene von Aminen, Hydroxylaminen usw.

2239) **Hydroxytriazene** [Verbindungen vom Typus $R \cdot N:N \cdot NH \cdot OH$ bezw. $R \cdot NH \cdot N:N \cdot OH$ bezw. $R \cdot N(OH) \cdot N:NH$][3])
2240) Monohydroxytriazene
2241) Polyhydroxytriazene
2242) Hydroxytriazene mit Nebenfunktionen[2])

2242a) **Azoamidoxyde** [Verbindungen vom Typus $R \cdot N \underset{\diagdown O \diagup}{\cdot N \cdot NH_2}$ bezw. $R \cdot NH \cdot N \underset{\diagdown O \diagup}{\cdot NH}$ bezw. $R \cdot N(:O):N \cdot NH_2$ bezw. $R \cdot NH \cdot N:NH:O$]

2243) **Tetrazane** (Derivate von $H_2N \cdot NH \cdot NH \cdot NH_2$)
2244) Monotetrazane
2245) Polytetrazane
2246) Tetrazane mit Nebenfunktionen[2])

2247) **Tetrazene** (Derivate von $H_2N \cdot N:N \cdot NH_2$ bezw. $HN:N \cdot NH \cdot NH_2$)
2248) Monotetrazene
2249) Polytetrazene
2250) Tetrazene mit Nebenfunktionen[2])

2250a) **Weitere Verbindungen mit Ketten aus 4 N-Atomen**

2251) **Verbindungen mit Ketten aus mehr als 4 N-Atomen**, z. B. $CH_3 \cdot N(N:N \cdot C_6H_5)_2$

2252) **C-Phosphor-Verbindungen**
  2253) Derivate von PH_3 und $PH_4 \cdot OH$ (Phosphine und Phosphonium-Verbindungen)
  2254) Monophosphine
    2254a) $C_nH_{2n+1}P$, $C_nH_{2n-1}P$, $C_nH_{2n-3}P$
    2255) $C_nH_{2n-5}P$
    2256) C_6H_7P
    2257) C_7H_9P
    2258) $C_8H_{11}P$
    2259) $C_9H_{13}P$ und Homologe
    2260) $C_nH_{2n-7}P$, $C_nH_{2n-9}P$, $C_nH_{2n-11}P$

[1]) Vgl. hierzu S. 12 Anm. 3.
[2]) Vgl. S. 65 Anm. 2.
[3]) Vgl. hierzu S. 13 Anm. 1.

2261) $C_nH_{2n-13}P$
2262) Monophosphine bis $C_{12}H_{11}P$
2263) $C_{13}H_{13}P$, z. B. $C_6H_5 \cdot CH_2 \cdot C_6H_4 \cdot PH_2$
2264) $C_{14}H_{15}P$ und Homologe
2265) $C_nH_{2n-15}P$, $C_nH_{2n-17}P$ usw.
2266) Polyphosphine
2267) Oxy-phosphine, z. B. $CH_3 \cdot O \cdot C_6H_4 \cdot P(C_2H_5)_2$
2268) Oxo-phosphine
2269) Phosphino-carbonsäuren
2270) Phosphino-sulfinsäuren und -sulfonsäuren
2271) Amino-phosphine, Hydroxylamino-phosphine usw.
2272) Derivate von $H_2P \cdot OH$ (Hydroxyphosphine) bezw. $H_3P(OH)_2$ bezw. H_3PO, z. B. Triphenylphosphinoxyd
2273) Derivate von $HP(OH)_2$ bezw. $H_2P(OH)_3$ bezw. $H_2PO \cdot OH$ (Phosphinigsäuren)
2274) Monophosphinigsäuren
 2274a) Monophosphinigsäuren $C_nH_{2n+1}O_2P$, $C_nH_{2n-1}O_2P$, $C_nH_{2n-3}O_2P$
 2274b) Monophosphinigsäuren $C_nH_{2n-5}O_2P$
 2275) $C_6H_7O_2P$
 2276) $C_7H_9O_2P$
 2277) $C_8H_{11}O_2P$
 2278) $C_9H_{13}O_2P$ und Homologe
 2278a) Monophosphinigsäuren $C_nH_{2n-7}O_2P$, $C_nH_{2n-9}O_2P$ usw.
2279) Polyphosphinigsäuren
2280) Oxy-phosphinigsäuren
2281) Oxo-phosphinigsäuren
2282) Carboxy-phosphinigsäuren
2283) Sulfin- und Sulfon-phosphinigsäuren
2284) Amino-phosphinigsäuren, Hydroxylamino-phosphinigsäuren usw.
2285) Derivate der von $P(OH)_3$ abgeleiteten Formen $HP(OH)_4$ bezw. $HPO(OH)_2$ (Phosphinsäuren)
2286) Monophosphinsäuren
 2286a) $C_nH_{2n+1}O_3P$, $C_nH_{2n-1}O_3P$, $C_nH_{2n-3}O_3P$
 2287) $C_nH_{2n-5}O_3P$
 2288) $C_6H_7O_3P$
 2289) $C_7H_9O_3P$
 2290) $C_8H_{11}O_3P$
 2291) $C_9H_{13}O_3P$ und Homologe
 2292) $C_nH_{2n-7}O_3P$, $C_nH_{2n-9}O_3P$ usw.
2293) Polyphosphinsäuren
2294) Oxy-phosphinsäuren
2295) Oxo-phosphinsäuren
2296) Carboxy-phosphinsäuren
2297) Sulfin- und Sulfon-phosphinsäuren
2298) Amino-phosphinsäuren, Hydroxylamino-phosphinsäuren usw.
2299) Derivate von $H_2P \cdot PH_2$
2300) Derivate von $HP:PH$
2301) Weitere C-Phosphor-Verbindungen (vgl. S. 13, § 12b)

2302) C-Arsen-Verbindungen
2303) Derivate von AsH_3 und $AsH_4 \cdot OH$ (Arsine und Arsonium-Verbindungen)
2304) Arsine ohne Nebenfunktion[1])
2305) Oxy-arsine, z. B. $(CH_3 \cdot O \cdot C_6H_4)_3As$
2306) Oxo-arsine
2307) Arsino-carbonsäuren
2308) Arsino-sulfinsäuren und -sulfonsäuren
2309) Amino-arsine, Hydroxylamino-arsine usw.
2310) Derivate von $H_2As \cdot OH$ (Hydroxyarsine) bezw. $H_3As(OH)_2$ bezw. H_3AsO
2311) Hydroxyarsine ohne Nebenfunktion[1])
2312) Oxy- und Oxo-hydroxyarsine
2313) Carboxy-hydroxyarsine
2314) Sulfin- und Sulfon-hydroxyarsine
2315) Hydroxyarsine mit weiteren Nebenfunktionen[1])
2316) Derivate von $HAs(OH)_2$ bezw. $H_2As(OH)_3$ bezw. $H_2AsO \cdot OH$ (Arsinigsäuren)

---
[1]) Vgl. S. 65 Anm. 2.

Isocyclische Reihe.
Phosphinigsäuren usw., Arsine usw., metallorganische Verbindungen.

2317) Arsinigsäuren ohne Nebenfunktion[1])
2318) Oxy- und Oxo-arsinigsäuren
2319) Carboxy-arsinigsäuren
2320) Arsinigsäuren mit weiteren Nebenfunktionen[1])
2321) Derivate der von $As(OH)_3$ abgeleiteten Formen $HAs(OH)_4$ bezw. $HAsO(OH)_2$ (Arsinsäuren)
2322) Arsinsäuren ohne Nebenfunktion[1])
2323) Oxy- und Oxo-arsinsäuren
2324) Carboxy-arsinsäuren
2325) Arsinsäuren mit weiteren Nebenfunktionen[1])
2326) Derivate von $H_2As \cdot AsH_2$
2327) Derivate von $HAs:AsH$ (Arseno-Verbindungen)
2328) Arseno-Kohlenwasserstoffe, z. B. $C_6H_5 \cdot As: As \cdot C_6H_5$
2329) Arseno-Verbindungen mit Nebenfunktionen[1])
2330) Weitere C-Arsen-Verbindungen (vgl. S. 13, § 12b)

2331) **C-Antimon-Verbindungen**

2332) **C-Wismut-Verbindungen**

2332a) **C-Verbindungen weiterer Elemente aus der 5. Gruppe des period. Systems**

2333) **C-Silicium-Verbindungen**

2333a) **C-Germanium-Verbindungen**

2334) **C-Zinn-Verbindungen**

2335) **C-Blei-Verbindungen**

2335a) **C-Verbindungen weiterer Elemente aus der 4. Gruppe des period. Systems**

2336) **C-Bor-Verbindungen**

2336a) **C-Verbindungen weiterer Elemente aus der 3. Gruppe des period. Systems**

2336b) **C-Beryllium-Verbindungen**

2337) **C-Magnesium-Verbindungen**

2337a) **C-Calcium-, Strontium-, Barium-, Zink- und Cadmium-Verbindungen**

2338) **C-Quecksilber-Verbindungen**
2339) Verbindungen, die vom Typus $R \cdot HgH$ ableitbar sind (Mercuri-Verbindungen)[2])
2340) Monomercuri-Verbindungen, z. B. $C_6H_5 \cdot Hg \cdot C_6H_5$
2341) Polymercuri-Verbindungen
2342) Mercuri-Derivate von Oxy-Verbindungen
2343) Mercuri-Derivate von Oxo-Verbindungen
2344) Mercuri-Derivate von Carbonsäuren, Sulfinsäuren, Sulfonsäuren
2345) Mercuri-Derivate von Aminen, Hydroxylaminen usw.
2346) Verbindungen vom Typus $R \cdot Hg \cdot OH$ (Hydroxymercuri-Verbindungen)
2347) Monohydroxymercuri-Verbindungen
2348) Polyhydroxymercuri-Verbindungen
2349) Hydroxymercuri-Derivate von Oxy-Verbindungen
2350) Derivate der Monooxy-Verbindungen
2351) Derivate der Dioxy-Verbindungen
2352) Derivate der Trioxy-Verbindungen, Tetraoxy-Verbindungen usw.
2353) Hydroxymercuri-Derivate von Oxo-Verbindungen
2354) Hydroxymercuri-Derivate von Carbonsäuren, Sulfinsäuren und Sulfonsäuren
2355) Hydroxymercuri-Derivate von Aminen, Hydroxylaminen, Hydrazinen
2356) Hydroxymercuri-Derivate von Azo-Verbindungen usw.

2357) **C-Verbindungen der mehrwertigen[3]) Elemente aus der 1. Gruppe des periodischen Systems**, z. B. C-Gold-Verbindungen

---
[1]) Vgl. S. 65 Anm. 2.
[2]) Vgl. S. 13, § 12a.
[3]) Vgl. S. 14, § 12c.

2358) **C-Verbindungen der Elemente aus der 6., 7. und 8. Gruppe des periodischen Systems** (z. B. C-Chrom- und C-Platin-Verbindungen), soweit sie nicht systematisch anders zu behandeln sind

2359) **Dritte Hauptabteilung: Heterocyclische Verbindungen**
2360) *Verbindungen mit 1 cyclisch gebundenen Sauerstoffatom*[1])
  2361) **Stammkerne**
    2362) $C_nH_{2n}O$, z. B. Äthylenoxyd, Furantetrahydrid
    2363) $C_nH_{2n-2}O$, z. B. Cineol
    2364) $C_nH_{2n-4}O$, z. B. Furan, Thiophen, Pyran
    2365) $C_nH_{2n-6}O$
    2366) $C_nH_{2n-8}O$, z. B. Cumaran, Chroman
    2367) $C_2H_{2n-10}O$, z. B. Cumaron, Thionaphthen, Benzopyran
    2368) $C_nH_{2n-12}O$
    2369) $C_nH_{2n-14}O$, z. B. Lapachane
    2370) $C_nH_{2n-16}O$, z. B. Diphenylenoxyd, Xanthen, Flavan
    2371) $C_nH_{2n-18}O$
    2372) $C_nH_{2n-20}O$
    2373) $C_nH_{2n-22}O$
    2374) $C_nH_{2n-24}O$
    2375) $C_nH_{2n-26}O$
    2376) $C_nH_{2n-28}O$, z. B. Dinaphthylenoxyde
    2377) $C_nH_{2n-30}O$, $C_nH_{2n-32}O$ usw.
  2378) **Oxy-Verbindungen**
    2379) Monooxy-Verbindungen
      2380) $C_nH_{2n}O_2$, z. B. Glycid
      2381) $C_nH_{2n-2}O_2$
      2382) $C_nH_{2n-4}O_2$
      2383) $C_nH_{2n-6}O_2$
      2384) $C_nH_{2n-8}O_2$
      2385) $C_nH_{2n-10}O_2$
      2386) $C_nH_{2n-12}O_2$
      2387) $C_nH_{2n-14}O_2$
      2388) $C_nH_{2n-16}O_2$, z. B. Xanthydrol
      2389) $C_nH_{2n-18}O_2$
      2390) $C_nH_{2n-20}O_2$
      2391) $C_nH_{2n-22}O_2$
      2392) $C_nH_{2n-24}O_2$
      2393) $C_nH_{2n-26}O_2$
      2394) $C_nH_{2n-28}O_2$, z. B. Dinaphthopyranol
      2395) $C_nH_{2n-30}O_2$, $C_nH_{2n-32}O_2$ usw.
    2396) Dioxy-Verbindungen
      2397) $C_nH_{2n}O_3$
      2398) $C_nH_{2n-2}O_3$
      2399) $C_nH_{2n-4}O_3$
      2400) $C_nH_{2n-6}O_3$
      2401) $C_nH_{2n-8}O_3$
      2402) $C_nH_{2n-10}O_3$
      2403) $C_nH_{2n-12}O_3$
      2404) $C_nH_{2n-14}O_3$
      2405) $C_nH_{2n-16}O_3$
      2406) $C_nH_{2n-18}O_3$
      2407) $C_nH_{2n-20}O_3$
      2408) $C_nH_{2n-22}O_3$
      2409) $C_nH_{2n-24}O_3$
      2410) $C_nH_{2n-26}O_3$
      2411) $C_nH_{2n-28}O_3$
      2412) $C_nH_{2n-30}O_3$, $C_nH_{2n-32}O_3$ usw.

---

[1]) Die Schwefel-, Selen- und Tellur-Analoga werden als Anhang zu den entsprechenden Sauerstoff-Verbindungen gebracht. Vgl. S. 7, § 5 und S. 21, § 20.

Heterocyclische Reihe.
Hetero 1 O: Stammkerne, Oxy-Verbindungen, Mono- und Dioxo-Verbindungen.

2413) Trioxy-Verbindungen
  2414) $C_nH_{2n}O_4$
  2415) $C_nH_{2n-2}O_4$
  2416) $C_nH_{2n-4}O_4$
  2417) $C_nH_{2n-6}O_4$
  2418) $C_nH_{2n-8}O_4$
  2419) $C_nH_{2n-10}O_4$
  2420) $C_nH_{2n-12}O_4$
  2421) $C_nH_{2n-14}O_4$
  2422) $C_nH_{2n-16}O_4$
  2423) $C_nH_{2n-18}O_4$
  2424) $C_nH_{2n-20}O_4$
  2425) $C_nH_{2n-22}O_4$
  2426) $C_nH_{2n-24}O_4$
  2427) $C_nH_{2n-26}O_4$
  2428) $C_nH_{2n-28}O_4$
  2429) $C_nH_{2n-30}O_4$, $C_nH_{2n-32}O_4$ usw.
2430) Tetraoxy-Verbindungen
  2431) $C_nH_{2n}O_5$
  2432) $C_nH_{2n-2}O_5$
  2433) $C_nH_{2n-4}O_5$
  2434) $C_nH_{2n-6}O_5$
  2435) $C_nH_{2n-8}O_5$
  2436) $C_nH_{2n-10}O_5$
  2437) $C_nH_{2n-12}O_5$
  2438) $C_nH_{2n-14}O_5$
  2439) $C_nH_{2n-16}O_5$
  2440) $C_nH_{2n-18}O_5$
    2441) Verbindungen, die systematisch vor Brasilin stehen
    2442) Brasilin $C_{16}H_{14}O_5$
    2443) Verbindungen, die systematisch hinter Brasilin stehen
  2444) $C_nH_{2n-20}O_5$
  2445) $C_nH_{2n-22}O_5$
  2446) $C_nH_{2n-24}O_5$
  2447) $C_nH_{2n-26}O_5$
  2448) $C_nH_{2n-28}O_5$
  2449) $C_nH_{2n-30}O_5$, $C_nH_{2n-32}O_5$ usw.
2450) Pentaoxy-Verbindungen
  2451) $C_nH_{2n}O_6$ bis $C_nH_{2n-10}O_6$
  2452) $C_nH_{2n-12}O_6$ bis $C_nH_{2n-16}O_6$
  2453) $C_nH_{2n-18}O_6$, z. B. Hämatoxylin
  2454) $C_nH_{2n-20}O_6$, $C_nH_{2n-22}O_6$ usw.
2455) Hexaoxy-Verbindungen
2456) Heptaoxy-Verbindungen, Oktaoxy-Verbindungen usw.

2457) **Oxo-Verbindungen**
  2458) Monooxo-Verbindungen
    2459) $C_nH_{2n-2}O_2$, z. B. Butyrolacton, Valerolactone
    2460) $C_nH_{2n-4}O_2$, z. B. Crotonlacton, Angelicalactone, Campholacton, Campholid
    2461) $C_nH_{2n-6}O_2$, z. B. Cumalin, Pyron, Furfurol
    2462) $C_nH_{2n-8}O_2$
    2463) $C_nH_{2n-10}O_2$, z. B. Phthalid
    2464) $C_nH_{2n-12}O_2$, z. B. Chromon, Cumarin
    2465) $C_nH_{2n-14}O_2$
    2466) $C_nH_{2n-16}O_2$
    2467) $C_nH_{2n-18}O_2$, z. B. Naphthocumarine, Xanthon, Fluoron
    2468) $C_nH_{2n-20}O_2$, z. B. Flavon, Benzalphthalid
    2469) $C_nH_{2n-22}O_2$
    2470) $C_nH_{2n-24}O_2$
    2471) $C_nH_{2n-26}O_2$
    2472) $C_nH_{2n-28}O_2$
    2473) $C_nH_{2n-30}O_2$, $C_nH_{2n-32}O_2$ usw.
  2474) Dioxo-Verbindungen
    2475) $C_nH_{2n-4}O_3$, z. B. Tetronsäure, Bernsteinsaureanhydrid
    2476) $C_nH_{2n-6}O_3$, z. B. Maleinsäureanhydrid, Pyromekonsäure, Camphersäureanhydrid

2477) $C_nH_{2n-8}O_3$, z. B. Fulgid
2478) $C_nH_{2n-10}O_3$
2479) $C_nH_{2n-12}O_3$, z. B. Phthalsäureanhydrid
2480) $C_nH_{2n-14}O_3$
2481) $C_nH_{2n-16}O_3$, z. B. Lapachone
2482) $C_nH_{2n-18}O_3$
2483) $C_nH_{2n-20}O_3$, z. B. Diphensäureanhydrid
2484) $C_nH_{2n-22}O_3$
2485) $C_nH_{2n-24}O_3$, z. B. Anthracumarin
2486) $C_nH_{2n-26}O_3$
2487) $C_nH_{2n-28}O_3$
2488) $C_nH_{2n-30}O_3$, $C_nH_{2n-32}O_3$ usw.
2489) Trioxo-Verbindungen
2490) $C_nH_{2n-6}O_4$
2491) $C_nH_{2n-8}O_4$, z. B. Dehydracetsäure
2492) $C_nH_{2n-10}O_4$
2493) $C_nH_{2n-12}O_4$
2494) $C_nH_{2n-14}O_4$
2495) $C_nH_{2n-16}O_4$
2496) $C_nH_{2n-18}O_4$
2497) $C_nH_{2n-20}O_4$
2498) $C_nH_{2n-22}O_4$
2499) $C_nH_{2n-24}O_4$
2500) $C_nH_{2n-26}O_4$
2501) $C_nH_{2n-28}O_4$
2502) $C_nH_{2n-30}O_4$, $C_nH_{2n-32}O_4$ usw.
2503) Tetraoxo-Verbindungen, Pentaoxo-Verbindungen usw.
2504) Oxy-oxo-Verbindungen
2505) Oxy-oxo-Verbindungen mit 3 O
2506) $C_nH_{2n-2}O_3$
2507) $C_nH_{2n-4}O_3$
2508) $C_nH_{2n-6}O_3$
2509) $C_nH_{2n-8}O_3$
2510) $C_nH_{2n-10}O_3$
2511) $C_nH_{2n-12}O_3$, z. B. Umbelliferon
2512) $C_nH_{2n-14}O_3$
2513) $C_nH_{2n-16}O_3$
2514) $C_nH_{2n-18}O_3$, z. B. Oxyxanthone, Oxyflavanone
2515) $C_nH_{2n-20}O_3$, z. B. Oxyflavone
2516) $C_nH_{2n-22}O_3$
2517) $C_nH_{2n-24}O_3$
2518) $C_nH_{2n-26}O_3$
2519) $C_nH_{2n-28}O_3$
2520) $C_nH_{2n-30}O_3$
2521) $C_nH_{2n-32}O_3$
2522) $C_nH_{2n-34}O_3$
2523) $C_nH_{2n-36}O_3$
2524) $C_nH_{2n-38}O_3$
2525) $C_nH_{2n-40}O_3$, $C_nH_{2n-42}O_3$ usw.
2526) Oxy-oxo-Verbindungen mit 4 O
2527) $C_nH_{2n-2}O_4$, z. B. Erythronsäurelacton
2528) $C_nH_{2n-4}O_4$
2529) $C_nH_{2n-6}O_4$
2530) $C_nH_{2n-8}O_4$
2531) $C_nH_{2n-10}O_4$, z. B. Mekonin
2532) $C_nH_{2n-12}O_4$, z. B. Äsculetin, Daphnetin
2533) $C_nH_{2n-14}O_4$
2534) $C_nH_{2n-16}O_4$
2535) $C_nH_{2n-18}O_4$, z. B. Dioxyxanthone, Dioxyflavanone
2536) $C_nH_{2n-20}O_4$, z. B. Dioxyflavone wie Chrysin
2537) $C_nH_{2n-22}O_4$
2538) $C_nH_{2n-24}O_4$
2539) $C_nH_{2n-26}O_4$, z. B. Phenolphthalein
2540) $C_nH_{2n-28}O_4$
2541) $C_nH_{2n-30}O_4$

Heterocyclische Reihe.
Hetero 10: Trioxo-Verbindungen usw., Oxy-oxo-Verbindungen, Carbonsäuren.

2542) $C_nH_{2n-32}O_4$
2543) $C_nH_{2n-34}O_4$
2544) $C_nH_{2n-36}O_4$
2545) $C_nH_{2n-38}O_4$
2546) $C_nH_{2n-40}O_4$, $C_nH_{2n-42}O_4$ usw.
2547) Oxy-oxo-Verbindungen mit 5 O
2548) $C_nH_{2n-2}O_5$, z. B. Arabonsäurelacton, Saccharin $C_6H_{10}O_5$
2549) $C_nH_{2n-4}O_5$
2550) $C_nH_{2n-6}O_5$
2551) $C_nH_{2n-8}O_5$
2552) $C_nH_{2n-10}O_5$
2553) $C_nH_{2n-12}O_5$
2554) $C_nH_{2n-14}O_5$
2555) $C_nH_{2n-16}O_5$
2556) $C_nH_{2n-18}O_5$, z. B. Trioxyflavanone
2557) $C_nH_{2n-20}O_5$, z. B. Trioxyflavone wie Apigenin
2558) $C_nH_{2n-22}O_5$
2559) $C_nH_{2n-24}O_5$
2560) $C_nH_{2n-26}O_5$
2561) $C_nH_{2n-28}O_5$
2562) $C_nH_{2n-30}O_5$
2563) $C_nH_{2n-32}O_5$
2564) $C_nH_{2n-34}O_5$
2565) $C_nH_{2n-36}O_5$
2566) $C_nH_{2n-38}O_5$
2567) $C_nH_{2n-40}O_5$, $C_nH_{2n-42}O_5$ usw.
2568) Oxy-oxo-Verbindungen mit 6 O, z. B. Galaktonsäurelacton, Luteolin, Fisetin. Cörulein
2569) Oxy-oxo-Verbindungen mit 7 und mehr O, z. B. Morin, Quercetin

2570) **Carbonsäuren**
2571) Monocarbonsäuren
2572) $C_nH_{2n-2}O_3$, z. B. Glycidsäure
2573) $C_nH_{2n-4}O_3$
2574) $C_nH_{2n-6}O_3$, z. B. Brenzschleimsäure
2575) $C_nH_{2n-8}O_3$
2576) $C_nH_{2n-10}O_3$
2577) $C_nH_{2n-12}O_3$
2578) $C_nH_{2n-14}O_3$
2579) $C_nH_{2n-16}O_3$
2580) $C_nH_{2n-18}O_3$
2581) $C_nH_{2n-20}O_3$
2582) $C_nH_{2n-22}O_3$
2583) $C_nH_{2n-24}O_3$
2584) $C_nH_{2n-26}O_3$
2585) $C_nH_{2n-28}O_3$
2586) $C_nH_{2n-30}O_3$
2587) $C_nH_{2n-32}O_3$
2588) $C_nH_{2n-34}O_3$
2589) $C_nH_{2n-36}O_3$
2590) $C_nH_{2n-38}O_3$
2591) $C_nH_{2n-40}O_3$, $C_nH_{2n-42}O_3$ usw.
2592) Dicarbonsäuren
2593) $C_nH_{2n-4}O_5$, z. B. Cineolsäure
2594) $C_nH_{2n-6}O_5$
2595) $C_nH_{2n-8}O_5$, z. B. Furandicarbonsäuren
2596) $C_nH_{2n-10}O_5$, z. B. Furfuralmalonsäure
2597) $C_nH_{2n-12}O_5$
2598) $C_nH_{2n-14}O_5$
2599) $C_nH_{2n-16}O_5$
2600) $C_nH_{2n-18}O_5$
2601) $C_nH_{2n-20}O_5$
2602) $C_nH_{2n-22}O_5$
2603) $C_nH_{2n-24}O_5$
2604) $C_nH_{2n-26}O_5$

2605) $C_nH_{2n-28}O_5$
2606) $C_nH_{2n-30}O_5$
2607) $C_nH_{2n-32}O_5$
2608) $C_nH_{2n-34}O_5$
2609) $C_nH_{2n-36}O_5$
2610) $C_nH_{2n-38}O_5$
2611) $C_nH_{2n-40}O_5$, $C_nH_{2n-42}O_5$ usw.
2612) Tricarbonsäuren, Tetracarbonsäuren usw.
2613) **Oxy-carbonsäuren**
    2614) Oxy-carbonsäuren mit 4 O
    2615) Oxy-carbonsäuren mit 5 O
    2616) Oxy-carbonsäuren mit 6 O
    2617) Oxy-carbonsäuren mit 7 und mehr O
2618) **Oxo-carbonsäuren**
    2619) Oxo-carbonsäuren mit 4 O, z. B. Paraconsäure, Terebinsäure, Cumalinsäure
    2620) Oxo-carbonsäuren mit 5 O, z. B. Komensäure, Pulvinsäure
    2621) Oxo-carbonsäuren mit 6 O, z. B. Chelidonsäure
    2622) Oxo-carbonsäuren mit 7 und mehr O, z. B. Mekonsäure
2623) **Oxy-oxo-carbonsäuren**
    2624) Oxy-oxo-carbonsäuren mit 5 O
    2625) Oxy-oxo-carbonsäuren mit 6 O
    2626) Oxy-oxo-carbonsäuren mit 7 und mehr O

2627) **Sulfinsäuren**

2628) **Sulfonsäuren**
    2629) Monosulfonsäuren
    2630) Polysulfonsäuren
    2631) Oxy-sulfonsäuren
    2632) Oxo-sulfonsäuren, z. B. Cumarinsulfonsäure
    2633) Oxy-oxo-sulfonsäuren
    2634) Sulfonsäuren der Carbonsäuren, z. B. Sulfobrenzschleimsaure
    2635) Sulfonsäuren der Oxy-carbonsäuren
    2636) Sulfonsäuren der Oxo-carbonsäuren
    2637) Sulfonsäuren der Oxy-oxo-carbonsäuren
    2638) Sulfonsäuren der Sulfinsäuren

2639) **Amine**
    2640) Monoamine
    2641) Polyamine, z. B. Diaminodiphenylenoxyd
    2642) Oxy-amine, z. B. Pyronin
    2643) Oxo-amine
    2644) Oxy-oxo-amine
    2645) Amino-carbonsäuren
    2646) Amino-oxy-carbonsäuren
    2647) Amino-oxo-carbonsäuren
    2648) Amino-oxy-oxo-carbonsäuren
    2649) Amino-sulfinsäuren
    2650) Amino-sulfonsäuren

2651) **Hydroxylamine**

2652) **Hydrazine**

2653) **Azo-Verbindungen**
    2654) Monoazo-Verbindungen
    2655) Polyazo-Verbindungen
    2656) Azo-Verbindungen mit Nebenfunktionen[1])

2657) **Diazo-Verbindungen**

2658) **Azoxy-Verbindungen**

---
[1]) Vgl. S. 65 Anm. 2.

Heterocyclische Reihe.
Hetero 1 O: Sulfonsäuren usw. — Hetero 2 O: Stammkerne, Monooxy-Verbindungen.

2659) **Nitramine, Isonitramine, Nitrosohydroxylamine** (Verbindungen vom Typus $R \cdot N_2O_2H$)[1]
2660) **Triazane**
2661) **Triazene**
2662) **Hydroxytriazene**
2663) **Tetrazane**
2664) **Tetrazene und weitere Verbindungen mit Stickstoffketten**
2665) **Verbindungen, die weitere funktionelle Gruppen enthalten** (analog Syst. No. 401 bis 449 und 2252 bis 2358), z. B. Phosphine
2666) *Verbindungen mit 2 cyclisch gebundenen Sauerstoffatomen*[2]
2667) **Stammkerne**
  2668) $C_nH_{2n}O_2$
  2669) $C_nH_{2n-2}O_2$
  2670) $C_nH_{2n-4}O_2$
  2671) $C_nH_{2n-6}O_2$
  2672) $C_nH_{2n-8}O_2$, z. B. Thiophthen, Methylenbrenzcatechin
  2673) $C_nH_{2n-10}O_2$, z. B. Isosafrol, Safrol
  2674) $C_nH_{2n-12}O_2$
  2675) $C_nH_{2n-14}O_2$
  2676) $C_nH_{2n-16}O_2$, z. B. Diphenylendioxyd, Thianthren
  2677) $C_nH_{2n-18}O_2$
  2678) $C_nH_{2n-20}O_2$
  2679) $C_nH_{2n-22}O_2$
  2680) $C_nH_{2n-24}O_2$
  2681) $C_nH_{2n-26}O_2$
  2682) $C_nH_{2n-28}O_2$
  2683) $C_nH_{2n-30}O_2$
  2684) $C_nH_{2n-32}O_2$
  2685) $C_nH_{2n-34}O_2$
  2686) $C_nH_{2n-36}O_2$
  2687) $C_nH_{2n-38}O_2$
  2688) $C_nH_{2n-40}O_2$, $C_nH_{2n-42}O_2$ usw.
2689) **Oxy-Verbindungen**
  2690) **Monooxy-Verbindungen**
    2691) $C_nH_{2n}O_3$
    2692) $C_nH_{2n-2}O_3$
    2693) $C_nH_{2n-4}O_3$
    2694) $C_nH_{2n-6}O_3$
    2695) $C_nH_{2n-8}O_3$, z. B. Piperonylalkohol
    2696) $C_nH_{2n-10}O_3$, z. B. Myristicin
    2697) $C_nH_{2n-12}O_3$
    2698) $C_nH_{2n-14}O_3$
    2699) $C_nH_{2n-16}O_3$
    2700) $C_nH_{2n-18}O_3$
    2701) $C_nH_{2n-20}O_3$
    2702) $C_nH_{2n-22}O_3$
    2703) $C_nH_{2n-24}O_3$
    2704) $C_nH_{2n-26}O_3$
    2705) $C_nH_{2n-28}O_3$
    2706) $C_nH_{2n-30}O_3$
    2707) $C_nH_{2n-32}O_3$
    2708) $C_nH_{2n-34}O_3$
    2709) $C_nH_{2n-36}O_3$
    2710) $C_nH_{2n-38}O_3$
    2711) $C_nH_{2n-40}O_3$, $C_nH_{2n-42}O_3$ usw.

[1] Vgl. hierzu S. 12 Anm. 3.
[2] Vgl. hierzu S. 102 Anm.

2712) Dioxy-Verbindungen
  2713) $C_nH_{2n}O_4$
  2714) $C_nH_{2n-2}O_4$
  2715) $C_nH_{2n-4}O_4$
  2716) $C_nH_{2n-6}O_4$
  2717) $C_nH_{2n-8}O_4$, z. B. Apion
  2718) $C_nH_{2n-10}O_4$, z. B. Apiol
  2719) $C_nH_{2n-12}O_4$
  2720) $C_nH_{2n-14}O_4$
  2721) $C_nH_{2n-16}O_4$
  2722) $C_nH_{2n-18}O_4$
  2723) $C_nH_{2n-20}O_4$
  2724) $C_nH_{2n-22}O_4$
  2725) $C_nH_{2n-24}O_4$
  2726) $C_nH_{2n-26}O_4$
  2727) $C_nH_{2n-28}O_4$
  2728) $C_nH_{2n-30}O_4$
  2729) $C_nH_{2n-32}O_4$
  2730) $C_nH_{2n-34}O_4$
  2731) $C_nH_{2n-36}O_4$
  2732) $C_nH_{2n-38}O_4$
  2733) $C_nH_{2n-40}O_4$, $C_nH_{2n-42}O_4$ usw.
2734) Trioxy-Verbindungen
2735) Tetraoxy-Verbindungen, Pentaoxy-Verbindungen usw.

2736) **Oxo-Verbindungen**
  2737) Monooxo-Verbindungen
    2738) $C_nH_{2n-2}O_3$, z. B. Äthylencarbonat
    2739) $C_nH_{2n-4}O_3$
    2740) $C_nH_{2n-6}O_3$
    2741) $C_nH_{2n-8}O_3$
    2742) $C_nH_{2n-10}O_3$, z. B. o-Sulfobenzoesäure-endoanhydrid, Piperonal
    2743) $C_nH_{2n-12}O_3$
    2744) $C_nH_{2n-14}O_3$
    2745) $C_nH_{2n-16}O_3$, z. B. Difurfuralaceton
    2746) $C_nH_{2n-18}O_3$
    2747) $C_nH_{2n-20}O_3$
    2748) $C_nH_{2n-22}O_3$
    2749) $C_nH_{2n-24}O_3$
    2750) $C_nH_{2n-26}O_3$
    2751) $C_nH_{2n-28}O_3$, z. B. Fluoran
    2752) $C_nH_{2n-30}O_3$
    2753) $C_nH_{2n-32}O_3$
    2754) $C_nH_{2n-34}O_3$
    2755) $C_nH_{2n-36}O_3$
    2756) $C_nH_{2n-38}O_3$
    2757) $C_nH_{2n-40}O_3$, $C_nH_{2n-42}O_3$ usw.
  2758) Dioxo-Verbindungen
    2759) $C_nH_{2n-4}O_4$, z. B. Äthylenoxalat, Diglykolid
    2760) $C_nH_{2n-6}O_4$
    2761) $C_nH_{2n-8}O_4$
    2762) $C_nH_{2n-10}O_4$
    2763) $C_nH_{2n-12}O_4$
    2764) $C_nH_{2n-14}O_4$, z. B. Furil
    2765) $C_nH_{2n-16}O_4$
    2766) $C_nH_{2n-18}O_4$
    2767) $C_nH_{2n-20}O_4$
    2768) $C_nH_{2n-22}O_4$
    2769) $C_nH_{2n-24}O_4$, z. B. Diphthalyl, Thionaphthenindigo
    2770) $C_nH_{2n-26}O_4$, z. B. Äthindiphthalid, Santonon
    2771) $C_nH_{2n-28}O_4$
    2772) $C_nH_{2n-30}O_4$
    2773) $C_nH_{2n-32}O_4$
    2774) $C_nH_{2n-34}O_4$
    2775) $C_nH_{2n-36}O_4$

Heterocyclische Reihe.
Hetero 2O: Polyoxy-Verbindungen, Oxo-Verbindungen.

2776) $C_nH_{2n-38}O_4$
2777) $C_nH_{2n-40}O_4$, $C_nH_{2n-42}O_4$ usw.
2778) Trioxo-Verbindungen
  2779) $C_nH_{2n-6}O_5$
  2780) $C_nH_{2n-8}O_5$
  2781) $C_nH_{2n-10}O_5$
  2782) $C_nH_{2n-12}O_5$
  2783) $C_nH_{2n-14}O_5$
  2784) $C_nH_{2n-16}O_5$
  2785) $C_nH_{2n-18}O_5$
  2786) $C_nH_{2n-20}O_5$
  2787) $C_nH_{2n-22}O_5$
  2788) $C_nH_{2n-24}O_5$
  2789) $C_nH_{2n-26}O_5$
  2790) $C_nH_{2n-28}O_5$
  2791) $C_nH_{2n-30}O_5$
  2792) $C_nH_{2n-32}O_5$
  2793) $C_nH_{2n-34}O_5$
  2794) $C_nH_{2n-36}O_5$
  2795) $C_nH_{2n-38}O_5$
  2796) $C_nH_{2n-40}O_5$, $C_nH_{2n-42}O_5$ usw.
2797) Tetraoxo-Verbindungen
2798) Pentaoxo-Verbindungen, Hexaoxo-Verbindungen usw.
2799) Oxy-oxo-Verbindungen
  2800) Oxy-oxo-Verbindungen mit 4O
    2801) $C_nH_{2n-2}O_4$
    2802) $C_nH_{2n-4}O_4$
    2803) $C_nH_{2n-6}O_4$
    2804) $C_nH_{2n-8}O_4$
    2805) $C_nH_{2n-10}O_4$, z. B. Myristicinaldehyd
    2806) $C_nH_{2n-12}O_4$, z. B. Kotarnon
    2807) $C_nH_{2n-14}O_4$
    2808) $C_nH_{2n-16}O_4$
    2809) $C_nH_{2n-18}O_4$
    2810) $C_nH_{2n-20}O_4$
    2811) $C_nH_{2n-22}O_4$
    2812) $C_nH_{2n-24}O_4$
    2813) $C_nH_{2n-26}O_4$
    2814) $C_nH_{2n-28}O_4$
    2815) $C_nH_{2n-30}O_4$
    2816) $C_nH_{2n-32}O_4$
    2817) $C_nH_{2n-34}O_4$
    2818) $C_nH_{2n-36}O_4$
    2819) $C_nH_{2n-38}O_4$
    2820) $C_nH_{2n-40}O_4$, $C_nH_{2n-42}O_4$ usw.
  2821) Oxy-oxo-Verbindungen mit 5O
    2822) $C_nH_{2n-2}O_5$
    2823) $C_nH_{2n-4}O_5$
    2824) $C_nH_{2n-6}O_5$
    2825) $C_nH_{2n-8}O_5$
    2826) $C_nH_{2n-10}O_5$
    2827) $C_nH_{2n-12}O_5$
    2828) $C_nH_{2n-14}O_5$
    2829) $C_nH_{2n-16}O_5$
    2830) $C_nH_{2n-18}O_5$
    2831) $C_nH_{2n-20}O_5$
    2832) $C_nH_{2n-22}O_5$
    2833) $C_nH_{2n-24}O_5$
    2834) $C_nH_{2n-26}O_5$
    2835) $C_nH_{2n-28}O_5$, z. B. Fluorescein
    2836) $C_nH_{2n-30}O_5$
    2837) $C_nH_{2n-32}O_5$
    2838) $C_nH_{2n-34}O_5$
    2839) $C_nH_{2n-36}O_5$
    2840) $C_nH_{2n-38}O_5$

2841) $C_nH_{2n-40}O_5$, $C_nH_{2n-42}O_5$ usw.
2842) Oxy-oxo-Verbindungen mit 6 O, z. B. Protocotoin, Catellagsäure
2843) Oxy-oxo-Verbindungen mit 7 und mehr O, z. B. Gallein, Ellagsäure

2844) **Carbonsäuren**
  2845) Monocarbonsäuren
    2846) $C_nH_{2n-2}O_4$
    2847) $C_nH_{2n-4}O_4$
    2848) $C_nH_{2n-6}O_4$
    2849) $C_nH_{2n-8}O_4$
    2850) $C_nH_{2n-10}O_4$, z. B. Piperonylsäure
    2851) $C_nH_{2n-12}O_4$
    2852) $C_nH_{2n-14}O_4$, z. B. Piperinsäure
    2853) $C_nH_{2n-16}O_4$
    2854) $C_nH_{2n-18}O_4$
    2855) $C_nH_{2n-20}O_4$
    2856) $C_nH_{2n-22}O_4$
    2857) $C_nH_{2n-24}O_4$
    2858) $C_nH_{2n-26}O_4$
    2859) $C_nH_{2n-28}O_4$
    2860) $C_nH_{2n-30}O_4$
    2861) $C_nH_{2n-32}O_4$
    2862) $C_nH_{2n-34}O_4$
    2863) $C_nH_{2n-36}O_4$
    2864) $C_nH_{2n-38}O_4$
    2865) $C_nH_{2n-40}O_4$, $C_nH_{2n-42}O_4$ usw.
  2866) Dicarbonsäuren
    2867) $C_nH_{2n-4}O_6$, z. B. Methylenweinsäure
    2868) $C_nH_{2n-6}O_6$
    2869) $C_nH_{2n-8}O_6$
    2870) $C_nH_{2n-10}O_6$
    2871) $C_nH_{2n-12}O_6$
    2872) $C_nH_{2n-14}O_6$
    2873) $C_nH_{2n-16}O_6$
    2874) $C_nH_{2n-18}O_6$
    2875) $C_nH_{2n-20}O_6$
    2876) $C_nH_{2n-22}O_6$
    2877) $C_nH_{2n-24}O_6$
    2878) $C_nH_{2n-26}O_6$
    2879) $C_nH_{2n-28}O_6$
    2880) $C_nH_{2n-30}O_6$
    2881) $C_nH_{2n-32}O_6$
    2882) $C_nH_{2n-34}O_6$
    2883) $C_nH_{2n-36}O_6$
    2884) $C_nH_{2n-38}O_6$
    2885) $C_nH_{2n-40}O_6$, $C_nH_{2n-42}O_6$ usw.
  2886) Tricarbonsäuren
  2887) Tetracarbonsäuren, Pentacarbonsäuren usw.
  2888) Oxy-carbonsäuren
    2889) Oxy-carbonsäuren mit 5 O
    2890) Oxy-carbonsäuren mit 6 O
    2891) Oxy-carbonsäuren mit 7 O
    2892) Oxy-carbonsäuren mit 8 O
    2893) Oxy-carbonsäuren mit 9 und mehr O
  2894) Oxo-carbonsäuren
    2895) Oxo-carbonsäuren mit 5 O
    2896) Oxo-carbonsäuren mit 6 O
    2897) Oxo-carbonsäuren mit 7 O
    2898) Oxo-carbonsäuren mit 8 O
    2899) Oxo-carbonsäuren mit 9 und mehr O
  2900) Oxy-oxo-carbonsäuren
    2901) Oxy-oxo-carbonsäuren mit 6 O
    2902) Oxy-oxo-carbonsäuren mit 7 O
    2903) Oxy-oxo-carbonsäuren mit 8 O
    2904) Oxy-oxo-carbonsäuren mit 9 und mehr O

Heterocyclische Reihe.
Hetero 2 O: Carbonsäuren, Sulfonsäuren, Amine usw.

2905) **Sulfinsäuren**

2906) **Sulfonsäuren** (z. B. Fluoresceinsulfonsäure)

2907) **Amine**
  2908) Monoamine
    2909) $C_nH_{2n+1}O_2N$
    2910) $C_nH_{2n-1}O_2N$
    2911) $C_nH_{2n-3}O_2N$
    2912) $C_nH_{2n-5}O_2N$
    2913) $C_nH_{2n-7}O_2N$, z. B. Aminobrenzcatechinmethylenäther
    2914) $C_nH_{2n-9}O_2N$
    2915) $C_nH_{2n-11}O_2N$
    2916) $C_nH_{2n-13}O_2N$
    2917) $C_nH_{2n-15}O_2N$
    2918) $C_nH_{2n-17}O_2N$
    2919) $C_nH_{2n-19}O_2N$
    2920) $C_nH_{2n-21}O_2N$
    2921) $C_nH_{2n-23}O_2N$
    2922) $C_nH_{2n-25}O_2N$
    2923) $C_nH_{2n-27}O_2N$
    2924) $C_nH_{2n-29}O_2N$
    2925) $C_nH_{2n-31}O_2N$
    2926) $C_nH_{2n-33}O_2N$
    2927) $C_nH_{2n-35}O_2N$
    2928) $C_nH_{2n-37}O_2N$
    2929) $C_nH_{2n-39}O_2N$
    2930) $C_nH_{2n-41}O_2N$, $C_nH_{2n-43}O_2N$ usw.
  2931) Polyamine
  2932) Oxy-amine
  2933) Oxo-amine, z. B. Rhodamin
  2934) Oxy-oxo-amine
  2935) Amino-carbonsäuren
  2936) Amino-oxy-carbonsäuren
  2937) Amino-oxo-carbonsäuren
  2938) Amino-sulfinsäuren
  2939) Amino-sulfonsäuren

2940) **Hydroxylamine**

2941) **Hydrazine**

2942) **Azo-Verbindungen**

2943) **Diazo-Verbindungen**

2944) **Nitramine, Isonitramine, Nitrosohydroxylamine** (Verbindungen vom Typus $R \cdot N_2O_2H$)[1]

2945) **Triazane**

2946) **Triazene**

2947) **Hydroxytriazene**

2948) **Tetrazane**

2949) **Tetrazene und weitere Verbindungen mit Stickstoffketten**

2950) **Verbindungen, die weitere funktionelle Gruppen enthalten** (analog Syst. No. 401 bis 449 und 2252 bis 2358), z. B. Phosphine

2951) *Verbindungen mit 3 cyclisch gebundenen Sauerstoffatomen*[2]

2952) **Stammkerne**, z. B. Trioxymethylen, Paraldehyd

---
[1] Vgl. hierzu S. 12 Anm. 3.
[2] Vgl. hierzu S. 102 Anm.

2953) **Oxy-Verbindungen**
   2954) Monooxy-Verbindungen
   2955) Dioxy-Verbindungen, z. B. Isopropylidenrhamnose
   2956) Trioxy-Verbindungen, z. B. Isopropylidenglykose
   2957) Tetraoxy-Verbindungen, Pentaoxy-Verbindungen usw.

2958) **Oxo-Verbindungen**
   2959) Monooxo-Verbindungen
   2960) Dioxo-Verbindungen, z. B. Difurylfulgid
   2961) Trioxo-Verbindungen
   2962) Tetraoxo-Verbindungen
   2963) Pentaoxo-Verbindungen, Hexaoxo-Verbindungen usw.
   2964) Oxy-oxo-Verbindungen
      2965) Oxy-oxo-Verbindungen mit 5 O
      2966) Oxy-oxo-Verbindungen mit 6 O
      2967) Oxy-oxo-Verbindungen mit 7 und mehr O

2968) **Carbonsäuren**
   2969) Monocarbonsäuren
   2970) Dicarbonsäuren
   2971) Tricarbonsäuren
   2972) Tetracarbonsäuren, Pentacarbonsäuren usw.
   2973) Oxy-carbonsäuren
      2974) Oxy-carbonsäuren mit 6 O
      2975) Oxy-carbonsäuren mit 7 O
      2976) Oxy-carbonsäuren mit 8 O
      2977) Oxy-carbonsäuren mit 9 und mehr O
   2978) Oxo-carbonsäuren
      2979) Oxo-carbonsäuren mit 6 O
      2980) Oxo-carbonsäuren mit 7 O
      2981) Oxo-carbonsäuren mit 8 O
      2982) Oxo-carbonsäuren mit 9 und mehr O
   2983) Oxy-oxo-carbonsäuren
      2984) Oxy-oxo-carbonsäuren mit 7 O
      2985) Oxy-oxo-carbonsäuren mit 8 O
      2986) Oxy-oxo-carbonsäuren mit 9 und mehr O

2987) **Sulfinsäuren**

2988) **Sulfonsäuren**

2989) **Amine**
   2990) Monoamine
   2991) Polyamine
   2992) Oxy-amine
   2993) Oxo-amine
   2994) Oxy-oxo-amine
   2995) Amino-carbonsäuren
   2996) Amino-oxy-carbonsäuren
   2997) Amino-oxo-carbonsäuren
   2998) Amino-sulfinsäuren
   2999) Amino-sulfonsäuren

3000) **Hydroxylamine**

3001) **Hydrazine**

3002) **Azo-Verbindungen, Diazo-Verbindungen, Azoxy-Verbindungen**

3003) **Nitramine, Isonitramine, Nitrosohydroxylamine** (Verbindungen vom Typus $R \cdot N_2O_2H$)[1]

3004) **Triazane, Triazene, Hydroxytriazene**

3005) **Tetrazane, Tetrazene und weitere Verbindungen mit Stickstoffketten**

---

[1] Vgl. hierzu S. 12 Anm. 3.

Heterocyclische Reihe.
Hetero 3 und mehr O. — Hetero 1 N: Stammkerne.

3006) **Verbindungen, die weitere funktionelle Gruppen enthalten** (analog Syst. No. 401 bis 449 und 2252 bis 2358), z. B. Phosphine

3007) *Verbindungen mit 4 cyclisch gebundenen Sauerstoffatomen*[1])
  3008) **Stammkerne**, z. B. Dibenzalerythrit
  3009) **Oxy-Verbindungen**, z. B. Dibenzaladonit
  3010) **Oxo-Verbindungen**
    3011) Monooxo-Verbindungen, z. B. Dipiperonalaceton
    3012) Polyoxo-Verbindungen
    3013) Oxy-oxo-Verbindungen
  3014) **Carbonsäuren**
    3015) Monocarbonsäuren
    3016) Polycarbonsäuren
    3017) Oxy-carbonsäuren
    3018) Oxo-carbonsäuren
    3019) Oxy-oxo-carbonsäuren
  3020) **Sulfinsäuren**
  3021) **Sulfonsäuren**
  3022) **Amine**
  3023) **Hydroxylamine**
  3024) **Hydrazine**
  3025) **Azo-Verbindungen, Diazo-Verbindungen, Azoxy-Verbindungen**
  3026) **Nitramine, Isonitramine, Nitrosohydroxylamine** (Verbindungen vom Typus $R \cdot N_2O_2H$)[2])
  3027) **Triazane, Triazene, Hydroxytriazene**
  3028) **Tetrazane, Tetrazene und weitere Verbindungen mit Stickstoffketten**
  3029) **Verbindungen, die weitere funktionelle Gruppen enthalten** (analog Syst. No. 401 bis 449 und 2252 bis 2358), z. B. Phosphine

3030) *Verbindungen mit 5 cyclisch gebundenen Sauerstoffatomen*[1]), z. B. Diisopropylidenglykose

3031) *Verbindungen mit 6 und mehr cyclisch gebundenen Sauerstoffatomen*[1]), z. B. Tribenzalsorbit

3032) *Verbindungen mit 1 cyclisch gebundenen Stickstoffatom*
  3033) **Stammkerne**
    3034) $C_nH_{2n+1}N$
      3035) C_2H_5N
      3036) C_3H_7N
      3037) C_4H_9N, z. B. Pyrrolidin
      3038) Piperidin $C_5H_{11}N$
      3039) Weitere Stammkerne $C_5H_{11}N$
      3040) $C_6H_{13}N$, z. B. Pipecoline
      3041) $C_7H_{15}N$, z. B. Lupetidine
      3042) Stammkerne $C_8H_{17}N$, die systematisch vor Coniin stehen
      3043) Coniin $C_8H_{17}N$
      3044) Weitere Stammkerne $C_8H_{17}N$, z. B. Kopellidin
      3045) $C_9H_{19}N$
      3046) $C_{10}H_{21}N$ und Homologe
    3047) $C_nH_{2n-1}N$, z. B. Pyrrolin, Nortropan, Granatanin

---
[1]) Vgl. hierzu S. 102 Anm.
[2]) Vgl. hierzu S. 12 Anm. 3.

3048) $C_nH_{2n-3}N$, z. B. Pyrrol, Nortropidin
3049) $C_nH_{2n-5}N$
   3050) Stammkerne $C_nH_{2n-5}N$, die systematisch vor Pyridin stehen
   3051) Pyridin C_5H_5N
   3051a) Weitere Stammkerne C_5H_5N
   3052) C_6H_7N, z. B. Picoline
   3053) C_7H_9N, z. B. Lutidine
   3054) $C_8H_{11}N$, z. B. Kollidine
   3055) $C_9H_{13}N$, z. B. Chinolinhexahydrid
   3056) $C_{10}H_{15}N$ und Homologe
3057) $C_nH_{2n-7}N$
   3058) C_5H_3N
   3059) C_6H_5N
   3060) C_7H_7N
   3061) C_8H_9N
   3062) $C_9H_{11}N$, z. B. Chinolintetrahydrid
   3063) $C_{10}H_{13}N$
   3064) $C_{11}H_{15}N$
   3065) $C_{12}H_{17}N$ und Homologe, z. B. Stilbazolin
3066) $C_nH_{2n-9}N$
   3067) C_6H_3N
   3068) C_7H_5N
   3069) C_8H_7N, z. B. Indol
   3070) C_9H_9N, z. B. Methylketol, Skatol
   3071) $C_{10}H_{11}N$
   3072) $C_{11}H_{13}N$
   3073) $C_{12}H_{15}N$ (z. B. Carbazolin) und Homologe
3074) $C_nH_{2n-11}N$
   3075) C_7H_3N
   3076) C_8H_5N
   3076a) Stammkerne C_9H_7N, die systematisch vor Chinolin stehen
   3077) Chinolin C_9H_7N
   3078) Isochinolin C_9H_7N
   3078a) Weitere Stammkerne C_9H_7N
   3079) $C_{10}H_9N$, z. B. Chinaldin, Lepidin
   3080) $C_{11}H_{11}N$
   3081) $C_{12}H_{13}N$
   3082) $C_{13}H_{15}N$ und Homologe
3083) $C_nH_{2n-13}N$
3084) $C_nH_{2n-15}N$
   3085) Stammkerne $C_nH_{2n-15}N$, die systematisch vor Carbazol stehen
   3086) Carbazol $C_{12}H_9N$
   3087) Stammkerne $C_nH_{2n-15}N$, die systematisch hinter Carbazol stehen, z. B. Stilbazole
3088) $C_nH_{2n-17}N$, z. B. Anthrapyridine, Acridin, Naphthochinoline, Phenanthridin
3089) $C_nH_{2n-19}N$
3090) $C_nH_{2n-21}N$, z. B. Naphthocarbazole
3091) $C_nH_{2n-23}N$
3092) $C_nH_{2n-25}N$
3093) $C_nH_{2n-27}N$
3094) $C_nH_{2n-29}N$
3095) $C_nH_{2n-31}N$
3096) $C_nH_{2n-33}N$
3097) $C_nH_{2n-35}N$
3098) $C_nH_{2n-37}N$
3099) $C_nH_{2n-39}N$
3100) $C_nH_{2n-41}N$
3101) $C_nH_{2n-43}N$
3102) $C_nH_{2n-45}N$, $C_nH_{2n-47}N$ usw.

3103) **Oxy-Verbindungen**
   3104) Monooxy-Verbindungen
      3105) $C_nH_{2n+1}ON$, z. B. Conhydrin
      3106) $C_nH_{2n-1}ON$
         3107) Verbindungen, die systematisch vor Tropigenin stehen
         3108) Nortropanol-(3) (Tropigenin) $C_7H_{13}ON$

Heterocyclische Reihe.
Hetero 1N: Oxy-Verbindungen.

3109) Verbindungen, die systematisch hinter Tropigenin stehen
3110) $C_nH_{2n-3}ON$
3111) $C_nH_{2n-5}ON$, z. B. Oxypyridine (Pyridone)
3112) $C_nH_{2n-7}ON$
3113) $C_nH_{2n-9}ON$, z. B. Indoxyl
3114) $C_nH_{2n-11}ON$, z. B. Oxychinoline wie Carbostyril
3115) $C_nH_{2n-13}ON$
3116) $C_nH_{2n-15}ON$
3117) $C_nH_{2n-17}ON$
3118) $C_nH_{2n-19}ON$
3119) $C_nH_{2n-21}ON$
3120) $C_nH_{2n-23}ON$
3121) $C_nH_{2n-25}ON$
3122) $C_nH_{2n-27}ON$
3123) $C_nH_{2n-29}ON$
3124) $C_nH_{2n-31}ON$
3125) $C_nH_{2n-33}ON$
3126) $C_nH_{2n-35}ON$
3127) $C_nH_{2n-37}ON$
3128) $C_nH_{2n-39}ON$
3129) $C_nH_{2n-41}ON$, $C_nH_{2n-43}ON$ usw.
3130) Dioxy-Verbindungen
3131) $C_nH_{2n+1}O_2N$
3132) $C_nH_{2n-1}O_2N$
3133) $C_nH_{2n-3}O_2N$
3134) $C_nH_{2n-5}O_2N$, z. B. Dioxypyridine
3135) $C_nH_{2n-7}O_2N$
3136) $C_nH_{2n-9}O_2N$
3137) $C_nH_{2n-11}O_2N$, z. B. Dioxychinoline
3138) $C_nH_{2n-13}O_2N$
3139) $C_nH_{2n-15}O_2N$
3140) $C_nH_{2n-17}O_2N$
3141) $C_nH_{2n-19}O_2N$
3142) $C_nH_{2n-21}O_2N$
3143) $C_nH_{2n-23}O_2N$
3144) $C_nH_{2n-25}O_2N$
3145) $C_nH_{2n-27}O_2N$
3146) $C_nH_{2n-29}O_2N$
3147) $C_nH_{2n-31}O_2N$
3148) $C_nH_{2n-33}O_2N$
3149) $C_nH_{2n-35}O_2N$
3150) $C_nH_{2n-37}O_2N$
3151) $C_nH_{2n-39}O_2N$
3152) $C_nH_{2n-41}O_2N$, $C_nH_{2n-43}O_2N$ usw.
3153) Trioxy-Verbindungen
3154) $C_nH_{2n+1}O_3N$
3155) $C_nH_{2n-1}O_3N$
3156) $C_nH_{2n-3}O_3N$
3157) $C_nH_{2n-5}O_3N$, z. B. Trioxypyridine
3158) $C_nH_{2n-7}O_3N$
3159) $C_nH_{2n-9}O_3N$
3160) $C_nH_{2n-11}O_3N$, z. B. Trioxychinoline
3161) $C_nH_{2n-13}O_3N$
3162) $C_nH_{2n-15}O_3N$
3163) $C_nH_{2n-17}O_3N$
3164) $C_nH_{2n-19}O_3N$
3165) $C_nH_{2n-21}O_3N$
3166) $C_nH_{2n-23}O_3N$
3167) $C_nH_{2n-25}O_3N$
3168) $C_nH_{2n-27}O_3N$
3169) $C_nH_{2n-29}O_3N$
3170) $C_nH_{2n-31}O_3N$
3171) $C_nH_{2n-33}O_3N$
3172) $C_nH_{2n-35}O_3N$
3173) $C_nH_{2n-37}O_3N$

3174) $C_nH_{2n-39}O_3N$
3175) $C_nH_{2n-41}O_3N$, $C_nH_{2n-43}O_3N$ usw.
3176) Tetraoxy-Verbindungen, Pentaoxy-Verbindungen usw.

3177) **Oxo-Verbindungen**
  3178) Monooxo-Verbindungen
    3179) $C_nH_{2n-1}ON$, z. B. Pyrrolidon, Piperidone
    3180) $C_nH_{2n-3}ON$, z. B. Nortropinon, Granatonin
    3181) $C_nH_{2n-5}ON$
    3182) $C_nH_{2n-7}ON$
    3183) $C_nH_{2n-9}ON$, z. B. Oxindol, Phthalimidin
    3184) $C_nH_{2n-11}ON$
    3185) $C_nH_{2n-13}ON$
    3186) $C_nH_{2n-15}ON$, z. B. Naphthostyril
    3187) $C_nH_{2n-17}ON$, z. B. Acridon
    3188) $C_nH_{2n-19}ON$
    3189) $C_nH_{2n-21}ON$
    3190) $C_nH_{2n-23}ON$
    3191) $C_nH_{2n-25}ON$
    3192) $C_nH_{2n-27}ON$
    3193) $C_nH_{2n-29}ON$
    3194) $C_nH_{2n-31}ON$
    3195) $C_nH_{2n-33}ON$
    3196) $C_nH_{2n-35}ON$
    3197) $C_nH_{2n-37}ON$
    3198) $C_nH_{2n-39}ON$
    3199) $C_nH_{2n-41}ON$, $C_nH_{2n-43}ON$ usw.
  3200) Dioxo-Verbindungen
    3201) $C_nH_{2n-3}O_2N$, z. B. Succinimid
    3202) $C_nH_{2n-5}O_2N$, z. B. Maleinimid
    3203) $C_nH_{2n-7}O_2N$, z. B. Tetrahydrophthalimid
    3204) $C_nH_{2n-9}O_2N$
    3205) $C_nH_{2n-11}O_2N$
      3205a) Verbindungen, die systematisch vor Isatin stehen
      3206) Isatin $C_8H_5O_2N$
      3206a) Verbindungen $C_8H_5O_2N$, die systematisch zwischen Isatin und Phthalimid stehen
      3207) Phthalimid $C_8H_5O_2N$
        3208) Derivate, in denen nur die CO-Gruppen funktionell verändert sind
        3209) N-Derivate
          3210) Derivate von Oxy-Verbindungen, z. B. $C_6H_4(CO)_2N \cdot C_6H_5$
          3211) Derivate von Oxo-Verbindungen, z. B. $C_6H_4(CO)_2N \cdot CH_2 \cdot OH$, $C_6H_4(CO)_2N \cdot CH_2 \cdot CO \cdot CH_3$
          3212) Derivate von Carbonsäuren
            3213) Derivate von Mono- und Polycarbonsäuren, z. B. $C_6H_4(CO)_2N \cdot CO \cdot CH_3$
            3214) Derivate von Oxy-carbonsäuren, z. B. $C_6H_4(CO)_2N \cdot CH_2 \cdot CO_2H$
            3215) Derivate von Oxo-carbonsäuren
            3216) Derivate von Oxy-oxo-carbonsäuren
          3217) Derivate von Sulfin- und Sulfonsäuren mit O-Funktion, z. B. $C_6H_4(CO)_2N \cdot CH_2 \cdot CH_2 \cdot SO_3H$
          3218) Derivate von Aminen mit O-Funktion, z. B. $[C_6H_4(CO)_2N \cdot CH_2-]_2$, $C_6H_4(CO)_2N \cdot C_6H_4 \cdot NH_2$
          3219) Weitere funktionelle Derivate, z. B. $C_6H_4(CO)_2N \cdot OH$, $C_6H_4(CO)_2N \cdot NH \cdot C_6H_5$
        3220) Substitutionsprodukte und Schwefel-, Selen-, Tellur-Analoga des Phthalimids
      3221) Weitere Dioxo-Verbindungen $C_nH_{2n-11}O_2N$, z. B. C-Methyl-isatine
    3222) $C_nH_{2n-13}O_2N$, z. B. Chinolinchinone
    3223) $C_nH_{2n-15}O_2N$
    3224) $C_nH_{2n-17}O_2N$, z. B. Naphthisatine, Naphthalimid
    3225) $C_nH_{2n-19}O_2N$
    3226) $C_nH_{2n-21}O_2N$
    3227) $C_nH_{2n-23}O_2N$
    3228) $C_nH_{2n-25}O_2N$
    3229) $C_nH_{2n-27}O_2N$
    3230) $C_nH_{2n-29}O_2N$
    3231) $C_nH_{2n-31}O_2N$
    3232) $C_nH_{2n-33}O_2N$

Heterocyclische Reihe.
Hetero 1 N: Oxo-Verbindungen, Mono- und Dicarbonsäuren.

3233) $C_nH_{2n-35}O_2N$
3234) $C_nH_{2n-37}O_2N$
3235) $C_nH_{2n-39}O_2N$
3236) $C_nH_{2n-41}O_2N$, $C_nH_{2n-43}O_2N$ usw.
3237) Trioxo-Verbindungen, Tetraoxo-Verbindungen usw., z. B. Phthalonimid
3238) Oxy-oxo-Verbindungen
3239) Oxy-oxo-Verbindungen mit 2 O, z. B. Dioxindol
3240) Oxy-oxo-Verbindungen mit 3 O
3241) Oxy-oxo-Verbindungen mit 4 und mehr O

3242) **Carbonsäuren**
  3243) Monocarbonsäuren
    3244) $C_nH_{2n-1}O_2N$, z. B. Prolin
    3245) $C_nH_{2n-3}O_2N$, z. B. Arecaidin
    3246) $C_nH_{2n-5}O_2N$, z. B. Pyrrolcarbonsäuren
    3247) $C_nH_{2n-7}O_2N$
      3248) C_4HO_2N und $C_5H_3O_2N$
      3249) $C_6H_5O_2N$, z. B. Pyridincarbonsäuren
      3250) $C_7H_7O_2N$
      3251) $C_8H_9O_2N$
      3252) $C_9H_{11}O_2N$ und Homologe
    3253) $C_nH_{2n-9}O_2N$
    3254) $C_nH_{2n-11}O_2N$, z. B. Indolcarbonsäuren
    3255) $C_nH_{2n-13}O_2N$
      3256) C_7HO_2N, $C_8H_3O_2N$, $C_9H_5O_2N$
      3257) $C_{10}H_7O_2N$, z. B. Chinolincarbonsäuren
      3258) $C_{11}H_9O_2N$
      3259) $C_{12}H_{11}O_2N$
      3260) $C_{13}H_{13}O_2N$
      3261) $C_{14}H_{15}O_2N$ und Homologe
    3262) $C_nH_{2n-15}O_2N$
    3263) $C_nH_{2n-17}O_2N$, z. B. Carbazolcarbonsäure
    3264) $C_nH_{2n-19}O_2N$, z. B. Acridincarbonsäure
    3265) $C_nH_{2n-21}O_2N$
    3266) $C_nH_{2n-23}O_2N$
    3267) $C_nH_{2n-25}O_2N$
    3268) $C_nH_{2n-27}O_2N$
    3269) $C_nH_{2n-29}O_2N$
    3270) $C_nH_{2n-31}O_2N$
    3271) $C_nH_{2n-33}O_2N$
    3272) $C_nH_{2n-35}O_2N$, $C_nH_{2n-37}O_2N$ usw.
  3273) Dicarbonsäuren
    3274) $C_nH_{2n-3}O_4N$, z. B. Cincholoiponsäure
    3275) $C_nH_{2n-5}O_4N$
    3276) $C_nH_{2n-7}O_4N$
    3277) $C_nH_{2n-9}O_4N$
      3278) C_5HO_4N und $C_6H_3O_4N$
      3279) $C_7H_5O_4N$, z. B. Pyridindicarbonsäuren
      3280) $C_8H_7O_4N$
      3281) $C_9H_9O_4N$
      3282) $C_{10}H_{11}O_4N$
      3283) $C_{11}H_{13}O_4N$
      3284) $C_{12}H_{15}O_4N$ und Homologe
    3285) $C_nH_{2n-11}O_4N$
    3286) $C_nH_{2n-13}O_4N$, z. B. Indoldicarbonsäuren
    3287) $C_nH_{2n-15}O_4N$
      3288) C_8HO_4N, $C_9H_3O_4N$, $C_{10}H_5O_4N$
      3289) $C_{11}H_7O_4N$, z. B. Chinolindicarbonsäuren
      3290) $C_{12}H_9O_4N$
      3291) $C_{13}H_{11}O_4N$
      3292) $C_{14}H_{13}O_4N$
      3293) $C_{15}H_{15}O_4N$ und Homologe
    3294) $C_nH_{2n-17}O_4N$
    3295) $C_nH_{2n-19}O_4N$
    3296) $C_nH_{2n-21}O_4N$

3297) $C_nH_{2n-23}O_4N$
3298) $C_nH_{2n-25}O_4N$
3299) $C_nH_{2n-27}O_4N$
3300) $C_nH_{2n-29}O_4N$
3301) $C_nH_{2n-31}O_4N$
3302) $C_nH_{2n-33}O_4N$
3303) $C_nH_{2n-35}O_4N$, $C_nH_{2n-37}O_4N$ usw.
3304) Tricarbonsäuren
  3305) $C_nH_{2n-5}O_6N$
  3306) $C_nH_{2n-7}O_6N$
  3307) $C_nH_{2n-9}O_6N$
  3308) $C_nH_{2n-11}O_6N$
    3309) C_6HO_6N und $C_7H_3O_6N$
    3310) $C_8H_5O_6N$, z. B. Pyridintricarbonsäuren
    3311) $C_9H_7O_6N$
    3312) $C_{10}H_9O_6N$ und Homologe
  3313) $C_nH_{2n-13}O_6N$
  3314) $C_nH_{2n-15}O_6N$
  3315) $C_nH_{2n-17}O_6N$, z. B. Chinolintricarbonsäure
  3316) $C_nH_{2n-19}O_6N$
  3317) $C_nH_{2n-21}O_6N$
  3318) $C_nH_{2n-23}O_6N$
  3319) $C_nH_{2n-25}O_6N$, $C_nH_{2n-27}O_6N$ usw.
3320) Tetracarbonsäuren, Pentacarbonsäuren usw.
3321) Oxy-carbonsäuren
  3322) Oxy-carbonsäuren mit 3 O
    3323) $C_nH_{2n-1}O_3N$
    3324) $C_nH_{2n-3}O_3N$
      3325) Verbindungen, die systematisch vor Nortropanol-(3)-carbonsäure-(2) stehen
      3326) Nortropanol-(3)-carbonsäure-(2) $C_8H_{13}O_3N$ und Derivate, z. B. Ekgonin, Cocain
      3327) Verbindungen, die systematisch hinter Nortropanol-(3)-carbonsäure-(2) stehen, z. B. Nortropanol-(3)-carbonsäure-(3) und Derivate wie α-Ekgonin, α-Cocain
    3328) $C_nH_{2n-5}O_3N$
    3329) $C_nH_{2n-7}O_3N$
      3330) $C_5H_3O_3N$
      3331) $C_6H_5O_3N$, z. B. Oxypyridincarbonsäuren
      3332) $C_7H_7O_3N$
      3333) $C_8H_9O_3N$
      3334) $C_9H_{11}O_3N$
      3335) $C_{10}H_{13}O_3N$ und Homologe
    3336) $C_nH_{2n-9}O_3N$
    3337) $C_nH_{2n-11}O_3N$, z. B. Indoxylsäure
    3338) $C_nH_{2n-13}O_3N$
      3339) $C_8H_3O_3N$ und $C_9H_5O_3N$
      3340) $C_{10}H_7O_3N$, z. B. Oxychinolincarbonsäuren
      3341) $C_{11}H_9O_3N$
      3342) $C_{12}H_{11}O_3N$
      3343) $C_{13}H_{13}O_3N$ und Homologe
    3344) $C_nH_{2n-15}O_3N$, $C_nH_{2n-17}O_3N$ usw.
  3345) Oxy-carbonsäuren mit 4 O
    3346) $C_nH_{2n-1}O_4N$
    3347) $C_nH_{2n-3}O_4N$, z. B. Tropandiolcarbonsäure
    3348) $C_nH_{2n-5}O_4N$
    3349) $C_nH_{2n-7}O_4N$, z. B. Dioxypyridincarbonsäuren
    3350) $C_nH_{2n-9}O_4N$
    3351) $C_nH_{2n-11}O_4N$
    3352) $C_nH_{2n-13}O_4N$, z. B. Dioxychinolincarbonsäuren
    3353) $C_nH_{2n-15}O_4N$, $C_nH_{2n-17}O_4N$ usw.
  3354) Oxy-carbonsäuren mit 5 O
    3355) $C_nH_{2n-1}O_5N$
    3356) $C_nH_{2n-3}O_5N$
    3357) $C_nH_{2n-5}O_5N$
    3358) $C_nH_{2n-7}O_5N$, z. B. Trioxypyridincarbonsäuren
    3359) $C_nH_{2n-9}O_5N$, z. B. Oxypyridindicarbonsäuren
    3360) $C_nH_{2n-11}O_5N$

Heterocyclische Reihe.
Hetero 1N: Tricarbonsäuren usw., Sulfonsäuren, Amine.

3361) $C_nH_{2n-13}O_5N$
3362) $C_nH_{2n-15}O_5N$
3363) $C_nH_{2n-17}O_5N$, $C_nH_{2n-19}O_5N$ usw.
3364) Oxy-carbonsäuren mit 6 und mehr O
3365) Oxo-carbonsäuren
3366) Oxo-carbonsäuren mit 3 O, z. B. Ekgoninsäure
3367) Oxo-carbonsäuren mit 4 O
3368) Oxo-carbonsäuren mit 5 O
3369) Oxo-carbonsäuren mit 6 und mehr O
3370) Oxy-oxo-carbonsäuren
3371) Oxy-oxo-carbonsäuren mit 4 O
3372) Oxy-oxo-carbonsäuren mit 5 O
3373) Oxy-oxo-carbonsäuren mit 6 O
3374) Oxy-oxo-carbonsäuren mit 7 O, z. B. Papaverinsäure
3375) Oxy-oxo-carbonsäuren mit 8 und mehr O

3376) **Sulfinsäuren**

3377) **Sulfonsäuren**
3378) Monosulfonsäuren, z. B. Pyridinsulfonsäuren
3379) Polysulfonsäuren
3380) Oxy-sulfonsäuren, z. B. Oxychinolinsulfonsäuren
3381) Oxo-sulfonsäuren, z. B. Phthalimidsulfonsäure
3382) Oxy-oxo-sulfonsäuren
3383) Sulfonsäuren der Carbonsäuren, z. B. Sulfocinchoninsäuren
3384) Sulfonsäuren der Oxy-carbonsäuren
3385) Sulfonsäuren der Oxo-carbonsäuren
3386) Sulfonsäuren der Oxy-oxo-carbonsäuren
3387) Sulfonsäuren der Sulfinsäuren

3388) **Amine**
3389) Monoamine
3390) $C_nH_{2n+2}N_2$, z. B. Aminoconiin
3391) $C_nH_{2n}N_2$, z. B. Aminotropane
3392) $C_nH_{2n-2}N_2$
3393) $C_nH_{2n-4}N_2$, z. B. Aminopyridine
3394) $C_nH_{2n-6}N_2$
3395) $C_nH_{2n-8}N_2$
3396) $C_nH_{2n-10}N_2$, z. B. Aminochinoline
3397) $C_nH_{2n-12}N_2$
3398) $C_nH_{2n-14}N_2$, z. B. Aminocarbazole
3399) $C_nH_{2n-16}N_2$, z. B. 4-Amino-acridin
3400) $C_nH_{2n-18}N_2$
3401) $C_nH_{2n-20}N_2$, $C_nH_{2n-22}N_2$ usw.
3402) Diamine
3403) $C_nH_{2n+3}N_3$
3404) $C_nH_{2n+1}N_3$
3405) $C_nH_{2n-1}N_3$
3406) $C_nH_{2n-3}N_3$
3407) $C_nH_{2n-5}N_3$
3408) $C_nH_{2n-7}N_3$
3409) $C_nH_{2n-9}N_3$, z. B. Diaminochinoline
3410) $C_nH_{2n-11}N_3$
3411) $C_nH_{2n-13}N_3$, z. B. Diaminocarbazole
3412) $C_nH_{2n-15}N_3$, z. B. Acridingelb
3413) $C_nH_{2n-17}N_3$
3414) $C_nH_{2n-19}N_3$, $C_nH_{2n-21}N_3$ usw., z. B. Chrysanilin
3415) Triamine, Tetraamine usw.
3416) Oxy-amine
3416a) Amino-Derivate der Monooxy-Verbindungen
3417) Amino-Derivate der Monooxy-Verbindungen $C_nH_{2n+1}ON$
3418) Amino-Derivate der Monooxy-Verbindungen $C_nH_{2n-1}ON$
3419) Amino-Derivate der Monooxy-Verbindungen $C_nH_{2n-3}ON$
3420) Amino-Derivate der Monooxy-Verbindungen $C_nH_{2n-5}ON$, z. B. Amino-oxy-pyridine

3421) Amino-Derivate der Monooxy-Verbindungen $C_nH_{2n-7}ON$
3422) Amino-Derivate der Monooxy-Verbindungen $C_nH_{2n-9}ON$
3423) Amino-Derivate der Monooxy-Verbindungen $C_nH_{2n-11}ON$, z. B. Amino-oxychinoline
3424) Amino-Derivate der Monooxy-Verbindungen $C_nH_{2n-13}ON$
3425) Amino-Derivate der Monooxy-Verbindungen $C_nH_{2n-15}ON$, $C_nH_{2n-17}ON$ usw.
3426) Amino-Derivate der Polyoxy-Verbindungen
3427) Oxo-Amine, z. B. Aminophthalimide
3428) Oxy-oxo-amine
3429) Amino-carbonsäuren
3430) Amino-Derivate der Monocarbonsäuren
3431) Amino-Derivate der Monocarbonsäuren $C_nH_{2n-1}O_2N$
3432) Amino-Derivate der Monocarbonsäuren $C_nH_{2n-3}O_2N$
3433) Amino-Derivate der Monocarbonsäuren $C_nH_{2n-5}O_2N$
3434) Amino-Derivate der Monocarbonsäuren $C_nH_{2n-7}O_2N$, z. B. Aminonicotinsäuren
3435) Amino-Derivate der Monocarbonsäuren $C_nH_{2n-9}O_2N$
3436) Amino-Derivate der Monocarbonsäuren $C_nH_{2n-11}O_2N$, z. B. Tryptophan
3437) Amino-Derivate der Monocarbonsäuren $C_nH_{2n-13}O_2N$
3438) Amino-Derivate der Monocarbonsäuren $C_nH_{2n-15}O_2N$
3439) Amino-Derivate der Monocarbonsäuren $C_nH_{2n-17}O_2N$, $C_nH_{2n-19}O_2N$ usw.
3440) Amino-Derivate der Polycarbonsäuren
3441) Amino-oxy-carbonsäuren
3442) Amino-oxo-carbonsäuren
3443) Amino-oxy-oxo-carbonsäuren
3444) Amino-sulfinsäuren
3445) Amino-sulfonsäuren

3446) **Hydroxylamine**

3447) **Hydrazine**

3448) **Azo-Verbindungen**

3449) **Diazo-Verbindungen**

3450) **Azoxy-Verbindungen**

3451) **Nitramine, Isonitramine, Nitrosohydroxylamine** (Verbindungen vom Typus $R \cdot N_2O_2H$)[1]

3452) **Triazane**

3453) **Triazene**

3454) **Hydroxytriazene**

3455) **Tetrazane**

3456) **Tetrazene und weitere Verbindungen mit Stickstoffketten**

3457) **Verbindungen, die weitere funktionelle Gruppen enthalten** (analog Syst. No. 401 bis 449 und 2252 bis 2358), z. B. Phosphine

3458) *Verbindungen mit 2 cyclisch gebundenen Stickstoffatomen*

3459) **Stammkerne**
3460) $C_nH_{2n+2}N_2$, z. B. Piperazin
3461) $C_nH_{2n}N_2$, z. B. Pyrazolin, Lysidin
3462) $C_nH_{2n-2}N_2$
3463) $C_3H_4N_2$, z. B. Pyrazol, Imidazol
3464) Stammkerne $C_4H_6N_2$, die systematisch vor 3-Methyl-pyrazol stehen
3465) 3-Methyl-pyrazol $C_4H_6N_2$
3466) Stammkerne $C_4H_6N_2$, die systematisch hinter 3-Methyl-pyrazol stehen, z. B. C-Methyl-imidazole
3467) $C_5H_8N_2$

---

[1] Vgl. hierzu S. 12 Anm. 3.

Heterocyclische Reihe.

Hetero 1 N: Hydroxylamine usw. — Hetero 2 N: Stammkerne, Monooxy-Verbb.

3468) $C_6H_{10}N_2$ und Homologe
3469) $C_nH_{2n-4}N_2$, z. B. Pyridazin, Pyrimidin, Pyrazin
3470) $C_nH_{2n-6}N_2$, z. B. Nicotin
3471) $C_nH_{2n-8}N_2$
3472) $C_5H_2N_2$ und $C_6H_4N_2$
3473) $C_7H_6N_2$, z. B. Indazol, Benzimidazol
3474) $C_8H_8N_2$
3475) $C_9H_{10}N_2$
3476) $C_{10}H_{12}N_2$
3477) $C_{11}H_{14}N_2$
3478) $C_{12}H_{16}N_2$ und Homologe
3479) $C_nH_{2n-10}N_2$
3480) $C_8H_6N_2$, z. B. Cinnolin, Phthalazin, Chinazolin, Chinoxalin
3481) $C_9H_8N_2$
3482) $C_{10}H_{10}N_2$
3483) $C_{11}H_{12}N_2$
3484) $C_{12}H_{14}N_2$ und Homologe
3485) $C_nH_{2n-12}N_2$, z. B. Dipyridyle
3486) $C_nH_{2n-14}N_2$
3487) $C_nH_{2n-16}N_2$, z. B. Phenazin
3488) $C_nH_{2n-18}N_2$
3489) $C_nH_{2n-20}N_2$
3490) $C_nH_{2n-22}N_2$, z. B. Naphthophenazine
3491) $C_nH_{2n-24}N_2$, z. B. Amarin
3492) $C_nH_{2n-26}N_2$, z. B. Lophin
3493) $C_nH_{2n-28}N_2$, z. B. Dinaphthazine
3494) $C_nH_{2n-30}N_2$
3495) $C_nH_{2n-32}N_2$
3496) $C_nH_{2n-34}N_2$
3497) $C_nH_{2n-36}N_2$
3498) $C_nH_{2n-38}N_2$
3499) $C_nH_{2n-40}N_2$
3500) $C_nH_{2n-42}N_2$
3501) $C_nH_{2n-44}N_2$, $C_nH_{2n-46}N_2$ usw.

3502) **Oxy-Verbindungen**
  3503) Monooxy-Verbindungen
    3504) $C_nH_{2n+2}ON_2$
    3505) $C_nH_{2n}ON_2$
    3506) $C_nH_{2n-2}ON_2$, z. B. 4-Oxy-pyrazol
    3507) $C_nH_{2n-4}ON_2$
    3508) $C_nH_{2n-6}ON_2$
    3509) $C_nH_{2n-8}ON_2$
    3510) $C_nH_{2n-10}ON_2$
    3511) $C_nH_{2n-12}ON_2$
    3512) $C_nH_{2n-14}ON_2$
    3513) $C_nH_{2n-16}ON_2$, z. B. Cinchonin
    3514) $C_nH_{2n-18}ON_2$
    3515) $C_nH_{2n-20}ON_2$
    3516) $C_nH_{2n-22}ON_2$
    3517) $C_nH_{2n-24}ON_2$
    3518) $C_nH_{2n-26}ON_2$
    3519) $C_nH_{2n-28}ON_2$
    3520) $C_nH_{2n-30}ON_2$
    3521) $C_nH_{2n-32}ON_2$
    3522) $C_nH_{2n-34}ON_2$
    3523) $C_nH_{2n-36}ON_2$
    3524) $C_nH_{2n-38}ON_2$
    3525) $C_nH_{2n-40}ON_2$
    3526) $C_nH_{2n-42}ON_2$
    3527) $C_nH_{2n-44}ON_2$, $C_nH_{2n-46}ON_2$ usw.
  3528) **Dioxy-Verbindungen**
    3529) $C_nH_{2n+2}O_2N_2$, z. B. Dioxypiperazin
    3530) $C_nH_{2n}O_2N_2$
    3531) $C_nH_{2n-2}O_2N_2$

3532) $C_nH_{2n-4}O_2N_2$
3533) $C_nH_{2n-6}O_2N_2$
3534) $C_nH_{2n-8}O_2N_2$
3535) $C_nH_{2n-10}O_2N_2$
3536) $C_nH_{2n-12}O_2N_2$
3537) $C_nH_{2n-14}O_2N_2$
3538) $C_nH_{2n-16}O_2N_2$, z. B. Cuprein, Chinin
3539) $C_nH_{2n-18}O_2N_2$
3540) $C_nH_{2n-20}O_2N_2$, z. B. Indigweiß
3541) $C_nH_{2n-22}O_2N_2$, z. B. Dioxynaphthophenazine
3542) $C_nH_{2n-24}O_2N_2$
3543) $C_nH_{2n-26}O_2N_2$
3544) $C_nH_{2n-28}O_2N_2$
3545) $C_nH_{2n-30}O_2N_2$
3546) $C_nH_{2n-32}O_2N_2$
3547) $C_nH_{2n-34}O_2N_2$
3548) $C_nH_{2n-36}O_2N_2$
3549) $C_nH_{2n-38}O_2N_2$
3550) $C_nH_{2n-40}O_2N_2$
3551) $C_nH_{2n-42}O_2N_2$
3552) $C_nH_{2n-44}O_2N_2$, $C_nH_{2n-46}O_2N_2$ usw.
3553) Trioxy-Verbindungen
3554) Tetraoxy-Verbindungen, Pentaoxy-Verbindungen usw.

3555) **Oxo-Verbindungen**
  3556) Monooxo-Verbindungen
    3557) $C_nH_{2n}ON_2$
    3558) $C_nH_{2n-2}ON_2$
      3558a) Oxo-Verbindungen, die systematisch vor $C_3H_4ON_2$ stehen
      3559) $C_3H_4ON_2$, z. B. Pyrazolon, Glyoxalon
      3560) Oxo-Verbindungen $C_4H_6ON_2$, die systematisch vor 3-Methyl-pyrazolon-(5) stehen
      3561) 3-Methyl-pyrazolon-(5) $C_4H_6ON_2$
      3562) Oxo-Verbindungen $C_4H_6ON_2$, die systematisch nach 3-Methyl-pyrazolon-(5) stehen
      3563) $C_5H_8ON_2$
      3564) $C_6H_{10}ON_2$ und Homologe
    3565) $C_nH_{2n-4}ON_2$, z. B. Pyridazon
    3566) $C_nH_{2n-6}ON_2$
    3567) $C_nH_{2n-8}ON_2$, z. B. Benzimidazolon
    3568) $C_nH_{2n-10}ON_2$, z. B. Phthalazon
    3569) $C_nH_{2n-12}ON_2$
    3570) $C_nH_{2n-14}ON_2$
    3571) $C_nH_{2n-16}ON_2$
    3572) $C_nH_{2n-18}ON_2$
    3573) $C_nH_{2n-20}ON_2$
    3574) $C_nH_{2n-22}ON_2$
    3575) $C_nH_{2n-24}ON_2$
    3576) $C_nH_{2n-26}ON_2$
    3577) $C_nH_{2n-28}ON_2$
    3578) $C_nH_{2n-30}ON_2$
    3579) $C_nH_{2n-32}ON_2$
    3580) $C_nH_{2n-34}ON_2$
    3581) $C_nH_{2n-36}ON_2$
    3582) $C_nH_{2n-38}ON_2$
    3583) $C_nH_{2n-40}ON_2$
    3584) $C_nH_{2n-42}ON_2$
    3585) $C_nH_{2n-44}ON_2$, $C_nH_{2n-46}ON_2$ usw.
  3586) Dioxo-Verbindungen
    3587) $C_nH_{2n-2}O_2N_2$, z. B. Hydantoin, Dioxopiperazine
    3588) $C_nH_{2n-4}O_2N_2$, z. B. Uracil
    3589) $C_nH_{2n-6}O_2N_2$
    3590) $C_nH_{2n-8}O_2N_2$
    3591) $C_nH_{2n-10}O_2N_2$
    3592) $C_nH_{2n-12}O_2N_2$
    3593) $C_nH_{2n-14}O_2N_2$
    3594) $C_nH_{2n-16}O_2N_2$

Heterocyclische Reihe.
Hetero 2N: Polyoxy-Verbindungen, Oxo-Verbindungen, Monocarbonsäuren.

3595) $C_nH_{2n-18}O_2N_2$
3596) $C_nH_{2n-20}O_2N_2$
3597) $C_nH_{2n-22}O_2N_2$
3598) Dioxo-Verbindungen, die systematisch vor $C_{16}H_{10}O_2N_2$ stehen
3599) $C_{16}H_{10}O_2N_2$, z. B. Indigo
3600) $C_{17}H_{12}O_2N_2$, $C_{18}H_{14}O_2N_2$ usw.
3601) $C_nH_{2n-24}O_2N_2$
3602) $C_nH_{2n-26}O_2N_2$
3603) $C_nH_{2n-28}O_2N_2$
3604) $C_nH_{2n-30}O_2N_2$
3605) $C_nH_{2n-32}O_2N_2$
3606) $C_nH_{2n-34}O_2N_2$
3607) $C_nH_{2n-36}O_2N_2$
3608) $C_nH_{2n-38}O_2N_2$
3609) $C_nH_{2n-40}O_2N_2$
3610) $C_nH_{2n-42}O_2N_2$
3611) $C_nH_{2n-44}O_2N_2$ (z. B. Flavanthren), $C_nH_{2n-46}O_2N_2$ usw.
3612) Trioxo-Verbindungen
3613) $C_nH_{2n-4}O_3N_2$
 3614) $C_3H_2O_3N_2$, z. B. Parabansäure
 3615) $C_4H_4O_3N_2$, z. B. Barbitursäure
 3616) $C_5H_6O_3N_2$
 3617) $C_6H_8O_3N_2$
 3618) $C_7H_{10}O_3N_2$ und Homologe, z. B. Veronal
3619) $C_nH_{2n-6}O_3N_2$
3620) $C_nH_{2n-8}O_3N_2$
3621) $C_nH_{2n-10}O_3N_2$
3622) $C_nH_{2n-12}O_3N_2$
3623) $C_nH_{2n-14}O_3N_2$, $C_nH_{2n-16}O_3N_2$ usw.
3624) Tetraoxo-Verbindungen
3625) $C_nH_{2n-6}O_4N_2$
3626) Verbindungen, die systematisch vor Alloxan stehen
3627) Alloxan $C_4H_2O_4N_2$
3628) Verbindungen, die systematisch hinter Alloxan stehen, z. B. Tetraoxopiperazin
3629) $C_nH_{2n-8}O_4N_2$
3630) $C_nH_{2n-10}O_4N_2$
3631) $C_nH_{2n-12}O_4N_2$
3632) $C_nH_{2n-14}O_4N_2$, $C_nH_{2n-16}O_4N_2$ usw., z. B. Carbindigo, Indanthren
3633) Pentaoxo-Verbindungen, Hexaoxo-Verbindungen usw.
3634) Oxy-oxo-Verbindungen
3635) Oxy-oxo-Verbindungen mit 2 O, z. B. Chinicin
3636) Oxy-oxo-Verbindungen mit 3 O
3637) Oxy-oxo-Verbindungen mit 4 O, z. B. Dialursäure
3638) Oxy-oxo-Verbindungen mit 5 und mehr O

3639) **Carbonsäuren**
3640) Monocarbonsäuren
 3641) $C_nH_{2n}O_2N_2$
 3642) $C_nH_{2n-2}O_2N_2$
 3643) $C_nH_{2n-4}O_2N_2$, z. B. Pyrazolcarbonsäuren
 3644) $C_nH_{2n-6}O_2N_2$, z. B. Pyrimidincarbonsäuren
 3645) $C_nH_{2n-8}O_2N_2$
 3646) $C_nH_{2n-10}O_2N_2$, z. B. Indazolcarbonsäure
 3647) $C_nH_{2n-12}O_2N_2$
 3648) $C_nH_{2n-14}O_2N_2$
 3649) $C_nH_{2n-16}O_2N_2$
 3650) $C_nH_{2n-18}O_2N_2$
 3651) $C_nH_{2n-20}O_2N_2$
 3652) $C_nH_{2n-22}O_2N_2$
 3653) $C_nH_{2n-24}O_2N_2$
 3654) $C_nH_{2n-26}O_2N_2$
 3655) $C_nH_{2n-28}O_2N_2$
 3656) $C_nH_{2n-30}O_2N_2$
 3657) $C_nH_{2n-32}O_2N_2$
 3658) $C_nH_{2n-34}O_2N_2$

3659) $C_nH_{2n-36}O_2N_2$
3660) $C_nH_{2n-38}O_2N_2$
3661) $C_nH_{2n-40}O_2N_2$
3662) $C_nH_{2n-42}O_2N_2$
3663) $C_nH_{2n-44}O_2N_2$, $C_nH_{2n-46}O_2N_2$ usw.
3664) Dicarbonsäuren
  3665) $C_nH_{2n-2}O_4N_2$
  3666) $C_nH_{2n-4}O_4N_2$, z. B. Pyrazolindicarbonsäuren
  3667) $C_nH_{2n-6}O_4N_2$, z. B. Pyrazoldicarbonsäuren
  3668) $C_nH_{2n-8}O_4N_2$, z. B. Pyrimidindicarbonsäuren
  3669) $C_nH_{2n-10}O_4N_2$
  3670) $C_nH_{2n-12}O_4N_2$, z. B. Benzimidazoldicarbonsäuren
  3671) $C_nH_{2n-14}O_4N_2$, z. B. Chinoxalindicarbonsäure
  3672) $C_nH_{2n-16}O_4N_2$
  3673) $C_nH_{2n-18}O_4N_2$
  3674) $C_nH_{2n-20}O_4N_2$
  3675) $C_nH_{2n-22}O_4N_2$
  3676) $C_nH_{2n-24}O_4N_2$
  3677) $C_nH_{2n-26}O_4N_2$
  3678) $C_nH_{2n-28}O_4N_2$
  3679) $C_nH_{2n-30}O_4N_2$
  3680) $C_nH_{2n-32}O_4N_2$
  3681) $C_nH_{2n-34}O_4N_2$
  3682) $C_nH_{2n-36}O_4N_2$
  3683) $C_nH_{2n-38}O_4N_2$
  3684) $C_nH_{2n-40}O_4N_2$
  3685) $C_nH_{2n-42}O_4N_2$
  3686) $C_nH_{2n-44}O_4N_2$, $C_nH_{2n-46}O_4N_2$ usw.
3687) Tricarbonsäuren
3688) Tetracarbonsäuren, Pentacarbonsäuren usw.
3689) Oxy-carbonsäuren
  3690) Oxy-carbonsäuren mit 3 O
  3691) Oxy-carbonsäuren mit 4 O
  3692) Oxy-carbonsäuren mit 5 O
  3693) Oxy-carbonsäuren mit 6 O
  3694) Oxy-carbonsäuren mit 7 und mehr O
3695) Oxo-carbonsäuren
  3696) Oxo-carbonsäuren mit 3 O
  3697) Oxo-carbonsäuren mit 4 O, z. B. Uracilcarbonsäuren
  3698) Oxo-carbonsäuren mit 5 O, z. B. Pilocarpoesäure
  3699) Oxo-carbonsäuren mit 6 O, z. B. Indigodicarbonsäuren
  3700) Oxo-carbonsäuren mit 7 und mehr O
3701) Oxy-oxo-carbonsäuren
  3702) Oxy-oxo-carbonsäuren mit 4 O
  3703) Oxy-oxo-carbonsäuren mit 5 O
  3704) Oxy-oxo-carbonsäuren mit 6 O
  3705) Oxy-oxo-carbonsäuren mit 7 und mehr O

3706) Sulfinsäuren

3707) Sulfonsäuren

3708) **Amine**
  3709) Monoamine
    3710) $C_nH_{2n+3}N_3$
    3711) $C_nH_{2n+1}N_3$
    3712) $C_nH_{2n-1}N_3$, z. B. 4-Amino-pyrazol
    3713) $C_nH_{2n-3}N_3$
    3714) $C_nH_{2n-5}N_3$
    3715) $C_nH_{2n-7}N_3$
    3716) $C_nH_{2n-9}N_3$
    3717) $C_nH_{2n-11}N_3$
    3718) $C_nH_{2n-13}N_3$
    3719) $C_nH_{2n-15}N_3$, z. B. Aminophenazin
    3720) $C_nH_{2n-17}N_3$

Heterocyclische Reihe.
Hetero 2N: Polycarbonsäuren usw., Sulfonsäuren, Amino.

3721) $C_nH_{2n-19}N_3$
3722) $C_nH_{2n-21}N_3$, z. B. Aminonaphthophenazine
3723) $C_nH_{2n-23}N_3$
3724) $C_nH_{2n-25}N_3$
3725) $C_nH_{2n-27}N_3$, z. B. Aminodinaphthazine
3726) $C_nH_{2n-29}N_3$
3727) $C_nH_{2n-31}N_3$
3728) $C_nH_{2n-33}N_3$
3729) $C_nH_{2n-35}N_3$
3730) $C_nH_{2n-37}N_3$
3731) $C_nH_{2n-39}N_3$
3732) $C_nH_{2n-41}N_3$, $C_nH_{2n-43}N_3$ usw.
3733) Diamine
3734) $C_nH_{2n+4}N_4$
3735) $C_nH_{2n+2}N_4$
3736) $C_nH_{2n}N_4$
3737) $C_nH_{2n-2}N_4$
3738) $C_nH_{2n-4}N_4$
3739) $C_nH_{2n-6}N_4$
3740) $C_nH_{2n-8}N_4$
3741) $C_nH_{2n-10}N_4$
3742) $C_nH_{2n-12}N_4$
3743) $C_nH_{2n-14}N_4$
3744) Diamine $C_nH_{2n-14}N_4$, die systematisch vor Diaminophenazinen stehen
3745) Diaminophenazine $C_{12}H_{10}N_4$
3746) Diamine $C_{12}H_{10}N_4$, die systematisch hinter Diaminophenazinen stehen
3747) $C_{13}H_{12}N_4$
3748) $C_{14}H_{14}N_4$
3749) $C_{15}H_{16}N_4$ und Homologe
3750) $C_nH_{2n-16}N_4$
3751) $C_nH_{2n-18}N_4$
3752) $C_nH_{2n-20}N_4$
3753) Diamine $C_nH_{2n-20}N_4$, die systematisch vor Diaminonaphthophenazinen stehen
3754) Diaminonaphthophenazine $C_{16}H_{12}N_4$
3755) Diamine $C_nH_{2n-20}N_4$, die systematisch hinter Diaminonaphthophenazinen stehen
3756) $C_nH_{2n-22}N_4$
3757) $C_nH_{2n-24}N_4$
3758) $C_nH_{2n-26}N_4$
3759) $C_nH_{2n-28}N_4$
3760) $C_nH_{2n-30}N_4$
3761) $C_nH_{2n-32}N_4$
3762) $C_nH_{2n-34}N_4$
3763) $C_nH_{2n-36}N_4$
3764) $C_nH_{2n-38}N_4$
3765) $C_nH_{2n-40}N_4$, $C_nH_{2n-42}N_4$ usw.
3766) Triamine
3767) Tetraamine, Pentaamine usw.
3768) Oxy-amine
  3768a) Amino-Derivate der Monooxy-Verbindungen
  3769) Amino-Derivate der Monooxy-Verbindungen $C_nH_{2n+2}ON_2$ bis $C_nH_{2n-14}ON_2$
  3770) Amino-Derivate der Monooxy-Verbindungen $C_nH_{2n-16}ON_2$, z. B. Amino-oxyphenazine
  3771) Amino-Derivate der Monooxy-Verbindungen $C_nH_{2n-18}ON_2$ und $C_nH_{2n-20}ON_2$
  3772) Amino-Derivate der Monooxy-Verbindungen $C_nH_{2n-22}ON_2$, z. B. Amino-oxynaphthophenazine
  3773) Amino-Derivate der Monooxy-Verbindungen $C_nH_{2n-24}ON_2$, $C_nH_{2n-26}ON_2$ usw.
  3773a) Amino-Derivate der Polyoxy-Verbindungen
3774) Oxo-amine, z. B. Uramil, Aminoindanthren
3775) Oxy-oxo-amine
3776) Amino-carbonsäuren, z. B. Histidin
3777) Amino-oxy-carbonsäuren
3778) Amino-oxo-carbonsäuren
3779) Amino-oxy-oxo-carbonsäuren
3780) Amino-sulfinsäuren
3781) Amino-sulfonsäuren

3782) **Hydroxylamine**

3783) **Hydrazine**

3784) **Azo-Verbindungen**

3785) **Diazo-Verbindungen**

3786) **Azoxy-Verbindungen**

3787) **Nitramine, Isonitramine, Nitrosohydroxylamine** (Verbindungen vom Typus $R \cdot N_2O_2H$)[1]

3788) **Triazane**

3789) **Triazene**

3790) **Hydroxytriazene**

3791) **Tetrazane**

3792) **Tetrazene und weitere Verbindungen mit Stickstoffketten**

3793) **Verbindungen, die weitere funktionelle Gruppen enthalten** (analog Syst. No. 401 bis 449 und 2252 bis 2358), z. B. Phosphine

3794) *Verbindungen mit 3 cyclisch gebundenen Stickstoffatomen*

3795) **Stammkerne**
    3796) $C_nH_{2n+3}N_3$, z. B. Trisäthylidenimin
    3797) $C_nH_{2n+1}N_3$
    3798) $C_nH_{2n-1}N_3$, z. B. Triazole
    3799) $C_nH_{2n-3}N_3$
    3800) $C_nH_{2n-5}N_3$
    3801) $C_nH_{2n-7}N_3$
        3802) C_4HN_3 und $C_5H_3N_3$
        3803) $C_6H_5N_3$, z. B. Aziminobenzol
        3804) $C_7H_7N_3$
        3805) $C_8H_9N_3$
        3806) $C_9H_{11}N_3$
        3807) $C_{10}H_{13}N_3$
        3808) $C_{11}H_{15}N_3$ und Homologe
    3809) $C_nH_{2n-9}N_3$, z. B. Phentriazin, C-Phenyl-triazole
    3810) $C_nH_{2n-11}N_3$
    3811) $C_nH_{2n-13}N_3$, z. B. Aziminonaphthaline
    3812) $C_nH_{2n-15}N_3$
    3813) $C_nH_{2n-17}N_3$
    3814) $C_nH_{2n-19}N_3$
    3815) $C_nH_{2n-21}N_3$
    3816) $C_nH_{2n-23}N_3$
    3817) $C_nH_{2n-25}N_3$
    3818) $C_nH_{2n-27}N_3$, z. B. Kyaphenin
    3819) $C_nH_{2n-29}N_3$
    3820) $C_nH_{2n-31}N_3$
    3821) $C_nH_{2n-33}N_3$
    3822) $C_nH_{2n-35}N_3$
    3823) $C_nH_{2n-37}N_3$
    3824) $C_nH_{2n-39}N_3$, $C_nH_{2n-41}N_3$ usw.

3825) **Oxy-Verbindungen**
    3826) Monooxy-Verbindungen
        3827) $C_nH_{2n+3}ON_3$
        3828) $C_nH_{2n+1}ON_3$
        3829) $C_nH_{2n-1}ON_3$
        3830) $C_nH_{2n-3}ON_3$
        3831) $C_nH_{2n-5}ON_3$

---

[1] Vgl. hierzu S. 12 Anm. 3.

Heterocyclische Reihe.
Hetero 2N: Hydroxylamine usw. — Hetero 3N: Stammkerne, Oxy- und Oxo-Verbb.

3832) $C_nH_{2n-7}ON_3$, z. B. Oxyaziminobenzole
3833) $C_nH_{2n-9}ON_3$
3834) $C_nH_{2n-11}ON_3$
3835) $C_nH_{2n-13}ON_3$
3836) $C_nH_{2n-15}ON_3$
3837) $C_nH_{2n-17}ON_3$
3838) $C_nH_{2n-19}ON_3$
3839) $C_nH_{2n-21}ON_3$
3840) $C_nH_{2n-23}ON_3$
3841) $C_nH_{2n-25}ON_3$
3842) $C_nH_{2n-27}ON_3$
3843) $C_nH_{2n-29}ON_3$
3844) $C_nH_{2n-31}ON_3$
3845) $C_nH_{2n-33}ON_3$
3846) $C_nH_{2n-35}ON_3$
3847) $C_nH_{2n-37}ON_3$
3848) $C_nH_{2n-39}ON_3$, $C_nH_{2n-41}ON_3$ usw.
3849) Dioxy-Verbindungen
  3850) $C_nH_{2n+3}O_2N_3$
  3851) $C_nH_{2n+1}O_2N_3$
  3852) $C_nH_{2n-1}O_2N_3$
  3853) $C_nH_{2n-3}O_2N_3$
  3854) $C_nH_{2n-5}O_2N_3$
  3855) $C_nH_{2n-7}O_2N_3$, z. B. Dioxyaziminobenzole
  3856) $C_nH_{2n-9}O_2N_3$
  3857) $C_nH_{2n-11}O_2N_3$
  3858) $C_nH_{2n-13}O_2N_3$
  3859) $C_nH_{2n-15}O_2N_3$
  3860) $C_nH_{2n-17}O_2N_3$
  3861) $C_nH_{2n-19}O_2N_3$
  3862) $C_nH_{2n-21}O_2N_3$
  3863) $C_nH_{2n-23}O_2N_3$
  3864) $C_nH_{2n-25}O_2N_3$
  3865) $C_nH_{2n-27}O_2N_3$
  3866) $C_nH_{2n-29}O_2N_3$
  3867) $C_nH_{2n-31}O_2N_3$, $C_nH_{2n-33}O_2N_3$ usw.
3868) Trioxy-Verbindungen, Tetraoxy-Verbindungen usw.

3869) **Oxo-Verbindungen**
3870) Monooxo-Verbindungen
  3871) $C_nH_{2n+1}ON_3$
  3872) $C_nH_{2n-1}ON_3$, z. B. Triazolone
  3873) $C_nH_{2n-3}ON_3$
  3874) $C_nH_{2n-5}ON_3$
  3875) $C_nH_{2n-7}ON_3$
  3876) $C_nH_{2n-9}ON_3$
  3877) $C_nH_{2n-11}ON_3$
  3878) $C_nH_{2n-13}ON_3$
  3879) $C_nH_{2n-15}ON_3$
  3880) $C_nH_{2n-17}ON_3$
  3881) $C_nH_{2n-19}ON_3$
  3882) $C_nH_{2n-21}ON_3$
  3883) $C_nH_{2n-23}ON_3$
  3884) $C_nH_{2n-25}ON_3$
  3885) $C_nH_{2n-27}ON_3$
  3886) $C_nH_{2n-29}ON_3$
  3887) $C_nH_{2n-31}ON_3$, $C_nH_{2n-33}ON_3$ usw.
3888) Dioxo-Verbindungen, z. B. Urazol
3889) Trioxo-Verbindungen (z. B. Cyanursäure), Tetraoxo-Verbindungen usw.
3890) Oxy-oxo-Verbindungen
  3891) Oxy-oxo-Verbindungen mit 2 O
  3892) Oxy-oxo-Verbindungen mit 3 O
  3893) Oxy-oxo-Verbindungen mit 4 O
  3894) Oxy-oxo-Verbindungen mit 5 und mehr O

3895) **Carbonsäuren**
  3896) Monocarbonsäuren
    3897) $C_nH_{2n+1}O_2N_3$
    3898) $C_nH_{2n-1}O_2N_3$
    3899) $C_nH_{2n-3}O_2N_3$, z. B. Triazolcarbonsäuren
    3900) $C_nH_{2n-5}O_2N_3$
    3901) $C_nH_{2n-7}O_2N_3$
    3902) $C_nH_{2n-9}O_2N_3$, z. B. Aziminobenzoesäuren
    3903) $C_nH_{2n-11}O_2N_3$
    3904) $C_nH_{2n-13}O_2N_3$
    3905) $C_nH_{2n-15}O_2N_3$
    3906) $C_nH_{2n-17}O_2N_3$
    3907) $C_nH_{2n-19}O_2N_3$
    3908) $C_nH_{2n-21}O_2N_3$
    3909) $C_nH_{2n-23}O_2N_3$
    3910) $C_nH_{2n-25}O_2N_3$
    3911) $C_nH_{2n-27}O_2N_3$
    3912) $C_nH_{2n-29}O_2N_3$
    3913) $C_nH_{2n-31}O_2N_3$, $C_nH_{2n-33}O_2N_3$ usw.
  3914) Dicarbonsäuren
    3915) $C_nH_{2n-1}O_4N_3$
    3916) $C_nH_{2n-3}O_4N_3$
    3917) $C_nH_{2n-5}O_4N_3$, z. B. Triazoldicarbonsäuren
    3918) $C_nH_{2n-7}O_4N_3$
    3919) $C_nH_{2n-9}O_4N_3$
    3920) $C_nH_{2n-11}O_4N_3$
    3921) $C_nH_{2n-13}O_4N_3$
    3922) $C_nH_{2n-15}O_4N_3$
    3923) $C_nH_{2n-17}O_4N_3$
    3924) $C_nH_{2n-19}O_4N_3$
    3925) $C_nH_{2n-21}O_4N_3$
    3926) $C_nH_{2n-23}O_4N_3$
    3927) $C_nH_{2n-25}O_4N_3$
    3928) $C_nH_{2n-27}O_4N_3$
    3929) $C_nH_{2n-29}O_4N_3$
    3930) $C_nH_{2n-31}O_4N_3$, $C_nH_{2n-33}O_4N_3$ usw.
  3931) Tricarbonsäuren
  3932) Tetracarbonsäuren, Pentacarbonsäuren usw.
  3933) Oxy-carbonsäuren
    3934) Oxy-carbonsäuren mit 3 O
    3935) Oxy-carbonsäuren mit 4 O
    3936) Oxy-carbonsäuren mit 5 O
    3937) Oxy-carbonsäuren mit 6 und mehr O
  3938) Oxo-carbonsäuren
    3939) Oxo-carbonsäuren mit 3 O
    3940) Oxo-carbonsäuren mit 4 O
    3941) Oxo-carbonsäuren mit 5 O
    3942) Oxo-carbonsäuren mit 6 und mehr O
  3943) Oxy-oxo-carbonsäuren
    3944) Oxy-oxo-carbonsäuren mit 4 O
    3945) Oxy-oxo-carbonsäuren mit 5 O
    3946) Oxy-oxo-carbonsäuren mit 6 und mehr O

3947) **Sulfinsäuren und Sulfonsäuren**

3948) **Amine**
  3949) Monoamine
    3950) $C_nH_{2n+4}N_4$
    3951) $C_nH_{2n+2}N_4$
    3952) $C_nH_{2n}N_4$
    3953) $C_nH_{2n-2}N_4$
    3954) $C_nH_{2n-4}N_4$
    3955) $C_nH_{2n-6}N_4$, z. B. Aminoaziminobenzole
    3956) $C_nH_{2n-8}N_4$
    3957) $C_nH_{2n-10}N_4$

Heterocyclische Reihe.
Hetero 3 N: Carbonsäuren, Sulfonsäuren, Amine usw.

3958) $C_nH_{2n-12}N_4$
3959) $C_nH_{2n-14}N_4$
3960) $C_nH_{2n-16}N_4$
3961) $C_nH_{2n-18}N_4$
3962) $C_nH_{2n-20}N_4$
3963) $C_nH_{2n-22}N_4$
3964) $C_nH_{2n-24}N_4$
3965) $C_nH_{2n-26}N_4$
3966) $C_nH_{2n-28}N_4$
3967) $C_nH_{2n-30}N_4$, $C_nH_{2n-32}N_4$ usw.
3968) Diamine
3969) $C_nH_{2n+5}N_5$
3970) $C_nH_{2n+3}N_5$
3971) $C_nH_{2n+1}N_5$
3972) $C_nH_{2n-1}N_5$
3973) $C_nH_{2n-3}N_5$
3974) $C_nH_{2n-5}N_5$, z. B. Diaminoaziminobenzole
3975) $C_nH_{2n-7}N_5$
3976) $C_nH_{2n-9}N_5$
3977) $C_nH_{2n-11}N_5$
3978) $C_nH_{2n-13}N_5$
3979) $C_nH_{2n-15}N_5$
3980) $C_nH_{2n-17}N_5$
3981) $C_nH_{2n-19}N_5$
3982) $C_nH_{2n-21}N_5$
3983) $C_nH_{2n-23}N_5$
3984) $C_nH_{2n-25}N_5$
3985) $C_nH_{2n-27}N_5$
3986) $C_nH_{2n-29}N_5$
3987) $C_nH_{2n-31}N_5$, $C_nH_{2n-33}N_5$ usw.
3988) Triamine, Tetraamine usw.
3989) Oxy-amine
3990) Oxo-amine
3991) Oxy-oxo-amine
3992) Amino-carbonsäuren
3993) Amino-oxy-carbonsäuren
3994) Amino-oxo-carbonsäuren
3995) Amino-oxy-oxo-carbonsäuren
3996) Amino-sulfinsäuren und -sulfonsäuren

3997) **Hydroxylamine**

3998) **Hydrazine**

3999) **Azo-Verbindungen**

4000) **Diazo-Verbindungen**

4001) **Azoxy-Verbindungen**

4002) **Nitramine, Isonitramine, Nitrosohydroxylamine** (Verbindungen vom Typus $R \cdot N_2O_2H$)[1]

4003) **Triazane**

4004) **Triazene**

4005) **Hydroxytriazene**

4006) **Tetrazane**

4007) **Tetrazene** und weitere Verbindungen mit Stickstoffketten

4008) **Verbindungen, die weitere funktionelle Gruppen enthalten** (analog Syst. No. 401 bis 449 und 2252 bis 2358), z. B. Phosphine

---

[1]) Vgl. hierzu S. 12 Anm. 3.

4009) *Verbindungen mit 4 cyclisch gebundenen Stickstoffatomen*
   4010) Stammkerne
      4011) $C_nH_{2n+4}N_4$
      4012) $C_nH_{2n+2}N_4$
      4013) $C_nH_{2n}N_4$, z. B. Tetrazol
      4014) $C_nH_{2n-2}N_4$, z. B. Tetrazin
      4015) $C_nH_{2n-4}N_4$
      4016) $C_nH_{2n-6}N_4$
         4017) $C_4H_2N_4$
         4018) Stammkerne $C_5H_4N_4$, die systematisch vor Purin stehen
         4019) Purin $C_5H_4N_4$
         4020) Stammkerne $C_5H_4N_4$, die systematisch hinter Purin stehen
         4021) $C_6H_6N_4$ und Homologe
      4022) $C_nH_{2n-8}N_4$
      4023) $C_nH_{2n-10}N_4$
      4024) $C_nH_{2n-12}N_4$
      4025) $C_nH_{2n-14}N_4$
      4026) $C_nH_{2n-16}N_4$
      4027) $C_nH_{2n-18}N_4$
      4028) $C_nH_{2n-20}N_4$
      4029) $C_nH_{2n-22}N_4$
      4030) $C_nH_{2n-24}N_4$
      4031) $C_nH_{2n-26}N_4$
      4032) $C_nH_{2n-28}N_4$
      4033) $C_nH_{2n-30}N_4$
      4034) $C_nH_{2n-32}N_4$, $C_nH_{2n-34}N_4$ usw.

   4035) **Oxy-Verbindungen**
      4036) Monooxy-Verbindungen
         4037) $C_nH_{2n+4}ON_4$
         4038) $C_nH_{2n+2}ON_4$
         4039) $C_nH_{2n}ON_4$
         4040) $C_nH_{2n-2}ON_4$
         4041) $C_nH_{2n-4}ON_4$
         4042) $C_nH_{2n-6}ON_4$
            4043) $C_4H_2ON_4$
            4044) Oxy-Verbindungen $C_5H_4ON_4$, die systematisch vor Oxypurin stehen
            4045) Oxypurine $C_5H_4ON_4$, jedoch nur deren O-Derivate (vgl. S. 36, § 38; S. 38, §[39 B)
            4046) Oxy-Verbindungen $C_5H_4ON_4$, die systematisch hinter Oxypurin stehen
            4047) $C_6H_6ON_4$ und Homologe
         4048) $C_nH_{2n-8}ON_4$
         4049) $C_nH_{2n-10}ON_4$
         4050) $C_nH_{2n-12}ON_4$
         4051) $C_nH_{2n-14}ON_4$
         4052) $C_nH_{2n-16}ON_4$
         4053) $C_nH_{2n-18}ON_4$
         4054) $C_nH_{2n-20}ON_4$
         4055) $C_nH_{2n-22}ON_4$
         4056) $C_nH_{2n-24}ON_4$
         4057) $C_nH_{2n-26}ON_4$
         4058) $C_nH_{2n-28}ON_4$
         4059) $C_nH_{2n-30}ON_4$, $C_nH_{2n-32}ON_4$ usw.
      4060) Dioxy-Verbindungen
         4061) $C_nH_{2n+4}O_2N_4$
         4062) $C_nH_{2n+2}O_2N_4$
         4063) $C_nH_{2n}O_2N_4$
         4064) $C_nH_{2n-2}O_2N_4$
         4065) $C_nH_{2n-4}O_2N_4$
         4066) $C_nH_{2n-6}O_2N_4$
            4067) $C_4H_2O_2N_4$
            4068) Dioxy-Verbindungen $C_5H_4O_2N_4$, die systematisch vor Dioxypurin stehen
            4069) Dioxypurine $C_5H_4O_2N_4$, jedoch nur deren O-Derivate (vgl. S. 36, § 38; S. 38, § 39 B)
            4070) Dioxy-Verbindungen $C_nH_{2n-6}O_2N_4$, die systematisch hinter Dioxypurin stehen

Heterocyclische Reihe.
Hetero 4 N: Stammkerne, Oxy-Verbindungen, Oxo-Verbindungen.

4071) $C_n H_{2n-8} O_2 N_4$
4072) $C_n H_{2n-10} O_2 N_4$
4073) $C_n H_{2n-12} O_2 N_4$
4074) $C_n H_{2n-14} O_2 N_4$
4075) $C_n H_{2n-16} O_2 N_4$
4076) $C_n H_{2n-18} O_2 N_4$
4077) $C_n H_{2n-20} O_2 N_4$
4078) $C_n H_{2n-22} O_2 N_4$
4079) $C_n H_{2n-24} O_2 N_4$
4080) $C_n H_{2n-26} O_2 N_4$
4081) $C_n H_{2n-28} O_2 N_4$
4082) $C_n H_{2n-30} O_2 N_4$, $C_n H_{2n-32} O_2 N_4$ usw.
4083) Trioxy-Verbindungen
4084) $C_n H_{2n+4} O_3 N_4$
4085) $C_n H_{2n+2} O_3 N_4$
4086) $C_n H_{2n} O_3 N_4$
4087) $C_n H_{2n-2} O_3 N_4$
4088) $C_n H_{2n-4} O_3 N_4$
4089) $C_n H_{2n-6} O_3 N_4$
4090) $C_4 H_2 O_3 N_4$
4091) Trioxy-Verbindungen $C_5 H_4 O_3 N_4$, die systematisch vor Trioxypurin stehen
4092) Trioxypurine $C_5 H_4 O_3 N_4$, jedoch nur deren O-Derivate (vgl. S. 36, § 38; S. 38, § 39 B)
4093) Trioxy-Verbindungen $C_n H_{2n-6} O_3 N_4$, die systematisch hinter Trioxypurin stehen
4094) $C_n H_{2n-8} O_3 N_4$
4095) $C_n H_{2n-10} O_3 N_4$
4096) $C_n H_{2n-12} O_3 N_4$
4097) $C_n H_{2n-14} O_3 N_4$
4098) $C_n H_{2n-16} O_3 N_4$
4099) $C_n H_{2n-18} O_3 N_4$
4100) $C_n H_{2n-20} O_3 N_4$
4101) $C_n H_{2n-22} O_3 N_4$
4102) $C_n H_{2n-24} O_3 N_4$
4103) $C_n H_{2n-26} O_3 N_4$
4104) $C_n H_{2n-28} O_3 N_4$
4105) $C_n H_{2n-30} O_3 N_4$, $C_n H_{2n-32} O_3 N_4$ usw.
4106) Tetraoxy-Verbindungen, Pentaoxy-Verbindungen usw.

4107) **Oxo-Verbindungen**
4108) Monooxo-Verbindungen
4109) $C_n H_{2n+2} O N_4$
4110) $C_n H_{2n} O N_4$
4111) $C_n H_{2n-2} O N_4$
4112) $C_n H_{2n-4} O N_4$
4113) $C_n H_{2n-6} O N_4$
4114) Oxo-Verbindungen $C_n H_{2n-6} O N_4$, die systematisch vor Oxopurindihydrid stehen
4115) Oxopurindihydride, „Oxypurine" $C_5 H_4 O N_4$ (vgl. S. 38, § 39 B), z. B. Hypoxanthin mit Adenin
4116) Oxo-Verbindungen $C_5 H_4 O N_4$, die systematisch hinter „Oxypurin" stehen
4117) $C_6 H_6 O N_4$ und Homologe
4118) $C_n H_{2n-8} O N_4$
4119) $C_n H_{2n-10} O N_4$
4120) $C_n H_{2n-12} O N_4$
4121) $C_n H_{2n-14} O N_4$
4122) $C_n H_{2n-16} O N_4$
4123) $C_n H_{2n-18} O N_4$
4124) $C_n H_{2n-20} O N_4$
4125) $C_n H_{2n-22} O N_4$
4126) $C_n H_{2n-24} O N_4$
4127) $C_n H_{2n-26} O N_4$
4128) $C_n H_{2n-28} O N_4$
4129) $C_n H_{2n-30} O N_4$, $C_n H_{2n-32} O N_4$ usw.
4130) Dioxo-Verbindungen

4131) $C_nH_{2n}O_2N_4$
4132) $C_nH_{2n-2}O_2N_4$
4133) $C_nH_{2n-4}O_2N_4$
4134) $C_nH_{2n-6}O_2N_4$
4135) Dioxo-Verbindungen $C_nH_{2n-6}O_2N_4$, die systematisch vor Dioxopurintetrahydrid stehen
4136) Dioxopurintetrahydride, „Dioxypurine" $C_5H_4O_2N_4$ (vgl. S. 38, § 39B), z. B. Xanthin mit Guanin
4137) Dioxo-Verbindungen $C_5H_4O_2N_4$, die systematisch hinter „Dioxypurin" stehen
4138) $C_6H_6O_2N_4$ und Homologe
4139) $C_nH_{2n-8}O_2N_4$
4140) $C_nH_{2n-10}O_2N_4$
4141) $C_nH_{2n-12}O_2N_4$
4142) $C_nH_{2n-14}O_2N_4$
4143) $C_nH_{2n-16}O_2N_4$
4144) $C_nH_{2n-18}O_2N_4$
4145) $C_nH_{2n-20}O_2N_4$
4146) $C_nH_{2n-22}O_2N_4$
4147) $C_nH_{2n-24}O_2N_4$
4148) $C_nH_{2n-26}O_2N_4$
4149) $C_nH_{2n-28}O_2N_4$
4150) $C_nH_{2n-30}O_2N_4$, $C_nH_{2n-32}O_2N_4$ usw.
4151) Trioxo-Verbindungen
4152) $C_nH_{2n-2}O_3N_4$
4153) $C_nH_{2n-4}O_3N_4$
4154) $C_nH_{2n-6}O_3N_4$
4155) Trioxo-Verbindungen $C_nH_{2n-6}O_3N_4$, die systematisch vor Trioxopurinhexahydrid stehen
4156) Trioxopurinhexahydrid, „Trioxypurin" $C_5H_4O_3N_4$ (Harnsäure) (vgl. S. 38, § 39B)
4157) Trioxo-Verbindungen $C_5H_4O_3N_4$, die systematisch hinter „Trioxypurin" stehen
4158) $C_6H_6O_3N_4$ und Homologe
4159) $C_nH_{2n-8}O_3N_4$
4160) $C_nH_{2n-10}O_3N_4$
4161) $C_nH_{2n-12}O_3N_4$
4162) $C_nH_{2n-14}O_3N_4$
4163) $C_nH_{2n-16}O_3N_4$
4164) $C_nH_{2n-18}O_3N_4$
4165) $C_nH_{2n-20}O_3N_4$
4166) $C_nH_{2n-22}O_3N_4$
4167) $C_nH_{2n-24}O_3N_4$
4168) $C_nH_{2n-26}O_3N_4$
4169) $C_nH_{2n-28}O_3N_4$
4170) $C_nH_{2n-30}O_3N_4$, $C_nH_{2n-32}O_3N_4$ usw.
4171) Tetraoxo-Verbindungen, Pentaoxo-Verbindungen usw.
4172) Oxy-oxo-Verbindungen

4173) **Carbonsäuren**

4174) **Sulfinsäuren und Sulfonsäuren**

4175) **Amine**
4176) Monoamine
4177) Polyamine
4178) Oxy-amine
4179) Oxo-amine
4180) Oxy-oxo-amine
4181) Amino-carbonsäuren, -sulfinsäuren, -sulfonsäuren

4182) **Hydroxylamine**

4183) **Hydrazine**

4184) **Azo-Verbindungen**

4185) **Diazo-Verbindungen und weitere Verbindungen mit Stickstoffketten**

Heterocyclische Reihe.
Hetero 4 und mehr N. — Hetero 1 O, 1 N.

4186) Verbindungen, die weitere funktionelle Gruppen enthalten (analog Syst. No. 401 bis 449 und 2252 bis 2358), z. B. Phosphine

4187) *Verbindungen mit 5 oder mehr cyclisch gebundenen Stickstoffatomen*

4188) *Verbindungen mit 1 cyclisch gebundenen Sauerstoffatom*[1]) *und 1 cyclisch gebundenen Stickstoffatom*

4189) **Stammkerne**
  4190) $C_nH_{2n+1}ON$, z. B. Oxazolidin, Morpholin
  4191) $C_nH_{2n-1}ON$, z. B. Thiazolin
  4192) $C_nH_{2n-3}ON$, z. B. Isoxazol, Thiazol, Oxazine
  4193) $C_nH_{2n-5}ON$
  4194) $C_nH_{2n-7}ON$, z. B. Phenmorpholin
  4195) $C_nH_{2n-9}ON$, z. B. Anthranil, Benzoxazine
  4196) $C_nH_{2n-11}ON$
  4197) $C_nH_{2n-13}ON$
  4198) $C_nH_{2n-15}ON$, z. B. Phenoxazin, Thiodiphenylamin
  4199) $C_nH_{2n-17}ON$
  4200) $C_nH_{2n-19}ON$
  4201) $C_nH_{2n-21}ON$
  4202) $C_nH_{2n-23}ON$
  4203) $C_nH_{2n-25}ON$
  4204) $C_nH_{2n-27}ON$, z. B. Thiodinaphthylamine
  4205) $C_nH_{2n-29}ON$
  4206) $C_nH_{2n-31}ON$
  4207) $C_nH_{2n-33}ON$
  4208) $C_nH_{2n-35}ON$
  4209) $C_nH_{2n-37}ON$
  4210) $C_nH_{2n-39}ON$
  4211) $C_nH_{2n-41}ON$
  4212) $C_nH_{2n-43}ON$
  4213) $C_nH_{2n-45}ON$
  4214) $C_nH_{2n-47}ON$, $C_nH_{2n-49}ON$ usw.

4215) **Oxy-Verbindungen**
  4216) Monooxy-Verbindungen
    4217) $C_nH_{2n+1}O_2N$
    4218) $C_nH_{2n-1}O_2N$
    4219) $C_nH_{2n-3}O_2N$
    4220) $C_nH_{2n-5}O_2N$
    4221) $C_nH_{2n-7}O_2N$
    4222) $C_nH_{2n-9}O_2N$
    4223) $C_nH_{2n-11}O_2N$
    4224) $C_nH_{2n-13}O_2N$
    4225) $C_nH_{2n-15}O_2N$
    4226) $C_nH_{2n-17}O_2N$
    4227) $C_nH_{2n-19}O_2N$
    4228) $C_nH_{2n-21}O_2N$
    4229) $C_nH_{2n-23}O_2N$
    4230) $C_nH_{2n-25}O_2N$
    4231) $C_nH_{2n-27}O_2N$
    4232) $C_nH_{2n-29}O_2N$
    4233) $C_nH_{2n-31}O_2N$
    4234) $C_nH_{2n-33}O_2N$
    4235) $C_nH_{2n-35}O_2N$
    4236) $C_nH_{2n-37}O_2N$
    4237) $C_nH_{2n-39}O_2N$
    4238) $C_nH_{2n-41}O_2N$
    4239) $C_nH_{2n-43}O_2N$
    4240) $C_nH_{2n-45}O_2N$
    4241) $C_nH_{2n-47}O_2N$, $C_nH_{2n-49}O_2N$ usw.
  4242) Dioxy-Verbindungen

---

[1]) Vgl. hierzu S. 102 Anm.

Verzeichnis der Systemnummern.

4243) $C_nH_{2n+1}O_3N$
4244) $C_nH_{2n-1}O_3N$
4245) $C_nH_{2n-3}O_3N$
4246) $C_nH_{2n-5}O_3N$
4247) $C_nH_{2n-7}O_3N$
4248) $C_nH_{2n-9}O_3N$
4249) $C_nH_{2n-11}O_3N$
4250) $C_nH_{2n-13}O_3N$
4251) $C_nH_{2n-15}O_3N$
4252) $C_nH_{2n-17}O_3N$
4253) $C_nH_{2n-19}O_3N$
4254) $C_nH_{2n-21}O_3N$
4255) $C_nH_{2n-23}O_3N$
4256) $C_nH_{2n-25}O_3N$
4257) $C_nH_{2n-27}O_3N$
4258) $C_nH_{2n-29}O_3N$
4259) $C_nH_{2n-31}O_3N$
4260) $C_nH_{2n-33}O_3N$
4261) $C_nH_{2n-35}O_3N$
4262) $C_nH_{2n-37}O_3N$
4263) $C_nH_{2n-39}O_3N$
4264) $C_nH_{2n-41}O_3N$
4265) $C_nH_{2n-43}O_3N$
4266) $C_nH_{2n-45}O_3N$
4267) $C_nH_{2n-47}O_3N$, $C_nH_{2n-49}O_3N$ usw.
4268) Trioxy-Verbindungen, Tetraoxy-Verbindungen usw.

4269) **Oxo-Verbindungen**
  4270) Monooxo-Verbindungen
    4271) $C_nH_{2n-1}O_2N$
    4272) $C_nH_{2n-3}O_2N$
    4273) $C_nH_{2n-5}O_2N$
    4274) $C_nH_{2n-7}O_2N$
    4275) $C_nH_{2n-9}O_2N$
    4276) Oxo-Verbindungen $C_nH_{2n-9}O_2N$, die systematisch vor $\alpha.\beta$-Benzisoxazolon stehen
    4277) $\alpha.\beta$-Benzisoxazolon $C_6H_4{<}{}^{CO}_{O}{>}NH$ und Derivate, z. B. Saccharin $C_7H_5O_3NS$
    4278) Oxo-Verbindungen $C_nH_{2n-9}O_2N$, die systematisch hinter $\alpha.\beta$-Benzisoxazolon stehen, z. B. $\beta.\gamma$-Benzisoxazolon
    4279) $C_nH_{2n-11}O_2N$
    4280) $C_nH_{2n-13}O_2N$
    4281) $C_nH_{2n-15}O_2N$
    4282) $C_nH_{2n-17}O_2N$
    4283) $C_nH_{2n-19}O_2N$
    4284) $C_nH_{2n-21}O_2N$
    4285) $C_nH_{2n-23}O_2N$
    4286) $C_nH_{2n-25}O_2N$
    4287) $C_nH_{2n-27}O_2N$
    4288) $C_nH_{2n-29}O_2N$
    4289) $C_nH_{2n-31}O_2N$
    4290) $C_nH_{2n-33}O_2N$
    4291) $C_nH_{2n-35}O_2N$
    4292) $C_nH_{2n-37}O_2N$
    4293) $C_nH_{2n-39}O_2N$
    4294) $C_nH_{2n-41}O_2N$
    4295) $C_nH_{2n-43}O_2N$
    4296) $C_nH_{2n-45}O_2N$
    4297) $C_nH_{2n-47}O_2N$, $C_nH_{2n-49}O_2N$ usw.
  4298) Dioxo-Verbindungen, z. B. Senfölessigsäure, Rhodaninsäure, Chinolinsäureanhydrid
  4299) Trioxo-Verbindungen, Tetraoxo-Verbindungen usw.
  4300) Oxy-oxo-Verbindungen

4301) **Carbonsäuren**
  4302) Monocarbonsäuren

Heterocyclische Reihe.
Hetero 1O, 1N.

4303) $C_nH_{2n-1}O_3N$
4304) $C_nH_{2n-3}O_3N$
4305) $C_nH_{2n-5}O_3N$
4306) $C_nH_{2n-7}O_3N$
4307) $C_nH_{2n-9}O_3N$
4308) $C_nH_{2n-11}O_3N$, z. B. Anthroxansäure
4309) $C_nH_{2n-13}O_3N$
4310) $C_nH_{2n-15}O_3N$
4311) $C_nH_{2n-17}O_3N$
4312) $C_nH_{2n-19}O_3N$
4313) $C_nH_{2n-21}O_3N$
4314) $C_nH_{2n-23}O_3N$
4315) $C_nH_{2n-25}O_3N$
4316) $C_nH_{2n-27}O_3N$
4317) $C_nH_{2n-29}O_3N$
4318) $C_nH_{2n-31}O_3N$
4319) $C_nH_{2n-33}O_3N$
4320) $C_nH_{2n-35}O_3N$
4321) $C_nH_{2n-37}O_3N$
4322) $C_nH_{2n-39}O_3N$
4323) $C_nH_{2n-41}O_3N$
4324) $C_nH_{2n-43}O_3N$
4325) $C_nH_{2n-45}O_3N$
4326) $C_nH_{2n-47}O_3N$, $C_nH_{2n-49}O_3N$ usw.
4327) Dicarbonsäuren
4328) Tricarbonsäuren, Tetracarbonsäuren usw.
4329) Oxy-carbonsäuren
4330) Oxo-carbonsäuren, z. B. Isoxazoloncarbonsäuren, Phthalsäuresulfinid
4331) Oxy-oxo-carbonsäuren

4332) **Sulfinsäuren**

4333) **Sulfonsäuren**

4334) **Amine**
  4335) Monoamine
    4336) $C_nH_{2n+2}ON_2$
    4337) $C_nH_{2n}ON_2$
    4338) $C_nH_{2n-2}ON_2$
    4339) $C_nH_{2n-4}ON_2$
    4340) $C_nH_{2n-6}ON_2$
    4341) $C_nH_{2n-8}ON_2$
    4342) $C_nH_{2n-10}ON_2$
    4343) $C_nH_{2n-12}ON_2$
    4344) $C_nH_{2n-14}ON_2$, z. B. Aminothiodiphenylamin
    4345) $C_nH_{2n-16}ON_2$, z. B. Dehydrothio-p-toluidin
    4346) $C_nH_{2n-18}ON_2$
    4347) $C_nH_{2n-20}ON_2$, z. B. Meldolablau (Leukobase mit Farbstoff; vgl. S. 47)
    4348) $C_nH_{2n-22}ON_2$
    4349) $C_nH_{2n-24}ON_2$
    4350) $C_nH_{2n-26}ON_2$
    4351) $C_nH_{2n-28}ON_2$
    4352) $C_nH_{2n-30}ON_2$
    4353) $C_nH_{2n-32}ON_2$
    4354) $C_nH_{2n-34}ON_2$
    4355) $C_nH_{2n-36}ON_2$
    4356) $C_nH_{2n-38}ON_2$
    4357) $C_nH_{2n-40}ON_2$, $C_nH_{2n-42}ON_2$ usw.
  4358) Diamine
    4359) $C_nH_{2n+3}ON_3$
    4360) $C_nH_{2n+1}ON_3$
    4361) $C_nH_{2n-1}ON_3$
    4362) $C_nH_{2n-3}ON_3$
    4363) $C_nH_{2n-5}ON_3$
    4364) $C_nH_{2n-7}ON_3$

4365) $C_nH_{2n-9}ON_3$
4366) $C_nH_{2n-11}ON_3$
4367) $C_nH_{2n-13}ON_3$, z. B. Leukothionin mit Thionin, Leukomethylenblau mit Methylenblau (vgl. S. 47)
4368) $C_nH_{2n-15}ON_3$
4369) $C_nH_{2n-17}ON_3$
4370) $C_nH_{2n-19}ON_3$
4371) $C_nH_{2n-21}ON_3$
4372) $C_nH_{2n-23}ON_3$
4373) $C_nH_{2n-25}ON_3$
4374) $C_nH_{2n-27}ON_3$
4375) $C_nH_{2n-29}ON_3$
4376) $C_nH_{2n-31}ON_3$
4377) $C_nH_{2n-33}ON_3$
4378) $C_nH_{2n-35}ON_3$
4379) $C_nH_{2n-37}ON_3$
4380) $C_nH_{2n-39}ON_3$, $C_nH_{2n-41}ON_3$ usw.
4381) Triamine, Tetraamine usw.
4382) Oxy-amine
4383) Oxo-amine
4384) Oxy-oxo-amine
4385) Amino-carbonsäuren
4386) Amino-oxy-carbonsäuren, z. B. Gallocyanin (Leukobase mit Farbstoff; vgl. S. 47)
4387) Amino-oxo-carbonsäuren
4388) Amino-oxy-oxo-carbonsäuren
4389) Amino-sulfinsäuren
4390) Amino-sulfonsäuren, z. B. Dehydrothio-p-toluidin-sulfonsäure

4391) **Hydroxylamine**

4392) **Hydrazine**

4393) **Azo-Verbindungen**

4394) Verbindungen, die weitere funktionelle Gruppen enthalten (analog Syst. No. 393 bis 449 und 2188a bis 2358), z. B. Phosphine

4395) *Verbindungen mit 2 cyclisch gebundenen Sauerstoffatomen*[1]) *und 1 cyclisch gebundenen Stickstoffatom*

4396) Stammkerne
    4397) $C_nH_{2n+1}O_2N$, z. B. Thialdin
    4398) $C_nH_{2n-1}O_2N$
    4399) $C_nH_{2n-3}O_2N$
    4400) $C_nH_{2n-5}O_2N$
    4401) $C_nH_{2n-7}O_2N$
    4402) $C_nH_{2n-9}O_2N$
    4403) $C_nH_{2n-11}O_2N$, z. B. Hydrastinin
    4404) $C_nH_{2n-13}O_2N$, z. B. Methylendioxychinolin
    4405) $C_nH_{2n-15}O_2N$
    4406) $C_nH_{2n-17}O_2N$
    4407) $C_nH_{2n-19}O_2N$
    4408) $C_nH_{2n-21}O_2N$
    4409) $C_nH_{2n-23}O_2N$
    4410) $C_nH_{2n-25}O_2N$
    4411) $C_nH_{2n-27}O_2N$
    4412) $C_nH_{2n-29}O_2N$
    4413) $C_nH_{2n-31}O_2N$
    4414) $C_nH_{2n-33}O_2N$
    4415) $C_nH_{2n-35}O_2N$
    4416) $C_nH_{2n-37}O_2N$
    4417) $C_nH_{2n-39}O_2N$, $C_nH_{2n-41}O_2N$ usw.

---

[1]) Vgl. hierzu S. 102 Anm.

Heterocyclische Reihe.
Hetero 1 O, 1 N. — Hetero 2 O, 1 N.

4418) **Oxy-Verbindungen**
  4419) Monooxy-Verbindungen
    4420) $C_nH_{2n+1}O_3N$
    4421) $C_nH_{2n-1}O_3N$
    4422) $C_nH_{2n-3}O_3N$
    4423) $C_nH_{2n-5}O_3N$
    4424) $C_nH_{2n-7}O_3N$
    4425) $C_nH_{2n-9}O_3N$
    4426) $C_nH_{2n-11}O_3N$, z. B. Kotarnin
    4427) $C_nH_{2n-13}O_3N$
    4428) $C_nH_{2n-15}O_3N$
    4429) $C_nH_{2n-17}O_3N$
    4430) $C_nH_{2n-19}O_3N$
    4431) $C_nH_{2n-21}O_3N$
    4432) $C_nH_{2n-23}O_3N$
    4433) $C_nH_{2n-25}O_3N$
    4434) $C_nH_{2n-27}O_3N$
    4435) $C_nH_{2n-29}O_3N$
    4436) $C_nH_{2n-31}O_3N$
    4437) $C_nH_{2n-33}O_3N$
    4438) $C_nH_{2n-35}O_3N$
    4439) $C_nH_{2n-37}O_3N$
    4440) $C_nH_{2n-39}O_3N$, $C_nH_{2n-41}O_3N$ usw.
  4441) Dioxy-Verbindungen
  4442) Trioxy-Verbindungen, Tetraoxy-Verbindungen usw.

4443) **Oxo-Verbindungen**
  4444) Monooxo-Verbindungen
  4445) Dioxo-Verbindungen
  4446) Trioxo-Verbindungen, Tetraoxo-Verbindungen usw.
  4447) Oxy-oxo-Verbindungen, z. B. Berberin

4448) **Carbonsäuren**
  4449) Monocarbonsäuren
  4450) Dicarbonsäuren
  4451) Tricarbonsäuren, Tetracarbonsäuren usw.
  4452) Oxy-carbonsäuren
  4453) Oxo-carbonsäuren
  4454) Oxy-oxo-carbonsäuren

4455) **Sulfinsäuren**

4456) **Sulfonsäuren**

4457) **Amine**
  4458) Monoamine
  4459) Polyamine
  4460) Oxy-amine
  4461) Oxo-amine
  4462) Oxy-oxo-amine
  4463) Amino-carbonsäuren
  4464) Amino-oxy-carbonsäuren
  4465) Amino-oxo-carbonsäuren
  4466) Amino-oxy-oxo-carbonsäuren
  4467) Amino-sulfinsäuren und -sulfonsäuren

4468) **Hydroxylamine**

4469) **Hydrazine**

4470) **Azo-Verbindungen**

4471) **Verbindungen, die weitere funktionelle Gruppen enthalten** (analog Syst. No. 393 bis 449 und 2188a bis 2358), z. B. Phosphine

4472) *Verbindungen mit 3 cyclisch gebundenen Sauerstoffatomen*[1]) *und 1 cyclisch gebundenen Stickstoffatom*

4473) **Stammkerne**

4474) **Oxy-Verbindungen**

4475) **Oxo-Verbindungen**, z. B. Hydrastin, Narkotin

4476) **Carbonsäuren**

4477) **Sulfinsäuren**

4478) **Sulfonsäuren**

4479) **Amine**

4480) **Hydroxylamine**

4481) **Verbindungen, die weitere funktionelle Gruppen enthalten** (analog Syst. No. 386 bis 449 und 1940 bis 2358), z. B. Hydrazine, Phosphine

4482) *Verbindungen mit 4 cyclisch gebundenen Sauerstoffatomen*[1]) *und 1 cyclisch gebundenen Stickstoffatom*

4483) *Verbindungen mit 5 oder mehr cyclisch gebundenen Sauerstoffatomen*[1]) *und 1 cyclisch gebundenen Stickstoffatom*

4484) *Verbindungen mit 1 cyclisch gebundenen Sauerstoffatom*[1]) *und 2 cyclisch gebundenen Stickstoffatomen*

4485) **Stammkerne**
    4486) $C_nH_{2n+2}ON_2$
    4487) $C_nH_{2n}ON_2$
    4488) $C_nH_{2n-2}ON_2$, z. B. Furodiazole mit Thiodiazolen
    4489) $C_nH_{2n-4}ON_2$
    4490) $C_nH_{2n-6}ON_2$
    4491) $C_nH_{2n-8}ON_2$, z. B. Phenylendiazosulfid, Benzofurazan
    4492) $C_nH_{2n-10}ON_2$
    4493) $C_nH_{2n-12}ON_2$
    4494) $C_nH_{2n-14}ON_2$
    4495) $C_nH_{2n-16}ON_2$
    4496) $C_nH_{2n-18}ON_2$
    4497) $C_nH_{2n-20}ON_2$
    4498) $C_nH_{2n-22}ON_2$
    4499) $C_nH_{2n-24}ON_2$
    4500) $C_nH_{2n-26}ON_2$
    4501) $C_nH_{2n-28}ON_2$
    4502) $C_nH_{2n-30}ON_2$, $C_nH_{2n-32}ON_2$ usw.

4503) **Oxy-Verbindungen**
    4504) Monooxy-Verbindungen
        4505) $C_nH_{2n+2}O_2N_2$
        4506) $C_nH_{2n}O_2N_2$
        4507) $C_nH_{2n-2}O_2N_2$
        4508) $C_nH_{2n-4}O_2N_2$
        4509) $C_nH_{2n-6}O_2N_2$
        4510) $C_nH_{2n-8}O_2N_2$
        4511) $C_nH_{2n-10}O_2N_2$
        4512) $C_nH_{2n-12}O_2N_2$
        4513) $C_nH_{2n-14}O_2N_2$
        4514) $C_nH_{2n-16}O_2N_2$
        4515) $C_nH_{2n-18}O_2N_2$
        4516) $C_nH_{2n-20}O_2N_2$
        4517) $C_nH_{2n-22}O_2N_2$

---

[1]) Vgl. hierzu S. 102 Anm.

Heterocyclische Reihe.
Hetero 3 und mehr O, 1N. — Hetero 1O, 2N.

4518) $C_nH_{2n-24}O_2N_2$
4519) $C_nH_{2n-26}O_2N_2$
4520) $C_nH_{2n-28}O_2N_2$
4521) $C_nH_{2n-30}O_2N_2$, $C_nH_{2n-32}O_2N_2$ usw.
4522) Dioxy-Verbindungen
  4523) $C_nH_{2n+2}O_3N_2$
  4524) $C_nH_{2n}O_3N_2$
  4525) $C_nH_{2n-2}O_3N_2$
  4526) $C_nH_{2n-4}O_3N_2$
  4527) $C_nH_{2n-6}O_3N_2$
  4528) $C_nH_{2n-8}O_3N_2$
  4529) $C_nH_{2n-10}O_3N_2$
  4530) $C_nH_{2n-12}O_3N_2$
  4531) $C_nH_{2n-14}O_3N_2$
  4532) $C_nH_{2n-16}O_3N_2$
  4533) $C_nH_{2n-18}O_3N_2$
  4534) $C_nH_{2n-20}O_3N_2$
  4535) $C_nH_{2n-22}O_3N_2$
  4536) $C_nH_{2n-24}O_3N_2$
  4537) $C_nH_{2n-26}O_3N_2$
  4538) $C_nH_{2n-28}O_3N_2$
  4539) $C_nH_{2n-30}O_3N_2$, $C_nH_{2n-32}O_3N_2$ usw.
4540) Trioxy-Verbindungen, Tetraoxy-Verbindungen usw.

4541) **Oxo-Verbindungen**
  4542) Monooxo-Verbindungen
    4543) $C_nH_{2n}O_2N_2$
    4544) $C_nH_{2n-2}O_2N_2$
    4545) $C_nH_{2n-4}O_2N_2$
    4546) $C_nH_{2n-6}O_2N_2$, z. B. Pilocarpin
    4547) $C_nH_{2n-8}O_2N_2$
    4548) $C_nH_{2n-10}O_2N_2$
    4549) $C_nH_{2n-12}O_2N_2$
    4550) $C_nH_{2n-14}O_2N_2$
    4551) $C_nH_{2n-16}O_2N_2$
    4552) $C_nH_{2n-18}O_2N_2$
    4553) $C_nH_{2n-20}O_2N_2$
    4554) $C_nH_{2n-22}O_2N_2$
    4555) $C_nH_{2n-24}O_2N_2$
    4556) $C_nH_{2n-26}O_2N_2$
    4557) $C_nH_{2n-28}O_2N_2$
    4558) $C_nH_{2n-30}O_2N_2$, $C_nH_{2n-32}O_2N_2$ usw.
  4559) Dioxo-Verbindungen
    4560) $C_nH_{2n-2}O_3N_2$, z. B. Persulfocyansäure
    4561) $C_nH_{2n-4}O_3N_2$
    4562) $C_nH_{2n-6}O_3N_2$
    4563) $C_nH_{2n-8}O_3N_2$
    4564) $C_nH_{2n-10}O_3N_2$
    4565) $C_nH_{2n-12}O_3N_2$
    4566) $C_nH_{2n-14}O_3N_2$
    4567) $C_nH_{2n-16}O_3N_2$
    4568) $C_nH_{2n-18}O_3N_2$
    4569) $C_nH_{2n-20}O_3N_2$
    4570) $C_nH_{2n-22}O_3N_2$
    4571) $C_nH_{2n-24}O_3N_2$
    4572) $C_nH_{2n-26}O_3N_2$
    4573) $C_nH_{2n-28}O_3N_2$
    4574) $C_nH_{2n-30}O_3N_2$, $C_nH_{2n-32}O_3N_2$ usw.
  4575) Trioxo-Verbindungen, Tetraoxo-Verbindungen usw.
4576) Oxy-oxo-Verbindungen
  4577) Oxy-oxo-Verbindungen mit 3 O
  4578) Oxy-oxo-Verbindungen mit 4 O
  4579) Oxy-oxo-Verbindungen mit 5 O
  4580) Oxy-oxo-Verbindungen mit 6 und mehr O

4581) **Carbonsäuren**
  4582) Monocarbonsäuren
    4583) $C_nH_{2n}O_3N_2$
    4584) $C_nH_{2n-2}O_3N_2$
    4585) $C_nH_{2n-4}O_3N_2$, z. B. Furazancarbonsäure
    4586) $C_nH_{2n-6}O_3N_2$
    4587) $C_nH_{2n-8}O_3N_2$
    4588) $C_nH_{2n-10}O_3N_2$
    4589) $C_nH_{2n-12}O_3N_2$
    4590) $C_nH_{2n-14}O_3N_2$
    4591) $C_nH_{2n-16}O_3N_2$
    4592) $C_nH_{2n-18}O_3N_2$
    4593) $C_nH_{2n-20}O_3N_2$
    4594) $C_nH_{2n-22}O_3N_2$
    4595) $C_nH_{2n-24}O_3N_2$
    4596) $C_nH_{2n-26}O_3N_2$
    4597) $C_nH_{2n-28}O_3N_2$
    4598) $C_nH_{2n-30}O_3N_2$, $C_nH_{2n-32}O_3N_2$ usw.
  4599) Dicarbonsäuren
  4600) Tricarbonsäuren, Tetracarbonsäuren usw.
  4601) Oxy-carbonsäuren
  4602) Oxo-carbonsäuren
  4603) Oxy-oxo-carbonsäuren

4604) **Sulfinsäuren**

4605) **Sulfonsäuren**

4606) **Amine**
  4607) Monoamine
  4608) Polyamine
  4609) Oxy-amine
  4610) Oxo-amine
  4611) Oxy-oxo-amine
  4612) Amino-carbonsäuren, -sulfinsäuren, -sulfonsäuren

4613) **Hydroxylamine**

4614) **Hydrazine**

4615) **Azo-Verbindungen**

4616) Verbindungen, die weitere funktionelle Gruppen enthalten (analog Syst. No. 393 bis 449 und 2188a bis 2358), z. B. Phosphine

4617) *Verbindungen mit 2 cyclisch gebundenen Sauerstoffatomen*[1]) *und 2 cyclisch gebundenen Stickstoffatomen*

4618) **Stammkerne**
  4619) $C_nH_{2n+2}O_2N_2$
  4620) $C_nH_{2n}O_2N_2$
  4621) $C_nH_{2n-2}O_2N_2$
  4622) $C_nH_{2n-4}O_2N_2$
  4623) $C_nH_{2n-6}O_2N_2$
  4624) $C_nH_{2n-8}O_2N_2$
  4625) $C_nH_{2n-10}O_2N_2$
  4626) $C_nH_{2n-12}O_2N_2$
  4627) $C_nH_{2n-14}O_2N_2$
  4628) $C_nH_{2n-16}O_2N_2$
  4629) $C_nH_{2n-18}O_2N_2$, z. B. Diphenylfuroxan
  4630) $C_nH_{2n-20}O_2N_2$
  4631) $C_nH_{2n-22}O_2N_2$
  4632) $C_nH_{2n-24}O_2N_2$
  4633) $C_nH_{2n-26}O_2N_2$
  4634) $C_nH_{2n-28}O_2N_2$
  4635) $C_nH_{2n-30}O_2N_2$, $C_nH_{2n-32}O_2N_2$ usw.

---

[1]) Vgl. hierzu S. 102 Anm.

Heterocyclische Reihe.
Hetero 2 und mehr O, 2 N. — Hetero 1 O, 3 N.

4636) **Oxy-Verbindungen**
    4637) Monooxy-Verbindungen
    4638) Polyoxy-Verbindungen

4639) **Oxo-Verbindungen**
    4640) Monooxo-Verbindungen
    4641) Polyoxo-Verbindungen
    4642) Oxy-oxo-Verbindungen

4643) **Carbonsäuren**
    4644) Monocarbonsäuren
    4645) Polycarbonsäuren
    4646) Oxy-carbonsäuren
    4647) Oxo-carbonsäuren
    4648) Oxy-oxo-carbonsäuren

4649) **Sulfinsäuren und Sulfonsäuren**

4650) **Amine**
    4651) Monoamine
    4652) Polyamine
    4653) Amine mit Nebenfunktionen[1])

4654) **Hydroxylamine**

4655) **Hydrazine**

4656) **Azo-Verbindungen**

4657) **Verbindungen, die weitere funktionelle Gruppen enthalten** (analog Syst. No. 393 bis 449 und 2188a bis 2358), z. B. Phosphine

4658) *Verbindungen mit 3 cyclisch gebundenen Sauerstoffatomen[2]) und 2 cyclisch gebundenen Stickstoffatomen*

4659) **Stammkerne**

4660) **Oxy-Verbindungen**

4661) **Oxo-Verbindungen**

4662) **Carbonsäuren**

4663) **Sulfinsäuren und Sulfonsäuren**

4664) **Amine**

4665) **Hydroxylamine**

4666) **Hydrazine**

4667) **Azo-Verbindungen**

4668) **Verbindungen, die weitere funktionelle Gruppen enthalten** (analog Syst. No. 393 bis 449 und 2188a bis 2358), z. B. Phosphine

4669) *Verbindungen mit 4 oder mehr cyclisch gebundenen Sauerstoffatomen[2]) und 2 cyclisch gebundenen Stickstoffatomen*

4670) *Verbindungen mit 1 cyclisch gebundenen Sauerstoffatom[2]) und 3 cyclisch gebundenen Stickstoffatomen*

4671) **Stammkerne**

4672) **Oxy-Verbindungen**

4673) **Oxo-Verbindungen**

---
[1]) Vgl. hierzu S. 65 Anm. 2.
[2]) Vgl. hierzu S. 102 Anm.

142 Verzeichnis der Systemnummern.

4674) Carbonsäuren

4675) Sulfinsäuren und Sulfonsäuren

4676) Amine

4677) Verbindungen, die weitere funktionelle Gruppen enthalten (analog Syst. No. 380 bis 449 und 1929 bis 2358), z. B. Hydrazine, Phosphine

4678) *Verbindungen mit 2 cyclisch gebundenen Sauerstoffatomen*[1]) *und 3 cyclisch gebundenen Stickstoffatomen*

4679) Stammkerne

4680) **Oxy-Verbindungen**

4681) **Oxo-Verbindungen**

4682) Carbonsäuren

4683) Sulfinsäuren und Sulfonsäuren

4684) Amine

4685) Verbindungen, die weitere funktionelle Gruppen enthalten (analog Syst. No. 380 bis 449 und 1929 bis 2358), z. B. Hydrazine, Phosphine

4686) *Verbindungen mit 3 cyclisch gebundenen Sauerstoffatomen*[1]) *und 3 cyclisch gebundenen Stickstoffatomen*

4687) Stammkerne

4688) **Oxy-Verbindungen**

4689) **Oxo-Verbindungen**

4690) Carbonsäuren

4691) Sulfinsäuren und Sulfonsäuren

4692) Amine

4693) Verbindungen, die weitere funktionelle Gruppen enthalten (analog Syst. No. 380 bis 449 und 1929 bis 2358), z. B. Hydrazine, Phosphine

4694) *Verbindungen mit 4 oder mehr cyclisch gebundenen Sauerstoffatomen*[1]) *und 3 cyclisch gebundenen Stickstoffatomen*

4695) *Verbindungen mit 1 cyclisch gebundenen Sauerstoffatom*[1]) *und 4 cyclisch gebundenen Stickstoffatomen*

4696) Stammkerne

4697) **Oxy-Verbindungen**

4698) **Oxo-Verbindungen**

4699) Carbonsäuren

4700) Sulfinsäuren und Sulfonsäuren

4701) Amine

4702) **Hydroxylamine**

4703) **Hydrazine**

4704) **Azo-Verbindungen**

4705) Verbindungen, die weitere funktionelle Gruppen enthalten (analog Syst. No. 393 bis 449 und 2188a bis 2358), z. B. Phosphine

---

[1]) Vgl. hierzu S. 102 Anm.

Heterocyclische Reihe.
Hetero 2 und mehr O, 3N. — Hetero O und mehr als 3N. — Weitere Heteroklassen.

4706) *Verbindungen mit 2 cyclisch gebundenen Sauerstoffatomen*[1]) *und 4 cyclisch gebundenen Stickstoffatomen*
4707) **Stammkerne**
4708) **Oxy-Verbindungen**
4709) **Oxo-Verbindungen**
4710) **Carbonsäuren**
4711) **Sulfinsäuren und Sulfonsäuren**
4712) **Amine**
4713) **Hydroxylamine**
4714) **Hydrazine**
4715) **Azo-Verbindungen**
4716) **Verbindungen, die weitere funktionelle Gruppen enthalten** (analog Syst. No. 393 bis 449 und 2188a bis 2358), z. B. Phosphine
4717) *Verbindungen mit 3 cyclisch gebundenen Sauerstoffatomen*[1]) *und 4 cyclisch gebundenen Stickstoffatomen*
4718) *Verbindungen mit 4 oder mehr cyclisch gebundenen Sauerstoffatomen*[1]) *und 4 cyclisch gebundenen Stickstoffatomen*
4719) *Verbindungen mit 5 oder mehr cyclisch gebundenen Stickstoffatomen und cyclisch gebundenem Sauerstoff*[1])
4720) *Verbindungen mit anderen cyclisch gebundenen Heteroatomen als O (bezw. S, Se, Te) und N*

4721) **Vierte Hauptabteilung: Natürliche Produkte, welche sich nicht an bestimmten Stellen der Hauptabteilungen I bis III einordnen lassen**[2])
4722) **Kohlenwasserstoffe**
   4723) Fossile, z. B. Petroleum
   4723a) Carotin
   4724) Weitere pflanzliche, geordnet nach der Stelle der Pflanze in Englers Syllabus[2])
   4725) Tierische
4726) **Ätherische Öle**
   4727) Fossile
   4728) Pflanzliche, geordnet nach der Stelle der Pflanze in Englers Syllabus[2])
   4729) Tierische
4729a) **Sterine**
   4729b) Fossile und pflanzliche, z. B. Ergosterin, Sitosterin
   4729c) Tierische, z. B. Koprosterin, Cholesterin
4730) **Fette Öle und Fette** (d. h. Glycerinester)
   4731) Pflanzliche, geordnet nach der Stelle der Pflanze in Englers Syllabus[2])
   4732) Tierische
4733) **Wachse** (d. h. Ester von höheren ein- und zweiwertigen Alkoholen)
   4733a) Fossile
   4734) Pflanzliche, geordnet nach der Stelle der Pflanze in Englers Syllabus[2])
   4735) Tierische
4736) **Harze, Balsame, pflanzliche Milchsäfte**
   4737) Fossile, z. B. Bernstein, Kopal
   4738) Pflanzliche, geordnet nach der Stelle der Pflanze in Englers Syllabus[2])

---
[1]) Vgl. hierzu S. 102 Anm.
[2]) Vgl. S. 51.

4739) Artikel, die vor Terpentin anzuordnen sind
4740) Terpentin, darunter Harzessenz, Colophonium, Abietinsaure, Canadabalsam
4741) Artikel, die zwischen Terpentin und Aloe anzuordnen sind, z. B. Sandarakharz, Drachenblut
4742) Aloe
4743) Artikel, die zwischen Aloe und Kautschuk anzuordnen sind, z. B. Xanthorrhöaharze
4744) Kautschuk
4745) Artikel, die hinter Kautschuk anzuordnen sind, z. B. Styrax liquidus, Copaivabalsam, Perubalsam, Guajac-Harz, Olibanum, Asa foetida, Galbanum, Guttapercha, Balata, Benzoeharz
4745a) Harze unsicherer Abstammung

4746) **Kohlenhydrate**
    4747) Monosaccharide unbekannter empirischer Formel
    4748) Disaccharide
        4749) Disaccharide, die vor den Disacchariden $C_{12}H_{22}O_{11}$ anzuordnen sind, z. B. Disaccharide $C_{12}H_{22}O_{10}$
        4750) Disaccharide $C_{12}H_{22}O_{11}$, alphabetisch nach den latinisierten Namen geordnet
            4751) Verbindungen, die vor Lactose anzuordnen sind, z. B. Cellobiose (= Cellose), Gentiobiose, Isomaltose
            4752) Lactose (= Milchzucker)
            4753) Verbindungen, die zwischen Lactose und Maltose anzuordnen sind
            4754) Maltose
            4755) Verbindungen, die zwischen Maltose und Saccharose anzuordnen sind, z. B. Melibiose
            4756) Saccharose (= Rohrzucker)
            4757) Verbindungen, die hinter Saccharose anzuordnen sind, z. B. Trehalose, Turanose
        4758) Disaccharide, die hinter den Disacchariden $C_{12}H_{22}O_{11}$ anzuordnen sind
    4759) Trisaccharide
        4760) Trisaccharide, die vor den Trisacchariden $C_{18}H_{32}O_{16}$ anzuordnen sind, z. B. Rhamninose $C_{18}H_{32}O_{14}$
        4761) Trisaccharide $C_{18}H_{32}O_{16}$, z. B. Gentianose, Lactosinose (= Lactosin), Manninotriose, Melezitose, Raffinose, Secalose
        4762) Trisaccharide, die hinter den Trisacchariden $C_{18}H_{32}O_{16}$ anzuordnen sind
    4763) Tetrasaccharide, z. B. Stachyose (= Manneotetrose)
    4764) Komplexere Kohlenhydrate, alphabetisch geordnet
        4765) Verbindungen, die vor Amylum anzuordnen sind, z. B. Achrooglykogen, α- und β-Amylan, Amyloid
        4766) Amylum, Stärke
        4767) Ester der Stärke
        4768) Sonstige Umwandlungsprodukte der Stärke, z. B. Dextrin
        4769) Verbindungen, die zwischen Amylum und Cellulose anzuordnen sind, z. B. Apeponin, Arabin (= Gummi arab.), Bassorin und Traganth, Capsicumsamenschleim, Carragheenschleim, Carubin (= Secalin), Chagnalgummi
        4770) Cellulose
        4771) Ester der Cellulose
        4772) Sonstige Umwandlungsprodukte der Cellulose
        4773) Verbindungen, die hinter Cellulose anzuordnen sind, z. B. Dextran (= Gärungsgummi), Evernin, Fongose, Galaktane, Glykogen, Graminin, Hefegummi, Helianthenin, Hemicellulosen, Holzgummi (= Xylan), Inulin, Irisin (= Phlein), Jute, Lävosin, Lävulan, Lävulin (= Synanthrose), Lichenin, Mannocellulosen, Paramylum, Pararabin, Paradextran, Paragalaktan, Pseudoinulin, Salepschleim, Sinistrin, Tiergummi, Trehalum, Triticin
    4774) Pektinkörper

    4775) **Glykoside und andere zuckerhaltige Naturstoffe**
        4776) Pflanzliche, geordnet nach der Stelle der Pflanze in Englers Syllabus[1])
        4776a) Pflanzliche Glykoside unsicherer Abstammung
        4777) Tierische, z. B. Cerebroside

---

[1]) Vgl. S. 51.

Naturstoffe.

4777a) **Gepaarte Glykuronsäuren**

4778) **Alkaloide**
 4779) Pflanzliche, geordnet nach der Stelle der Pflanze in Englers Syllabus[1])
  4780) Alkaloide, die vor Aconitum-Alkaloiden anzuordnen sind
  4781) Aconitum-Alkaloide, z. B. Aconin, Aconitin, Japaconitin, Lycaconitin, Pseudoaconitin
  4782) Alkaloide, die zwischen Aconitum-Alkaloiden und Papaver-Alkaloiden anzuordnen sind
  4783) Papaver-Alkaloide (Opium)
   4784) Morphin und Kodein sowie deren Isomere
   4785) Abbau- und Umwandlungsprodukte aus Morphin und Kodein, z. B. Pseudomorphin, Oxykodein, Methylmorphimethine
   4786) Thebain
   4787) Weitere Papaver-Alkaloide, z. B. Kodamin
  4788) Alkaloide, die zwischen Papaver-Alkaloiden und Pilocarpus-Alkaloiden anzuordnen sind
  4789) Pilocarpus-Alkaloide, z. B. Pilocarpidin, Pseudojaborin, Pseudopilocarpin
  4790) Alkaloide, die zwischen Pilocarpus-Alkaloiden und Strychnos-Alkaloiden anzuordnen sind
  4791) Strychnos-Alkaloide
   4792) Brucin
   4793) Strychnin
   4794) Weitere Strychnos-Alkaloide, z. B. Curare-Alkaloide aus Strychnos-Arten
  4795) Alkaloide, die zwischen Strychnos-Alkaloiden und Solanaceae-Alkaloiden anzuordnen sind
  4796) Solanaceae-Alkaloide, z. B. Belladonnin, Scopolamin, Atroscin, Scopolin, Solanin, Tabaks-Alkaloide
  4797) Alkaloide, die zwischen Solanaceae-Alkaloiden und Cinchona-Alkaloiden anzuordnen sind
  4798) Cinchona-Alkaloide
   4799) Chinamin, Conchinamin
   4800) Aricin, Cusconin, Cusconidin
   4801) Cuscamin, Cuscamidin
   4802) Paricin
   4803) Dicinchonin, Diconchinin
   4804) Weitere Cinchona-Alkaloide
  4804a) Alkaloide, die zwischen Cinchona-Alkaloiden und Remija-Alkaloiden anzuordnen sind
  4805) Remija-Alkaloide, z. B. Cinchonamin, Concusconin, Chairamin
  4806) Alkaloide, die hinter Remija-Alkaloiden anzuordnen sind
 4807) Tierische, z. B. Ptomaine

4807a) **Phosphatide, Lecithane**, z. B. Lecithin, Cephalin

4808) **Proteine**
 4809) Pflanzliche
  4810) Euproteine (Albumine und Globuline)
   4811) Albumine, z. B. Leukosin, Legumelin
   4812) Globuline, z. B. Conglutin, Edestin, Legumin
   4812a) Gluteline, z. B. Glutenin
   4813) Alkohollösliche Samenproteine, z. B. Glutenfibrin, Gliadin, Mucedin, Hordein
   4814) Histone
   4815) Protamine
  4816) Proteide
   4817) Nucleoproteide
    4818) Anhang: Pflanzliche Nucleinsäuren (Hefe-, Tritico-Nucleinsäure)
   4819) Nucleoalbumine, Phosphorproteide
   4820) Glykoproteide
  4820a) Pflanzliche Proteosen und Peptone
  4821) Pflanzliche Proteine, welche sich einstweilen nicht rubrizieren lassen
 4822) Tierische
  4823) Euproteine (Albumine und Globuline)
   4824) Albumine

---

[1]) Vgl. S. 51.

4825) Ovalbumin
4826) Serumalbumin
4827) **Weitere Albumine**, z. B. Conalbumin, Lactalbumin
4828) Globuline, z. B. Fibrinogen mit Fibrin, α- und β-Krystallin, Myosin, Serumglobulin, Thyreoglobulin
4829) Nächste Spaltungsprodukte
4830) Albumosen, Propeptone, z. B. Protalbumose, Heteroalbumose, Alkalialbumose
4831) Peptone, z. B. Antipepton (= Fleischsäure)
4832) Histone, z. B. Arbacin, Globin, Scombron
4833) Protamine, z. B. Accipenserin, Clupein, Cyclopterin, Salmin, Scombrin, Sturin
4834) Albuminoide
4835) Chondrin
4836) Kollagen und Glutin (Leim)
4837) **Weitere Albuminoide**, z. B. Conchiolin, Elastin, Gorgonin, Keratin, Reticulin, Seidenfibroin, Sericin, Spongin
4838) Proteide
4839) Blutfarbstoffe
4840) Hämoglobin und Oxyhämoglobin
4841) **Weitere Blutfarbstoffe**, z. B. Hämocyanin
4842) Nucleoproteide, z. B. Nucleohiston
4843) Anhang: Tierische Nucleinsäuren, z. B. Inosinsäure, Guanylsäuren
4844) Nucleoalbumine (frühere Paranucleoproteide), Phosphorproteide
4845) Casein
4846) **Weitere Nucleoalbumine**, z. B. Ichthulin, Opalisin, Vitellin
4847) Glykoproteide, z. B. Mucine, Paramucin, Helicoproteid, Mucoide, Pseudomucin, Ovomucoid
4848) Tierische Proteine, welche sich einstweilen nicht rubrizieren lassen

4849) **Enzyme**
4850) Proteolytische, z. B. Hefetrypsin, Papayotin, Erepsin, Pepsin, Trypsin
4851) Polysaccharidspaltende, z. B. Carubinase, Invertin, Maltase, Malzdiastase, Ptyalin
4852) Glykosidspaltende, z. B. Emulsin, Gaultherase, Myrosin, Rhamninase
4853) Esterasen, z. B. Lipasen
4854) Koagulierende Enzyme, z. B. Chymosin (= Lab)
4855) Oxydasen und Reduktasen, z. B. Laccase, Tyrosinase
4856) Monosaccharidspaltende
4857) Alkoholbildende, z. B. Zymase
4858) Enzym der Milchsäuregärung
4859) Weitere monosaccharidspaltende
4859a) Enzyme, die in keine der früheren Gruppen gehören

4860) **N-freie Verbindungen, die in keine der früheren Gruppen gehören**
4861) Fossile Stoffe
4861a) Allgemein verbreitete Pflanzenstoffe, z. B. Lignin, Xanthophyll
4862) Weitere pflanzliche Stoffe, geordnet nach der Stelle der Pflanze in Englers Syllabus[1])
4863) Verbindungen, die vor Lichenes-Stoffen anzuordnen sind
4864) Lichenes-Stoffe (Flechtenstoffe)
4865) Verbindungen, die hinter Lichenes-Stoffen anzuordnen sind
4865a) Stoffe pflanzlicher Herkunft mit unsicherer Stammpflanze
4866) Tierische Stoffe

4867) **N-haltige Verbindungen, die in keine der früheren Gruppen gehören**
4868) Fossile Stoffe
4868a) Chlorophyll und seine Abbauprodukte unbekannter Konstitution (z. B. Phylline)
4869) Weitere pflanzliche Stoffe, geordnet nach der Stelle der Pflanze in Englers Syllabus[1])
4870) Tierische Stoffe, z. B. Chitin, Gallenfarbstoffe, Harnfarbstoffe

4871) **Naturstoffe, die in keine der früheren Gruppen eingeordnet werden können**
4872) Fossile
4873) Pflanzliche
4873a) Allgemein in Pflanzen verbreitete Stoffe
4874) Verbindungen, die in Kryptogamen auftreten
4875) Verbindungen, die in Phanerogamen auftreten
4876) Verbindungen, deren Stammpflanze nicht feststeht
4877) Tierische

[1]) Vgl. S. 51.

Verzeichnis von Trivialnamen mit den zugehörigen systematischen Signaturen.

Vgl. Einleitung, S. 3.
Zur Erklärung der Signaturen s. die Beispiele auf S. 51 bis 56.

Abieninsäure 4740
Abieten 473; C_{19}; x (Bd. V, S. 508)
Abietin 474; C_{19}; x (Bd. V, S. 528)
Abietinolsäure 4740
Abietinsäure 4740
Abietolsäure 4740
Abietoresen 4740
Abrotin 4806
Absinthiin 4776
Acacetin 2557; C_{15}; tricycl.
Accipenserin 4833
Acechlorplatin 90; C_6; $\frac{5}{1}$ (Bd. I, S. 738) (bei Mesityloxyd)
Aceconitsäure 160 (Bd. II, S. 214) (bei Bromessigsäureäthylester)
Acekaffin 4156 (bei 1.3.7-Trimethyl-harnsäure)
Acenaphthen 479; C_{12}; tricycl. (Bd. V, S. 586)
Acenaphthenchinon 676a; C_{12}; tricycl. (Bd. VII, S. 744)
Acenaphthoesäure 952; C_{13}; tricycl. (Bd. IX, S. 673)
Acenaphthylen 480; C_{12}; tricycl. (Bd. V, S. 625)
Acetal 78 (Bd. I, S. 603)
Acetaldehyd 77 (Bd. I, S. 594)
Acetfluorescein 554 (Bd. VI, S. 811) (bei Resorcin)
Acetoin 113; C_4; $\frac{4}{0}$ (Bd. I, S. 827)
Acetol 113; C_3 (Bd. I, S. 821)
Aceton 83 (Bd. I, S. 635)
Acetonaphthon (a-) 649; C_{12}; bicycl.; k. (Bd. VII, S. 401)
Acetonaphthon (β-) 649; C_{12}; bicycl.; k. (Bd. VII, S. 402)
Acetonchloroform 24; C_4; $\frac{3}{1}$ (Bd. I, S. 382)
Acetonitrose 159 (Bd. II, S. 161)
Acetonsäure 223; C_4; $\frac{3}{1}$ (Bd. III, S. 313)
Acetophenon 639 (Bd. VII, S. 271)
Acetovanillon 775; C_8; $\frac{6}{2}$ (Bd. VIII, S. 272)
Acetoveratron 775; C_8; $\frac{6}{2}$ (Bd. VIII, S. 273)

Acetursäure 364 (Bd. IV, S. 354)
Acetylen 12; C_2 (Bd. I, S. 228)
Achilleasäure 185; C_6; $\frac{5}{1}$ (Bd. II, S. 849)
Achillein 4806
Achilletin 4806
Achroodextrin 4768
Achrooglykogen 4765
Acidcellulose 4772
Acidol 364 (Bd. IV, S. 348)
Acocantherin 4776
Acocanthin 4776
Aconin 4781
Aconitin 4781
Aconitsäure 185; C_6; $\frac{5}{1}$ (Bd. II, S. 849)
Aconsäure 2619; —6; C_5; $\frac{5}{1}$
Acorin 4869
Acridan 3087; C_{13}; tricycl.
Acridin 3088; C_{13}; tricycl.
Acridingelb 3412; C_{15}; tricycl.
Acridinsäure 3289; bicycl.; k.
Acridon 3187; C_{13}; tricycl.
Acrit (a-) 59; C_6; $\frac{6}{0}$ (Bd. I, S. 543)
Acrolein 90; C_3 (Bd. I, S. 725)
Acromelidin 4864
Acromelin 4864
Acromelol 4864
Acrosamin (a-) 360; O_5; $\pm$ 0; C_6; $\frac{6}{0}$ (Bd. IV, S. 332)
Acrose (a-) 145 (Bd. I, S. 927)
Acroson (a-) 148; —2; C_6; $\frac{6}{0}$ (Bd. I, S. 933)
Acrothialdin 90 (Bd. I, S. 727) (bei Acrolein)
Acrylkolloid (a-) 162; C_3 (Bd. II, S. 257) (bei $a.a$-Dibrom-propionsäure)
Acrylkolloid (β-) 163; C_3 (Bd. II, S. 403) (bei a-Brom-acrylsäure)
Acrylkolloid (γ-) 163; C_3 (Bd. II, S. 403) (bei a-Brom-acrylsäure-äthylester)
Acrylsäure 163; C_3 (Bd. II, S. 397)
Adenin 4115
Adenosin 4818 (bei Hefenucleinsäure)
Adenylsäure 4843

10*

Adipinketon 612; C_5; $\frac{5}{0}$ (Bd. VII, S. 5)
Adipinsäure 175; $\frac{6}{0}$ (Bd. II, S. 649)
Adipocire 4732
Adipoin 739; C_6; $\frac{6}{0}$ (Bd. VIII, S. 2)
Adipomalsäure 242; C_6; $\frac{6}{0}$ (Bd. III, S. 448)
Adipoweinsäure 251; C_6; $\frac{6}{0}$ (Bd. III, S. 534)
Adlumidin 4788
Adlumin 4788
Adonin 4776
Adonit 54; C_5; $\frac{5}{0}$ (Bd. I, S. 530)
Adrenalin 1870; —6; C_8; $\frac{6}{2}$
Adrenalon 1878; —8; C_8; $\frac{6}{2}$
Äpfelsäure 240 (Bd. III, S. 417)
Äscigenin 4776
Äscinsäure 4776
Äscorcin 2843; O_8; —22; C_{18}; tetracycl.
Äsculetin 2532; C_9; bicycl.; k.
Äsculetinsäure 1141; $\frac{6}{3}$ (Bd. X, S. 507)
Äsculin 4776
Ästhesin 4777
Äthal 24; C_{16}; $\frac{16}{0}$ (Bd. I, S. 429)
Äthan 7 (Bd. I, S. 80)
Äthanmercarbid 170 (Bd. II, S. 562)
Äther 21 (Bd. I, S. 314)
Äthindiphthalid 2770; C_{18}; tetracycl.
Äthionsäure 328; Monooxy; +2; C_2 (Bd. IV, S. 15)
Äthylenblau 4367; C_{12}; tricycl.
Äthylengrün 4367; C_{12}; tricycl.
Äthylrot 3491; C_{19}; tetracycl.
Äthylsulfuran 30; C_2 (Bd. I, S. 472)
Agar-Agar 4773
Agaricinsäure 4739
Agaricol 4865
Agarose 4751
Agathin 1985; zu C_7; isocycl.; $\frac{6}{1}$
Age 4732
Agnotobenzaldehyd 1938; —8; C_7; $\frac{6}{1}$
Agoniadin 4776
Agrostemmasäure 4776
Agrostemma-Sapogenin 4776
Agrostemma-Sapotoxin 4776
Agrosterin 4729b
Airol 1136 (Bd. X, S. 477)
Alakreatin 365 (Bd. IV, S. 396)
Alakreatinin 3587; C_4; $\frac{5(H\,1:3)}{1}$
Alanin (α-) 365 (Bd. IV, S. 381)
Alanin (β-) 365 (Bd. IV, S. 401)
Alantol 4865
Alantolsäure 1077; C_{15}; x (Bd. X, S. 287)
Alantsäure 1077; C_{15}; x (Bd. X, S. 287)
Albanane 4745
Albane 4744
Albaspidin 736; Oktaoxo; —18; C_{25}; bicycl.; n. k. (Bd. VII, S. 910)

Albopannin 4865
Aldehyd 77 (Bd. I, S. 594)
Aldehydammoniak 3796; C_6; $6\frac{(H\,1:3:5)}{1\cdot1\cdot1}$
Aldehydgrün 1865 (bei Pararosanilin)
Aldehydin 3054; $\frac{6}{1\cdot2}$
Aldehydmoschus 640; C_{13}; $\frac{6}{1\cdot1\cdot1\cdot\frac{2}{1\cdot1}}$ (Bd. VII, S. 340)
Aldol 113; C_4; $\frac{4}{0}$ (Bd. I, S. 824)
Alectorinsäure 4864
Alectorsäure 4864
Aleudrin 201 (Bd. III, S. 29)
Aleuritinsäure 230; C_{13}; $\frac{13}{0}$ (Bd. III, S. 405)
Alexipon 1061; zu Monooxy; +2; C_2 (Bd. X, S. 75)
Alfelemisäure 4745
Alfeleresen 4745
Alizarin 806 (Bd. VIII, S. 439)
Alizarinblau 3241; O_4; —25; C_{17}; tetracycl.
Alizarinblaugrün 3382; O_5; —25; C_{17}; tetracycl.
Alizarinbordeaux 852; C_{14}; tricycl. (Bd. VIII, S. 549)
Alizarincyanin R 875; C_{14}; tricycl. (Bd. VIII, S. 563)
Alizarincyaningrün 1923; —6, C_7; $\frac{6}{1}$
Alizaringelb A 802; C_{13}; bicycl.; n. k. (Bd. VIII, S. 417)
Alizaringrün 3382; O_5; —25; C_{17}; tetracycl. (bei Alizarinblaugrün)
Alizarinindigblau 3241; O_7; —25; C_{17}; tetracycl.
Alizarinirisol 1923; —6; C_7; $\frac{6}{1}$
Alizarinpentacyanin 875; C_{14}; tricycl. (Bd. VIII, S. 563)
Alizarinpurpursulfonsäure 1578; —20; C_{14}; tricycl. (Bd. XI, S. 355)
Alizarinreinblau 1923; —6; C_7; $\frac{6}{1}$
Alizarinrot S 1578; —20; C_{14}; tricycl. (Bd. XI, S. 355)
Alkachlorophyll 4868a
Alkannin 4865
Alkargen 412 (Bd. IV, S. 610)
Alkarsin 411 (Bd. IV, S. 608)
Alkohol 20 (Bd. I, S. 292)
Allansäure 3774; Dioxo; —2; C_3; $\frac{5(H\,1\cdot3)}{0}$ (bei Allantoin)
Allantoin 3774; Dioxo; —2; C_3; $\frac{5(H\,1\cdot3)}{0}$
Allantoinsäure 279; C_2 (Bd. III, S. 599)
Allantoxaidin 3614; $\frac{5(H\,1\cdot3)}{0}$
Allantoxansäure 3614; $\frac{5(H\,1:3)}{0}$
Allantursäure 3774; Dioxo; —2; C_3; $\frac{5(H\,1\cdot3)}{0}$
Allen 12; C_3 (Bd. I, S. 248)
Allitursäure 3637; —4; C_4; $\frac{6(H\,1:3)}{0}$ (bei Alloxantin)
Allobrucin 4792

Allobrucinsäure 4792 (bei Allobrucin)
Allocampholytsäure 894; C_9; $\frac{5}{1\cdot 1\cdot 1\cdot 1}$ (Bd. IX, S. 55)
Allocamphothetinsäure 967; C_{18}; bicycl.; n. k. (Bd. IX, S. 781)
Allochrysoketoncarbonsäure 1303; C_{18}; tetracycl. (Bd. X, S. 785)
Allocinchonicin 3571; C_{19}; tricycl.
Allocinchonin 3513; C_{19}; tetracycl.
Allocrotonsäure 163; C_4; $\frac{4}{0}$ (Bd. II, S. 412)
Allofluorescein 972 (Bd. IX, S. 809) (bei Phthalylchlorid)
Alloisoleucin 368; $\frac{5}{1}$ (Bd. IV, S. 457)
Allokaffein 4156 (bei Tetramethylharnsäure)
Allokaffursäure 4156 (bei Tetramethylharnsäure)
Alloocimen 13; C_{10}; $\frac{8}{1\cdot 1}$ (Bd. I, S. 264)
Allophansäure 205 (Bd. III, S. 69)
Allophyllotaonin 4868a
Alloporphyrin 4868a
Allopseudokodein 4784
Allosan 533; C_{15} (Bd. VI, S. 557)
Alloschleimsäure 266; C_6; $\frac{6}{0}$ (Bd. III, S. 576)
Alloxan 3627
Alloxansäure 292; C_3 (Bd. III, S. 772)
Alloxantin 3637; —4; C_4; $\frac{6(H\ 1\ \ 3)}{0}$ (bei Dialursäure)
Alloxyproteinsäure 4870
Allozimtsäure 948 (Bd. IX, S. 591)
Alluransäure 3627 (bei Alloxan)
Allylen 12; C_3 (Bd. I, S. 246)
Almeidina 4745
Almessega-Elemi 4745
Aloe 4742
Aloeemodin 830; C_{15}; tricycl. (Bd. VIII, S. 524)
Aloetinsäure 830; C_{15}; tricycl. (Bd. VIII, S. 525)
Aloine 4776
Alonigrin 4776
Alorcinsäure 1073; x (Bd. X, S. 266)
Aloresitannol 4742
Alstonamin 4795
Alstonidin 4795
Alstonin 4795
Alumnol 1557 (Bd. XI, S. 289)
Alypin 908; zu Oxy-amin; Monooxy; +2; C_5; $\frac{4}{1}$ (Bd. IX, S. 175)
Amalinsäure 3637; —4; C_4; $\frac{6(H\ 1\ \ 3)}{0}$
Amandin 4812
Amanitin 353 (Bd. IV, S. 277)
Amanitol 4874
Amarin 3491; C_{21}; tetracycl.
Amaron 3497; C_{28}; pentacycl.
Amarsäure 692; —42; C_{35}; pentacycl. (Bd. VII, S. 849) (bei Benzamaron)
Amasatin 1916; —10; C_8; $\frac{6}{2}$ (bei Isatinsäure)
Ambrain 4866

Ameisensäure 155 (Bd. II, S. 8)
Amethystviolett 3745
Amidol 1854; Diamin
Amisatin 3206 (bei Isatin)
Ammelid 3889; Trioxo; —3; C_3; $\frac{6(H\ 1\ \ 3\cdot 5)}{0}$ (bei Melanurensäure)
Ammelin 3889; Trioxo; —3; C_3; $\frac{6(H\ 1\cdot 3\cdot 5)}{0}$
Amorphen 471; x (Bd. V, S. 468)
Ampelochroinsäure 4865
Ampelosterin 4729b
Amphikreatinin 4807
Amphopepton 4831
Amygdalin 4776
Amygdalinsäure 4776
Amylan 4765
Amylene 11; C_5 (Bd. I, S. 210)
Amylenhydrat 24; C_5; $\frac{4}{1}$ (Bd. I, S. 388)
Amylocellulose 4766
Amylodextrin 4768
Amyloid 4765
Amylopektin 4766
Amylose 4766
Amylose, krystallisierte (von Schardinger) 4768
Amylum 4766
Amyrilen 478a; C_{30}; x (Bd. V, S. 576)
Amyrin (α-) 535; C_{30}; x (Bd. VI, S. 593)
Amyrin (β-) 535; C_{30}; x (Bd. VI, S. 594)
Amyrinsäure 950; C_{30}; x (Bd. IX, S. 646)
Amyrol 4728
Amyrolin 4728
Amyrone 648; C_{30}; x (Bd. VII, S. 400)
Anabsinthin 4865
Anacardsäure 1087; C_{22}; x (Bd. X, S. 327)
Anäthol 534; C_9; $\frac{6}{3}$ (Bd. VI, S. 569)
Anagyrin 4788
Analgen 3423; C_9; bicycl.; k.
Anamirtin 4865
Anatin 4827
Anatinin 4827
Androl 4728
Andromedotoxin 4865
Androsin 4776
Androsterin 4729b
Anemonencampher 4865
Anemonin 4865
Anemoninsäure 4865
Anemonolsäure 4865
Anemonsäure 4865
Anethol 534; C_9; $\frac{6}{3}$ (Bd. VI, S. 566)
Angelactinsäure 224; C_5; $\frac{5}{0}$ (Bd. III, S. 378)
Angelicasäure 163; C_5; $\frac{4}{1}$ (Bd. II, S. 428)
Anglicerinsäure 230; C_5; $\frac{4}{1}$ (Bd. III, S. 400)
Angokopalolsäure 4737
Angokopaloresen 4737
Angolakopal 4737
Angosturin 4865
Anhalamin 4790

Anhalin 4790
Anhalonidin 4790
Anhalonin 4790
Anhydroacetonbenzil 754; C_{17}; tricycl. (Bd. VIII, S. 201)
Anhydroacetondibenzil 817; C_{31}; pentacycl. (Bd. VIII, S. 487)
Anhydroacetonphenanthrenchinon 755; C_{17}; tricycl. (Bd. VIII, S. 207)
Anhydrobenzillävulinsäure (α-) 1419; C_{19}; tricycl. (Bd. X, S. 977)
Anhydrobenzillävulinsäure (β-) 1419; C_{19}; tricycl. (Bd. X, S. 978)
Anhydrocarminsäure 4866 (bei Carminsäure)
Anilin 1598 (Bd. XII, S. 59)
Anilinblau 1866
Anilinpurpur 1598 (Bd. XII, S. 131) (bei Anilin)
Anilinschwarz 1598 (Bd. XII, S. 130) (bei Anilin)
Aniluvitoninsäure 3258; bicycl.; k.
Anisaldehyd 746 (Bd. VIII, S. 67)
Anisalkohol 556; $\frac{6}{1}$ (Bd. VI, S. 897)
Anishydramid 746 (Bd. VIII, S. 75)
Anisidin (m-) 1840
Anisidin (o-) 1829; zu Monooxy; +2; C_1
Anisidin (p-) 1843; zu Monooxy; +2; C_1
Anisil 803; C_{14}; bicycl.; n. k. (Bd. VIII, S. 428)
Anisilsäure 1147; C_{14}; bicycl.; n. k. (Bd. X, S. 526)
Anisin 3553; —24; C_{21}; tetracycl.
Anisoin $(C_{10}H_{12}O)_x$ 534; C_9; $\frac{6}{3}$ (Bd. VI, S. 568) (bei Anethol)
Anisoin $C_{16}H_{16}O_4$ 802; C_{14}; bicycl.; n. k. (Bd. VIII, S. 423)
Anisol 514; zu Monooxy; +2; C_1 (Bd. VI, S. 138)
Anissäure 1069 (Bd. X, S. 154)
Anisursäure 1069 (Bd. X, S. 166)
Anol 534; C_9; $\frac{6}{3}$ (Bd. VI, S. 566)
Anthemen 452; C_{18}; x (Bd. V, S. 60)
Anthemol 510; C_{10}; x (Bd. VI, S. 101)
Anthesterin 4729b
Anthracen 482 (Bd. V, S. 657)
Anthracenblau WR 887; C_{14}; tricycl. (Bd. VIII, S. 569)
Anthrachinolin 3091; C_{17}; tetracycl.
Anthrachinon 679 (Bd. VII, S. 781)
Anthrachryson 852; C_{14}; tricycl. (Bd. VIII, S. 551)
Anthracumarin 2485; C_{16}; tetracycl.
Anthraflavinsäure 806 (Bd. VIII, S. 463)
Anthraflavon 732; —46; C_{30}; heptacycl. (Bd. VII, S. 905)
Anthrafuchson 663; C_{27}; pentacycl. (Bd. VII, S. 551)
Anthragallol 830; C_{14}; tricycl. (Bd. VIII, S. 505)
Anthramin 654; C_{14}; tricycl. (Bd. VII, S. 474)
Anthranil 4195; C_7; bicycl.

Anthranilopapaverin 4540; Tetraoxy; —22; C_{16}; tetracycl.
Anthranilsäure 1889
Anthranol 654; C_{14}; tricycl. (Bd. VII, S. 473)
Anthraphenazin 3493; C_{20}; pentacycl.
Anthraphenon 659; C_{21}; tetracycl. (Bd. VII, S. 538)
Anthrapurpurin 830; C_{14}; tricycl. (Bd. VIII, S. 516)
Anthrapyridine 3088; C_{13}; tricycl.
Anthrarobin 780; C_{14}; tricycl. (Bd. VIII, S. 330)
Anthrarufin 806 (Bd. VIII, S. 453)
Anthrazin 3499; C_{28}; heptacycl.
Anthrol 541; C_{14}; tricycl. (Bd. VI, S. 702)
Anthron 654; C_{14}; tricycl. (Bd. VII, S. 473)
Anthroxan 4195; C_7; bicycl.
Anthroxansäure 4308; C_8; bicycl.
Antiarigenin 4776
Antiarin 4776
Antiarol 593; C_6; $\frac{6}{0}$ (Bd. VI, S. 1154)
Antiaronsäure 248; C_6; x (Bd. III, S. 480)
Antiarose 139; x (Bd. I, S. 877)
Antifebrin 1607; zu C_2 (Bd. XII, S. 237)
Antipepton 4831
Antipyrin 3561
Antipyrinrot 3774; Monooxo; —2; C_4; $\frac{5(H\,1:2)}{1}$
Antiweinsäure 250 (Bd. III, S. 528)
Antoxyproteinsäure 4870
Apeponin 4769
Aphrodäscin 4776
Apigenin 2557; C_{15}; tricycl.
Apiin 4776
Apiol 2718; C_{10}; bicycl.
Apiolsäure 2890; —10; C_8; bicycl.
Apion 2717; C_7; bicycl.
Apionol 593; C_6; $\frac{6}{0}$ (Bd. VI, S. 1153)
Apionsäure 248; C_5; $\frac{4}{1}$ (Bd. III, S. 476)
Apiose 135; $\frac{4}{1}$ (Bd. I, S. 870)
Apoatropin 3108
Apobornylen 455; C_9; bicycl.; k. (Bd. V, S. 123)
Apocampher 616; C_9; bicycl.; k. (Bd. VII, S. 72)
Apocampher (π-) 616; C_9; bicycl.; k. (Bd. VII, S. 70)
Apocamphersäure 964; C_9; $\frac{5}{1 \cdot 1 \cdot 1 \cdot 1}$ (Bd. IX, S. 739, 741)
Apochinamin 4799
Apochinen 3225; C_{19}; tricycl.
Apochinidin 3538; C_{19}; tetracycl.
Apochinin 3538; C_{19}; tetracycl.
Apocinchen 3118; C_{19}; tricycl.
Apocinchonidin 3513; C_{19}; tetracycl.
Apoconchinin 3538; C_{19}; tetracycl.
Apocorydalin 3176; Tetraoxy; —17; C_{18}; tetracycl.
Apocotinin 3567; C_9; bicycl. (zu Dibromcotinin)
Apocynamarin 4865

Apocynin 775; C_8; $\frac{6}{2}$ (Bd. VIII, S. 272)
Apocynol 580a; C_8; $\frac{6}{2}$ (Bd. VI, S. 1114)
Apofenchen 453; C_9; $\frac{5}{1 \cdot \frac{2}{1}}$ (Bd. V, S. 80)
Apofenchylamin 1594; C_9; $\frac{5}{1 \cdot \frac{2}{1}}$ (Bd. XII, S. 15)
Apoglycinsäure 144 (Bd. I, S. 896) (bei d-Glykose)
Apoharmin 4788
Apokaffein 4156 (bei 1.3.7-Trimethyl-harnsäure)
Apomorphin 3140; C_{16}; tetracycl.
Aponarcein 2994; O_7; —22; C_{18}; tetracycl.
Aponsäure 2718; C_{10}; bicycl. (bei Isoapiol)
Apophyllensäure 3279; $\frac{6}{1 \cdot 1}$
Apopinol 26; C_{10}; $\frac{8}{1 \cdot 1}$ (Bd. I, S. 462)
Aporeidin 4787
Aporein 4787
Aposafranin 3719; C_{12}; tricycl.
Aposafranon 3513; C_{12}; tricycl.
Aposepin 354; C_3 (Bd. IV, S. 290)
Aposorbinsäure 258; C_5; $\frac{5}{0}$ (Bd. III, S. 553)
Apovellosidin 4795
Apovellosin 4795
Apovellosol 4795
Arabin 4769
Arabinamin 356; Tetraoxy; +2; C_5; $\frac{5}{0}$ (Bd. IV, S. 304)
Arabinochloralose 2734; —2; C_7; bicycl.
Arabinochloralsäure 2890; —2; C_7; bicycl.
Arabinoketose 134 (Bd. I, S. 869)
Arabinon 4769
Arabinose 133 (Bd. I, S. 859)
Arabinoson 140; —2; C_5; $\frac{5}{0}$ (Bd. I, S. 877)
Arabinsäure 4769
Arabinulose 134 (Bd. I, S. 870)
Arabit 54; C_5; $\frac{5}{0}$ (Bd. I, S. 531)
Araboketose 134 (Bd. I, S. 869)
Arabonsäure 248; C_5; $\frac{5}{0}$ (Bd. III, S. 473)
Arachin 4788
Arachinalkohol 24; C_{20}; $\frac{20}{0}$ (Bd. I, S. 431)
Arachinsäure 162; C_{20}; $\frac{20}{0}$ (Bd. II, S. 389)
Aralien 4728
Araroba 4865
Arbacin 4832
Arbutin 4776
Ardisiol 4745
Arecaidin 3245; C_6; $\frac{6}{1}$
Arecain 3201; C_6; $\frac{6}{1}$
Arecolin 3245; C_6; $\frac{6}{1}$
Areolatin 4865
Areolatol 4865

Areolin 4865
Arginin (d-, l-, dl-) 367; $\frac{5}{0}$ (Bd. IV, S. 420, 424)
Argyräscetin 4776
Argyräscin 4776
Aribin 4797
Aricin 4800
Aristidinsäure 4869
Aristinsäure 4869
Aristolin 4865
Aristolochiasäure 4869
Aristolochin, von Hesse 4780
Aristolochin, von Pohl (Aristolochiasäure) 4869
Aristolsäure 4869
Armorsäure 4864
Arnicin 4865
Arnidien 479 (Bd. V, S. 624)
Arnidiol 561 (Bd. VI, S. 974)
Aromadendral 4728
Aromadendren 4728
Aromadendrin 4865
Aromadendrinsäure 4865
Arrhenal 413; Registrier-Verb.: $CH_3 \cdot As(OH)_4$
Arsacetin 2325; Aminoarsinsäure, Monoamino; —5; C_6; $\frac{6}{0}$
Artarin 4788
Artemisiasäure 4865
Artemisin 4865
Artemisinsäure 4865
Artemison 4865
Artemisonsäure 4865
Arterenol 1870; —6; C_8; $\frac{6}{2}$
Articulatsäure 4864
Artolin 4813
Asa foetida 4745
Asaresinotannol 4745
Asaron 581; C_9; $\frac{6}{3}$ (Bd. VI, S. 1129)
Asaronsäure 1135; C_7; $\frac{6}{1}$ (Bd. X, S. 468)
Asarylaldehyd 798; C_7; $\frac{6}{1}$ (Bd. VIII, S. 389)
Ascaridol 4728
Asclepion 4745
Asebofuscin 4865
Asebogenin 4776
Asebotin 4776
Asebotoxin 4865
Asellin 4807
Asellinsäure 163; C_{17}; x (Bd. II, S. 461)
Asparacemsäure 372; C_4; $\frac{4}{0}$ (Bd. IV, S. 483)
Asparagin (d-, l-, i-) 372; C_4; $\frac{4}{0}$ (Bd. IV, S. 471, 476, 484)
Asparaginsäure 372; C_4; $\frac{4}{0}$ (Bd. IV, S. 471)
Asparagose 4769
Aspergillin 4869
Asphalt 4861
Aspidin 886; C_{24}; bicycl.; n. k. (Bd. VIII, S. 566)

Aspidinin 4865
Aspidinol 798; C_{11}; $\frac{6}{1 \cdot 4}$ (Bd. VIII, S. 400)
Aspidosamin 4795
Aspidospermatin 4795
Aspidospermin 4795
Aspirin 1059; zu Monocarb.; ± 0; C_2 (Bd. X, S. 67)
Aspirochyl 2325; Aminoarsinsäure; Monoamino; —5; C_6; $\frac{6}{0}$
Aspirophen 1850; zu Aminocarb.; Monocarb.; ± 0; C_2
Assamin 4776
Astrolin 3561
Asyphil 2325; Aminoarsinsäure; Monoamino; —5; C_6; $\frac{6}{0}$
Athamantin 4865
Atherospermin 4782
Atisin 4781
Atmidkeratin 4837
Atmidkeratose 4837
Atophan 3265; C_{16}; tricycl.
Atoxyl 2325; Aminoarsinsäure; Monoamino; —5; C_6; $\frac{6}{0}$
Atractylen 471; x (Bd. V, S. 470)
Atractylin 4776
Atractylol 510; C_{15}; x (Bd. VI, S. 106)
Atractylsäure 4776
Atranorin 4864
Atranorinsäure 4864
Atranorsäure 4864
Atrarsäure 1107; $\frac{6}{1 \cdot 1 \cdot 1}$ (Bd. X, S. 430)
Atroglycerinsäure 1107; $\frac{\frac{6}{2}}{1}$ (Bd. X, S. 429)
Atrolactinsäure 1073; $\frac{\frac{6}{2}}{1}$ (Bd. X, S. 259)
Atroninsulfon 1530; C_{16}; x (Bd. XI, S. 197) (bei Atronylensulfonsäure)
Atronol 485a; C_{16}; tricycl. (Bd. V, S. 677)
Atronsäure 954; C_{17}; tricycl. (Bd. IX, S. 710)
Atropasäure 949; C_9; $\frac{\frac{6}{2}}{1}$ (Bd. IX, S. 610)
Atropin 3108
Atroscin 4796
Atroxindol 3183; C_9; bicycl.; k.
Aucubigenin 4776
Aucubin 4776
Auramin 1873; —16; C_{13}; bicycl.; n. k.
Aurantia 1671
Aurantiamarinsäure 4865
Aurantiin 4776
Aurin 783; C_{19}; tricycl. (Bd. VIII, S. 361)
Austracamphen 458; k. (Bd. V, S. 156)
Australen 458; k. (Bd. V, S. 144)
Avivitellinsäure 4846
Axin 4732
Axinsäure 4732
Azelainketon 612; C_8; $\frac{8}{0}$ (Bd. VII, S. 21)

Azelainsäure 178; C_9; $\frac{9}{0}$ (Bd. II, S. 707)
Azobenzil 4204; C_{21}; tetracycl.
Azocamphanon 668; C_{10}; bicycl.; k. (Bd. VII, S. 590)
Azoconhydrin 3043
Azodiphenylblau 2172 (bei p-Amino-azobenzol)
Azoerythrin 4869
Azolitmin 4869
Azophenin 1874; —8; C_6; $\frac{6}{0}$
Azoresorcin 4251; C_{12}; tricycl.
Azotolin 1874; —8; C_7; $\frac{6}{1}$
Azoxulmoxin 170 (Bd. II, S. 553) (bei Dicyan)
Azulminsäure 170 (Bd. II, S. 553) (bei Dicyan)
Azulmsäure 170 (Bd. II, S. 553) (bei Dicyan)
Azurilsäure 4156 (bei Harnsäure)
Azurin 1778; $\frac{6}{1}$
Bakankosin 4776
Balafluavil 4745
Balalban 535; C_{30}; x (Bd. VI, S. 595) (beim Alkohol $C_{30}H_{50}O$ aus Balata)
Balalbanan 4745
Balata 4745
Bandrowskische Base 1800; C_6; $\frac{6}{0}$
Baphiasäure 4865
Baphiin 4865
Baptigenetin 4776
Baptigenin 4776
Baptin 4776
Baptisin 4776
Barbaloin 4776
Barbatin 4864
Barbatinsäure 1107; $\frac{6}{1 \cdot 1 \cdot 1}$ (Bd. X, S. 430)
Barbitursäure 3615; $\frac{6 (H\ 1:3)}{0}$
Barringtogenin 4776
Barringtogenitin 4865
Barringtonin 4776
Bassorin 4769
Bassorinsäure 4769
Baumwollblau 6 extra 1866
Bayersche Säure 1557 (Bd. XI, S. 286)
Bdellium 4745
Bebeerin 4782
Bebirin 4782
Behenolsäure 164; C_{22}; $\frac{22}{0}$ (Bd. II, S. 497)
Behenoxylsäure 287; C_{22}; $\frac{22}{0}$ (Bd. III, S. 762)
Behensäure 162; C_{22}; $\frac{22}{0}$ (Bd. II, S. 391)
Beljiabieninsäure 4740
Beljiabietinolsäure 4740
Beljiabietinsäure 4740
Beljoabietinsäure 4740
Beljoresen 4740
Belladonnin 4796
Bellatropin 4796
Bellidiflorin 4864

Bence-Jonesscher Eiweißkörper 4828
Benders Salz 212 (Bd. III, S. 132)
Benguelakopal 4737
Bengukopalolsäure 4737
Bengukopaloresen 4737
Bengukopalsäure 4737
Benylen 12; C_{15}; x (Bd. I, S. 262)
Benzacin 941; $\frac{6}{2}$ (Bd. IX, S. 445) (bei Benzylcyanid)
Benzaldehyd 622 (Bd. VII, S. 174)
Benzamaron 692; —42; C_{85}; pentacycl. (Bd. VII, S. 849)
Benzaminsäure 1905; C_7; $\frac{6}{1}$
Benzamsuccinsäure 1905; C_7; $\frac{6}{1}$
Benzamtartridsäure 1905; C_7; $\frac{6}{1}$ (bei Weinsäure-mono-[3-carboxy-anilid])
Benzanisoin 779; C_{14}; bicycl.; n. k. (Bd. VIII, S. 322)
Benzanthron $C_{17}H_{10}O$ 657; C_{17}; tetracycl. (Bd. VII, S. 518)
Benzaurin 588; —22; C_{19}; tricycl. (Bd. VI, S. 1145)
Benzazil 3224; C_{13}; bicycl.; n. k.
Benzbetain (m-) 1905; C_7; $\frac{6}{1}$
Benzbetain (o-) 1894; zu Monooxy; +2; C_1
Benzbetain (p-) 1905; C_7; $\frac{6}{1}$
Benzcyanidin 1289; $\frac{6}{2}$ (Bd. X, S. 660) (bei Benzoylcyanid)
Benzerythren 491; C_{24}; tetracycl. (Bd. V, S. 736)
Benzfuril 2481; C_{12}; bicycl.; n. k.
Benzfuroin 2512; C_{12}; bicycl.; n. k.
Benzhydrol 539; C_{13}; bicycl.; n. k. (Bd. VI, S. 678)
Benzidin 1786
Benzil 677 (Bd. VII, S. 747)
Benzilam 4204; C_{21}; tetracycl.
Benzilid 2775; C_{28}; pentacycl.
Benzilimid 4230; C_{21}; tetracycl.
Benzilsäure 1089; C_{14}; bicycl.; n. k. (Bd. X, S. 342)
Benzimidazol 3473; bicycl.
Benzkreatin 1905; C_7; $\frac{6}{1}$
Benznaphthanthron 660; C_{21}; pentacycl. (Bd. VII, S. 542)
Benzocotoin 802; C_{13}; bicycl.; n. k. (Bd. VIII, S. 419)
Benzoe 4745
Benzoesäure 897 (Bd. IX, S. 92)
Benzoflavin 3414; —23; C_{21}; tetracycl.
Benzoflavol 3144; C_{21}; tetracycl.
Benzoin 752; C_{14}; bicycl.; n. k. (Bd. VIII, S. 166)
Benzoinam 752; C_{14}; bicycl.; n. k. (Bd. VIII, S. 174) (bei Benzoin)
Benzoingelb 2541; C_{21}; pentacycl.
Benzoinidam 752; C_{14}; bicycl.; n. k. (Bd. VIII, S. 174) (bei Benzoin)
Benzol 463 (Bd. V, S. 179)

Benzoleinsäure 894; C_7; $\frac{6}{1}$ (Bd. IX, S. 41)
Benzophenon 652 (Bd. VII, S. 410)
Benzopurpurin B, 4 B, 6 B 2187; Monosulfonsäure; —12; C_{10}; bicycl.; k.
Benzoresinol (β-) 4745
Benzosalin 1061; zu Monooxy; +2; C_1 (Bd. X, S. 73)
Benzosol 901; zu —6; C_6; $\frac{6}{0}$ (Bd. IX, S. 130)
Benzoylazotid 1905; C_8; $\frac{6}{2}$
Benzoylformoin 808; C_{16}; bicycl.; n. k. (Bd. VIII, S. 474)
Benzozon 910 (Bd. IX, S. 179)
Benzpinakolin (α-) 2377; —32; C_{26}; pentacycl.
Benzpinakolin (β-) 661; C_{26}; tetracycl. (Bd. VII, S. 544)
Benzpinakolin (γ-) 661; C_{26}; tetracycl. (Bd. VII, S. 545)
Benzpinakolinalkohol (β-) 547; —30; C_{26}; tetracycl. (Bd. VI, S. 732)
Benzpinakon 571; C_{26}; tetracycl. (Bd. VI, S. 1058)
Benzylalkohol 528 (Bd. VI, S. 428)
Berbamin 4782
Berberal 4444; —11; C_{10}; tricycl.
Berberidinsäure 4450; —21; C_{16}; pentacycl.
Berberilsäure 2935; Monocarb.; —10; C_{10}; bicycl.
Berberin 4447; O_5; —21; C_{18}; tetracycl.
Berberinal 4447; O_5; —21; C_{18}; tetracycl.
Berberiniumhydroxyd 4447; O_5; —21; C_{18}; tetracycl.
Berberinsäure 1106; $\frac{6}{1 \cdot 1}$ (Bd. X, S. 418)
Berberolin 4447; O_5; —21; C_{18}; tetracycl.
Berberonsäure 3310; $\frac{6}{1 \cdot 1 \cdot 1}$
Bergapten 2808; C_{11}; tricycl.
Bergaptin 4728
Bergenin 4865
Berilsäure 3241; O_4; —11; C_8; bicycl.; k.
Berlinerblau 156 (Bd. II, S. 78, 79, 80)
Bernstein 4737
Bernsteinsäure 172 (Bd. II, S. 601)
Betaerythrin 1107; $\frac{6}{1 \cdot 1 \cdot 1}$ (Bd. X, S. 430)
Betain 364 (Bd. IV, S. 348)
Betapikroerythrin 1107; $\frac{6}{1 \cdot 1 \cdot 1}$ (Bd. X, S. 430) (bei Betaerythrin)
Betasterin 4729b
Betelphenol 560 (Bd. VI, S. 963)
Betit 590; C_6; $\frac{6}{0}$ (Bd. VI, S. 1151)
Betol 1061; zu Monooxy; —12; C_{10}; bicycl.; k. (Bd. X, S. 80)
Betorcinol 557; C_8; $\frac{6}{1 \cdot 1}$ (Bd. VI, S. 918)
Betulin 4865
Betulinamarsäure 4865
Betulinsäure 4865
Betulol 4728
Betuloretinsäure 4865

Bianthron 691; C_{28}; hexacycl. (Bd. VII, S. 848)
Bicycloeksantalan 461; C_{12}; bicycl. (Bd. V, S. 169)
Bicycloeksantalsäure 895; C_{12}; bicycl. (Bd. IX, S. 89)
Biebricher Scharlach 2152
Bikhaconin 4781
Bikhaconitin 4781
Biliansäure 4866 (bei Cholsäure)
Biliflavin 4870
Bilifuscin 4870
Bilihumin 4870
Bilineurin 353 (Bd. IV, S. 277)
Bilinsäure 4866 (bei Cholsäure)
Biliprasin 4870
Bilipurpurin 4870
Bilirubin 4870
Biliverdin 4870
Biliverdinsäure 3367; —7; C_8; $\frac{5}{1\cdot3}$
Bilixanthin 4870
Bindon 704 (Bd. VII, S. 876)
Bindschedlersches Grün 1769; zu Dioxo; —8; C_6; isocycl.; $\frac{6}{0}$
Bisabolen 471; x (Bd. V, S. 468)
Bisabol-Myrrha 4745
Biscarven 474; C_{20}; bicycl.; n. k. (Bd. V, S. 528)
Bismarckbraun 1756 (bei m-Phenylendiamin)
Bisnaphtharonyliden 2775; C_{24}; hexacycl.
Bisnitrincaron 618; k. (Bd. VII, S. 92) (bei rechtsdrehendem Caron)
Bittermandelöl 622 (Bd. VII, S. 174)
Bittermandelölgrün 1865
Biuret 205 (Bd. III, S. 70)
Biuretbase 364 (Bd. IV, S. 377)
Bixin 4865
Blattgrün 4875
Blauöl (Cörulignol) 557; C_9; $\frac{6}{3}$ (Bd. VI, S. 920)
Blausäure 156 (Bd. II, S. 29)
Blenal 533; C_{15} (Bd. VI, S. 557)
Blumenblau 4874
Blumengelb 4874
Boldoglykosid 4776
Boletsäure 179; C_4; $\frac{4}{0}$ (Bd. II, S. 737)
Bombicesterin 4729c
Bordeauxterpentin 4740
Bordoresen 4740
Bornecamphen 458 (Bd. V, S. 158)
Borneol 508; k. (Bd. VI, S. 73)
Bornesit 604; ±0; C_6; $\frac{6}{0}$ (Bd. VI, S. 1196)
Bornylen 458; k. (Bd. V, S. 155)
Bornylen (β-) 459 (Bd. V, S. 165)
Bornylencarbinol 510; C_{11}; bicycl.; k. (Bd. VI, S. 102)
Bornyval 508; k. (Bd. VI, S. 79)
Bos-Osteoplasmid 4870
Boswellinsäure 4745
Brasan 2373; C_{16}; tetracycl.
Brasilein 2557; C_{16}; tetracycl.

Brasilin 2442
Brasilinsäure 1476; C_{14}; bicycl.; n. k. (Bd. X, S. 1042)
Brasilsäure 2625; —12; C_{11}; bicycl.; k.
Brassicasterin 4729b
Brassidinsäure 163; C_{22}; $\frac{22}{0}$ (Bd. II, S. 474)
Brassylsäure 178; C_{13}; $\frac{13}{0}$ (Bd. II, S. 731)
Brein 561; C_{30}; x (Bd. VI, S. 974)
Brenzcatechin 553 (Bd. VI, S. 759)
Brenzchinovasäure 4776
Brenzcitronsäure 185; C_6; $\frac{5}{1}$ (Bd. II, S. 849)
Brenzschleimsäure 2574; C_5; $\frac{5}{1}$
Brenzterebinsäure 163; C_6; $\frac{5}{1}$ (Bd. II, S. 438)
Brenztraubensäure 279; C_3 (Bd. III, S. 608)
Brenzweinsäure 174; $\frac{4}{1}$ (Bd. II, S. 636)
Bresk 4745
Brillantechtrot G 2154
Brillantgelb 2156; Disulfonsäure; —16; C_{14}; bicycl.; n. k.
Brillantgrün 1865
Bromal 79 (Bd. I, S. 626)
Bromanil 671 (Bd. VII, S. 642)
Bromcarmin (α-) 777; C_{10}; bicycl.; k. (Bd. VIII, S. 297)
Bromcarmin (β-) 801; C_{11}; bicycl.; k. (Bd. VIII, S. 414)
Bromelia 538; zu Monooxy; +2; C_2 (Bd. VI, S. 641)
Brommerochinen 4272; C_9; bicycl.
Bromoform 5 (Bd. I, S. 68)
Bromokodid 4785
Bromomorphid 4785
Brompikrin 6 (Bd. I, S. 77)
Brompikrotoxinsäure 4865
Brompikrotoxsäure 4865
Bromrosochinon 675; C_{12}; bicycl.; n. k. (Bd. VII, S. 741)
Bromural 205 (Bd. III, S. 63)
Brucidin 4792 (bei Brucin)
Brucin 4792
Brucinolon 4792 (bei Brucin)
Brucinolsäure 4792 (bei Brucin)
Brucinonsäure 4792 (bei Brucin)
Brucinsäure 4792 (bei Brucin)
Bryoidin 4745
Bryonan 10; C_{20}; x (Bd. I, S. 174)
Bryonin 4776
Bryopogonsäure 4864
Buccocampher 667; C_{10}; $\frac{6}{1\cdot\frac{2}{1}}$ (Bd. VII, S. 566)
Bufonin 4866
Bufotalin 4866
Bufotenin 4866
Bulbocapnin 4788
Burseracin 4745
Butan 10; C_4; $\frac{4}{0}$ (Bd. I, S. 118)
Butein 829; C_{15}; bicycl.; n. k. (Bd. VIII, S. 501)

Butin 2556; C_{15}; tricycl.
Butodiglykolsäure 223; C_4; $\frac{4}{0}$ (Bd. III, S. 303)
Buttersäure 162; C_4; $\frac{4}{0}$ (Bd. II, S. 264)
Butyrchloral 87; C_4; $\frac{4}{0}$ (Bd. I, S. 664)
Butyroin 113; C_8; $\frac{8}{0}$ (Bd. I, S. 840)
Butyron 87; C_7; $\frac{7}{0}$ (Bd. I, S. 699)
Butyrophenon 640; C_{10}; $\frac{6}{4}$ (Bd. VII, S. 313)
Buxin 4790
Bynedestin 4812
Byssus 4837
Cadaverin 344; C_5; $\frac{5}{0}$ (Bd. IV, S. 266)
Cadetsche Flüssigkeit 411; +3; C_1 (Bd. IV, S. 608)
Cadinen 471; x (Bd. V, S. 459)
Caincasäure 4776
Caincetin 4776 (bei Caincin)
Caincin 4776
Cajeputen 457; $\dfrac{6}{1 \cdot \frac{2}{1}}$ (Bd. V, S. 137)
Cajeputol 2363; C_{10}; bicycl.; k.
Calamen 4728
Calameon 4728
Calameonsäure 4728
Calaminthon 4728
Callitrolsäure 4741
Callopisminsäure 2620; —24; C_{18}; tricycl.
Callutansäure 4865
Calmatambetin 4776
Calmatambin 4776
Calomelanen 4865
Calycanthin 4782
Calyciarin 4864
Calycin 4864
Camellin 4776
Camphan 453; C_{10}; bicycl.; k. (Bd. V, S. 93)
Camphansäure (l-, d-, inakt. und π-) 2619; —6; C_{10}; bicycl.
Camphelylalkohol 502; C_9; $\dfrac{4}{1 \cdot 1 \cdot 1 \cdot 2}$ (Bd. VI, S. 23)
Camphen 458; k. (Bd. V, S. 156)
Camphenamin 1595; C_{10}; bicycl.; k (Bd. XII, S. 50) (bei Chlorcamphanamin)
Camphencamphersäure 966; C_{10}; x (Bd. IX, S. 764)
Camphenglykol 550; C_{10}; bicycl.; k. (Bd. VI, S. 755)
Camphenhydrat 508a; x (Bd. VI, S. 92)
Camphenilan 453; C_9; bicycl.; k. (Bd. V, S. 82)
Camphenilanaldehyd 618; k. (Bd. VII, S. 137)
Camphenilansäure 894; C_{10}; bicycl.; k. (Bd. IX, S. 74)
Camphenilen 455; C_9; bicycl.; k. (Bd. V, S. 123)
Camphenilnitrit 458; k. (Bd. V, S. 161) (bei Camphen)
Camphenilol 506; C_9; bicycl.; k. (Bd. VI, S. 53)

Camphenilolsäure 1054; C_{10}; bicycl.; k. (Bd. X, S. 32)
Camphenilon 616; C_9; bicycl.; k. (Bd. VII, S. 71)
Camphenilsäure 1054; C_{10}; bicycl.; k. (Bd. X, S. 32)
Camphenilylalkohol 508; k. (Bd. VI, S. 92)
Camphenon 620; C_{10}; bicycl.; k. (Bd. VII, S. 162)
Camphenoncamphensäure 1295; C_{20}; tetracycl. (Bd. X, S. 724)
Campher 618; k. (Bd. VII, S. 101)
Campheraldehyd 668; C_{11}; bicycl.; k. (Bd. VII, S. 591)
Campherchinon 668; C_{10}; bicycl.; k. (Bd. VII, S. 581)
Campherglykol 550; C_{10}; bicycl.; k. (Bd. VI, S. 755)
Campherisochinon 668; C_{10}; $\dfrac{6}{1 \cdot \frac{2}{1}}$ (Bd. VII, S. 580)
Campherol (d- und l-) 618; k. (Bd. VII, S. 110, 134) (bei d- bezw. l-Campher)
Campherphoron 616; C_9; $\dfrac{5}{1 \cdot \frac{2}{1}}$ (Bd. VII, S. 68)
Camphersäure 965 (Bd. IX, S. 745)
Camphidin 3047; C_{10}; bicycl.; k.
Camphidon 3180; C_{10}; bicycl.; k.
Camphimid, von Schiff 3484; C_{20}; pentacycl.
Camphocarbonsäure 1285; C_{11}; bicycl.; k. (Bd. X, S. 642)
Camphocean 452; C_8; $\dfrac{5}{1 \cdot 1 \cdot 1}$ (Bd. V, S. 39)
Camphoceensäure 894; C_9; $\dfrac{5}{\frac{2}{1 \cdot 1}}$ (Bd. IX, S. 55)
Camphoceonsäure 1284; C_9; $\dfrac{5}{\frac{2}{1 \cdot 1}}$ (Bd. X, S. 614)
Camphochinon 668; C_{10}; bicycl.; k. (Bd. VII, S. 581)
Camphoformenamincarbonsäure 1310; C_{12}; bicycl.; k. (Bd. X, S. 798)
Camphogen 469; C_9; $\dfrac{6}{1 \cdot \frac{2}{1}}$ (Bd. V, S. 420)
d-Campho-d-glykuronsäure 618; k. (Bd. VII, S. 110) (bei d-Campher)
l-Campho-d-glykuronsäure 618; k. (Bd. VII, S. 134) (bei l-Campher)
Camphol (α-) 508; k. (Bd. VI, S. 73)
Camphol (β-) 508; k. (Bd. VI, S. 86)
Campholacton 2460; C_9; bicycl.; k.
Camphollalkohol 503; $\dfrac{5}{1 \cdot 1 \cdot 1 \cdot 1 \cdot 1}$ (Bd. VI, S. 45)
Campholen 453; C_9; $\dfrac{5}{1 \cdot 1 \cdot 1}$ (Bd. V, S. 81)
Campholenalkohol 507; $\dfrac{5}{1 \cdot 1 \cdot 2}$ (Bd. VI, S. 67)
Campholenol (β-) 507; $\dfrac{5}{1 \cdot 1 \cdot 2}$ (Bd. VI, S. 67)
Campholenolid 2460; C_{10}; bicycl.; k.
Campholenoxydsäure 2573; C_{10}; bicycl.; k.

Campholensäure (α- und β-) 894; C_{10}; $\frac{5}{1\cdot1\cdot1\cdot2}$ (Bd. IX, S. 71, 69)
Campholid 2460; C_{10}; bicycl.; k.
Campholonsäure 894; C_{10}; $\frac{5}{1\cdot1\cdot1\cdot2}$ (Bd. IX, S. 70)
Campholsäure 893; C_{10}; $\frac{5}{1\cdot1\cdot1\cdot1\cdot1}$ (Bd. IX, S. 34)
Campholytalkohol 506; C_9; $\frac{5}{1\cdot1\cdot1\cdot1}$ (Bd. VI, S. 51)
Campholytsäure (α-) 894; C_9; $\frac{5}{1\cdot1\cdot1\cdot1}$ (Bd. IX, S. 60)
Campholytsäure (β-) 894; C_9; $\frac{5}{1\cdot1\cdot1\cdot1}$ (Bd. IX, S. 56)
Campholytsäure (Δ^5-) 894; C_9; $\frac{5}{1\cdot1\cdot1\cdot1}$ (Bd. IX, S. 59)
Camphonensäure 894; C_9; $\frac{5}{1\cdot1\cdot1\cdot1}$ (Bd. IX, S. 55)
Camphonolsäure 1053; C_9; $\frac{5}{1\cdot1\cdot1\cdot1}$ (Bd. X, S. 16)
Camphononsäure 1284; C_9; $\frac{5}{1\cdot1\cdot1\cdot1}$ (Bd. X, S. 616)
Camphonsäure 1284; C_{10}; $\frac{6}{1\cdot1\cdot1\cdot1}$ (Bd. X, S. 619)
Camphopyrsäure 964; C_9; $\frac{5}{1\cdot1\cdot1\cdot1}$ (Bd. IX, S. 741)
Camphoransäure 2621; —6; C_9; $\frac{5}{1\cdot1\cdot1\cdot1\cdot1}$
Camphorensäure 894; C_{10}; $\frac{6}{1\cdot1\cdot1\cdot1}$ (Bd. IX, S. 64)
Camphorol 506; C_9; $\frac{5}{1\cdot\frac{2}{1}}$ (Bd. VI, S. 51)
Camphoronsäure 184; C_9; $\frac{5}{1\cdot1\cdot1\cdot1}$ (Bd. II, S. 837)
Camphosäure 1005; C_{10}; $\frac{5}{1\cdot1\cdot1\cdot1\cdot1}$ (Bd. IX, S. 973)
Camphotricarbonsäure 1005; C_{10}; $\frac{5}{1\cdot1\cdot1\cdot1\cdot1}$ (Bd. IX, S. 974)
Camphylcarbinol 509; C_{11}; bicycl.; k. (Bd. VI, S. 93)
Camphylchlorid 453; C_{10}; $\frac{5}{1\cdot1\cdot1\cdot2}$ (Bd. V, S. 91)
Camphylsäure 895; C_9; bicycl.; k. (Bd. IX, S. 83)
Canadabalsam 4740
Canadin 4441; —19; C_{18}; pentacycl.
Canadinolsäuren 4740
Canadinsäure 4740
Canadolsäure 4740
Canadoresen 4740
Candeuphorben 4745
Candeuphorbon 4745
Caninin 4864
Cannabinol 4865
Cantharen 455; C_8; $\frac{6}{1\cdot1}$ (Bd. V, S. 118)
Cantharidid 2740; C_{10}; tricycl.
Cantharidin 2761; C_{10}; tricycl.
Cantharidinsäure 2594; C_{10}; bicycl.; k.

Cantharsäure 2619; —8; C_{10}; bicycl.; k.
Caparrapen 471; x (Bd. V, S. 468)
Caparrapinsäure 4728
Caparrapiol 4728
Caperatid 4864
Caperatsäure 4864
Caperidin 4864
Caperin 4864
Cappern-Quercitin 2569; O_7; —20; C_{15}; tricycl.
Cappern-Rutin 4776
Caprarsäure 4864
Capriblau 4367; C_{13}; tricycl.
Caprinon 87; C_{19}; $\frac{19}{0}$ (Bd. I, S. 718)
Caprinsäure 162; C_{10}; $\frac{10}{0}$ (Bd. II, S. 355)
Capron 87; C_{11}; $\frac{11}{0}$ (Bd. I, S. 714)
Capronoin 113; C_{12}; $\frac{12}{0}$ (Bd. I, S. 843)
Capronsäure 162; C_6; $\frac{6}{0}$ (Bd. II, S. 321)
Caprophenon 640; C_{12}; $\frac{6}{6}$ (Bd. VII, S. 333)
Caprylen 11; C_8; $\frac{8}{0}$ (Bd. I, S. 221)
Caprylon 87; C_{15}; $\frac{15}{0}$ (Bd. I, S. 717)
Caprylsäure 162; C_8; $\frac{8}{0}$ (Bd. II, S. 347)
Capsacutin 4796
Capsaicin 4869
Capsicin 4796
Capsicumsamenschleim 4769
Capsuläscinsäure 4865
Caragheenschleim 4769
Carajuru 4865
Caramelan 4756
Caramelen 4756
Caramelin 4756
Carbacetessigsäure 2619; —8; C_8; $\frac{6}{1\cdot1\cdot1}$
Carbanil 1640 (Bd. XII, S. 437)
Carbazol 3086
Carbazolblau 3848; —49; C_{37}; enneacycl.
Carbazolin 3073; C_{12}; tricycl.
Carbazolsäure 3263; C_{13}; tricycl.
Carbindigo 3632; —26; C_{18}; tetracycl.
Carbindirubin 3623; —24; C_{17}; tetracycl.
Carbinol 19 (Bd. I, S. 273)
Carbocinchomeronsäure 3310; $\frac{6}{1\cdot1\cdot1}$
Carbodinicotinsäure 3310; $\frac{6}{1\cdot1\cdot1}$
Carbofenchonon 668; C_{11}; bicycl.; k. (Bd. VII, S. 595)
Carbohydrazimin 170 (Bd. II, S. 560)
Carbolsäure 512 (Bd. VI, S. 110)
Carbomesyl 3183; C_{10}; bicycl.; k.
Carbopetroçen 4723
Carbopyrotritarsäure 2595; C_8; $\frac{5}{1\cdot1\cdot1\cdot1}$
Carbostyril 3114; C_9; bicycl.; k.
Carbothialdin 3796; C_6; $\frac{6\,(H\,1:3\cdot5)}{1\cdot1\cdot1}$
Carbuvinsäure 2595; C_8; $\frac{5}{1\cdot1\cdot1\cdot1}$

Carbylsulfat 3008; ± 0; C_2; $\frac{6}{0}$
Carden 473; C_8; x (Bd. V, S. 481)
Cardensäure 4865
Cardol 4865
Cardolsäure 4865
Cardsäure 4865
Careleminsäure 4745
Careleninsäure 4745
Careleresen 4745
Caricari-Elemi 4745
Caricarielemisäure 4745
Carielemisäure 4745
Carieleresen 4745
Carlinaoxyd 2370; C_{13}; bicycl.; n. k.
Carlinen 471; x (Bd. V, S. 470)
Carminazarin 1475; C_{12}; bicycl.; k. (Bd. X, S. 1040)
Carminazarinchinon 1476; C_{12}; bicycl.; k. (Bd. X, S. 1042)
Carminochinon 4866
Carminon 777; C_{10}; bicycl.; k. (Bd. VIII, S. 297)
Carminsäure 4866
Carnaubasäure 162; C_{24}; x (Bd. II, S. 393)
Carnaubylalkohol 24; C_{24}; x (Bd. I, S. 432)
Carnin 4807
Carnitin 376; O_3; ± 0; C_4; $\frac{4}{0}$ (Bd. IV, S. 513)
Carnomuscarin 4807
Carnosin 4807
Caron 618; k. (Bd. VII, S. 91)
Caronsäure 964; C_7; $\frac{3}{1 \cdot 1 \cdot 1 \cdot 1}$ (Bd. IX, S. 730)
Caroten 4723a
Carotin 4723a
Carpain 4790
Carpen 455; C_9; x (Bd. V, S. 123)
Carposid 4776
Carthamin 4865
Carubin 4769
Carubinose 144 (Bd. I, S. 905)
Carvacrol 531 (Bd. VI, S. 527)
Carvacromenthol 503; $\frac{6}{1 \cdot \frac{2}{1}}$ (Bd. VI, S. 27)
Carvacrotinaldehyd (o- und p-) 748; C_{11}; $\frac{6}{1 \cdot 1 \cdot \frac{2}{1}}$ (Bd. VIII, S. 125)
Carvacrotinalkohol 557; C_{11}; $\frac{6}{1 \cdot 1 \cdot \frac{2}{1}}$ (Bd. VI, S. 949)
Carvacrotinsäure (o-) 1075; $\frac{6}{1 \cdot 1 \cdot \frac{2}{1}}$ (Bd. X, S. 282)
Carvacrotinsäure (p-) 1075; $\frac{6}{1 \cdot 1 \cdot \frac{2}{1}}$ (Bd. X, S. 281)
Carven 457; $\frac{6}{1 \cdot \frac{2}{1}}$ (Bd. V, S. 133)
Carvenolid 2461; C_{10}; bicycl.
Carvenolsäure 1054; C_{10}; $\frac{5}{1 \cdot 1 \cdot \frac{2}{1}}$ (Bd. X, S. 31)

Carvenon 617; $\frac{6}{1 \cdot \frac{2}{1}}$ (Bd. VII, S. 78)
Carveol 510; C_{10}; $\frac{6}{1 \cdot \frac{2}{1}}$ (Bd. VI, S. 97)
Carvestren 457; $\frac{6}{1 \cdot \frac{2}{1}}$ (Bd. V, S. 125)
Carvol 620; C_{10}; $\frac{6}{1 \cdot \frac{2}{1}}$ (Bd. VII, S. 153)
Carvolin 1855; C_{10}; $\frac{6}{1 \cdot \frac{2}{1}}$
Carvomenthen 453; C_{10}; $\frac{6}{1 \cdot \frac{2}{1}}$ (Bd. V, S. 84)
Carvomenthol 503; $\frac{6}{1 \cdot \frac{2}{1}}$ (Bd. VI, S. 26)
Carvomenthol (tertiäres) 503; $\frac{6}{1 \cdot \frac{2}{1}}$ (Bd. VI, S. 26)
Carvomenthon 613; $\frac{6}{1 \cdot \frac{2}{1}}$ (Bd. VII, S. 34)
Carvon 620; C_{10}; $\frac{6}{1 \cdot \frac{2}{1}}$ (Bd. VII, S. 153)
Carvopinon 620; C_{10}; bicycl.; k. (Bd. VII, S. 160)
Carvotanaceton 617; $\frac{6}{1 \cdot \frac{2}{1}}$ (Bd. VII, S. 75)
Caryophyllen 471; x (Bd. V, S. 463)
Caryophyllenhydrat 510; C_{15}; x (Bd. VI, S. 105)
Caryophyllin 4865
Caryophyllinsäure 4865
Cascarillin 4865
Cascarillsäure 163; C_{11}; x (Bd. II, S. 460)
Caseansäure 4845
Casein 4845
Caseinokyrin 4845
Caseinsäure 4845
Caseolysalbinsäure 4830
Caseoprotalbinsäure 4830
Casimirin 4776
Casimirol 4865
Casolechin 4864
Cassonsäure 258; C_5; $\frac{5}{0}$ (Bd. III, S. 553)
Catechin aus Acacia-Arten 2452; —16; C_{15}; tricycl.
Catechin aus chinesischem Rhabarber 4865
Catechin aus Gambir 2452; —16; C_{15}; tricycl. und 4865
Catechon-Derivate 2569; O_7; —18; C_{15}; tricycl.
Catechu 4865
Catellagsäure 2842; —22; C_{14}; tetracycl.
Caulosterin 4729b
Cederncampher 510; C_{15}; x (Bd. VI, S. 104)
Cedren, künstliches 471; x (Bd. V, S. 461)
Cedren, natürliches 471; x (Bd. V, S. 460)

Cedrenglykol 551; C_{15}; x (Bd. VI, S. 758)
Cedrenketosäure 1285; C_{15}; x (Bd. X, S. 652)
Cedriret 850; C_{12}; bicycl.; n. k. (Bd. VIII, S. 537)
Cedrol 510; C_{15}; x (Bd. VI, S. 104)
Cedron $C_{15}H_{22}O$ 640; C_{15}; x (Bd. VII, S. 344)
Cedron $C_{16}H_{18}O_6$ (?) 580a; C_9; $\frac{6}{1 \cdot 1 \cdot 1}$ (Bd. VI, S. 1126) (bei 2.4.6-Trimethylphloroglucin)
Cellobionsäure 4751
Cellobiose 4751
Cellose 4751
Cellotropin 4776
Cellulose 4770
Cellulose, lösliche 4772
Cellulosin 4768
Cenomycin 4864
Cephaelin 4806
Cephalin 4807a
Cephalinsäure s. Kephalinsäure
Cerasin 4769
Cerasinose 4769
Ceratophyllin 1107; $\frac{6}{1 \cdot 1 \cdot 1}$ (Bd. X, S. 430)
Cerberin 4776
Cerbertin 4776
Cerebrin 4777
Cerebrininsäure 4777
Cerebron 4777
Cerebronsäure 223; C_{25}; x (Bd. III, S. 369)
Cereinsäure 4776
Ceresin 4723
Cerin 4861a
Cerinsäure 4861a
Ceropinsäure 4865
Ceropten 4865
Cerosin 4865
Ceroten 11; C_{26}; x (Bd. I, S. 227)
Cerotinsäure 162; C_{26}; x (Bd. II, S. 394)
Cervicornin 4864
Cervicornsäure 4864
Cerylalkohol 24; C_{26}; x (Bd. I, S. 432)
Cetan 10; C_{16}; $\frac{16}{0}$ (Bd. I, S. 172)
Cetrarialsäure 4864
Cetrarin 4864
Cetrarsäure 4864
Cetratasäure 4864
Cetylchloral 87; C_{16}; $\frac{16}{0}$ (Bd. I, S. 717)
Cevadillin 4780
Cevadin 4780
Cevin 4780
Chairamidin 4805
Chairamin 4805
Chalkon 654; C_{15}; bicycl.; n. k. (Bd. VII, S. 478)
Chaulmoograalkohol 509; C_{18} (Bd. VI, S. 96)
Chaulmoograsäure 894; C_{18}; $\frac{5}{13}$ (Bd. IX, S. 80)
Chaulmoogren 453; C_{18}; x (Bd. V, S. 111)
Chavibetol 560 (Bd. VI, S. 963)
Chavicol 534; C_9; $\frac{6}{3}$ (Bd. VI, S. 571)
Chebulinsäure 4776

Cheirinin 4788
Cheirolin 4869
Chekenetin 4865
Chekenin 4865
Chekenon 4865
Chelerythrin 4782
Chelidamsäure 3359; C_7; $\frac{6}{1 \cdot 1}$
Chelidonin 4782
Chelidonsäure 2621; —10; C_7; $\frac{6}{1 \cdot 1}$
Chelihydronsäure 303; C_7; $\frac{7}{0}$ (Bd. III, S. 859)
Chenocholsäure 4870
Chicarot 4865
Chiclafluavil 4745
Chiclagutta 4745
Chiclalban 4745
Chiclalbanan 4745
Chinacetophenon 775; C_8; $\frac{6}{2}$ (Bd. VIII, S. 271)
Chinacridin 3493; C_{20}; pentacycl.
Chinacridon 3603; C_{20}; pentacycl.
Chinäthonsäure 555; zu Oxy-oxo-carb.; O_7; —2; C_6; $\frac{6}{0}$ (Bd. VI, S. 848)
Chinaldin 3079; bicycl.; k.
Chinaldinsäure 3257; bicycl.; k.
Chinalizarin 852; C_{14}; tricycl. (Bd. VIII, S. 549)
Chinamicin 4799
Chinamidin 4799
Chinamin 4799
Chinaphenin 3538; C_{19}; tetracycl.
Chinarot 4776
Chinasäure 1159; C_7; $\frac{6}{1}$ (Bd. X, S. 535)
Chinazolin 3480; bicycl.
Chinazolon 3568; C_8; bicycl.
Chindolin 3489; C_{15}; tetracycl.
Chinen 3514; C_{19}; tetracycl.
Chinhydron 671 (Bd. VII, S. 617) (bei Chinon)
Chinicin 3635; —16; C_{19}; tricycl.
Chinid 2549; C_7; bicycl.; k.
Chinidin 3538; C_{19}; tetracycl.
Chinin 3538; C_{19}; tetracycl.
Chinindolin 3489; C_{15}; tetracycl.
Chininon 3635; —18; C_{19}; tetracycl.
Chininsäure 3340; bicycl.; k.
Chinisatinsäure 1917; —12; C_9; $\frac{6}{3}$
Chinit 549; C_6; $\frac{6}{0}$ (Bd. VI, S. 741)
Chinizarin 806 (Bd. VIII, S. 450)
Chinizarinblau 1878; —20; C_{14}; tricycl.
Chinizaringrün 1874; —20; C_{14}; tricycl.
Chinochinolon (α-) 3571; C_{12}; tricycl.
Chinochromin 4776
Chinol (o- und p-) 741; C_6; $\frac{6}{0}$ (Bd. VIII, S. 16)
Chinolin 3077
Chinolingelb 3228; C_{18}; tetracycl.
Chinolinsäure 3279; $\frac{6}{1 \cdot 1}$
Chinolon 3114; C_9; bicycl.; k.
Chinolsäure 3137; C_9; bicycl.; k.

Chinomethan (o- und p-) 638; C_7; $\frac{6}{1}$ (Bd. VII, S. 270)
Chinon (o-) 670 (Bd. VII, S. 600)
Chinon (p-) 671 (Bd. VII, S. 609)
Chinonaphthalin (α-) 3578; C_{22}; pentacycl.
Chinophthalin (α-) 3228; C_{18}; tetracycl.
Chinophthalin (β-) 3575; C_{18}; tetracycl.
Chinophthalon (asymm.) 4286; C_{18}; tetracycl.
Chinophthalon (symm.) 3228; C_{18}; tetracycl.
Chinoterpen 4776
Chinotoxin 3635; —16; C_{19}; tricycl.
Chinovarot 4776
Chinovasäure 4776
Chinovin 4776
Chinovit 137 (Bd. I, S. 877)
Chinovose 137 (Bd. I, S. 877)
Chinoxalin 3480; bicycl.
Chinuclidin 3047; C_7; bicycl.; k.
Chiodectonsäure 4864
Chiratin 4865
Chitaminsäure 376; O_6; ± 0; C_6; $\frac{6}{0}$ (Bd. IV, S. 522)
Chitarsäure 2616; —2; C_6; $\frac{5}{1 \cdot 1}$
Chitenidin 3691; —16; C_{18}; tetracycl.
Chitenin 3691; —16; C_{18}; tetracycl.
Chitenol 3691; —16; C_{18}; tetracycl.
Chitin 4870
Chitonsäure 2616; —2; C_6; $\frac{5}{1 \cdot 1}$
Chitosamin 360; O_5; ± 0; C_6; $\frac{6}{0}$ (Bd. IV, S. 328)
Chitosan 4870
Chitose 2548; C_6; $\frac{5}{1 \cdot 1}$
Chloracetol 10; C_3 (Bd. I, S. 105)
Chloral 79 (Bd. I, S. 616)
Chloralamid 156 (Bd. II, S. 27)
Chloralid 2738; C_5; $\frac{5 (H 1 : 3)}{1 \cdot 1}$
Chloralose 2735; Tetraoxy; —2; C_8; bicycl.
Chloralsäure 2890; —2; C_7; bicycl.
Chloranil 671 (Bd. VII, S. 636)
Chloranilsäure 798; C_6; $\frac{6}{0}$ (Bd. VIII, S. 379)
Chlordracylsäure 938 (Bd. IX, S. 340)
Chlorobenzil 653; C_{14}; bicycl.; n. k. (Bd. VII, S. 436)
Chloroform 5 (Bd. I, S. 61)
Chlorogenin 4795
Chlorogensäure 4865
Chlorokodid 4785
Chloromorphid 4785
Chlorophäasäure 4864
Chlorophyll 4868a
Chlorophyllan 4868a
Chlorophyllin, von Willstätter 4868a
Chloroxäthose 89 (Bd. I, S. 725)
Chloroxylonin 4788
Chlorpikrin 6 (Bd. I, S. 76)
Chlorsalylsäure 938 (Bd. IX, S. 334)
Chlorsuccsäure 172; C_4 (Bd. II, S. 620) (bei Perchlorbernsteinsäurediäthylester)

Chlorsulfoform 12; C_2 (Bd. I, S. 245) (bei Dichloracetylen)
Cholalsäure (Cholsäure) 4866
Cholamin 4866 (bei Cholsäure)
Cholansäure 4866 (bei Cholsäure)
Cholecamphersäure 4866 (bei Cholsäure)
Choleinsäure 4866
Choleprasin 4870
Cholestan ⎫
Cholestanol ⎪
Cholestanon ⎪
Cholesten ⎬ 4729c
Cholestenon ⎪
Cholesterilen ⎪
Cholesterin ⎭
Cholesterinsäure 4866 (bei Cholsäure)
Cholestol 4729b
Cholestrophan 3614; $\frac{5 (H 1 : 3)}{0}$
Choletelin 4870
Cholin 353 (Bd. IV, S. 277)
Cholin-Muscarin 353 (Bd. IV, S. 280) (bei Cholin)
Chologlykolsäure 4870
Choloidansäure 4866 (bei Cholsäure)
Cholsäure 4866
Chondrin 4835
Chondroitinschwefelsäure 4835
Chondromucoid 4835
Chondrosin 4835
Chorionin 4837
Chroman 2366; C_9; bicycl.; k.
Chromon 2464; C_9; bicycl.; k.
Chromosantonin 2479; C_{15}; tricycl.
Chromosantoninsäure 1407; C_{15}; bicycl.; k. (Bd. X, S. 964)
Chromotropsäure 1567 (Bd. XI, S. 307)
Chromrubin 1500; O_9; —30; C_{22}; tricycl. (Bd. X, S. 1050)
Chromviolett 1500; O_9; —30; C_{22}; tricycl. (Bd. X, S. 1050)
Chrysammidsäure 1878; —20; C_{14}; tricycl.
Chrysamminsäure 806 (Bd. VIII, S. 461)
Chrysanilin 3414; —23; C_{19}; tetracycl.
Chrysanissäure 1905; C_7; $\frac{6}{1}$
Chrysanthemin 4806
Chrysanthranol 780; C_{14}; tricycl. (Bd. VIII, S. 332)
Chrysaranthranol 803; C_{15}; tricycl. (Bd. VIII, S. 437)
Chrysarobin 780; C_{15}; tricycl. (Bd. VIII, S. 335)
Chrysaron 830; C_{15}; tricycl. (Bd. VIII, S. 527)
Chrysatropasäure 2532; C_9; bicycl.; k.
Chrysazin 806 (Bd. VIII, S. 458)
Chrysazol 565; C_{14}; tricycl. (Bd. VI, S. 1033)
Chrysean 4330; O_4; —5; C_4; $\frac{5 (H 1 : 3)}{1}$
Chrysen 488; C_{18}; tetracycl. (Bd. V, S. 718)
Chrysensäure 955; C_{17}; tricycl. (Bd. IX, S. 711)
Chrysidin 3091; C_{17}; tetracycl.

Chrysin 2536; C_{15}; tricycl.
Chrysocetrarsäure 4864
Chrysochinon 684; C_{18}; tetracycl. (Bd. VII, S. 827)
Chrysocyamminsäure 806 (Bd. VIII, S. 461)
Chrysodiphensäure 996; C_{18}; tricycl. (Bd. IX, S. 962)
Chrysoeriol 4865
Chrysofluoren 487; C_{17}; tetracycl. (Bd. V, S. 695)
Chrysofluorenalkohol 543; C_{17}; tetracycl. (Bd. VI, S. 711)
Chrysogen 4872
Chrysoglykolsäure 1093; C_{18}; tetracycl. (Bd. X, S. 367)
Chrysoidin 2183; —4; C_6; $\frac{6}{0}$
Chrysoketon 657; C_{17}; tetracycl. (Bd. VII, S. 519)
Chrysokreatinin 4807
Chrysophananthranol 780; C_{15}; tricycl. (Bd. VIII, S. 335)
Chrysophanein 4776
Chrysophanhydranthron 780; C_{15}; tricycl. (Bd. VIII, S. 335)
Chrysophanin 4875
Chrysophanol 808; C_{15}; tricycl. (Bd. VIII, S. 470)
Chrysophansäure 808; C_{15}; tricycl. (Bd. VIII, S. 470)
Chrysophansäure s. a. Flechtenchrysophansäure
Chrysophenol 3425; —25; C_{19}; tetracycl.
Chrysophyll, von Bougarel und Schunck 4723a
Chrysophyll, von Hartsen 4861a
Chrysotoxin 4863
Cicuten 4728
Ciliansäure 4866 (bei Biliansäure)
Cimicinsäure 163; C_{15}; x (Bd. II, S. 460)
Cinchamidin 3512; C_{19}; tetracycl.
Cinchen 3488; C_{19}; tetracycl.
Cinchol 4729b
Cincholin 4872
Cincholoipon 3244; C_9; $\frac{6}{2\cdot 2}$
Cincholoiponsäure 3274; C_8; $\frac{6}{1\cdot 2}$
Cinchomeronsäure 3279; $\frac{6}{1\cdot 1}$
Cinchonamin 4805
Cinchonetin 3513; C_{19}; tetracycl. (bei Cinchonin)
Cinchonicin 3571; C_{19}; tricycl.
Cinchonidin 3513; C_{19}; tetracycl.
Cinchonifin, von Jungfleisch, Léger 3512; C_{19}; tetracycl.
Cinchonin 3513; C_{19}; tetracycl.
Cinchonin (δ-) 3512; C_{19}; tetracycl.
Cinchonin (ε-) 3513; C_{19}; tetracycl.
Cinchoninon 3572; C_{19}; tetracycl.
Cinchoninsäure 3257; bicycl.; k.
Cinchonsäure 2621; —6; C_7; $\frac{6}{1\cdot 1}$
Cinchotenicin 3696; —16; C_{18}; tricycl.

Cinchotenidin 3690; —16; C_{18}; tetracycl.
Cinchotenin 3690; —16; C_{18}; tetracycl.
Cinchotin 3512; C_{19}; tetracycl.
Cinchotoxin 3571; C_{19}; tricycl.
Cinen $C_8H_{16}O$ 2362; C_8; $\frac{6}{1\cdot 1\cdot 1}$
Cinen $C_{10}H_{16}$ 457; $\frac{6}{1\cdot\frac{2}{1}}$ (Bd. V, S. 137)
Cinensäure 2572; C_9; $\frac{6}{1\cdot 1\cdot 1\cdot 1}$
Cineol 2363; C_{10}; bicycl.; k.
Cineolen 453; C_{10}; $\frac{6}{1\cdot\frac{2}{1}}$ (Bd. V, S. 90)
Cineolensäure 2572; C_9; $\frac{6}{1\cdot 1\cdot 1\cdot 1}$
Cineolsäure 2593; C_{10}; $\frac{6}{1\cdot 1\cdot 1\cdot 1\cdot 1}$
Cinnamein 4745
Cinnamen 473; C_8; $\frac{6}{2}$ (Bd. V, S. 474)
Cinnamol 473; C_8; $\frac{6}{2}$ (Bd. V, S. 474)
Cinnamomin 473; C_8; $\frac{6}{2}$ (Bd. V, S. 474)
Cinnidimabenzil 677 (Bd. VII, S. 756) (bei Benzil)
Cinnimabenzil 677 (Bd. VII, S. 756) (bei Benzil)
Cinnolin 3480; bicycl.
Cinnolinsäure 3668; C_6; $\frac{6(H\,1:2)}{1\cdot 1}$
Cinogensäure 230; C_9; $\frac{7}{1\cdot 1}$ (Bd. III, S. 404)
Citraconsäure 179; C_5; $\frac{4}{1}$ (Bd. II, S. 768)
Citracumalsäure 2622; O_8; —12; C_{10}; $\frac{6}{1\cdot 2\cdot 2}$
Citral 91; C_{10}; $\frac{8}{1\cdot 1}$ (Bd. I, S. 753)
Citralglykol 34; C_{20}; $\frac{16}{1\cdot 1\cdot 1\cdot 1}$ (Bd. I, S. 502)
Citramalsäure 242; C_5; $\frac{4}{1}$ (Bd. III, S. 443)
Citrapten 2532; C_9; bicycl.; k.
Citraweinsäure 251; C_5; $\frac{4}{1}$ (Bd. III, S. 532)
Citrazinalkohol 3157; C_6; $\frac{6}{1}$
Citrazinsäure 3349; C_6; $\frac{6}{1}$
Citren 457; $\frac{6}{1\cdot\frac{2}{1}}$ (Bd. V, S. 133)
Citridinsäure 185; C_6; $\frac{5}{1}$ (Bd. II, S. 849)
Citronellal 90; C_{10}; $\frac{8}{1\cdot 1}$ (Bd. I, S. 745, 747)
Citronellol 25; C_{10}; $\frac{8}{1\cdot 1}$ (Bd. I, S. 451)
Citronellsäure 163; C_{10}; $\frac{8}{1\cdot 1}$ (Bd. II, S. 455)
Citronensäure 259; C_6; $\frac{5}{1}$ (Bd. III, S. 556)
Cloven 471; x (Bd. V, S. 468)
Clupein 4833
Clupeon 4833
Clupeovin 4848

Cnicin 4865
Coagulose 4830
Cocacetin 4776
Cocacitrin 4776
Cocaflavetin 4776
Cocaflavin 4776
Cocain 3326
Cocain (α-) 3327; C_8; bicycl.; k.
Cocamin 3326
Cocaose 146; x (Bd. I, S. 931)
Cocasäure 994; C_{18}; tricycl. (Bd. IX, S. 952)
Cocasäure (β-) 994; C_{18}; tricycl. (Bd. IX, S. 957)
Cocceinsäure 4864
Coccellinsäure 4864
Coccellsäure 4864
Coccerinsäure 223; C_{31} (Bd. III, S. 369)
Coccerylalkohol 30; C_{30}; x (Bd. I, S. 499)
Coccinin 4866
Coccinsäure 4864
Coccinsäure (α-) 1141; $\frac{6}{1\cdot1\cdot1}$ (Bd. X, S. 512)
Coccinsäure (β-) 1141; $\frac{6}{1\cdot1\cdot1}$ (Bd. X, S. 511)
Coccognin 4865
Cocculin 4865
Cochenillecarmin 4866
Cochenillesäure 1183; C_{10}; $\frac{6}{1\cdot1\cdot1\cdot1}$ (Bd. X, S. 581)
Cochenillescharlach G 2159
Cochlosperminsäure 4773
Cocosbutter 4731
Cocosit 604; C_6; $\frac{6}{0}$ (Bd. VI, S. 1198)
Cölestinblau B 4386; O_5; —17; C_{13}; tricycl.
Cöramidonin 3193; C_{20}; pentacycl.
Cöroxen 2376; C_{20}; pentacycl.
Cöroxenol 2472; C_{20}; pentacycl.
Cöroxoniumsalze 2519; C_{20}; pentacycl.
Cöroxonol 2519; C_{20}; pentacycl.
Cörulein 2568; —30; C_{20}; pentacycl.
Cörulignol 557; C_9; $\frac{6}{8}$ (Bd. VI, S. 920)
Cörulignon 850; C_{12}; bicycl.; n. k. (Bd. VIII, S. 537)
Cörulin 2568; —28; C_{20}; pentacycl.
Cörulinschwefelsäure 3707; Oxo-sulfonsäure; Dioxo; —22; C_{16}; tetracycl.
Coffalsäure 4865
Coffearin 4806
Colanin 4776
Colatannin 4865
Colatin 4865
Colchicein 4780
Colchicin 4780
Colchicinsäure 4780
Colein 4865
Coleleminsäure 4745
Coleleresen 4745
Coleopterin 4870
Colloturin 4790
Colocynthein 4776
Colocynthin 4776
Colombosäure 4865
Colophen $C_{19}H_{30}$ 473; C_{19}; x (Bd. V, S. 508)

Colophen $C_{20}H_{32}$ 473; C_{20}; x (Bd. V, S. 509)
Colophoninhydrat 4740
Colophonium 4740
Colophonsäure 4740
Columbamin 4782
Columbin aus Columbowurzel 4865
Columbin aus Taubeneiern 4827
Columbinin 4827
Columbosäure 4865
Commiphorinsäure 4745
Commiphorsäure 4745
Conalbumin 4812
Conchairamidin 4805
Conchairamin 4805
Conchinamin 4799
Conchinin 3538; C_{19}; tetracycl.
Conchiolin 4837
Concusconin 4805
Condurangin 4776
Condurit 591; C_6; $\frac{6}{0}$ (Bd. VI, S. 1153)
Conessin 4795
Confluentin 4864
Conglutin 4812
Conhydrin 3105; C_8; $\frac{6}{3}$
Coniceidin 3043 (bei d-Coniin)
Conicein (δ- und α-) 3047; C_8; bicycl.; k.
Conicein (γ- und β-) 3047; C_8; $\frac{6}{3}$
Conidin 3047; C_7; bicycl.; k.
Coniferin 4776
Coniferylalkohol 581; C_9; $\frac{6}{3}$ (Bd. VI, S. 1131)
Coniin 3043
Coniinsäure 369; C_7; $\frac{7}{0}$ (Bd. IV, S. 459)
Conimen 4745
Conspersasäure 4864
Convallamaretin 4776
Convallamarin 4776
Convallarin 4776
Convicin 4776
Convolvulin 4776
Convolvulinolsäure 223; C_{15}; x (Bd. III, S. 362; vgl. dazu Bd. VII, S. 954)
Convolvulinsäure 4776
Conylen 12; C_8; $\frac{8}{0}$ (Bd. I, S. 258)
Conylenglykol 31; C_8; $\frac{8}{0}$ (Bd. I, S. 500)
Conyrin 3054; $\frac{6}{3}$
Coorongit 4861
Copaivabalsam 4745
Copaivasäure 4745
Copazolin 3809; C_7; bicycl.
Copyrin 3480; bicycl.
Corallin, gelbes 783; C_{19}; tricycl. (Bd. VIII, S. 361)
Coriamyrtin 4776
Coriandrol 26; C_{10}; $\frac{8}{1\cdot1}$ (Bd. I, S. 461)
Coridin 3056; C_{10}; x
Coriin 4870
Cornein 4837

Cornicularsäure 1300; C_{17}; bicycl.; n. k. (Bd. X, S. 779)
Corticinsäure 4861a
Corybulbin 3176; Tetraoxy; —17; C_{18}; tetracycl.
Corycavamin 4788
Corycavin 4788
Corydaldin 3240; —9; C_9; bicycl.; k.
Corydalin 3176; Tetraoxy; —17; C_{18}; tetracycl.
Corydilinsäure 3364; O_8; —19; C_{15}; bicycl.; n. k.
Corydin 4788
Corydinsäure 3374; —17; C_{16}; bicycl.; k.
Coryfin 503; $\frac{6}{1 \cdot \frac{2}{1}}$ (Bd. VI, S. 37)
Corylin 4812
Corytuberin 4788
Cotellin 4865a
Cotinin 3567; C_9; bicycl.
Cotogenin 850; C_{13}; bicycl.; n. k. (Bd. VIII, S. 540)
Cotoin 802; C_{13}; bicycl.; n. k. (Bd. VIII, S. 419)
Cracken 491; C_{24}; x (Bd. V, S. 738)
Crackenchinon 687; C_{24}; x (Bd. VII, S. 839)
Crangitin 4807
Crangonin 4807
Croceingelb 1557 (Bd. XI, S. 288)
Croceinsäure 1557 (Bd. XI, S. 286)
Croceinscharlach 3 B 2160
Crocetin 4776
Crocin 4776
Crotaconsäure 159; C_5; $\frac{4}{1}$ (Bd. II, S. 772)
Crotonaldehyd 90; C_4; $\frac{4}{1}$ (Bd. I, S. 728)
Crotonsäure 163; C_4; $\frac{4}{0}$ (Bd. II, S. 408)
Crotonylen 12; C_4; $\frac{4}{0}$ (Bd. I, S. 249)
Crotylalkohol 25; C_4; $\frac{4}{0}$ (Bd. I, S. 442)
Cubebencampher 510; C_{15}; x (Bd. VI, S. 104)
Cubebensäure 4865
Cubebin 3009; Dioxy; —20; C_{20}; x
Cubebinol 3009; Dioxy; —20; C_{20}; x
Cumalin 2461; C_5; $\frac{6}{0}$
Cumalinsäure 2619; —8; C_6; $\frac{6}{1}$
Cumaraldehyd (o-) 749; C_9; $\frac{6}{3}$ (Bd. VIII, S. 129)
Cumaraldehyd (m- und p-) 749; C_9; $\frac{6}{3}$ (Bd. VIII, S. 130)
Cumaran 2366; C_8; bicycl.; k.
Cumaranon 2385; C_8; bicycl.; k.
Cumarazon 4279; C_8; bicycl.
Cumarilsäure 2577; C_9; bicycl.; k.
Cumarin 2464; C_9; bicycl.; k.
Cumaron 2367; C_8; bicycl.; k.
Cumarophenazin 4497; C_{14}; tetracycl.
Cumarsäure (m-) 1081; $\frac{6}{3}$ (Bd. X, S. 294)

Cumarsäure (o-) 1081; $\frac{6}{3}$ (Bd. X, S. 288)
Cumarsäure (p-) 1081; $\frac{6}{3}$ (Bd. X, S. 297)
Cumidin 1705; $\frac{6}{\frac{2}{1}}$
Cuminaldehyd 640; C_{10}; $\frac{6}{1 \cdot \frac{2}{1}}$ (Bd. VII, S. 318)
Cuminalkohol 532a; $\frac{6}{1 \cdot \frac{2}{1}}$ (Bd. VI, S. 543)
Cuminil 677a; C_{20}; bicycl.; n. k. (Bd. VII, S. 778)
Cuminilsäure 1089; C_{20}; bicycl.; n. k. (Bd. X, S. 353)
Cuminoin 752; C_{20}; bicycl.; n. k. (Bd. VIII, S. 187)
Cuminol 640; C_{10}; $\frac{6}{1 \cdot \frac{2}{1}}$ (Bd. VII, S. 318)
Cuminsäure 943; $\frac{6}{1 \cdot \frac{2}{1}}$ (Bd. IX, S. 546)
Cuminuroflavin 943; $\frac{6}{1 \cdot \frac{2}{1}}$ (Bd. IX, S. 548)
(bei Cuminursäureäthylester)
Cuminursäure 943; $\frac{6}{1 \cdot \frac{2}{1}}$ (Bd. IX, S. 548)
Cumol 468; $\frac{6}{\frac{2}{1}}$ (Bd. V, S. 393)
Cumylsäure 943; $\frac{6}{1 \cdot 1 \cdot 1 \cdot 1}$ (Bd. IX, S. 554)
Cuorin 4807a
Cuprein 3538; C_{19}; tetracycl.
Cupren 12; C_2; (Bd. I, S. 232) (bei Acetylen)
Cupreol 4729b
Cuprin 4427; C_{10}; tricycl. (bei Bromtarkonin)
Cupronin 4427; C_{10}; tricycl. (bei Bromtarkonin)
Curaloin 4776
Curangaegenin 4776
Curangin 4776
Curarin 4794
Curcumin 853; C_{19}; bicycl.; n. k. (Bd. VIII, S. 554)
Curcumon 4728
Curin 4794
Cuscamidin 4801
Cuscamin 4801
Cusconidin 4800
Cusconin 4800
Cuskhygrin 3564; C_{11}; bicycl.
Cusparein 4790
Cusparidin 4790
Cusparin 4790
Cuspidatsäure 4864
Cutin 4861a
Cutose 4861a
Cyamelid 202 (Bd. III, S. 35)
Cyamelon 215 (Bd. III, S. 169)
Cyamelursäure 215 (Bd. III, S. 170)
Cyan 170 (Bd. II, S. 549)

Cyanamin 4370; C_{16}; tetracycl.
Cyanbenzylin 3577; C_{24}; tetracycl.
Cyanchin 4745
Cyanchocerin 4745
Cyanhydrazin 170 (Bd. II, S. 560)
Cyanidmoschus 946; C_{13}; $\dfrac{6}{1\cdot 1\cdot 1\cdot \frac{2}{1\cdot 1}}$ (Bd. IX, S. 570)
Cyanin $C_{25}H_{31}N_2S_2I$ 4195; C_8; bicycl. (bei Äthenyl-aminothiophenol)
Cyanin $C_{29}H_{35}N_2I$ 3491; C_{19}; tetracycl.
Cyanmethazonsäure 160 (Bd. II, S. 223) (bei Jodacetonitril)
Cyanoform 184; C_4; $\dfrac{3}{1}$ (Bd. II, S. 812)
Cyanomaclurin 4865
Cyansäure 202 (Bd. III, S. 31)
Cyanursäure 3889; Trioxo; —3; C_3; $\dfrac{6\,(\text{H }1:3:5)}{0}$
Cyclamin 4776
Cyclamiretin 4776
Cyclamose 4773
Cyclamosin 4773
Cyclen 459 (Bd. V, S. 164)
Cyclocitral (α- oder Δ^2-) 617; $\dfrac{6}{1\cdot 1\cdot 1\cdot 1}$ (Bd. VII, S. 87)
Cyclocitral (β- oder Δ^1-) 617; $\dfrac{6}{1\cdot 1\cdot 1\cdot 1}$ (Bd. VII, S. 87)
Cyclocitral (Δ^3-) 617; $\dfrac{6}{1\cdot 1\cdot 1\cdot 1}$ (Bd. VII, S. 88)
Cyclogallipharol 1055; C_{21}; x (Bd. X, S. 41) (bei Cyclogallipharsäure)
Cyclogallipharsäure 1055; C_{21}; x (Bd. X, S. 41)
Cyclogeraniol 507; $\dfrac{6}{1\cdot 1\cdot 1\cdot 1}$ (Bd. VI, S. 66)
Cyclogeraniolen (α-) 453; $\dfrac{6}{1\cdot 1\cdot 1}$ (Bd. V, S. 79)
Cyclogeraniolen (β-) 453; $\dfrac{6}{1\cdot 1\cdot 1}$ (Bd. V, S. 78)
Cyclogeraniolenaldehyd 617; $\dfrac{6}{1\cdot 1\cdot 1\cdot 1}$ (Bd. VII, S. 88)
Cyclogeraniolencarbonsäure 894; C_{10}; $\dfrac{6}{1\cdot 1\cdot 1\cdot 1}$ (Bd. IX, S. 66)
Cyclogeraniumsäure (α- oder Δ^2-) 894; C_{10}; $\dfrac{6}{1\cdot 1\cdot 1\cdot 1}$ (Bd. IX, S. 65)
Cyclogeraniumsäure (β- oder Δ^1-) 894; C_{10}; $\dfrac{6}{1\cdot 1\cdot 1\cdot 1}$ (Bd. IX, S. 65)
Cyclogeraniumsäure (Δ^3-) 894; C_{10}; $\dfrac{6}{1\cdot 1\cdot 1\cdot 1}$ (Bd. IX, S. 66)
Cyclogeraniumsäure (Δ^4-) 894; C_{10}; $\dfrac{6}{1\cdot 1\cdot 1\cdot 1}$ (Bd. IX, S. 66)
Cyclolinaloolen 453; C_{10}; x (Bd. V, S. 106)
Cyclopin 4776
Cyclopiofluorescin 4865
Cyclopterin 4833
Cyclose 135; x (Bd. I, S. 870)
Cygnin 4788
Cygninsäure 4865
Cygnose 146; x (Bd. I, S. 931)

Cymidine 1705; $\dfrac{6}{1\cdot \frac{2}{1}}$
Cymol (m-) 469; $\dfrac{6}{1\cdot \frac{2}{1}}$ (Bd. V, S. 419)
Cymol (o-) 469; $\dfrac{6}{1\cdot \frac{2}{1}}$ (Bd. V, S. 419)
Cymol (p-) 469; $\dfrac{6}{1\cdot \frac{2}{1}}$ (Bd. V, S. 420)
Cymophenol 531 (Bd. VI, S. 527)
Cymophenon 653; C_{21}; bicycl.; n. k. (Bd. VII, S. 465)
Cynenhydrür 453; C_{10}; $\dfrac{6}{1\cdot \frac{2}{1}}$ (Bd. V, S. 90)
Cynoglossin 4795
Cypressencampher 510; C_{15}; x (Bd. VI, S. 104)
Cystein 376; O_3; ± 0; C_3 (Bd. IV, S. 506, 513)
Cysteinsäure 379; Sulfocarbonsäure; Monocarb.; ± 0; C_3 (Bd. IV, S. 533)
Cystin 376; O_3; ± 0; C_3 (Bd. IV, S. 507, 513)
Cystopurin 75 (Bd. I, S. 586) (bei Hexamethylentetramin)
Cytisin 4788
Cytisolin 4788
Cytosin 3588; C_4; $\dfrac{6\,(\text{H }1:3)}{0}$
δ-Säure 1923
Dahlia 1598 (Bd. XII, S. 132) (bei Anilin)
Damascenin 1911; —8; C_7; $\dfrac{6}{1}$
Damascenin S 1911; —8; C_7; $\dfrac{6}{1}$
Dambonit 604; ± 0; C_6; $\dfrac{6}{0}$ (Bd. VI, S. 1196)
Dambose 604; ± 0; C_6; $\dfrac{6}{0}$ (Bd. VI, S. 1194)
Dammarolsäure 4745a
Dammarresen 4745a
Danain 4776
Danialban 4744
Daphnetin 2532; C_9; bicycl.; k.
Daphnetinsäure 1141; $\dfrac{6}{3}$ (Bd. X, S. 507)
Daphnin 4776
Datiscetin 2568; —20; C_{15}; tricycl.
Datiscin 4776
Daturin 3108
Daucin 4790
Daucol 4728
Daucosterin 4865
Decocacetin 4776
Dehydracetsäure 2491; C_8; $\dfrac{6}{1\cdot 2}$
Dehydroamarsäure 692; —42; C_{35}; pentacycl. (Bd. VII, S. 850) (bei Benzamaron)
Dehydrocamphenilsäure 895; C_{10}; tricycl. (Bd. IX, S. 86)
Dehydrocamphersäure 967; C_{10}; $\dfrac{5}{1\cdot 1\cdot 1\cdot 1\cdot 1}$ (Bd. IX, S. 778)
Dehydrochinen 3515; C_{19}; tetracycl.
Dehydrochinin 3539; C_{19}; tetracycl.
Dehydrocholeinsäure 4866 (bei Choleinsäure)

Dehydrocholsäure 4866 (bei Cholsäure)
Dehydrocinchonidin 3514; C_{19}; tetracycl.
Dehydrocinchonin 3514; C_{19}; tetracycl.
Dehydroindigo 3601; C_{16}; tetracycl.
Dehydrolapachon 2482; C_{15}; tricycl.
Dehydrophotosantonsäure 983; C_{15}; $\frac{6}{\frac{2}{1} \cdot \frac{2}{1} \cdot \frac{2}{1}}$ (Bd. IX, S. 890)
Dehydropyrodypnopinalkohol 497; —42; C_{32}; x (Bd. V, S. 759) (bei Pyrodypnopinalkolen)
Dekacyclen 497; —54; C_{36}; dekacycl. (Bd. V, S. 764)
Delokansäure 4776
Delphinin (Alkaloid) 4780
Delphinoidin 4780
Delphisin 4780
Delphocurarin 4780
Depsan 2370; C_{15}; tricycl.
Dermatol 1136 (Bd. X, S. 477)
Derrid 4865
Desaurin 2777; —40; C_{30}
Desmotropochromosantonin 2511; C_{15}; tricycl.
Desmotroposantonige Säure 1086; C_{15}; bicycl.; k. (Bd. X, S. 317)
Desmotroposantonin 2511; C_{15}; tricycl.
Desmotroposantoninsäure 1116; C_{15}; bicycl.; k. (Bd. X, S. 441)
Desoxalsäure 267; C_5; $\frac{4}{1}$ (Bd. III, S. 586)
Desoxyalizarin 780; C_{14}; tricycl. (Bd. VIII, S. 330)
Desoxyanisoin 779; C_{14}; bicycl.; n. k. (Bd. VIII, S. 321)
Desoxyanthrapurpurin 803; C_{14}; tricycl. (Bd. VIII, S. 430)
Desoxybenzazoin 3186; C_{13}; bicycl.; n. k.
Desoxybenzoin 653; C_{14}; bicycl.; n. k. (Bd. VII, S. 431)
Desoxybenzoinpinakon 571; C_{28}; tetracycl. (Bd. VI, S. 1059)
Desoxychinin 3513; C_{19}; tetracycl.
Desoxycholsäure 4866
Desoxyconchinin 3513; C_{19}; tetracycl.
Desoxycuminoin 653; C_{20}; bicycl.; n. k. (Bd. VII, S. 464)
Desoxydigitogensäure 4776
Desoxyflavopurpurin 803; C_{14}; tricycl. (Bd. VIII, S. 430)
Desoxyfulminursäure 292; C_3 (Bd. III, S. 776)
Desoxyfuroin 2743; C_{10}; bicycl.
Desoxyguanin 4112; C_5; bicycl.
Desoxyhämatoporphyrin 4840
Desoxyheteroxanthin 4112; C_5; bicycl.
Desoxyhydrofabianaresen 4745
Desoxyisoanthraflavinsäure 780; C_{14}; tricycl. (Bd. VIII, S. 331)
Desoxykaffein 4112; C_5; bicycl.
Desoxykodein 4785
Desoxykodomethin 4785
Desoxymesityloxyd 619; C_{12}; $\frac{5}{1 \cdot 1 \cdot 1 \cdot 1 \cdot 1 \cdot 2}$ (Bd. VII, S. 141)

Desoxymorphin 4785
Desoxyparaxanthin 4112; C_5; bicycl.
Desoxyphenetoin 779; C_{14}; bicycl.; n. k. (Bd. VIII, S. 321)
Desoxyphoron 640; C_{18}; $\frac{5}{1 \cdot 1 \cdot 1 \cdot 1 \cdot \frac{3}{1} \cdot \frac{4}{1}}$ (Bd. VII, S. 346)
Desoxyphoronpinakon 563; C_{36}; bicycl.; n. k. (Bd. VI, S. 1021)
Desoxystrychnin 4793
Desoxytheobromin 4112; C_5; bicycl.
Desoxytheophyllin 4112; C_5; bicycl.
Desoxy-p-toluoin 653; C_{16}; bicycl.; n. k. (Bd. VII, S. 454)
Desoxyveronal 3587; C_8; $\frac{6(H 1 : 3)}{2 \cdot 2}$
Desoxyxanthin 4112; C_5; bicycl.
Destrictinsäure 4864
Deuteroalbumose 4830
Dextran 4773
Dextrin 4768
Dextrin, synthetisches (von Grimaux, Lefêvre) 144 (Bd. I, S. 895) (bei d-Glykose)
Dextrin, synthetisches (von Musculus) 144 (Bd. I, S. 895) (bei d-Glykose)
Dextrin, synthetisches (von Ost) 144 (Bd. I, S. 896) (bei d-Glykose)
Dextrinsäure 4768
Dextronsäure 257; C_6; $\frac{6}{0}$ (Bd. III, S. 542)
Dextropimarsäure 4740
Dextrose 144 (Bd. I, S. 879)
Dhurrin 4776
Dhurrinsäure 4776
Diacetonalkamin 354; C_6; $\frac{5}{1}$ (Bd. IV, S. 296)
Diacetonalkohol 113; C_6; $\frac{5}{1}$ (Bd. I, S. 836)
Diacetonamin 358; ± 0; C_6; $\frac{5}{1}$ (Bd. IV, S. 322)
Dialdan 113; C_4; $\frac{4}{0}$ (Bd. I, S. 825)
Dialdanalkohol 113; C_4; $\frac{4}{0}$ (Bd. I, S. 825) (bei Dialdan)
Dialdansäure 113; C_4; $\frac{4}{0}$ (Bd. I, S. 826) (bei Dialdan)
Dialursäure 3637; —4; C_4; $\frac{6(H 1 : 3)}{0}$
Dianethol, festes 534; C_9; $\frac{6}{3}$ (Bd. VI, S. 568) (bei Anethol)
Dianethol, flüssiges 534; C_9; $\frac{6}{3}$ (Bd.VI, S. 568) (bei Anethol)
Dianthracen 482 (Bd. V, S. 663)
Dianthrachinon 691; C_{28}; hexacycl. (Bd. VII, S. 848)
Dianthranol 690; C_{28}; hexacycl. (Bd. VII, S. 846)
Dianthron 690; C_{28}; hexacycl. (Bd. VII, S. 846)
Diaterebilensäure 243; C_7; $\frac{5}{1 \cdot 1}$ (Bd. III, S. 472)
Diaterebinsäure 242; C_7; $\frac{5}{1 \cdot 1}$ (Bd. III, S. 456)

Diaterpensäure 242; C_8; $\frac{5}{2}$ (Bd. III, S. 461)

Diaterpenylsäure 242; C_8; $\frac{5}{2}$ (Bd. III, S. 461)

Diazoäthoxan 21 (Bd. I, S. 328)
Diazoresorcin 4251; C_{12}; tricycl.
Diazoresorufin 4251; C_{12}; tricycl.
Dibenzyldicarbonid 682; C_{16}; tetracycl. (Bd. VII, S. 823)
Diborneol 557; C_{20}; tetracycl. (Bd. VI, S. 954)
Dibutolacton 2740; C_8; bicycl.
Dibutylactinsäure 223; C_4; $\frac{3}{1}$ (Bd. III, S. 314)
Dicamphanazin 3484; C_{20}; pentacycl.
Dicamphandisäure 968; C_{20}; x (Bd. IX, S. 790)
Dicampher 672; C_{20}; tetracycl. (Bd. VII, S. 693)
Dicampherylsäure 1357; C_{18}; x (Bd. X, S. 908)
Dicamphochinon 673; C_{20}; tetracycl. (Bd. VII, S. 708)
Dicampholyl 668; C_{20}; bicycl.; n. k. (Bd. VII, S. 599)
Dicamphylsäure (α-) 990; C_{18}; pentacycl.; n. k. (Bd. IX, S. 912)
Dicarbo-Base, von Wessel 3888; —1; C_2; $\frac{5\,(H\,1\,:\,2\,:\,4)}{0}$
Dicarvelol 557; C_{20}; bicycl.; n. k. (Bd. VI, S. 953)
Dicarvelon (α-) 672; C_{20}; bicycl.; n. k. (Bd. VII, S. 692)
Dicarvelon (β-) 672; C_{20}; tetracycl. (Bd. VII, S. 693)
Dicarvelon (γ-) 672; C_{20}; bicycl.; n. k. (Bd. VII, S. 693)
Dicentrin 4788
Dichinoyl 716; C_6; $\frac{6}{0}$ (Bd. VII, S. 885)
Dichromatinsäure 4868a
Dicinchonin 4803
Dicinen 473; C_{20}; x (Bd. V, S. 509)
Diconchinin 4803
Diconsäure 185; C_6; $\frac{5}{1}$ (Bd. II, S. 852) (bei Aconitsäure)
Dicumarin $C_{18}H_{12}O_4$ 2769; C_{18}; x
Dicyandiamid 207 (Bd. III, S. 91)
Dicyandiamidin 207 (Bd. III, S. 89)
Dicyanmethazonsäure 160 (Bd. II, S. 223) (bei Jodacetonitril)
Didesmotroposantonige Säure 1169; C_{30}; tetracycl. (Bd. X, S. 573)
Dieucarvelon 672; C_{20} (Bd. VII, S. 692)
Diffluan 3774; Dioxo; —2; C_3; $\frac{5\,(H\,1\,:\,3)}{0}$
Diffusinsäure 4864
Digalen 4776
Digitalein 4776
Digitaligenin 4776
Digitalin 4776
Digitalonsäure 248; C_7; $\frac{7}{0}$ (Bd. III, S. 480)
Digitogenin 4776
Digitogensäure (β-) 4776

Digitonin 4776
Digitophyllin 4776
Digitosäure 4776
Digitoxigenin 4776
Digitoxin 4776
Digitoxinsäure 4776
Digitoxonsäure 237; C_6; $\frac{6}{0}$ (Bd. III, S. 413)
Digitoxose 124; C_6; $\frac{6}{0}$ (Bd. I, S. 857)
Digitsäure 4776
Diglycid 2713; C_6; x
Diglykolamidsäure 364 (Bd. IV, S. 365)
Digsäure 4776
Diguanid 207 (Bd. III, S. 93)
Dihexonsäure 2847; C_{12}; bicycl.
Diisäthionamidsäure 379; Monosulfons.; +2; C_2 (Bd. IV, S. 531)
Diisoeugenol 559 (Bd. VI, S. 955) (bei Isoeugenol)
Diisopren 457; $\frac{6}{1\cdot\frac{2}{1}}$ (Bd. V, S. 137)
Di-m-kresotid 2767; C_{16}; tricycl.
Dilactylsäure 221 (Bd. III, S. 279)
Dilanin 372; C_6; $\frac{5}{1}$ (Bd. IV, S. 496)
Dilemen 4728
Dilitursäure 3615; $\frac{6\,(H\,1\,:\,3)}{0}$
Dillöl-Apiol 2718; C_{10}; bicycl.
Dillöl-Apiolsäure 2890; —10; C_8; bicycl.
Dillöl-Isoapiol 2718; C_{10}; bicycl.
Dinaphtacridine $C_{21}H_{13}N$ 3094; C_{21}; pentacycl.
Dinaphthazine $C_{20}H_{12}N_2$ 3493; C_{20}; pentacycl.
Dinaphthazthion $C_{20}H_{11}ONS$ 4231; C_{20}; pentacycl.
Dinaphthoprasindon $C_{26}H_{16}ON_2$ 3519; C_{20}; pentacycl.
Dinaphthopyran $C_{21}H_{14}O$ 2376; C_{21}; pentacycl.
Dinaphthoxanthen $C_{21}H_{14}O$ 2376; C_{21}; pentacycl.
Dindol 677 (Bd. VII, S. 766) (bei Dinitrobenzil von Golubew)
Dinicotinsäure 3279; $\frac{6}{1\cdot 1}$
Dinitroäthylsäure 395; Mononitramin; +2; C_2 (Bd. IV, S. 569)
Diönanthaldehyd 87; C_{14}; $\frac{13}{1}$ (Bd. I, S. 716)
Dionin 4784
Dioscin 4776
Dioscorea-Sapotoxin 4776
Dioscorin 4780
Diosmin 4776
Diosphenol 667; C_{10}; $\frac{6}{1\cdot\frac{2}{1}}$ (Bd. VII, S. 566)
Diosphenolsäure 667; C_{10}; $\frac{6}{1\cdot\frac{2}{1}}$ (Bd. VII, S. 566) (bei Diosphenol)
Dioxin 778; C_{10}; bicycl.; k. (Bd. VIII, S. 300)
Dioxygadinsäure 230; C_{20}; x (Bd. III, S. 410)
Dioxylepiden 709; C_{28}; tetracycl. (Bd. VII, S. 881)

Dioxynaphthalinsäure 476 (Bd. V, S. 540) (bei Naphthalin)
Dipenten 457; $\frac{6}{1 \cdot \frac{2}{1}}$ (Bd. V, S. 137)
Dipentin 457; $\frac{6}{1 \cdot \frac{2}{1}}$ (Bd. V, S. 137)
Diphenochinon 675; C_{12}; bicycl.; n. k. (Bd. VII, S. 740)
Diphenolisatin 3240; —25; C_{20}; tetracycl.
Diphensäure 993; C_{14}; bicycl.; n. k. (Bd. IX, S. 922)
Diphensuccindon 682; C_{16}; tetracycl. (Bd. VII, S. 823)
Diphenylaminblau 1865
Diphenylamingrün 1865
Diphenylin 1785; C_{12}; bicycl.; n. k.
Diphthalylsäure 1360; C_{16}; bicycl.; n. k. (Bd. X, S. 910)
Diphyllin 4782
Dipicolinsäure 3279; $\frac{6}{1 \cdot 1}$
Diploicin 4864
Diplosal 1061; zu Oxy-carb.; O_3; —8; C_7; isocycl.; $\frac{6}{1}$ (Bd. X, S. 84)
Diploschistessäure 4864
Dipropäsin 1905; C_7; $\frac{6}{1}$
Dipulegon 617 (Bd. VII, S. 83) (bei Pulegon)
Dipyrotartraceton 250 (Bd. III, S. 508) (bei d-Weinsäure)
Dirhizoninsäure 1107; $\frac{6}{1 \cdot 1 \cdot 1}$ (Bd. X, S. 431)
Disacryl 90; C_3 (Bd. I, S. 726) (bei Acrolein)
Disalicylid 2767; C_{14}; tricycl.
Disantonige Säure 1169; C_{30}; tetracycl. (Bd. X, S. 573)
Distyrensäure 953; C_{17}; x (Bd. IX, S. 703)
Distyrol, festes 480; C_{16}; bicycl.; n. k. (Bd. V, S. 645)
Distyrol, flüssiges 480; C_{16}; bicycl.; n. k. (Bd. V, S. 647)
Disulfätholsäure 326; +2; C_2 (Bd. IV, S. 11)
Ditain 4795
Ditamin 4795
Ditan 479; C_{13}; bicycl.; n. k. (Bd. V, S. 588)
Ditartrylsäure 250 (Bd. III, S. 507) (bei d-Weinsäure)
Diterebentyl 473; C_{19}; x (Bd. V, S. 508)
Diterpilen 473; C_{20}; x (Bd. V, S. 509)
Diterpoxylsäure 2619; —4; C_8; $\frac{5}{1 \cdot 1 \cdot 2}$
Diterpylsäure (α-) 2619; —4; C_8; $\frac{5}{1 \cdot 1 \cdot 2}$
Divalonsäure 2847; C_{10}; bicycl.
Divaricatinsäure 4864
Divaricatsäure 4864
Divicin 4776
Dixgeninsäure 4776
Doebnersches Violett 1865
Döglingsäure 163; C_{19}; x (Bd. II, S. 472)
Dossetin 4865
Drachenblut 4741
Drimin 4865

Drimol 4865
Drupose 4776
δ-Säure 1923
Dulcamarin 4776
Dulcid 59; C_6; $\frac{6}{0}$ (Bd. I, S. 547) (bei Dulcit)
Dulcin 1848
Dulcit 59; C_6; $\frac{6}{0}$ (Bd. I, S. 544)
Dulcitamin 356; Pentaoxy; +2; C_6; $\frac{6}{0}$ (Bd. IV, S. 307)
Dulcitan 59; C_6; $\frac{6}{0}$ (Bd. I, S. 546) (bei Dulcit)
Dumasin 612; C_5; $\frac{5}{0}$ (Bd. VII, S. 5)
Duotal 553; zu Oxy-carb.; O_3; ± 0; C_1 (Bd. VI, S. 776)
Durenol 532a; $\frac{6}{1 \cdot 1 \cdot 1 \cdot 1}$ (Bd. VI, S. 547)
Duridin 1706; $\frac{6}{1 \cdot 1 \cdot 1 \cdot 1}$
Durochinon 671a; C_{10}; $\frac{6}{1 \cdot 1 \cdot 1 \cdot 1}$ (Bd. VII, S. 669)
Durol 469; $\frac{6}{1 \cdot 1 \cdot 1 \cdot 1}$ (Bd. V, S. 431)
Durylsäure 943; $\frac{6}{1 \cdot 1 \cdot 1 \cdot 1}$ (Bd. IX, S. 554)
Durylursäure 943; $\frac{6}{1 \cdot 1 \cdot 1 \cdot 1}$ (Bd. IX, S. 555)
Dypnon 654; C_{16}; bicycl.; n. k.
Dypnopinakolen 496; C_{32}; pentacycl. (Bd. V, S. 758)
Dypnopinakolin (α-) 654; C_{16}; bicycl.; n. k. (Bd. VII, S. 486) (bei Dypnon)
Dypnopinakolin (β-, γ-, δ-) 654; C_{16}; bicycl.; n. k. (Bd. VII, S. 487) (bei Dypnon)
Dypnopinakolinalkohol (α-) 654; C_{16}; bicycl.; n. k. (Bd. VII, S. 486) (bei Dypnon)
Dypnopinakolinalkohol (γ-) 654; C_{16}; bicycl.; n. k. (Bd. VII, S. 487) (bei Dypnon)
Dypnopinakon 654; C_{16}; bicycl.; n. k. (Bd. VII, S. 486) (bei Dypnon)
Dypnopinalkohol (α-) 654; C_{16}; bicycl.; n. k. (Bd. VII, S. 486) (bei Dypnon)
Dypnopinalkohol (γ-) 654; C_{16}; bicycl.; n. k. (Bd. VII, S. 487) (bei Dypnon)
Dypnopinalkolen (α-) 490; C_{25}; x (Bd. V, S. 734)
Dypnopinalkolen (γ-) 495; C_{32}; x (Bd. V, S. 756)
Dysalbumose 4830
Dyslysin 4866 (bei Cholsäure)
Dyslyt 179; C_5; $\frac{4}{1}$ (Bd. II, S. 770) (bei Citraconsäure)
Echicerin 4865
Echicerinsäure 4865
Echikautschin 4865
Echinopsin 4806
Echiretin 4865
Echitamin 4795
Echitein 4865
Echitenin 4795
Echitin 4865
Echtrot 2154

Ecksteinsche Base 1662; zu Oxy-amin; Monooxy; ± 0; C_4; acycl.; $\frac{4}{0}$ (Bd. XII, S. 552)
Edestan 4812
Edestin 4812
Eibnersche Base 1662; zu Oxy-amin; Monooxy; ± 0; C_4; acycl.; $\frac{4}{0}$ (Bd. XII, S. 552)
Eichenphlobaphen 4865
Eichenrot 4865
Ekgonin 3326
Ekgonin (α-) 3327; C_8; bicycl.; k.
Ekgoninsäure 3366; —3; C_6; $\frac{5}{2}$
Eksantalal, tricyclisches 620; C_{12}; tricycl. (Bd. VII, S. 165)
Eksantalol, bicyclisches 510; C_{12}; bicycl. (Bd. VI, S. 102)
Eksantalol, tricyclisches 510; C_{12}; tricycl. (Bd. VI, S. 103)
Eksantalsäure, bicyclische 895; C_{12}; bicycl. (Bd. IX, S. 89)
Eksantalsäure, tricyclische 895; C_{12}; tricycl. (Bd. IX, S. 90)
Eläostearinsäure 164; C_{18}; $\frac{18}{0}$ (Bd. II, S. 497)
Elaidinsäure 163; C_{18}; $\frac{18}{0}$ (Bd. II, S. 469)
Elain 163; C_{18}; $\frac{18}{0}$ (Bd. II, S. 463)
Elainsäure 163; C_{18}; $\frac{18}{0}$ (Bd. II, S. 463)
Elaldehyd 2952; ± 0; C_6; $\frac{6(H\,1:3:5)}{1\cdot 1\cdot 1}$
Elastin 4837
Elastinpepton 4837
Elateridin 4865
Elateridochinon 4865
Elaterin 4865
Elaterinsäure 4865
Elateron 4865
Elayl 11; C_2 (Bd. I, S. 180)
Elaylchlorid 8 (Bd. I, S. 84)
Elemicin 581; C_9; $\frac{6}{3}$ (Bd. VI, S. 1131)
Elemisäure 4745
Ellagsäure 2843; O_8; —22; C_{14}; tetracycl.
Embeliasäure 4865
Emeraldin, historisches 1598 (Bd. XII, S. 130) (bei Anilin)
Emeraldinbase der neueren Literatur (Willstätter) 1774; zu Oxy-amin; Monooxy; —6; C_6; isocycl.; $\frac{6}{0}$
Emetin 4806
Emodin 830; C_{15}; tricycl. (Bd. VIII, S. 520)
Emodinanthranol 803; C_{15}; tricycl. (Bd. VIII, S. 436)
Emodinol 803; C_{15}; tricycl. (Bd. VIII, S. 436)
Encephalin (Enkephalin) 4777
Enneanaphthen 452; C_9; $\frac{6}{1\cdot 1\cdot 1}$ (Bd. V, S. 42)
Entada-Sapogenin 4776
Entada-Saponin 4776
Enzianbitter 4776
Eosin 2835; C_{20}; pentacycl.

Ephedrin 1855; C_9; $\frac{6}{3}$
Epiäthylin 2380; C_3; $\frac{3}{1}$
Epichlorhydrin 2362; C_3
Epidichlorhydrin 11; C_3 (Bd. I, S. 199)
Epiguanin 4136
Epiosin 3489; C_{15}; tetracycl.
Episarkin 4870
Equisetsäure 185; C_6; $\frac{5}{1}$ (Bd. II, S. 849)
Erdharz 4861
Erdöl 4723
Ergosterin 4729b
Ergothionein 4780
Ergotinin 4780
Ergotoxin 4780
Ericolin 4776
Erikabase 4345; C_{16}; tricycl.
Eriodictyol 851; C_{15}; bicycl.; n. k. (Bd. VIII, S. 543)
Eriodictyon 851; C_{15}; bicycl.; n. k. (Bd. VIII, S. 544)
Eriodonol 4865
Erlenrot 4776
Erucasäure 163; C_{22}; $\frac{22}{0}$ (Bd. II, S. 472)
Erysimin 4776
Erysipelin 4807
Erytaurin 4776
Erythran 2397; C_4; $\frac{5}{0}$
Erythrarsin 414 (Bd. IV, S. 615)
Erythren 12; C_4; $\frac{4}{0}$ (Bd. I, S. 249)
Erythrin 1106; $\frac{6}{1\cdot 1}$ (Bd. X, S. 416)
Erythrin (β-) 1107; $\frac{6}{1\cdot 1\cdot 1}$ (Bd. X, S. 430)
Erythrinsäure 1106; $\frac{6}{1\cdot 1}$ (Bd. X, S. 416)
Erythrit 47; C_4; $\frac{4}{0}$ (Bd. I, S. 525)
Erythrocentaurin 4865
Erythrodextrin 4768
Erythroglucin 47; C_4; $\frac{4}{0}$ (Bd. I, S. 525)
Erythrol 31; C_4; $\frac{4}{0}$ (Bd. I, S. 499)
Erythrolaccin 4866
Erythrolein 4869
Erythroleinsäure 4869
Erythrolitmin 4869
Erythronsäure 237; C_4; $\frac{4}{0}$ (Bd. III, S. 411)
Erythrooxyanthrachinon 781; C_{14}; tricycl. (Bd. VIII, S. 338)
Erythrophlein 4788
Erythrophyll 4723a
Erythroresinotannol 4743
Erythrose 124; C_4; $\frac{4}{0}$ (Bd. I, S. 855)
Erythrosin 2835; C_{20}; pentacycl.
Erythrulose 124; C_4; $\frac{4}{0}$ (Bd. I, S. 856)
Esdragol 534; C_9; $\frac{6}{3}$ (Bd. VI, S. 571)
Eserin 4788

Essigsäure 158 (Bd. II, S. 96)
Eston 158 (Bd. II, S. 114)
Estragol 534; C_9; $\frac{6}{3}$ (Bd. VI, S. 571)
Eubornyl 508 (Bd. VI, S. 79)
Eucain (α-) 3323; C_{10}; $\frac{6}{1\cdot 1\cdot 1\cdot 1\cdot 1}$
Eucain (β-) 3105; C_8; $\frac{6}{1\cdot 1\cdot 1}$
Eucalyptol 2363; C_{10}; bicycl.; k.
Eucarvol 620; C_{10}; $\frac{7}{1\cdot 1\cdot 1}$ (Bd. VII, S. 151)
Eucarvon 620; C_{10}; $\frac{7}{1\cdot 1\cdot 1}$ (Bd. VII, S. 151)
Euchinin 3538; C_{19}; tetracycl.
Euchronsäure 3700; O_8; —20; C_{12}; tricycl.
Eucol 553; zu Monocarb.; $\pm$ 0; C_2 (Bd. VI, S. 774)
Eudesmiasäure 4728
Eudesmin 4865
Eudesmol 4728
Eugenoform 581; C_{10}; $\frac{6}{1\cdot 3}$ (Bd. VI, S. 1131)
Eugenol 560 (Bd. VI, S. 961)
Eugenotinalkohol 581; C_{10}; $\frac{6}{1\cdot 3}$ (Bd. VI, S. 1131)
Eugensäure 560 (Bd. VI, S. 961)
Eugetinsäure 1113; $\frac{6}{1\cdot 3}$ (Bd. X, S. 441)
Euglobulin 4828
Eulysin 4861a
Eulyt 179; C_5; $\frac{4}{1}$ (Bd. II, S. 770) (bei Citraconsäure)
Eumydrin 3108
Eupatorin, aus Eupatorium perfoliatum 4865
Eupatorin, aus Eupatorium Rebaudianum 4776
Eupatorin, aus Eupatorium triplinerve Vahl. 4865
Euphorbinsäure 4745
Euphorbium 4745
Euphorbon 4745
Euphorboresen 4745
Euphorin 1625
Euphthalmin 3105; C_8; $\frac{6}{1\cdot 1\cdot 1}$
Eupitton 889; —24; C_{19}; tricycl. (Bd. VIII, S. 574)
Eupittonsäure 889; —24; C_{19}; tricycl. (Bd. VIII, S. 574)
Eupittonschwarz 889; —24; C_{19}; tricycl. (Bd. VIII, S. 574)
Eurhodin 3722; C_{17}; tetracycl.
Eurisol 554; zu Monocarb.; $\pm$ 0; C_2 (Bd. VI, S. 816)
Europhen 533; C_{11}; $\frac{6}{1\cdot \frac{2}{1\cdot 1}}$ (Bd. VI, S. 550)
Eustenin 4136
Eutannin 4776
Euterpen 457; $\frac{7}{1\cdot 1\cdot 1}$ (Bd. V, S. 124)
Euthiochronsäure 1578; —8; C_6; $\frac{6}{0}$ (Bd. XI, S. 353)

Euxanthinsäure 4777a
Euxanthon 2535; C_{13}; tricycl.
Euxanthonsäure 828; C_{13}; bicycl.; n. k. (Bd. VIII, S. 497)
Everittsalz 156 (Bd. II, S. 77)
Everniin 4773
Everninsäure 1106; $\frac{6}{1\cdot 1}$ (Bd. X, S. 413)
Everniol 4864
Evernsäure 1106; $\frac{6}{1\cdot 1}$ (Bd. X, S. 416)
Evernurol 4864
Evernursäure 4864
Excelsin 4812
Excoecarin 4865a
Excoecaron 4865a
Excretin 4866
F-Säure 1923
Fabianaglykotannoid 4776
Fabianaresen 4745
Fabianol 4728
Fagin 353 (Bd. IV, S. 277)
Fagopyrum-Rutin 4776
Faradiol 561; C_{30}; x (Bd. VI, S. 974)
Farinacinsäure 4864
Farnesol 27; C_{15}; x (Bd. I, S. 464)
Fellinsäure 4866
Fenchelen 457; x (Bd. V, S. 142)
Fenchelylamin 1594; C_9; $\frac{5}{1\cdot \frac{2}{1}}$ (Bd. XII, S. 15)
Fenchen 458; k. (Bd. V, S. 162)
Fenchenol 2363; C_{10}; bicycl.; k.
Fenchenonsäure 1284; C_{10}; x (Bd. X, S. 625)
Fenchocamphoceensäure 894; C_9; x (Bd. IX, S. 62)
Fenchocamphorol 506; C_9; bicycl.; k. (Bd. VI, S. 53)
Fenchocamphoron 616; C_9; bicycl.; k. (Bd. VII, S. 72)
Fenchocarbonsäure 1054; C_{11}; bicycl.; k. (Bd. X, S. 34)
Fencholenalkohol (α-) 507; $\frac{5}{1\cdot \frac{3}{1}}$ (Bd. VI, S. 66)
Fencholenalkohol (β-) 507; $\frac{5}{1\cdot 1\cdot \frac{2}{1}}$ (Bd. VI, S. 66)
Fencholensäure (α-) 894; C_{10}; $\frac{5}{1\cdot \frac{2}{1\cdot 1}}$ (Bd. IX, S. 67)
Fencholensäure (β-) 894; C_{10}; $\frac{5}{1\cdot 1\cdot \frac{2}{1}}$ (Bd. IX, S. 67)
Fencholensäure (γ-) 894; C_{10}; $\frac{4}{2\cdot \frac{2}{1\cdot 1}}$ (Bd. IX, S. 73)
Fencholensäureglykol (α-) 549; C_{10}; $\frac{5}{1\cdot \frac{2}{1\cdot 1}}$ (Bd. VI, S. 749)
Fencholensäureglykol (β-) 549; C_{10}; $\frac{5}{1\cdot 1\cdot \frac{2}{1}}$ (Bd. VI, S. 749)
Fencholsäure 893; C_{10}; $\frac{5}{1\cdot 1\cdot \frac{2}{1}}$ (Bd. IX, S. 32)
Fenchon 618; k. (Bd. VII, S. 96)

Fenchylalkohol 508; k. (Bd. VI, S. 70)
Fenchylamin 1595; C_{10}; bicycl.; k. (Bd. XII, S. 43)
Feroxaloin 4776
Feroxaloresinotannol 4742
Ferulaaldehyd 776; C_9; $\frac{6}{3}$ (Bd. VIII, S. 288)
Ferulasäure 1112; $\frac{6}{3}$ (Bd. X, S. 436)
Fibrin, pflanzliches 4813
Fibrin, tierisches 4828
Fibrinogen 4828
Fichtelit 461; C_{18}; x (Bd. V, S. 172)
Fichtenrot 4865
Ficocerylalkohol 4734
Ficocerylsäure 162; C_{13}; x (Bd. II, S. 364)
Filicinsäure 694; C_8; $\frac{6}{1 \cdot 1}$ (Bd. VII, S. 856)
Filixrot 4776
Filixsäure 890; O_{12}; —30; C_{35}; tetracycl. (Bd. VIII, S. 576)
Filmaron 890; O_{16}; —40; C_{46}; pentacycl. (Bd. VIII, S. 577)
Fimbriatsäure 4864
Firpen 460; x (Bd. V, S. 165)
Fisetin 2568; —20; C_{15}; tricycl.
Fisetol 798; C_8; $\frac{6}{2}$ (Bd. VIII, S. 395)
Flavan 2370; C_{15}; tricycl.
Flavanilin 3400; C_{16}; tricycl.
Flavanon 2467; C_{15}; tricycl.
Flavanthren 3611; —44; C_{28}; oktacycl.
Flavanthrin 3499; C_{28}; oktacycl.
Flavanthrinhydrat 3524; C_{28}; oktacycl.
Flavanthrinol 3583; C_{28}; oktacycl.
Flavanthrinolhydrat 3635; —38; C_{28}; oktacycl.
Flavaspidinin 4865
Flavaspidsäure 887; C_{24}; tricycl. (Bd. VIII, S. 571)
Flaveanwasserstoff 170 (Bd. II, S. 564)
Flavellagsäure 2843; O_9; —22; C_{14}; tetracycl.
Flavenol (p-) 3118; C_{16}; tricycl.
Flaveosine 3439; —27; C_{20}; tetracycl.
Flavinduliniumsalze 3493; C_{20}; pentacycl.
Flavochinolin 3491; C_{19}; tetracycl.
Flavol 565; C_{14}; tricycl. (Bd. VI, S. 1033)
Flavolin 3089; C_{16}; tricycl.
Flavon 2468; C_{15}; tricycl.
Flavonol 2483; C_{15}; tricycl.
Flavopannin 4865
Flavopurpurin 830; C_{14}; tricycl. (Bd. VIII, S. 513)
Flechtenchrysophansäure 830; C_{15}; tricycl. (Bd. VIII, S. 522)
Flechtensäure 179; C_4; $\frac{4}{0}$ (Bd. II, S. 737)
Fleischmilchsäure 221 (Bd. III, S. 261)
Fleischsäure 4831
Flemingin 4865
Flohsamenschleim 4773
Fluavile 4745
Fluoflavin 4027; C_{14}; tetracycl.
Fluoran 2751; C_{20}; pentacycl.
Fluoranthen 486; C_{15}; tetracycl. (Bd. V, S. 685)

Fluoranthenchinon 682; C_{15}; tetracycl. (Bd. VII, S. 822)
Fluoren 480; C_{13}; tricycl. (Bd. V, S. 625)
Fluorenalkohol 540; C_{13}; tricycl. (Bd. VI, S. 691)
Fluorenblau 1869; —24; C_{19}; tetracycl.
Fluorenchinon 480 (Bd. V, S. 627) (bei Fluoren)
Fluorenol 540; C_{13}; tricycl. (Bd. VI, S. 691)
Fluorenon 654; C_{13}; tricycl. (Bd. VII, S. 465)
Fluorensäure 953; C_{14}; tricycl. (Bd. IX, S. 690)
Fluorescein 2835; C_{20}; pentacycl.
Fluorescin 2615; —26; C_{20}; tetracycl.
Fluorindin 4033; C_{22}; hexacycl.
Fluoroform 5 (Bd. I, S. 59)
Fluorolin 4872
Fluoron 2467; C_{13}; tricycl.
Fluorubin 4187; N_6; Stammkern; —22; C_{16}; pentacycl.
Fongose 4773
Forgenin 335; zu Monocarb.; ± 0; C_1 (Bd. IV, S. 52)
Formaldehyd 74 (Bd. I, S. 558)
Formamint 4752
Formazan 2092; zu Monocarb.; ± 0; C_1
Formeston 158 (Bd. II, S. 114)
Formicin 159 (Bd. II, S. 178)
Formocholin 335 (Bd. IV, S. 54)
Formononetin 4776
Formopyrogallaurin 850; C_{13}; bicycl.; n. k. (Bd. VIII, S. 541)
Formose 146; x (Bd. I, S. 930)
Formurol 259; C_6; $\frac{5}{1}$ (Bd. III, S. 563)
Fortoin 888; —34; C_{27}; tetracycl. (Bd. VIII, S. 574)
Fragarianin 4776
Frangulin 4776
Fraxetin 2553; C_9; bicycl.; k.
Fraxin 4776
Friedelin 4861a
Fruchtzucker 145 (Bd. I, S. 918)
Fructoheptonsäure 265; C_7; $\frac{6}{1}$ (Bd. III, S. 575)
Fructosamin 360; O_5; ± 0; C_6; $\frac{6}{0}$ (Bd. IV, S. 332)
Fructose 145 (Bd. I, S. 918)
Fructosin 145 (Bd. I, S. 925) (bei d-Fructose)
F-Säure 1923
Fuchsin 1866
Fuchson 657; C_{19}; tricycl. (Bd. VII, S. 520)
Fucit 54; C_6; $\frac{6}{0}$ (Bd. I, S. 532)
Fucohexonsäure 257; C_7; $\frac{7}{0}$ (Bd. III, S. 551)
Fuconsäure 248; C_6; $\frac{6}{0}$ (Bd. III, S. 477)
Fucose 137 (Bd. I, S. 876)
Fukugetin 4865a
Fulgensäure 180; C_6; $\frac{4}{1 \cdot 1}$ (Bd. II, S. 805)
Fulgid 2477; C_6; $\frac{5}{1 \cdot 1}$
Fulminursäure 171 (Bd. II, S. 598)

Fulmitetraguanurat 89 (Bd. I, S. 723) (bei Knallsäure)
Fulmitriguanurat 89 (Bd. I, S. 723) (bei Knallsäure)
Fulven 465a; C_6; $\frac{5}{1}$ (Bd. V, S. 280)[1])
Fumarin 4788
Fumarprotocetrarsäure 4864
Fumarsäure 179; C_4; $\frac{4}{0}$ (Bd. II, S. 737)
Fungisterin 4729b
Furacin, aus Vogelfedern 4870
Furan 2364; C_4; $\frac{5}{0}$
Furazan 4488; C_2; $\frac{5\,(O:N:N\,=\,1:2:5)}{0}$
Furevernsäure 4864
Furfuralkohol 2382; C_5; $\frac{5}{1}$
Furfuran 2364; C_4; $\frac{5}{0}$
Furfuranilin 1604; zu Trioxo; —4; C_5; $\frac{5}{0}$ (Bd. XII, S. 211)
Furfurin 4659; —18; C_{15}; tetracycl.
Furfurol 2461; C_5; $\frac{5}{1}$
Furfurostilben 2674; C_{10}; bicycl.
Furil 2764; C_{10}; bicycl.
Furilsäure 2889; —12; C_{10}; bicycl.
Furodiazol 4488; C_2; $\frac{5}{0}$
Furoin 2806; C_{10}; bicycl.
Furonsäure 293; C_7; $\frac{7}{0}$ (Bd. III, S. 826)
Fuselöl 24; C_5; $\frac{4}{1}$ (Bd. I, S. 393)
Fustin 4776
G-Säure 1557 (Bd. XI, S. 290)
γ-Säure [Naphthol-(2)-disulfonsäure-(6.8)] 1557 (Bd. XI, S. 290)
γ-Säure [7-Amino-naphthol-(1)-sulfonsäure-(3)] 1926
Gadinin 4807
Gadoleinsäure 163; C_{20}; x (Bd. II, S. 472)
Gadus-Histon 4832
Gärungsgummi 4773
Gaidinsäure 4731
Galaheptit 64; C_7; $\frac{7}{0}$ (Bd. I, S. 549)
Galaheptonsäure 265; C_7; $\frac{7}{0}$ (Bd. III, S. 574)
Galaheptose 149; $\pm$ 0; C_7; $\frac{7}{0}$ (Bd. I, S. 935, 936)
Galaktamin 356; Pentaoxy; +2; C_6; $\frac{6}{0}$ (Bd. IV, S. 306)
Galaktane 4773
Galaktin 4773
Galaktochloralose 2735; Tetraoxy; —2; C_8; bicycl.
Galaktochloralsäure 2890; —2; C_7; bicycl.
Galaktonsäure 257; C_6; $\frac{6}{0}$ (Bd. III, S. 549)
Galaktose 144 (Bd. I, S. 909, 917)
Galangin 2557; C_{15}; tricycl.

Galaoctit 67; C_8; $\frac{8}{0}$ (Bd. I, S. 550)
Galaoctonsäure 271; $\pm$ 0; C_8; $\frac{8}{0}$ (Bd. III, S. 588)
Galaoctose 150; $\pm$ 0; C_8; $\frac{8}{0}$ (Bd. I, S. 937)
Galbanum 4745
Galbanumsäure 4745
Galipein 4790
Galipen 4728
Galipidin 4790
Galipin 4790
Galipol 4728
Galipot 4740
Gallacetein 2455; —18; C_{16}; tricycl.
Gallacetol 1136 (Bd. X, S. 486)
Gallacetonin 578 (Bd. VI, S. 1080) (bei Pyrogallol)
Gallacetophenon 798; C_8; $\frac{6}{2}$ (Bd. VIII, S. 393)
Gallactinsäure 4752
Gallactucon 4745
Galläpfel 4776
Gallaminblau 4386; O_5; —17; C_{13}; tricycl.
Gallein 2843; O_7; —28; C_{20}; pentacycl.
Gallenblau 4870
Gallin 2617; O_7; —26; C_{20}; tetracycl.
Gallipharsäure 162; C_{16}; x (Bd. II, S. 376)
Gallisin 4768 (bei Stärke)
Gallocyanin 4386; O_5; —17; C_{13}; tricycl.
Gallodiacetophenon 825; C_{10}; $\frac{6}{2\cdot 2}$ (Bd. VIII, S. 493)
Galloflavin 1136 (Bd. X, S. 478) (bei Gallussäure)
Gallorubin 4300; O_5; —23; C_{16}; tetracycl.
Gallussäure 1136 (Bd. X, S. 470)
Galtose 145 (Bd. I, S. 930)
Gambin 778; C_{10}; bicycl.; k. (Bd. VIII, S. 300)
Gambir 4865
Gardeniasäure 4745
Gardenin 4745
Gastrolobin 4776
Gastrolobinsäure 4865
Gaultheriaöl 1061; zu Monooxy; +2; C_1 (Bd. X, S. 70)
Gaultherin 4776
Geissospermin 4795
Gelatine 4836
Gelatosen 4836
Gelbsäure 1567 (Bd. XI, S. 304)
Gelose 4773
Gelsemin 4790
Gelseminin 4790
Gelseminsäure 2532; C_9; bicycl.; k.
Genistein 2556; C_{14}; tricycl.
Gentiamarin 4776
Gentianin 2556; C_{13}; tricycl.
Gentianose 4761
Gentienin 4776
Gentiin 4765
Gentiobiose 4751
Gentiogenin 4776
Gentiol 4865

---

[1]) Bezifferung des Fulvens s. Bd. VI, S. 1283.

Gentiopikrin 4776
Gentisein 2556; C_{13}; tricycl.
Gentisin 2556; C_{13}; tricycl.
Gentisinaldehyd 772; $\frac{6}{1}$ (Bd. VIII, S. 244)
Gentisinsäure 1105; $\frac{6}{1}$ (Bd. X, S. 384)
Geocerinsäure 4872
Geomyricin 4872
Georetinsäure 4872
Geranial 91; C_{10}; $\frac{8}{1\cdot 1}$ (Bd. I, S. 755)
Geranien 26; C_{10}; $\frac{8}{1\cdot 1}$ (Bd. I, S. 459)
Geraniol 26; C_{10}; $\frac{8}{1\cdot 1}$ (Bd. I, S. 457)
Geraniolen 12; C_9; $\frac{7}{1\cdot 1}$ (Bd. I, S. 260)
Geraniumsäure 164; C_{10}; $\frac{8}{1\cdot 1}$ (Bd. II, S. 491)
Geronsäure 281; C_9; $\frac{7}{1\cdot 1}$ (Bd. III, S. 713)
Gerontin 4807
Getha-Adjac 4745
Gingkosäure 162; C_{24}; x (Bd. II, S. 394)
Githagin 4776
Gitonsäure 4776
Glaucin 4782
Glauciumsäure 179; C_4; $\frac{4}{0}$ (Bd. II, S. 737)
Glaucopikrin 4782
Glaukoninsäure 3931; —37; C_{34}; hexacycl. (bei Hydroglaukoninsäure)
Glaukophansäure 318; —4; C_5; $\frac{4}{1}$ (Bd. III, S. 879) (bei α-Äthoxymethylen-acetessigsäure-äthylester)
Glaukophyllin 4868a
Glaukoporphyrin 4868a
Gliadin 4813
Globin 4840
Globinokyrin 4840
Globulariacitrin 4776
Globulariasäure 4865
Glomellsäure 4864
Gluc... s. Glyk... [1])
Glutaconsäure 179; C_5; $\frac{5}{0}$ (Bd. II, S. 758)
Glutamin 372; C_5; $\frac{5}{0}$ (Bd. IV, S. 491)
Glutaminsäure 372; C_5; $\frac{5}{0}$ (Bd. IV, S. 488)
Glutanol 4743
Glutarsäure 174; $\frac{5}{0}$ (Bd. II, S. 631)
Glutazin 3426; Dioxy; —5; C_5; $\frac{6}{0}$
Glutencasein 4812a
Glutenfibrin 4813
Glutenin 4812a
Glutin 4836
Glutinol 4743
Glutinolsäure 4743
Glutinpepton 4831
Glutinsäure 180; C_5; $\frac{5}{0}$ (Bd. II, S. 803)

Glutokyrin 4831
Glutolin 4837
Glutose 145 (Bd. I, S. 930)
Glycerin 38 (Bd. I, S. 502)
Glycerinsäure 230; C_3 (Bd. III, S. 392)
Glycerose 119; C_3 (Bd. I, S. 847) (bei Dioxyaceton)
Glycid 2380; C_3; $\frac{3}{1}$
Glycidsäure 2572; C_3; $\frac{3}{1}$
Glycin 364 (Bd. IV, S. 333)
Glycinin 4812
Glycinsäure 144 (Bd. I, S. 896) (bei d-Glykose)
Glycyphyllin 4776
Glycyrrhetinsäure 4777a
Glycyrrhizinsäure 4777a
Glykamin 356; Pentaoxy; +2; C_6; $\frac{6}{0}$ (Bd. IV, S. 305)
Glykochloralose 2735; Tetraoxy; —2; C_8; bicycl.
Glykochloralsäure 2890; —2; C_7; bicycl.
Glykocholeinsäure 4870
Glykocholonsäure 4870
Glykocholsäure 4870
Glykochrysaron 4776
Glykocumaraldehyd (o-) 4776
Glykocyamin 364 (Bd. IV, S. 359)
Glykodrupose 4776
Glykodyslysin 4866 (bei Cholsäure)
Glykoferulaaldehyd 4776
Glykogallin 4776
Glykogallussäure 4776
Glykogen 4773
Glykogensäure 257; C_6; $\frac{6}{0}$ (Bd. III, S. 542)
Glykoheptit 64; C_7; $\frac{7}{0}$ (Bd. I, S. 548)
Glykoheptonsäure 265; C_7; $\frac{7}{0}$ (Bd. III, S. 572)
Glykoheptose 149; ± 0; C_7; $\frac{7}{0}$ (Bd. I, S. 934)
Glykokoll 364 (Bd. IV, S. 333)
Glykol 30; C_2 (Bd. I, S. 465)
Glykolignose 4776
Glykolin 3496; C_6; $\frac{6(H\,1:4)}{1\cdot 1}$
Glykolsäure 220 (Bd. III, S. 228)
Glykoluril 4132; C_4; bicycl.
Glykonasturtiin 4776
Glykononit 69; +2; C_9; $\frac{9}{0}$ (Bd. I, S. 550)
Glykonononsäure 272; ± 0; C_9; $\frac{9}{0}$ (Bd. III, S. 591)
Glykononose 151; O_9; ± 0; C_9; $\frac{9}{0}$ (Bd. I, S. 938)
Glykonsäure 257; C_6; $\frac{6}{0}$ (Bd. III, S. 542)
Glykooctit 67; C_8; $\frac{8}{0}$ (Bd. I, S. 549)
Glykooctonsäure 271; ± 0; C_8; $\frac{8}{0}$ (Bd. III, S. 588)
Glykooctose 150; ± 0; C_8; $\frac{8}{0}$ (Bd. I, S. 937)

[1]) Vgl. hierzu Erg.-Bd. I, S. 443 Anm.

Glykosaccharinsäure 248; C_6; $\frac{5}{1}$ (Bd. III, S. 478)
Glykosamin 360; O_5; ± 0; C_6; $\frac{6}{0}$ (Bd. IV, S. 328)
Glykosaminsäure 376; O_6; ± 0; C_6; $\frac{6}{0}$ (Bd. IV, S. 522)
Glykosan 144 (Bd. I, S. 894) (bei d-Glykose)
Glykosan (β-) (Lävoglykosan von Tanret) 144 (Bd. I, S. 894) (bei d-Glykose)
Glykose 144 (Bd. I, S. 879, 903, 904)
Glykosehelicin 4776
Glykosennin 4865
Glykosidogalaktose 144 (Bd. I, S. 915)
Glykosin $C_6H_6N_4$ 4021; C_6; bicycl.
Glykosin von Grimaux, Lefêvre 144 (Bd. I, S. 895) (bei d-Glykose)
Glykosin von Musculus 144 (Bd. I, S. 895) (bei d-Glykose)
Glykosin von Ost 144 (Bd. I, S. 896) (bei d-Glykose)
Glykoson 148; —2; C_6; $\frac{6}{0}$ (Bd. I, S. 932)
Glykosyringaaldehyd 4776
Glykosyringasäure 4776
Glykotropäolin 4776
Glykovanillin 4776
Glykovanillinsäure 4776
Glykovanillylalkohol 4776
Glykuron 2568; —4; C_6; $\frac{5}{2}$
Glykuronsäure 321; —2; C_6; $\frac{6}{0}$ (Bd. III, S. 884)
Glyoxal 95; C_2 (Bd. I, S. 759)
Glyoxalin 3463; $\frac{5\,(H\,1:3)}{0}$
Glyoxalinrot 4147; C_{18}; bicycl.
Glyoxalon 3559; $\frac{5\,(H\,1:3)}{0}$
Glyoxim 95; C_2 (Bd. I, S. 761)
Glyoxylsäure 279; C_2 (Bd. III, S. 594)
Gnoskopin 4475; Oxy-oxo; O_7; —21; C_{18}; pentacycl.
Goapulver 4865
Gondinsäure 4773
Gonystylen 471; x (Bd. V, S. 469)
Gonystylol 510; C_{15}; x (Bd. VI, S. 105)
Gorgonin 4837
Gossypetin 4776
Gossypitrin 4776
Gossypol 4865
Gossypose 4761
Graminin 4773
Granatal 616; C_8; $\frac{8}{0}$ (Bd. VII, S. 57)
Granatanin 3047; C_8; bicycl.; k.
Granatenin 3048; C_8; bicycl.; k.
Granatolin 3109; C_8; bicycl.; k.
Granatonin 3180; C_8; bicycl.; k.
Granatsäure 3274; C_8; $\frac{6}{1 \cdot 2}$
Graphitoxyd 4861
Graphitsäure 4861
Gratiogenin 4776
Gratioligenin 4776
Gratiolin 4776

Gratiolon 4865
Gratiosolin 4776
Grenzdextrin 4768
Grönhartin 779; C_{15}; bicycl.; k. (Bd. VIII, S. 326)
Grubengas 4 (Bd. I, S. 56)
G-Säure 1557 (Bd. XI, S. 290)
γ - Säure - [Naphthol - (2) - disulfonsäure-(6.8)] 1557 (Bd. XI, S. 290)
γ - Säure - [7 - Amino - naphthol - (1) - sulfon- säure-(3)] 1926
Guacamphol 965 (Bd. IX, S. 753)
Guäthol 553; zu Monooxy; $+2$; C_2 (Bd. VI, S. 771)
Guajacblau 4745
Guajacetin 553; zu Oxycarb.; O_3; ± 0; C_2 (Bd. VI, S. 778)
Guajacgelb 4745
Guajac-Harzsäure 4745
Guajacinsäure 4745
Guajacol 553; zu Monooxy; $+2$; C_1 (Bd. VI, S. 768)
Guajaconsäure 4745
Guajadol 553 (Bd. VI, S. 787)
Guajen $C_{12}H_{12}$ 478a; C_{12}; x (Bd. V, S. 571)
Guajen $C_{15}H_{24}$ 471; x (Bd. V, S. 468)
Guajenchinon 478a; C_{12}; x (Bd. V, S. 571) (bei Guajen)
Guajol (acycl.) 90; C_5; $\frac{4}{1}$ (Bd. I, S. 733)
Guajol (cycl.) 510; C_{15}; x (Bd. VI, S. 105)
Guanazin 3888; —1; C_2; $\frac{5\,(H\,1:2:4)}{0}$
Guanazol 3888; —1; C_2; $\frac{5\,(H\,1:2:4)}{0}$
Guanidin 207 (Bd. III, S. 82)
Guanin 4136
Guanolin 207 (Bd. III, S. 89)
Guanosin 4843 (bei Guanylsäure)
Guanylsäure 4843
Guinafluavil 4745
Guinafluaviloresinol 4745
Guinagutta 4745
Guinalban 4745
Guinalbaresinol 4745
Gujasanol 553; zu Aminomonocarb.; ± 0; C_2 (Bd. VI, S. 781)
Gulonsäure 257; C_6; $\frac{6}{0}$ (Bd. III, S. 546)
Gulose 144 (Bd. I, S. 904)
Gummi arabicum 4769
Gummigutt 4745
Gummilack 4866
Gurjoresen 4745
Gurjunbalsam 4745
Gurjunen 4728
Gurjunsäure 4745
Gurjuresinol 4745
Gurjuresinolsäure 4745
Gurjuturboresinol 4745
Gutta 4745
Guttapercha 4745
Guvacin 3201; C_6; $\frac{6}{0}$
Gymnogrammen 4865

Gynesin 4807
Gynocardin 4776
Gynocardinsäure 4776
Gynoval; k. 508 (Bd. VI, S. 90)
Gypsophila-Sapogenin 4776
Gypsophila-Saponin 4776
Gyrophorsäure 1106; $\frac{6}{1\cdot 1}$ (Bd. X, S. 417)
H-Säure 1926
Hämatein 2568; —20; C_{16}; tetracycl.
Hämatin 4840
Hämatinogen 4841
Hämatinsäure 4840
Hämatinsäure (dreibasische) 185; C_8; $\frac{6}{1\cdot 1}$ (Bd. II, S. 854)
Hämatinsäure (zweibasische) 179; C_7; $\frac{5}{1\cdot 1}$ (Bd. II, S. 785)
Hämatoidin 4840
Hämatolin 4840
Hämatommidin 4864
Hämatommin 4864
Hämatommsäure 4864
Hämatoporphyrin 4840
Hämatoxylin 2453; C_{16}; tetracycl.
Hämatoxylinphthalein 2479; C_8; bicycl.; k.
Hämatoxylinsäure 1492; C_{14}; bicycl.; n. k. (Bd. X, S. 1048)
Hämerythrin 4841
Hämin 4840
Häminsäure 4840
Hämochromogen 4840
Hämocyanin 4841
Hämoglobin 4840
Hämopyrrol 4840
Hämotricarbonsäure 184; C_8; $\frac{6}{1\cdot 1}$ (Bd. II, S. 825)
Hámoverdin 4877
Hagemannscher Ester 1285; C_8; $\frac{6}{1\cdot 1}$ (Bd. X, S. 631)
Halepopininsäure 4740
Halepopinitolsäure 4740
Halepopinolsäure 4740
Hamamelitannin 4865
Hanfölsäure 164; C_{18}; $\frac{18}{0}$ (Bd. II, S. 496)
Harmalin 4788
Harmalol 4788
Harman 4788
Harmin 4788
Harminsäure 4788
Harmol 4788
Harmolsäure 4788
Harnindican 3113; C_8; bicycl.; k.
Harnsäure 4156
Harnstoff 205 (Bd. III, S. 42)
Hartin 4872
Hartit 4723
Harzessenz 4740
Harzöl 4740
Hatchettin 10; C_{38}; x (Bd. I, S. 178)
Hatchetts Braun 156 (Bd. II, S. 74)
Hederasäure 4865
Hederidin 4776

Hederin 4776
Hederose 146; x (Bd. I, S. 932)
Hedonal 201 (Bd. III, S. 29)
Heerabolen 471; x (Bd. V, S. 469)
Heerabomyrrhol 4745
Heerabomyrrholol 4745
Heerabomyrrhololsäure 4745
Heeraboresen 4745
Hefecholesterin 4729b
Helianthenin 4773
Helianthin 2172
Helicin 4776
Helicoidin 4776
Helicoproteid 4847
Heliotropin 2742; C_8; bicycl.
Helleborein 4776
Helleboresin 4776
Helleboretin 4776
Helleborin 4776
Helvetiablau 1923; —6; C_6; $\frac{6}{0}$
Helvetiagrün 1926; —22; C_{19}; tricycl.
Hemellitenol 530; $\frac{6}{1\cdot 1\cdot 1}$ (Bd. VI, S. 509)
Hemellitol 468; $\frac{6}{1\cdot 1\cdot 1}$ (Bd. V, S. 399)
Hemellitylsäure (α-) 942; $\frac{6}{1\cdot 1\cdot 1}$ (Bd. IX, S. 531)
Hemicellulose 4773
Hemielastin 4837
Hemiindigotin 3599; tetracycl. (bei Indigo)
Hemikollin 4836
Hemimellitsäure 1008; C_9; $\frac{6}{1\cdot 1\cdot 1}$ (Bd. IX, S. 976)
Hemipinsäure 1163; C_8; $\frac{6}{1\cdot 1}$ (Bd. X, S. 543)
Hemiterpen 12; C_5; $\frac{4}{1}$ (Bd. I, S. 252)
Hemlockrot 4865
Heptanaphthen 452; C_7; $\frac{6}{1}$ (Bd. V, S. 29)
Heptinsäure 2475; C_8; $\frac{5}{\frac{3}{1}}$
Heraclin 4865
Herniarin 4776
Heroin 4784
Hesperetin 851; C_{15}; bicycl.; n. k. (Bd. VIII, S. 544)
Hesperetinsäure 1112; $\frac{6}{3}$ (Bd. X, S. 437)
Hesperetol 558a; C_8; $\frac{6}{2}$ (Bd. VI, S. 954)
Hesperiden 457; $\frac{6}{1\cdot \frac{2}{1}}$ (Bd. V, S. 133)
Hesperidin 4776
Hesperinsäure 4865
Hesperitin 851; C_{15}; bicycl.; n. k. (Bd. VIII, S. 544)
Heteroalbumose 4830
Heteropterin 4773
Heteroxanthin 4136
Hetol 948 (Bd. IX, S. 580)
Heveen 4744

Verzeichnis von Trivialnamen.

Hexacrolsäure 90; C_3 (Bd. I, S. 727) (bei Acrolein)
Hexamethylentetramin 75 (Bd. I, S. 583)
Hexanaphthen 452; C_6; $\frac{6}{0}$ (Bd. V, S. 20)
Hexerinsäure 230; C_6; $\frac{5}{1}$ (Bd. III, S. 402)
Hexinsäure 2475; C_7; $\frac{5}{3}$
Hipparaffin 916; zu Monooxo; ± 0; C_1 (Bd. IX, S. 208)
Hippokoprosterin 4729c
Hippomelanin 4870
Hippomelaninsäure 4870
Hippuroflavin 920; zu O_3; ± 0; C_2 (Bd. IX, S. 231) (bei Hippursäureäthylester)
Hippursäure 920; zu O_3; ± 0; C_2 (Bd. IX, S. 225)
Hirtasäure 4864
Hirtellsäure 4864
Histidin 3776; Monocarb.; —4; C_6; $\frac{5\,(\text{H}\,1:3)}{3}$
Histopepton 4832
Holocain 1847; zu Monocarb.; ± 0; C_2
Holzdextrin 4772
Holzgeist 19 (Bd. I, S. 273)
Holzzucker 133 (Bd. I, S. 865)
Homoallantoinsäure 279; C_3 (Bd. III, S. 617)
Homoandrosterin 4729b
Homoanthroxansäure 4308; C_9; tricycl.
Homoantipyrin 3561
Homoapocinchen 3118; C_{17}; tricycl.
Homoapocinchensäure 3344; —21; C_{16}; tricycl.
Homoaposafranin 3719; C_{13}; tricycl.
Homoasparagin 372; C_5; $\frac{4}{1}$ (Bd. IV, S. 495)
Homoasparaginsäure 372; C_5; $\frac{4}{1}$ (Bd. IV, S. 494)
Homoatropin 3108
Homoborneol 509; C_{11}; bicycl.; k. (Bd. VI, S. 93)
Homobrenzcatechin 556; $\frac{6}{1}$ (Bd. VI, S. 878)
Homocamphansäure 2619; —6; C_{11}; bicycl.
Homocamphen 461; C_{11}; bicycl.; k. (Bd. V, S. 168)
Homocamphersäure 966; C_{11}; $\frac{5}{1\cdot 1\cdot 1\cdot 1\cdot 2}$ (Bd. IX, S. 765)
Homocamphoronsäure 184; C_{10}; $\frac{6}{1\cdot 1\cdot 1\cdot 1}$ (Bd. II, S. 842)
Homocarvomenthen 453; C_{11}; $\frac{6}{1\cdot 1\cdot \frac{2}{1}}$ (Bd. V, S. 107)
Homocerebrin 4777
Homochelidonin 4782
Homocholesterin 4729b
Homocinchonidin 3513; C_{19}; tetracycl.
Homococasäure 949; C_9; x (Bd. IX, S. 611)
Homoconiinsäure 369; C_8; $\frac{8}{0}$ (Bd. IV, S. 462)
Homocuminsäure 944; $\frac{6}{2\cdot \frac{2}{1}}$ (Bd. IX, S. 561)

Homodypnopinakon 654; C_{16}; bicycl.; n. k. (Bd. VII, S. 489) (bei Dypnon)
Homoeriodictyol 851; C_{15}; bicycl.; n. k. (Bd. VIII, S. 544)
Homofenchen 461; C_{11}; bicycl.; k. (Bd. V, S. 168)
Homofenchylalkohol 509; C_{11}; bicycl.; k. (Bd. VI, S. 93)
Homoferulasäure 1113; $\frac{6}{\frac{3}{1}}$ (Bd. X, S. 440)
Homoflemingin 4865
Homofluorescein 2835; C_{22}; pentacycl.
Homofluorindin 4030; C_{18}; pentacycl.
Homofurfurol 2461; C_6; $\frac{5}{2}$
Homogallussäure 1137; C_8; $\frac{6}{2}$ (Bd. X, S. 492)
Homogentisinsäure 1106; $\frac{6}{2}$ (Bd. X, S. 407)
Homohydrocarbostyril 3183; C_{10}; bicycl.
Homohydrochinon 556; $\frac{6}{1}$ (Bd. VI, S. 874)
Homoisatosäure 4298; —11; C_9; bicycl.
Homoisococasäure 949; C_9; x (Bd. IX, S. 612)
Homoisomuscarin 356; Dioxy; $+2$; C_3 (Bd. IV, S. 302)
Homoisophthalsäure 979; $\frac{6}{1\cdot 2}$ (Bd. IX, S. 860)
Homokaffeesäure 1113; $\frac{6}{\frac{3}{1}}$ (Bd. X, S. 440)
Homokaffeidin 3696; —4; C_4; $\frac{5\,(\text{H}\,1:3)}{1}$
Homolävulinsäure 281; C_6; $\frac{6}{0}$ (Bd. III, S. 684)
Homolinalool 26; C_{11}; $\frac{9}{1\cdot 1}$ (Bd. I, S. 462)
Homolkasche Fuchsinbase 1865
Homomenthen 453; C_{11}; $\frac{6}{1\cdot 1\cdot \frac{2}{1}}$ (Bd. V, S. 107)
Homonarcein 2937; Oxyoxocarb.; O_8; —20; C_{18}; tricycl.
Homonataloin 4776
Homonicotinsäure 3250; $\frac{6}{1\cdot 1}$
Homonopinol 508; k. (Bd. VI, S. 69)
Homoolestranol 4865
Homopapaverin 3176; Tetraoxy; —19; C_{16}; tricycl.
Homoparacopaivasäure 4745
Homophthalsäure 979; $\frac{6}{1\cdot 2}$ (Bd. IX, S. 857)
Homopilomalsäure 242; C_8; $\frac{6}{1\cdot 1}$ (Bd. III, S. 460)
Homopilopinsäure 2619; —4; C_8; $\frac{5}{2\cdot 2}$
Homopiperidinsäure 367; $\frac{5}{0}$ (Bd. IV, S. 418)
Homopiperonal 2742; C_9; bicycl.
Homopiperonylsäure 2850; C_9; bicycl.
Homopivalon 87; C_{10}; $\frac{6}{1\cdot 1\cdot 1\cdot 1}$ (Bd. I, S. 712)
Homoprotocatechusäure 1106; $\frac{6}{2}$ (Bd. X, S. 409)
Homopseudothiopyrin 3506; C_3; $\frac{5\,(\text{H}\,1:2)}{0}$

Homopterocarpin 4865
Homorenon 1878; —8; C_8; $\frac{6}{2}$
Homorhodamin 2933; Monooxo; —28; C_{21}; pentacycl.
Homosalicylaldehyd 748; C_8; $\frac{6}{1\cdot1}$ (Bd. VIII, S. 97, 98, 100, 101)
Homosalicylsäure 1072; $\frac{6}{1\cdot1}$ (Bd. X, S. 217, 220, 227, 233)
Homosaligenin 557; C_8; $\frac{6}{1\cdot1}$ (Bd. VI, S. 914)
Homoterephthalsäure 979; $\frac{6}{1\cdot2}$ (Bd. IX, S. 861)
Homoterpenylsäure 2619; —4; C_9; $\frac{5}{1\cdot1\cdot3}$
Homoterpinenterpin 549; C_{11}; $\frac{6}{2\cdot\frac{2}{1}}$ (Bd. VI, S. 750),
Homoterpinhydrat 549; C_{11}; $\frac{6}{2\cdot\frac{2}{1}}$ (Bd. VI, S. 750)
Homothujylalkohol 509; C_{11}; bicycl.; k. (Bd. VI, S. 93)
Homovanillin 775; C_8; $\frac{6}{1\cdot1}$ (Bd. VIII, S. 275)
Homovanillinsäure 1106; $\frac{6}{2}$ (Bd. X, S. 409)
Homoveratrol 556; $\frac{6}{1}$ (Bd. VI, S. 879)
Homoveratrumsäure 1106; $\frac{6}{2}$ (Bd. X, S. 409)
Homovitexin 4865
Hondurasbalsam 4745a
Honduresen 4745a
Honduresinol 4745a
Honduresinotannol 4745a
Honigsteinsäure 1049; —18; C_{12}; $\frac{6}{1\cdot1\cdot1\cdot1\cdot1\cdot1}$ (Bd. IX, S. 1008)
Hopfenbittersäure 4865
Hordein 4813
Hordeinsäure 162; C_{12}; x (Bd. II, S. 364)
Hordenin 1855; C_8; $\frac{6}{1}$
H-Säure 1926
Humulen 471; x (Bd. V, S. 462)
Humulin 4865
Humulon 4865
Hyänasäure 162; C_{25}; x (Bd. II, S. 394)
Hyalin 4870
Hydantoin 3587; C_3; $\frac{5\,(H\,1:3)}{0}$
Hydantoinsäure 364 (Bd. IV, S. 359)
Hydnocarpussäure 894; C_{16} (Bd. IX, S. 79)
Hydracetamid 78 (Bd. I, S. 608)
Hydracrylaldehyd 113; C_3 (Bd. I, S. 820)
Hydracrylsäure 222 (Bd. III, S. 295)
Hydralcellulose 4772
Hydraldit 75 (Bd. I, S. 578)
Hydramin 1766
Hydrastal 2743; C_{10}; bicycl.
Hydrastin 4475; Oxy-oxo; O_6; —21; C_{18}; pentacycl.
Hydrastinin 4403; C_{10}; tricycl.
Hydrastininsäure 2897; —14; C_{10}; bicycl.

Hydrastoninjodid 4475; Oxy-oxo; O_7; —21; C_{18}; pentacycl.
Hydrastonsäure 2902; —22; C_{18}; tricycl.
Hydrastsäure 2871; C_9; bicycl.
Hydratcellulose 4772
Hydratocantharsäure 1133; C_{10}; $\frac{6}{1\cdot1\cdot1\cdot1}$ (Bd. X, S. 463)
Hydratropaaldehyd 640; C_9; $\frac{6}{2\,\overline{1}}$ (Bd. VII, S. 305)
Hydratropaalkohol 530; $\frac{6}{2\,\overline{1}}$ (Bd. VI, S. 508)
Hydratropasäure 942; $\frac{6}{2\,\overline{1}}$ (Bd. IX, S. 524)
Hydrazophenin 1819; —2; C_6; $\frac{6}{0}$
Hydrazulmin 170 (Bd. II, S. 553) (bei Dicyan)
Hydrazulmoxin 170 (Bd. II, S. 553) (bei Dicyan)
Hydrinden 473; C_9; bicycl.; k. (Bd. V, S. 486)
Hydrindin 3206 (bei Isatin)
Hydrindochroman 2371; C_{16}; tetracycl.
Hydrindon (α-) 644; C_9; bicycl.; k. (Bd. VII, S. 360)
Hydrindon (β-) 644; C_9; bicycl.; k. (Bd. VII, S. 363)
Hydroäsculetin 2843; O_8; —22; C_{18}; tetracycl.
Hydroanisamid 746 (Bd. VIII, S. 75)
Hydroanisoin 597; C_{14}; bicycl.; n. k. (Bd. VI, S. 1169)
Hydroapoatropin 3108
Hydrobenzamid 630 (Bd. VII, S. 215)
Hydrobenzazoin 3138; C_{13}; bicycl.; n. k.
Hydrobenzoin 563; C_{14}; bicycl.; n. k. (Bd. VI, S. 1003)
Hydrobenzursäure 920; zu O_3; ± 0; C_2 (Bd. IX, S. 227) (bei Hippursäure)
Hydrobenzylursäure 920; zu O_3; ± 0; C_2 (Bd. IX, S. 227) (bei Hippursäure)
Hydroberberin 4447; O_5; —21; C_{18}; tetracycl.
Hydrobilirubin 4870
Hydrobrucin 4792
Hydrocamphen 453; C_{10}; bicycl.; k. (Bd. V, S. 93)
Hydrocampholen 452; C_9; $\frac{5}{1\cdot1\cdot1\cdot1}$ (Bd. V, S. 45)
Hydrocarpol 538a; C_{16}; x (Bd. VI, S. 670)
Hydrocellulose 4772
Hydrochelidonsäure 292; C_7; $\frac{7}{0}$ (Bd. III, S. 804)
Hydrochinidin 3537; C_{19}; tetracycl.
Hydrochinin 3537; C_{19}; tetracycl.
Hydrochinizarol 585; C_{14}; tricycl. (Bd. VI, S. 1138)
Hydrochinon 555 (Bd. VI, S. 836)
Hydrocholesterilen 4729c
Hydrocinchonin 3512; C_{19}; tetracycl.
Hydrocinchoninon 3571; C_{19}; tetracycl.
Hydrocinnamid 643 (Bd. VII, S. 356)
Hydrocinnamoin 565; C_{18}; bicycl.; n. k. (Bd. VI, S. 1039)

Hydrocörulignon 604; —14; C_{16}; bicycl.; n. k. (Bd. VI, S. 1200)
Hydroconchinin 3537; C_{19}; tetracycl.
Hydrocornicularsäure 1299; C_{17}; bicycl.; n. k. (Bd. X, S. 768)
Hydrocotoin 802; C_{13}; bicycl.; n. k. (Bd. VIII, S. 419)
Hydrocumarilsäure 2576; C_9; bicycl.; k.
Hydrocumaron 2366; C_8; bicycl.; k.
Hydro-m-cumarsäure 1073; $\frac{6}{3}$ (Bd. X, S. 244)
Hydro-o-cumarsäure 1073; $\frac{6}{3}$ (Bd. X, S. 241)
Hydro-p-cumarsäure 1073; $\frac{6}{3}$ (Bd. X, S. 244)
Hydrocuminamid 640; C_{10}; $\frac{6}{1 \cdot \frac{2}{1}}$ (Bd. VII, S. 320)
Hydrocuminoin 563; C_{20}; bicycl.; n. k. (Bd. VI, S. 1019)
Hydrocyanaldin 365 (Bd. IV, S. 399)
Hydrocyanbenzid 1905; C_8; $\frac{6}{2}$
Hydrocyanrosolsäure 1151; C_{21}; bicycl.; n. k. (Bd. X, S. 534)
Hydrocyansalid (gelbes und braunes) 744 (Bd. VIII, S. 48) (bei Hydrosalicylamid)
Hydrodicamphen 472; C_{20}; tetracycl. (Bd. V, S. 472)
Hydrodicumarin 2769; C_{18}; x
Hydrodigitosäure 4776
Hydrodiphthallactonsäure 2619; —20; C_{16}; tricycl.
Hydroecgonidin 3245; C_8; bicycl.; k.
Hydroembeliasäure 4865
Hydrönanthamid 87; C_7; $\frac{7}{0}$ (Bd. I, S. 697)
Hydroergotinin 4780
Hydroeuthiochronsäure 1570; Tetraoxy; —6; C_6; $\frac{6}{0}$ (Bd. XI, S. 313)
Hydroferulasäure 1107; $\frac{6}{3}$ (Bd. X, S. 424)
Hydrofluoransäure 2584; C_{20}; tetracycl.
Hydrogardeniasäure 4745
Hydroglaukoninsäure 3931; —37; C_{34}; hexacycl.
Hydrohämatommin 4864
Hydrohomoferulasäure 1108; $\frac{6}{3}$ (Bd. X, S. 432)
Hydrohydrastinin 4402; C_{10}; tricycl.
Hydroisoferulasäure 1107; $\frac{6}{3}$ (Bd. X, S. 424)
Hydroisoindileucin 3573; C_{16}; tricycl. (bei Isoindileucin)
Hydroisosantonin 2478; C_{15}; tetracycl.
Hydrojuglon 583; C_{10}; bicycl.; k. (Bd. VI, S. 1134)
Hydrokaffeesäure 1107; $\frac{6}{3}$ (Bd. X, S. 424)
Hydrokaffursäure 4156 (bei 1.3.7-Trimethylharnsäure)
Hydrokotarnin 4425; C_{10}; tricycl.
Hydrokrokonsäure 824; C_5; bicycl.; k. (Bd. VIII, S. 490) (bei Krokonsäure)

Hydrolapachol 584; C_{15}; bicycl.; k. (Bd. VI, S. 1138)
Hydromekonsäure 2622; O_7; —10; C_7; $\frac{6}{1 \cdot 1}$
Hydromellitsäure 1049; —12; C_{12}; $\frac{6}{1 \cdot 1 \cdot 1 \cdot 1 \cdot 1 \cdot 1}$ (Bd. IX, S. 1007)
Hydromuconsäure 179; C_6; $\frac{6}{0}$ (Bd. II, S. 773)
Hydronaphthamid 649; C_{11}; bicycl.; k. (Bd. VII, S. 401)
Hydronaphthochinon (α-) 562; C_{10}; bicycl.; k. (Bd. VI, S. 979)
Hydronaphthochinon (β-) 562; C_{10}; bicycl.; k. (Bd. VI, S. 975)
Hydrooxylepiden 688; C_{28}; tetracycl. (Bd. VII, S. 841)
Hydrophenanthrenchinon 565; C_{14}; tricycl. (Bd. VI, S. 1035)
Hydrophloron 557; C_8; $\frac{6}{1 \cdot 1}$ (Bd. VI, S. 915)
Hydrophthalid 748; C_8; $\frac{6}{1 \cdot 1}$ (Bd. VIII, S. 97)
Hydropiperinsäure 2851; C_{12}; bicycl.
Hydropiperoin 3009; Dioxy; —18; C_{16}; tetracycl.
Hydroplumierasäure 4745
Hydropyrin 1059; zu Monocarb.; ± 0; C_2 (Bd. X, S. 68)
Hydropyromellitsäure 1023; C_{10}; $\frac{6}{1 \cdot 1 \cdot 1 \cdot 1}$ (Bd. IX, S. 996)
Hydropyruvinureid 4171; Tetraoxo; —6; C_8; bicycl.
Hydroquercinsäure 4865
Hydroresorcin 667; C_6; $\frac{6}{0}$ (Bd. VII, S. 554)
Hydrosalicylamid 744 (Bd. VIII, S. 48)
Hydrosantonid 2510; C_{15}; tetracycl.
Hydrosantonsäure 1399; C_{15}; bicycl.; k. (Bd. X, S. 948)
Hydroscopolidin 4796
Hydroscopolin 4796
Hydroshikimisäure 1131; C_7; $\frac{6}{1}$ (Bd. X, S. 457)
Hydrosorbinsäure 163; C_6; $\frac{6}{0}$ (Bd. II, S. 435)
Hydrosulfit NF 75 (Bd. I, S. 578)
Hydrotetrazin 4013; C_2; $\frac{6(H\,1:2:4:5)}{0}$
Hydrotheobromursäure 4136 (bei Theobromin)
Hydrothymin 3587; C_5; $\frac{6(H\,1:3)}{1}$
Hydrothymochinon 557; C_{10}; $\frac{6}{1 \cdot \frac{2}{1}}$ (Bd. VI, S. 945)
Hydrotoluchinon 556; $\frac{6}{1}$ (Bd. VI, S. 874)
Hydrotoluoin 563; C_{16}; bicycl.; n. k. (Bd. VI, S. 1014)
Hydrotoluylamid 640; C_8; $\frac{6}{1 \cdot 1}$ (Bd. VII, S. 298)
Hydrotropidin 3047; C_7; bicycl.; k.
Hydrotropiliden 455; C_7; $\frac{7}{0}$ (Bd. V, S. 115)
Hydrotropin 3105; C_7; $\frac{6}{2}$

Hydroumbellsäure 1107; $\frac{6}{3}$ (Bd. X, S. 424)
Hydrouracil 3587; C_4; $\frac{6(H\,1:3)}{0}$
Hydrovaleritrin 3046; C_{15}; $\frac{6}{2 \cdot \frac{2}{1} \cdot \frac{3}{1}}$
Hydrovanilloin 604; —14; C_{14}; bicycl.; n. k. (Bd. VI, S. 1203)
Hydroxanthalin 4787
Hydroxonsäure 3614; $\frac{5(H\,1:3)}{0}$ (bei Allantoxansäure)
Hydroxycamphoronsäure 184; C_9; $\frac{5}{2 \cdot 1}$ (Bd. II, S. 835)
Hydroxyxanthin 3615; $\frac{6(H\,1:3)}{0}$
Hydrozimtaldehyd 640; C_9; $\frac{6}{3}$ (Bd. VII, S. 304)
Hydrozimtalkohol 530; $\frac{6}{3}$ (Bd. VI, S. 503)
Hydrozimtsäure 942; $\frac{6}{3}$ (Bd. IX, S. 508)
Hydrurilsäure 4171; Hexaoxo; —10; C_8; bicycl.
Hydurinphosphorsäure 4019 (bei 2.6.8-Trichlor-purin)
Hygrin 3179; C_7; $\frac{5}{3}$
Hygrinsäure 3244; C_5; $\frac{5}{1}$
Hymenodictin 4806
Hymenorhodin 4864
Hyocholsäure 4870
Hyoglykocholsäure 4870
Hyoscin 4796
Hyoscyamin 3108
Hypnal 3561
Hypnoacetin 1847; zu Monocarb.; ± 0; C_2
Hypnon 639 (Bd. VII, S. 271, 277)
Hypochlorin 4874
Hypogäasäure ($\Delta^{\alpha \cdot \beta}$-) 163; C_{16}; $\frac{16}{0}$ (Bd. II, S. 460)
Hypogäasäure, künstliche 163; C_{16}; $\frac{16}{0}$ (Bd. II, S. 460)
Hypogäasäure, natürliche 163; C_{16}; x (Bd. II, S. 461)
Hypokaffein 4156 (bei Trimethylharnsäure)
Hypoquebrachin 4795
Hyposantonige Säure 949; C_{15}; bicycl.; k. (Bd. IX, S. 632)
Hyposantonin 2464; C_{15}; tricycl.
Hyposantoninsäure 1086; C_{15}; bicycl.; k. (Bd. X, S. 323)
Hyposantonsäure 1295; C_{15}; tricycl. (Bd. X, S. 724)
Hypoxanthin 4115
Hystazarin 806 (Bd. VIII, S. 462)
I-Säure 1926
Ibogain 4795
Ibogin 4795
Icacin 4745
Ichthulin 4846
Ichthulinsäure 4846
Ichthylepidin 4837

Idit 59; C_6; $\frac{6}{0}$ (Bd. I, S. 543)
Idonsäure 257; C_6; $\frac{6}{0}$ (Bd. III, S. 548)
Idose 144 (Bd. I, S. 909)
Idozuckersäure 266; C_6; $\frac{6}{0}$ (Bd. III, S. 581)
Idrialin 4861
Idryl 486; C_{15}; tetracycl. (Bd. V, S. 685)
Ignotin 4807
Ilicylalkohol 4734
Ilixanthin 4865
Illipeöl 4731
Illurinsäure 4745
Imabenzil 677 (Bd. VII, S. 756) (bei Benzil)
Imasatin 3206 (bei Isatin)
Imesatin 3206
Imidazol 3463; $\frac{5(H\,1:3)}{0}$
Imidazolon 3559; $\frac{5(H\,1:3}{0}$
Iminodimethylschweflige Säure 75 (Bd. I, S. 583)
Iminopyrin 3561
Immedialreinblau 1850; zu Oxy-amin; Monooxy; —6; C_6; isocycl.; $\frac{6}{0}$
Imperatorin 4865
Imperialin 4780
Indacen 479; C_{12}; tricycl.
Indaconin 4781
Indaconitin 4781
Indan 473; C_9; bicycl.; k. (Bd. V, S. 486)
Indanthren 3632; —42; C_{28}; heptacycl.
Indanthren A 3632; —42; C_{28}; heptacycl.
Indanthren C 3632; —42; C_{28}; heptacycl.
Indanthren-Goldorange 692; —46; C_{30}; oktacycl. (Bd. VII, S. 851)
Indazin 3745
Indazol 3473; bicycl.
Indazoltriazolen 3567; C_7; bicycl.; k.
Indbenzaconin 4781
Inden 474; C_9; bicycl.; k. (Bd. V, S. 515)
Indiazen 3473; bicycl.
Indican 4776
Indigblau 3599; tetracycl.
Indigo 3599; tetracycl.
Indigocarmin 3707; Oxo-sulfonsäure; Dioxo; —22; C_{16}; tetracycl.
Indigotin 3599; tetracycl.
Indigpurpurin 3599; tetracycl.
Indigrot 3599; tetracycl.
Indigweiß 3540; C_{16}; tetracycl.
Indileucin 3599; tetracycl. (bei Indirubin)
Indin von Knop 3239; —9; C_8; bicycl.; k.
Indin von Laurent 3206 (bei Isatin)
Indiretin 3206 (bei Isatin)
Indirubin 3599; tetracycl.
Indogensäure 3366; —11; C_9; bicycl.; k.
Indoin 950; C_9; $\frac{6}{3}$ (Bd. IX, S. 637) (bei o-Nitro-phenylpropiolsäure)
Indol 3069; bicycl.; k.
Indolenin 3069; bicycl.; k.
Indolin (Dihydroindol) 3061; bicycl.; k.
Indolin (Chindolin) 3489; C_{15}; tetracycl.

Indolon 3184; C_8; bicycl.; k.
Indon 647 (Bd. VII, S. 383)
Indophan 537; Substitutionsprod. (Bd. VI, S. 618) (bei 2.4-Dinitro-1-oxy-naphthalin)
Indophenin 3206 (bei Isatin)
Indothymol 1769; zu Dioxo; —8; C_{10}; isocycl.; $\dfrac{6}{1\cdot\dfrac{2}{1}}$
Indoxanthinsäure 3371; —11; C_9; bicycl.
Indoxazen 4195; C_7; bicycl.
Indoxin 3254; C_9; bicycl.; k.
Indoxyl 3113; C_8; bicycl.; k.
Indoxylsäure 3337; C_9; bicycl.; k.
Indulin 3 B 3766; —13; C_{12}; tricycl.
Indulin 6 B 3767; Tetraamino; —12; C_{12}; tricycl.
Infracampholensäure 894; C_9; $\dfrac{5}{1\cdot 1\cdot 1\cdot 1}$ (Bd. IX, S. 61)
Inosin 4843 (bei Inosinsäure)
Inosinsäure 4843
Inosit 604; ± 0; C_6; $\dfrac{6}{0}$ (Bd. VI, S. 1192)
Inulenin 4773
Inulin 4773
Inuloid 4773
Ipecacuanhasäure 4865
Ipuranol 4865
Ipurganol 4745
Ipurolsäure 230; C_{14}; x (Bd. III, S. 405)
Irazol (α-) 3090; C_{17}; tricycl.
Iregenondicarbonsäure 1340; C_{13}; $\dfrac{6}{1\cdot 2\cdot\dfrac{2}{1\cdot 1}}$ (Bd. X, S. 872)
Iregenontricarbonsäure 1370; C_{13}; $\dfrac{6}{1\cdot 2\cdot\dfrac{2}{1\cdot 1}}$ (Bd. X, S. 929)
Iren 473; C_{13}; bicycl.; k. (Bd. V, S. 506)
Iretol 593; C_6; $\dfrac{6}{0}$ (Bd. VI, S. 1154)
Iridin 4776
Iridinsäure 1137; C_8; $\dfrac{6}{2}$ (Bd. X, S. 492)
Iridol 580a; C_7; $\dfrac{6}{1}$ (Bd. VI, S. 1112)
Irigenin 4776
Irigenon- s. Iregenon-
Irisin 4773
Iron 620; C_{13}; $\dfrac{6}{1\cdot 1\cdot 1\cdot 4}$ (Bd. VII, S. 169)
Isäthionsäure 328; Monooxy; $+2$; C_2 (Bd. IV, S. 13)
I-Säure 1926
Isamid 1916; —10; C_8; $\dfrac{6}{2}$ (bei Isatinsäure)
Isamsäure 1916; —10; C_8; $\dfrac{6}{2}$ (bei Isatinsäure)
Isansäure 166; C_{14}; x (Bd. II, S. 501)
Isaphensäure 3366; —21; C_{16}; tricycl.
Isatan 3206 (bei Isatin)
Isatilim 3206 (bei Isatin)
Isatimid 3206 (bei Isatin)
Isatin 3206
Isatinblau 3206 [bei 3.3-Dipiperidino-indolon-(2)]
Isatinindogenin 3599; tetracycl.

Isatinrot 1878; —24; C_{19}; tricycl.
Isatinsäure 1916; —10; C_8; $\dfrac{6}{2}$
Isatochlorin 3206 (bei Isatin)
Isatogensäure 4330; O_4; —13; C_9; tricycl.
Isaton 3206 (bei Isatin)
Isatopurpurin 3206 (bei Isatin)
Isatosäureanhydrid 4298; —11; C_8; bicycl.
Isatronsäure 954; C_{17}; tricycl. (Bd. IX, S. 710)
Isatropasäure (α-, β-, γ-, δ-, ε-) 994; C_{18}; tricycl. (Bd. IX, S. 951, 952, 956, 958)
Isatyd 3206 (bei Isatin)
Isazaurolin 4673; Monooxo; —1; C_2; $\dfrac{6\,(H\,1:2:4:5)}{0}$
Isoacetophoron 616; C_9; $\dfrac{6}{1\cdot 1\cdot 1}$ (Bd. VII, S. 65)
Isoaconitsäure 185; C_6; $\dfrac{5}{1}$ (Bd. II, S. 848)
Isoacromelin 4864
Isoadenin 4115
Isoäpfelsäure (α-) 241 (Bd. III, S. 440)
Isoäpfelsäure (β-) 241 (Bd. III, S. 441)
Isoäthindiphthalid 811; C_{18}; tetracycl. (Bd. VIII, S. 482)
Isoalantolacton 2463; C_{15}
Isoalantolsäure 1077; C_{15}; x (Bd. X, S. 288)
Isoalizarin 4865
Isoallitursäure 3774; Dioxo; —2; C_3; $\dfrac{5\,(H\,1:3)}{0}$
Isoamarin 3491; C_{21}; tetracycl.
Isoamygdalin 4776
Isoanemonin 4865
Isoanemonsäure 4865
Isoanethol 534; C_9; $\dfrac{6}{3}$ (Bd. VI, S. 568) (bei Anethol)
Isoanthraflavinsäure 806 (Bd. VIII, S. 466)
Isoantipyrin 3568; C_9; bicycl.
Isoantipyrinrot 3774; Monooxo; —10; C_9; bicycl.
Isoapiol 2718; C_{10}; bicycl.
Isoapochinin 3537; C_{19}; tetracycl. (bei Hydrojodapochinin)
Isoapocinchonin 3513; C_{19}; tetracycl.
Isoartemisin 2532; C_{15}; tricycl.
Isoartemison 4865
Isoasparagin (α-) 372; C_4; $\dfrac{3}{1}$ (Bd. IV, S. 488)
Isoasparaginsäure (α-) 372; C_4; $\dfrac{3}{1}$ (Bd. IV, S. 488)
Isobarbaloin 4776
Isobarbitursäure 3615; $\dfrac{6\,(H\,1:3)}{0}$
Isobenzamaron 692; —42; C_{35}; pentacycl. (Bd. VII, S. 851)
Isobenzidin 1598 (Bd. XII, S. 129) (bei Anilin)
Isobenzil 901; zu —16; C_{14}; bicycl.; n. k. (Bd. IX, S. 138)
Isoberberal 4444; —11; C_{10}; tricycl.
Isobernsteinsäure 173 (Bd. II, S. 627)
Isobiliansäure 4866 (bei Cholsäure)
Isobixin 4865
Isoborneol 508; k. (Bd. VI, S. 86)
Isobrasilein 2444; C_{16}; tetracycl.

Isobrenzschleimsäure 2476; C_5; $\frac{6}{0}$
Isobryopogonsäure 4864
Isobutaconsäure 2619; —6; C_9; $\frac{5}{1 \cdot \frac{3}{1}}$
Isobuttersäure 162; C_4; $\frac{3}{1}$ (Bd. II, S. 288)
Isobutyroin 113; C_8; $\frac{6}{1 \cdot 1}$ (Bd. I, S. 841)
Isobutyron 87; C_7; $\frac{5}{1 \cdot 1}$ (Bd. I, S. 703)
Isobutyrophenon 640; C_{10}; $\frac{6}{\frac{3}{1}}$ (Bd. VII, S. 316)
Isocalycanthin 4782
Isocamphan 453; C_{10}; bicycl.; k. (Bd. V, S. 103)
Isocamphenilanaldehyd 618; k. (Bd. VII, S. 137)
Isocamphenilansäure 894; C_{10}; bicycl.; k. (Bd. IX, S. 74)
Isocamphenon 620; C_{10}; x (Bd. VII, S. 163)
Isocampher 617; x (Bd. VII, S. 90)
Isocampher (β-) 510; C_{10}; bicycl.; k. (Bd. VI, S. 100)
Isocampherchinon 668; C_{10}; $\frac{6}{1 \cdot \frac{2}{1}}$ (Bd. VII, S. 580)
Isocampherphoron 616; C_9; $\frac{6}{1 \cdot 1 \cdot 1}$ (Bd. VII, S. 65)
Isocamphersäure 965 (Bd. IX, S. 762)
Isocamphol 508; k. (Bd. VI, S. 86)
Isocampholacton 2460; C_9; bicycl.; k.
Isocampholsäure 893; C_{10}; x (Bd. IX, S. 37)
Isocamphoransäure 259; C_9; $\frac{5}{\frac{2}{1 \cdot 1}}$ (Bd. III, S. 571)
Isocamphorensäure 185; C_9; $\frac{5}{\frac{2}{1 \cdot 1}}$ (Bd. II, S. 856)
Isocamphoronsäure 184; C_9; $\frac{5}{\frac{2}{1 \cdot 1}}$ (Bd. II, S. 835)
Isocantharidin 2530; C_{10}; bicycl.; k.
Isocantharidinsäure 1133; C_{10}; $\frac{6}{1 \cdot 1 \cdot 1 \cdot 1}$ (Bd. X, S. 463)
Isocapronsäure 162; C_6; $\frac{5}{1}$ (Bd. II, S. 327)
Isocaprophenon 640; C_{12}; $\frac{6}{\frac{5}{1}}$ (Bd. VII, S. 334)
Isocarbopyrotritarsäure 2620; —8; C_8; $\frac{5}{1 \cdot 1 \cdot 2}$
Isocarbostyril 3114; C_9; bicycl.; k.
Isocareleminsäure 4745
Isocarieleminsäure 4745
Isocarveol 510; C_{10}; bicycl.; k. (Bd. VI, S. 99)
Isocarvestren 457; C_{10}; $\frac{6}{1 \cdot \frac{2}{1}}$ (Bd. V, S. 126)
Isocarvon 620; C_{10}; bicycl.; k. (Bd. VII, S. 161)

Isocaryophyllen 471; C_{15}; x (Bd. V, S. 467)
Isocaryophyllenhydrat 510; C_{15}; x (Bd. VI, S. 105)
Isocasein 4745
Isocedrol 510; C_{15}; x (Bd. VI, S. 104)
Isocetinsäure 162; C_{15}; x (Bd. II, S. 370)
Isochavibetol 559 (Bd. VI, S. 956)
Isochinaldinsäure 3257; bicycl.; k.
Isochinidin 3538; C_{19}; tetracycl. (bei Chinidin)
Isochinin 3537; C_{19}; tetracycl. (bei Hydrojodchinin)
Isochinolin 3078
Isochinolinrot 3079; bicycl.; k.
Isochinolon 3114; C_9; bicycl.; k.
Isochinophthalon 4286; C_{18}; tetracycl.
Isochino-β-pyridin 3487; C_{12}; tricycl.
Isocholansäure 4866 (bei Cholsäure)
Isocholesterin 4729c
Isochrysofluoren 487; C_{17}; tetracycl. (Bd. V, S. 695)
Isocinchomeronsäure 3279; $\frac{6}{1 \cdot 1}$
Isocinchonicin 3571; C_{19}; tricycl.
Isocinchonidin 3513; C_{19}; tetracycl.
Isocinchonin 3513; C_{19}; tetracycl.
Isocitralhydrat 114; C_{10}; x (Bd. I, S. 844)
Isocitronensäure 259; C_6; $\frac{5}{1}$ (Bd. III, S. 555)
Isococain 3326
Isococamin 3326
Isococasäure 994; C_{18}; tricycl. (Bd. IX, S. 951)
Isococasäure (β-) 994; C_{18}; tricycl. (Bd. IX, S. 952)
Isocolelemisäure 4745
Isoconchinin 3538; C_{19}; tetracycl. (bei Chinidin)
Isocopellidin 3044; $\frac{6}{1 \cdot 2}$
Isocorybulbin 3176; Tetraoxy; —17; C_{18}; tetracycl.
Isocorydalin 3176; Tetraoxy; —17; C_{18}; tetracycl.
Isocrotonsäure 163; C_4; $\frac{4}{0}$ (Bd. II, S. 412)
Isocumalinsäure 2491; C_6; $\frac{6}{1}$
Isocumaran 2366; C_8; bicycl.; k.
Isocumaranon 2463; C_8; bicycl.
Isocumarin 2464; C_9; bicycl.; k.
Isocuminaldehyd 640; C_{10}; x (Bd. VII, S. 327)
Isocyanilsäure 89 (Bd. I, S. 723) (bei Knallsäure)
Isocyansäure 202 (Bd. III, S. 31)
Isocyanursäure (= Metafulminursäure) 4298; —5; C_3; $\frac{5 \, (H \, 1:2)}{0}$
Isocyanursäure (= Fulminursäure) 171 (Bd. II, S. 598)
Isocyanursäure (= Cyanursäure) 3889; Trioxo; —3; C_3; $\frac{6 \, (H \, 1:3 \cdot 5)}{0}$
Isocyclen 459 (Bd. V, S. 165)
Isocystein 376; O_3; ± 0; C_3 (Bd. IV, S. 505)
Isocysteinsäure 379; Sulfocarbonsäure; Monocarb.; ± 0; C_3 (Bd. IV, S. 533)

Isocystin 376; O_3; ± 0; C_3 (Bd. IV, S. 505)
Isocytosin 3588; C_4; $\frac{6\,(H\,1\,:\,3)}{0}$
Isodehydracetsäure 2619; —8; C_8; $\frac{6}{1\cdot1\cdot1}$
Isodehydroapocamphersäure 967; C_9; $\frac{5}{1\cdot1\cdot1\cdot1}$ (Bd. IX, S. 777)
Isodehydrocamphersäure 967; C_{10}; $\frac{5}{1\cdot1\cdot1\cdot1\cdot1}$ (Bd. IX, S. 779)
Isodehydrocholal 4866.
Isodehydrothioxylidin 4345; C_{16}; tricycl.
Isodesmotroposantonige Säure 1086; C_{15}; bicycl.; k. (Bd. X, S. 319)
Isodesmotroposantonin 2511; C_{15}; tricycl.
Isodesmotroposantoninsäure 1116; C_{15}; bicycl.; k. (Bd. X, S. 441)
Isodialdan 113; C_4; $\frac{4}{0}$ (Bd. I, S. 826)
Isodialursäure 3637; —4; C_4; $\frac{6\,(H\,1\,:\,3)}{0}$
Isodibutol 24; C_8; $\frac{5}{1\cdot1\cdot1}$ (Bd. I, S. 423)
Isodibutolsäure 162; C_8; $\frac{5}{1\cdot1\cdot1}$ (Bd. II, S. 352)
Isodicamphochinon 2674; C_{20}; pentacycl.
Isodihydrocarvon 2364; C_{10}; bicycl.; k.
Isodulcit 137 (Bd. I, S. 870)
Isodulcitonsäure 248; C_6; $\frac{6}{0}$ (Bd. III, S. 476)
Isodurenol 532a; $\frac{6}{1\cdot1\cdot1\cdot1}$ (Bd. VI, S. 546)
Isodurol 469; $\frac{6}{1\cdot1\cdot1\cdot1}$ (Bd. V, S. 430)
Isodurylsäure (α-) 943; $\frac{6}{1\cdot1\cdot1\cdot1}$ (Bd. IX, S. 554)
Isodurylsäure (β-) 943; $\frac{6}{1\cdot1\cdot1\cdot1}$ (Bd. IX, S. 553)
Isodurylsäure (γ-) 943; $\frac{6}{1\cdot1\cdot1\cdot1}$ (Bd. IX, S. 552)
Isodypnopinakolen 496; C_{32}; x (Bd. V, S. 758)
Isodypnopinakolin (α-) 654; C_{16}; bicycl.; n. k. (Bd. VII, S. 487) (bei Dypnon)
Isodypnopinakolin (β-, γ-, δ-, ε-) 654; C_{16}; bicycl.; n. k. (Bd. VII, S. 488) (bei Dypnon)
Isodypnopinakolinalkohol 654; C_{16}; bicycl.; n. k. (Bd. VII, S. 488) (bei Dypnon)
Isodypnopinalkohol 654; C_{16}; bicycl.; n. k. (Bd. VII, S. 488) (bei Dypnon)
Isoekgonin 3326
Isoelemicin 581; C_9; $\frac{6}{3}$ (Bd. VI, S. 1130)
Isoemodin 830; C_{15}; tricycl. (Bd. VIII, S. 526)
Isoerucasäure 163; C_{22}; $\frac{22}{0}$ (Bd. II, S. 476)
Isoeugenol 559 (Bd. VI, S. 955)
Isoeuxanthinsäure 2535; C_{13}; tricycl.
Isoeuxanthon 2535; C_{13}; tricycl.
Isoeuxanthonsäure 828; C_{13}; bicycl.; n. k. (Bd. VIII, S. 496)
Isofenchocamphersäure 966; C_{10}; $\frac{5}{1\cdot1\cdot1\cdot1\cdot1}$ (Bd. IX, S. 764)
Isofencholenalkohol 507; $\frac{5}{1\cdot\frac{2}{1\cdot1}}$ (Bd. VI, S. 66)

Isofencholsäure 893; C_{10}; x (Bd. IX, S. 38)
Isofenchon (Isocampher) 617; x (Bd. VII, S. 90)
Isofenchon (aus Isofenchylalkohol) 618; k. (Bd VII, S. 100)
Isofenchylalkohol 508; k. (Bd. VI, S. 72)
Isoferulasäure 1112; $\frac{6}{3}$ (Bd. X, S. 437)
Isoflavanilin 3400; C_{16}; tricycl.
Isoform 522 (Bd. VI, S. 208)
Isofulminursäure 4602; O_4; —4; C_3; $\frac{5\,(O:N:N=1:2:5)}{1}$
Isofurfurin 4679; —18; C_{15}; tetracycl.
Isogeraniolen 12; C_9; $\frac{7}{1\cdot1}$ (Bd. I, S. 260)
Isogeraniumsäure (acycl.) 164; C_{10}; $\frac{8}{1\cdot1}$ (Bd. II, S. 492)
Isogeraniumsäure (cycl.) 894; C_{10}; $\frac{6}{1\cdot1\cdot1\cdot1}$ (Bd. IX, S. 65)
Isogeronsäure 281; C_9; $\frac{7}{1\cdot1}$ (Bd. III, S. 716)
Isoglycerinsäure 4825
Isoglykosamin 360; O_5; ± 0; C_6; $\frac{6}{0}$ (Bd. IV, S. 332)
Isohämatein 2454; —20; C_{16}; tetracycl.
Isoharnsäure (Cyanamino-barbitursäure) 3774; Trioxo; —4; C_4; $\frac{6\,(H\,1\,:\,3)}{0}$
Isohelicin 4776
Isohemipinsäure 1163; C_8; $\frac{6}{1\cdot1}$ (Bd. X, S. 553)
Isohesperidin 4776
Isohexerinsäure 230; C_6; $\frac{5}{1}$ (Bd. III, S. 402)
Isohexinsäure 2475; C_7; $\frac{5}{\frac{2}{1}}$
Isohomoaposafranin 3719; C_{13}; tricycl.
Isohomobrenzcatechin 556; $\frac{6}{1}$ (Bd. VI, S. 872)
Isohydroanisoin 597; C_{14}; bicycl.; n. k. (Bd. VI, S. 1169)
Isohydrobenzoin 563; C_{14}; bicycl.; n. k. (Bd. VI, S. 1004)
Isohydrocamphen 453; C_{10}; bicycl.; k. (Bd. V, S. 103)
Isohydrocuminoin 563; C_{20}; bicycl.; n. k. (Bd. VI, S. 1020)
Isohydromellitsäure 1049; —12; C_{12}; $\frac{6}{1\cdot1\cdot1\cdot1\cdot1\cdot1}$ (Bd. IX, S. 1007)
Isohydropyromellitsäure 1023; C_{10}; $\frac{6}{1\cdot1\cdot1\cdot1}$ (Bd. IX, S. 996)
Isohydrotoluoin 563; C_{16}; bicycl.; n. k. (Bd. VI, S. 1014)
Isohyposantonin 2464; C_{15}; tricycl.
Isohyposantoninsäure 1086; C_{15}; bicycl.; k. (Bd. X, S. 323)
Isoimidazolon 3559; $\frac{5\,(H\,1\,:\,3)}{0}$
Isoiminopyrin 3561
Isoindigotin 3599; tetracycl.
Isoindileucin 3573; C_{16}; tricycl.
Isoindol C_8H_7N 3069; bicycl.; k.
Isoindol $C_{16}H_{12}N_2$ 3489; C_{16}; tricycl.

Isoindolenin 3069; bicycl.; k.
Isoiron 620; C_{13}; x (Bd. VII, S. 171)
Isokairolin 3062; bicycl.; k.
Isokodein 4784
Isokreosol 556; $\frac{6}{1}$ (Bd. VI, S. 879)
Isolactose 144 (Bd. I, S. 895) (bei d-Glykose)
Isolapachol 779; C_{15}; bicycl.; k. (Bd. VIII, S. 325)
Isolapachon 779; C_{15}; bicycl.; k. (Bd. VIII, S. 327) (bei Lapachol)
Isolariciresinol 4740
Isolaudanin 3176; Tetraoxy; —15; C_{16}; tricycl.
Isolaurolen 453; C_8; $\frac{5}{1 \cdot 1 \cdot 1}$ (Bd. V, S. 74)
Isolauronolaldehyd 616; C_9; $\frac{5}{1 \cdot 1 \cdot 1 \cdot 1}$ (Bd. VII, S. 69)
Isolauronolalkohol 506; C_9; $\frac{5}{1 \cdot 1 \cdot 1 \cdot 1}$ (Bd. VI, S. 51)
Isolauronolid 2460; C_9; bicycl.; k.
Isolauronolsäure 894; C_9; $\frac{5}{1 \cdot 1 \cdot 1 \cdot 1}$ (Bd. IX, S. 56)
Isolauronsäure 1285; C_9; $\frac{6}{1 \cdot 1 \cdot 1}$ (Bd. X, S. 633)
Isoleucin 368; $\frac{5}{1}$ (Bd. IV, S. 454, 456)
Isoleukorosolsäure 588; —22; C_{20}; tricycl. (Bd. VI, S. 1146)
Isolichenin 4773
Isolimonen 457; $\frac{6}{1 \cdot \frac{2}{1}}$ (Bd. V, S. 139)
Isolinusinsäure 265; C_{18}; $\frac{18}{0}$ (Bd. III, S. 576)
Isolomatiol 802; C_{15}; bicycl.; k. (Bd. VIII, S. 427)
Isolupetidin 3041; $\frac{6}{1 \cdot 1}$
Isomaltose von Fischer 144 (Bd. I, S. 894) (bei d-Glykose)
Isomaltose von Ost 144 (Bd. I, S. 895) (bei d-Glykose)
Isomaltose von Scheibler, Mittelmeier 144 (Bd. I, S. 895) (bei d-Glykose)
Isomaltose aus Harn 4751
Isomannid 59; C_6; $\frac{6}{0}$ (Bd. I, S. 540) (bei d-Mannit)
Isomenthol 503; $\frac{6}{1 \cdot \frac{2}{1}}$ (Bd. VI, S. 41)
Isomenthon 613; $\frac{6}{1 \cdot \frac{2}{1}}$ (Bd. VII, S. 41)
Isomerochinen 3245; C_9; $\frac{6}{2 \cdot 2}$
Isomorin 2569; O_7; —20; C_{15}; tricycl.
Isomorphin 4784
Isomuscarinchlorid 335 (Bd. IV, S. 57)
Isomyristicin 2696; C_{10}; bicycl.
Isonaphthazarin 801; C_{10}; bicycl.; k. (Bd. VIII, S. 411)
Isonaphthoesäure 951; C_{11}; bicycl.; k. (Bd. IX, S. 656)

Isonaphthoxthin 2682; C_{20}; pentacycl.
Isonaphthsultam 4197; C_{10}; tricycl.
Isonarkotin 4475; Oxy-oxo; O_7; —21; C_{18}; pentacycl.
Isonichin 3537; C_{19}; tetracycl. (bei Hydrojodchinin)
Isonicotin 3470; C_{10}; bicycl.
Isonicotinsäure 3249; $\frac{6}{1}$
Isonoropiansäure 1432; $\frac{6}{1 \cdot 1}$ (Bd. X, S. 998)
Isooctinsäure 2475; C_9; $\frac{5}{\frac{4}{1}}$
Isoölsäure 163; C_{18}; $\frac{18}{0}$ (Bd. II, S. 471)
Isoolivil 4745
Isoopiansäure 1432; $\frac{6}{1 \cdot 1}$ (Bd. X, S. 999)
Isopapaverin 3176; Tetraoxy; —19; C_{16}; tricycl.
Isopelletierin 4790
Isopersulfocyansäure 4445; —3; C_2; $\frac{5}{0}$
Isophellogensäure 4861a
Isophellonsäure 4861a
Isophenanthroxylenphenylaceton 759; C_{23}; pentacycl. (Bd. VIII, S. 221)
Isophenosafranin 3745
Isophenylessigsäure (α- und β-) 941; $\frac{7}{1}$ (Bd. IX, S. 429)
Isophenylessigsäure (γ- und δ-) 941; $\frac{7}{1}$ (Bd. IX, S. 430)
Isophoron 616; C_9; $\frac{6}{1 \cdot 1 \cdot 1}$ (Bd. VII, S. 65)
Isophotosantonsäure 1429; C_{15}; $\frac{6}{\frac{2}{1} \cdot \frac{2}{1} \cdot \frac{2}{1}}$ (Bd. X, S. 986)
Isophthalacen 489; C_{21}; pentacycl. (Bd. V, S. 729)
Isophthalacenoxyd 659; C_{21}; pentacycl. (Bd. VII, S. 539)
Isophthalacon 686; C_{21}; pentacycl. (Bd. VII, S. 837)
Isophthalaldehyd 672; C_8; $\frac{6}{1 \cdot 1}$ (Bd. VII, S. 675)
Isophthalophenon 684; C_{20}; tricycl. (Bd. VII, S. 829)
Isophthalsäure 977 (Bd. IX, S. 832)
Isopikraminsäure 1852
Isopilocarpin 4546; C_{10}; bicycl.
Isopilocarpininolacton 4575; Trioxo; —6; C_{10}; bicycl. (bei Dibromisopilocarpininsäure)
Isopilocarpinsäure 3690; —4; C_{10}; $\frac{5 \text{ (H 1:3)}}{\frac{5}{1 \cdot 1}}$
Isopilocarpoesäure 3698; —6; C_{10}; $\frac{5 \text{ (H 1:3)}}{\frac{5}{1 \cdot 1}}$
Isopimelinsäure 176; $\frac{5}{1 \cdot 1}$ (Bd. II, S. 685)
Isopinen 458 (Bd. V, S. 164)
Isopinoldibromid 507; $\frac{6}{1 \cdot \frac{2}{1}}$ (Bd. VI, S. 65)
Isopral 24; C_3 (Bd. I, S. 365)

Isopren 12; C_5; $\frac{4}{1}$ (Bd. I, S. 252)
Isoprenalkohol 25; C_5; $\frac{4}{1}$ (Bd. I, S. 444)
Isoprensäure 967; C_8; $\frac{3}{1\cdot 1\cdot \frac{2}{1}}$ (Bd. I, S. 775)
Isopseudocinchonicin 3571; C_{19}; tricycl.
Isopseudoselenopyrin 3510; C_9; bicycl.
Isopulegensäure 894; C_{10}; x (Bd. IX, S. 69)
Isopulegol 507; $\frac{6}{1\cdot\frac{2}{1}}$ (Bd. VI, S. 65)
Isopulegon 617; $\frac{6}{1\cdot\frac{2}{1}}$ (Bd. VII, S. 85)
Isopulegonsäure 282; C_{10}; $\frac{8}{1\cdot 1}$ (Bd. III, S. 740)
Isopuron 4132; C_5; bicycl. (bei Puron)
Isopurpurin 830; C_{14}; tricycl. (Bd. VIII, S. 516)
Isopurpurogallon 578 (Bd. VI, S. 1077) (bei Pyrogallol)
Isopurpursäure 1939; Oxy-carb.; O_5; —10; C_8; $\frac{6}{1\cdot 1}$
Isopyramidon 3774; Monooxo; —10; C_9; bicycl.
Isopyroin 4780
Isopyrophthalon 3225; C_{14}; tricycl.
Isopyrotritarsäure 250 (Bd. III, S. 507) (bei d-Weinsäure)
Isoquercitrin 4776
Isorhamnetin 2569; O_7; —20; C_{15}; tricycl.
Isorhamnonsäure 248; C_6; $\frac{6}{0}$ (Bd. III, S. 477)
Isorhamnose 137 (Bd. I, S. 875)
Isorhapontigenin 4865
Isorhodeonsäure 248; C_6; $\frac{6}{0}$ (Bd. III, S. 477)
Isorhodeose 137 (Bd. I, S. 875)
Isorosindon 3516; C_{16}; tetracycl.
Isorosindonchlorid 3490; C_{16}; tetracycl.
Isorosindonsäure 3690; —22; C_{16}; tetracycl.
Isorosindulin von Kehrmann, Pseudorosindulin 3722; C_{16}; tetracycl.
Isorosindulin Nr. 14 3490; C_{16}; tetracycl.
Isorosindulinbase Nr. 15 3490; C_{16}; tetracycl.
Isorosindulinbromid 3722; C_{16}; tetracycl.
Isorosindulinchlorid Nr. 4, 5, 9 3722; C_{16}; tetracycl.
Isorosolsäure 588; —22; C_{20}; tricycl. (Bd. VI, S. 1146) (bei Isoleukorosolsäure)
Isorubazonsäure 3774; Monooxo; —10; C_9; bicycl.
Isosaccharin 2548; C_6; monocycl.; x
Isosaccharinsäure 248; C_6; $\frac{5}{1}$ (Bd. III, S. 479)
Isosafraninon 3770; C_{12}; tricycl.
Isosafrol 2673; C_{10}; bicycl.
Isosantalen 473; C_{15} (Bd. V, S. 507)
Isosantalsäure 964; C_9; x (Bd. IX, S. 740)
Isosantinsäure 951; C_{15}; bicycl.; k. (Bd. IX, S. 669)
Isosantonige Säure 1086; C_{15}; bicycl.; k. (Bd. X, S. 321)

Isosantonon 2770; C_{30}; hexacycl.
Isosantononsäure 1169; C_{30}; tetracycl. (Bd. X, S. 573)
Isosantonsäure 1311; C_{15}; tricycl. (Bd. X, S. 806) (bei Santonsäure)
Isoselenopyrin 3568; C_9; bicycl.
Isoserin 376; O_3; ± 0; C_3 (Bd. IV, S. 503)
Isosorbinsäure 164; C_6; $\frac{5}{1}$ (Bd. II, S. 485)
Isospartein 4788
Isosphäritalban 4745
Isostearinsäure (λ-) 162; C_{18}; x (Bd. II, S. 388)
Isostilben 480; C_{14}; bicycl.; n. k. (Bd. V, S. 630)
Isostrychnin 4793
Isostrychninsäure 4793
Isotakelemisäure 4745
Isotartridsäure 250 (Bd. III, S. 507) (bei d-Weinsäure)
Isoterebenthen 457; $\frac{6}{1\cdot\frac{2}{1}}$ (Bd. V, S. 137)
Isoterebilensäure 2619; —6; C_7; $\frac{5}{1\cdot 2}$
Isoterebinsäure 2619; —4; C_7; $\frac{5}{1\cdot 2}$
Isoterpinolen 457; $\frac{6}{1\cdot\frac{2}{1}}$ (Bd. V, S. 133)
Isothiazol 4192; C_3; $\frac{5\ (H\ 1:2)}{0}$
Isothiohydantoin 4298; —3; C_3; $\frac{5\ (H\ 1:3)}{0}$
Isothiopyrin 3568; C_9; bicycl.
Isothujen 457; $\frac{5}{1\cdot 1\cdot\frac{2}{1}}$ (Bd. V, S. 141)
Isothujon 617; $\frac{5}{1\cdot 1\cdot\frac{2}{1}}$ (Bd. VII, S. 88)
Isothujylamin 1595; C_{10}; $\frac{5}{1\cdot 1\cdot\frac{2}{1}}$ (Bd. XII, S. 40)
Isotrehalose 159; zu Oxy-oxo; O_6; ± 0; C_6; $\frac{6}{0}$ (Bd. II, S. 163) (bei Acetobrom-d-glykose)
Isotropidin 3048; C_7; bicycl.; k.
Isotropylamin 3391; C_7; bicycl.; k.
Isouracil 4132; C_5; bicycl. (bei Puron)
Isovaleriansäure 162; C_5; $\frac{4}{1}$ (Bd. II, S. 309)
Isovaleroin 113; C_{10}; $\frac{8}{1\cdot 1}$ (Bd. I, S. 842)
Isovaleron 87; C_9; $\frac{7}{1\cdot 1}$ (Bd. I, S. 710)
Isovalerophenon 640; C_{11}; $\frac{6}{4\cdot \frac{}{1}}$ (Bd. VII, S. 329)
Isovanillin 773 (Bd. VIII, S. 254)
Isovanillinsäure 1105; $\frac{6}{1}$ (Bd. X, S. 393)
Isovulpinsäure 2620; —24; C_{18}; tricycl.
Isoweinsäure $C_4H_6O_6$ 250a (Bd. III, S. 531)
Isoweinsäure $C_8H_{10}O_{11}$, von Laurent, Gerhardt 250 (Bd. III, S. 507) (bei d-Weinsäure)
Isoxanthin 4135; C_5; bicycl.

Isoxazol 4192; C_3; $\frac{5\,(H\,1:2)}{0}$

Isoxyliton (α-) 620; C_{12}; $\frac{6}{1\cdot1\cdot1\cdot\frac{2}{1}}$ (Bd. VII, S. 165)

Isoxyliton (β-) 83 (Bd. I, S. 647)

Isoxylol 467; $\frac{6}{1\cdot1}$ (Bd. V, S. 370)

Isoxylylsäure 942; $\frac{6}{1\cdot1\cdot1}$ (Bd. IX, S. 534)

Isozeorinin 4864

Isozimtsäure 948 (Bd. IX, S. 592)

Isozuckersäure 2617; O_7; —4; C_6; $\frac{5}{1\cdot1}$

Isuretin 156 (Bd. II, S. 91)

Isuvitinsäure 979; $\frac{6}{1\cdot2}$ (Bd. IX, S. 857)

Itaconsäure 179; C_5; $\frac{4}{1}$ (Bd. II, S. 760)

Itamalsäure 242; C_5; $\frac{4}{1}$ (Bd. III, S. 446)

Itaweinsäure 251; C_5; $\frac{4}{1}$ (Bd. III, S. 532)

Ivain 4865
Jaborandin 4780
Jaboridin 4789
Jacarandin 4865a
Jafaloin 4776
Jalapin 4776
Jalapinolsäure 223; C_{16}; x (Bd. III, S. 363)
Jalapinsäure 4776
Janthon 640; C_{16} (Bd. VII, S. 344)
Japaconin 4781
Japaconitin 4781
Japancampher 618; k. (Bd. VII, S. 101)
Japanlack 4745
Japbenzaconin 4781
Jara-Jara 538; zu Monooxy; $+2$; C_1 (Bd. VI, S. 640, vgl. S. 641)
Jasmon 4728
Jatrorrhizin 4782
Jaune solide 2152
Javanin 4804
Jecorin 4870
Jeffropininsäure 4740
Jeffropinolsäure 4740

Jervasäure 2621; —10; C_7; $\frac{6}{1\cdot1}$

Jervin 4780
Jesaconitin 4781

Jodgorgosäure 1911; —8; C_9; $\frac{6}{3}$

Jodgrün 1866
Jodival 205 (Bd. III, S. 64)
Jodoform 5 (Bd. I, S. 73)

Jodol 3048; C_4; $\frac{5}{0}$

Jodospongin 4837
Jodothyrin 4828
Jodstärke 4766

Jonegenalid 1293; $\frac{6}{1\cdot1\cdot\frac{2}{1\cdot1}}$ (Bd. X, S. 719)

Jonegendicarbonsäure 982; $\frac{6}{1\cdot1\cdot\frac{2}{1\cdot1}}$ (Bd. IX, S. 888)

Jonen 473; C_{13}; bicycl.; k. (Bd. V, S. 506)

Jongenogonsäure 1296; C_{13}; bicycl.; k. (Bd. X, S. 738)

Joniregentricarbonsäure, Jonirigentricarbonsäure 1008; C_{12}; $\frac{6}{1\cdot1\cdot\frac{2}{1\cdot1}}$ (Bd. IX, S. 983)

Jonon (α- und β-) 620; C_{13}; $\frac{6}{1\cdot1\cdot1\cdot4}$ (Bd. VII, S. 166, 167, 168)

Judenpech 4861
Juglon 778; C_{10}; bicycl.; k. (Bd. VIII, S. 308)

Juglonsäure 1140; $\frac{6}{1\cdot1}$ (Bd. X, S. 498)

Julolidin 3073; C_{12}; tricycl.
Julolviolett 3185; C_{13}; tricycl.
Juniperinsäure 223; C_{16}; x (Bd. III, S. 362)
Juniperol 4865
Juroresen 4740
Jute 4773
Juvaterpentin 4740
K-Säure 1926
Kämpferid 2568; —20; C_{15}; tricycl.
Kämpferitrin 4776
Kämpferol 2568; —20; C_{15}; tricycl.

Kaffeesäure 1112; $\frac{6}{3}$ (Bd. X, S. 436)

Kaffeidin 3696; —4; C_4; $\frac{5\,(H\,1:3)}{1}$

Kaffein 4136
Kaffolin 4156 (bei 1.3.7-Trimethyl-harnsäure)
Kaffursäure 4156 (bei 1.3.7-Trimethyl-harnsäure)
Kairokoll 3112; C_9; bicycl.; k.
Kairolin 3062; bicycl.; k.
Kakaonin 4776
Kakodyl 414 (Bd. IV, S. 615)
Kakodyliakol 553; zu H_3AsO_2 (Bd. VI, S. 782)
Kakodyloxyd 411; Registrier-Verb.: $CH_3\cdot AsH\cdot OH$ (Bd. IV, S. 608)
Kakodylsäure 412; Registrier-Verb.: $CH_3\cdot As(OH)_2$ (Bd. IV, S. 610)
Kakostrychnin 4793
Kakothelin 4792
Kalkstickstoff 206 (Bd. III, S. 79)
Kamerukopalolsäure 4737
Kamerukopaloresen 4737
Kamerunkopal 4737
Kanarin 215 (Bd. III, S. 170) (bei Rhodanwasserstoff)
Karakin 4776
Katin 4790
Kaulosterin 4729b
Kaurikopal 4739
Kaurinolsäure 4739
Kaurinsäure 4739
Kaurolsäure 4739
Kauronolsäure 4739
Kauroresen 4739

Kautschin (dl-Limonen) 457; $\frac{6}{1\cdot\frac{2}{1}}$ (Bd. V, S. 137)

Kautschin (von Bouchardat) 4744
Kautschuk 4744
Kawain 2895; —16; C_{14}; bicycl.
Kawarin 4776
Kephalin 4807a

Kephalinsäure 164; C_{18}; $\frac{18}{0}$ (Bd. II, S. 497)
Kerasin 4777
Keratin 4837
Kessylalkohol 4728
Ketacetsäure 318; —2; C_4; $\frac{4}{0}$ (Bd. III, S. 872)
  (bei Chloräthoxyacetessigsäureäthylester)
Keten 90; C_2 (Bd. I, S. 724)
Ketin 3496; C_6; $\frac{6\ (H\ 1:4)}{1\cdot 1}$
Ketipinsäure 297; C_6; $\frac{6}{0}$ (Bd. III, S. 834)
Ketonmoschus 640; C_{14}; $\frac{6}{1\cdot 1\cdot 2\cdot \frac{2}{1\cdot 1}}$ (Bd. VII, S. 343)
Ketopinsäure 1285; C_{10}; x (Bd. X, S. 636)
Keto-β-santorsäure 1332; C_{12}; bicycl.; k. (Bd. X, S. 853)
Ketoterpin 767; C_{10}; $\frac{6}{1\cdot\frac{2}{1}}$ (Bd. VIII, S. 226)
Kharsin 2325; Aminoarsinsäure; Monoamino; —5; C_7; $\frac{6}{1}$
Kino (australisches) 4865
Kinoin 4865
Kinorot 4865
Kleber 4813
Kleesäure 170 (Bd. II, S. 502)
Knallsäure 89 (Bd. I, S. 720)
Kodamin 4787
Kodein 4784
Kodeinviolett 4785
Kohle 4872
Kohlenoxyd 89 (Bd. I, S. 720)
Kohlenoxydkalium 604; —6; C_6; $\frac{6}{0}$ (Bd. VI, S. 1199)
Kohlensäure 198 (Bd. III, S. 3)
Koilin 4837
Kollagen 4836
Kollidin (α-) aus Cinchonin 3054; x
Kollidin (β-) 3054; $\frac{6}{1\cdot 2}$
Kollidin (γ-) 3054; $\frac{6}{1\cdot 1\cdot 1}$
Kollodiumwolle 4771
Koloph... s. Coloph...
Komansäure 2619; —8; C_6; $\frac{6}{|1}$
Komenaminsäure 3349; C_6; $\frac{6}{1}$
Komensäure 2620; —8; C_6; $\frac{6}{1}$
Kongokopal 4737
Kongokopalolresen 4737
Kongokopalolsäure 4737
Kongokopalsäure 4737
Kongorot 2187; Monosulfonsäure; —12; C_{10}; bicycl.; k.
Kopal 4737
Kopellidin 3044; $\frac{6}{1\cdot 2}$
Koprin 358; $\pm$ 0; C_3 (Bd. IV, S. 315)
Koprostanon 4729c
Koprosterin 4729c

Kork 4861a
Korksäure 177; $\frac{8}{0}$ (Bd. II, S. 691)
Kosidin 4865
Kosin 4865
Kosotoxin 4865
Kotarnin 4426; C_{10}; tricycl.
Kotarnon 2806; C_{10}; bicycl.
Kotarnsäure 2891; —12; C_9; bicycl.
Krantzit 4737
Kreatin 364 (Bd. IV, S. 363)
Kreatinin 3587; C_3; $\frac{5\ (H\ 1:3)}{0}$
Kreosol 556; $\frac{6}{1}$ (Bd. VI, S. 878)
Kresol (m-) 526 (Bd. VI, S. 373)
Kresol (o-) 525 (Bd. VI, S. 349)
Kresol (p-) 527 (Bd. VI, S. 389)
Kresolaurin 783; C_{22}; tricycl. (Bd. VIII, S. 366)
Kresolbenzein (o-) 588; —22; C_{21}; tricycl. (Bd. VI, S. 1147)
Kresolphthalin (o-) 1123; C_{22}; tricycl. (Bd. X, S. 456)
Kresorcin 556; $\frac{6}{1}$ (Bd. VI, S. 872)
Kresorcylaldehyd 775; C_8; $\frac{6}{1\cdot 1}$ (Bd. VIII, S. 277)
Kresorsellinsäure 1106; $\frac{6}{1\cdot 1}$ (Bd. X, S. 412)
Kresotinsäure (α- oder p-) 1072; $\frac{6}{1\cdot 1}$ (Bd. X, S. 227)
Kresotinsäure (β- oder o-) 1072; $\frac{6}{1\cdot 1}$ (Bd. X, S. 220)
Kresotinsäure (γ- oder m-) 1072; $\frac{6}{1\cdot 1}$ (Bd. X, S. 233)
Kresylpurpursäure 526; Substitutionsprod. (Bd. VI, S. 387) (bei 2.4.6-Trinitro-m-kresol)
Krokonsäure 824; C_5; bicycl.; k. (Bd. VIII, S. 488)
Kryofin 1849; zu Oxy-carb.; O_3; $\pm$ 0; C_2
Kryptopin 4787
Krystallin (Anilin) 1598 (Bd. XII, S. 59)
Krystallin (Globulin) 4828
Krystallviolett 1865
K-Säure 1926
Kullensissäure 4864
Kyanbenzylin 3577; C_{24}; tetracycl.
Kyanmethin 3565; C_6; $\frac{6\ (H\ 1:3)}{1\cdot 1}$
Kyanophyll 4876
Kyaphenin 3818; C_{21}; tetracycl.
Kyklothraustinsäure 3491; C_{18}; tetracycl. [bei Dichinolyl- (2.3')]
Kynosin 4807
Kynurensäure 3340; bicycl.; k.
Kynurin 3114; C_9; bicycl.; k.
Kynursäure 1895; zu Dicarb.; —2; C_2
Labdanum 4745
Laccainsäure 4866
Lackmus 4869
Lackmusblau 4869
Lactalbumin 4827

Lactaron 87; C_{29}; x (Bd. I, S. 719)
Lactarsäure 162; C_{15}; x (Bd. II, S. 369)
Lactocaramel 4752
Lactocholin 353 (Bd. IV, S. 281)
Lactonsäure 257; C_6; $\frac{6}{0}$ (Bd. III, S. 549)
Lactophenin 1849; zu Oxy-carb.; O_3; $\pm$ 0; C_3
Lactose 4752
Lactosin 4761
Lactucerin 4745
Lactucin 4745
Lactucol 4745
Lactucon 4745
Lacturaminsäure 365 (Bd. IV, S. 396)
Ladanum 4745
Lärchenterpentin 4740
Lävinulin 4773
Lävodesmotroposantinsäure 1116; C_{15}; bicycl.; k. (Bd. X, S. 441)
Lävodesmotroposantonige Säure 1086; C_{15}; bicycl.; k. (Bd. X, S. 317)
Lävodesmotroposantonin 2511; C_{15}; tricycl.
Lävoglykosan 144 (Bd. I, S. 894)
Lävopimarsäure 4740
Lävosin 4773
Lävulan 4773
Lävulin (Synanthrose) 4773
Lävulin, krystallisiertes (β-) (Secalose) 4761
Lävulin, synthetisches 145 (Bd. I, S. 925) (bei d-Fructose)
Lävulinaldehyd 95; C_5; $\frac{5}{0}$ (Bd. I, S. 774)
Lävulinsäure 281; C_5; $\frac{5}{0}$ (Bd. III, S. 671)
Lävulochloralose 2735; Tetraoxy; —2; C_8; bicycl.
Lävulomannan 4773
Lävulosan 145 (Bd. I, S. 925) (bei d-Fructose)
Lävulose 145 (Bd. I, S. 918)
Lävulosin 145 (Bd. I, S. 925) (bei d-Fructose)
Lampensäure 21 (Bd. I, S. 319) (bei Diäthyläther)
Lanocerinsäure 230; C_{30}; x (Bd. III, S. 411)
Lanolinalkohol 4735
Lanolinsäure 4735
Lanopalminsäure 223; C_{16}; x (Bd. III, S. 363)
Lantanursäure 3774; Dioxo; —2; C_3; $\frac{5 \,(H\, 1:3)}{0}$
Lanthopin 4787
Lapachan 2369; C_{15}; tricycl.
Lapachol 779; C_{15}; bicycl.; k. (Bd. VIII, S. 326)
Lapachon 2481; C_{15}; tricycl.
Lapachonon 4865a
Lapachosäure 779; C_{15}; bicycl.; k. (Bd. VIII, S. 326)
Lapodin 4865
Laricinolsäure 4740
Lariciresinol 4740
Laricopininsäure 4740
Laricopinonsäure 4740
Laricopinoresen 4740
Larinolsäure 4740
Larixinsäure 2476; C_6; $\frac{6}{1}$

Laserol 4865
Laserpitin 4865
Laudanidin 3176; Tetraoxy; —15; C_{16}; tricycl.
Laudanin 3176; Tetraoxy; —15; C_{16}; tricycl.
Laudanosen 599; C_{16}; bicycl.; n. k. (Bd. VI, S. 1177)
Laudanosin 3176; Tetraoxy; —15; C_{16}; tricycl.
Laudanosomethin 1871; Tetraoxy; —16; C_{16}; bicycl.; n. k.
Laudanum 4783
Lauran 10; C_{20}; x (Bd. I, S. 174)
Laurenon 616; C_8; $\frac{6}{1 \cdot 1}$ (Bd. VII, S. 61)
Laurin 4865
Laurinaldehyd 87; C_{12}; $\frac{12}{0}$ (Bd. I, S. 714)
Laurineencampher 618; k. (Bd. VII, S. 101)
Laurinsäure 162; C_{12}; $\frac{12}{0}$ (Bd. II, S. 359)
Laurolen 453; C_8; $\frac{5}{1 \cdot 1 \cdot 1}$ (Bd. V, S. 75)
Lauron 87; C_{23}; $\frac{23}{0}$ (Bd. I, S. 719)
Lauronolsäure 894; C_9; $\frac{5}{1 \cdot 1 \cdot 1 \cdot 1}$ (Bd. IX, S. 56)
Lauronolsäure (γ-) 894; C_9; $\frac{5}{1 \cdot 1 \cdot 1 \cdot 1}$ (Bd. IX, S. 55)
Laurophenon 640; C_{18}; $\frac{18}{0}$ (Bd. VII, S. 345)
Laurotetanin 4782
Lauthsches Violett 4367; C_{12}; tricycl.
Lebertran 4732
Lecanorol 4864
Lecanorsäure 1106; $\frac{6}{1 \cdot 1}$ (Bd. X, S. 415)
Lecasterid 4864
Lecasterinsäure 4864
Lecidsäure 4864
Lecithane 4807a
Lecithin 4807a
Leden 471; x (Bd. V, S. 469)
Leditannsäure 4865
Ledumcampher 510; C_{15}; x (Bd. VI, S. 106)
Legumelin 4811
Legumin 4812
Leim 4836
Leimsäure 4836
Leimsüß 364 (Bd. IV, S. 333)
Leimzucker 364 (Bd. IV, S. 333)
Leinölsäure 164; C_{18}; $\frac{18}{0}$ (Bd. II, S. 496)
Leinsamenschleim 4773
Leiphämin 4864
Leiphämsäure 4864
Leken 4723
Lepargylsäure 178; C_9; $\frac{9}{0}$ (Bd. II, S. 707)
Lepiden 2377; —36; C_{28}; pentacycl.
Lepidin 3079; bicycl.; k.
Lepidinsäure 3280; $\frac{6}{1 \cdot 1 \cdot 1}$
Lepidonviolett 3184; C_{10}; bicycl.; k.
Lepidopterinsäure 4870
Lepranthasäure 4864

Lepranthin 4864
Leprariasäure 4864
Leprarin 4864
Leucin 368; $\frac{5}{1}$ (Bd. IV, S. 437)
Leucinsäure 223; C_6; $\frac{5}{1}$ (Bd. III, S. 336)
Leucodrin 4865
Leukanilin 1808; C_{20}; tricycl.
Leukanisidin 1869; —22; C_{19}; tricycl.
Leukauramin 1804; C_{13}; bicycl.; n. k.
Leukoalizarin 803; C_{14}; tricycl. (Bd. VIII, S. 432)
Leukoalizarinbordeaux 851; C_{14}; tricycl. (Bd. VIII, S. 542)
Leukoaurin 588; —22; C_{19}; tricycl. (Bd. VI, S. 1143)
Leukobittermandelölgrün 1791; C_{19}; tricycl.
Leukochinizarin I 830; C_{14}; tricycl. (Bd.VIII, S. 511) (bei Purpurin)
Leukochinizarin (Leukochinizarin II) 803; C_{14}; tricycl. (Bd. VIII, S. 431)
Leukoeupitton 607; —22; C_{19}; tricycl. (Bd. VI, S. 1210)
Leukogallol 578 (Bd. VI, S. 1078) (bei Pyrogallol)
Leukohexamethyllignonblau 1871; Tetraoxy; —14; C_{12}; bicycl.; n. k.
Leukoisonaphthazarin 596; C_{10}; bicycl.; k. (Bd. VI, S. 1162)
Leukomalachitgrün 1791; C_{19}; tricycl.
Leukomethylenblau 4367; C_{12}; tricycl.
Leukonaphthazarin 596; C_{10}; bicycl.; k. (Bd. VI, S. 1162)
Leukonsäure 733; —10; C_5; $\frac{5}{0}$ (Bd. VII, S. 905)
Leukophthalgrün 1873; —32; C_{26}; tetracycl.
Leukopiperonalgrün 2931; Diamin; —22; C_{20}; tetracycl.
Leukoprotoblau 1869; —22; C_{19}; tricycl.
Leukoprotorot 1871; Tetraoxy; —22; C_{19}; tricycl.
Leukopyronin 2641; Diamin; —14; C_{13}; tricycl.
Leukorosolsäure 588; —22; C_{20}; tricycl. (Bd. VI, S. 1147)
Leukosin 4811
Leukothiocarmin 4367; C_{12}; tricycl.
Leukothionin 4367; C_{12}; tricycl.
Leukothionol 4251; C_{12}; tricycl.
Leukothiophengrün 2641; Diamin; —18; C_{17}; tricycl.
Leukotursäure 292; C_3 (Bd. III, S. 772) (bei Alloxansäure)
Licareol 26; C_{10}; $\frac{8}{1 \cdot 1}$ (Bd. I, S. 460)
Lichenin 4773
Lichenstearinsäure 4864
Lichesterinsäure 4864
Lichesterylsäure 4864
Lichestron 4864
Lichestronsäure 4864
Lignin 4861a
Lignit 4872
Lignocerinsäure 162; C_{24}; x (Bd. II, S. 393)

Lignonblau 1879; —16; C_{12}; bicycl.; n. k.
Lignose 4776
Ligustron 4875
Limen 471; x (Bd. V, S. 468)
Limettin 2532; C_9; bicycl.; k.
Limettsäure 4728
Limonen 457; $\frac{6}{1 \cdot \frac{2}{1}}$ (Bd. V, S. 133)
Limonenol 510; C_{10}; $\frac{6}{1 \cdot \frac{2}{1}}$ (Bd. VI, S. 97)
Limonenon 620; C_{10}; $\frac{6}{1 \cdot \frac{2}{1}}$ (Bd. VII, S. 158)
Limonetrit 590; C_{10}; $\frac{6}{1 \cdot \frac{2}{1}}$ (Bd. VI, S. 1152)
Limonin 4865
Linalool 26; C_{10}; $\frac{8}{1 \cdot 1}$ (Bd. I, S. 460)
Linaloolen 12; C_{10}; $\frac{8}{1 \cdot 1}$ (Bd. I, S. 261)
Linamarin 4776
Linarin 4776
Linarodin 4776
Linarphenol 4776
Linin 4865
Linolensäure (α- und β-) 165; C_{18}; $\frac{18}{0}$ (Bd. II, S. 499)
Linolensäure, künstliche 165; C_{18}; $\frac{18}{0}$ (Bd. II, S. 500)
Linolsäure 164; C_{18}; $\frac{18}{0}$ (Bd. II, S. 496)
Linusinsäure 265; C_{18}; $\frac{18}{0}$ (Bd. III, S. 576)
Lippianol 4865
Lithobilinsäure 4866
Lithofellinsäure 4866
Lithursäure 4870
Livetin 4848
Lobarsäure 4864
Lobellin 4806
Lobin 4788
Loganin 4776
Loiponsäure 3274; C_7; $\frac{6}{1 \cdot 1}$
Lokaetin 4776
Lokain 4776
Lokansäure 4776
Lokaonsäure 4776
Lokaose 146; x (Bd. I, S. 932)
Lomatiol 802; C_{15}; bicycl.; k. (Bd. VIII, S. 427)
Lophin 3492; C_{21}; tetracycl.
Lophophorin 4790
Lophoretin 2569; O_7; —20; C_{15}; tricycl.
Lorbeercampher 4865
Lorenit 3380; Monooxy; —11; C_9; bicycl.; k.
Loretin 3380; Monooxy; —11; C_9; bicycl.; k.
Lotoflavin 2568; —20; C_{15}; tricycl.
Loturidin 4790
Loturin 4790
Lotusin 4776

Lotusinsäure 4776
Loxopterygin 4790
Lucidol 910 (Bd. IX, S. 179, vgl. S. 180)
Lunacridin 4788
Lunacrin 4788
Lunasin 4788
Lunin 4788
Lupanine 4788
Lupeol 538a; C_{31}; x (Bd. VI, S. 671)
Lupeon 649; C_{31}; x (Bd. VII, S. 409)
Lupeose 4773
Lupetidin 3041; $\frac{6}{1 \cdot 1}$
Lupigenin 4776
Lupinid 4776
Lupinidin 4788
Lupinin (Glykosid) 4776
Lupinin (Alkaloid) 4788
Lupininsäure 4788
Lupulinsäure 4865
Luteinsäure 4865
Luteolin 2568; —20; C_{15}; tricycl.
Luteosäure 2626; O_9; —20; C_{14}; tricycl.
Lutidin (β-) (3-Äthyl-pyridin) 3053; $\frac{6}{2}$
Lutidine (Dimethylpyridine) 3053; $\frac{6}{1 \cdot 1}$
Lutidinsäure 3279; $\frac{6}{1 \cdot 1}$
Lutidon 3111; C_7; $\frac{6}{1 \cdot 1}$
Lycaconitin 4781
Lycin 364 (Bd. IV, S. 346)
Lycopodin 4780
Lycopodiumölsäure 163; C_{16}; x (Bd. II, S. 461)
Lycoresin 4865
Lycorin 4780
Lycostearon 4865
Lygosin 781; C_{17}; bicycl.; n. k. (Bd. VIII, S. 352)
Lysalbinsäure 4830
Lysatin 4845
Lysidin 3461; C_4; $\frac{5 \, (H \, 1 \, : \, 3)}{1}$
Lysin 368; $\frac{6}{0}$ (Bd. IV, S. 435)
Lysursäure 923; zu Amino-oxy-carb.; Oxycarb.; O_3; ± 0; C_6; $\frac{6}{0}$ (Bd. IX, S. 267)
Lyxonsäure 248; C_5; $\frac{5}{0}$ (Bd. III, S. 476)
Lyxose 133 (Bd. I, S. 868)
M-Säure 1926
Maalialkohol 4728
Maalisesquiterpen 4728
Machromin 850; C_{13}; bicycl.; n. k. (Bd. VIII, S. 539) (bei Maclurin)
Maclayetin 4776
Maclayin 4776
Macleyin 4782
Maclurin 850; C_{13}; bicycl.; n. k. (Bd. VIII, S. 538)
Magdalarot 3758; C_{20}; pentacycl.
Mairogallol 578 (Bd. VI, S. 1078) (bei Pyrogallol)
Maisin 4813

Malabarkino 4865
Malachitgrün 1865
Maleinoperinon 3573; C_{14}; tetracycl.
Maleinsäure 179; C_4; $\frac{4}{0}$ (Bd. II, S. 748)
Malettorot 4865
Malid 2898; —8; C_8; $\frac{6 \, (H \, 1 \, : \, 4)}{2 \cdot 2}$
Mallotoxin 4865
Malomalsäure 240 (Bd. III, S. 434)
Malonal 3618; C_8; $\frac{6}{2 \cdot 2}$
Malonsäure 171 (Bd. II, S. 566)
Malophthalsäure 1132; C_8; $\frac{6}{1 \cdot 1}$ (Bd. X, S. 459)
Maltodextrin 4768
Maltodextrinsäure 4768
Maltol 2476; C_6; $\frac{6}{1}$
Maltonsäure 257; C_6; $\frac{6}{0}$ (Bd. III, S. 542)
Maltosaccharinsäure 248; C_6; $\frac{5}{1}$ (Bd. III, S. 479)
Maltose 4754
Maltoson 4754
Mandelsäure 1071 (Bd. X, S. 192)
Mandragorin 4796
Manelemisäure 4745
Maneleresen 4745
Mangostin 4865
Manilakopal 4739
Mankopalensäure 4739
Mankopalinsäure 4739
Mankopalolsäure 4739
Mankopalresen 4739
Mannamin 356; Pentaoxy; +2; C_6; $\frac{6}{0}$ (Bd. IV, S. 306)
Mannan 4773
Manneotetrose 4763
Mannid 59; C_6; $\frac{6}{0}$ (Bd. I, S. 540) (bei d-Mannit)
Manninotriose 4761
Mannit 59; C_6; $\frac{6}{0}$ (Bd. I, S. 534)
Mannitan 59; C_6; $\frac{6}{0}$ (Bd. I, S. 538) (bei d-Mannit)
Mannitin 59 (Bd. I, S. 542) (bei d-Mannit)
Mannitsäure 59; C_6; $\frac{6}{0}$ (Bd. I, S. 542) (bei d-Mannit)
Mannocellulose 4773
Mannochloralose 2735; Tetraoxy; —2; C_8; bicycl.
Mannogalaktan 4773
Mannoheptit 64; C_7; $\frac{7}{0}$ (Bd. I, S. 548)
Mannoheptonsäure 265; C_7; $\frac{7}{0}$ (Bd. III, S. 573)
Mannoheptose 149; ± 0; C_7; $\frac{7}{0}$ (Bd. I, S. 935)
Mannonononsäure 272; ± 0; C_9; $\frac{9}{0}$ (Bd. III, S. 591)
Mannononose 151; O_9; ± 0; C_9; $\frac{9}{0}$ (Bd. I, S. 938)

188   Verzeichnis von Trivialnamen.

Mannonsäure 257; C_6; $\frac{6}{0}$ (Bd. III, S. 547)
Mannooctit 67; C_8; $\frac{8}{0}$ (Bd. I, S. 550)
Mannooctonsäure 271; ± 0; C_8; $\frac{8}{0}$ (Bd. III, S. 588)
Mannooctose 150; ± 0; C_8; $\frac{8}{0}$ (Bd. I, S. 937)
Mannose 144 (Bd. I, S. 905)
Mannozuckersäure 266; C_6; $\frac{6}{0}$ (Bd. III, S. 580)
Marcitin 4807
Maretin 2070; $\frac{6}{1}$
Margarinaldehyd 87; C_{17}; $\frac{17}{0}$ (Bd. I, S. 717)
Margarinsäure 162; C_{17}; $\frac{17}{0}$ (Bd. II, S. 376)
Marrubiin 4865
Marrubiinsäure 4865
Martamsäure 4843
Martiusgelb 537; Substitutionsprod. (Bd. VI, S. 618)
Masopin 4745a
Masticinsäure 4745
Masticolsäure 4745
Masticonsäure 4745
Masticoresen 4745
Mastix 4745
Matezit 604; ± 0; C_6; $\frac{6}{0}$ (Bd. VI, S. 1193)
Matezodambose 604; ± 0; C_6; $\frac{6}{0}$ (Bd. VI, S. 1192)
Maticocampher 4728
Matricariacampher 618; k. (Bd. VII, S. 134)
Mauvanilin 1598 (Bd. XII, S. 131) (bei Anilin)
Mauve 1598 (Bd. XII, S. 131) (bei Anilin)
Mauvein 1598 (Bd. XII, S. 131) (bei Anilin)
Mauvein, einfachstes 3745
Mauvindon 3770; C_{12}; tricycl.
Meconium 4783
Medicagol 24; C_{20}; x (Bd. I, S. 431)
Mekkabalsam 4745
Mekonidin 4787
Mekonin 2531; C_8; bicycl.; k.
Mekonin (m-) 2531; C_8; bicycl.; k.
Mekoninessigsäure 2625; —12; C_{10}; bicycl.; k.
Mekoninsäure 1137; C_8; $\frac{6}{1 \cdot 1}$ (Bd. X, S. 494)
Mekonoiosin 4865
Mekonsäure 2622; O_7; —10; C_7; $\frac{6}{1 \cdot 1}$
Melam 215 (Bd. III, S. 169) (bei Rhodanwasserstoff)
Melamin 3889; Trioxo; —3; C_3; $\frac{6 (H 1 : 3 : 5)}{0}$
Melampyrin 59; C_6; $\frac{6}{0}$ (Bd. I, S. 544)
Melanilin 1630 (Bd. XII, S. 369)
Melanine 4870
Melanoidine 4870
Melanoidinsäuren 4870
Melanoximid 3614; $\frac{5 (H 1 : 3)}{0}$
Melanthin 4776

Melanurensäure 3889; Trioxo; —3; C_3; $\frac{6 (H 1 : 3 : 5)}{0}$
Melassinsäure 144 (Bd. I, S. 896) (bei d-Glykose)
Meldolablau 4347; C_{16}; tetracycl.
Melem 215 (Bd. III, S. 169) (bei Rhodanwasserstoff)
Melen 11; C_{30}; x (Bd. I, S. 227)
Melezitose 4761
Melibiose 4755
Melibioson 4755
Melidoessigsäure 3889; Trioxo; —3; C_3; $\frac{6 (H 1 : 3 : 5)}{0}$
Melilotol 2463; C_9; bicycl.; k.
Melilotsäure 1073; $\frac{6}{3}$ (Bd. X, S. 241)
Melissinsäure 162; C_{30}; x (Bd. II, S. 396)
Melissylalkohol 24; C_{30}; x (Bd. I, S. 432)
Melitose 4761
Melitriose 4761
Mellitsäure 1049; —18; C_{12}; $\frac{6}{1 \cdot 1 \cdot 1 \cdot 1 \cdot 1 \cdot 1}$ (Bd. IX, S. 1008)
Mellogen 4872
Mellon 215 (Bd. III, S. 169)
Mellophansäure 1025; C_{10}; $\frac{6}{1 \cdot 1 \cdot 1 \cdot 1}$ (Bd. IX, S. 997)
Melolonthin 4870
Melon 215 (Bd. III, S. 169)
Melonwasserstoff 215 (Bd. III, S. 169)
Menaphthoximid 3614; $\frac{5 (H 1 : 3)}{0}$
Menispermin 4782
Menthacampher 503; $\frac{6}{1 \cdot \frac{2}{1}}$ (Bd. VI, S. 28)
Menthan (m- und o-) 452; C_{10}; $\frac{6}{1 \cdot \frac{2}{1}}$ (Bd. V, S. 46)
Menthan (p-) 452; C_{10}; $\frac{6}{1 \cdot \frac{2}{1}}$ (Bd. V, S. 47)
Menthazin (l-) 613; $\frac{6}{1 \cdot \frac{2}{1}}$ (Bd. VII, S. 41)
Menthenketol 739; C_{10}; $\frac{6}{1 \cdot \frac{2}{1}}$ (Bd. VIII, S. 5)
Menthocitronellal 90; C_{10}; $\frac{8}{1 \cdot 1}$ (Bd. I, S. 747)
Menthocitronellol 25; C_{10}; $\frac{8}{1 \cdot 1}$ (Bd. I, S. 452)
Menthol 503; $\frac{6}{1 \cdot \frac{2}{1}}$ (Bd. VI, S. 28)
Menthol (m- und symm.) 503; $\frac{6}{1 \cdot \frac{2}{1}}$ (Bd. VI, S. 25)
Menthol (tert.) 503; $\frac{6}{1 \cdot \frac{2}{1}}$ (Bd. VI, S. 43)
Menthomenthen 453; C_{10}; $\frac{6}{1 \cdot \frac{2}{1}}$ (Bd. V, S. 87)

Menthomenthol 503; $\frac{6}{1\cdot\frac{2}{1}}$ (Bd. VI, S. 28)

Menthon 613; $\frac{6}{1\cdot\frac{2}{1}}$ (Bd. VII, S. 38)

Menthon (symm.) 613; $\frac{6}{1\cdot\frac{2}{1}}$ (Bd. VII, S. 34)

Menthonaphthen 452; C_{10}; $\frac{6}{1\cdot\frac{2}{1}}$ (Bd. V, S. 47)

Menthonensäure 163; C_{10}; $\frac{8}{1\cdot 1}$ (Bd. II, S. 456)

Menthonylalkohol 25; C_{10}; $\frac{8}{1\cdot 1}$ (Bd. I, S. 452)

Menthonylamin 338; C_{10}; $\frac{8}{1\cdot 1}$ (Bd. IV, S. 227)

Menthonylen 12; C_{10}; $\frac{8}{1\cdot 1}$ (Bd. I, S. 261)

Menthoximsäure 281; C_{10}; $\frac{8}{1\cdot 1}$ (Bd. III, S. 719)

Menthylamin 1594; C_{10}; $\frac{6}{1\cdot\frac{2}{1}}$ (Bd. XII, S. 19)

Menyanthin 4776
Menyanthol 4776
Merimin 3470; C_7; bicycl.
Merochinen 3245; C_9; $\frac{6}{2\cdot 2}$

Mesaconsäure 179; C_5; $\frac{4}{1}$ (Bd. II, S. 763)

Mesicerin 580a; C_9; $\frac{6}{1\cdot 1\cdot 1}$ (Bd. VI, S. 1127)

Mesidin 1705; $\frac{6}{1\cdot 1\cdot 1}$

Mesitol 530; $\frac{6}{1\cdot 1\cdot 1}$ (Bd. VI, S. 518)

Mesitonsäure 281; C_7; $\frac{5}{1\cdot 1}$ (Bd. III, S. 702)

Mesitylalkohol 530; $\frac{6}{1\cdot 1\cdot 1}$ (Bd. VI, S. 521)

Mesitylen 468; $\frac{6}{1\cdot 1\cdot 1}$ (Bd. V, S. 406)

Mesitylenaldehyd 640; C_9; $\frac{6}{1\cdot 1\cdot 1}$ (Bd. VII, S. 312)

Mesitylensäure 942; $\frac{6}{1\cdot 1\cdot 1}$ (Bd. IX, S. 536)

Mesitylnitrimin 90; C_6; $\frac{5}{1}$ (Bd. I, S. 739)

Mesityloxyd 90; C_6; $\frac{5}{1}$ (Bd. I, S. 736)

Mesityloxydoxalsäure 288; C_8; $\frac{7}{1}$ (Bd. III, S. 763)

Mesitylsäure 3366; —3; C_8; $\frac{5}{1\cdot 1\cdot 1\cdot 1}$

Mesoanthramin 654; C_{14}; tricycl. (Bd. VII, S. 474)

Mesoapocamphersäure 964; C_9; $\frac{5}{1\cdot 1\cdot 1\cdot 1}$ (Bd. IX, S. 741)

Mesocamphersäure 965 (Bd. IX, S. 762) (bei l-Isocamphersäure)

Mesocamphopyrsäure 964; C_9; $\frac{5}{1\cdot 1\cdot 1\cdot 1}$ (Bd. IX, S. 741)

Mesocorydalin 3176; Tetraoxy; —17; C_{18}; tetracycl.

Mesoporphyrin 4840

Mesorcin 557; C_9; $\frac{6}{1\cdot 1\cdot 1}$ (Bd. VI, S. 939)

Mesotan 1061; zu Monooxo; $\pm$ 0; C_1 (Bd. X, S. 83)

Mesoweinsäure 250 (Bd. III, S. 528)
Mesoxalsäure 292; C_3 (Bd. III, S. 766)
Metaarabinsäure 4769
Metabenzdioxyanthrachinon 806 (Bd. VIII, S. 457)
Metachloral 79 (Bd. I, S. 618) (bei Chloral)
Metacopaivasäure 4745
Metacrolein 90; C_3 (Bd. I, S. 727) (bei Acrolein)

Metafulminursäure 4298; —5; C_3; $\frac{5\,(\mathrm{H}\,1:2)}{0}$

Metahemipinsäure 1163; C_8; $\frac{6}{1\cdot 1}$ (Bd. X, S. 552)

Metalbumin 4847
Metaldehyd 77 (Bd. I, S. 602)

Metanethol 534; C_9; $\frac{6}{3}$ (Bd. VI, S. 568) (bei Anethol)

Metanicotin 3394; C_9; $\frac{6}{4}$

Metanilsäure 1923; —6; C_6; $\frac{6}{0}$

Metapektin 4774
Metapektinsäure 4769
Metapilocarpin 4546; C_{10}; bicycl. (bei Pilocarpin)
Metapropionaldehyd 82 (Bd. I, S. 630) (bei Propionaldehyd)

Metapurpursäure 1939; Oxy-carb.; O_3; —8; C_7; $\frac{6}{1}$

Metaraban 4773
Metasaccharin 2548; C_6; monocycl.; x

Metasaccharinsäure 248; C_6; $\frac{6}{0}$ (Bd. III, S. 477)

Metasaccharonsäure 258; C_6; $\frac{6}{0}$ (Bd. III, S. 554)

Metasaccharopentose 124; C_5; $\frac{5}{0}$ (Bd. I, S. 857)

Metasantonin 2479; C_{15}; tetracycl.
Metasantonin 1311; C_{15}; tricycl. (Bd. X, S. 805) (bei Santonsäure)
Metasantonsäure·1311; C_{15}; tricycl. (Bd. X, S. 811)

Metastyrol 473; C_8; $\frac{6}{2}$ (Bd. V, S. 476) (bei Styrol)

Metatropin 3047; C_7; bicycl.; k.
Metaweinsäure 250 (Bd. III, S. 507) (bei d-Weinsäure)

Metazuckersäure 266; C_6; $\frac{6}{0}$ (Bd. III, S. 580)

Metellagsäure 2832; C_{14}; tetracycl.
Meteloidin 4796
Methacetin 1847; zu Monocarb.; $\pm$ 0; C_2

Methacrylsäure 163; C_4; $\frac{3}{1}$ (Bd. II, S. 421)

Methan 4 (Bd. I, S. 56)
Methanthren 485a; C_{15}; x (Bd. V, S. 675)
Methanthrenchinon 681; C_{15}; x (Bd. VII, S. 812)
Methanthrol 541; C_{15}; x (Bd. VI, S. 708)

Methazonsäure 79 (Bd. I, S. 627)
Methionsäure 75 (Bd. I, S. 579)
Methose 145 (Bd. I, S. 927)
Methronol 480; C_{18}; tricycl. (Bd. V, S. 652)
Methronsäure 2595; C_8; $\frac{5}{1 \cdot 1 \cdot 2}$
Methylal 75 (Bd. I, S. 574)
Methylenblau 4367; C_{12}; tricycl.
Methylengrün 4367; C_{12}; tricycl.
Methylenindigo 1908; —18; C_{15}; bicycl.; n. k.
Methylenitan 146 (Bd. I, S. 931) (bei Formose)
Methylenrot 1768; zu Monooxy; +2; C_1
Methylenviolett (Dimethylthionolin) 4382; Monooxy; —15; C_{12}; tricycl.
Methylerythrin 2624; —28; C_{20}; tetracycl.
Methylgrün 1865
Methylhydrastein 2937; Oxy-oxo-carb.; O_7; —20; C_{18}; tricycl.
Methylkaffursäure 4156
Methylketol 3070; bicycl.; k.
Methyllapazin 4499; C_{22}; pentacycl.
Methylmorphimethine 4785
Methylorange 2172
Methyltropidin 1596; C_7; $\frac{7}{0}$ (Bd. XII, S. 52)
Methyltropin (α- und γ-) 1824; C_7; $\frac{7}{0}$
Methyltropin (β-) 616; C_7; $\frac{7}{0}$ (Bd. VII, S. 54) (bei Tropilen)
Methyltropinsäure 373; C_7; $\frac{7}{0}$ (Bd. IV, S. 499)
Methylviolett 1865
Methysticin 2895; —16; C_{14}; bicycl.
Methysticinsaure 2895; —16; C_{14}; bicycl.
Methysticol 2744; C_{13}; bicycl.
Metinulin 4773
Metochinon 1846; zu Monooxy; +2; C_1
Mezcalin 4790
Michlersches Hydrol 1859; C_{13}; bicycl.; n. k.
Michlersches Keton 1873; —16; C_{13}; bicycl.; n. k.
Micromeritol 4865
Micromerol 4865
Milchsäure 221 (Bd. III, S. 261)
Milchzucker 4752
Mingin 4807
Mirbanöl 465 (Bd. V, S. 233, vgl. S. 240)
Mochylalkohol 4734
Moldovit 4723
Monotal 553; zu Oxy-carb.; O_3; ± 0; C_2 (Bd. VI, S. 779)
Montansäure 162; C_{29}; x (Bd. II, S. 395)
Moosstärke 4773
Moradin 4865
Morin 2569; O_7; —20; C_{15}; tricycl.
Morindadiol 4865
Morindanol 4865
Morindin 4776
Morindon 830; C_{15}; tricycl. (Bd. VIII, S. 525)
Moringerbsäure 850; C_{13}; bicycl.; n. k. (Bd. VIII, S. 538)
Morinsäure 2569; O_7; —20; C_{15}; tricycl.
Morlands Salz 215 (Bd. III, S. 160)
Morphenol 2390; C_{14}; tetracycl.

Morphigeninchlorid 1861; C_{14}; tricycl.
Morphimethin (β-) 4785
Morphin 4784
Morphinviolett 4785
Morphol 565; C_{14}; tricycl. (Bd. VI, S. 1034)
Morpholchinon 807; tricycl. (Bd. VIII, S. 467)
Morpholin 4190; C_4; $\frac{6\,(H\,1:4)}{0}$
Morphosan 4784
Morphothebain 3163; C_{16}; tetracycl.
Morrenol 4745
Morrhuin 4807
Morrhuinsäure 4870
Moschatin 4806
Moschus, künstlicher 470; C_{11}; $\frac{6}{1 \cdot \frac{2}{1 \cdot 1}}$ (Bd. V, S. 438)
Moschus s. a. Aldehydmoschus, Cyanidmoschus, Ketonmoschus
Movrin 4776
M-Säure 1926
Mucedin 4813
Mucin 4847
Mucinsäure 266; C_6; $\frac{6}{0}$ (Bd. III, S. 581)
Mucobromsäure 282; C_4; $\frac{4}{0}$ (Bd. III, S. 728)
Mucochlorsäure 282; C_4; $\frac{4}{0}$ (Bd. III, S. 727)
Muconsäure 180; C_6; $\frac{6}{0}$ (Bd. II, S. 803)
Mucooxybromsäure 318; —4; C_4; $\frac{4}{0}$ (Bd. III, S. 877)
Mucooxychlorsäure 318; —4; C_4; $\frac{4}{0}$ (Bd. III, S. 877)
Muguet 507; $\frac{6}{1 \cdot \frac{2}{1}}$ (Bd. VI, S. 62, vgl. S. 63)
Munjistin 1460; C_{15}; tricycl. (Bd. X, S. 1036)
Murexan 3774; Trioxo; —4; C_4; $\frac{6\,(H\,1:3)}{0}$
Murexid 3774; Trioxo; —4; C_4; $\frac{6\,(H\,1:3)}{0}$
Murrayetin 4776
Murrayin 4776
Muscarin, natürliches 4780
Muscarin aus Cholin 353 (Bd. IV, S. 280) (bei Cholin)
Muskon 4866
Mydatoxin 4807
Mydin 4807
Mykomelinsäure 4156 (bei Harnsäure)
Mykose 4757
Myoctonin 4781
Myosin, pflanzliches 4812
Myosin, tierisches 4828
Myrcen 13; C_{10}; $\frac{8}{1 \cdot 1}$ (Bd. I, S. 264)
Myrcenol 26; C_{10}; $\frac{8}{1 \cdot 1}$ (Bd. I, S. 462)
Myricetin 2569; O_8; —20; C_{15}; tricycl.
Myricitrin 4776
Myricylalkohol 24; C_{30}; x (Bd. I, S. 432)
Myristicin 2696; C_{10}; bicycl.
Myristicinaldehyd 2805; C_8; bicycl.

Myristicinsäure 2889; —10; C_8; bicycl.
Myristinaldehyd 87; C_{14}; $\frac{14}{0}$ (Bd. I, S. 716)
Myristinsäure 162; C_{14}; $\frac{14}{0}$ (Bd. II, S. 365)
Myristolsäure 164; C_{14}; $\frac{14}{0}$ (Bd. II, S. 494)
Myriston 87; C_{27}; $\frac{27}{0}$ (Bd. I, S. 719)
Myronsäure 4776
Myroxin 4745
Myroxocarpin 4745
Myroxocerin 4745
Myroxofluorin 4745
Myroxol 4745
Myroxoresen 4745
Myrrhe 4745
Myrrhol 4745
Myrrholol 4745
Myrrholsäure 4728
Myrtenal 620; C_{10}; bicycl.; k. (Bd. VII, S.161)
Myrtenol 510; C_{10}; bicycl.; k. (Bd. VI, S. 99)
Myrtensäure 895; C_{10}; bicycl.; k. (Bd. IX, S. 86)
Myrticolorin 4776
Mytilotoxin 4807
Mytolin 4828
Nandinin 4782
Napellin 4781
Naphtetrazol 4024; C_9; tricycl.
Naphtha, kaukasische 4723
Naphthacen 488; C_{18}; tetracycl. (Bd. V, S. 718)
Naphthacenchinon 684; C_{18}; tetracycl. (Bd. VII, S. 826)
Naphthacridin $C_{17}H_{11}N$ 3091; C_{17}; tetracycl.
Naphthacridin $C_{21}H_{13}N$ 3094; C_{21}; pentacycl.
Naphthacrihydridin $C_{42}H_{28}N_2$ 3094; C_{21}; pentacycl. (bei 1.2;7.8-Dibenzo-acridin)
Naphthalanmorpholin 4195; C_{12}; tricycl.
Naphthaldehyd (α-) 649; C_{11}; bicycl.; k. (Bd. VII, S. 400)
Naphthaldehyd (β-) 649; C_{11}; bicycl.; k. (Bd. VII, S. 401)
Naphthalin 476 (Bd. V, S. 531)
Naphthalingelb 537; Substitutionsprod. (Bd. VI, S. 618)
Naphthalinrot 3758; C_{20}; pentacycl.
Naphthalinsäure 778; C_{10}; bicycl.; k. (Bd. VIII, S. 300)
Naphthaloperinon 3579; C_{22}; hexacycl.
Naphthalsäure 992; C_{12}; bicycl.; k. (Bd. IX, S. 918)
Naphthan 453; C_{10}; bicycl.; k. (Bd. V, S. 92)
Naphthanen 458; k. (Bd. V, S. 142)
Naphthanthracen 488; C_{18}; tetracycl. (Bd. V, S. 718)
Naphthanthrachinon 684; C_{18}; tetracycl. (Bd. VII, S. 826)
Naphthazarin 801; C_{10}; bicycl.; k. (Bd. VIII, S. 412)
Naphthazine $C_{20}H_{12}N_2$ 3493; C_{20}; pentacycl.
Naphtheurhodol 3516; C_{16}; tetracycl.
Naphthianthren $C_{20}H_{12}S_2$ 2682; C_{20}; pentacycl.

Naphthimidazol ($a.\beta$-) 3486; C_{11}; tricycl.
Naphthindol 3087; C_{12}; tricycl.
Naphthindon $C_{26}H_{16}ON_2$ 3519; C_{20}; pentacycl.
Naphthindoxylsäure 3344; —17; C_{13}; tricycl.
Naphthindulin (symm. $a.\beta$-) 3725; C_{20}; pentacycl.
Naphthinolin 3490; C_{16}; tetracycl.
Naphthionsäure 1923; —12; C_{10}; bicycl.; k.
Naphthocarbazol $C_{16}H_{11}N$ 3090; C_{16}; tetracycl.
Naphthochinacridin 3493; C_{20}; pentacycl.
Naphthochinaldin $C_{14}H_{11}N$ 3088; C_{14}; tricycl.
Naphthochinolin 3088; C_{13}; tricycl.
Naphthochinon (amphi-) 674; C_{10}; bicycl.; k. (Bd. VII, S. 733)
Naphthochinon (α-) 674; C_{10}; bicycl.; k. (Bd. VII, S. 724)
Naphthochinon (β-) 674; C_{10}; bicycl.; k. (Bd. VII, S. 709)
Naphthochinoxalin $C_{12}H_8N_2$ 3487; C_{12}; tricycl.
Naphthocyaminsäure 478 (Bd. V, S. 561) (bei 1.8-Dinitro-naphthalin)
Naphthodiphenazin $C_{22}H_{12}N_4$ 4034; —32; C_{22}; hexacycl.
Naphthoesäure (α-) 951; C_{10}; bicycl.; k. (Bd. IX, S. 647)
Naphthoesäure (β-) 951; C_{10}; bicycl.; k. (Bd. IX, S. 656)
Naphthofluoflavin $C_{18}H_{12}N_4$ 4030; C_{18}; pentacycl.
Naphthofluoren 487; C_{17}; tetracycl. (Bd. V, S. 695)
Naphthofluorindin $C_{26}H_{16}N_4$ 4034; —36; C_{26}; heptacycl.
Naphthofuran $C_{12}H_8O$ 2370; C_{12}; tricycl.
Naphthofurazan $C_{10}H_6ON_2$ 4494; C_{10}; tricycl.
Naphthol (α-) 537 (Bd. VI, S. 596)
Naphthol (β-) 538 (Bd. VI, S. 627)
Naphtholbenzein (α-) 588; —34; C_{27}; dekacycl. (Bd. VI, S. 1150)
Naphtholblau (α-), (Indophenolfarbstoff) 1769; zu Dioxo; —14; C_{10}; bicycl.; k.
Naphtholblau (Diphenylnaphthylmethanfarbstoff) 1868; —28; C_{23}; tetracycl.
Naphtholgelb [2.4-Dinitro-naphthol-(1)] 537; Substitutionsprodukt (Bd. VI, S. 618)
Naphtholgelb S 1556 (Bd. XI, S. 275)
Naphtholgrün und Naphtholgrün B 1573; —14; C_{10}; bicycl.; k. (Bd. XI, S. 332)
Naphtholschwarz 2160
Naphthomorpholin $C_{12}H_{11}ON$ 4197; C_{12}; tricycl.
Naphthophenanthrazin $C_{24}H_{14}N_2$ 3496; C_{24}; hexacycl.
Naphthophenanthridin $C_{17}H_{11}N$ 3091; C_{17}; tetracycl.
Naphthophenazin $C_{16}H_{10}N_2$ 3490; C_{16}; tetracycl.
Naphthophenazinchinon (ang.) 3601; C_{16}; tetracycl.
Naphthophenosafranin 3754
Naphthophenoxazin $C_{16}H_{11}ON$ 4201; C_{16}; tetracycl.

Naphthophenoxazon $C_{16}H_9O_2N$ 4228; C_{16}; tetracycl.
Naphthopikrinsäure 537; Substitutionsprod. (Bd. VI, S. 619)
Naphthopurpurin 827; C_{10}; bicycl.; k. (Bd. VIII, S. 494)
Naphthopyrogallol 583; C_{10}; bicycl.; k. (Bd. VI, S. 1132)
Naphthoresorcin 562; C_{10}; bicycl.; k. (Bd. VI, S. 978)
Naphthostyril 3186; C_{11}; tricycl.
Naphthoxalsäure 594; C_{10}; bicycl.; k. (Bd. VI, S. 1162) (bei Tetraoxytetrahydronaphthalin)
Naphthoxazol 4198; C_{11}; tricycl.
Naphthoxthin $C_{20}H_{12}OS$ 2682; C_{20}; pentacycl.
Naphthsultam 4197; C_{10}; tricycl.
Naphthsulton 2675; C_{10}; tricycl.
Naphthursäure (α-) 951; C_{10}; bicycl.; k. (Bd. IX, S. 649)
Naphthursäure (β-) 951; C_{10}; bicycl.; k. (Bd. IX, S. 658)
Naphthylblau 3758; C_{12}; pentacycl.
Naphthylrot 3758; C_{12}; pentacycl.
Naphthylviolett 3758; C_{12}; pentacycl.
Naphthyridin 3480; bicycl.
Naphtriazol $C_{10}H_7N_3$ 3811; C_{10}; tricycl.
Narcein 2937; Oxy-oxo-carb.; O_8; —20; C_{18}; tricycl.
Narceinsäure 2937; Oxy-oxo-carb.; O_8; —20; C_{18}; tricycl.
Narceonsäure 2903; —22; C_{18}; tricycl.
Narcindon 2843; O_7; —24; C_{18}; tetracycl.
Narcindonin 2934; O_7; —22; C_{18}; tetracycl.
Naringenin 829; C_{15}; bicycl.; n. k. (Bd. VIII, S. 503)
Naringin 4776
Narkotin 4475; Oxy-oxo; O_7; —21; C_{18}; pentacycl.
Nartinsäure 4427; C_{10}; tricycl. (bei Bromtarkonin)
Nasturtiinsäure 1704; $\frac{6}{2}$
Nataloemodin 830; C_{15}; tricycl. (Bd. VIII, S. 527)
Nataloin 4776
Nataloresinotannol 4742
Neftegil 4723
Nelkensäure 560 (Bd. VI, S. 961)
Nemoxynsäure 4864
Neoamygdalin 4776
Neobarsäure 4864
Neocholesten 4729c
Neoform 522 (Bd. VI, S. 211, vgl. S. 212)
Neoisokodein 4784
Neoisomenthol 503; $\frac{6}{1 \cdot \frac{2}{1}}$ (Bd. VI, S. 28)
Neoisomorphin 4784
Neomenthol 503; $\frac{6}{1 \cdot \frac{2}{1}}$ (Bd. VI, S. 28)
Neosin 4807

Neottin 4807a
Nephrin 4724
Nephromin 4864
Nepodin 4865
Neral 91; C_{10}; $\frac{8}{1 \cdot 1}$ (Bd. I, S. 755)
Nerol 26; C_{10}; $\frac{8}{1 \cdot 1}$ (Bd. I, S. 459)
Nerolidol 27; C_{15}; x (Bd. I, S. 464)
Nerolin alt 538; zu Monooxy; +2; C_1 (Bd. VI, S. 640, vgl. S. 641)
Nerolin neu 538; zu Monooxy; +2; C_2 (Bd. VI, S. 641)
Neublau R 4347; C_{16}; tetracycl.
Neufuchsin 1867; C_{22}; tricycl.
Neuridin 4807
Neurin, in älterem Sinne (Cholin) 338; C_2 (Bd. IV, S. 203)
Neurin, in neuerem Sinne 353 (Bd. IV, S. 277)
Neurokeratin 4837
Neuronal 162; C_6; $\frac{5}{1}$ (Bd. II, S. 334)
Neurostearinsäure 162; C_{18}; x (Bd. II, S. 388)
Neusolidgrün 1865
Neutralblau 3722; C_{16}; tetracycl.
Neutralviolettbase 3745
Nevile-Winthersche Säure 1556 (Bd. XI, S. 271)
Nichin 3537; C_{19}; tetracycl. (bei Hydrojodchinin)
Nicotein 3475; bicycl.
Nicotellin 4796
Nicotidin 3470; C_{10}; bicycl.
Nicotimin 4796
Nicotin 3470; C_9; bicycl.
Nicotinsäure 3249; $\frac{6}{1}$
Nicotyrin 3481; bicycl.
Nigrosin 1598 (Bd. XII, S. 130) (bei Anilin)
Nigrotinsäure 1588; O_4; —14; C_{11}; bicycl.; k. (Bd. XI, S. 419)
Nilblau 4370; C_{16}; tetracycl.
Ninaphthylamin 478 (Bd. V, S. 559) (bei 1.5-Dinitro-naphthalin)
Nipecotinsäure 3244; C_6; $\frac{6}{1}$
Nirvanin 1911; —8; C_7; $\frac{6}{1}$
Nitranilsäure 798; C_6; $\frac{6}{0}$ (Bd. VIII, S. 384)
Nitrilomethylenschweflige Säure 75 (Bd. I, S. 583)
Nitrilomethylensulfoxylsäure 75 (Bd. I, S. 583)
Nitrocellulose 4771
Nitrococcussäure 1072; $\frac{6}{1 \cdot 1}$ (Bd. X, S. 227)
Nitrodracylsäure 938; $\frac{6}{1}$ (Bd. IX, S. 389)
Nitroform 6 (Bd. I, S. 79)
Nitroglycerin 39 (Bd. I, S. 516)
Nitron 4013; C_2; bicycl.
Nononaphthen 452; C_9; $\frac{6}{1 \cdot 1 \cdot 1}$ (Bd. V, S. 42)
Nononaphthensäure 893; C_9; x (Bd. IX, S. 30)

Nopinen 458; k. (Bd. V, S. 154)
Nopinol 506; C_9; bicycl.; k. (Bd. VI, S. 52)
Nopinolglykol 2398; C_{10}; bicycl.; k.
Nopinon 616; C_9; bicycl.; k. (Bd. VII, S. 70)
Nopinonen 506; C_9; bicycl.; k. (Bd. VI, S. 52) (bei β-Nopinol)
Nopinsäure 1054; C_{10}; bicycl.; k. (Bd. X, S. 32)
Norbicycloeksantalan 461; C_{11}; bicycl. (Bd. V, S. 169)
Norbixin 4865
Norborneol (π-) 506; C_9; bicycl.; k. (Bd. VI, S. 52)
Norbrasilinsäure 1476; C_{14}; bicycl.; n. k. (Bd. X, S. 1042)
Norcampher 616; C_7; bicycl.; k. (Bd. VII, S. 57)
Norcampher (π-) 616; C_9; bicycl.; k. (Bd. VII, S. 70)
Norcamphersäure 964; C_7; $\frac{5}{1\cdot 1}$ (Bd. IX, S. 729)
Norcamphersäure (π-) 964; C_9; $\frac{5}{1\cdot 1\cdot 1\cdot 1}$ (Bd. IX, S. 739)
Norcampholensäure 894, C_9; x (Bd. IX, S. 62)
Norcaran 453; C_7; bicycl.; k. (Bd. V, S. 70)
Norcocaflavetin 4776
Norekgonin 3326
Noreksantalal, tricyclisches 620; C_{11}; tricycl. (Bd. VII, S. 164)
Noreksantalol, tricyclisches 510; C_{11}; tricycl. (Bd. VI, S. 102)
Noreksantalsäure 895; C_{11}; tricycl. (Bd. IX, S. 88)
Noreupitton 889; —24; C_{19}; tricycl. (Bd. VIII, S. 574)
Norhemipinsäure 1163; C_8; $\frac{6}{1\cdot 1}$ (Bd. X, S. 543)
Norhydrotropidin 3047; C_7; bicycl.; k.
Norisoborneol (π-) 506; C_9 (Bd. VI, S. 53)
Norisozuckersäure 2617; O_7; —4; C_6; $\frac{5}{1\cdot 1}$ (bei Isozuckersäure)
Norkotarnon 2806; C_{10}; bicycl.
Normenthan 452; C_9; $\frac{6}{\frac{2}{1}}$ (Bd. V, S. 41)
Normetahemipinsäure 1163; C_8; $\frac{6}{1\cdot 1}$ (Bd. X, S. 552)
Nornarkotin 4475; Oxy-oxo; O_7; —21; C_{18}; pentacycl.
Noropiansäure 1432; $\frac{6}{1\cdot 1}$ (Bd. X, S. 990)
Noropiazon 3636; —10; C_8; bicycl.
Norpapaverin 3176; Tetraoxy; —19; C_{16}; tricycl.
Norpinsäure 964; C_8; $\frac{4}{1\cdot 1\cdot 1\cdot 1}$ (Bd. IX, S. 738)
Northebenol 2407; C_{16}; tetracycl.
Nortricycloeksantalan 461; C_{11}; tricycl. (Bd. V, S. 169)
Nortropan 3047; C_7; bicycl.; k.
Nortropanol 3108
Nortropen-(2) 3048; C_7; bicycl.; k.

Nortropidin 3048; C_7; bicycl.; k.
Nortropin 3108
Nortropinon 3180; C_7; bicycl.; k.
Novain 376; O_3; ± 0; C_4; $\frac{4}{0}$ (Bd. IV, S. 513)
Nucin 778; C_{10}; bicycl.; k. (Bd. VIII, S. 308)
Nucitannin 4776
Nucleohiston 4842
Nucleon 4846
Nucleothyminsäure 4843
Nupharin 4780
Nyctanthin 4865
Oblitin 376; O_3; ± 0; C_4; $\frac{4}{0}$ (Bd. IV, S. 514)
Ocelatsäure 4864
Ochrolechiasäure 4864
Ocimen 13; C_{10}; $\frac{8}{1\cdot 1}$ (Bd. I, S. 264)
Ölbildendes Gas 12; C_2 (Bd. I, S. 180)
Öl der holländischen Chemiker 8 (Bd. I, S. 84)
Ölsäure 163; C_{18}; $\frac{18}{0}$ (Bd. II, S. 463)
Önanthaldehyd 87; C_7; $\frac{7}{0}$ (Bd. I, S. 695)
Önanthol 87; C_7; $\frac{7}{0}$ (Bd. I, S. 695)
Önanthon 87; C_{13}; $\frac{13}{0}$ (Bd. I, S. 715)
Önanthophenon 640; C_{13}; $\frac{6}{7}$ (Bd. VII, S. 337)
Önanthsäure 162; C_7; $\frac{7}{0}$ (Bd. II, S. 338)
Önocarpol 4865
Oktonaphthen 452; C_8; $\frac{6}{1\cdot 1}$ (Bd. V, S. 36)
Oleanol 4865
Oleasterin 4729 b
Olein 163; C_{18}; $\frac{18}{0}$ (Bd. II, S. 463)
Oleinalkohol 25; C_{18}; $\frac{18}{0}$ (Bd. I, S. 453)
Oleinsäure 163; C_{18}; $\frac{18}{0}$ (Bd. II, S. 463)
Olenitol 4865
Olestranol 4865
Oleuropein 4776
Olibanol 4728
Olibanoresen 4745
Olibanum 4745
Oliben 4728
Olivaceasäure 4864
Olivacein 4864
Olivacetorin 4864
Olivetorsäure 4864
Olivil 4745
Omicholin 4870
Onocerin 560a; C_{26}; x (Bd. VI, S. 973)
Onocerinsäure 560a; C_{26}; x (Bd. VI, S. 973) (bei Onocerin)
Onocol 560a; C_{26}; x (Bd. VI, S. 973)
Onoketon 673; C_{26}; x (Bd. VII, S. 709)
Onon 4776
Ononetin 4776
Ononin 4776
Onospin 4776

Opalisin 4846
Opheliasäure 4865
Ophiotoxin 4866
Ophioxylin 4865
Opiammon 1432; $\frac{6}{1 \cdot 1}$ (Bd. X, S. 994)
Opianharnstoff 1432; $\frac{6}{1 \cdot 1}$ (Bd. X, S. 993)
Opianin 4475; Oxy-oxo; O_7; —21; C_{18}; pentacycl.
Opiansäure 1432; $\frac{6}{1 \cdot 1}$ (Bd. X, S. 990)
Opiaurin 1432; $\frac{6}{1 \cdot 1}$ (Bd. X, S. 993) (bei Opiansäure)
Opiazon 3636; —10; C_8; bicycl.
Opium 4783
Oponal 4745
Opopanax (Opoponax) 4745
Orange II (Tropäolin 000 No. 2) 2152
Orange III 2172
Orange IV 2172
Orange G 2160
Orange GT 2160
Orbiculatsäure 4864
Orcacetein 2443; C_{18}; tricycl.
Orcacetophenon 775; C_9; $\frac{6}{1 \cdot 2}$ (Bd. VIII, S. 284)
Orcein 556; $\frac{6}{1}$ (Bd. VI, S. 885) (bei Orcin)
Orcendialdehyd 799; C_9; $\frac{6}{1 \cdot 1 \cdot 1}$ (Bd. VIII, S. 403)
Orchidée 1061; zu Monooxy; +2; C_5; $\frac{4}{1}$ (Bd. X, S. 76)
Orcin 556; $\frac{6}{1}$ (Bd. VI, S. 882)
Orcin (β-) 557; C_8; $\frac{6}{1 \cdot 1}$ (Bd. VI, S. 918)
Orcinaurin 2560; C_{22}; tetracycl.
Orcindialdehyd 799; C_9; $\frac{6}{1 \cdot 1 \cdot 1}$ (Bd. VIII, S. 403)
Orcirufamin 4382; Monooxy; —15; C_{13}; tricycl.
Orcirufin 4251; C_{14}; tricycl.
Orcylaldehyd 775; C_8; $\frac{6}{1 \cdot 1}$ (Bd. VIII, S. 276)
Oreoselin 4865
Oreoselon 4865
Oresol 553; zu Trioxy; +2; C_3 (Bd. VI, S. 773)
Orexin 3474; bicycl.
Origanen 457; $\frac{6}{1 \cdot \frac{2}{1}}$ (Bd. V, S. 140)
Origanol 507; $\frac{6}{1 \cdot \frac{2}{1}}$ (Bd. VI, S. 55)
Ornithin 367; $\frac{5}{0}$ (Bd. IV, S. 419)
Ornithursäure 923; zu Amino-oxy-carb.; Oxy-carb.; O_3; ± 0; C_5; $\frac{5}{0}$ (Bd. IX, S. 266)
Oroselon, aus Athamantin 4865
Oroselon, aus Peucedanin 4865
Orotsäure 3628; C_5; $\frac{7 (H\ 1\ :\ 3)}{0}$

Oroxylin 4865
Orseille 4869
Orsellinsäure 1106; $\frac{6}{1 \cdot 1}$ (Bd. X, S. 412)
Orsudan 2325; Amino-arsinsäure; Monoamino; —5; C_7; $\frac{6}{1}$
Orylsäure 4846
Oscin 4796
Ossein 4836
Osseoalbumoid 4837
Osseomucoid 4847
Ostauxin 4845
Osthol 4865
Ostruthin 4865
Ostruthol 4865
Osyritrin 4776
Otobit 4731
Ouabain 4776
Ouabainsäure 4776
Ovalbumin 4825
Ovin 4870
Ovokeratin 4837
Ovomucin 4847
Ovomucoid 4847
Oxalan 205 (Bd. III, S. 65)
Oxalantin 292; C_3 (Bd. III, S. 772) (bei Alloxansäure)
Oxalmethylin 3463; $\frac{5\ (H\ 1\ :\ 3)}{0}$
Oxalsäure 170 (Bd. II, S. 502)
Oxamäthan 170 (Bd. II, S. 544)
Oxaphor 740; C_{10}; bicycl.; k. (Bd. VIII, S. 11, vgl. S. 12)
Oxatolylsäure 1089; C_{16}; bicycl.; n. k. (Bd. X, S. 350)
Oxazin 4192; C_4; $\frac{6}{0}$
Oxazol 4192; C_3; $\frac{5\ (H\ 1\ :\ 3)}{0}$
Oxazolidon 4271; C_3; $\frac{5\ (H\ 1\ \cdot\ 3)}{0}$
Oxazomalonsäure 171 (Bd. II, S. 580) (bei Malonester)
Oxdiazol 4488; C_2; $\frac{5}{0}$
Oxeton 2669; C_7; bicycl.
Oxindol 3183; C_8; bicycl.; k.
Oxoctenol 2380; C_8; $\frac{3}{1 \cdot 1 \cdot \frac{2}{1 \cdot 1}}$
Oxonsäure 4156 (bei Harnsäure)
Oxyacanthin 4782
Oxyamyrin 4745
Oxyapocinchen 3141; C_{19}; tricycl.
Oxyardisiol 4745
Oxybromcarmin 1437; C_{10}; $\frac{6}{1 \cdot 1 \cdot 2}$ (Bd. X, S. 1003)
Oxycarbostyril 3114; C_9; bicycl.; k.
Oxycellulosen 4772
Oxychelidonin 4782
Oxycyclopin 4776
Oxyfenchensäure 1054; C_{10}; bicycl.; k. (Bd. X, S. 33)
Oxyhydrastinin 4444; —11; C_{10}; tricycl.

Oxyhydrocitronellol 30; C_{10}; $\frac{8}{1\cdot 1}$ (Bd. I, S. 495)
Oxylepidensäure 1307; —34; C_{28}; tetracycl. (Bd. X, S. 791)
Oxyleucein 4837
Oxyleucotin 2842; —18; C_{14}; tricycl.
Oxymerochinen 4300; O_3; —3; C_9; bicycl.
Oxymesitencarbonsäure 282; C_7; $\frac{6}{1}$ (Bd. III, S. 737)
Oxymesitendicarbonsäure 293; C_8; $\frac{6}{1\cdot 1}$ (Bd. III, S. 827)
Oxyneurin 364 (Bd. IV, S. 346)
Oxyparasantonsäure 1311; C_{15}; tricycl. (Bd. X, S. 808) (bei Santonsäure)
Oxypeucedanin 4865
Oxyphensäure 553 (Bd. VI, S. 759)
Oxypikrotoxinsäure 4865
Oxyproteinsäure 4870
Oxyprotsulfonsäure 4825
Oxypulvinsäure 4864
Oxyquercetin 2569; O_8; —20; C_{15}; tricycl.
Oxyroccellsäure 4864
Oxysantonin (α-) 2532; C_{15}; tricycl.
Oxysantonin (β-) 2479; C_{15}; tricycl.
Oxysapogenin 4776
Oxytoliden 480; C_{14}; bicycl.; n. k. (Bd. V, S. 632) (bei Stilben)
Ozobenzol 463 (Bd. V, S. 197) (bei Benzol)
Ozokerit 4723
Pachymose 4773
Pachyrrhizid 4865
Päonol 775; C_8; $\frac{6}{2}$ (Bd. VIII, S. 267)
Palabieninsäure 4740
Palabietinolsäure 4740
Palabietinsäure 4740
Palmatin 4782
Palmellin 4869
Palmitinaldehyd 87; C_{16}; $\frac{16}{0}$ (Bd. I, S. 717)
Palmitinsäure 162; C_{16}; $\frac{16}{0}$ (Bd. II, S. 370)
Palmitolsäure 164; C_{16}; $\frac{16}{0}$ (Bd. II, S. 494)
Palmiton 87; C_{31}; $\frac{31}{0}$ (Bd. I, S. 719)
Palmitophenon 640; C_{22}; $\frac{6}{16}$ (Bd. VII, S. 347)
Paltreubin 535; C_{30}; x (Bd. VI, S. 595)
Paltreubylalkohol 535; C_{30}; x (Bd. VI, S. 595)
Panakon 4865
Panaquilon 4865
Panax-Saponin 4776
Panicol 533; C_{12}; x (Bd. VI, S. 553)
Panicolsäure 1137; C_{12}; x (Bd. X, S. 497)
Pannarol 4864
Pannarsäure 4864
Pannasäure 4865
Pannol 4865
Papaveraldin 3241; O_5; —21; C_{16}; tricycl.
Papaveramin 4787
Papaverin 3176; Tetraoxy; —19; C_{16}; tricycl.
Papaverinol 3176; Pentaoxy; —19; C_{16}; tricycl.

Papaverinsäure 3374; —19; C_{14}; bicycl.; n. k.
Papaverolin 3176; Tetraoxy; —19; C_{16}; tricycl.
Papaverosin 4787
Paraäsculetin 2532; C_9; bicycl.; k.
Paraaldehydblau 1865
Paraasaron 581; C_9; $\frac{6}{3}$ (Bd. VI, S. 1130) (bei Asaron)
Parabansäure 3614; $\frac{5(H\,1:3)}{0}$
Parabrenztraubensäure 279; C_3 (Bd. III, S. 612) (bei Brenztraubensäure)
Paracajeputen 473; C_{20}; x (Bd. V, S. 509)
Paracamphersäure 965 (Bd. IX, S. 760)
Parachloralose 2735; Tetraoxy; —2; C_8; bicycl.
Parachloralsäure 2890; —2; C_7; bicycl.
Paracholesterin 4729 b
Paraconsäure 2619; —4; C_5; $\frac{5}{1}$
Paracopaivasäure 4745
Paracotoin 4865 a
Paracotoinsäure 4865 a
Paracrylsäure 222 (Bd. III, S. 297) (bei Hydracrylsäure)
Paracumaron 2367; C_8; bicycl.; k. (bei Cumaron)
Paracyan 170 (Bd. II, S. 553) (bei Dicyan)
Paracyanameisensäure 3931; —9; C_6; $\frac{6(H\,1:3:5)}{1\cdot 1\cdot 1}$
Paradatiscetin 2569; O_7; —20; C_{15}; tricycl.
Paradextran 4773
Paradipimalsäure 222 (Bd. III, S. 296) (bei Hydracrylsäure)
Paradipinsäure 222 (Bd. III, S. 297) (bei Hydracrylsäure)
Paraffinsäure $C_{13}H_{26}O_5N$ 10 (Bd. I, S. 179) (bei Paraffin)
Paraffinsäure $C_{24}H_{48}O_2$ 162; C_{24}; x (Bd. II, S. 393)
Parafuchsin 1865
Paragalaktan 4773
Parahydrocyanaldin 365 (Bd. IV, S. 399) (bei Hydrocyanaldin)
Parainden 474; C_9; bicycl.; k. (Bd. V, S. 516) (bei Inden)
Paraisodextran 4773
Parakautschuk 4744
Paralbumin 4847
Paraldehyd 2952; ± 0; C_6; $\frac{6(H\,1:3:5)}{1\cdot 1\cdot 1}$
Paraldimin 4397; C_6; $\frac{6(O:O:N=1:3:5)}{1\cdot 1\cdot 1}$
Paraldol 113; C_4; $\frac{4}{0}$ (Bd. I, S. 825)
Paraleukanilin 1808; C_{19}; tricycl.
Paralichesterinsäure 4864
Paramaleinsäure 179; C_4; $\frac{4}{0}$ (Bd. II, S. 737)
Paramandelsäure 1071 (Bd. X, S. 197)
Paramenispermin 4782
Paramid 3889; Hexaoxo; —21; C_{12}; tetracycl.
Paramidsäure 3700; O_8; —21; C_{12}; tricycl.
Paramilchsäure 221 (Bd. III, S. 261)
Paramorin 2569; O_7; —20; C_{15}; tricycl.

Paramucin 4847
Paramylum 4773
Paranaphthalin 482 (Bd. V, S. 657)
Paranitranilinrot 2120
Paranthracen 482 (Bd. V, S. 663) (bei Anthracen)
Paranuclein, aus Casein 4845
Paranucleinsäure, aus Casein 4845
Paranucleinsäure, aus Vitellin 4846
Paraölsäure 163; C_{18}; $\frac{18}{0}$ (Bd. II, S. 471)
Paraorsellinsäure 1106; $\frac{6}{1 \cdot 1}$ (Bd. X, S. 422)
Parapektin 4774
Parapektinsäure 4774
Paraphytosterin 4729b
Parapropionaldehyd 2952; ± 0; C_9; $\frac{6 (\overline{H} 1 : 3 : 5)}{2 \cdot 2 \cdot 2}$
Pararabin 4773
Pararosanilin 1865
Pararosolsäure 783; C_{19}; tricycl. (Bd. VIII, S. 361)
Parasaccharin 2548; C_6; monocycl.; x
Parasaccharinsäure 248; C_6; $\frac{5}{1}$ (Bd. III, S. 479)
Parasaccharon 2625; —4; C_6; monocycl.; x
Parasaccharonsäure 258; C_6; $\frac{5}{1}$ (Bd. III, S. 555)
Parasafranin 1598 (Bd. XII, S. 132) (bei Anilin)
Parasalicyl 744 (Bd. VIII, S. 41) (bei Salicylaldehyd)
Parasantonid 1311; C_{15}; tricycl. (Bd. X, S. 806) (bei Santonsaure)
Parasantonsäure 1311; C_{15}; tricycl. (Bd. X, S. 807) (bei Santonsäure)
Parasitosterin 4729b
Parasorbinsäure 2460; C_6; $\frac{6}{1}$
Paratropin 3105; C_7; $\frac{6}{2}$
Paraweinsäure 250 (Bd. III, S. 522)
Paraxanthin 4136
Paraxin 4179; Dioxo; —6; C_5; bicycl.
Paraxylylsäure 942; $\frac{6}{1 \cdot 1 \cdot 1}$ (Bd. IX, S. 535)
Parellinsäure 4864
Parellsäure 4864
Paricin 4802
Paridin 4776
Parietin 830; C_{15}; tricycl. (Bd. VIII, S. 522)
Pariglin 4865
Parillin 4776
Parininsäure 4864
Parinsäure 4864
Paristyphnin 4776
Parmelgelb 830; C_{15}; tricycl. (Bd.VIII, S.522)
Parvoline 3055; Anfang
Patellarsäure 4864
Patentblau 1927; Dioxy; —22; C_{19}; tricycl.
Patschulen 471; x (Bd. V, S. 470)
Patschulialkohol 510; C_{15}; x (Bd. VI, S. 106)
Patschulicampher 510; C_{15}; x (Bd. VI, S. 106)

Paucin 4788
Paytamin 4795
Paytin 4795
Pektenin 4790
Pektin 4774
Pektinsäure 4774
Pektinstoffe 4774
Pektolactinsäure 4752
Pektolinarin 4776
Pektosinsäure 4774
Pelargon 87; C_{17}; $\frac{17}{0}$ (Bd. I, S. 718)
Pelargonaldehyd 87; C_9; $\frac{9}{0}$ (Bd. I, S. 708)
Pelargonsäure 162; C_9; $\frac{9}{0}$ (Bd. II, S. 352)
Pelletierin 4790
Pellotin 4790
Pellutein 4782
Pelosin 4782
Peltidactylin 4864
Peltigerin 4864
Peltigersäure 4864
Peltigronsäure 4864
Pennatulin 4837
Pentaerythrit 47; C_5; $\frac{3}{1 \cdot 1}$ (Bd. I, S. 528)
Pentaglycerin 41; C_5; $\frac{3}{1 \cdot 1}$ (Bd. I, S. 520)
Pentaldol 113; C_5; $\frac{3}{1 \cdot 1}$ (Bd. I, S. 833)
Pentanthren 480; C_{13}; tricycl. (Bd. V, S. 629)
Penthiazol 4192; C_4; $\frac{6 (\overline{H} 1 : 3)}{0}$
Penthiophen 2364; C_5; $\frac{6}{0}$
Pentinsäure 2475; C_6; $\frac{5}{2}$
Percaglobulin 4828
Perchlormekylen 2620; —8; C_6; $\frac{6}{1}$
Perchlormesol 12; C_4; $\frac{4}{0}$ (Bd. I, S. 250)
Pereirin 4795
Perezinon 799; C_{15}; x (Bd. VIII, S. 408) (bei Oxyperezon)
Perezon 776; C_{15}; x (Bd. VIII, S. 295)
Peribenzanthron 657; C_{17}; tetracycl. (Bd. VII, S. 518)
Perimidin 3486; C_{11}; tricycl.
Periplocin 4776
Periplogenin 4776
Perlatin 4864
Perlatol 4864
Perlatsäure 4864
Peroxyprotsäure 4825
Perseit 64; C_7; $\frac{7}{0}$ (Bd. I, S. 548)
Perseulit 64; C_7; $\frac{7}{0}$ (Bd. I, S. 549)
Perseulose 149; ± 0; C_7; $\frac{7}{0}$ (Bd. I, S. 936)
Persulfocyan 215 (Bd. III, S. 144) (bei Rhodanwasserstoff)
Persulfocyansäure 4560; C_2; $\frac{5 (O : N : N = 1 : 2 : 4)}{0}$ (vgl. auch Isopersulfocyansäure)

Pertusaren 486; C_{60}; x (Bd. V, S. 692)
Pertusarin 4864
Pertusarsäure 4864
Perubalsam 4745
Peruviol 4745
Petersiliencampher 2718; C_{10}; bicycl.
Petinin 337; C_4; x (Bd. IV, S. 175)
Petrocene 4723
Petrocin 4723
Petroleum 4723
Petroselinsäure 163; C_{18}; $\frac{18}{0}$ (Bd. II, S. 462)
Petrosilan 10; C_{20}; x (Bd. I, S. 174)
Peucedanin 4865
Pfefferminzcampher 503; $\frac{6}{1 \cdot \frac{2}{1}}$ (Bd. VI, S. 28)
Pflanzenindican 4776
Phäophorbin 4868a
Phäophytin 4868a
Phaseolin 4812
Phaseolunatin 4776
Phaseolunatinsäure 4776
Phaseomannit 604; ± 0; C_6; $\frac{6}{0}$ (Bd. VI, S. 1194)
Phasol 4729 b
Phellandral 617; $\frac{6}{1 \cdot \frac{2}{1}}$ (Bd. VII, S. 77)
Phellandren (α-) 457; $\frac{6}{1 \cdot \frac{2}{1}}$ (Bd. V, S. 129)
Phellandren (β-) 457; $\frac{6}{1 \cdot \frac{2}{1}}$ (Bd. V, S. 131)
Phellogensäure 4861a
Phellonsäure 4861a
Phellylalkohol 4861a
Phen 463 (Bd. V, S. 179)
Phenacetein 2406; C_{16}; tricycl.
Phenacetin (o-) 1833; zu Monocarb.; ± 0; C_2
Phenacetin (p-) 1847; zu Monocarb.; ± 0; C_2
Phenacetursäure 941; $\frac{6}{2}$ (Bd. IX, S. 439)
Phenanthranil 3189; C_{15}; tricycl.
Phenanthren 485 (Bd. V, S. 667)
Phenanthrenbenzalchin 680 (Bd. VII, S. 802) (bei Phenanthrenchinon)
Phenanthrenchinon 680 (Bd. VII, S. 796)
Phenanthridin 3088; C_{13}; tricycl.
Phenanthridon 3117; C_{13}; tricycl.
Phenanthroanthrachinon 687; C_{22}; pentacycl. (Bd. VII, S. 839)
Phenanthrofurazan 4497; C_{14}; tetracycl.
Phenanthrolin 3487; C_{12}; tricycl.
Phenanthron 541; C_{14}; tricycl. (Bd. VI, S. 706)
Phenanthroxylenphenylaceton 759; C_{23}; pentacycl. (Bd. VIII, S. 221)
Phenazin 3487; C_{12}; tricycl.
Phenazon $C_{12}H_8N_2$ 3487; C_{12}; tricycl.
Phenazthioniumbase 4198; C_{12}; tricycl.
Phendioxin 2676; C_{12}; tricycl.
Phenetidin (m-) 1840
Phenetidin (o-) 1829; zu Monooxy; +2; C_2
Phenetidin (p-) 1843; zu Monooxy; +2; C_2

Phenetol 514; zu Monooxy; +2; C_2 (Bd. VI, S. 140)
Phenmorpholin 4194; C_8; bicycl.
Phenochinon 671 (Bd. VII, S. 615) (bei Chinon)
Phenokoll 1850; zu Aminocarb.; Monocarb.; ± 0; C_2
Phenol 512 (Bd. VI, S. 110)
Phenolbenzein 588; —22; C_{19}; tricycl. (Bd.VI, S. 1145)
Phenolblau 1769; zu Dioxo; —8; C_6; isocycl.; $\frac{6}{0}$
Phenoldichroin (α-) 512 (Bd. VI, S. 137) (bei Phenol)
Phenolisatin 3240; —25; C_{20}; tetracycl.
Phenolnaphthalein 2542; C_{24}; pentacycl.
Phenolphthalein 2539; C_{20}; tetracycl.
Phenolphthalidein 811; C_{20}; tetracycl. (Bd. VIII, S. 484)
Phenolphthalidin 784; C_{20}; tricycl. (Bd. VIII, S. 368)
Phenolphthalin 1123; C_{20}; tricycl. (Bd. X, S. 455)
Phenolphthalol 588; —22; C_{20}; tricycl. (Bd. VI, S. 1146)
Phenolsalicylein 1057 (Bd. X, S. 63) (bei Salicylsäure)
Phenolsulfurein 2725; C_{19}; tetracycl.
Phenonaphthazin $C_{16}H_{10}N_2$ 3490; C_{16}; tetracycl.
Phenosafranin 3745
Phenose 463 (Bd. V, S. 197) (bei Benzol)
Phenothymochinon 671a; C_{10}; $\frac{6}{1 \cdot \frac{2}{1}}$ (Bd. VII, S. 663) (bei Thymochinon)
Phenotoluchinon 671a; C_7; $\frac{6}{1}$ (Bd.VII, S. 646) (bei Toluchinon)
Phenoxazin 4198; C_{12}; tricycl.
Phenoxthin 2676; C_{12}; tricycl.
Phenthiazin 4198; C_{12}; tricycl.
Phentriazin (α-) 3809; C_7; bicycl.
Phenuvinsäure 2578; C_{12}; bicycl.; n. k.
Phenylenviolett 4367; C_{12}; tricycl.
Phenylmercaptursäure 524 (Bd. VI, S. 323)
Phenylsenfölglykolid 4298; —3; C_3; $\frac{5 \, (H\, 1:3)}{0}$
Phenylsenföloxyd 4445; —3; C_2; $\frac{5}{0}$
Phenythronsäure 2599; C_{13}; bicycl.; n. k.
Phillygenin 4776
Phillyrin 4776
Phlein 4773
Phloracetophenon 798; C_8; $\frac{6}{2}$ (Bd. VIII, S. 394)
Phloramin 1869; —6; C_6; $\frac{6}{0}$
Phloraspin 4865
Phlorchinyl 3824; —39; C_{27}; heptacycl.
Phlorein 580 (Bd. VI, S. 1100) (bei Phloroglucin)
Phloretin 828; C_{15}; bicycl.; n. k. (Bd. VIII, S. 498)
Phloretinsäure 1073; $\frac{6}{3}$ (Bd. X, S. 244)

Phlorobromin 95; C_5; $\frac{5}{0}$ (Bd. I, S. 786)
Phloroglucid 580 (Bd. VI, S. 1099) (bei Phloroglucin)
Phloroglucin 580 (Bd. VI, S. 1092)
Phloroglucinvanillein 606; —22; C_{19}; tricycl. (Bd. VI, S. 1209)
Phloroglucit 575; C_6; $\frac{6}{0}$ (Bd. VI, S. 1068)
Phlorol 529; $\frac{6}{2}$ (Bd. VI, S. 471)
Phloron 671a; C_8; $\frac{6}{1\cdot 1}$ (Bd. VII, S. 658)
Phlorotanninrot 1135; C_7; $\frac{6}{1}$ (Bd. X, S. 469) [bei Phloroglucin-carbonsäure-(2)]
Phlorrhizein 4776
Phlorrhizin 4776
Phocächolalsäure 4870
Phocätaurocholsäure 4870
Phönicein 4865
Phönicinschwefelsäure 3707; Oxo-sulfonsäure; Dioxo; —22; C_{16}; tetracycl.
Phönin 4865
Phoron 91; C_9; $\frac{7}{1\cdot 1}$ (Bd. I, S. 751)
Phoronsäure $C_{11}H_{18}O_5$ 292; C_{11}; $\frac{7}{1\cdot 1\cdot 1\cdot 1}$ (Bd. III, S. 821)
Phoronsäure $C_9H_{16}O_2$ 893; C_9; x (Bd. IX, S. 30)
Phosgen 199 (Bd. III, S. 13)
Phosphin (Farbstoff) 3414; —23; C_{19}; tetracycl.
Phosphomellogen 4872
Phosphorfleischsäure 4846
Photoanethol 564; C_{14}; bicycl.; n. k. (Bd. VI, S. 1023)
Photosantonin 2619; —10; C_{15}; bicycl.; k.
Photosantoninsäure 2479; C_{15}; tricycl. (bei Santonin)
Photosantonsäure 1137; C_{15}; $\frac{6}{\frac{2}{1}\cdot \frac{2}{1}\cdot \frac{2}{1}}$ (Bd. X, S. 497)
Phrenosin 4777
Phthalacen 489; C_{21}; pentacycl.; (Bd. V, S. 729)
Phthalacenoxyd 659; C_{21}; pentacycl.; (Bd. VII, S. 540)
Phthalacensäure 957; C_{21}; tetracycl. (Bd. IX, S. 719)
Phthalacon 686; C_{21}; pentacycl. (Bd. VII, S. 837)
Phthalaldehyd 672; C_8; $\frac{6}{1\cdot 1}$ (Bd. VII, S. 674)
Phthalan 2366; C_8; bicycl.
Phthalazin 3480; bicycl.
Phthalazon 3568; C_8; bicycl.
Phthalgrün 1877; —32; C_{26}; tetracycl.
Phthalid 2463; C_8; bicycl.; k.
Phthalimid 3207
Phthalimidin 3183; C_8; bicycl.; k.
Phthalonsäure 1336; $\frac{6}{1\cdot 2}$ (Bd. X, S. 857)
Phthaloperinon 3576; C_{18}; pentacycl.
Phthalophenon 2471; C_{20}; tetracycl.
Phthalsäure 970 (Bd. IX, S. 791)

Phycit 47; C_4; $\frac{4}{0}$ (Bd. I, S. 525)
Phylläscitannin 4865
Phyllinsäure 4865
Phyllocyanin 4868a
Phylloerythrin 4870
Phyllophyllin 4868a
Phylloporphyrin 4868a
Phyllopurpurinsäure 4868a
Phyllotaonin 4868a
Phylloxanthin 4868a
Phymatorhusin 4870
Physalin 4865
Physcianin 1107; $\frac{6}{1\cdot 1\cdot 1}$ (Bd. X, S. 430)
Physcihydron 803; C_{15}; tricycl. (Bd. VIII, S. 437)
Physcinsäure 4864
Physciol 4864
Physcion 830; C_{15}; tricycl. (Bd. VIII, S. 522)
Physetölsäure 163; C_{16}; x (Bd. II, S. 461)
Physodalin 4864
Physodin 4864
Physodol 4864
Physodsäure 4864
Physodylsäure 4864
Physol 4864
Physostigmin 4788
Phyten 11; C_{20}; x (Bd. I, S. 227)
Phytinsäure 604; ± 0; C_6; $\frac{6}{0}$ (Bd. VI, S. 1197)
Phytochlorine 4868a
Phytol 25; C_{20} (Bd. I, S. 453)
Phytolaccatoxin 4865
Phytorhodine 4868a
Picamar 580a; C_9; $\frac{6}{3}$ (Bd. VI, S. 1120)
Piceapimarinsäure 4740
Piceapimarolsäure 4740
Piceapimarsäure 4740
Picein 4776
Picen 491; C_{22}; pentacycl. (Bd. V, S. 735)
Picenchinon 687; C_{22}; pentacycl. (Bd. VII, S. 839)
Picensäure 958; C_{21}; tetracycl. (Bd. IX, S. 719)
Pichurimtalg 4731
Picipimarinsäure 4740
Picipimarolsäure 4740
Picolin 3052; $\frac{6}{1}$
Picolinsäure 3249; $\frac{6}{1}$
Picoresen 4740
Picrasmin 4865
Picylencarbinol 546; C_{21}; pentacycl. (Bd. VI, S. 729)
Picylenketon 660; C_{21}; pentacycl. (Bd. VII, S. 542)
Pikraconitin 4781
Pikramid 1671
Pikraminsäure 1838
Pikratol 523 (Bd. VI, S. 276)
Pikrinsäure 523 (Bd. VI, S. 265)
Pikroaconitin 4781
Pikrocrocin 4776

Pikrocyaminsäure 1939; Oxy-carb.; O_5; —10; C_8; $\frac{6}{1 \cdot 1}$
Pikroerythrin 1106; $\frac{6}{1 \cdot 1}$ (Bd. X, S. 414)
Pikroerythrin (β-) 1107; $\frac{6}{1 \cdot 1 \cdot 1}$ (Bd. X, S. 430) (bei β-Erythrin)
Pikroglobularin 4865
Pikrolichenin 4864
Pikrolicheninsäure 4864
Pikrolonsäure 3561; Substitutionsprod.
Pikropodophyllin 4865
Pikropodophyllinsäure 4865
Pikropseudoaconitin 4781
Pikroroccellin 4864
Pikrotin 4865
Pikrotinsäure 4865
Pikrotoxid 4865
Pikrotoxin 4865
Pikrotoxinin 4865
Pikrotoxininsäure 4865
Pikrotoxinsäure 4865
Pillijanin 4780
Pilocarpen 4728
Pilocarpidin 4789
Pilocarpin 4546; C_{10}; bicycl.
Pilocarpinsäure 3690; —4; C_{10}; $\frac{5\,(H\,1:3)}{\frac{5}{1 \cdot 1}}$
Pilocarpoesäure 3698; —6; C_{10}; $\frac{5\,(H\,1:3)}{\frac{5}{1 \cdot 1}}$
Pilocerein 4790; E. S. 171
Pilomalsäure 184; C_8; $\frac{6}{1 \cdot 1}$ (Bd. II, S. 826)
Pilopininsäure 4546; C_{10}; bicycl. (bei Dibromisopilocarpin)
Pilopinsäure 2619; —4; C_7; $\frac{5}{1 \cdot 2}$
Pilotysche Saure 1520 (Bd. XI, S. 51)
Pilzmuscarin 4780
Pimarinsäure 4740
Pimarolsäure 4740
Pimarsäure aus Pinusarten 4740
Pimarsäure aus Sandarak 4741
Pimelinketon 612; C_6; $\frac{6}{0}$ (Bd. VII, S. 8)
Pimelinsäure 176; $\frac{7}{0}$ (Bd. II, S. 670)
Pimpinellin 4865
Pinakolin 87; C_6; $\frac{4}{1 \cdot 1}$ (Bd. I, S. 694)
Pinakolinalkohol 24; C_6; $\frac{4}{1 \cdot 1}$ (Bd. I, S. 412)
Pinakolinnitrimin 87; C_6; $\frac{4}{1 \cdot 1}$ (Bd. I, S. 695)
Pinakon 30; C_6; $\frac{4}{1 \cdot 1}$ (Bd. I, S. 487)
Pinan 453; C_{10}; bicycl.; k. (Bd. V, S. 93)
Pinastrinsäure 4864
Pinen (α-) 458; k. (Bd. V, S. 144)
Pinen (β-) 458; k. (Bd. V, S. 154)
Pinenglykol 550; C_{10}; bicycl.; k. (Bd. VI, S. 754)
Pinenhydrat 508; k. (Bd. VI, S. 69)
Pinenol 510; C_{10}; x (Bd. VI, S. 101)

Pinenon 620; C_{10}; x (Bd. VII, S. 163)
Pineytalg 4731
Pinipikrin 4776
Pinit 604; ± 0; C_6; $\frac{6}{0}$ (Bd. VI, S. 1193)
Pinitannsäure 4865
Pinnaglobin 4828
Pinocampheol 508; k. (Bd. VI, S. 69)
Pinocampholensäure 894; C_{10}; x (Bd. IX, S. 75)
Pinocamphon 618; k. (Bd. VII, S. 95)
Pinocarveol 510; C_{10}; bicycl.; k. (Bd. VI, S. 99)
Pinocarvon 620; C_{10}; bicycl.; k. (Bd. VII, S. 161)
Pinol 2364; C_{10}; bicycl.; k.
Pinolen (β-) 459 (Bd. V, S. 165)
Pinolglykol 2398; C_{10}; bicycl.; k.
Pinolhydrat 550; C_{10}; $\frac{6}{1 \cdot \frac{2}{1}}$ (Bd. VI, S. 752)
Pinolin 4740
Pinolol 507; x (Bd. VI, S. 67)
Pinolon 617; x (Bd. VII, S. 90)
Pinolsäure 1053; C_{10}; $\frac{4}{1 \cdot 1 \cdot 2 \cdot 2}$ (Bd. X, S. 25)
Pinononsäure 1284; C_9; $\frac{4}{1 \cdot 1 \cdot 1 \cdot 2}$ (Bd. X, S. 617)
Pinonsäure 1284; C_{10}; $\frac{4}{1 \cdot 1 \cdot 2 \cdot 2}$ (Bd. X, S. 622)
Pinophansäure 966; C_{10}; x (Bd. IX, S. 765)
Pinophoron 616; C_9; $\frac{6}{\frac{2}{1}}$ (Bd. VII, S. 64)
Pinophorylalkohol 506; C_9; $\frac{6}{\frac{2}{1}}$ (Bd. VI, S. 50)
Pinoresinol 4740
Pinoresinotannol 4740
Pinsäure 964; C_9; $\frac{4}{1 \cdot 1 \cdot 2}$ (Bd. IX, S. 742)
Pinylalkohol 510; C_{10}; bicycl.; k. (Bd. VI, S. 99)
Pinylamin 1596; C_{10}; bicycl.; k. (Bd. XII, S. 54)
Pipecolein (α-) 3047; C_6; $\frac{6}{1}$
Pipecolin 3040; $\frac{6}{1}$
Pipecolinsäure 3244; C_6; $\frac{6}{1}$
Piperazin 3460; C_4; $\frac{6\,(H\,1:4)}{0}$
Piperhydronsäure 2850; C_{12}; bicycl.
Piperidin 3038
Piperidinsäure 366; C_4; $\frac{4}{0}$ (Bd. IV, S. 413)
Piperidokodid 4785
Piperidon 3179; C_5; $\frac{6}{0}$
Piperil 3012; Dioxo; —22; C_{16}; tetracycl.
Piperin 3038; zu Hetero 2 O; Monocarb.; —14; C_{12}; bicycl.
Piperinsäure 2852; C_{12}; bicycl.
Piperolidin 3047; C_8; bicycl.; k.
Piperonal 2742; C_8; bicycl.
Piperonylalkohol 2695; C_8; bicycl.

Piperonyloin 3013; O_6; —20; C_{16}; tetracycl.
Piperonylsäure 2850; C_8; bicycl.
Piperovatin 4869
Piperylen 12; C_5; $\frac{5}{0}$ (Bd. I, S. 251)
Pipitzahoinsäure 776; C_{15}; x (Bd. VIII, S. 295)
Pirylen 13; C_5; x (Bd. I, S. 263)
Pisangcerinsäure 162; C_{24}; x (Bd. II, S. 393)
Pisangcerylalkohol 24; C_{13}; x (Bd. I, S. 428)
Piscidinsäure 4865
Piturin 4796
Pivalinsäure 162; C_5; $\frac{3}{1 \cdot 1}$ (Bd. II, S. 319)
Pivaloin 113; C_{10}; $\frac{6}{1 \cdot 1 \cdot 1 \cdot 1}$ (Bd. I, S. 843)
Placodin 4864
Placodiolin 4864
Placodiolsäure 4864
Platinblau 159 (Bd. II, S. 178)
Pleopsidsäure 4864
Pleuricin 4807
Plicatsäure 4864
Plumierasäure 4745
Plumierid 4776
Plumieridinsäure 4776
Podocarpinsäure 1087; C_{17}; x (Bd. X, S. 326)
Podophylloresin 4865
Podophyllotoxin 4865
Podophyllsäure 4865
Polychroit 4776
Polydactylin 4864
Polygala-Saponin 4776
Polygonin 4776
Poly-α-m-homosalicylid 1072; $\frac{6}{1 \cdot 1}$ (Bd. X, S. 234) (bei m-Kresotinsäure)
Poly-m-kresotid 1072; $\frac{6}{1 \cdot 1}$ (Bd. X, S. 234) (bei m-Kresotinsäure)
Polyoxymethylen 74 (Bd. I, S. 566—568) (bei Formaldehyd)
Polyporsäure 4863
Polysalicylid 1057 (Bd. X, S. 62) (bei Salicylsäure)
Polyscias-Saponin 4776
Polysordidin 4864
Polystichalbin 736; Oktaoxo; —18; C_{25}; bicycl.; n. k. (Bd. VII, S. 910)
Polystichenin 4865
Polystichin 886; C_{24}; bicycl.; n. k. (Bd. VIII, S. 566)
Polystichocitrin 887; C_{24}; tricycl. (Bd. VIII, S. 571)
Polystichoflavin 4865
Ponceau 2 G, 4 GB und 6 R 2160
Populin 4776
Porin 4864
Porinin 4864
Porinsäure 4864
Porphyrexid 3587; C_5; $\frac{5 \, (\mathrm{H}\, 1:3)}{1 \cdot 1}$
Porphyrexin 3587; C_5; $\frac{5 \, (\mathrm{H}\, 1:3)}{1 \cdot 1}$
Porphyrilsäure 4864
Porphyrin 4795
Porphyrindin 3587; C_5; $\frac{5 \, (\mathrm{H}\, 1:3)}{1 \cdot 1}$

Prehnitenol 532a; $\frac{6}{1 \cdot 1 \cdot 1 \cdot 1}$ (Bd. VI, S. 546)
Prehnitol 469; $\frac{6}{1 \cdot 1 \cdot 1 \cdot 1}$ (Bd. V, S. 430)
Prehnitsäure 1025; C_{10}; $\frac{6}{1 \cdot 1 \cdot 1 \cdot 1}$ (Bd. IX, S. 997)
Prehnitylsäure 943; $\frac{6}{1 \cdot 1 \cdot 1 \cdot 1}$ (Bd. IX, S. 552)
Prehnomalsäure 1217; C_{10}; $\frac{6}{1 \cdot 1 \cdot 1 \cdot 1}$ (Bd. X, S. 589)
Primulacampher 1105; $\frac{6}{1}$ (Bd. X, S. 381)
Primulaverin 4776
Primverin 4776
Prolin 3244; C_5; $\frac{5}{1}$
Propäsin 1905; C_7; $\frac{6}{1}$
Propan 10; C_3 (Bd. I, S. 103)
Propargylaldehyd 91; C_3 (Bd. I, S. 750)
Propargylalkohol 26; C_3 (Bd. I, S. 454)
Propargylsäure 164; C_3 (Bd. II, S. 477)
Prophetin 4776
Propioin 113; C_6; $\frac{6}{0}$ (Bd. I, S. 835)
Propiolsäure 164; C_3 (Bd. II, S. 477)
Propion 87; C_5; $\frac{5}{0}$ (Bd. I, S. 679)
Propionsäure 162; C_3 (Bd. II, S. 234)
Propiophenon 640; C_9; $\frac{6}{3}$ (Bd. VII, S. 300)
Proponal 3618; C_{10}; $\frac{6 \, (\mathrm{H}\, 1:3)}{3 \cdot 3}$
Protagon (Lecithin) 4807a
Protagon (aus Gehirn) 4870
Protalbin 4830
Protalbinin 4830
Protalbinsäure 4830
Protalborangin 4830
Protalbrosein 4830
Protalbumose 4830
Protamine 4833
Proteasäure 1107; $\frac{6}{1 \cdot 2}$ (Bd. X, S. 429)
Proteinochromogen 3436; C_{11}; bicycl.; k.
Prothebenol 2407; C_{16}; tetracycl.
Protium-Elemi 4745
Protoblau 1870; —22; C_{19}; tricycl.
Protocatechualdehyd 773 (Bd. VIII, S. 246)
Protocatechusäure 1105; $\frac{6}{1}$ (Bd. X, S. 389)
Protocetrarsäure (Fumarprotocetrarsäure) 4864
Protocetrarsäure (in neuerem Sinne) 4864
Protochinamicin 4799
Protococasäure 949; C_9; x (Bd. IX, S. 611)
Protocotoin 2842; —18; C_{14}; tricycl.
Protocurarin 4794
Protocuridin 4794
Protocurin 4794
Protoferrin 4845
Protoisococasäure 949; C_9; x (Bd. IX, S. 612)
Protokosin 4865
Protolichesterinsäure 4864
Protopapaverin 3176; Tetraoxy; —19; C_{16}; tricycl.

Protophyscihydron 803; C_{15}; tricycl. (Bd. VIII, S. 436)
Protophyscion 830; C_{15}; tricycl. (Bd. VIII, S. 522) (bei Physcion)
Protopin 4782
Protorot 1871; Pentaoxy; —22; C_{19}; tricycl.
Protoveratridin 4780
Protoveratrin 4780
Prulaurasin 4776
Prune 4386; O_5; —17; C_{13}; tricycl.
Pseudaconin 4781
Pseudaconitin 4781
Pseudoaconin 4781
Pseudoaconitin 4781
Pseudoagaricinsäure 4739
Pseudoapokodein 3140; C_{16}; tetracycl.
Pseudoasparagose 4769
Pseudoaspidin 886; C_{24}; bicycl.; n. k. (Bd. VIII, S. 567) (bei Aspidin)
Pseudoatropin 3108
Pseudobaptigenin 4776
Pseudobaptigin 4776
Pseudobaptisin 4776
Pseudobrenzterebinsäure 163; C_6; x (Bd. II, S. 436)
Pseudocamphersäure 966; C_{10}; x (Bd. IX, S. 765)
Pseudocannabinol 4865
Pseudochinin 3537; C_{19}; tetracycl. (bei Hydrojodchinin)
Pseudocholestan 4729 c
Pseudocholesten 4729 c
Pseudocholoidansäure 4866 (bei Cholsäure)
Pseudoconhydrin 3105; C_8; $\frac{6}{3}$
Pseudoconicein 3047; C_8; $\frac{6}{3}$
Pseudocubebin 4865
Pseudocumenol 530; $\frac{6}{1\cdot 1\cdot 1}$ (Bd. VI, S. 509)
Pseudocumidin 1705; $\frac{6}{1\cdot 1\cdot 1}$
Pseudocumochinon 671 a; C_9; $\frac{6}{1\cdot 1\cdot 1}$ (Bd. VII, S. 661)
Pseudocumol 468; $\frac{6}{1\cdot 1\cdot 1}$ (Bd. V, S. 400)
Pseudocyclocitral 617; $\frac{6}{1\cdot 1\cdot 1\cdot 1}$ (Bd. VII, S. 88)
Pseudodehydrolapachon 779; C_{15}; bicycl.; k. (Bd. VIII, S. 327) (bei Lapachol)
Pseudoekgonin 3326
Pseudoephedrin 1855; C_9; $\frac{6}{3}$
Pseudoeugenol 560 a; C_9; $\frac{6}{2}$ (Bd. VI, S. 969)
Pseudoeuphorbinsäure 4745
Pseudoeuphorbon 4745
Pseudoeuphorbonsäure 4745
Pseudoeuphorboresen 4745
Pseudoflavanilin 3400; C_{16}; tricycl.
Pseudoflavenol 3118; C_{16}; tricycl.
Pseudoflavolin 3089; C_{16}; tricycl.
Pseudoharnsäure 3774; Trioxo; —4; C_4; $\frac{6 \text{ (H 1 : 3)}}{0}$

Pseudohomoatropin 3108
Pseudohyoscyamin 4796
Pseudoinulin 4773
Pseudoisothiopyrin 3510; C_9; bicycl.
Pseudojaborin 4789
Pseudojervin 4780
Pseudojonon 92; C_{13}; $\frac{11}{1\cdot 1}$ (Bd. I, S. 757)
Pseudokodein 4784
Pseudokoprosterin 4729 c
Pseudolutidostyril 3111; C_7; $\frac{6}{1\cdot 1}$
Pseudomauvein (von Perkin) 3745
Pseudomekonin 2531; C_8; bicycl.; k.
Pseudomekoninsäure 1137; C_8; $\frac{6}{1\cdot 1}$ (Bd. X, S. 494)
Pseudomethysticin 4865
Pseudomorphin 4785
Pseudomucin 4847
Pseudonortropanol 3108
Pseudonortropin 3108
Pseudoonocerinsäure 560 a; C_{26}; x (Bd. VI, S. 973) (bei Onocerin)
Pseudoononin 4776
Pseudoonospin 4776
Pseudoopiansäure 1432; $\frac{6}{1\cdot 1}$ (Bd. X, S. 990)
Pseudopelletierin 3180; C_8; bicycl.; k.
Pseudophenanthren 486; C_{16}; x (Bd. V, S.689)
Pseudophenantrolin 3487; C_{12}; tricycl.
Pseudophenylessigsäure 941; bicycl.; k. (Bd. IX, S. 507)
Pseudophthalimidin 2463; C_8; bicycl.; k.
Pseudopilocarpin 4789
Pseudopinen 458; k. (Bd. V, S. 154)
Pseudopurpurin 1478; C_{15}; tricycl. (Bd. X, S. 1044)
Pseudorosindulin (von Fischer, Hepp) 3722; C_{16}; tetracycl.
Pseudorottlerin 4865
Pseudosafrol 2673; C_{10}; bicycl.
Pseudoschwefelcyan 215 (Bd. III, S. 143) (bei Rhodanwasserstoff)
Pseudositosterin 4729 b
Pseudostrophantidin 4776
Pseudostrophantin 4776
Pseudotagatose 145 (Bd. I, S. 929)
Pseudothebaol 586; C_{14}; tricycl. (Bd. VI, S. 1140)
Pseudotheobromin 4136
Pseudothiohydantoin 4298; —3; C_3; $\frac{5 \text{ (H 1 . 3)}}{0}$
Pseudothiohydantoinsäure 220 (Bd. III, S. 251)
Pseudotoluylsäure 166; C_8; $\frac{7}{1}$ (Bd. II, S. 500)
Pseudotropigenin 3108
Pseudotropin 3108
Pseudoviolursäure 3627
Pseudoxanthin $(C_5H_4O_2N_4)x$ 4156 (bei Harnsäure)
Pseudoxanthin $C_4H_5ON_5$ 4807
Psoromsäure 4864
Psychosin 4777
Psychotrin 4806

Psyllostearylalkohol 24; C_{33}; x (Bd. I, S. 433)
Psyllostearylsäure 162; C_{33}; x (Bd. II, S. 397)
Pterocarpin 4865
Ptomaine 4807
Pulegen 453; C_9; $\frac{5}{1 \cdot \frac{2}{1}}$ (Bd. V, S. 80)

Pulegenaceton 620; C_{13}; $\frac{6}{1 \cdot 3 \cdot \frac{2}{1}}$ (Bd. VII, S. 166)

Pulegenolid 2461; C_{10}; bicycl.
Pulegenolsäure 1054; C_{10}; $\frac{5}{1 \cdot 1 \cdot \frac{2}{1}}$ (Bd. X, S. 31)

Pulegenon 616; C_9; $\frac{5}{1 \cdot \frac{2}{1}}$ (Bd. VII, S. 67)

Pulegensäure 894; C_{10}; $\frac{5}{1 \cdot 1 \cdot \frac{2}{1}}$ (Bd. IX, S. 68)

Pulegensäure (β-) 894; C_{10}; x (Bd. IX, S. 69)
Pulegomenthol 503; $\frac{6}{1 \cdot \frac{2}{1}}$ (Bd. VI, S. 42)

Pulegon 617; $\frac{6}{1 \cdot \frac{2}{1}}$ (Bd. VII, S. 81)

Pulegon (synthetisches) 617; x (Bd. VII, S. 86)
Pulenen 453; C_9; $\frac{6}{1 \cdot 1 \cdot 1}$ (Bd. V, S. 79)

Pulenenol ($\beta.\gamma$-) 506; C_9; $\frac{6}{1 \cdot 1 \cdot 1}$ (Bd. VI, S. 50)

Pulenenon ($\alpha.\beta$-) 616; C_9; $\frac{6}{1 \cdot 1 \cdot 1}$ (Bd. VII, S. 67)

Pulenenon ($\beta.\gamma$-) 616; C_9; $\frac{6}{1 \cdot 1 \cdot 1}$ (Bd. VII, S. 66)

Pulenol 502; C_9; $\frac{6}{1 \cdot 1 \cdot 1}$ (Bd. VI, S. 22)

Pulenon 612; C_9; $\frac{6}{1 \cdot 1 \cdot 1}$ (Bd. VII, S. 30)

Pulvinon 2484; C_{17}; tricycl.
Pulvinsäure 2620; —24; C_{18}; tricycl.
Purginsäure 4776
Purin 4019
Puron 4132; C_5; bicycl.
Purpurin 830; C_{14}; tricycl. (Bd. VIII, S. 509)
Purpuringlykosid 4776
Purpurogallin 578 (Bd. VI, S. 1076) (bei Pyrogallol)
Purpurogallincarbonsäure 1136 (Bd. X, S. 479) (bei Gallussäure)
Purpurogallon 578 (Bd. VI, S. 1077) (bei Pyrogallol)
Purpurogalloncarbonsäure 1136 (Bd. X, S. 479) (bei Gallussäure)
Purpuroxanthin 806 (Bd. VIII, S. 448)
Purpursäure 3774; Trioxo; —4; C_4; $\frac{6 (H\,1:3)}{0}$

Purpurschwefelsäure 3707; Oxo-sulfonsäure; Dioxo; —22; C_{16}; tetracycl.
Putrescin 344; C_4; $\frac{4}{0}$ (Bd. IV, S. 264)
Putrin 4807
Pyocyanin 4870
Pyraconitin 4781

Pyramidon 3774; Monooxo; —2; C_4; $\frac{5 (H\,1:2)}{1}$

Pyran 2364; C_5; $\frac{6}{0}$

Pyranthron 692; —46; C_{30}; oktacycl. (Bd. VII, S. 851)
Pyrantin (N-[4-Äthoxy-phenyl]-succinimid) 3201; C_4; $\frac{5}{0}$

Pyrantin, lösliches (Natriumsalz der N-[4-Äthoxy-phenyl]-succinamidsäure) 1847; zu Dicarb.; —2; C_4; $\frac{4}{0}$

Pyrazin 3469; C_4; $\frac{6 (H\,1:4)}{0}$

Pyrazol 3463; $\frac{5 (H\,1:2)}{0}$

Pyrazolblau 4139; C_8; bicycl.
Pyrazolon 3559; $\frac{5 (H\,1:2)}{0}$

Pyren 487; C_{16} (Bd. V, S. 693)
Pyrenchinon 683; C_{16}; tetracycl. (Bd. VII, S. 824)
Pyrenketon 654; C_{13}; tetracycl. (Bd. VII, S. 471)
Pyrenolin 3093; C_{19}; pentacycl.
Pyrensäure 1345; C_{15}; tricycl. (Bd. X, S. 888)
Pyrethrol 534; C_{21}; x (Bd. VI, S. 586)
Pyridanthrilsäure 3491; C_{18}; tetracycl. (bei Kyklothraustinsäure)
Pyridazin 3469; C_4; $\frac{6 (H\,1:2)}{0}$

Pyridazon 3565; C_4; $\frac{6 (H\,1:2)}{0}$

Pyridin 3051
Pyridochinon 3203; C_5; $\frac{6}{0}$

Pyridon 3111; C_5; $\frac{6}{0}$

Pyrimidin 3469; C_4; $\frac{6 (H\,1:3)}{0}$

Pyrimidon 3565; C_4; $\frac{6 (H\,1:3)}{0}$

Pyroaconin 4781
Pyroaconitin 4781
Pyroamarsäure 952; C_{16}; bicycl.; n. k. (Bd. IX, S. 683)
Pyrobikhaconitin 4781
Pyrocatechin, Pyrocatechusäure 553 (Bd. VI, S. 759)
Pyrocholesterinsäure 4866 (bei Cholsäure)
Pyrocinchonsäure 179; C_6; $\frac{4}{1 \cdot 1}$ (Bd. II, S. 780)

Pyrodextrin 4768
Pyrodypnopinakolin 654; C_{16}; bicycl.; n. k. (Bd. VII, S. 488) (bei Dypnon)
Pyrodypnopinakolinalkohol 654; C_{16}; bicycl.; n. k. (Bd. VII, S. 488) (bei Dypnon)
Pyrodypnopinalkohol 654; C_{16}; bicycl.; n. k. (Bd. VII, S. 488) (bei Dypnon)
Pyrodypnopinalkolen 497; —42; C_{32}; x (Bd. V, S. 759)
Pyrogallochinon 578 (Bd. VI, S. 1076) (bei Pyrogallol)
Pyrogallol 578 (Bd. VI, S. 1071)
Pyrogallolbenzein 578 (Bd. VI, S. 1080) (bei Pyrogallol)

Pyrogallolsalicylein 1057 (Bd. X, S. 63) (bei Salicylsäure)
Pyrogallolvanillein 606; —22; C_{19}; tricycl. (Bd. VI, S. 1209)
Pyrogallussäure 578 (Bd. VI, S. 1071)
Pyrogentisinsäure 555 (Bd. VI, S. 836)
Pyroglutaminsäure 3366; —3; C_5; $\frac{5}{1}$
Pyroglycerin 39 (Bd. I, S. 513)
Pyroglycid 2713; C_6; x
Pyroguajacin 4745
Pyroindaconitin 4781
Pyroinulin 4773
Pyrojapaconin 4781
Pyrojapaconitin 4781
Pyrokoll 3593; C_{10}; tricycl.
Pyrokoman 2461; C_5; $\frac{6}{0}$
Pyrokomenaminsäure 3134; C_5; $\frac{6}{0}$
Pyrokresol 2370; C_{15}; tricycl.
Pyrokresoloxyde 2467; C_{15}; tricycl.
Pyrolithofellinsäure 4866
Pyromekazon 3237; Trioxo; —7; C_5; $\frac{6}{0}$
Pyromekazonsäure 3157; C_5; $\frac{6}{0}$
Pyromekonsäure 2476; C_5; $\frac{6}{0}$
Pyromellitsäure 1025; C_{10}; $\frac{6}{1 \cdot 1 \cdot 1 \cdot 1}$ (Bd. IX, S. 997)
Pyromykursäure 2574; C_5; $\frac{5}{1}$
Pyron 2461; C_5; $\frac{6}{0}$
Pyronin G, Base des 2642; Monooxy; —16; C_{13}; tricycl.
Pyropapaverinsäure 3372; —17; C_{13}; bicycl.; n. k.
Pyrophotosantonsäure 946; C_{14}; $\frac{6}{2 \cdot \frac{2}{1} \cdot \frac{2}{1}}$ (Bd. IX, S. 571)
Pyrophthalin (α-) 3225; C_{14}; tricycl.
Pyrophthalin (β-) 3572; C_{14}; tricycl.
Pyrophthalol 3116; C_{14}; tricycl.
Pyrophthalon 3225; C_{14}; tricycl.
Pyrophthalon (γ-) 3052; $\frac{6}{1}$ (bei γ-Picolin)
Pyropseudoaconitin 4781
Pyrotritarsäure 2574; C_7; $\frac{5}{1 \cdot 1 \cdot 1}$
Pyrousnetinsäure 4864
Pyrousninsäure 4864
Pyroxanthin 2746; C_{15}; tricycl.
Pyroxylin 4771
Pyrrol 3048; C_4; $\frac{5}{0}$
Pyrrolblau 3206 (bei Isatin)
Pyrrolenin 3048; C_4; $\frac{5}{0}$
Pyrrolidon 3179; C_4; $\frac{5}{0}$
Pyrrolylen 12; C_4; $\frac{4}{0}$ (Bd. I, S. 249)
Pyrron 3568; C_9; bicycl.
Pyrrophyllin 4868a
Pyrroporphyrin 4868a

Pyruvin 2380; C_3; $\frac{3}{1}$
Pyruvinsäure 279; C_3 (Bd. III, S. 608)
Pyruvinureid 4171; Tetraoxo; —8; C_8; bicycl.
Pyryl 2360
Pyvuril 3774; Dioxo; —2; C_4; $\frac{5(H\,1:3)}{1}$
Quartenylsäure 163; C_4; $\frac{4}{0}$ (Bd. II, S. 412)
Quassiasäure 4865
Quassid 4865
Quassiin 4865
Quebrachamin 4795
Quebrachin 4795
Quebrachit 604; ± 0; C_6; $\frac{6}{0}$ (Bd. VI, S. 1193)
Quebrachol 4729b
Quercetagetin 4865
Quercetin 2569; O_7; —20; C_{15}; tricycl.
Quercetinsäure 2569; O_7; —20; C_{15}; tricycl.
Quercimerinsäure 2569; O_7; —20; C_{15}; tricycl.
Quercimeritrin 4776
Quercin (Eichenholzgerbsäure) 4865
Quercin (Quercinit) 604; ± 0; C_6; $\frac{6}{0}$ (Bd. VI, S. 1198)
Quercinsäure 4865
Quercit 603; ± 0; C_6; $\frac{6}{0}$ (Bd. VI, S. 1186)
Quercitan 603; ± 0; C_6; $\frac{6}{0}$ (Bd. VI, S. 1187) (bei Quercit)
Quercitrin 4776
Quericin 4865
Querlacton 4865
Quietol 376; O_3; ± 0; C_4; $\frac{3}{1}$ (Bd. IV, S. 517)
Quillajasäure 4776
Quillaja-Sapogenin 4776
Quittenschleim 4773
R-Säure 1557 (Bd. XI, S. 288)
Raffinose 4761
Ramalinsäure 4864
Ramalsäure 1106; $\frac{6}{1 \cdot 1}$ (Bd. X, S. 416)
Rangiforminsäure 4864
Rangiformsäure 4864
Ranovin 4848
Raphanol 4865; E. S. 133
Rapinsäure 163; C_{18}; $\frac{18}{0}$ (Bd. II, S. 472)
Ratanhiarot 4865
Ratanhin 4788
Rebaudin 4776
Reducin 4870
Reductodehydrocholsäure 4866
Reductonovain 4807
Reineckes Salz 215 (Bd. III, S. 159)
Resacetein 2441; C_{16}; tricycl.
Resacetophenon 775; C_8; $\frac{6}{2}$ (Bd. VIII, S. 266)
Resacetsäure 280 (Bd. III, S. 653) (bei Acetessigester)
Resaurin 854; C_{19}; tricycl. (Bd. VIII, S. 557)
Resazin 3493; C_{24}; pentacycl.
Resazoin 4251; C_{12}; tricycl.

Resazurin 4251; C_{12}; tricycl.
Resodiacetophenon 799; C_{10}; $\frac{6}{2 \cdot 2}$ (Bd. VIII, S. 404)
Resodicarbonsäure (α-) 1163; C_8; $\frac{6}{1 \cdot 1}$ (Bd. X, S. 553)
Resodicarbonsäure (β-) 1163; C_8; $\frac{6}{1 \cdot 1}$ (Bd. X, S. 550)
Resoflavin 2843; O_7; —12; C_{14}; tetracycl.
Resomorin 2568; —20; C_{15}; tricycl.
Resoorcein 556; $\frac{6}{1}$ (Bd. VI, S. 886) (bei Orcein)
Resorcendialdehyd 799; C_8; $\frac{6}{1 \cdot 1}$ (Bd. VIII, S. 402)
Resorcin 554 (Bd. VI, S. 796)
Resorcinbenzein 2518; C_{19}; tetracycl.
Resorcinblau (fluorescierendes) 4251; C_{12}; tricycl.
Resorcinblau (nicht fluorescierendes) 4251; C_{12}; tricycl.
Resorcincinnamylein 948 (Bd. IX, S. 580) (bei Zimtsäure)
Resorcingelb 2152
Resorcinindophan 554; Substitutionsprod. (Bd. VI, S. 832) (bei Styphninsäure)
Resorcinoxalein 554 (Bd. VI, S. 811) (bei Resorcin)
Resorcinsaccharein 4441; —25; C_{19}; pentacycl.
Resorcinsalicylein 1057 (Bd. X, S. 63) (bei Salicylein)
Resorcinsulfurein 2955; —26; C_{19}; pentacycl.
Resorcylaldehyd 772; $\frac{6}{1}$ (Bd. VIII, S. 241)
Resorcylsäure (α-) 1105; $\frac{6}{1}$ (Bd. X, S. 404)
Resorcylsäure (β-) 1105; $\frac{6}{1}$ (Bd. X, S. 377)
Resorcylsäure (γ-) 1105; $\frac{6}{1}$ (Bd. X, S. 388)
Resorufin 4251; C_{12}; tricycl.
Retamin 4788
Reten 485a; C_{18}; tricycl. (Bd. V, S. 683)
Retenchinon 681; C_{18}; tricycl. (Bd. VII, S. 819)
Retendiphensäure 681; C_{18}; tricycl. (Bd. VII, S. 819) (bei Retenchinon)
Retenfluoren 480; C_{17}; tricycl. (Bd. V, S. 651)
Retenfluorenalkohol 540; C_{17}; tricycl. (Bd. VI, S. 701)
Retenfluorenon 654; C_{17}; tricycl. (Bd. VII S. 494)
Retenglykolsäure 1090; C_{18}; tricycl. (Bd. X, S. 363)
Retenketon 654; C_{17}; tricycl. (Bd. VII, S. 494)
Reticulin 4837
Revertose 144 (Bd. I, S. 895) (bei d-Glykose)
Rhabarberhydranthron 803; C_{15}; tricycl. (Bd. VIII, S. 437)
Rhabarberon 830; C_{15}; tricycl. (Bd. VIII, S. 526)
Rhamnazin 2569; O_7; —20; C_{15}; tricycl.
Rhamnegin (α-) 4776
Rhamnetin 2569; O_7; —20; C_{15}; tricycl.

Rhamninit 4760
Rhamninose 4760
Rhamnit 54; C_6; $\frac{6}{0}$ (Bd. I, S. 532)
Rhamnocathartin 4776
Rhamnochrysin 4865
Rhamnocitrin 2568; —20; C_{15}; tricycl.
Rhamnocitrin (β-) 2569; O_7; —20; C_{15}; tricycl.
Rhamnoheptonsäure 265; C_8; $\frac{8}{0}$ (Bd. III, S. 575)
Rhamnoheptose 149; $\pm$ 0; C_8; $\frac{8}{0}$ (Bd. I, S. 936)
Rhamnohexit (α-) 59; C_7; $\frac{7}{0}$ (Bd. I, S. 547)
Rhamnohexonsäure (α-) 257; C_7; $\frac{7}{0}$ (Bd. III, S. 550)
Rhamnohexonsäure (β-) 257; C_7; $\frac{7}{0}$ (Bd. III, S. 551)
Rhamnohexose (α- und β-) 147; C_7; $\frac{7}{0}$ (Bd. I, S. 932)
Rhamnol 4729b
Rhamnolutin 2568; —20; C_{15}; tricycl.
Rhamnonsäure 248; C_6; $\frac{6}{0}$ (Bd. III, S. 476)
Rhamnooctonsäure 271; $\pm$ 0; C_9; $\frac{9}{0}$ (Bd. III, S. 588)
Rhamnooctose 150; $\pm$ 0; C_9; $\frac{9}{0}$ (Bd. I, S. 937)
Rhamnose 137 (Bd. I, S. 870)
Rhamnosesaccharin 2548; C_6; monocycl.; x
Rhamnoxanthin 4776
Rhaponticin 4776
Rhapontigenin 4776
Rhapontin 4776
Rhapontsäure 4865
Rhein 1460; C_{15}; tricycl. (Bd. X, S. 1033)
Rheochrysidin 830; C_{15}; tricycl. (Bd. VIII, S. 522)
Rheochrysin 4776
Rheonin 3415; Triamin; —22; C_{19}; tetracycl.
Rheosmin 4776
Rheumatin 3538; C_{19}; tetracycl.
Rheumemodin 830; C_{15}; tricycl. (Bd. VIII, S. 520)
Rhinacanthin 4865
Rhinanthin 4776
Rhizocarpsäure 4864
Rhizoninsäure 1107; $\frac{6}{1 \cdot 1 \cdot 1}$ (Bd. X, S. 429)
Rhizonsäure 1107; $\frac{6}{1 \cdot 1 \cdot 1}$ (Bd. X, S. 430)
Rhizoplacsäure 4864
Rhizopogonsäure 4863
Rhodamin 2933; Monooxo; —28; C_{20}; pentacycl.
Rhodanin 4298; —3; C_3; $\frac{5 (H 1:3)}{0}$
Rhodaninrot 4298; —3; C_3; $\frac{5 (H 1:3)}{0}$
Rhodaninsäure 4298; —3; C_3; $\frac{5 (H 1:3)}{0}$
Rhodanwasserstoff 215
Rhodeit 54; C_6; $\frac{6}{0}$ (Bd. I, S. 532)

Rhodeonsäure 248; C_6; $\frac{6}{0}$ (Bd. III, S. 477)
Rhodeoretin 4776
Rhodeose 137 (Bd. I, S. 876)
Rhodien 4728
Rhodinal 90; C_{10}; $\frac{8}{1\cdot 1}$ (Bd. I, S. 747)
Rhodinamin 338; C_{10}; $\frac{8}{1\cdot 1}$ (Bd. IV, S. 227)
Rhodinol 25; C_{10}; $\frac{8}{1\cdot 1}$ (Bd. I, S. 451, 452)
Rhodinsäure 163; C_{10}; $\frac{8}{1\cdot 1}$ (Bd. II, S. 456)
Rhodizonsäure 847; C_6; $\frac{6}{0}$ (Bd. VIII, S. 535)
Rhodocladonsäure 4864
Rhododendrin 4776
Rhododendrol 4776
Rhodophyllin 4868a
Rhodoporphyrin 4868a
Rhodotannsäure 4865
Rhöadin 4787
Rhöagenin 4787
Riboketose 134 (Bd. I, S. 869)
Ribonsäure 248; C_5; $\frac{5}{0}$ (Bd. III, S. 473)
Ribose 133 (Bd. I, S. 859)
Ricinelaidinsäure 224; C_{18}; $\frac{18}{0}$ (Bd. III, S. 388)
Ricinin 4790
Ricininsäure 4790
Ricinolsäure 224; C_{18}; $\frac{18}{0}$ (Bd. III, S. 385)
Ricinsäure 224; C_{18}; $\frac{18}{0}$ (Bd. III, S. 389)
Ricinstearolsäure 225; C_{18}; $\frac{18}{0}$ (Bd. III, S. 391)
Ricinusölsäure 224; C_{18}; $\frac{18}{0}$ (Bd. III, S. 385)
Robigenin 2568; —20; C_{15}; tricycl.
Robin 4817
Robinin 4776
Roccellin 2154
Roccellinin 4864
Roccellsäure 178; C_{17}; x (Bd. II, S. 734)
Rochellesalz 250 (Bd. III, S. 495)
Rohrzucker 4756
Rongalit 75 (Bd. I, S. 577)
Rongalitsäure 75 (Bd. I, S. 577)
Rosanilin 1866
Rosanisidin 1870; —22; C_{19}; tricycl.
Rosatoluidin 1866
Rosindon 3516; C_{16}; tetracycl.
Rosindonchlorid 3490; C_{16}; tetracycl.
Rosindonsäure 3690; —22; C_{16}; tetracycl.
Rosindulin 3722; C_{16}; tetracycl.
Rosindulon 3516; C_{16}; tetracycl.
Rosocyanin 853; C_{19}; bicycl.; n. k. (Bd. VIII, S. 556) (bei Curcumin)
Rosol 783; C_{19}; tricycl. (Bd. VIII, S. 364) (bei Aurin)
Rosolsaure $C_{19}H_{14}O_3$ (Aurin) 783; C_{19}; tricycl. (Bd. VIII, S. 361)
Rosolsäure $C_{20}H_{16}O_3$ 783; C_{20}; tricycl. (Bd. VIII, S. 365)
Rotsäure 1567 (Bd. XI, S. 305)

Rottlerin 4865
R-Säure 1557 (Bd. XI, S. 288)
Rubamidid 941; $\frac{6}{1\cdot 1}$ (Bd. IX, S. 497) (bei p-Tolenyldioxytetrazotsäure)
Rubbadin 519; zu H_2SO_3 (Bd. VI, S. 175) (bei Schwefligsäuremonophenylester)
Rubeanwasserstoff 170 (Bd. II, S. 565)
Ruberythrinsäure 4776
Rubiadin 808; C_{15}; tricycl. (Bd. VIII, S. 468)
Rubiadinglykosid 4776
Rubichlorsäure 4865
Rubidin aus roten Rüben 4875
Rubidin aus Steinkohlenteeröl 3056; C_{11}; x
Rubidinsäure 4864
Rubijervin 4780
Rubrocurcumin 853; C_{19}; bicycl.; n. k. (Bd. VIII, S. 556) (bei Curcumin)
Rübenharzsäure 4777a
Rufen 2371; C_{16}; tricycl.
Ruficarmin 4866
Ruficoccin 4866
Rufigallussäure 887; C_{14}; tricycl. (Bd. VIII, S. 567)
Rufin 4776
Rufindan 2372; C_{16}; tetracycl.
Rufiopin 852; C_{14}; tricycl. (Bd. VIII, S. 549)
Rufol 565; C_{14}; tricycl. (Bd. VI, S. 1032)
Rutin 4776
Rutylen 12; C_{10}; x (Bd. I, S. 261)
Rutyliden 12; C_{11}; $\frac{11}{0}$ (Bd. I, S. 261)
S-Säure 1926
Sabadin 4780
Sabadinin 4780
Sabinaglycerin 576; —2; C_{10}; bicycl.; k. (Bd. VI, S. 1070)
Sabinaketon 616; C_9; bicycl.; k. (Bd. VII, S. 69)
Sabinen 458; k. (Bd. V, S. 143)
Sabinenalkohol 506; C_9; bicycl.; k. (Bd. VI, S. 1285)
Sabinenglykol 550; C_{10}; bicycl.; k. (Bd. VI, S. 754)
Sabinenhydrat 508; k. (Bd. VI, S. 69)
Sabinenketon 616; C_9; bicycl.; k. (Bd. VII, S. 69)
Sabinensäure 1054; C_{10}; bicycl.; k. (Bd. X, S. 31)
Sabininsäure 223; C_{12}; x (Bd. III, S. 360)
Sabinol 510; C_{10}; bicycl.; k. (Bd. VI, S. 98)
Sabinolglycerin 576; —2; C_{10}; bicycl.; k. (Bd. VI, S. 1070)
Sabromin 162; C_{22}; $\frac{22}{0}$ (Bd. II, S. 392)
Saccharin $C_6H_{10}O_5$ 2548; C_6; monocycl.; x
Saccharin $C_7H_5O_3NS$ 4277
Saccharinsäure 248; C_6; $\frac{5}{1}$ (Bd. III, S. 478)
Saccharon 2625; —4; C_6; $\frac{5}{1\cdot 1}$
Saccharonsäure 258; C_6; $\frac{5}{1}$ (Bd. III, S. 555)
Saccharose 4756

Saccharumsäure 144 (Bd. I, S. 896) (bei d-Glykose)
Sacculmin 4756
Sacculminsäure 4756
Säurealizarinblau 1582; O_8; —20; C_{14}; tricycl. (Bd. XI, S. 367)
Säuregrün 1926; —22; C_{19}; tricycl.
Safflorgelb 4865
Safranbitter 4776
Safraninon 3770; C_{12}; tricycl.
Safranol 3538; C_{12}; tricycl.
Safranon 3513; C_{12}; tricycl.
Safrol 2673; C_{10}; bicycl.
Sagapenum 4745
Sajodin 162; C_{22}; $\frac{22}{0}$ (Bd. II, S. 392)
Sakuranetin 4776
Sakuranin 4776
Salacetol 1061; zu Oxyoxo; O_2; ± 0; C_3 (Bd. X, S. 83)
Salamid 1063 (Bd. X, S. 87)
Salazinarsäure 4864
Salazininsäure 4864
Salazinsäure 4864
Salepschleim 4773
Salicin 4776
Salicylaldehyd 744 (Bd. VIII, S. 31)
Salicylalkohol 556; $\frac{6}{1}$ (Bd. VI, S. 891)
Salicylige Säure 744 (Bd. VIII, S. 31)
Salicylsäure 1057 (Bd. X, S. 43)
Salicylursäure 1063 (Bd. X, S. 92)
Saligenin 556; $\frac{6}{1}$ (Bd. VI, S. 891)
Salimenthol 1061; zu Monooxy; ± 0; C_{10}; isocycl.; $\frac{6}{1 \cdot \frac{2}{1}}$ (Bd. X, S. 76)
Salinigrin 4776
Salipyrin 3561
Saliretazin 556; $\frac{6}{1}$ (Bd. VI, S. 892) (bei Saligenin)
Saliretin 556; $\frac{6}{1}$ (Bd. VI, S. 892) (bei Saligenin)
Salireton 556; $\frac{6}{1}$ (Bd. VI, S. 892) (bei Saligenin)
Salitannol 1136 (Bd. X, S. 479) (bei Gallussäure)
Salmin 4833
Salol 1061; zu Monooxy; —6; C_6; isocycl.; $\frac{6}{0}$ (Bd. X, S. 76)
Salophen 1847; zu Monocarb.; ± 0; C_2
Salven 4728
Salylsäure 744 (Bd. VIII, S. 41) (bei Salicylaldehyd)
Samaderin 4776
Samandaridin 4807
Samandarin 4807
Samandatrin 4807
Sambunigrin 4776
Sandarak 4741
Sanguinarin 4782
Santal 4865
Santalal 640; C_{15}; bicycl.; k. (Bd. VII, S. 343)

Santalen (α-) 471; bicycl.; k. (Bd. V, S. 462)
Santalen (β- und γ-) 471; x (Bd. V, S. 463)
Santalensäure 533; C_{15} (Bd. VI, S. 556) (bei Rohsantalol)
Santalin 4865
Santalol (α- und β-) 533; C_{15} (Bd. VI, S. 558)
Santalolglycerin 576; —4; C_{15}; bicycl.; k. (Bd. VI, S. 1071)
Santalon 4728
Santalsäure aus ostindischem Sandelholzöl 4728
Santalsäure von Semmler, Bode 946; C_{15}; tricycl. (Bd. IX, S. 571)
Santalsäure (Santalin; aus rotem Sandelholz) 4865
Santen 455; C_9; bicycl.; k. (Bd. V, S. 122)
Santendiketon 667; C_9; $\frac{5}{2 \cdot 2}$ (Bd. VII, S. 565)
Santenensäure 967; C_9; x (Bd. IX, S. 778)
Santenglykol 550; C_9; bicycl.; k. (Bd. VI, S. 751)
Santenhydrat 506; C_9; bicycl.; k. (Bd. VI, S. 53)
Santenol 506; C_9; bicycl.; k. (Bd. VI, S. 52)
Santenon 616; C_9; bicycl.; k. (Bd. VII, S. 70)
Santenonalkohol 506; C_9 (Bd. VI, S. 53)
Santensäure 964; C_9; $\frac{5}{1 \cdot 1 \cdot 1 \cdot 1}$ (Bd. IX, S. 739)
Santhomsäure 4864
Santinsäure 951; C_{15}; bicycl.; k. (Bd. IX, S. 669)
Santolensäure 894; C_8; x (Bd. IX, S. 50)
Santolsäure 1332; C_{15}; bicycl.; k. (Bd. X, S. 856)
Santon 461; C_{15}; x (Bd. V, S. 172)
Santonid 1311; C_{15}; tricycl. (Bd. X, S. 806) (bei Santonsäure)
Santonige Säure 1086; C_{15}; bicycl.; k. (Bd. X, S. 317)
Santonin 2479; C_{15}; tricycl.
Santoninamin 2643; Monooxo; —10; C_{15}; tricycl.
Santoninsäure 1407; C_{15} (Bd. X, S. 962)
Santonon 2770; C_{30}; hexacycl.
Santononsäure 1169; C_{30}; tetracycl. (Bd. X, S. 573)
Santonsaure 1311; C_{15}; tricycl. (Bd. X, S. 804)
Santoren 452; C_8; x (Bd. V, S. 40)
Santoron 612; C_8 (Bd. VII, S. 25)
Santoronsäure (inakt. oder α-) 184; C_{10}; $\frac{7}{\frac{2}{1}}$ (Bd. II, S. 840)
Santorsäure 1022; C_{13}; $\frac{4}{1 \cdot 1 \cdot 1 \cdot 1 \cdot 2 \cdot 3}$ (Bd. IX, S. 995)
Saponarin 4776
Saponine 4776; Anfang
Saporubrin 4776
Sapotin 4776
Sappanin 597; C_{12}; bicycl.; n. k. (Bd. VI, S. 1166)
Sarkin 4115
Sarkom-Melanin 4870
Sarkosin 364 (Bd. IV, S. 345)

Sarkosinsäure 365 (Bd. IV, S. 402) (bei β-Amino-propionsäure)
Sativinsäure 248; C_{18}; $\frac{18}{0}$ (Bd. III, S. 481)
Saxatsäure 4864
Scammonin 4776
Scammonium (von Convolvulus Scammonia) 4745
Scammonol 4776
Scammonolsäure 4776
Schaeffersche Säure 1557 (Bd. XI, S. 282)
Schießbaumwolle 4771
Schleimsäure 266; C_6; $\frac{6}{0}$ (Bd. III, S. 581)
Schmitzscher Körper 279; C_3 (Bd. III, S. 622) [bei 1-Nitro-propandioxim-(1.2)]
Schuyu 4728
Schwammsubstanz 4837
Schweinfurter Grün 158 (Bd. II, S. 110)
Scillain 4776
Scombrin 4833
Scombron 4832
Scoparein 4865
Scoparin 4865
Scopolamin 4796
Scopoletin 2532; C_9; bicycl.; k.
Scopoligenin 4796
Scopolin (Glykosid aus Scopolia japonica) 4776
Scopolin (Alkaloid) 4796
Scopulorsäure 4864
Scrophularin 4875
Scrophularosmin 4875
Scutellarein 2568; —20; C_{15}; tricycl.
Scutellarin 4777 a
Scyllit 604; ± 0; C_6; $\frac{6}{0}$ (Bd. VI, S. 1197)
Scymnol 4866
Sebacinsäure 178; C_{10}; $\frac{10}{0}$ (Bd. II, S. 718)
Secaleamidosulfonsäure 4780
Secalin 4769
Secalonsäure 4863
Secalose 4761
Sedanolid 2461; C_{12}; bicycl.; k.
Sedanolsäure 1054; C_{12}; $\frac{6}{1 \cdot 5}$ (Bd. X, S. 36)
Sedanonsäure 1285; C_{12}; $\frac{6}{1 \cdot 5}$ (Bd. X, S. 648)
Sehpurpur 4877
Seidenfibroin 4837
Seidenleim 4837
Seignettesalz 250 (Bd. III, S. 495)
Sekisanin 4780
Selenophen 2364; C_4; $\frac{5}{0}$
Selenoxen 2364; C_6; $\frac{5}{1 \cdot 1}$
Semicarbazid 209 (Bd. III, S. 98)
Semiglutin 4836
Seminose 144 (Bd. I, S. 905)
Semioxamazid 170 (Bd. II, S. 559)
Senecifolidin 4806
Senecifolin 4806
Senecifolinin 4806
Senecifolsäure 4806

Senecionin 4806
Senegenin 4776
Senegin 4776
Senföl 338; C_3 (Bd. IV, S. 214)
Senfölessigsäure 4298; —3; C_3; $\frac{5 \,(H\, 1:3)}{0}$
Sennaisoemodin 830; C_{15}; tricycl. (Bd. VIII, S. 526)
Sennit 604; ± 0; C_6; $\frac{6}{0}$ (Bd. VI, S. 1193)
Sepiasäure 4870
Sepin 354; C_3 (Bd. IV, S. 290)
Sepsin 4869
Sequoien 4728
Sericin 4837
Sericinsäure 4837
Sericoin 4837
Serin 376; O_3; ± 0; C_3 (Bd. IV, S. 505)
Seromucoid 4847
Serumalbumin 4826
Serumglobulin 4828
Sesamin 4731
Setocyanin 1867; C_{21}; tricycl.
Setoglaucin 1865
Sheabutter 4731
Shikimin 4875
Shikimipikrin 4865
Shikimisäure 1132; C_7; $\frac{6}{1}$ (Bd. X, S. 458)
Shikimol 2673; C_{10}; bicycl.
Shosterin 4776
Siaresinotannol 4745
Sicaloin 4776
Siegburgit 4737
Silvan 2364; C_5; $\frac{5}{1}$
Silvatsäure 4864
Silvecarvon 620; C_{10}; $\frac{6}{1 \cdot \frac{2}{1}}$ (Bd. VII, S. 152)
Silveolsäure 4740
Silvestren 457; $\frac{6}{1 \cdot \frac{2}{1}}$ (Bd. V, S. 125)
Silveterpin 549; C_{10}; $\frac{6}{1 \cdot \frac{2}{1}}$ (Bd. VI, S. 744)
Silveterpineol 507; C_{10}; $\frac{6}{1 \cdot \frac{2}{1}}$ (Bd. VI, S. 55)
Silvinolsäure 4740
Silvinsäure 4740
Silvoresen 4740
Sinalbin 4776
Sinamin 338; C_3 (Bd. IV, S. 210)
Sinapanpropionsäure 4298; —3; C_4; $\frac{6 \,(H\, 1.3)}{0}$
Sinapin 1141; $\frac{6}{3}$ (Bd. X, S. 509)
Sinapinsäure 1141; $\frac{6}{3}$ (Bd. X, S. 508)
Sinapolin 338; C_3 (Bd. IV, S. 209)
Sinigrin 4776
Sinistrin 4773
Sinkalin 353 (Bd. IV, S. 277)
Siperin 4782
Sitosten 4729 b

Sitosterin 4729b
Skatol 3070; bicycl.; k.
Skatolrot 4870
Skatonin 4807
Skimmen 4728
Skimmetin 4776
Skimmianin 4788
Skimmin 4776
Smilacin 4865
Soamin 2325; Amino-arsinsäure; Monoamino; —5; C_6; $\frac{6}{0}$
Sobrerol 550; C_{10}; $\frac{6}{1 \cdot \frac{2}{1}}$ (Bd. VI, S. 752)
Sobrerythrit 590; C_{10}; $\frac{6}{1 \cdot \frac{2}{1}}$ (Bd. VI, S. 1152)
Sojasterin 4729b
Sokaloin 4776
Sokotraloin 4776
Solanein 4796
Solanicin 4796
Solanidin 4796
Solanine 4796
Solanthsäure 4865
Solorinin 4864
Solorinsäure 4864
Solvosalkalium und -lithium 1061; zu Monooxy; —6; C_6; isocycl.; $\frac{6}{0}$ (Bd. X, S. 79)
Sophorin 4776
Soranjidiol 4865
Sorbierit 59; C_6; $\frac{6}{0}$ (Bd. I, S. 544)
Sorbin 145 (Bd. I, S. 927)
Sorbinose 145 (Bd. I, S. 927)
Sorbinsäure 164; C_6; $\frac{6}{0}$ (Bd. II, S. 483)
Sorbit 59; C_6; $\frac{6}{0}$ (Bd. I, S. 533)
Sorbose 145 (Bd. I, S. 927)
Sordidin 4864
Sozojodol 1551 (Bd. XI, S. 245)
Spaniolitmin 4869
Spartein 4788
Spartyrin 4788
Spergulin 4865
Spermin 4807
Sphäritalban 4745
Sphärophorin 4864
Sphingosin 4777
Spilanthen 4728
Spilanthol 4869
Spiräin 4776
Spirosal 1061; zu Dioxy; +2; C_2 (Bd. X, S. 81)
Spongin 4837
Spongosterin 4729c
Squamarsäure 4864
Squamatsäure 4864
S-Säure 1926
Stachydrin 3244; C_5; $\frac{5}{1}$
Stachyose 4763

Städelers Blau 1598 (Bd. XII, S. 129) (bei Anilin)
Stärke 4766
Stärkezucker 144 (Bd. I, S. 880)
Staphisagrin 4780
Staphisagroidin 4780
Staphisagroin 4780
Stearinaldehyd 87; C_{18}; $\frac{18}{0}$ (Bd. I, S. 718)
Stearinsäure 162; C_{18}; $\frac{18}{0}$ (Bd. II, S. 377)
Stearolsäure 164; C_{18}; $\frac{18}{0}$ (Bd. II, S. 495)
Stearon 87; C_{35}; $\frac{35}{0}$ (Bd. I, S. 720)
Stearophenon 640; C_{24}; $\frac{6}{18}$ (Bd. VII, S. 347)
Stearoxylsäure 287; C_{18}; $\frac{18}{0}$ (Bd. III, S. 761)
Stereocaulsäure 4864
Stibiomellogen 4872
Stictasäure 4864
Stigmasterin 4729b
Stilbazol 3087; C_{13}; bicycl.; n. k.
Stilbazolin 3065; C_{13}; bicycl.; n. k.
Stilben 480; C_{14}; bicycl.; n. k. (Bd. V, S. 630)
Stilbenchinon 677a; C_{14}; bicycl.; n. k. (Bd. VII, S. 767)
Stilbengelb 2156
Stinkasant 4745
Stocklack 4866
Storax 4745
Storesin 4745
Storesinol 4745
Stovain 908; zu Oxy-amin; Monooxy; +2; C_5; $\frac{4}{1}$ (Bd. IX, S. 175)
Strophantidin 4776
Strophantine 4776
Strophantsäure 4776
Struthin 4776
Strychnicin 4794
Strychnidin 4793
Strychnin 4793
Strychninolon 4793
Strychninolsäure 4793
Strychninonsäure 4793
Strychninsäure 4793
Strychnol 4793
Strychnolin 4793
Stryphninsäure 4156 (bei Harnsäure)
Stupp und Stuppfett 485 (Bd. V, S. 667) (bei Phenanthren)
Sturin 4833
Stycerin 580a; C_9; $\frac{6}{3}$ (Bd. VI, S. 1124)
Stylopin 4782
Styphninsäure 554; Substitutionsprod. (Bd. VI, S. 830)
Styracin 948 (Bd. IX, S. 585)
Styracit 4865
Styracol 948 (Bd. IX, S. 585)
Styrax liquidus 4745
Styresinol 4745
Styrogallol 2559; C_{16}; tetracycl.
Styrogenin 4745

Styrol 473; C_8; $\frac{6}{2}$ (Bd. V, S. 474)
Styrolenalkohol 557; C_8; $\frac{6}{2}$ (Bd. VI, S. 907)
Styron 534; C_9; $\frac{6}{3}$ (Bd. VI, S. 570)
Subcutin 1905; C_7; $\frac{6}{1}$
Suberan 452; C_7; $\frac{7}{0}$ (Bd. V, S. 29)
Subercolsäure 177; $\frac{8}{0}$ (Bd. II, S. 695) (bei $a.a'$-Dibrom-korksäure)
Suberinsäure 177; $\frac{8}{0}$ (Bd. II, S. 691)
Suberol 502; C_7; $\frac{7}{0}$ (Bd. VI, S. 10)
Suberomalsäure 242; C_8; $\frac{8}{0}$ (Bd. III, S. 458)
Suberon 612; C_7; $\frac{7}{0}$ (Bd. VII, S. 13)
Suberonsäure 893; C_8; $\frac{7}{1}$ (Bd. IX, S. 12)
Suberoterpen 455; C_7; $\frac{7}{0}$ (Bd. V, S. 115)
Suberoweinsäure 251; C_8; $\frac{8}{0}$ (Bd. III, S. 536)
Suberylen 453; C_7; $\frac{7}{0}$ (Bd. V, S. 65)
Subeston 158 (Bd. II, S. 114)
Sublamin 343 (Bd. IV, S. 234)
Succincyamid 206 (Bd. III, S. 81)
Succincyaminsäure 206 (Bd. III, S. 80)
Succinin 172 (Bd. II, S. 612)
Succinophenon 677a; C_{16}; bicycl.; n. k. (Bd. VII, S. 773)
Succinyleosin 2831; C_{16}; tetracycl.
Succinylfluorescein 2831; C_{16}; tetracycl.
Sudan I 2120
Sudan G 2126; C_6; $\frac{6}{0}$
Sulfanilsäure 1923; —6; C_6; $\frac{6}{0}$
Sulfeton 2669; C_7; bicycl.; spirocycl.
Sulfidgrün 1854; Diamin
Sulfisatanige Säure 3206 (bei Isatin)
Sulfobenzid 524; zu Monooxy; —6; C_6; isocycl.; $\frac{6}{0}$ (Bd. VI, S. 300)
Sulfokodid 4785
Sulfonal 86 (Bd. I, S. 662)
Sulfoneton 2669; C_7; bicycl.; spirocycl.
Sulfonfluorescein 2955; —26; C_{19}; pentacycl.
Sulfonsäuregrün 1854; Diamin
Sulfuvinursäure 4330; O_4; —5; C_4; $\frac{5\,(H\,1:3)}{1}$
Sumach 4776
Sumalban 4745
Sumalbaresinol 4745
Suprarenin 1870; —6; C_8; $\frac{6}{2}$
Surinamin 4788
Sycocerylalkohol 4743
Sylv... siehe Silv...
Symphytocynoglossin 4795

Synanthrin 4773
Synanthrose 4773
Syntonin 4828
Syringaaldehyd 798; C_7; $\frac{6}{1}$ (Bd. VIII, S. 391)
Syringasäure 1136 (Bd. X, S. 480)
Syringin 4776
Tagatose 145 (Bd. I, S. 930)
Taigusäure 779; C_{15}; bicycl.; k. (Bd. VIII, S. 326)
Takamahak 4745
Takamahinsäure 4745
Takamaholsäure 4745
Takelemisäure 4745
Takeleresen 4745
Takoresen 4745
Talebrarinsäure 4864
Talebrarsäure 4864
Talit 59; C_6; $\frac{6}{0}$ (Bd. I, S. 533)
Talonsäure 257; C_6; $\frac{6}{0}$ (Bd. III, S. 546)
Taloschleimsäure 266; C_6; $\frac{6}{0}$ (Bd. III, S. 576)
Talose 144 (Bd. I, S. 904)
Tampicin 4776
Tampicinsäure 4776
Tampicolsäure 223; C_{16}; x (Bd. III, S. 363)
Tanaceten 457; $\frac{5}{1\cdot 1\cdot \frac{2}{1}}$ (Bd. V, S. 141)
Tanacetin 4865
Tanacetketocarbonsäure (a-) 1284; C_{10}; $\frac{3}{2\cdot 2\cdot \frac{2}{1}}$ (Bd. X, S. 624)
Tanacetketocarbonsäure (β-) 282; C_{10}; $\frac{7}{\frac{2}{1}}$ (Bd. III, S. 740)
Tanacetketon 90; C_9; $\frac{7}{1\cdot 1}$ (Bd. I, S. 745)
Tanacetogendicarbonsäure (a-) 964; C_9; $\frac{3}{1\cdot 2\cdot \frac{2}{1}}$ (Bd. IX, S. 743)
Tanacetogendicarbonsäure (β-) 179; C_9; $\frac{6}{\frac{2}{1}}$ (Bd. II, S. 798)
Tanacetogensäure 618; k. (Bd. VII, S. 94) (bei Tanaceton)
Tanaceton 618; k. (Bd. VII, S. 93)
Tanacetophoron 616; C_8; $\frac{5}{\frac{2}{1}}$ (Bd. VII, S. 62)
Tanacetylalkohol 508; k. (Bd. VI, S. 68)
Tanghinin 4865
Tannin 4776
Tannoform 4776
Tarchonylalkohol 24; C_{50}; x (Bd. I S. 433)
Taririnsäure 164; C_{18}; $\frac{18}{0}$ (Bd. II, S. 495)
Tarkonin 4427; C_{10}; tricycl.
Tarkonsäure 4427; C_{10}; tricycl. (bei Methylbromtarkonin)
Tarnin 4427; C_{10}; tricycl. (bei Bromtarkonin)

Taroxylsäure 287; C_{18}; $\frac{18}{0}$ (Bd. III, S. 761)

Tartralsäure 250 (Bd. III, S. 507) (bei d-Weinsäure)

Tartrazin 3697; —6; C_4; $\frac{5\,(H\,1:2)}{1}$

Tartrazinsäure 3697; —6; C_4; $\frac{5\,(H\,1:2)}{1}$

Tartrelsäure 250 (Bd. III, S. 507) (bei d-Weinsäure)

Tartronsäure 239 (Bd. III, S. 415)

Tartrophthalsäure 1160; C_8; $\frac{6}{1\cdot 1}$ (Bd. X, S. 539)

Taurin 379; Monosulfonsäure; +2; C_2 (Bd. IV, S. 528)

Tauroammelid 3889; Trioxo; —3; C_3; $\frac{6\,(H\,1\ 3\ 5)}{0}$

Taurobetain 379; Monosulfonsäure; +2; C_2 (Bd. IV, S. 530)

Taurochenocholsäure 4870

Taurocholeinsäure 4870

Taurocholsäure 4870

Taurocyamin 379; Monosulfonsäure; +2; C_2 (Bd. IV, S. 530)

Taurodiammelin 3889; Trioxo; —3; C_3; $\frac{6\,(H\,1\ 3\ 5)}{0}$

Taxicatin 4776

Taxin 4780

Tectochrysin 2536; C_{15}; tricycl.

Teichmannsche Krystalle 4840

Teläscin 4776

Telfairiasäure 164; C_{18}; $\frac{18}{0}$ (Bd. II, S. 497)

Teloidin 4796

Tephrosal 4865

Tephrosin 4865

Teraconsäure 179; C_7; $\frac{5}{1\cdot 1}$ (Bd. II, S. 786)

Teracrylsäure 163; C_7; $\frac{5}{1\cdot 1}$ (Bd. II, S. 448)

Terebenthen 458; k. (Bd. V, S. 144)

Terebilensäure 2619; —6; C_7; $\frac{5}{1\cdot 1\cdot 1}$

Terebinsäure 2619; —4; B_7; $\frac{5}{1\cdot 1\cdot 1}$

Terecamphen 458; k. (Bd. V, S. 156)

Terelactonsäure 224; C_6; $\frac{5}{1}$ (Bd. III, S. 379)

Terephthalaldehyd 672; C_8; $\frac{6}{1\cdot 1}$ (Bd. VII, S. 675)

Terephthalophenon 684; C_{20}; tricycl. (Bd. VII, S. 829)

Terephthalsäure 978 (Bd. IX, S. 841)

Teresantalan 459 (Bd. V, S. 164) (bei Tricyclen)

Teresantalol 510; C_{10}; tricycl. (Bd. VI, S. 100)

Teresantalsäure 895; C_{10}; tricycl. (Bd. IX, S. 87)

Teropiammon 4475; Oxy-oxo; O_7; —21; C_{18}; pentacycl. (bei Narkotin)

Terpan (p-Menthan) 452; C_{10}; $\frac{6}{1\cdot\frac{2}{1}}$ (Bd. V, S. 47)

Terpan (Cineol) 2363; C_{10}; bicycl.; k.

Terpentin 4740

Terpentinsäure 4728

Terpenylsäure 2619; —4; C_8; $\frac{5}{1\cdot 1\cdot 2}$

Terpilenhydrür 452; C_{10}; $\frac{6}{1\cdot\frac{2}{1}}$ (Bd. V, S. 47)

Terpilenol 507; $\frac{6}{1\cdot\frac{2}{1}}$ (Bd. VI, S. 56)

Terpilonsäure 184; C_9; x (Bd. II, S. 840)

Terpin 549; C_{10}; $\frac{6}{1\cdot\frac{2}{1}}$ (Bd. VI, S. 745)

Terpinen (α-) 457; $\frac{6}{1\cdot\frac{2}{1}}$ (Bd. V, S. 126)

Terpinen (β-) 457; $\frac{6}{1\cdot\frac{2}{1}}$ (Bd. V, S. 132)

Terpinen (γ-) 457; $\frac{6}{1\cdot\frac{2}{1}}$ (Bd. V, S. 128)

Terpinenol 507; $\frac{6}{1\cdot\frac{2}{1}}$ (Bd. VI, S. 55, 60)

Terpinenterpin 549; C_{10}; $\frac{6}{1\cdot\frac{2}{1}}$ (Bd. VI, S. 744)

Terpineol (α-) 507; $\frac{6}{1\cdot\frac{2}{1}}$ (Bd. VI, S. 56)

Terpineol (β-) 507; $\frac{6}{1\cdot\frac{2}{1}}$ (Bd. VI, S. 62)

Terpineol (γ-) 507; $\frac{6}{1\cdot\frac{2}{1}}$ (Bd. VI, S. 61)

Terpinhydrat 549: C_{10}; $\frac{6}{1\cdot\frac{2}{1}}$ (Bd. VI, S. 745)

Terpinol 507; $\frac{6}{1\cdot\frac{2}{1}}$ (Bd. VI, S. 56)

Terpinolen 457; $\frac{6}{1\cdot\frac{2}{1}}$ (Bd. V, S. 133)

Terra japonica 4865

Tetanin 4807

Tetrabase (Tetramethyl-p-phenylendiamin) 1768; zu Monooxy; +2; C_1

Tetra-o-homosalicylid 1072; $\frac{6}{1\cdot 1}$ (Bd. X, S. 222) (bei o-Kresotinsäure)

Tetra-p-homosalicylid 1072; $\frac{6}{1\cdot 1}$ (Bd. X, S. 228) (bei p-Kresotinsäure)

Tetra-o-kresotid 1072; $\frac{6}{1\cdot 1}$ (Bd. X, S. 222) (bei o-Kresotinsäure)

Tetra-p-kresotid 1072; $\frac{6}{1 \cdot 1}$ (Bd. X, S. 228) (bei p-Kresotinsäure)
Tetraldan 113; C_4; $\frac{4}{0}$ (Bd. I, S. 826) (bei Aldol)
Tetralin 473; C_{10}; bicycl.; k. (Bd. V, S. 491)
Tetramethylbase (4.4′-Bis-dimethylaminodiphenylmethan) 1787; C_{13}; bicycl.; n. k.
Tetramsäure 3201; C_4; $\frac{5}{0}$
Tetraphenol 2364; C_4; $\frac{5}{0}$
Tetrarin 4776
Tetrasalicylid 1057 (Bd. X, S. 62) (bei Salicylsäure)
Tetraterpen 480; C_{40}; x (Bd. V, S. 655)
Tetrathiopenton 83 (Bd. I, S. 647) (bei Aceton)
Tetrinsäure 2475; C_5; $\frac{5}{1}$
Tetrol 2364; C_4; $\frac{5}{0}$
Tetrolsäure 164; C_4 (Bd. II, S. 479)
Tetronal 87; C_5; $\frac{5}{0}$ (Bd. I, S. 681)
Tetronerythrin 4877
Tetronsäure 2475; C_4; $\frac{5}{0}$
Tetruret 205 (Bd. III, S. 73)
Teucrin 4776
Teufelsdreck 4745
Thalictrin 4782
Thalleiochinolin 3423; C_9; bicycl.; k.
Thallin 3112; C_9; bicycl.; k.
Thamnolinsäure 4864
Thamnolsäure 4864
Thapsiasäure 178; C_{16}; x (Bd. II, S. 733)
Thebain 4786
Thebainol 4786
Thebainon 4786
Thebaizon (α-) 4786
Thebaol 586; C_{14}; tricycl. (Bd. VI, S. 1141)
Thebaolchinon 830; C_{14}; tricycl. (Bd. VIII, S. 519)
Thebenidin 1870; —18; C_{16}; tricycl.
Thebenin 1870; —18; C_{16}; tricycl.
Thebenol 2407; C_{16}; tetracycl.
Thein 4136
Theobromin 4136
Theobromursäure 4136 (bei Theobromin)
Theolactin 4136
Theophyllin 4136
Thermiol 950; C_9; $\frac{3}{6}$ (Bd. IX, S. 634)
Theursäure 4136
Theveresin 4776
Thevetin 4776
Thialdin 4397; C_6; $\frac{6 (O \cdot O \quad N = 1 \quad 3 \quad 5)}{1 \cdot 1 \cdot 1}$

Thianisoinsäure 534; C_9; $\frac{6}{3}$ (Bd. VI, S. 568) (bei Anethol)
Thianthren 2676; C_{12}; tricycl.
Thiazol 4192; C_3; $\frac{5 (H\ 1\ 3)}{0}$
Thiobenzaldin 4409; C_{21}; tetracycl.
Thiocarmin 4367; C_{12}; tricycl.
Thiochinanthren 4633; C_{18}; pentacycl.
Thiochronsäure 1563; C_6; $\frac{6}{0}$ (Bd. XI, S. 302)
Thiodiazol 4488; C_2; $\frac{5}{0}$
Thiodin 338; C_3 (Bd. IV, S. 213)
Thioindigo (Thioindigorot) $C_{16}H_8O_2S_2$ 2769; C_{16}; tetracycl.
Thionaphthalin 2369; C_{10}; tricycl.
Thionaphthen 2367; C_8; bicycl.; k.
Thionaphthenchinon 2479; C_8; bicycl.; k.
Thionessal 2377; —36; C_{28}; pentacycl.
Thionin 4367; C_{12}; tricycl.
Thionol 4251; C_{12}; tricycl.
Thionolin 4382; Monooxy; —15; C_{12}; tricycl.
Thionursäure 3774; Trioxo; —4; C_4; $\frac{6 (H\ 1 \cdot 3)}{0}$
Thiophaninsäure 4864
Thiophansäure 4864
Thiophen 2364; C_4; $\frac{5}{0}$
Thiophengrün 2642; Monooxy; —20; C_{17}; tricycl.
Thiophenin 2364; C_4; $\frac{5}{0}$
Thiophensäure 2574; C_5; $\frac{5}{1}$
Thiophthen 2672; C_6; bicycl.
Thiorufinsäure 280 (Bd. III, S. 653) (bei Acetessigester)
Thiosinamin 338; C_3 (Bd. IV, S. 211)
Thiotenol 2460; C_5; $\frac{5}{1}$
Thiotolen 2364; C_5; $\frac{5}{1}$
Thiotolensäure 2574; C_6; $\frac{5}{1 \cdot 1}$
Thioxan -(1.4) 2668; C_4; $\frac{6 (H\ 1:4)}{0}$
Thioxen (o- und m-) 2364; C_6; $\frac{5}{1 \cdot 1}$
Thiuramdisulfid 218 (Bd. III, S. 219)
Thiuramsulfid 218 (Bd. III, S. 219)
Thiuret 4445; —3; C_2; $\frac{5}{0}$
Threonsäure 237; C_4; $\frac{4}{0}$ (Bd. III, S. 412)
Threose 124; C_4; $\frac{4}{0}$ (Bd. I, S. 855)
Thujaketon 90; C_9; $\frac{7}{1 \cdot 1}$ (Bd. I, S. 745)
Thujaketonsäure (α-) 1284; C_{10}; $\frac{3}{2 \cdot 2 \cdot \frac{2}{1}}$ (Bd. X, S. 624)
Thujaketonsäure (β-) 282; C_{10}; $\frac{7}{\frac{2}{1}}$ (Bd. III, S. 740)

Thujamenthen 453; C_{10}; $\frac{5}{1\cdot 1\cdot\frac{2}{1}}$ (Bd. V, S. 91)

Thujamenthoketonsäure 281; C_{10}; $\frac{6}{1\cdot\frac{2}{1}}$ (Bd. III, S. 722)

Thujamenthol 503; $\frac{5}{1\cdot 1\cdot\frac{2}{1}}$ (Bd. VI, S. 44)

Thujamenthon 613; $\frac{5}{1\cdot 1\cdot\frac{2}{1}}$ (Bd. VII, S. 46)

Thujan 453; C_{10}; bicycl.; k. (Bd. V, S. 93)
Thujen (α-) 458; k. (Bd. V, S. 142)
Thujen (β-) 458; k. (Bd. V, S. 143)
Thujetin 4776
Thujetinsäure 4776
Thujigenin 4865
Thujin 4776
Thujon 618; k. (Bd. VII, S. 92)
Thujonamin (β-) 3047; C_{10}; bicycl.; k.
Thujylalkohol 508; k. (Bd. VI, S. 68)
Thymamin 4833
Thymin 3588; C_5; $\frac{6\,(H\,1:3)}{1}$
Thyminsäure 4843
Thymochinon 671a; C_{10}; $\frac{6}{1\cdot\frac{2}{1}}$ (Bd.VII, S. 662)

Thymodialdehyd 776; C_{12}; $\frac{6}{1\cdot 1\cdot 1\cdot\frac{2}{1}}$ (Bd.VIII, S. 295)

Thymol 532 (Bd. VI, S. 532)
Thymolchroin 1855; C_{10}; $\frac{6}{1\cdot\frac{2}{1}}$

Thymomenthol 503; $\frac{6}{1\cdot\frac{2}{1}}$ (Bd. VI, S. 42)

Thymomenthon 613; $\frac{6}{1\cdot\frac{2}{1}}$ (Bd. VII, S. 43)

Thymooxycuminsäure 1074; $\frac{6}{1\cdot\frac{2}{1}}$ (Bd. X, S. 272)

Thymophenochinon 671 (Bd. VII, S. 616) (bei p-Chinon)
Thymotid 2767; C_{22}; tricycl.
Thymotinaldehyd (p-) 748; C_{11}; $\frac{6}{1\cdot 1\cdot\frac{2}{1}}$ (Bd. VIII, S. 124)

Thymotinalkohol (p-) 557; C_{11}; $\frac{6}{1\cdot 1\cdot\frac{2}{1}}$ (Bd. VI, S. 949)

Thymotinsäure (o-) 1075; $\frac{6}{1\cdot 1\cdot\frac{2}{1}}$ (Bd. X, S. 280)

Thymotinsäure (p-) 1075; $\frac{6}{1\cdot 1\cdot\frac{2}{1}}$ (Bd. X, S. 281)

Thymushiston 4832
Thyreoglobulin 4828
Thyresol 533; C_{15} (Bd. VI, S. 557)
Tiglicerinsäure 230; C_5; $\frac{4}{1}$ (Bd. III, S. 401)

Tiglinaldehyd 90; C_5; $\frac{4}{1}$ (Bd. I, S. 733)
Tiglinsäure 163; C_5; $\frac{4}{1}$ (Bd. II, S. 430)
Tiglylalkohol 25; C_5; $\frac{4}{1}$ (Bd. I, S. 444)
Tiliadin 4865
Tolan 481a; C_{14}; bicycl.; n. k. (Bd. V, S. 656)
Tolidine 1787; C_{14}; bicycl.; n. k.
Tolil (m- und p-) 677a; C_{16}; bicycl.; n. k. (Bd. VII, S. 774)
Tolilsäure (p-) 1089; C_{16}; bicycl.; n. k. (Bd. X, S. 352)
Toluchinol 741; C_7; $\frac{6}{1}$ (Bd. VIII, S. 17)
Toluchinon 671a; C_7; $\frac{6}{1}$ (Bd. VII, S. 645)
Toluen 466 (Bd. V, S. 280)
Toluidin (m-) 1682
Toluidin (o-) 1672
Toluidin (p-) 1683
Toluoin (o- und p-) 752; C_{16}; bicycl.; n. k. (Bd. VIII, S. 186)
Toluol 466 (Bd. V, S. 280)
Toluroflavin (o-) 941; $\frac{6}{1\cdot 1}$ (Bd. IX, S. 465) (bei o-Tolursäureäthylester)
Toluroflavin (p-) 941; $\frac{6}{1\cdot 1}$ (Bd. IX, S. 487) (bei p-Tolursäureäthylester)
Tolursäure (m-) 941; $\frac{6}{1\cdot 1}$ (Bd. IX, S. 477)
Tolursäure (o-) 941; $\frac{6}{1\cdot 1}$ (Bd. IX, S. 465)
Tolursäure (p-) 941; $\frac{6}{1\cdot 1}$ (Bd. IX, S. 487)
Toluylaldehyd (m-) 640; C_8; $\frac{6}{1\cdot 1}$ (Bd. VII, S. 296)
Toluylaldehyd (o-) 640; C_8; $\frac{6}{1\cdot 1}$ (Bd. VII, S. 295)
Toluylaldehyd (p-) 640; C_8; $\frac{6}{1\cdot 1}$ (Bd. VII, S. 297)
Toluylen 480; C_{14}; bicycl.; n. k. (Bd. V, S. 630)
Toluylenblau 1874; —8; C_7; $\frac{6}{1}$
Toluylenrot 3747; tricycl.
Toluylenviolett 1778; $\frac{6}{1}$
Toluylsäure (α-) 941; $\frac{6}{2}$ (Bd. IX, S. 431)
Toluylsäure (m-) 941; $\frac{6}{1\cdot 1}$ (Bd. IX, S. 475)
Toluylsäure (o-) 941; $\frac{6}{1\cdot 1}$ (Bd. IX, S. 462)
Toluylsäure (p-) 941; $\frac{6}{1\cdot 1}$ (Bd. IX, S. 483)
Tolylsulton 2672; C_7; bicycl.
Tormentillrot 4865
Toxigenon 4776
Tragantanxylanbassorinsäure 4769
Traganth 4769
Tragantose 135; x (Bd. I, S. 870)

Traubensäure 250 (Bd. III, S. 522)
Traubenzucker 144 (Bd. I, S. 879)
Trèfle, Trefol 1061; zu Monooxy; +2; C_5; $\frac{4}{1}$ (Bd. X, S. 76)
Trehalose 4757
Trehalum 4773
Triacetonalkadiamin 354; C_9; $\frac{7}{1\cdot 1}$ (Bd. IV, S. 301)
Triacetonamin 3179; C_9; $\frac{6}{1\cdot 1\cdot 1}$
Triacetondiamin 358; ± 0; C_9; $\frac{7}{1\cdot 1}$ (Bd. IV, S. 325)
Triacetsäure 287; C_6; $\frac{6}{0}$ (Bd. III, S. 750)
Triazolon 3872; C_2; $\frac{5}{0}$
Tricarballylsäure 184; C_6; $\frac{5}{1}$ (Bd. II, S. 815)
Trichlorphenomalsäure 282; C_5; $\frac{5}{0}$ (Bd. III, S. 732)
Tricyclen 459 (Bd. V, S. 164)
Tricyclensäure 895; C_{10}; tricycl. (Bd. IX, S. 86)
Tricyclooksantalsäure 895; C_{12}; tricycl. (Bd. IX, S. 90)
Trifulmin 4687; —3; C_3; tetracycl.
Trigensäure 3888; —1; C_4; $\frac{6\,(\text{H}\,1\cdot 3\cdot 5)}{1}$
Triglykolamidsäure 364 (Bd. IV, S. 369)
Trigonellin 3249; $\frac{6}{1}$
Triguanid 3889; Trioxo; —3; C_3; $\frac{6\,(\text{H}\,1\cdot 3\cdot 5)}{0}$
Trimellitsäure 1008; C_9; $\frac{6}{1\cdot 1\cdot 1}$ (Bd. IX, S. 977)
Trimesinsäure 1008; C_9; $\frac{6}{1\cdot 1\cdot 1}$ (Bd. IX, S. 978)
Trimesitinsäure 3310; $\frac{6}{1\cdot 1\cdot 1}$
Trimorpholin 4473; —3; C_6; tricycl.
Trional 87; C_4; $\frac{4}{0}$ (Bd. I, S. 671)
Triphendioxazin 4633; C_{18}; pentacycl.
Triphloretid 1073; $\frac{6}{3}$ (Bd. X, S. 245) (bei Phloretinsäure)
Triphloroglucichlorid 580 (Bd. VI, S. 1100) (bei Phloroglucin)
Triphloroglucid 580 (Bd. VI, S. 1100) (bei Phloroglucin)
Tritan 487; C_{19}; tricycl. (Bd. V, S. 698)
Trithioaceton 2952; ± 0; C_9; $\frac{6\,(\text{H}\,1:3:5)}{1\cdot 1\cdot 1\cdot 1\cdot 1\cdot 1}$
Trithioformaldehyd 2952; ± 0; C_3; $\frac{6\,(\text{H}\,1:3:5)}{0}$
Triticin 4773
Triticonucleinsäure 4818
Triuret 3889; Trioxo; —3; C_3; $\frac{6\,(\text{H}\,1:3:5)}{0}$
Tropacocain 3108
Tropäolin 0 2152
Tropäolin 000 2152

Tropäolin 000 Nr. 2 (= Orange II) 2152
Tropäolin D 2172
Tropäolinsäure 1698
Tropan 3047; C_7; bicycl.; k.
Tropanin 3047; C_7; bicycl.; k.
Tropasäure 1073; $\frac{6}{\frac{2}{1}}$ (Bd. X, S. 261)
Tropeine 3108
Tropid 2767; C_{18}; tricycl.
Tropidin 3048; C_7; bicycl.; k.
Tropigenin 3108
Tropilen 616; C_7; $\frac{7}{0}$ (Bd. VII, S. 54)
Tropiliden 465a; C_7; $\frac{7}{0}$ (Bd. V, S. 280)
Tropin 3108
Tropin (α-) 3105; C_7; $\frac{6}{2}$
Tropinon 3180; C_7; bicycl.; k.
Tropinsäure 3274; C_7; $\frac{5}{1\cdot 2}$
Tropolin 3108
Truxen 494; C_{27}; heptacycl. (Bd. V, S. 752)
Truxillin 3326
Truxillsäure (α-) 994; C_{18}; tricycl. (Bd. IX, S. 952)
Truxillsäure (β-) 994; C_{18}; tricycl. (Bd. IX, S. 951)
Truxillsäure (γ-) 994; C_{18}; tricycl. (Bd. IX, S. 956)
Truxillsäure (δ-) 994; C_{18}; tricycl. (Bd. IX, S. 952)
Truxillsäure (ε-) 994; C_{18}; tricycl. (Bd. IX, S. 957)
Truxinsäure (β-) 994; C_{18}; tricycl. (Bd. IX, S. 951)
Truxinsäure (δ-) 994; C_{18}; tricycl. (Bd. IX, S. 952)
Truxon 994; C_{18}; tricycl. (Bd. IX, S. 953) (bei α-Truxillsäure)
Tryllerscher Körper 4641; —6; bicycl.
Trypsinfibrinpepton 4831
Trypsinglutinpepton 4831
Tryptophan 3436; C_{11}; bicycl.; k.
Tuberon 620; C_{13}; x (Bd. VII, S. 171)
Tubocurarin 4794
Tulucunin 4865
Turacin 4870
Turanose 4757
Turmerol 4728
Turnbulls Blau 156 (Bd. II, S. 79, 80)
Turpethein 4776
Turpethin 4776
Turpethinsäure 4776
Turpetholsäure 4776
Tutin 4776
Tylmarin 1081; $\frac{6}{3}$ (Bd. X, S. 290)
Typhotoxin 4807
Tyrosamin 1855; C_8; $\frac{6}{2}$
Tyrosin 1911; —8; C_9; $\frac{6}{3}$

Ulexin 4788

Ulmaren 1061; zu Monooxy; $+2$; C_5; $\frac{4}{1}$ (Bd. X, S. 76)

Umbelliferon 2511; C_9; bicycl.; k.

Umbellsäure 1112; $\frac{6}{3}$ (Bd. X, S. 434)

Umbellularsäure 964; C_8; $\frac{3}{1\cdot 1\cdot \frac{2}{1}}$ (Bd. IX, S. 738)

Umbellulon 620; C_{10}; bicycl.; k. (Bd. VII, S. 159)

Umbellulonsäure 1284; C_9; $\frac{3}{1\cdot 2\cdot \frac{2}{1}}$ (Bd. X, S. 617)

Umbilicarinsäure 4864
Umbilicarsäure 4864
Uncinatsäure 4864

Uracil 3588; C_4; $\frac{6\,(H\,1\;3)}{0}$

Uramil 3774; Trioxo; -4; C_4; $\frac{6\,(H\,1\;3)}{0}$

Urasterin 4870

Urazol 3888; -1; C_2; $\frac{5\,(H\,1\;2\cdot 4)}{0}$

Urechitin 4776
Urechitoxin 4776
Urethan 201 (Bd. III, S. 22)
Urethylan 201 (Bd. III, S. 21)
Uretropin 3108
Urinilsäure 4156 (bei Harnsäure)
Urobilin 4870

Urobutyrchloralsäure 87; C_4; $\frac{4}{0}$ (Bd. I, S. 664) (bei Butyrchloral)

Urocanin 4870
Urocaninsäure 4870
Urochloralsäure 79 (Bd. I, S. 620) (bei Chloral)
Urochrom 4870
Uroferrinsäure 4870
Urogen 4866
Urogol 4866
Urogon 4866

Urol 1159; C_7; $\frac{6}{1}$ (Bd. X, S. 537)

Uroleucinsäure 1106; $\frac{6}{2}$ (Bd. X, S. 407)

Uromelanin 4870
Uronitrotoluolsäure 466 (Bd. V, S. 321) (bei o-Nitro-toluol)
Uropittin 4870
Urorosein 4870
Urorubin 3599

Urosulfinsäure 3637; -4; C_4; $\frac{6\,(H\,1\cdot 3)}{0}$

Urotropin 75 (Bd. I, S. 583)
Uroxansäure 292; C_3 (Bd. III, S. 767)
Ursocholeinsäure 4866
Urson 4865
Urushiol 4745
Usnarinsäure 4864
Usnarsäure 4864
Usneol 4864

Usnetinsäure 4864
Usnetol 4864
Usnidinsäure 4864
Usnidol 4864
Usnin 4773
Usninsäure 4864
Usnolsäure 4864

Uvinsäure 2574; C_7; $\frac{5}{1\cdot 1\cdot 1}$

Uvitinsäure 979; $\frac{6}{1\cdot 1\cdot 1}$ (Bd. IX, S. 864)

Uvitoninsäure 3280; $\frac{6}{1\cdot 1\cdot 1}$

Valdivin 4776

Valeriansäure 162; C_5; $\frac{5}{0}$ (Bd. II, S. 299)

Valeritrin 3056; C_{15}; $\frac{6}{\frac{2}{1}\cdot \frac{2}{1}\cdot \frac{3}{1}}$

Valerolactinsäure 223; C_5; $\frac{5}{0}$ (Bd. III, S. 320)

Valeron 87; C_9; $\frac{7}{1\cdot 1}$ (Bd. I, S. 710)

Valerophenon 640; C_{11}; $\frac{6}{5}$ (Bd. VII, S. 327)

Valerylen 12; C_5; x (Bd. I, S. 252)

Validol 503; $\frac{6}{1\cdot \frac{2}{1}}$ (Bd. VI, S. 33)

Valin 367; $\frac{4}{1}$ (Bd. IV, S. 427)

Valylen 13; C_5; x (Bd. I, S. 263)
Vanillin 773 (Bd. VIII, S. 247)

Vanillinsäure 1105; $\frac{6}{1}$ (Bd. X, S. 392)

Vanillylalkohol 580a; C_7; $\frac{6}{1}$ (Bd. VI, S. 1113)

Variolarsäure 4864
Vasculose 4865
Vellosin 4795
Ventilagin 4865
Ventosarsäure 4864
Veratralbin 4780
Veratridin 4780
Veratril 851; C_{14}; bicycl.; n. k. (Bd. VIII, S. 542)
Veratrin 4780
Veratroin (aus Veratridin) 4780
Veratrol 553; zu Monooxy; $+2$; C_1 (Bd. VI, S. 771)
Veratrumaldehyd 773 (Bd. VIII, S. 255)

Veratrumsäure 1105; $\frac{6}{1}$ (Bd. X, S. 393)

Veratrylalkohol 580a; C_7; $\frac{6}{1}$ (Bd. VI, S. 1113)

Verbascum-Sapogenin 4776
Verbascum-Saponin 4776
Verbenalin 4776
Verbenon 620; C_{10}; bicycl.; k. (Bd. VII, S. 161)
Verin 4780
Vernin 4776

Veronal 3618; C_8; $\frac{6\,(H\,1\;3)}{2\cdot 2}$

Vesalthin 4807a
Vesipyrin 1061; zu Monooxy; −6; C_6; isocycl.; $\frac{6}{0}$ (Bd. X, S. 79)
Vestrylamin 1595; C_{10}; $\frac{6}{1 \cdot \frac{2}{1}}$ (Bd. XII, S. 38)
Vesuvin 1756
Vetiven 471; x (Bd. V, S. 461)
Vetivenol 4728
Vicianin 4776
Vicilin 4812
Vicin 4776
Viferral 79 (Bd. I, S. 618) (bei Chloral)
Vignin 2812
Viktoriablau (B, IV R) 1868; −28; C_{23}; tetracycl.
Vinaconsäure 964; C_5; $\frac{3}{1 \cdot 1}$ (Bd. IX, S. 721)
Vincetoxin 4776
Vinopyrin 1843; zu Monooxy; +2; C_2
Violanilin 1598 (Bd. XII, S. 129) (bei Anilin)
Violantin 3627
Violaquercitrin 4776
Violein 2568; −30; C_{20}; pentacycl.
Violursäure 3627
Viridin 3056; C_{12}; x
Viridin, Farbbase des 1865
Viridinin 4807
Viscose (Cellulosexanthogenat) 4771
Viscose (Dextran) 4773
Vitellin, pflanzliches 4812
Vitellin, tierisches 4846
Vitellolutein 4866
Vitellorubein 4866
Vitexin 4865
Vitiatin 4807
Vitin 4865
Volemit 64; C_7; x (Bd. I, S. 549)
Volemose 149; ± 0; C_7; x (Bd. I, S. 936)
Volemulose 149; ± 0; C_7; x (Bd. I, S. 936)
Vulpinsäure 2620; −24; C_{18}; tricycl.
Waras 4865
Weihrauch 4745
Weingeist 20 (Bd. I, S. 292)
Weinsäure 250 (Bd. III, S. 481)
Williamsons Violett 156 (Bd. II, S. 79)
Wintergrünöl 1061; zu Monooxy; +2; C_1 (Bd. X, S. 70)
Wrightin 4795
Xanthalin 4787
Xanthanwasserstoff 4445; −3; C_2; $\frac{5}{0}$
Xanthen 2370; C_{13}; tricycl.
Xanthin 4136
Xanthinin 3774; Trioxo; −4; C_4; $\frac{6 \, (H \, 1 \cdot 3)}{0}$
Xanthion 2467; C_{13}; tricycl.
Xanthochelidonsäure 303; C_7; $\frac{7}{0}$ (Bd. III, S. 859)

Xanthochinsäure 3340; bicycl.; k.
Xanthoeridol 4865
Xanthogallol 578 (Bd. VI, S. 1078) (bei Pyrogallol)
Xanthogallolsäure 578 (Bd. VI, S. 1079) (bei Pyrogallol)
Xanthogensäure 218 (Bd. III, S. 209)
Xanthokreatinin 4807
Xanthomicrol 4865
Xanthon 2467; C_{13}; tricycl.
Xanthophansäure 318; −4; C_5; $\frac{4}{1}$ (Bd. III, S. 880) (bei α-Äthoxymethylen-acetessigsäure-äthylester)
Xanthophyll 4861a
Xanthopurpurin 806 (Bd. VIII, S. 448)
Xanthoresinotannol 4743
Xanthorhamnin 4776
Xanthoroccellin 4864
Xanthostrychnol 4793
Xanthoxalanil 3633; Pentaoxo; −12; C_8; bicycl.
Xanthoxylen 4728
Xanthoxylin 4865
Xanthydrol 2388; C_{13}; tricycl.
Xeronsäure 179; C_8; $\frac{6}{1 \cdot 1}$ (Bd. II, S. 794)
Xylamin 356; Tetraoxy; +2; C_5; $\frac{5}{0}$ (Bd. IV, S. 305)
Xylan 4773
Xylanbassorinsäure 4769
Xylene s. Xylole
Xylenole 529; $\frac{6}{1 \cdot 1}$ (Bd. VI, S. 480, 485, 486, 492, 494)
Xylidine 1704; $\frac{6}{1 \cdot 1}$
Xylidinsäure 979; $\frac{6}{1 \cdot 1 \cdot 1}$ (Bd. IX, S. 863)
Xylindein 4863
Xylit 54; C_5; $\frac{5}{0}$ (Bd. I, S. 531)
Xylitöl 83 (Bd. I, S. 647) (bei Aceton)
Xyliton 83 (Bd. I, S. 647) (bei Aceton)
Xylochinol (m-) 741; C_8; $\frac{6}{1 \cdot 1}$ (Bd. VIII, S. 22)
Xylochinol (o-) 741; C_8; $\frac{6}{1 \cdot 1}$ (Bd. VIII, S. 21)
Xylochinone 671a; C_8; $\frac{6}{1 \cdot 1}$ (Bd. VII, S. 655, 657, 658)
Xylochloralose 2734; −2; C_7; bicycl.
Xylochloralsäure 2890; −2; C_7; bicycl.
Xyloketose 134 (Bd. I, S. 870)
Xylol (m-) 467; $\frac{6}{1 \cdot 1}$ (Bd. V, S. 370)
Xylol (o-) 467; $\frac{6}{1 \cdot 1}$ (Bd. V, S. 362)
Xylol (p-) 467; $\frac{6}{1 \cdot 1}$ (Bd. V, S. 382)

Xylonsäure 248; C_5; $\frac{5}{0}$ (Bd. III, S. 475)

Xylopikrinsäure 529; $\frac{6}{1\cdot 1}$ (Bd. VI, S. 493)

Xylorcin (m-) 557; C_8; $\frac{6}{1\cdot 1}$ (Bd. VI, S. 912)

Xylorcin (p-) 557; C_8; $\frac{6}{1\cdot 1}$ (Bd. VI, S. 918)

Xylose 133 (Bd. I, S. 865)

Xylostein 4776

Xylylsäuren 942; $\frac{6}{1\cdot 1\cdot 1}$ (Bd. IX, S. 531, 534, 535, 536)

Yangonasäure 4865

Yangonin 4865

Yangonol 4865

Yohimbenin 4806

Yohimbin 4806

Yohimbinsäure 4806

Yohimboasäure 4806

Yuceleresen 4745

Zanaloin 4776

Zein 4813

Zeorin 4864

Zeorinin 4864

Zeorsäure 4864

Zimtaldehyd 643 (Bd. VII, S. 348)

Zimtalkohol 534; C_9; $\frac{6}{3}$ (Bd. VI, S. 570)

Zimtsäure 948 (Bd. IX, S. 572)

Zingiberen 471; x (Bd. V, S. 461)

Zuckersäure (Oxalsäure) 170 (Bd. II, S. 502)

Zuckersäure (Tetraoxyadipinsäure) 266; C_6; $\frac{6}{0}$ (Bd. III, S. 577)

Zymphen 1145; C_{10}; $\frac{6}{\frac{3}{1}}$ (Bd. X, S. 520)

Alphabetisches Klassenregister.

Acetale.

Acetale R·CH(O·R')$_2$ sind entweder als Derivate des Aldehyds R·CHO oder als solche der Oxy-Verbindung R'·OH eingeordnet, je nachdem der Aldehyd oder die Oxy-Verbindung im System die spätere Stelle einnimmt. Beispiele: Benzaldehyd-dimethylacetal C$_6$H$_5$·CH(O·CH$_3$)$_2$ s. Syst. No. 624 (Bd. VII, S. 209) unter den Derivaten des Benzaldehyds; Acetaldehyd-diphenylacetal CH$_3$·CH(O·C$_6$H$_5$)$_2$ s. Syst. No. 515 (Bd. VI, S. 150) unter den Derivaten des Phenols.

Acetale der Ketone R·C(O·R'')$_2$·R' sind analog behandelt.

Äther.

Äther R·O·R sind als funktionelle Derivate der Oxy-Verbindung R·OH eingeordnet. Beispiel: Diäthyläther C$_2$H$_5$·O·C$_2$H$_5$ s. Syst. No. 21 (Bd. I, S. 314) unter den Derivaten des Äthylalkohols.

Äther der Form R·O·R' sind entweder als Derivate von R·OH oder als solche von R'·OH eingeordnet, je nachdem R·OH oder R'·OH im System die spätere Stelle einnimmt. Beispiele: n-Heptyl-phenyl-äther CH$_3$·[CH$_2$]$_6$·O·C$_6$H$_5$ s. Syst. No. 514 (Bd. VI, S. 144) unter den Derivaten des Phenols. Methyläthersalicylsäure CH$_3$·O·C$_6$H$_4$·CO$_2$H s. Syst. No. 1059 (Bd. X, S. 64) unter den Derivaten der Salicylsäure; Phenyläthergykolsäure C$_6$H$_5$·O·CH$_2$·CO$_2$H s. Syst. No. 516 (Bd. VI, S. 161) unter den Derivaten des Phenols. [2-Amino-phenyl]-benzyl-äther H$_2$N·C$_6$H$_4$·O·CH$_2$·C$_6$H$_5$ s. Syst. No. 1829 unter den Derivaten des 2-Aminophenols.

Ätherische Öle.

Ätherische Öle s. Syst. No. 4726—4729.

Aldazine.

Aldazine sind bei den zugehörigen Aldehyden als Hydrazin-Derivate eingeordnet. Beispiel: Benzaldazin C$_6$H$_5$·CH:N·N:CH·C$_6$H$_5$ s. Syst. No. 632 (Bd. VII, S. 225) unter den Derivaten des Benzaldehyds.

Aldehyde.

Siehe: Oxo-Verbindungen.

Aldehydsäuren.

Siehe: Oxo-carbonsäuren.

Aldime (Aldimide).

Aldime R·CH:NH sind bei den zugehörigen Aldehyden R·CHO als Ammoniak-Derivate eingeordnet. Beispiel: Salicylaldim HO·C$_6$H$_4$·CH:NH s. Syst. No. 744 (Bd. VIII, S. 46) unter den Derivaten des Salicylaldehyds.

Aldime der Form R·CH:N·R' sind entweder als Derivate des Aldehyds R·CHO oder als solche des Amins R'·NH$_2$ eingeordnet, je nachdem der Aldehyd oder das Amin im System die spätere Stelle einnimmt. Beispiele: Benzaldehyd-äthylimid C$_6$H$_5$·CH:N·C$_2$H$_5$ s. Syst. No. 630 (Bd. VII, S. 213) unter den Derivaten des Benzaldehyds; Acetaldehyd-äthylimid CH$_3$·CH:N·C$_2$H$_5$ s. Syst. No. 336 (Bd. IV, S. 107) unter den Derivaten des Äthylamins.

Aldosen.

Aldosen sind als acyclische Oxy-oxo-Verbindungen (s. S. 238) unter diese eingereiht. Beispiel: Mannose C$_6$H$_{12}$O$_6$ s. Syst. No. 444. (Bd. I, S. 905).

Aldoxime.

Aldoxime sind bei den zugehörigen Aldehyden als Hydroxylamin-Derivate eingeordnet. Beispiele: Acetaldoxim $CH_3 \cdot CH:N \cdot OH$ s. Syst. No. 78 (Bd. I, S. 608); Salicylaldoxim $HO \cdot C_6H_4 \cdot CH:N \cdot OH$ s. Syst. No. 744 (Bd. VIII, S. 49); Phthalaldehydsäure-oxim $HO_2C \cdot C_6H_4 \cdot CH:N \cdot OH$ s. Syst. No. 1289 (Bd. X, S. 669); Furfuraldoxim $C_4H_3O \cdot CH:N \cdot OH$ s. Syst. No. 2461.

Alkaloide.

Alkaloide, deren Konstitution so weit bekannt war, daß die Einordnung in das System erfolgen konnte, sind systematisch eingeordnet; die übrigen finden sich in der IV. Hauptabteilung (Naturstoffe) Syst. No. 4778—4807. Beispiele: Coniin (2-Propyl-piperidin) s. Syst. No. 3043 unter den Stammkernen mit 1 cyclisch gebundenen N-Atom; Brucin s. Syst. No. 4792 unter den Alkaloiden unbekannter Konstitution.

Alkohole.
Siehe: Oxy-Verbindungen.

Alkylhaloide.

Alkylhaloide sind bei den Kohlenwasserstoffen, die aus ihnen durch Austausch von Halogen gegen Wasserstoff entstehen, als Substitutionsprodukte eingeordnet. Beispiele: Äthylchlorid C_2H_5Cl s. Syst. No. 8 (Bd. I, S. 82) unter den Derivaten des Äthans; Benzylchlorid $C_6H_5 \cdot CH_2Cl$ s. Syst. No. 466 (Bd. V, S. 292) unter den Derivaten des Toluols.

Aluminium-Verbindungen mit direkter Bindung C—Al.

Acyclische Aluminium-Verbindungen s. Syst. No. 435 (Bd. IV, S. 643) [z. B. Aluminiumtriäthyl $(C_2H_5)_3Al$].

Isocyclische Aluminium-Verbindungen s. Syst. No. 2336a.

Heterocyclische Aluminium-Verbindungen (mit extranuclear gebundenem Al) s. bei den einzelnen Heteroklassen.

Amide.

Amide von Carbonsäuren $R \cdot CO \cdot NH_2$ sind bei den zugehörigen Sauren als Ammoniak-Derivate eingeordnet. Beispiel: Benzamid $C_6H_5 \cdot CO \cdot NH_2$ s. Syst. No. 913 (Bd. IX, S. 195) unter den Derivaten der Benzoesäure.

Amide der Form $R \cdot CO \cdot NH \cdot R'$ oder $R \cdot CO \cdot N(R')(R'')$ sind entweder als Derivate des Amins $R' \cdot NH_2$ oder als solche des Amins $R'' \cdot NH_2$ oder als solche der Säure $R \cdot CO_2H$ eingeordnet, je nachdem, welche dieser drei Verbindungen im System die späteste Stelle einnimmt. Beispiele: Acrylsäure-methylamid $CH_2:CH \cdot CO \cdot NH \cdot CH_3$ s. Syst. No. 335 (Bd. IV, S. 60) unter den Derivaten des Methylamins; Zimtsäure-äthylanilid $C_6H_5 \cdot CH:CH \cdot CO \cdot N(C_2H_5) \cdot C_6H_5$ s. Syst. No. 1612 (Bd. XII, S. 279) unter den Derivaten des Anilins; Zimtsäure-methylamid $C_6H_5 \cdot CH:CH \cdot CO \cdot NH \cdot CH_3$ s. Syst. No. 948 (Bd. IX, S. 587) unter den Derivaten der Zimtsäure.

Sekundäre Amide der Form $R \cdot CO \cdot NH \cdot CO \cdot R$ sind bei der zugehörigen Säure als Ammoniak-Derivate eingeordnet; Amide der Form $R \cdot CO \cdot NH \cdot CO \cdot R'$ sind entweder bei $R \cdot CO_2H$ oder bei $R' \cdot CO_2H$ eingeordnet, je nachdem, welche dieser Säuren im System die spätere Stelle einnimmt. Beispiele: Diacetamid $(CH_3 \cdot CO)_2NH$ s. Syst. No. 159 (Bd. II, S. 181) unter den Derivaten der Essigsäure; Acetylbenzamid $C_6H_5 \cdot CO \cdot NH \cdot CO \cdot CH_3$ s. Syst. No. 918 (Bd. IX, S. 213) unter den Derivaten der Benzoesäure.

Amide von Sulfonsäuren sind analog behandelt. Beispiele: Benzolsulfonsäure-propylamid $C_6H_5 \cdot SO_2 \cdot NH \cdot CH_2 \cdot CH_2 \cdot CH_3$ s. Syst. No. 1520 (Bd. XI, S. 41) unter den Derivaten der Benzolsulfonsäure; Benzolsulfonsäure-propylanilid $C_6H_5 \cdot SO_2 \cdot N(CH_2 \cdot CH_2 \cdot CH_3) \cdot C_6H_5$ s. Syst. No. 1665 (Bd. XII, S. 576) unter den Derivaten des Anilins; Benzoyl-benzolsulfamid $C_6H_5 \cdot SO_2 \cdot NH \cdot CO \cdot C_6H_5$ s. Syst. No. 1520 (Bd. XI, S. 43) unter den Derivaten der Benzolsulfonsäure.

Amidine.

Amidine $R \cdot C(:NH) \cdot NH_2$ sind bei den zugehörigen Carbonsäuren als Ammoniak-Derivate eingeordnet. Beispiel: Benzamidin $C_6H_5 \cdot C(:NH) \cdot NH_2$ s. Syst. No. 927 (Bd. IX, S. 280) unter den Derivaten der Benzoesäure.

Substituierte Amidine der Form $R \cdot C(:N \cdot R') \cdot N(R'')(R''')$ (R, R', R'', R''' Alkyl, Aryl oder Wasserstoff) sind entweder als Derivate eines der Amine $R' \cdot NH_2$, $R'' \cdot NH_2$, $R''' \cdot NH_2$ oder als solche der Carbonsäure $R \cdot CO_2H$ eingeordnet, je nachdem, welche dieser 4 Verbindungen

Aldoxime — Amino-carbonsäuren.

im System die späteste Stelle einnimmt. Beispiele: N-Methyl-N'-phenyl-benzamidin C_6H_5·$C(:N·CH_3)·NH·C_6H_5$ s. Syst. No. 1611 (Bd. XII, S. 265) unter den Derivaten des Anilins; N-Methyl-benzamidin $C_6H_5·C(:NH)·NH·CH_3$ s. Syst. No. 927 (Bd. IX, S. 283) unter den Derivaten der Benzoesäure.

Amidoxime.

Amidoxime $R·C(NH_2):N·OH$ bezw. $R·C(:NH)·NH·OH$ sind bei den zugehörigen Carbonsäuren als Hydroxylamin-Derivate eingeordnet. Beispiel: Benzamidoxim $C_6H_5·C(NH_2):N·OH$ s. Syst. No. 931 (Bd. IX, S. 304) unter den Derivaten der Benzoesäure.

Substituierte Amidoxime der Form $R·C(NH·R'):N·OH$ bezw. $R·C(:N·R')·NH·OH$ sind entweder als Derivate der Carbonsäure $R·CO_2H$ oder als solche des Amins $R'·NH_2$ eingeordnet, je nachdem die Carbonsäure oder das Amin im System die spätere Stelle einnimmt. Beispiele: N.N-Dipropyl-benzamidoxim $C_6H_5·C[N(C_3H_7)_2]:N·OH$ s. Syst. No. 932 (Bd. IX, S. 318) unter den Derivaten der Benzoesäure; Benzanilidoxim $C_6H_5·C(NH·C_6H_5):N·OH$ s. Syst. No. 1611 (Bd. XII, S. 266) unter den Derivaten des Anilins.

Amidrazone.

Zur Bezeichnung vgl. Bd. IX, S. 328 Anm.

Amidrazone $R·C(NH_2):N·NH_2$ bezw. $R·C(:NH)·NH·NH_2$ sind als Hydrazin-Derivate bei den zugehörigen Carbonsäuren $R·CO_2H$ eingeordnet. Beispiel: Benzamidrazon $C_6H_5·C(NH_2):N·NH_2$ s. Syst. No. 935 (Bd. IX, S. 328) unter den Derivaten der Benzoesäure.

Amidrazone $R·C(NH_2):N·NH·R'$ bezw. $R·C(:NH)·NH·NH·R'$ sind entweder als Derivate des Hydrazins $R'·NH·NH_2$ oder als solche der Carbonsäure $R·CO_2H$ einzuordnen, je nachdem das Hydrazin oder die Carbonsäure im System die spätere Stelle einnimmt. Beispiel: Das Amidrazon $C_6H_5·C(NH_2):N·NH·C_6H_5$ s. Syst. No. 2013 unter den Derivaten des Phenylhydrazins.

Amine.

Siehe auch: Amino-oxy-Verbindungen, Amino-oxo-Verbindungen, Amino-carbonsäuren, Amino-sulfonsäuren, Amino-azo-Verbindungen.

Acyclische Amine s. Syst. No. 332—349 (Bd. IV, S. 28—274) (z. B. Methylamin, Äthylendiamin).

Isocyclische Amine s. Syst. No. 1592—1820 (z. B. Menthylamin, Anilin, Benzidin).

Heterocyclische Amine s. bei den einzelnen Heteroklassen. Beispiel: Furfurylamin $C_4H_3O·CH_2·NH_2$ s. Syst. No. 2640.

Amino-aldehyde.
Siehe: Amino-oxo-Verbindungen.

Amino-alkohole.
Siehe: Amino-oxy-Verbindungen.

Amino-azo-Verbindungen.

Systematische Behandlung s. unter Azo-Verbindungen.

Isocyclische Amino-azo-Verbindungen s. Syst. No. 2166—2187. Beispiele: Azoaniline $H_2N·C_6H_4·N:N·C_6H_4·NH_2$ s. Syst. No. 2172; 2.4-Diamino-azobenzol $(H_2N)_2C_6H_3·N:N·C_6H_5$ s. Syst. No. 2183.

Heterocyclische Amino-azo-Verbindungen s. bei den einzelnen Heteroklassen. Beispiel: 5-Diäthylamino-4-benzolazo-3-methyl-1-phenyl-pyrazol $[(C_2H_5)_2N](C_6H_5·N:N)C_3N_2(CH_3)(C_6H_5)$ s. Syst. No. 3784.

Amino-carbonsäuren.

Acyclische Amino-carbonsäuren s. Syst. No. 361—377 (Bd. IV, S. 332—528). Beispiele: Alanin $CH_3·CH(NH_2)·CO_2H$ s. Syst. No. 365 (Bd. IV, S. 381); Asparaginsäure $HO_2C·CH_2·CH(NH_2)·CO_2H$ s. Syst. No. 372 (Bd. IV, S. 471); Glykosaminsäure $HO·CH_2·[CH(OH)]_3·CH(NH_2)·CO_2H$ s. Syst. No. 376 (Bd. IV, S. 522).

Isocyclische Amino-carbonsäuren s. Syst. No. 1882—1920. Beispiele: Anthranilsäure $H_2N·C_6H_4·CO_2H$ s. Syst. No. 1889; 2.5-Diamino-terephthalsäure $(H_2N)_2C_6H_2(CO_2H)_2$ s. Syst. No. 1908; Isatinsäure $H_2N·C_6H_4·CO·CO_2H$ s. Syst. No. 1916.

Heterocyclische Amino-carbonsäuren s. bei den einzelnen Heteroklassen. Beispiel: Histidin (β-Imidazolyl-alanin) s. Syst. No. 3776.

Amino-ketone.
Siehe: Amino-oxo-Verbindungen.

Amino-oxo-Verbindungen.
Acyclische Amino-oxo-Verbindungen s. Syst. No. 357—360 (Bd. IV, S. 307—332). Beispiele: α-Amino-propionaldehyd $CH_3 \cdot CH(NH_2) \cdot CHO$ s. Syst. No. 358 (Bd. IV, S. 312); α-Oxy-β-amino-propionaldehyd $H_2N \cdot CH_2 \cdot CH(OH) \cdot CHO$ s. Syst. No. 360 (Bd. IV, S. 327).

Isocyclische Amino-oxo-Verbindungen s. Syst. No. 1872—1881. Beispiele: 2.4-Diaminobenzaldehyd $(H_2N)_2C_6H_3 \cdot CHO$ s. Syst. No. 1873; 5.8-Diamino-chinizarin $(H_2N)_2C_6H_2{<}{}^{CO}_{CO}{>}C_6H_2(OH)_2$ s. Syst. No. 1879.

Heterocyclische Amino-oxo-Verbindungen s. bei den einzelnen Heteroklassen. Beispiel: 3-Amino-xanthon $H_2N \cdot C_6H_3{<}{}^{O}_{CO}{>}C_6H_4$ s. Syst. No. 2643.

Amino-oxy-Verbindungen.
Acyclische Amino-oxy-Verbindungen s. Syst. No. 350—356 (Bd. IV, S. 274—307). Beispiel: γ-Amino-propylalkohol $H_2N \cdot CH_2 \cdot CH_2 \cdot CH_2 \cdot OH$ s. Syst. No. 354 (Bd. IV, S. 288).

Isocyclische Amino-oxy-Verbindungen s. Syst. No. 1821—1871. Beispiele: p-Aminophenol $H_2N \cdot C_6H_4 \cdot OH$ s. Syst. No. 1841; 4.4'-Diamino-diphenylcarbinol $(H_2N \cdot C_6H_4)_2CH \cdot OH$ s. Syst. No. 1859; 4-Amino-1.2-dioxy-naphthalin $H_2N \cdot C_{10}H_5(OH)_2$ s. Syst. No. 1869.

Heterocyclische Amino-oxy-Verbindungen s. bei den einzelnen Heteroklassen. Beispiel: 5-Amino-6-oxy-chinolin s. Syst. No. 3423.

Amino-phenole.
Siehe: Amino-oxy-Verbindungen.

Aminosäuren.
Siehe: Amino-carbonsäuren.

Amino-sulfonsäuren.
Acyclische Amino-sulfonsäuren s. Syst. No. 379 (Bd. IV, S. 528—533). Beispiel: Taurin $H_2N \cdot CH_2 \cdot CH_2 \cdot SO_3H$ s. Syst. No. 379 (Bd. IV, S. 528).

Isocyclische Amino-sulfonsäuren s. Syst. No. 1922—1928. Beispiele: p-Phenylendiaminsulfonsäure $(H_2N)_2C_6H_3 \cdot SO_3H$ s. Syst. No. 1923; Naphthylaminsulfonsäuren $H_2N \cdot C_{10}H_6 \cdot SO_3H$ s. Syst. No. 1923; Naphthylamindisulfonsäuren $H_2N \cdot C_{10}H_5(SO_3H)_2$ s. Syst. No. 1924; Aminonaphtholsulfonsäuren $H_2N \cdot C_{10}H_5(OH) \cdot SO_3H$ s. Syst. No. 1926.

Heterocyclische Amino-sulfonsäuren s. bei den einzelnen Heteroklassen. Beispiel: Aminocarbazol-disulfonsäure $H_2N \cdot C_{12}H_6N(SO_3H)_2$ s. Syst. No. 3445.

Anhydride.
Siehe: Säureanhydride, Äther, Ester, Lactone, Lactame, Lactide, Sultone, Sultame, Sulfinide, Betaine, Thetine.

Anile.
Anile von Oxo-Verbindungen, die im System vor Anilin stehen, s. unter den Derivaten des Anilins; Anile von systematisch späteren Oxo-Verbindungen sind bei diesen eingeordnet. Beispiele: Benzophenon-anil $(C_6H_5)_2C{:}N \cdot C_6H_5$ s. Syst. No. 1604 (Bd. XII, S. 201) unter den Derivaten des Anilins; Furfurol-anil $C_4H_3O \cdot CH{:}N \cdot C_6H_5$ s. Syst. No. 2461 unter den Derivaten des Furfurols.

Anilide.
Siehe: Amide.

Antimon-Verbindungen mit direkter Bindung C—Sb.
Acyclische Antimon-Verbindungen s. Syst. No. 417 (Bd. IV, S. 617—621) [z. B. Trimethylstibin $(CH_3)_3Sb$].

Isocyclische Antimon-Verbindungen s. Syst. No. 2331 (z. B. Triphenylstibin).

Heterocyclische Antimon-Verbindungen (mit extranuclear gebundenem Sb) s. bei den einzelnen Heteroklassen.

Arsen-Verbindungen mit direkter Bindung C—As.

Acyclische Arsen-Verbindungen s. Syst. No. 409—416 (Bd. IV, S. 599—616) [z. B. Methylarsin $CH_3 \cdot AsH_2$, Äthylarsinsäure $C_2H_5 \cdot AsO(OH)_2$].

Isocyclische Arsen-Verbindungen s. Syst. No. 2302—2330 (z. B. Phenylarsin, Phenylarsinsäure, Arsenobenzol $C_6H_5 \cdot As:As \cdot C_6H_5$).

Heterocyclische Arsen-Verbindungen (mit extranuclear gebundenem As) s. bei den einzelnen Heteroklassen. Beispiel: Phenazin-diarsinsäure-(2.6) $(HO)_2OAs \cdot C_6H_3 \langle \substack{N \\ N} \rangle C_6H_3 \cdot AsO(OH)_2$ s. Syst. No. 3793.

Azide.

Azidokohlenwasserstoffe sind bei den einzelnen Kohlenwasserstoffen als Substitutionsprodukte (s. S. 21) eingeordnet. Beispiele: Methylazid $CH_3 \cdot N_3$ s. Syst. No. 6 (Bd. I, S. 80) unter den Derivaten des Methans; Phenylazid $C_6H_5 \cdot N_3$ s. Syst. No. 465 (Bd. V, S. 276) unter den Derivaten des Benzols. Analog sind Azido-Substitutionsprodukte anderer Registrier-Verbindungen (s. S. 20) behandelt, z. B. sind Azidobenzoesäuren $N_3 \cdot C_6H_4 \cdot CO_2H$ unter Syst. No. 938 (Bd. IX, S. 418) als Substitutionsprodukte der Benzoesäure eingeordnet.

Säureazide $R \cdot CO \cdot N_3$ sind bei den zugehörigen Carbonsäuren als funktionelle Derivate (s. S. 21) eingeordnet. Beispiel: Benzazid $C_6H_5 \cdot CO \cdot N_3$ s. Syst. No. 937 (Bd. IX, S. 332) unter den funktionellen Derivaten der Benzoesäure.

Azine.

Azine vom Typus $[(R)(R')C:N-]_2$ s. Aldazine, Ketazine.

Azine vom Typus des Pyrazins und Phenazins s. unter heterocyclischen Verbindungen.

Beispiele: Pyrazin $N \langle \substack{CH \cdot CH \\ CH:CH} \rangle N$ s. Syst. No. 3469; Phenazin $C_6H_4 \langle \substack{N \\ N} \rangle C_6H_4$ s. Syst. No. 3487.

Azlactone.

Azlactone sind gemäß ihrer Formel als heterocyclische Verbindungen mit je 1 cyclisch gebundenen Sauerstoff- und Stickstoffatom eingeordnet. Beispiel: $C_6H_5 \cdot CH:C \langle \substack{CO \cdot O \\ N=C \cdot CH_3}$ s. Syst. No. 4280.

Azo-aldehyde.
Siehe: Oxo-azo-Verbindungen.

Azoamidoxyde.

Isocyclische Azoamidoxyde s. Syst. No. 2242a [z. B. Benzolazomethylanilidoxyd $C_6H_5(N_2O)N(CH_3) \cdot C_6H_5$].

Azo-amine.
Siehe: Amino-azo-Verbindungen.

Azo-carbonsäuren.

Systematische Behandlung s. unter Azo-Verbindungen.

Acyclische Azo-carbonsäuren s. Syst. No. 392 (Bd. IV, S. 562—563). Beispiel: Azoisobuttersäure $HO_2C \cdot C(CH_3)_2 \cdot N:N \cdot C(CH_3)_2 \cdot CO_2H$ s. Syst. No. 392 (Bd. IV, S. 563).

Isocyclische Azo-carbonsäuren s. Syst. No. 2138—2147. Beispiele: Azobenzoesäuren $HO_2C \cdot C_6H_4 \cdot N:N \cdot C_6H_4 \cdot CO_2H$ s. Syst. No. 2139; Azoterephthalsäure $(HO_2C)_2C_6H_3 \cdot N:N \cdot C_6H_3(CO_2H)_2$ s. Syst. No. 2140; 5-Benzolazo-salicylsäure $C_6H_5 \cdot N:N \cdot C_6H_3(OH) \cdot CO_2H$ s. Syst. No. 2143.

Heterocyclische Azo-carbonsäuren s. bei den einzelnen Heteroklassen. Beispiel: 4-Benzolazo-5-methyl-1-phenyl-pyrazol-carbonsäure-(3) $C_6H_5 \cdot N:N \cdot C \langle \substack{C(CO_2H):N \\ C(CH_3)-N \cdot C_6H_5}$ s. Syst. No. 3784.

Azohydroxylamide.

Isocyclische Azohydroxylamide s. Syst. No. 2239—2242 [z. B. $C_6H_5 \cdot N:N \cdot N(OH) \cdot CH_3$].

Azo-ketone.
Siehe: Oxo-azo-Verbindungen.

Azomethine.

Azomethine $R \cdot N : C {<}_{R''}^{R'}$, sind entweder unter den Derivaten des Amins $R \cdot NH_2$ oder unter denen der Oxo-Verbindung $_{R''}^{R'}{>}CO$ eingeordnet, je nachdem das Amin oder die Oxo-Verbindung im System die spätere Stelle einnimmt. Beispiele: [4-Dimethylamino-phenyl]-[μ-cyan-azomethin]-phenyl $(CH_3)_2N \cdot C_6H_4 \cdot N : C(CN) \cdot C_6H_5$ s. Syst. No. 1773 unter den Derivaten des p-Phenylendiamins; das Azomethin $\begin{smallmatrix} CH_3 \cdot C\!\!=\!\!N \\ (CH_3)_2N \cdot C_6H_4 \cdot N : C\!\!-\!\!CO \end{smallmatrix}{>}N \cdot C_6H_5$ s. Syst. No. 3588 unter den Derivaten des 4.5-Dioxo-3-methyl-pyrazolins.

Azo-phenole.
Siehe: Oxy-azo-Verbindungen.

Azo-sulfonsäuren.

Systematische Behandlung s. unter Azo-Verbindungen.

Isocyclische Azo-sulfonsäuren s. Syst. No. 2149—2165. Beispiele: Azobenzol-disulfonsäuren $HO_3S \cdot C_6H_4 \cdot N : N \cdot C_6H_4 \cdot SO_3H$ s. Syst. No. 2152; Benzolazo-phenolsulfonsäuren $C_6H_5 \cdot N : N \cdot C_6H_3(OH) \cdot SO_3H$ s. Syst. No. 2158; Azobenzaldehyd-disulfonsäure $[(OHC)(HO_3S)C_6H_3 \cdot N :]_2$ s. Syst. No. 2164.

Heterocyclische Azo-sulfonsäuren s. bei den einzelnen Heteroklassen.

Azo-Verbindungen.

Siehe auch: Oxy-azo-Verbindungen, Oxo-azo-Verbindungen, Azo-carbonsäuren, Azo-sulfonsäuren, Amino-azo-Verbindungen, Hydrazone.

Azo-Verbindungen $R \cdot N : N \cdot R$ erscheinen als funktionelle Derivate der hypothetischen Diimid-Verbindungen $R \cdot N : NH$, welche die Hauptklasse 11 (vgl. S. 12) bilden. Gemischte Azo-Verbindungen $R \cdot N : N \cdot R'$ sind entweder unter $R \cdot N : NH$ oder unter $R' \cdot N : NH$ eingeordnet, je nachdem, welche Diimid-Verbindung im System die spätere Stelle einnimmt.

Acyclische Azo-Verbindungen s. Syst. No. 392 (Bd. IV, S. 562).

Isocyclische Azo-Verbindungen s. Syst. No. 2085—2105. Beispiele: Benzol-azo-naphthalin $C_6H_5 \cdot N : N \cdot C_{10}H_7$ s. Syst. No. 2102 unter den Derivaten der hypothetischen Verbindung $C_{10}H_7 \cdot N : NH$; Benzol-azo-phenol $C_6H_5 \cdot N : N \cdot C_6H_4 \cdot OH$ s. Syst. No. 2112 unter den Derivaten der hypothetischen Verbindung $HO \cdot C_6H_4 \cdot N : NH$.

Heterocyclische Azo-Verbindungen s. bei den einzelnen Heteroklassen. Beispiel: Pyridin-azo-resorcin $(HO)_2C_6H_3 \cdot N : N \cdot C_5H_4N$ s. Syst. No. 3448.

Über die systematische Behandlung von Azo-Verbindungen, welche eine desmotrope Formulierung als Hydrazone zulassen, vgl. S. 43.

Azodicarbonsäure $HO_2C \cdot N : N \cdot CO_2H$ s. Syst. No. 210 (Bd. III, S. 122).

Azoxy-Verbindungen.

Azoxy-Verbindungen $R(N_2O)R$ erscheinen als funktionelle Derivate der hypothetischen Verbindungen $R(N_2O)H$, welche die Hauptklasse 14 (vgl. S. 12) bilden.

Gemischte Azoxy-Verbindungen $R(N_2O)R'$ sind entweder unter $R(N_2O)H$ oder unter $R'(N_2O)H$ eingeordnet, je nachdem die erste oder die zweite Verbindung im System die spätere Stelle einnimmt. Beispiel: Benzol-azoxy-naphthalin $C_6H_5(N_2O)C_{10}H_7$ s. Syst. No. 2210 unter den Derivaten der hypothetischen Registrier-Verbindung $C_{10}H_7(N_2O)H$.

Balsame.

Balsame s. Syst. No. 4736—4745a.

Betaine.

Betaine sind im Anschluß an ihre Hydratformen, die quartären Ammoniumhydroxyde, als Anhydride unbekannter Molekulargröße eingeordnet (vgl. S. 6). Beispiele: Gewöhnliches Betain $(CH_3)_3N{<}_{CH_2}^{O}{>}CO$ als Anhydrid von $(CH_3)_3N(OH) \cdot CH_2 \cdot CO_2H$ s. Syst. No. 364 (Bd. IV, S. 347) unter den Derivaten der Aminoessigsäure. δ-Dimethylamino-n-valeriansäure-methylbetain $(CH_3)_3N{<}_{CH_2 \cdot CH_2 \cdot CH_2}^{O \cdot CO \cdot CH_2}$ als Anhydrid von $(CH_3)_3N(OH) \cdot [CH_2]_4 \cdot CO_2H$

s. Syst. No. 367 (Bd. IV, S. 419) unter den Derivaten der δ-Amino-n-valeriansäure. Dimethylphenylbetain $(C_6H_5)(CH_3)_2N{<}^{O}_{CH_2}{>}CO$ als Anhydrid von $C_6H_5 \cdot N(OH)(CH_3)_2 \cdot CH_2 \cdot CO_2H$ s. Syst. No. 1646 (Bd. XII, S. 475) unter den Derivaten des Anilins. Trigonellin als Anhydrid von $\underset{CH_3-N-OH}{\boxed{}-CO_2H}$ s. Syst. No. 3249 unter den Derivaten der Pyridin-carbonsäure-(3).

Bismutine.
Siehe: Wismut-Verbindungen.

Blei-Verbindungen mit direkter Bindung C—Pb.

Acyclische Blei-Verbindungen s. Syst. No. 433 (Bd. IV, S. 639—640) [z. B. Bleitetraäthyl, Tetraäthylplumban $(C_2H_5)_4Pb$; Trimethylbleihydroxyd $(CH_3)_3Pb \cdot OH$].

Isocyclische Blei-Verbindungen s. Syst. No. 2335 [z. B. Bleitetraphenyl $(C_6H_5)_4Pb$].

Heterocyclische Blei-Verbindungen (mit extranuclear gebundenem Pb) s. bei den einzelnen Heteroklassen.

Bor-Verbindungen mit direkter Bindung C—B.

Acyclische Bor-Verbindungen s. Syst. No. 434 (Bd. IV, S. 641—642) [z. B. Bortriäthyl $(C_2H_5)_3B$].

Isocyclische Bor-Verbindungen s. Syst. No. 2336 (z. B. Phenylboroxyd $C_6H_5 \cdot BO$).

Heterocyclische Bor-Verbindungen (mit extranuclear gebundenem B) s. bei den einzelnen Heteroklassen.

Brom-Substitutionsprodukte.
Siehe: Halogen-Substitutionsprodukte.

Carbamidsäureester.

Carbamidsäureester $H_2N \cdot CO \cdot O \cdot R$ sind entweder als Derivate der Carbamidsäure (Kohlensäuremonoamid) oder als solche der Oxy-Verbindung $R \cdot OH$ eingeordnet, je nachdem Kohlensäure oder die Oxy-Verbindung im System die spätere Stelle einnimmt. Beispiele: Carbamidsäure-äthylester (Urethan) $H_2N \cdot CO \cdot O \cdot C_2H_5$ s. Syst. No. 201 (Bd. III, S. 22) unter den Derivaten der Carbamidsäure; Carbamidsäure-phenylester $H_2N \cdot CO \cdot O \cdot C_6H_5$ s. Syst. No. 516 (Bd. VI, S. 159) unter den Derivaten des Phenols.

Substituierte Carbamidsaureester $R' \cdot NH \cdot CO \cdot O \cdot R$ und $(R')(R'')N \cdot CO \cdot O \cdot R$ sind entweder als Derivate eines der Amine $R' \cdot NH_2$ oder $R'' \cdot NH_2$ oder als solche der Oxy-Verbindung $R \cdot OH$ eingeordnet, je nachdem, welche dieser drei Verbindungen im System die späteste Stelle einnimmt. Beispiele: $CH_3 \cdot NH \cdot CO \cdot O \cdot C_2H_5$ s. Syst. No. 335 (Bd. IV, S. 64) unter den Kohlensäure-Derivaten des Methylamins; $(C_2H_5)_2N \cdot CO \cdot O \cdot C_6H_5$ s. Syst. No. 516 (Bd. VI, S. 159) unter den Kohlensäure-Derivaten des Phenols; $(CH_3)(C_6H_5)N \cdot CO \cdot O \cdot C_2H_5$ s. Syst. No. 1639 (Bd. XII, S. 417) unter den Kohlensaure-Derivaten des Anilins.

Carbonsäuren.
Siehe auch: Oxy-carbonsäuren, Oxo-carbonsäuren, Sulfo-carbonsauren, Amino-carbonsäuren, Azo-carbonsäuren.

Acyclische Carbonsäuren s. Syst. No. 152—194 (Bd. II, S. 1—886) (z. B. Essigsäure, Oxalsäure).

Isocyclische Carbonsäuren s. Syst. No. 891—1050 (Bd. IX, S. 1—1012) (z. B. Campholsäure, Benzoesäure, Naphthoesäuren, Phthalsäure).

Heterocyclische Carbonsäuren s. bei den einzelnen Heteroklassen; z. B. Brenzschleimsäure $C_4H_3O \cdot CO_2H$ s. Syst. No. 2574.

Carbylamine.
Siehe: Isocyanide.

Chinitrole.

Chinitrole sind als Umwandlungsprodukte unsicherer Konstitution im Anschluß an die Ausgangskörper angeordnet. Beispiel: Tetrabrom-methylchinitrol ${CH_3 \atop O_2N}{>}C{<}^{CO \cdot CBr}_{CBr:CBr}{>}CBr$ (NO_2 ist $-O \cdot NO$ oder $-NO_2$) s. Syst. No. 525 (Bd. VI, S. 363) im Anschluß an 3.4.5.6-Tetrabrom-o-kresol.

Chinole.
Siehe: Oxy-oxo-Verbindungen.

Chinondiazide.
Siehe: Diazoanhydride.

Chinone.
Siehe: Oxo-Verbindungen.

Chinonmethide („Chinomethane", „Methylenchinone").

Chinonmethide vom Typus $HC{<}{\overset{CH:CH}{CH \cdot CO}}{>}C:C{<}{\overset{R}{R'}}$ und $OC{<}{\overset{CH:CH}{CH:CH}}{>}C:C{<}{\overset{R}{R'}}$ (R und R' können auch Wasserstoff sein), sind als isocyclische Monooxo-Verbindungen eingeordnet. Beispiele: $BrC{<}{\overset{CBr:CBr}{CBr \cdot CO}}{>}C:CH_2$ s. Syst. No. 638 (Bd. VII, S. 270); $OC{<}{\overset{CH:CH}{CH:CH}}{>}C:C(C_6H_5)_2$ (Fuchson) s. Syst. No. 657 (Bd. VII, S. 520).

Chlor-Substitutionsprodukte.
Siehe: Halogen-Substitutionsprodukte.

Cyanhydrine.

Cyanhydrine $(R)(R')C(OH) \cdot CN$ (R und R' können auch Wasserstoff sein), aus Oxo-Verbindungen $R \cdot CO \cdot R'$ hervorgegangen, sind als Nitrile unter den funktionellen Derivaten der α-Oxy-carbonsäuren $(R)(R')C(OH) \cdot CO_2H$ eingeordnet. Beispiele: Aceton-cyanhydrin $(CH_3)_2C(OH) \cdot CN$ s. Syst. No. 223 (Bd. III, S. 316) unter den Derivaten der α-Oxy-isobuttersäure; Benzaldehyd-cyanhydrin $C_6H_5 \cdot CH(OH) \cdot CN$ s. Syst. No. 1071 (Bd. X, S. 206) unter den Derivaten der Mandelsäure.

Cyanide.

Cyanide (Salze) von anorganischen Basen s. bei Cyanwasserstoff, Syst. No. 156 (Bd. II, S. 40ff. (z. B. Kaliumcyanid).

Alkyl- und Arylcyanide $R \cdot CN$ siehe: Nitrile.

Depside.

Depside sind als funktionelle Derivate von Oxy-carbonsäuren eingeordnet. Sind verschiedene Oxy-carbonsäuren an dem Aufbau des Depsids beteiligt, so erfolgt die Einordnung bei derjenigen Oxy-carbonsäure, welche im System die späteste Stelle einnimmt (vgl. S. 31). Beispiele: [p-Oxy-benzoyl]-[p-oxy-benzoesäure] $HO \cdot C_6H_4 \cdot CO \cdot O \cdot C_6H_4 \cdot CO_2H$ s. Syst. No. 1069 (Bd. X, S. 162) unter den Derivaten der p-Oxy-benzoesäure; Protocatechuyl-[p-oxy-benzoesäure] $(HO)_2C_6H_3 \cdot CO \cdot O \cdot C_6H_4 \cdot CO_2H$ s. Syst. No. 1105 (Bd. X, S. 397) unter den Derivaten der Protocatechusäure.

Diazoamino-Verbindungen.

Diazoamino-Verbindungen $R \cdot N:N \cdot NH \cdot R$ erscheinen als funktionelle Derivate der Triazene $R \cdot N:N \cdot NH_2$ (s. d.).

Diazoanhydride (Diazooxyde).

Diazoanhydride, aus Amino-dioxo-Verbindungen vom Typus $R \cdot CO \cdot CH(NH_2) \cdot CO \cdot R'$ bezw. aus Amino-oxo-carbonsäuren vom Typus $R \cdot CO \cdot CH(NH_2) \cdot CO_2H$ hervorgegangen, sind im Hauptwerk auf Grund der Formeln $R \cdot \underset{\underset{O-N=N}{|}}{C}=\underset{}{C} \cdot CO \cdot R'$ bezw. $R \cdot \underset{\underset{O-N=N}{|}}{C}=\underset{}{C} \cdot CO_2H$ als heterocyclische Verbindungen mit 1 cyclisch gebundenen Sauerstoffatom und 2 cyclisch gebundenen Stickstoffatomen eingeordnet. Im Ergänzungswerk sind solche Verbindungen entsprechend der neueren Konstitutionsauffassung auf Grund der Formeln $R \cdot CO \cdot C(:N:N) \cdot CO \cdot R'$ bezw. $R \cdot CO \cdot C(:N:N) \cdot CO_2H$ den Trioxo-Verbindungen $R \cdot CO \cdot CO \cdot CO \cdot R'$ bezw. den Dioxo-carbonsäuren $R \cdot CO \cdot CO \cdot CO_2H$ als funktionelle Derivate zugeordnet. Beispiele: Diazoacetylaceton ist im Hauptwerk auf Grund der Formel $CH_3 \cdot \underset{\underset{O-N=N}{|}}{C}=\underset{}{C} \cdot CO \cdot CH_3$ unter Syst. No. 4545, im Ergänzungswerk auf Grund der Formel $CH_3 \cdot CO \cdot C(:N:N) \cdot CO \cdot CH_3$ unter Syst. No. 100 (Erg.-Bd. I, S. 414) als Derivat des Triketopentans eingeordnet. Diazobenzoylessigester ist im Hauptwerk auf Grund der Formel $C_6H_5 \cdot \underset{\underset{O-N=N}{|}}{C}=\underset{}{C} \cdot CO_2 \cdot C_2H_5$ unter Syst.

Chinole — Diazo-Verbindungen.

No. 4589, im Ergänzungswerk auf Grund der Formel $C_6H_5 \cdot CO \cdot C(:N:N) \cdot CO_2 \cdot C_2H_5$ unter Syst. No. 1314 als Derivat der Benzoylglyoxylsäure eingeordnet.

Diazoanhydride aus Amino-phenolen (Chinondiazide) sind bei Diazo-Derivaten der Phenole als Anhydro-Verbindungen eingeordnet. Beispiele: Das Diazoanhydrid $O_2N \cdot C_6H_3ON_2$ aus 4-Nitro-2-amino-phenol s. Syst. No. 2199 bei 4-Nitro-2-diazo-phenol $O_2N \cdot C_6H_3(OH) \cdot N_2 \cdot OH$. Das Diazoanhydrid $HO_2C \cdot C_6H_3ON_2$ aus 3-Amino-salicylsäure s. Syst. No. 2201 bei 3-Diazo-salicylsäure $HO_2C \cdot C_6H_3(OH) \cdot N_2 \cdot OH$.

Diazocyanide.

Diazocyanide $R \cdot N:N \cdot CN$ sind eingeordnet als Nitrile von Säuren $R \cdot N:N \cdot CO_2H$, die ihrerseits als Kohlensäure-Derivate von hypothetischen Diimid-Verbindungen $R \cdot N:NH$ (vgl. Azo-Verbindungen) erscheinen. Beispiel: p-Brom-benzol-diazocyanid $Br \cdot C_6H_4 \cdot N:N \cdot CN$ s. Syst. No. 2092.

Diazohydrazide.
Siehe: Tetrazene.

Diazoimide.
Siehe: Azide.

Diazooxyde.
Siehe: Diazoanhydride.

Diazophenole.
Siehe: Diazoanhydride.

Diazosäuren.
Siehe: Nitramine.

Diazosulfide.

Diazosulfide wie $\begin{array}{c} R \cdot C \!=\!=\!= C \cdot R' \\ | \quad\quad\quad | \\ S\!-\!N\!=\!N \end{array}$ und [Benzothiadiazol-Ring] sind unter den heterocyclischen Verbindungen mit 1 cyclisch gebundenen Sauerstoffatom und 2 cyclisch gebundenen Stickstoffatomen als Schwefel-Analoga (vgl. S. 7, § 5) eingeordnet.

Beispiele: $\begin{array}{c} CH_3 \cdot C \!=\!=\!= C \cdot CO \cdot CH_3 \\ | \quad\quad\quad\quad | \\ S\!-\!N\!=\!N \end{array}$ s. Syst. No. 4545; $CH_3 \cdot$ [Methylbenzothiadiazol] s. Syst. No. 4491.

Diazosulfonsäuren.

Diazosulfonsäuren $R \cdot N:N \cdot SO_3H$ sind eingeordnet als Schwefelsäure-Derivate von hypothetischen Diimid-Verbindungen $R \cdot N:NH$ (vgl. Azo-Verbindungen). Beispiel: Benzoldiazosulfonsäure $C_6H_5 \cdot N:N \cdot SO_3H$ s. Syst. No. 2092.

Diazo-Verbindungen.

Siehe auch: Diazoanhydride, Diazosulfide, Diazosulfonsäuren, Diazocyanide.

Diazo-Verbindungen vom Typus $\begin{array}{c} R \\ \diagdown \\ R' \end{array} C \begin{array}{c} N \\ \| \\ N \end{array}$ bezw. $\begin{array}{c} R \\ \diagdown \\ R' \end{array} C:N:N$ (R und R' können auch Wasserstoff sein) sind im Hauptwerk auf Grund der ersten Formel als heterocyclische Verbindungen mit 2 cyclisch gebundenen Stickstoffatomen eingeordnet, im Ergänzungswerk entsprechend neuerer Konstitutionsauffassung auf Grund der zweiten Formel den Oxo-Verbindungen $\begin{array}{c} R \\ \diagdown \\ R' \end{array} CO$ als funktionelle Derivate zugeordnet. Beispiele: Diazomethan ist im Hauptwerk auf Grund der Formel $H_2C\begin{array}{c} N \\ \| \\ N \end{array}$ unter Syst. No. 3461, im Ergänzungswerk auf Grund der Formel $H_2C:N:N$ unter Syst. No. 75 (Erg.-Bd. I, S. 318) als Derivat des Formaldehyds eingeordnet. Diazoessigester ist im Hauptwerk auf Grund der Formel $\begin{array}{c} N \\ \| \\ N \end{array} CH \cdot CO_2 \cdot C_2H_5$ unter Syst. No. 3642, im Ergänzungswerk auf Grund der Formel $N:N:CH \cdot CO_2 \cdot C_2H_5$ unter Syst. No. 279 als Derivat der Glyoxylsäure eingeordnet.

Beilstein, System.

Diazo-Verbindungen vom Typus $R \cdot N_2 \cdot OH$ sind, wenn R ein acyclisches Radikal bedeutet, unter Syst. No. 393, wenn R ein isocyclisches Radikal bedeutet unter Syst. No. 2189—2204, wenn R ein heterocyclisches Radikal bedeutet bei den einzelnen Heteroklassen eingeordnet. Beispiele: Die Verbindung $CH_3 \cdot N{:}N \cdot OH$ s. Syst. No. 393 (Bd. IV, S. 564); Benzoldiazoniumsalze $C_6H_5 \cdot N({:}N)Cl$ und Benzoldiazohydrat $C_6H_5 \cdot N{:}N \cdot OH$ s. Syst.No. 2193; Carbazoldiazoniumsalze $C_6H_4{<}^{NH}{>}C_6H_3 \cdot N({:}N)X$ s. Syst. No. 3449.

Disulfide.

Disulfide $R \cdot S \cdot S \cdot R$ sind als Derivate des Mercaptans $R \cdot SH$ (s. d.) eingeordnet. Beispiel: Diphenyldisulfid $C_6H_5 \cdot S \cdot S \cdot C_6H_5$ s. Syst. No. 524 (Bd. VI, S. 323) unter den Derivaten des Thiophenols.

Disulfone.

Disulfone der Form $R \cdot SO_2 \cdot SO_2 \cdot R$ sind als Derivate des Mercaptans $R \cdot SH$ (s. d.) eingeordnet. Beispiel: Diphenyldisulfon $C_6H_5 \cdot SO_2 \cdot SO_2 \cdot C_6H_5$ s. Syst. No. 524 (Bd. VI, S. 325) unter den Derivaten des Thiophenols.

Disulfone der Form $(R'' \cdot SO_2)_2 C(R)(R')$ (R und R' können auch Wasserstoff sein) sind entweder als Derivate des Thioketons $R \cdot CS \cdot R'$ bzw. Thioaldehyds $R \cdot CHS$ (s. d.) oder als solche des Mercaptans $R'' \cdot SH$ (s. d.) eingeordnet, je nachdem das Thioketon bzw. der Thioaldehyd oder das Mercaptan im System die spätere Stelle einnimmt. Beispiele: $\alpha.\alpha$-Bisäthylsulfon-α-phenyl-äthan $(C_2H_5 \cdot SO_2)_2 C(CH_3) \cdot C_6H_5$ s. Syst. No. 639 (Bd. VII, S. 291) unter den Derivaten des Thioacetophenons; Äthyliden-bis-benzylsulfon $(C_6H_5 \cdot CH_2 \cdot SO_2)_2 CH \cdot CH_3$ s. Syst. No. 528 (Bd. VI, S. 458) unter den Derivaten des Benzylmercaptans.

Eiweißstoffe.
Siehe: Proteine.

Enzyme.

Enzyme s. Syst. No. 4849—4859a.

Ester.

Ester von organischen Säuren (z. B. Carbonsäuren, Sulfonsäuren, Phosphinsäuren) sind entweder bei den ihnen zugrunde liegenden Säuren oder bei den an ihrem Aufbau beteiligten Oxy-Verbindungen als funktionelle Derivate eingeordnet, je nachdem die Säure oder die Oxy-Verbindung im System die spätere Stelle einnimmt. Beispiele: Benzoesäurephenylester $C_6H_5 \cdot CO \cdot O \cdot C_6H_5$ s. Syst. No. 900 (Bd. IX, S. 116) unter den Derivaten der Benzoesäure; Essigsäure-phenylester $CH_3 \cdot CO \cdot O \cdot C_6H_5$ s. Syst. No. 516 (Bd. VI, S. 152) unter den Derivaten des Phenols; Benzolsulfonylsalicylaldehyd $C_6H_5 \cdot SO_2 \cdot O \cdot C_6H_4 \cdot CHO$ s. Syst. No. 1520 (Bd. XI, S. 33) unter den Derivaten der Benzolsulfonsäure.

Ester anorganischer Säuren erscheinen als funktionelle Derivate bei den entsprechenden Oxy-Verbindungen. Beispiel: Salpetersäure-benzylester $NO_2 \cdot O \cdot CH_2 \cdot C_6H_5$ s. Syst. No. 528 (Bd. VI, S. 439) unter den Derivaten des Benzylalkohols.

Farbstoffe.
Siehe auch: Indamine, Indophenole.

Farbstoffe aufgeklärter Konstitution sind auf Grund dieser systematisch eingeordnet, wobei besonders die „Richtlinien für die Behandlung der Fälle von leicht veränderlicher Struktur" (S. 36—48) zu beachten sind. Beispiele: Pikrinsäure s. Syst. No. 523 (Bd. VI, S. 265); α-Nitroso-β-naphthol [Naphthochinon-(1.2)-oxim-(1)] s. Syst. No. 674 (Bd. VII, S. 712); Alizarin s. Syst. No. 806 (Bd. VIII, S. 439); Fuchsin s. Syst. No. 1866; Helianthin s. Syst. No. 2172.

Künstlich erhaltene Farbstoffe nicht genügend aufgeklärter Konstitution werden im Anschluß an die Ausgangskörper als Umwandlungsprodukte angeordnet. Beispiel: Anilinschwarz s. Syst. No. 1598 (Bd. XII, S. 130) im Anschluß an Anilin.

Natürlich vorkommende Farbstoffe, deren Konstitution nicht genügend aufgeklärt ist, finden sich in der IV. Hauptabteilung (Naturstoffe).

Fermente.
Siehe: Enzyme.

Fette.

Individuelle Glyceride der Fettsäuren sind bei den einzelnen Fettsäuren als funktionelle Derivate eingeordnet. Sind verschiedene Fettsäuren an dem Aufbau beteiligt, so erfolgt die Einordnung bei derjenigen Fettsäure, die im System die späteste Stelle einnimmt. Beispiele:

Disulfide — Glykuronsäuren.

Glycerin-trimyristinat $(CH_3 \cdot [CH_2]_{12} \cdot CO \cdot O \cdot CH_2)_2 CH \cdot O \cdot CO \cdot [CH_2]_{12} \cdot CH_3$ s. Syst. No. 162 (Bd. II, S. 367) unter den Derivaten der Myristinsäure; Glycerin-dipalmitat-stearat $CH_3 \cdot [CH_2]_{16} \cdot CO \cdot O \cdot C_3H_5(O \cdot CO \cdot [CH_2]_{14} \cdot CH_3)_2$ s. Syst. No. 162 (Bd. II, S. 381) unter den Derivaten der Stearinsäure.

Natürliche Fette (z. B. Schweineschmalz) s. Syst. No. 4730—4732.

Fettsäuren.

Fettsäuren s. Syst. No. 154—162 (Bd. II, S. 5—397) (z. B. Essigsäure, Palmitinsäure, Stearinsäure).

Fluor-Substitutionsprodukte.
Siehe: Halogen-Substitutionsprodukte.

Formazyl-Verbindungen.

Formazyl-Verbindungen sind als Azo-Verbindungen (s. diese) eingeordnet. Beispiele: Formazylwasserstoff $C_6H_5 \cdot N:N \cdot CH:N \cdot NH \cdot C_6H_5$ und Formazylbenzol $C_6H_5 \cdot N:N \cdot C(C_6H_5):N \cdot NH \cdot C_6H_5$ sind Syst. No. 2092 bei Phenyldiimid $C_6H_5 \cdot N:NH$ als Ameisensäure- bezw. Benzoesäure-Derivat eingeordnet. Die Formazyl-Verbindung $(\beta)C_{10}H_7 \cdot N:N \cdot C(C_6H_5):N \cdot NH \cdot C_6H_5$ s. Syst No. 2102 unter den Derivaten des β-Naphthyldiimids $C_{10}H_7 \cdot N:NH$.

Furoxane.

Furoxane sind unter den heterocyclischen Verbindungen mit 2 cyclisch gebundenen Sauerstoffatomen und 2 cyclisch gebundenen Stickstoffatomen eingeordnet. Beispiel: Diphenyl-furoxan $C_6H_5 \cdot C_2O_2N_2 \cdot C_6H_5$ s. Syst. No. 4629.

Gerbstoffe.

Gerbstoffe, deren Konstitution so weit bekannt war, daß die Einordnung in das System erfolgen konnte, sind systematisch eingeordnet. Beispiel: Maclurin (2.4.6.3'.4'-Pentaoxybenzophenon) s. Syst. No. 850 (Bd. VIII, S. 538).

Die übrigen Gerbstoffe finden sich in der IV. Hauptabteilung (Naturstoffe), und zwar, wenn sie sicher zuckerhaltig sind (z. B. Tannin) unter Syst. No. 4776, anderenfalls unter Syst. No. 4862—4865a (z. B. Quebrachogerbstoff unter Syst. No. 4865).

Glykole.
Siehe: Oxy-Verbindungen.

Glykoside.

Natürliche Glykoside s. Syst. No. 4775—4777. Beispiel: Amygdalin $C_6H_5 \cdot CH(CN) \cdot O \cdot C_{12}H_{21}O_{10}$ s. Syst. No. 4776.

Glykoside, die künstlich aus natürlichen Glykosiden erhalten worden sind, sind bei den Stammglykosiden als Umwandlungsprodukte angeordnet. Beispiele: Mandelsäurenitrilglykosid $C_6H_5 \cdot CH(CN) \cdot O \cdot C_6H_{11}O_5$ s. bei Amygdalin (Syst. No. 4776); Helicin $OHC \cdot C_6H_4 \cdot O \cdot C_6H_{11}O_5$ s. bei Salicin $HO \cdot CH_2 \cdot C_6H_4 \cdot O \cdot C_6H_{11}O_5$ (Syst. No. 4776).

Glykoside, die nur rein synthetisch erhalten worden sind, sind entweder bei dem zur Synthese benutzten Zucker oder bei der anderen Komponente angeordnet, je nachdem der Zucker oder die andere Komponente im System die spätere Stelle einnimmt. Beispiele: Methylglykoside $CH_3 \cdot O \cdot C_6H_{11}O_5$ s. Syst. No. 144 (Bd. I, S. 898) unter den Derivaten der Glykose; Phenolglykosid $C_6H_5 \cdot O \cdot C_6H_{11}O_5$ s. Syst. No. 515 (Bd. VI, S. 152) unter den Derivaten des Phenols.

Im Beilstein-Ergänzungswerk sind Glykoside aufgeklärter Konstitution auf Grund ihrer Strukturformel eingeordnet und daher entweder als Derivate der heterocyclischen Form des entsprechenden Zuckers oder als solche der anderen Komponente eingeordnet, je nachdem diese oder jene im System die spätere Stelle einnimmt. Beispiel: Methylglykoside s. Syst. No. 2451 unter den Derivaten der Cycloform der Glykose.

Glykuronsäuren.

Glykuronsäure $OHC \cdot [CH(OH)]_4 \cdot CO_2H$ s. Syst. No. 321 (Bd. III, S. 884).

Natürlich vorkommende „gepaarte Glykuronsäuren" (z. B. Euxanthinsäure) s. Syst. No. 4777a.

Synthetische und durch Verfütterung einer organischen Verbindung erhaltene „gepaarte Glykuronsäuren" sind bei der zur Synthese angewandten bezw. verfütterten Substanz angeordnet. Beispiele: Urochloralsäure (aus Chloralhydrat) s. bei Chloralhydrat (Syst. No. 79; Bd. I, S. 620). Mentholglykuronsäure s. bei l-Menthol (Syst. No. 503; Bd. VI, S. 31).

Im Beilstein-Ergänzungswerk sind „gepaarte Glykuronsäuren" aufgeklärter Konstitution als Derivate der heterocyclischen Form der Glykuronsäure eingeordnet, sofern nicht die andere Komponente im System eine spätere Stelle einnimmt. Beispiel: Mentholglykuronsäure s. Syst. No. 2617.

„Glyoximperoxyde."
Siehe: Furoxane.

Guanidine.

Guanidin $H_2N \cdot C(:NH) \cdot NH_2$ s. Syst. No. 207 (Bd. III, S. 82) unter den Ammoniak-Derivaten der Kohlensäure.

Substituierte Guanidine $R \cdot NH \cdot C(:NH) \cdot NH_2$ bezw. $R \cdot N{:}C(NH_2)_2$ sind beim Amin $R \cdot NH_2$ als Kohlensäure-Derivate eingeordnet. Beispiel: Methylguanidin $CH_3 \cdot NH \cdot C(:NH) \cdot NH_2$ s. Syst. No. 335 (Bd. IV, S. 68) unter den Derivaten des Methylamins.

Mehrfach substituierte Guanidine sind bei demjenigen Amin eingeordnet, das im System die späteste Stelle einnimmt. Beispiel: N-Äthyl-N'-allyl-N''-phenyl-guanidin $C_6H_5 \cdot NH \cdot C(:N \cdot C_3H_5) \cdot NH \cdot C_2H_5$ s. Syst. No. 1630 (Bd. XII, S. 369) unter den Derivaten des Anilins.

Guanidine der Form $R \cdot CO \cdot NH \cdot C(:NH) \cdot NH_2$ sind bei der Carbonsäure $R \cdot CO_2H$ als Ammoniak-Derivate eingeordnet, wenn diese im System eine spätere Stelle als Kohlensäure einnimmt, sonst bei Guanidin. Beispiele: Acetylguanidin $CH_3 \cdot CO \cdot NH \cdot C(:NH) \cdot NH_2$ s. Syst. No. 207 (Bd. III, S. 88) unter den Derivaten des Guanidins; Benzoylguanidin $C_6H_5 \cdot CO \cdot NH \cdot C(:NH) \cdot NH_2$ s. Syst. No. 920 (Bd. IX, S. 217) unter den Derivaten der Benzoesäure.

Halogen-Substitutionsprodukte.

C-Halogen-Substitutionsprodukte sind bei den zugrunde liegenden Registrier-Verbindungen (vgl. S. 20—21) eingeordnet. Beispiele: Chloroform $CHCl_3$ s. Syst. No. 5 (Bd. I, S. 61) unter den Derivaten des Methans; Bromaceton $CH_3 \cdot CO \cdot CH_2Br$ s. Syst. No. 85 (Bd. I, S. 657) unter den Derivaten des Acetons; o-Brom-anisol $C_6H_4Br \cdot O \cdot CH_3$ s. Syst. No. 522 (Bd. VI, S. 197) unter den Derivaten des Phenols.

Harnstoffe und Thioharnstoffe.
Siehe auch: Isoharnstoffe.

Harnstoff $CO(NH_2)_2$ s. Syst. No. 205 (Bd. III, S. 42) unter den Ammoniak-Derivaten der Kohlensäure. Thioharnstoff $CS(NH_2)_2$ s. Syst. No. 216 (Bd. III, S. 180) unter den Ammoniak-Derivaten der Monothiokohlensäure.

Substituierte Harnstoffe $R \cdot NH \cdot CO \cdot NH_2$ sind beim Amin $R \cdot NH_2$ als Kohlensäure-Derivate eingeordnet. Beispiel: Äthylharnstoff $C_2H_5 \cdot NH \cdot CO \cdot NH_2$ s. Syst. No. 336 (Bd. IV, S. 115) unter den Derivaten des Äthylamins.

Mehrfach substituierte Harnstoffe sind bei demjenigen Amin eingeordnet, das im System die späteste Stelle einnimmt. Beispiel: N-Methyl-N'-allyl-N-phenyl-harnstoff $C_6H_5 \cdot N(CH_3) \cdot CO \cdot NH \cdot C_3H_5$ s. Syst. No. 1639 (Bd. XII, S. 418) unter den Derivaten des Anilins.

Harnstoffe der Form $R \cdot CO \cdot NH \cdot CO \cdot NH_2$ sind bei der Carbonsäure $R \cdot CO_2H$ als Ammoniak-Derivate eingeordnet, wenn diese im System eine spätere Stelle als Kohlensäure einnimmt, sonst bei Harnstoff. Beispiele: Acetylharnstoff $CH_3 \cdot CO \cdot NH \cdot CO \cdot NH_2$ s. Syst. No. 205 (Bd. III, S. 61) unter den Derivaten des Harnstoffs; Benzoylharnstoff $C_6H_5 \cdot CO \cdot NH \cdot CO \cdot NH_2$ s. Syst. No. 920 (Bd. IX, S. 215) unter den Derivaten der Benzoesäure; Acetylthioharnstoff $CH_3 \cdot CO \cdot NH \cdot CS \cdot NH_2$ s. Syst. No. 216 (Bd. III, S. 191) unter den Derivaten des Thioharnstoffs.

Harze.

Harze s. Syst. No. 4736—4745a.

Hexosen.

Hexosen s. Syst. No. 143—146 (Bd. I, S. 878—932) (z. B. Glykose, Fructose).

Hydrazide.

Hydrazide von Carbonsäuren $R \cdot CO \cdot NH \cdot NH_2$ sind bei den zugehörigen Säuren als Hydrazin-Derivate eingeordnet. Beispiel: Benzhydrazid $C_6H_5 \cdot CO \cdot NH \cdot NH_2$ s. Syst. No. 935 (Bd. IX, S. 319) unter den Derivaten der Benzoesäure.

N-Substituierte Hydrazide sind entweder als Derivate des an ihrem Aufbau beteiligten Hydrazins oder als solche der Säure eingeordnet, je nachdem das Hydrazin oder die Säure im System die spätere Stelle einnimmt. Beispiele: Methylbenzhydrazid $C_6H_5 \cdot CO \cdot N(CH_3) \cdot NH_2$

s. Syst. No. 935 (Bd. IX, S. 320) unter den Derivaten der Benzoesäure; Phenylbenzhydrazid $C_6H_5 \cdot CO \cdot N(C_6H_5) \cdot NH_2$ s. Syst. No. 2013 unter den Derivaten des Phenylhydrazins.

Hydrazide von Sulfonsäuren sind analog behandelt. Beispiele: Benzolsulfonsäure-hydrazid $C_6H_5 \cdot SO_2 \cdot NH \cdot NH_2$ s. Syst. No. 1520 (Bd. XI, S. 52) unter den Derivaten der Benzolsulfonsäure; Benzolsulfonsäure-phenylhydrazid $C_6H_5 \cdot SO_2 \cdot NH \cdot NH \cdot C_6H_5$ s. Syst. No. 2067 unter den Derivaten des Phenylhydrazins.

Hydrazidine.
Siehe auch: Amidrazone.

Hydrazidine $R \cdot C(NH \cdot NH \cdot R'):N \cdot NH \cdot R'$ sind entweder als Derivate des Hydrazins $R' \cdot NH \cdot NH_2$ oder als solche der Carbonsäure $R \cdot CO_2H$ einzuordnen, je nachdem das Hydrazin oder die Carbonsäure im System die spätere Stelle einnimmt. Beispiel: Äthenyldiphenylhydrazidin $CH_3 \cdot C(NH \cdot NH \cdot C_6H_5):N \cdot NH \cdot C_6H_5$ s. Syst. No. 2009 unter den Derivaten des Phenylhydrazins.

Hydrazine.

Acyclische Hydrazine s. Syst. No. 386—391 (Bd. IV, S. 546—561) (z. B. Äthylhydrazin).

Isocyclische Hydrazine s. Syst. No. 1940—2084 (z. B. Menthylhydrazin, Phenylhydrazin, Naphthylhydrazine, Hydrazinobenzoesäuren).

Heterocyclische Hydrazine s. bei den einzelnen Heteroklassen, z. B. 6-Hydrazino-cumarin $H_2N \cdot NH \cdot C_6H_3 \begin{smallmatrix} O-CO \\ CH:CH \end{smallmatrix}$ s. Syst. No. 2652.

Hydrazi-Verbindungen.

Hydrazi-Verbindungen sind im Hauptwerk auf Grund der Formel $\begin{smallmatrix}R\\R'\end{smallmatrix}{>}C{<}\begin{smallmatrix}NH\\NH\end{smallmatrix}$ als heterocyclische Verbindungen mit 2 cyclisch gebundenen Stickstoffatomen eingeordnet. Im Ergänzungswerk sind diese Verbindungen entsprechend neuerer Konstitutionsauffassung als Hydrazone $\begin{smallmatrix}R\\R'\end{smallmatrix}{>}C:N \cdot NH_2$ den Oxo-Verbindungen $\begin{smallmatrix}R\\R'\end{smallmatrix}{>}CO$ als funktionelle Derivate zugeordnet. Beispiel: Phenylbenzoylhydrazimethylen $C_6H_5 \cdot CO \cdot C(C_6H_5){<}\begin{smallmatrix}NH\\NH\end{smallmatrix}$ ist im Hauptwerk unter Syst. No. 3571 eingeordnet; im Ergänzungswerk ist diese Verbindung auf Grund der Formel $C_6H_5 \cdot CO \cdot C(C_6H_5):N \cdot NH_2$ unter Syst. No. 677 als Hydrazon des Benzils gebracht.

Hydrazone.
Siehe auch: Azo-Verbindungen.

Hydrazone $R \cdot C(:N \cdot NH_2) \cdot R'$ (R und R' können auch Wasserstoff sein) sind bei den entsprechenden Oxo-Verbindungen $R \cdot CO \cdot R'$ als Hydrazin-Derivate eingeordnet. Beispiel: Benzophenon-hydrazon $(C_6H_5)_2C:N \cdot NH_2$ s. Syst. No. 652 (Bd. VII, S. 417) unter den Derivaten des Benzophenons.

Hydrazone der Form $R \cdot C(:N \cdot NH \cdot R'') \cdot R'$ sind entweder als Derivate des Hydrazins $R'' \cdot NH \cdot NH_2$ oder als solche der Oxo-Verbindung $R \cdot CO \cdot R'$ eingeordnet, je nachdem das Hydrazin oder die Oxo-Verbindung im System die spätere Stelle einnimmt. Beispiele: Benzophenon-phenylhydrazon $(C_6H_5)_2C:N \cdot NH \cdot C_6H_5$ s. Syst. No. 1962 unter den Derivaten des Phenylhydrazins; Benzaldehyd-methylhydrazon $C_6H_5 \cdot CH:N \cdot NH \cdot CH_3$ s. Syst. No. 632 (Bd. VII, S. 225) unter den Derivaten des Benzaldehyds. α.β-Dioxo-buttersäure-äthylester-α-phenylhydrazon (Benzolazoacetessigester) $CH_3 \cdot CO \cdot C(:N \cdot NH \cdot C_6H_5) \cdot CO_2 \cdot C_2H_5$ s. Syst. No. 2049 unter den Derivaten des Phenylhydrazins.

Hydrazone der Form $R \cdot C(:N \cdot NH \cdot CO \cdot R'') \cdot R'$ sind als Hydrazin-Derivate entweder bei der Oxo-Verbindung $R \cdot CO \cdot R'$ oder bei der Carbonsäure $R'' \cdot CO_2H$ eingeordnet, je nachdem die Oxo-Verbindung oder die Carbonsäure im System die spätere Stelle einnimmt. Beispiele: Chinon-mono-formylhydrazon $O:C_6H_4:N \cdot NH \cdot CHO$ s. Syst. No. 671 (Bd. VII, S. 629) unter den Derivaten des Chinons; Acetaldehyd-benzoylhydrazon $CH_3 \cdot CH:N \cdot NH \cdot CO \cdot C_6H_5$ s. Syst. No. 935 (Bd. IX, S. 320) unter den Derivaten der Benzoesäure.

Hydrazo-Verbindungen.

Hydrazo-Verbindungen $R \cdot NH \cdot NH \cdot R$ sind als funktionelle Derivate der Hydrazine $R \cdot NH \cdot NH_2$ eingeordnet. Beispiele: Hydrazomethan $CH_3 \cdot NH \cdot NH \cdot CH_3$ s. Syst. No. 387 (Bd. IV, S. 547) unter den Derivaten des Methylhydrazins; Hydrazobenzol $C_6H_5 \cdot NH \cdot NH \cdot C_6H_5$ s. Syst. No. 1950 unter den Derivaten des Phenylhydrazins; o-Hydrazobenzoesäure

230   Alphabetisches Klassenregister.

$HO_2C \cdot C_6H_4 \cdot NH \cdot NH \cdot C_6H_4 \cdot CO_2H$ s. Syst. No. 2080 unter den Derivaten der o-Hydrazinobenzoesäure; α-Hydrazochinolin $C_9H_6N \cdot NH \cdot NH \cdot C_9H_6N$ s. Syst. No. 3447 unter den Derivaten des α-Chinolyl-hydrazins.

Hydroxamsäuren.

Hydroxamsäuren $R \cdot CO \cdot NH \cdot OH$ bezw. $R \cdot C(OH):N \cdot OH$ sind bei den zugehörigen Carbonsäuren $R \cdot CO_2H$ als Hydroxylamin-Derivate eingeordnet. Beispiele: Acethydroxamsäure $CH_3 \cdot CO \cdot NH \cdot OH$ s. Syst. No. 159 (Bd. II, S. 187) unter den Derivaten der Essigsäure; Salicylhydroxamsäure $HO \cdot C_6H_4 \cdot CO \cdot NH \cdot OH$ s. Syst. No. 1064 (Bd. X, S. 98) unter den Derivaten der Salicylsäure.

Hydroxylamine.

Acyclische Hydroxylamine $R \cdot NH \cdot OH$ s. Syst. No. 380—385 (Bd. IV, S. 534—545) (z. B. N-Methyl-hydroxylamin).

Isocyclische Hydroxylamine $R \cdot NH \cdot OH$ s. Syst. No. 1929—1939 (z. B. N-Phenylhydroxylamin).

Heterocyclische Hydroxylamine $R \cdot NH \cdot OH$ s. bei den einzelnen Heteroklassen. Beispiel:
$C_6H_4 {<}^{O\ \ \ \ \ \ \ \ \ \ \ \ \ \ }_{C(NH \cdot OH)}{>} CH$ s. Syst. No. 2651.

Hydroxylamine $R \cdot O \cdot NH_2$ sind bei den zugehörigen Oxy-Verbindungen $R \cdot OH$ als Hydroxylamin-Derivate eingeordnet. Beispiel: O-Benzyl-hydroxylamin $C_6H_5 \cdot CH_2 \cdot O \cdot NH_2$ s. Syst. No. 528 (Bd. VI, S. 440) unter den Derivaten des Benzylalkohols.

Hydroxylamine $R \cdot NH \cdot O \cdot R'$ sind entweder als Derivate des Hydroxylamins $R \cdot NH \cdot OH$ oder als solche der Oxy-Verbindung $R' \cdot OH$ eingeordnet, je nachdem das Hydroxylamin oder die Oxy-Verbindung im System die spätere Stelle einnimmt. Beispiele: N-Methyl-O-äthylhydroxylamin $CH_3 \cdot NH \cdot O \cdot C_2H_5$ s. Syst. No. 381 (Bd. IV, S. 534) unter den Derivaten des N-Methyl-hydroxylamins; N-Äthyl-O-benzyl-hydroxylamin $C_2H_5 \cdot NH \cdot O \cdot CH_2 \cdot C_6H_5$ s. Syst. No. 528 (Bd. VI, S. 440) unter den Derivaten des Benzylalkohols.

Imidchloride.

Imidchloride $R \cdot CCl:NH$ sind bei den zugehörigen Carbonsäuren $R \cdot CO_2H$ unter den Ammoniak-Derivaten eingeordnet. Beispiel: Propionsäure-imidchlorid $C_2H_5 \cdot CCl:NH$ s. Syst. No. 162 (Bd. II, S. 245) unter den Derivaten der Propionsäure.

Imidchloride der Form $R \cdot CCl:N \cdot R'$ sind entweder als Derivate der Carbonsäure $R \cdot CO_2H$ oder als solche des Amins $R' \cdot NH_2$ eingeordnet, je nachdem die Carbonsäure oder das Amin im System die spätere Stelle einnimmt. Beispiele: N-Methyl-benzimidchlorid $C_6H_5 \cdot CCl:N \cdot CH_3$ s. Syst. No. 925 (Bd. IX, S. 274) unter den Derivaten der Benzoesäure; N-Phenyl-acetimidchlorid $CH_3 \cdot CCl:N \cdot C_6H_5$ s. Syst. No. 1607 (Bd. XII, S. 248) unter den Derivaten des Anilins.

Imide.

Imide von Oxo-Verbindungen s. unter Aldimide, Ketimide.

Cyclische Imide von Dicarbonsäuren sind bei heterocyclischen Verbindungen mit cyclisch gebundenem Stickstoff als Dioxo-Verbindungen eingeordnet. Beispiele: Succinimid $\substack{H_2C-CO \\ H_2C-CO}{>}NH$ s. Syst. No. 3201; Phthalimid $C_6H_4{<}^{CO}_{CO}{>}NH$ s. Syst. No. 3207; Cincho-meronimid s. Syst. No. 3591.

Cyclische Imide von Sulfocarbonsäuren (z. B. Saccharin) s. unter Sulfinide.

Iminoäther.

Iminoäther $R \cdot C(:N \cdot R') \cdot O \cdot R''$ (R und R' können auch Wasserstoff sein) sind als Derivate entweder bei der Carbonsäure $R \cdot CO_2H$ oder bei der Oxy-Verbindung $R'' \cdot OH$ oder beim Amin $R' \cdot NH_2$ eingeordnet, je nachdem die Carbonsäure oder die Oxy-Verbindung oder das Amin im System die späteste Stelle einnimmt. Beispiele: $C_6H_5 \cdot C(:N \cdot C_2H_5) \cdot O \cdot CH_3$ s. Syst. No. 925 (Bd. IX, S. 270) unter den Derivaten der Benzoesäure; $CH(:NH) \cdot O \cdot CH_2 \cdot C_6H_5$ s. Syst. No. 528 (Bd. VI, S. 435) unter den Derivaten des Benzylalkohols; $CH_3 \cdot C(:N \cdot C_6H_5) \cdot O \cdot C_2H_5$ s. Syst. No. 1607 (Bd. XII, S. 248) unter den Derivaten des Anilins.

Indamine.

Indamine, deren Konstitution keine desmotropen Formeln zuläßt, sind auf Grund ihrer Formel systematisch eingeordnet (vgl. dazu S. 31). Beispiel: Bindschedlers Grün $(CH_3)_2N \cdot C_6H_4 \cdot N:C_6H_4:NCl(CH_3)_2$ s. Syst. No. 1769 unter den Derivaten des p-Phenylendiamins.

Indamine, für die mehrere desmotrope, zu verschiedenen Systemstellen führende Formeln in Betracht kommen, werden im Anschluß an die Ausgangskörper als Umwandlungsprodukte unsicherer Konstitution angeordnet. Beispiel: Indamin $(H_2N)_2C_6H_2(CH_3)\cdot N:C_6H_4:NH$ bezw. $(H_2N)(HN:)C_6H_2(CH_3):N\cdot C_6H_4\cdot NH_2$ s. Syst. No. 1778 im Anschluß an den Ausgangskörper 2.4-Diamino-toluol.

Indophenole.

Indophenole, deren Konstitution keine desmotropen Formeln zuläßt, sind auf Grund ihrer Formel systematisch eingeordnet (vgl. dazu S. 31). Beispiel: Phenolblau $O:C_6H_4:N\cdot C_6H_4\cdot N(CH_3)_2$ s. Syst. No. 1769 unter den Derivaten des p-Phenylendiamins.

Indophenole, für die mehrere desmotrope, zu verschiedenen Systemstellen führende Formeln in Betracht kommen, werden im Anschluß an die Ausgangskörper als Umwandlungsprodukte unsicherer Konstitution angeordnet. Beispiele: Indophenol $O:C_6H_4:N\cdot C_6H_4\cdot NH_2$ bezw. $HO\cdot C_6H_4\cdot N:C_6H_4:NH$ s. Syst. No. 1766 im Anschluß an den Ausgangskörper p-Phenylendiamin; Indophenol $O:C_6H_4:N\cdot C_6H_4\cdot NH\cdot C_6H_5$ bezw. $HO\cdot C_6H_4\cdot N:C_6H_4:N\cdot C_6H_5$ s. Syst. No. 1601 (Bd. XII, S. 180) im Anschluß an den Ausgangskörper Diphenylamin; Indophenol $O:C_6H_4:N\cdot C_6H_2(CH_3)_2\cdot OH$ bezw. $HO\cdot C_6H_4\cdot N:C_6H_2(CH_3)_2:O$ s. Syst. No. 1841 im Anschluß an den Ausgangskörper p-Amino-phenol.

Isocyanate.

Alkyl- und Arylisocyanate $R\cdot N:CO$ sind beim Amin $R\cdot NH_2$ als Kohlensäure-Derivate eingeordnet. Beispiele: Methylisocyanat $CH_3\cdot N:CO$ s. Syst. No. 335 (Bd. IV, S. 77) unter den Derivaten des Methylamins; Phenylisocyanat $C_6H_5\cdot N:CO$ s. Syst. No. 1640 (Bd. XII, S. 437) unter den Derivaten des Anilins.

Isocyanide.

Isocyanide $R\cdot N:C$ sind beim Amin $R\cdot NH_2$ als Kohlenoxyd-Derivate eingeordnet. Beispiele: Methylisocyanid $CH_3\cdot N:C$ s. Syst. No. 335 (Bd. IV, S. 56) unter den Derivaten des Methylamins; Phenylisocyanid $C_6H_5\cdot N:C$ s. Syst. No. 1604 (Bd. XII, S. 191) unter den Derivaten des Anilins.

Isoharnstoffe und Isothiothioharnstoffe.

Isoharnstoffe der Form $R\cdot O\cdot C(:NH)\cdot NH_2$ bezw. Isothioharnstoffe der Form $R\cdot S\cdot C(:NH)\cdot NH_2$ sind entweder als Derivate der Oxy-Verbindung $R\cdot OH$ bezw. des Mercaptans $R\cdot SH$ oder als solche der Kohlensäure bezw. der Monothiokohlensäure eingeordnet, je nachdem die Oxy-Verbindung bezw. das Mercaptan im System die spätere oder frühere Stelle als Kohlensäure einnimmt. Beispiele: O-Methyl-isoharnstoff $CH_3\cdot O\cdot C(:NH)\cdot NH_2$ s. Syst. No. 205 (Bd. III, S. 73) unter den Derivaten der Kohlensäure; S-Methyl-isothiohiarnstoff $CH_3\cdot S\cdot C(:NH)\cdot NH_2$ s. Syst. No. 216 (Bd. III, S. 192) unter den Derivaten der Monothiokohlensäure; S-Benzyl-isothioharnstoff $C_6H_5\cdot CH_2\cdot S\cdot C(:NH)\cdot NH_2$ s. Syst. No. 528 (Bd. VI, S. 461) unter den Derivaten des Benzylmercaptans.

Isoharnstoffe der Form $R\cdot O\cdot C(:NH)\cdot NH\cdot R'$ bezw. Isothioharnstoffe der Form $R\cdot S\cdot C(:NH)\cdot NH\cdot R'$ sind entweder als Derivate der Oxy-Verbindung $R\cdot OH$ bezw. des Mercaptans $R\cdot SH$ oder als solche des Amins $R'\cdot NH_2$ eingeordnet, je nachdem die Oxy-Verbindung bezw. das Mercaptan oder das Amin im System die spätere Stelle einnimmt. Beispiel: N-Methyl-S-äthyl-isothioharnstoff $C_2H_5\cdot S\cdot C(:NH)\cdot NH\cdot CH_3$ s. Syst. No. 335 (Bd. IV, S. 71) unter den Derivaten des Methylamins.

Isonitramine.
Siehe: Nitramine und Nitrosohydroxylamine.

Isonitrile.
Siehe: Isocyanide.

Isonitroso-Verbindungen.
Siehe: Aldoxime, Ketoxime.

Isothioharnstoffe.
Siehe: Isoharnstoffe.

Isoxim-Derivate.

Isoxim-Derivate $\genfrac{}{}{0pt}{}{R}{R'}{>}C\underset{O}{-\!\!-}N\cdot R''$ bezw. $\genfrac{}{}{0pt}{}{R}{R'}{>}C:N\cdot R''$ (R und R' können auch Wasserstoff sein) sind im Hauptwerk auf Grund der ersten Formel als Derivate von heterocyclischen

Verbindungen mit 1 cyclisch gebundenen Sauerstoffatom und 1 cyclisch gebundenen Stickstoffatom eingeordnet; im Ergänzungswerk sind Isoxim-Derivate entsprechend der neueren Konstitutionsauffassung auf Grund der zweiten Formel eingeordnet, und zwar entweder unter den Derivaten des Amins $R'' \cdot NH_2$ oder unter denen der Oxo-Verbindung $\frac{R}{R'}{>}CO$, je nachdem das Amin oder die Oxo-Verbindung im System die spätere Stelle einnimmt. Beispiele: N-Methyl-isobenzaldoxim ist im Hauptwerk auf Grund der Formel $C_6H_5 \cdot HC{-}{-}N \cdot CH_3$ unter Syst. No. 4194, im Ergänzungswerk auf Grund der Formel
${\diagdown}O{\diagup}$
$C_6H_5 \cdot CH : N(:O) \cdot CH_3$ unter Syst. No. 630 als Derivat des Benzaldehyds eingeordnet. N-Phenylisozimtaldoxim ist im Hauptwerk auf Grund der Formel $C_6H_5 \cdot CH:CH \cdot HC{-}{-}N \cdot C_6H_5$ unter
${\diagdown}O{\diagup}$
Syst. No. 4195, im Ergänzungswerk auf Grund der Formel $C_6H_5 \cdot CH:CH \cdot CH:N(:O) \cdot C_6H_5$ unter Syst. No. 1604 als Derivat des Anilins eingeordnet.

Jodidchloride.

Jodidchloride $R \cdot ICl_2$ sind bei den Jodoso-Verbindungen $R \cdot IO$ (s. d.) als deren salzsaure Salze eingeordnet. Beispiel: Phenyljodidchlorid $C_6H_5 \cdot ICl_2$ s. Syst. No. 464 (Bd. V, S. 218) als Salz von Jodosobenzol.

Jodonium-Verbindungen.

Jodonium-Verbindungen $R_2I \cdot OH$ sind bei der zugehörigen Verbindung RI angeordnet. Beispiel: Diphenyljodoniumhydroxyd $(C_6H_5)_2I \cdot OH$ s. Syst. No. 464 (Bd. V, S. 219) bei Jodbenzol.

Jodonium-Verbindungen der Form $(R)(R')I \cdot OH$ sind entweder bei RI oder bei $R'I$ eingeordnet, je nachdem RI oder $R'I$ im System die spätere Stelle einnimmt. Beispiel: Phenyl-α-naphthyl-jodoniumhydroxyd $C_{10}H_7 \cdot I(C_6H_5) \cdot OH$ s. Syst. No. 477 (Bd. V, S. 551) bei α-Jod-naphthalin.

Jodo- und Jodoso-Verbindungen.

Jodo- und Jodoso-Verbindungen $R \cdot IO_2$ bezw. $R \cdot IO$ sind bei der zugehörigen Verbindung RI angeordnet. Beispiel: p-Jodo-benzoesäure $C_6H_4(IO_2) \cdot CO_2H$ s. Syst. No. 938 (Bd. IX, S. 366) bei p-Jod-benzoesäure; o-Jodoso-benzolsulfonsäure $C_6H_4(IO) \cdot SO_3H$ s. Syst. No. 1520 (Bd. XI, S. 64) bei o-Jod-benzolsulfonsäure.

Jod-Substitutionsprodukte.
Siehe: Halogen-Substitutionsprodukte.

Kakodyl-Verbindungen.

Salze des Kakodylhydroxyds $(CH_3)_2As \cdot OH$ s. Syst. No. 411 (Bd. IV, S. 607); Kakodyl $[(CH_3)_2As]_2$ s. Syst. No. 414 (Bd. IV, S. 615).

Ketazine.

Ketazine sind bei den zugehörigen Ketonen als Hydrazin-Derivate eingeordnet. Beispiel: Diphenylketazin $(C_6H_5)_2C:N \cdot N:C(C_6H_5)_2$ s. Syst. No. 652 (Bd. VII, S. 418) unter den Derivaten des Benzophenons.

Ketene.
Siehe: Oxo-Verbindungen.

Ketimide.

Ketimide $R \cdot C(:NH) \cdot R'$ sind bei den zugehörigen Ketonen $R \cdot CO \cdot R'$ als Ammoniak-Derivate eingeordnet. Beispiel: Benzophenon-imid $(C_6H_5)_2C:NH$ s. Syst. No. 652 (Bd. VII, S. 416) unter den Derivaten des Benzophenons.

Ketimide der Form $R \cdot C(:N \cdot R'') \cdot R'$ sind entweder als Derivate des Ketons $R \cdot CO \cdot R'$ oder als solche des Amins $R'' \cdot NH_2$ eingeordnet, je nachdem das Keton oder das Amin im System die spätere Stelle einnimmt. Beispiele: Acetylaceton-mono-methylimid $CH_3 \cdot CO \cdot CH_2 \cdot C(:N \cdot CH_3) \cdot CH_3$ s. Syst. No. 335 (Bd. IV, S. 57) unter den Derivaten des Methylamins; Chinon-bis-methylimid $CH_3 \cdot N:C_6H_4:N \cdot CH_3$ s. Syst. No. 671 (Bd. VII, S. 621) unter den Derivaten des Chinons.

Ketoaldehyde.
Siehe: Oxo-Verbindungen.

Ketone.
Siehe: Oxo-Verbindungen.

Ketosäuren.
Siehe: Oxo-carbonsäuren.

Ketosen.
Ketosen sind als acyclische Oxy-oxo-Verbindungen (s. S. 238) unter diese eingereiht. Beispiel: Fructose $C_6H_{12}O_6$ s. Syst. No. 145 (Bd. I, S. 918).

Ketoxime.
Ketoxime sind bei den zugehörigen Ketonen als Hydroxylamin-Derivate eingeordnet. Beispiele: Acetonoxim $CH_3 \cdot C(:N \cdot OH) \cdot CH_3$ s. Syst. No. 84 (Bd. I, S. 649); p-Chinon-monoxim $O:C_6H_4:N \cdot OH$ (bezw. p-Nitroso-phenol $HO \cdot C_6H_4 \cdot NO$) s. Syst. No. 671 (Bd. VII, S. 622) unter den Derivaten des p-Chinons; Benzoinoxim $C_6H_5 \cdot CH(OH) \cdot C(:N \cdot OH) \cdot C_6H_5$ s. Syst. No. 752 (Bd. VIII, S. 175); Phenylbrenztraubensäure-oxim $C_6H_5 \cdot CH_2 \cdot C(:N \cdot OH) \cdot CO_2H$ s. Syst. No. 1290 (Bd. X, S. 684); Isatoxim $C_6H_4 \underset{NH}{\overset{C(:N \cdot OH)}{<}} CO$ s. Syst. No. 3206 unter den Derivaten des Isatins.

Kohlenhydrate.
Monosaccharide bekannter Zusammensetzung sind als acyclische Oxy-oxo-Verbindungen (s. S. 238) eingeordnet; alle übrigen Kohlenhydrate finden sich in der 4. Hauptabteilung (Naturstoffe) Syst. No. 4746—4774. Beispiele: Erythrulose $C_4H_8O_4$ s. Syst. No. 124 (Bd. I, S. 856); Glykose $C_6H_{12}O_6$ s. Syst. No. 144 (Bd. I, S. 879); Lactose $C_{12}H_{22}O_{11}$ s. Syst. No. 4752; Saccharose $C_{12}H_{22}O_{11}$ s. Syst. No. 4756; Stärke s. Syst. No. 4766.

Im Beilstein-Ergänzungswerk sind Di- und Trisaccharide aufgeklärter Konstitution auf Grund dieser eingeordnet. Beispiel: Saccharose s. Syst. No. 2451 unter den Derivaten der Cycloform der Fructose.

Kohlenwasserstoffe.
Acyclische Kohlenwasserstoffe s. Syst. No. 2—15 (Bd. I, S. 49—267) (z. B. Pentan, Acetylen, Isopren).

Cyclische Kohlenwasserstoffe s. Syst. No. 451—498 (Bd. V, S. 3—766) (z. B. Cyclopentan, Limonen, Pinen, Benzol, Naphthalin, Triphenylmethan).

Lactame.
Lactame sind unter den heterocyclischen Verbindungen mit 1 cyclisch gebundenen Stickstoffatom als Oxo-Verbindungen eingeordnet. Beispiele: Lactam der γ-Amino-buttersäure (Pyrrolidon) $\underset{H_2C \cdot CH_2}{\overset{H_2C \cdot CO}{}}>NH$ s. Syst. No. 3179; Lactam der α-Amino-glutarsäure (Pyroglutaminsäure) $\underset{OC \cdot NH}{\overset{H_2C \cdot CH_2}{}}>CH \cdot CO_2H$ s. Syst. No. 3366; Lactam des Ornithins (β-Amino-α-piperidon) $H_2C<\underset{CH_2 \cdot CH_2}{\overset{NH \cdot CO}{}}>CH \cdot NH_2$ s. Syst. No. 3427.

Lactide.
Lactide sind unter den heterocyclischen Verbindungen mit 2 cyclisch gebundenen Sauerstoffatomen als Dioxo-Verbindungen eingeordnet. Beispiele: Lactid $CH_3 \cdot CH<\overset{O \cdot CO}{\underset{CO \cdot O}{}}>CH \cdot CH_3$ s. Syst. No. 2759; Diphenylglykolid $C_6H_5 \cdot CH<\overset{O \cdot CO}{\underset{CO \cdot O}{}}>CH \cdot C_6H_5$ s. Syst. No. 2767.

Lactone.
Lactone sind unter den heterocyclischen Verbindungen mit 1 cyclisch gebundenen Sauerstoffatom als Oxo-Verbindungen eingeordnet. Beispiele: Butyrolacton $\underset{H_2C \cdot CH_2}{\overset{H_2C \cdot CO}{}}>O$ s. Syst. No. 2459; Erythronsäurelacton $\underset{HO \cdot CH \cdot CH_2}{\overset{HO \cdot CH \cdot CO}{}}>O$ s. Syst. No. 2527; Lacton der Itamalsäure (Paraconsäure) $\underset{HO_2C \cdot HC \cdot CH_2}{\overset{H_2C \cdot CO}{}}>O$ s. Syst. No. 2619.

Magnesium-Verbindungen mit direkter Bindung C—Mg.

Acyclische Magnesium-Verbindungen s. Syst. No. 437 (Bd. IV, S. 645—670) (z. B. Äthylmagnesiumjodid $C_2H_5 \cdot MgI$).

Isocyclische Magnesium-Verbindungen s. Syst. No. 2337 (z. B. Phenylmagnesiumjodid).

Heterocyclische Magnesium-Verbindungen (mit extranuclear gebundenem Mg) s. bei den einzelnen Heteroklassen. Beispiel: α-Thienylmagnesiumjodid $C_4H_3S \cdot MgI$ s. Syst. No. 2665 als Schwefel-Analogon von α-Furylmagnesiumhydroxyd.

Mercaptale.

Mercaptale $R \cdot CH(S \cdot R')_2$ sind entweder als Derivate des Thioaldehyds $R \cdot CHS$ (s. d.) oder als solche des Mercaptans $R' \cdot SH$ (s. d.) eingeordnet, je nachdem der Thioaldehyd oder das Mercaptan im System die spätere Stelle einnimmt. Beispiele: Benzaldehyd-dibenzylmercaptal $C_6H_5 \cdot CH(S \cdot CH_2 \cdot C_6H_5)_2$ s. Syst. No. 637 (Bd. VII, S. 268) unter den Derivaten des Thiobenzaldehyds; Acetaldehyd-diphenylmercaptal $CH_3 \cdot CH(S \cdot C_6H_5)_2$ s. Syst. No. 524 (Bd. VI, S. 305) unter den Derivaten des Thiophenols.

Mercaptane.

Mercaptane $R \cdot SH$ sind bei den entsprechenden Oxy-Verbindungen als Schwefel-Analoga eingeordnet. Beispiele: Methylmercaptan $CH_3 \cdot SH$ s. Syst. No. 19 (Bd. I, S. 288) unter den Derivaten des Methylalkohols; Trithioglycerin $HS \cdot CH_2 \cdot CH(SH) \cdot CH_2 \cdot SH$ s. Syst. No. 40 (Bd. I, S. 519) unter den Derivaten des Glycerins; Thiophenol $C_6H_5 \cdot SH$ s. Syst. No. 524 (Bd. VI, S. 294) unter den Derivaten des Phenols; 2-Sulfhydryl-acetophenon $HS \cdot C_6H_4 \cdot CO \cdot CH_3$ s. Syst. No. 748 (Bd. VIII, S. 86) unter den Derivaten des 2-Oxy-acetophenons; β-Amino-äthylmercaptan $H_2N \cdot CH_2 \cdot CH_2 \cdot SH$ s. Syst. No. 353 (Bd. IV, S. 286) unter den Derivaten des β-Amino-äthylalkohols.

Mercaptole.

Mercaptole $R \cdot C(S \cdot R'')_2 \cdot R'$ sind entweder als Derivate des Thioketons $R \cdot CS \cdot R'$ (s. d.) oder als solche des Mercaptans $R'' \cdot SH$ (s. d.) eingeordnet, je nachdem das Thioketon oder das Mercaptan im System die spätere Stelle einnimmt. Beispiele: Acetophenon-diäthylmercaptol $C_6H_5 \cdot C(S \cdot C_2H_5)_2 \cdot CH_3$ s. Syst. No. 639 (Bd. VII, S. 291) unter den Derivaten des Thioacetophenons; Aceton-diphenylmercaptol $CH_3 \cdot C(S \cdot C_6H_5)_2 \cdot CH_3$ s. Syst. No. 524 (Bd. VI, S. 305) unter den Derivaten des Thiophenols.

Mercuri-Verbindungen.

Siehe: Quecksilber-Verbindungen.

Metallorganische Verbindungen.

Siehe: Aluminium-, Blei-, Bor-, Magnesium-, Quecksilber-, Zink-, Zinn-Verbindungen.

Systematische Behandlung s. S. 13 (§ 11), S. 14 (§ 12c).

Methylenchinone.

Siehe: Chinonmethide.

Nitramine.

Nitramine der Form $R \cdot N_2O_2H$ [$= R \cdot NH \cdot NO_2$ bezw. $R \cdot N:N(:O) \cdot OH$ bezw. $R \cdot N\!\!-\!\!N \cdot OH$ über O]
s. Syst. No. 395 (acyclische) und Syst. No. 2218—2221 (isocyclische). Beispiele: Methylnitramin $CH_3 \cdot NH \cdot NO_2$ s. Syst. No. 395 (Bd. IV, S. 567); Phenylnitramin (Diazobenzolsäure) $C_6H_5 \cdot NH \cdot NO_2$ s. Syst. No. 2219.

Nitramine der Form $R \cdot N(NO_2) \cdot R'$ sind als funktionelle Derivate des Amins $R \cdot NH_2$ oder als solche des Amins $R' \cdot NH_2$ eingeordnet, je nachdem $R \cdot NH_2$ oder $R' \cdot NH_2$ im System die spätere Stelle einnimmt. Beispiele: Methyläthylnitramin $C_2H_5 \cdot N(NO_2) \cdot CH_3$ s. Syst. No. 336 (Bd. IV, S. 130) unter den Derivaten des Äthylamins; Methylphenylnitramin $C_6H_5 \cdot N(NO_2) \cdot CH_3$ s. Syst. No. 1666 (Bd. XII, S. 586) unter den Derivaten des Anilins.

Nitrile.

Nitrile der Carbonsäuren sind bei den zugehörigen Carbonsäuren als Ammoniak-Derivate eingeordnet. Beispiele: Acetonitril (Methylcyanid) $CH_3 \cdot CN$ s. Syst. No. 159 (Bd. II, S. 183) unter den Derivaten der Essigsäure; Oxalsäure-dinitril (Dicyan) $NC \cdot CN$ s. Syst. No. 170 (Bd. II, S. 549) unter den Derivaten der Oxalsäure; Malonsäure-mononitril (Cyanessigsäure)

NC·CH$_2$·CO$_2$H s. Syst. No. 171 (Bd. II, S. 583) unter den Derivaten der Malonsäure; Phenylessigsäure-nitril (Benzylcyanid) C$_6$H$_5$·CH$_2$·CN s. Syst. No. 941 (Bd. IX, S. 441) unter den Derivaten der Phenylessigsäure; Benzoylacetonitril (ω-Cyan-acetophenon) C$_6$H$_5$·CO·CH$_2$·CN s. Syst. No. 1290 (Bd. X, S. 680) unter den Derivaten der Benzoylessigsäure; Nicotinsäurenitril (β-Cyan-pyridin) C$_5$H$_4$N·CN s. Syst. No. 3249 unter den Derivaten der Nicotinsäure.

Nitrolamine.

Nitrolamine HO·N:C·C·NH$_2$ sind als Oxime der Amino-oxo-Verbindungen —OC·C·NH$_2$ bei diesen (s. S. 220) eingeordnet. Beispiel: Amylen-nitrolamin CH$_3$·C(:N·OH)·C(CH$_3$)$_2$·NH$_2$ s. Syst. No. 358 (Bd. IV, S. 320) unter den Derivaten des 2-Amino-2-methyl-butanons-(3).

N-Substituierte Nitrolamine HO·N:C·C·NH·R sind entweder als Derivate der Amino-oxo-Verbindung —OC·C·NH$_2$ oder als solche des Amins R·NH$_2$ eingeordnet, je nachdem die Amino-oxo-Verbindung oder das Amin im System die spätere Stelle einnimmt. Beispiele: Pinen-nitrolbenzylamin C$_{10}$H$_{15}$(:N·OH)·NH·CH$_2$·C$_6$H$_5$ s. Syst. No. 1873 unter den Derivaten des Amino-pinocamphons C$_{10}$H$_{15}$(:O)·NH$_2$; Pulegen-nitrolpiperidin C$_9$H$_{15}$(:N·OH)·NC$_5$H$_{10}$ s. Syst. No. 3038 unter den Derivaten des Piperidins.

Nitrolsäuren.

Nitrolsäuren R·C(NO$_2$):N·OH sind als funktionelle Derivate der zugehörigen Carbonsäuren R·CO$_2$H eingeordnet. Beispiele: Acetnitrolsaure CH$_3$·C(NO$_2$):N·OH s. Syst. No. 159 (Bd. II, S. 189) unter den Derivaten der Essigsäure; Benznitrolsäure C$_6$H$_5$·C(NO$_2$):N·OH s. Syst. No. 934 (Bd. IX, S. 319) unter den Derivaten der Benzoesaure.

Nitrosamine.

Nitrosamine, die sich von primären Aminen ableiten, R·NH·NO, sind bei den desmotropen Diazo-Verbindungen R·N$_2$·OH eingeordnet. Beispiel: p-Nitro-phenylnitrosamin O$_2$N·C$_6$H$_4$·NH·NO s. Syst. No. 2193 bei p-Nitro-benzol-antidiazohydrat O$_2$N·C$_6$H$_4$·N$_2$·OH.

Nitrosamine, die sich von sekundären Aminen ableiten, R·N(NO)·R', sind als funktionelle Derivate des Amins R·NH$_2$ oder als solche des Amins R'·NH$_2$ eingeordnet, je nachdem R·NH$_2$ oder R'·NH$_2$ im System die spätere Stelle einnimmt. Beispiele: Äthylpropylnitrosamin CH$_3$·CH$_2$·CH$_2$·N(NO)·C$_2$H$_5$ s. Syst. No. 337 (Bd. IV, S. 146) unter den Derivaten des Propylamins; Methylphenylnitrosamin C$_6$H$_5$·N(NO)·CH$_3$ s. Syst. No. 1666 (Bd. XII, S. 579) unter den Derivaten des Anilins.

Nitrosate.

Nitrosate von aufgeklärter Konstitution sind dieser entsprechend systematisch (vgl. dazu S. 41, § 42) eingeordnet; die übrigen Nitrosate sind als Umwandlungsprodukte ungewisser Konstitution bei den Ausgangskörpern angeordnet. Beispiele: Trimethyläthylennitrosat (CH$_3$)$_2$C(O·NO$_2$)·CH(NO)·CH$_3$ s. Syst. No. 24 (Bd. I, S. 390) unter den Derivaten des 2-Methyl-butanols-(2); Nitrosat des Dipentens C$_{10}$H$_{16}$O$_4$N$_2$ s. Syst. No. 457 (Bd. V, S. 139) bei Dipenten.

Nitrosite und Pseudonitrosite.

Monomolekulare Nitrosite und Pseudonitrosite von aufgeklärter Konstitution sind dieser entsprechend systematisch (vgl. dazu S. 41, § 42) eingeordnet; die übrigen sind als Umwandlungsprodukte ungewisser Konstitution bei den Ausgangskörpern angeordnet. Beispiele: Trimethyläthylen-nitrosit (CH$_3$)$_2$C(O·NO)·CH(NO)·CH$_3$ s. Syst. No. 24 (Bd. I, S. 390) unter den Derivaten des 2-Methyl-butanols-(2); Trimethyläthylen-isonitrosit (CH$_3$)$_2$C(O·NO)·C(:N·OH)·CH$_3$ s. Syst. No. 113 (Bd. I, S. 833) unter den Derivaten des 2-Methyl-butanol-(2)-ons-(3); Esdragol-β-pseudonitrosit (in der Literatur als „β-Nitrosit" bezeichnet) O$_2$N·CH$_2$·C(:N·OH)·CH$_2$·C$_6$H$_4$·O·CH$_3$ s. Syst. No. 748 (Bd. VIII, S. 108) unter den Derivaten des 4-Oxy-phenylacetons; Anethol-pseudonitrosit [CH$_3$·CH(NO$_2$)·CH(C$_6$H$_4$·O·CH$_3$)—]$_2$N$_2$O$_2$ s. Syst. No. 534 (Bd. VI, S. 569) bei Anethol.

Nitrosobromide und Nitrosochloride.

Monomolekulare Nitrosobromide und -chloride von aufgeklärter Konstitution sind dieser entsprechend systematisch (vgl. dazu S. 41, § 42) eingeordnet; die übrigen sind als Umwandlungsprodukte ungewisser Konstitution bei den Ausgangskörpern angeordnet. Beispiele: Trimethyläthylen-nitrosobromid (CH$_3$)$_2$CBr·CH(NO)·CH$_3$ s. Syst. No. 10 (Bd. I, S. 140) unter den Derivaten des 2-Methyl-butans; Trimethyläthylen-isonitrosobromid $(CH_3)_2CBr \cdot C(:N \cdot OH) \cdot CH_3$ s. Syst. No. 87 (Bd. I, S. 684) unter den Derivaten des 2-Methyl-butanons-(3). Pinen-nitrosochlorid $C_{10}H_{16}ONCl$ bezw. $[C_{10}H_{16}ONCl]_2$ s. Syst. No. 458 (Bd. V, S. 153) bei Pinen; Styrol-nitrosochlorid C_8H_8ONCl s. Syst. No. 473 (Bd. V, S. 476) bei Styrol.

Nitrosohydroxylamine.

Nitrosohydroxylamine $R \cdot N_2O_2H$ [= $R \cdot N(NO) \cdot OH$ bezw. $R \cdot N(:O):N \cdot OH$ bezw. $R \cdot N\!\!-\!\!\!-\!\!N \cdot OH$] s. Syst. No. 395 (acyclische) und Syst. No. 2218—2221 (isocyclische). Beispiele: [Nitrosohydroxylamino]-essigsäure, Isonitraminoessigsäure $HO \cdot N(NO) \cdot CH_2 \cdot CO_2H$ s. Syst. No. 395 (Bd. IV, S. 574); Phenylnitrosohydroxylamin $C_6H_5 \cdot N(NO) \cdot OH$ s. Syst. No. 2219.

Nitrosolsäuren.

Nitrosolsäuren $R \cdot C(NO):N \cdot OH$ sind als funktionelle Derivate der zugehörigen Carbonsäuren $R \cdot CO_2H$ eingeordnet. Beispiele: Acetnitrosolsäure $CH_3 \cdot C(NO):N \cdot OH$ s. Syst. No. 159 (Bd. II, S. 189) unter den Derivaten der Essigsäure; Benznitrosolsäure $C_6H_5 \cdot C(NO):N \cdot OH$ s. Syst. No. 934 (Bd. IX, S. 318) unter den Derivaten der Benzoesäure.

Nitroso-Verbindungen.

Siehe auch: Nitrolamine, Nitrolsäuren, Nitrosamine, Nitrosate, Nitrosite und Pseudonitrosite, Nitrosobromide und Nitrosochloride, Nitrosohydroxylamine, Nitrosolsäuren, Pseudonitrole.

Echte C-Nitroso-Verbindungen sind als Substitutionsprodukte der zugehörigen Registrier-Verbindungen (vgl. S. 20—21) eingeordnet; Isonitroso-Verbindungen sind (nach S. 41—42) als Oxime von Oxo-Verbindungen bei diesen eingeordnet. Beispiele: 2-Nitroso-2-methyl-butan $C_2H_5 \cdot C(NO)(CH_3)_2$ s. Syst. No. 10 (Bd. I, S. 139) unter den Derivaten des 2-Methyl-butans; 1-Chlor-1-nitroso-äthan $CH_3 \cdot CHCl \cdot NO$ s. Syst. No. 9 (Bd. I, S. 99) unter den Derivaten des Äthans; Nitrosobenzol $C_6H_5 \cdot NO$ s. Syst. No. 465 (Bd. V, S. 230) unter den Derivaten des Benzols; p-Nitroso-phenol $ON \cdot C_6H_4 \cdot OH$ ist desmotrop mit p-Chinon-monoxim $HO \cdot N:C_6H_4:O$ und als solches Syst. No. 671 (Bd. VII, S. 622) unter den Derivaten des p-Chinons eingeordnet; p-Nitroso-anisol $ON \cdot C_6H_4 \cdot O \cdot CH_3$ s. Syst. No. 523 (Bd. VI, S. 213) unter den Derivaten des Phenols; p-Nitroso-methylanilin $ON \cdot C_6H_4 \cdot NH \cdot CH_3$ ist desmotrop mit p-Chinon-methylimid-oxim $HO \cdot N:C_6H_4:N \cdot CH_3$ und als solches Syst. No. 671 (Bd. VII, S. 626) unter den Derivaten des p-Chinons eingeordnet; p-Nitroso-dimethylanilin $ON \cdot C_6H_4 \cdot N(CH_3)_2$ s. Syst. No. 1671 (Bd. XII, S. 677) unter den Derivaten des Anilins.

Nitro-Substitutionsprodukte.

Siehe auch: Nitramine, Nitrolsäuren, Pseudonitrole.

C-Nitro-Substitutionsprodukte sind bei den zugrunde liegenden Registrier-Verbindungen (vgl. S. 20—21) eingeordnet. Beispiele: Nitroform $CH(NO_2)_3$ s. Syst. No. 6 (Bd. I, S. 79) unter den Derivaten des Methans; Nitroaceton $CH_3 \cdot CO \cdot CH_2 \cdot NO_2$ s. Syst. No. 85 (Bd. I, S. 661) unter den Derivaten des Acetons; o-Nitro-phenetol $O_2N \cdot C_6H_4 \cdot O \cdot C_2H_5$ s. Syst. No. 523 (Bd. VI, S. 218) unter den Derivaten des Phenols.

Oktazone.

Isocyclische Oktazone $[R \cdot N:N \cdot N(R') \cdot N:]_2$ s. Syst. No. 2251.

Osazone.

Osazone sind als funktionelle Derivate des Phenylhydrazins eingeordnet, wenn die zugrunde liegende Dioxo-Verbindung $R \cdot CO \cdot CHO$ bezw. $R \cdot CO \cdot CO \cdot R'$ im System eine frühere Stelle einnimmt als Phenylhydrazin, andernfalls als solche der Dioxo-Verbindung. Beispiele: Glykosazon $HO \cdot CH_2 \cdot [CH(OH)]_3 \cdot C(:N \cdot NH \cdot C_6H_5) \cdot CH:N \cdot NH \cdot C_6H_5$ s. Syst. No. 2006 unter den Derivaten des Phenylhydrazins; Furilosazon $C_4H_3O \cdot C(:N \cdot NH \cdot C_6H_5) \cdot C(:N \cdot NH \cdot C_6H_5) \cdot C_4H_3O$ s. Syst. No. 2764 unter den Derivaten des Furils.

Osone.

Osone sind gemäß ihrer Zusammensetzung unter die acyclischen Oxy-oxo-Verbindungen (s. S. 238) eingereiht. Beispiel: Arabinoson $HO \cdot CH_2 \cdot CH(OH) \cdot CH(OH) \cdot CO \cdot CHO$ s. Syst. No. 140 (Bd. I, S. 877).

Oxime.

Siehe: Aldoxime, Ketoxime.

Oximino-Verbindungen.

Siehe: Aldoxime, Ketoxime.

Nitrosohydroxylamine — Oxy-azo-Verbindungen.

Oxo-amine.
Siehe: Amino-oxo-Verbindungen.

Oxo-azo-Verbindungen.
Systematische Behandlung s. unter Azo-Verbindungen.

Isocyclische Oxo-azo-Verbindungen s. Syst. No. 2133—2137. Beispiele: 4-Benzolazobenzaldehyd $C_6H_5 \cdot N:N \cdot C_6H_4 \cdot CHO$ s. Syst. No. 2134; m-Azoacetophenon $CH_3 \cdot CO \cdot C_6H_4 \cdot N:N \cdot C_6H_4 \cdot CO \cdot CH_3$ s. Syst. No. 2134; 5-Benzolazo-salicylaldehyd $C_6H_5 \cdot N:N \cdot C_6H_3(OH) \cdot CHO$ s. Syst. No. 2137.

Heterocyclische Oxo-azo-Verbindungen s. bei den einzelnen Heteroklassen. Beispiel: 6-Benzolazo-cumarin $C_6H_5 \cdot N:N \cdot C_6H_3 \langle \substack{CH:CH \\ O—CO} \rangle$ s. Syst. No. 2656.

Oxo-carbonsäuren (einschl. der Oxy-oxo-carbonsäuren).

Acyclische Oxo-carbonsäuren s. Syst. No. 276—322 (Bd. III, S. 592—888) (z. B. Brenztraubensäure, Mesoxalsäure, Glykuronsäure).

Isocyclische Oxo-carbonsäuren s. Syst. No. 1282—1504 (Bd. X, S. 596—1056) (z. B. Pinonsäure, Phthalaldehydsäure, Dibenzoylessigsäure, Noropiansäure).

Heterocyclische Oxo-carbonsäuren s. bei den einzelnen Heteroklassen. Beispiele: Paraconsäure $\substack{O \cdot CH_2 \\ OC \cdot CH_2} \rangle CH \cdot CO_2H$ s. Syst. No. 2619; Pyroglutaminsäure $\substack{H_2C \cdot CH_2 \\ OC \cdot NH} \rangle CH \cdot CO_2H$ s. Syst. No. 3366; Indoxanthinsäure $C_6H_4 \langle \substack{CO \\ NH} \rangle C \langle \substack{OH \\ CO_2H}$ s. Syst. No. 3371.

Oxo-sulfonsäuren.

Acyclische Oxo-sulfonsäuren s. Syst. No. 329 (Bd. IV, S. 18—21). Beispiel: Acetonsulfonsäure $CH_3 \cdot CO \cdot CH_2 \cdot SO_3H$ s. Syst. No. 329 (Bd. IV, S. 19).

Isocyclische Oxo-sulfonsäuren s. Syst. No. 1571—1582 (Bd. XI, S. 314—368). Beispiele: Campher-β-sulfonsäure $OC_{10}H_{15} \cdot SO_3H$ s. Syst. No. 1572 (Bd. XI, S. 314); Benzaldehydsulfonsäure-(2) s. Syst. No. 1572 (Bd. XI, S. 323); Anthrachinon-disulfonsäure-(1.5) $HO_3S \cdot C_6H_3 \langle \substack{CO \\ CO} \rangle C_6H_3 \cdot SO_3H$ s. Syst. No. 1573 (Bd. XI, S. 340); Alizarin-sulfonsäure-(8) $HO_3S \cdot C_6H_3 \langle \substack{CO \\ CO} \rangle C_6H_2(OH)_2$ s. Syst. No. 1578 (Bd. XI, S. 356).

Heterocyclische Oxo-sulfonsäuren s. bei den einzelnen Heteroklassen. Beispiel: Isatinsulfonsäure-(5) $HO_3S \cdot C_6H_3 \langle \substack{CO \\ NH} \rangle CO$ s. Syst. No. 3381.

Oxo-Verbindungen.
Siehe auch: Oxy-oxo-Verbindungen.

Acyclische Oxo-Verbindungen s. Syst. No. 71—110 (Bd. I, S. 551—814) (z. B. Acetaldehyd, Aceton, Keten, Methylglyoxal, Diacetyl).

Isocyclische Oxo-Verbindungen s. Syst. No. 609—736 (Bd. VII, S. 1—911) (z. B. Campher, Benzaldehyd, Benzophenon, Chinon, Benzil).

Heterocyclische Oxo-Verbindungen s. bei den einzelnen Heteroklassen. Beispiele: Furfurol $C_4H_3O \cdot CHO$ s. Syst. No. 2461; 2-Acetyl-pyrrol $CH_3 \cdot CO \cdot C_4H_4N$ s. Syst. No. 3181; Phthalimid $C_6H_4 \langle \substack{CO \\ CO} \rangle NH$ s. Syst. No. 3207.

Oxy-aldehyde.
Siehe: Oxy-oxo-Verbindungen.

Oxy-amine.
Siehe: Amino-oxy-Verbindungen.

Oxy-azo-Verbindungen.
Systematische Behandlung s. unter Azo-Verbindungen.

Isocyclische Oxy-azo-Verbindungen s. Syst. No. 2106—2132. Beispiele: 4-Benzolazophenol $C_6H_5 \cdot N:N \cdot C_6H_4 \cdot OH$ s. Syst. No. 2112; 1-Benzolazo-naphthol-(2) $C_6H_5 \cdot N:N \cdot C_{10}H_6 \cdot OH$ s. Syst. No. 2120.

Heterocyclische Oxy-azo-Verbindungen s. bei den einzelnen Heteroklassen. Beispiel:

6-Oxy-7-benzolazo-4-methyl-benzoxazol $\mathrm{HO-C_6H_2(CH_3)(N:N\cdot C_6H_5)}\underset{O}{\overset{N}{>}}\mathrm{CH}$ s. Syst. No. 4393.

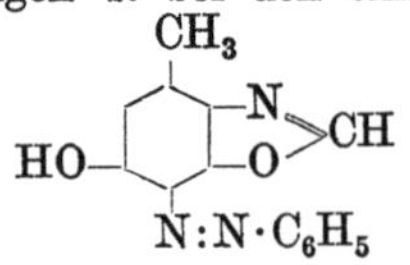

Oxy-carbonsäuren.

Acyclische Oxy-carbonsäuren s. Syst. No. 195—275 (Bd. III, S. 1—592) (z. B. Kohlensäure, Milchsäure, Äpfelsäure, Weinsäure).

Isocyclische Oxy-carbonsäuren s. Syst. No. 1051—1281 (Bd. X, S. 1—595) (z. B. Salicylsäure, Gallussäure, Norhemipinsäure).

Heterocyclische Oxy-carbonsäuren s. bei den einzelnen Heteroklassen. Beispiele: Indoxylsäure $\mathrm{C_6H_4{<}{\overset{C(OH)}{NH}}{>}C\cdot CO_2H}$ s. Syst. No. 3337; Pilocarpinsäure $\mathrm{{\overset{N\text{---}CH}{H\overset{|}{C}\text{---}N(CH_3)}}{>}C\cdot CH_2\cdot}$ $\mathrm{CH(CH_2\cdot OH)\cdot CH(C_2H_5)\cdot CO_2H}$ s. Syst. No. 3690.

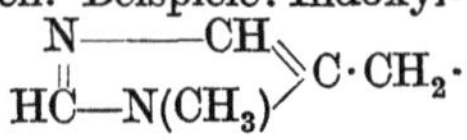

Oxy-chinone.
Siehe: Oxy-oxo-Verbindungen.

Oxy-ketone.
Siehe: Oxy-oxo-Verbindungen.

Oxy-oxo-Verbindungen.

Acyclische Oxy-oxo-Verbindungen s. Syst. No. 111—151 (Bd. I, S. 814—938) (z. B. Glykolaldehyd, Acetol, Glykose, Fructose, Glykoson).

Isocyclische Oxy-oxo-Verbindungen s. Syst. No. 737—890 (Bd. VIII, S. 1—577) (z. B. Toluchinol, Salicylaldehyd, Vanillin, Alizarin).

Heterocyclische Oxy-oxo-Verbindungen s. bei den einzelnen Heteroklassen. Beispiele: Umbelliferon $\mathrm{HO\cdot C_6H_3{<}{\overset{CH:CH}{O\text{---}CO}}}$ s. Syst. No. 2511; Dialursäure $\mathrm{OC{<}{\overset{NH\cdot CO}{NH\cdot CO}}{>}CH\cdot OH}$ s. Syst. No. 3637.

Oxysäuren.
Siehe: Oxy-carbonsäuren.

Oxy-sulfonsäuren.

Acyclische Oxy-sulfonsäuren s. Syst. No. 328 (Bd. IV, S. 13—18). Beispiel: Isäthionsäure $\mathrm{HO\cdot CH_2\cdot CH_2\cdot SO_3H}$ s. Syst. No. 328 (Bd. IV, S. 13).

Isocyclische Oxy-sulfonsäuren s. Syst. No. 1545—1570 (Bd. XI, S. 231—314). Beispiele: p-Phenol-sulfonsäure $\mathrm{HO\cdot C_6H_4\cdot SO_3H}$ s. Syst. No. 1551 (Bd. XI, S. 241); Naphthol-(2)-disulfonsäure-(6.8) $\mathrm{HO\cdot C_{10}H_5(SO_3H)_2}$ s. Syst. No. 1557 (Bd. XI, S. 290); Resorcinsulfonsäuren $\mathrm{(HO)_2C_6H_3\cdot SO_3H}$ s. Syst. No. 1563 (Bd. XI, S. 298).

Heterocyclische Oxy-sulfonsäuren s. bei den einzelnen Heteroklassen. Beispiel: Oxychinolin-sulfonsäuren $\mathrm{HO\cdot C_9H_5N\cdot SO_3H}$ s. Syst. No. 3380.

Oxy-Verbindungen.

Acyclische Oxy-Verbindungen s. Syst. No. 16—70 (Bd. I, S. 268—550) (z. B. Äthylalkohol, Äthylenglykol, Erythrit).

Isocyclische Oxy-Verbindungen s. Syst. No. 499—608 (Bd. VI, S. 1—1210) (z. B. Menthol, Phenol, Benzylalkohol, Xylylenglykol, Phloroglucin).

Heterocyclische Oxy-Verbindungen s. bei den einzelnen Heteroklassen. Beispiele: Furfuralkohol $\mathrm{C_4H_3O\cdot CH_2\cdot OH}$ s. Syst. No. 2382; Oxypyridine $\mathrm{C_5H_4N\cdot OH}$ s. Syst. No. 3111.

Ozonide.

Ozonide sind als Umwandlungsprodukte ungewisser Konstitution im Anschluß an die Ausgangsstoffe angeordnet. Beispiele: Benzol-triozonid $\mathrm{C_6H_6O_9}$ s. Syst. No. 463 (Bd. V, S. 197) bei Benzol; Ölsäure-ozonid $\mathrm{C_{18}H_{34}O_5}$ s. Syst. No. 163 (Bd. II, S. 466) bei Ölsäure.

Pentosen.

Pentosen s. Syst. No. 132—135 (Bd. I, S. 858—870) (z. B. Arabinose, Xylose).

Peroxyde.

Alkyl- und Arylperoxyde $R \cdot O \cdot O \cdot R$ sind als funktionelle Derivate (H_2O_2-Derivate) der zugehörigen Oxy-Verbindung $R \cdot OH$ eingeordnet. Beispiel: Diäthylperoxyd $C_2H_5 \cdot O \cdot O \cdot C_2H_5$ s. Syst. No. 21 (Bd. I, S. 324) unter den Derivaten des Äthylalkohols.

Acylperoxyde $R \cdot CO \cdot O \cdot O \cdot CO \cdot R$ sind als funktionelle Derivate (H_2O_2-Derivate) der zugehörigen Carbonsäure $R \cdot CO_2H$ eingeordnet, Acylperoxyde der Form $R \cdot CO \cdot O \cdot O \cdot CO \cdot R'$ als Derivate derjenigen Carbonsäure, die im System die spätere Stelle einnimmt. Beispiele: Diacetylperoxyd $CH_3 \cdot CO \cdot O \cdot O \cdot CO \cdot CH_3$ s. Syst. No. 159 (Bd. II, S. 170) unter den Derivaten der Essigsäure; Acetyl-benzoyl-peroxyd $CH_3 \cdot CO \cdot O \cdot O \cdot CO \cdot C_6H_5$ s. Syst. No. 910 (Bd. IX, S. 179) unter den Derivaten der Benzoesäure.

Persäuren.

Persäuren $R \cdot CO \cdot O \cdot OH$ sind als funktionelle Derivate (H_2O_2-Derivate) der zugehörigen Carbonsäure $R \cdot CO_2H$ eingeordnet. Beispiel: Benzopersäure $C_6H_5 \cdot CO \cdot O \cdot OH$ s. Syst. No. 910 (Bd. IX, S. 178) unter den Derivaten der Benzoesäure.

Phenole.
Siehe: Oxy-Verbindungen.

Phenolsulfonsäuren.
Siehe: Oxy-sulfonsäuren.

Phenylhydrazone.
Siehe: Hydrazone.

„Phenylurethane."
Siehe: Carbamidsäureester.

Phosphatide.
Phosphatide s. Syst. No. 4807a. Beispiel: Lecithin.

Phosphor-Verbindungen mit direkter Bindung C—P.

Acyclische Phosphor-Verbindungen s. Syst. No. 401—408 (Bd. IV, S. 580—598) [z. B. Methylphosphin $CH_3 \cdot PH_2$, Methylphosphinsäure $CH_3 \cdot PO(OH)_2$].

Isocyclische Phosphor-Verbindungen s. Syst. No. 2252—2301 (z. B. Phenylphosphin, Phenylphosphinsäure).

Heterocyclische Phosphor-Verbindungen (mit extranuclear gebundenem P) s. bei den einzelnen Heteroklassen. Beispiel: Thiophen-α-phosphinsäure $C_4H_3S \cdot PO(OH)_2$ s. Syst. No. 2665 als Schwefel-Analogon von Furan-α-phosphinsäure.

Phytosterine.
Phytosterine s. Syst. No. 4729b. Beispiele: Ergosterin, Sitosterin.

Plumbane.
Siehe: Blei-Verbindungen.

Polypeptide.

Polypeptide sind als funktionelle Derivate von Amino-carbonsäuren eingeordnet. Sind verschiedene Amino-carbonsäuren an dem Aufbau des Polypeptids beteiligt, so erfolgt die Einordnung bei derjenigen Amino-carbonsäure, welche im System die späteste Stelle einnimmt (vgl. S. 31). Beispiele: Glycyl-alanin $H_2N \cdot CH_2 \cdot CO \cdot NH \cdot CH(CH_3) \cdot CO_2H$ s. Syst. No. 365 (Bd. IV, S. 400) unter den Derivaten des Alanins; Leucyl-alanyl-glycin $(CH_3)_2CH \cdot CH_2 \cdot CH(NH_2) \cdot CO \cdot NH \cdot CH(CH_3) \cdot CO \cdot NH \cdot CH_2 \cdot CO_2H$ s. Syst. No. 368 (Bd. IV, S. 450) unter den Derivaten des Leucins.

Proteine.
Proteine s. Syst. No. 4808—4848.

Pseudonitrole.

Pseudonitrole $R \cdot C(NO)(NO_2) \cdot R'$ sind als Nitroso-nitro-Verbindungen unter den Substitutionsprodukten (s. S. 21) der zugehörigen Registrier-Verbindungen $R \cdot CH_2 \cdot R'$ eingeordnet. Beispiele: Butylpseudonitrol $CH_3 \cdot C(NO)(NO_2) \cdot C_2H_5$ s. Syst. No. 10 (Bd. I, S. 124) unter den Derivaten des Butans; Phenäthylpseudonitrol $C_6H_5 \cdot C(NO)(NO_2) \cdot CH_3$ s. Syst. No. 467 (Bd. V, S. 360) unter den Derivaten des Äthylbenzols.

Pseudonitrosite.
Siehe: Nitrosite.

Quecksilber-Verbindungen mit direkter Bindung C—Hg.

Acyclische Quecksilber-Verbindungen s. Syst. No. 440—447 (Bd. IV, S. 678—690) [z. B. Quecksilberdiäthyl $(C_2H_5)_2Hg$, $\beta.\beta'$-Quecksilber-dipropionsäure $Hg(CH_2 \cdot CH_2 \cdot CO_2H)_2$, Hydroxymercuri-essigsäure $HO \cdot Hg \cdot CH_2 \cdot CO_2H$].

Isocyclische Quecksilber-Verbindungen s. Syst. No. 2338—2356 [z. B. Quecksilberdiphenyl $(C_6H_5)_2Hg$, Quecksilber-bis-dimethylanilin $[(CH_3)_2N \cdot C_6H_4]_2Hg$, Phenylquecksilberhydroxyd $C_6H_5 \cdot Hg \cdot OH$].

Heterocyclische Quecksilber-Verbindungen (mit extranuclear gebundenem Hg) s. bei den einzelnen Heteroklassen.

Trimercuriessigsäure $HO \cdot Hg \cdot \left(O{<}{Hg \atop Hg}{>}\right)C \cdot CO_2H$ und Äthanmercarbid $HO \cdot Hg \cdot \left(O{<}{Hg \atop Hg}{>}\right)C \cdot C\left({<}{Hg \atop Hg}{>}O\right) \cdot Hg \cdot OH$ s. Syst. No. 170 (Bd. II, S. 561, 562) unter den Derivaten der Oxalsäure.

Rhodanide.

Rhodanide (Salze) von anorganischen Basen s. bei Rhodanwasserstoff $HS \cdot CN$ (Derivat der Monothiokohlensäure) Syst. No. 215 (Bd. III, S. 149 ff.) (z. B. Ammoniumrhodanid).

Alkyl- und Arylrhodanide $R \cdot S \cdot CN$ sind entweder als Derivate des Rhodanwasserstoffs oder als solche des Mercaptans $R \cdot SH$ (s. d.) eingeordnet, je nachdem Rhodanwasserstoff oder das Mercaptan im System die spätere Stelle einnimmt. Beispiele: Äthylrhodanid $C_2H_5 \cdot S \cdot CN$ s. Syst. No. 215 (Bd. III, S. 175) unter den Derivaten des Rhodanwasserstoffs; Phenylrhodanid $C_6H_5 \cdot S \cdot CN$ s. Syst. No. 524 (Bd. VI, S. 312) unter den Derivaten des Thiophenols.

Säureamide.
Siehe: Amide.

Säureanhydride.

Anhydride von Monocarbonsäuren sind als funktionelle Derivate der zugehörigen Säure eingeordnet. Beispiel: Essigsäure-anhydrid $CH_3 \cdot CO \cdot O \cdot CO \cdot CH_3$ s. Syst. No. 159 (Bd. II, S. 166) unter den Derivaten der Essigsäure.

Anhydride der Form $R \cdot CO \cdot O \cdot CO \cdot R'$ sind als Derivate derjenigen Carbonsäure eingeordnet, die im System die spätere Stelle einnimmt. Beispiel: Essigsäure-benzoesäureanhydrid $C_6H_5 \cdot CO \cdot O \cdot CO \cdot CH_3$ s. Syst. No. 906 (Bd. IX, S. 163) unter den Derivaten der Benzoesäure.

Anhydride aus organischen und anorganischen Säuren sind bei der organischen Säure als funktionelle Derivate eingeordnet. Beispiel: Salpetersäure-benzoesäure-anhydrid (Benzoylnitrat) $C_6H_5 \cdot CO \cdot O \cdot NO_2$ s. Syst. No. 911 (Bd. IX, S. 181) unter den Derivaten der Benzoesäure.

Cyclische Anhydride von Dicarbonsäuren sind unter den heterocyclischen Verbindungen mit 1 cyclisch gebundenen Sauerstoffatom als Dioxo-Verbindungen eingeordnet. Beispiele: Bernsteinsäure-anhydrid $\begin{matrix} H_2C-CO \\ H_2C-CO \end{matrix}{>}O$ s. Syst. No. 2475; Cinchomeronsäure-anhydrid $\underset{N}{\bigcirc}{<}{CO \atop CO}{>}O$ s. Syst. No. 4298.

Säureazide.
Siehe: Azide.

Säureester.
Siehe: Ester.

Säurehaloide.

Haloide von Carbonsäuren, Sulfinsäuren und Sulfonsäuren sind als funktionelle Derivate der zugehörigen Säuren eingeordnet. Beispiele: Acetylfluorid $CH_3 \cdot COF$ s. Syst. No. 159 (Bd. II, S. 172) unter den Derivaten der Essigsäure; Benzoylbromid $C_6H_5 \cdot COBr$ s. Syst. No. 911 (Bd. IX, S. 195) unter den Derivaten der Benzoesäure; Anisoylchlorid $CH_3 \cdot O \cdot C_6H_4 \cdot COCl$ s. Syst. No. 1069 (Bd. X, S. 163) unter den Derivaten der p-Oxy-benzoesäure; Furfuroylchlorid $C_4H_3O \cdot COCl$ s. Syst. No. 2574 unter den Derivaten der Brenzschleimsäure. α-Naphthalinsulfojodid $C_{10}H_7 \cdot SO_2I$ s. Syst. No. 1526 (Bd. XI, S. 157) unter den Derivaten der α-Naphthalinsulfonsäure.

Säurehydrazide.
Siehe: Hydrazide.

Säuren.
Siehe die einzelnen Klassen, z. B. Carbonsäuren, Sulfonsäuren.

Säurenitrile.
Siehe: Nitrile.

Schwefel-Verbindungen.
Siehe auch: Sulfinsäuren, Sulfonsäuren.

Schwefel-Verbindungen, die sich als Analoga von Sauerstoff-Verbindungen auffassen lassen, sind bei diesen eingeordnet, z. B. Thiobenzophenon unter den Derivaten des Benzophenons, Thiophen unter den Derivaten des Furans (s. S. 21, § 20). Vgl. dazu die Artikel Mercaptane, Thioaldehyde, Thioketone, Thiocarbonsäuren, Thiosulfonsäuren.

Seleninsäuren und Selenonsäuren.

Acyclische Seleninsäuren $R \cdot SeO_2H$ und Selenonsäuren $R \cdot SeO_3H$ s. Syst. No. 331 a (Bd. IV, S. 27).

Isocyclische Seleninsäuren und Selenonsäuren s. Syst. No. 1591 a (Bd. XI, S. 422).

Selen-Verbindungen.
Siehe auch: Seleninsäuren, Selenonsäuren.

Die Selen-Verbindungen erfahren systematisch die gleiche Behandlung wie die Schwefel-Verbindungen (s. d.). Beispiele: Äthylselenmercaptan $C_2H_5 \cdot SeH$ s. Syst. No. 23 (Bd. I, S. 349) unter den Derivaten des Äthylalkohols; Selenophenol $C_6H_5 \cdot SeH$ s. Syst. No. 524a (Bd. VI, S. 345) unter den Derivaten des Phenols; Dimethylbenzylselenoniumhydroxyd $C_6H_5 \cdot CH_2 \cdot Se(CH_3)_2 \cdot OH$ s. Syst. No. 528 (Bd. VI, S. 469) unter den Derivaten des Benzylalkohols; p-Tolyl-benzyl-selenid $CH_3 \cdot C_6H_4 \cdot Se \cdot CH_2 \cdot C_6H_5$ s. Syst. No. 528 (Bd. VI, S. 470) unter den Derivaten des Benzylalkohols; Selenobenzamid $C_6H_5 \cdot CSe \cdot NH_2$ s. Syst. No. 940 (Bd. IX, S. 429) unter den Derivaten der Benzoesäure; Selenophen $\begin{smallmatrix} HC:CH \\ HC:CH \end{smallmatrix} \!\!> Se$ s. Syst. No. 2364 unter den Derivaten des Furans.

Semicarbazide und Thiosemicarbazide.

Semicarbazid $H_2N \cdot CO \cdot NH \cdot NH_2$ s. Syst. No. 209 (Bd. III, S. 98) unter den Hydrazin-Derivaten der Kohlensäure. Thiosemicarbazid $H_2N \cdot CS \cdot NH \cdot NH_2$ s. Syst. No. 217 (Bd. III, S. 195) unter den Hydrazin-Derivaten der Monothiokohlensäure.

Durch Alkyl oder Aryl substituierte Semicarbazide der Form $R \cdot NH \cdot CO \cdot NH \cdot NH_2$ sind beim Amin $R \cdot NH_2$ als Kohlensäure-Derivate eingeordnet. Beispiel: 4-Äthyl-thiosemicarbazid $C_2H_5 \cdot NH \cdot CS \cdot NH \cdot NH_2$ s. Syst. No. 336 (Bd. IV, S. 119) unter den Derivaten des Äthylamins.

Durch Alkyl oder Aryl substituierte Semicarbazide der Form $H_2N \cdot CO \cdot N(R) \cdot NH_2$ oder $H_2N \cdot CO \cdot NH \cdot NH \cdot R$ sind beim Hydrazin $R \cdot NH \cdot NH_2$ als Kohlensäure-Derivate eingeordnet. Beispiel: 2-Methyl-semicarbazid $H_2N \cdot CO \cdot N(CH_3) \cdot NH_2$ s. Syst. No. 387 (Bd. IV, S. 549) unter den Derivaten des Methylhydrazins.

Durch Acyl substituierte Semicarbazide der Formen $R \cdot CO \cdot NH \cdot CO \cdot NH \cdot NH_2$ oder $H_2N \cdot CO \cdot N(CO \cdot R) \cdot NH_2$ oder $H_2N \cdot CO \cdot NH \cdot NH \cdot CO \cdot R$ sind entweder als Derivate der Carbonsäure $R \cdot CO_2H$ eingeordnet oder als Derivate des Semicarbazids, je nachdem die Carbonsäure $R \cdot CO_2H$ im System eine spätere oder eine frühere Stelle als Kohlensäure einnimmt. Beispiele: 1-Benzoyl-semicarbazid $H_2N \cdot CO \cdot NH \cdot NH \cdot CO \cdot C_6H_5$ s. Syst. No. 935

(Bd. IX, S. 327) unter den Derivaten der Benzoesäure; 1-Acetyl-semicarbazid $H_2N \cdot CO \cdot NH \cdot NH \cdot CO \cdot CH_3$ s. Syst. No. 209 (Bd. III, S. 115) unter den Derivaten des Semicarbazids; 1-Acetyl-thiosemicarbazid $H_2N \cdot CS \cdot NH \cdot NH \cdot CO \cdot CH_3$ s. Syst. No. 217 (Bd. III, S. 196) unter den Derivaten des Thiosemicarbazids.

Semicarbazone.

Semicarbazone $H_2N \cdot CO \cdot NH \cdot N{:}C(R)(R')$ (R und R' können auch Wasserstoff sein) sind entweder als Derivate der zugehörigen Oxo-Verbindungen $R \cdot CO \cdot R'$ oder als solche des Semicarbazids (Kohlensäureamidhydrazid) eingeordnet, je nachdem die Oxo-Verbindung im System eine spätere oder eine frühere Stelle als Kohlensäure einnimmt. Beispiele: Acetonsemicarbazon $(CH_3)_2C{:}N \cdot NH \cdot CO \cdot NH_2$ s. Syst. No. 209 (Bd. III, S. 101) unter den Derivaten des Semicarbazids; Lävulinsäure-semicarbazon $CH_3 \cdot C({:}N \cdot NH \cdot CO \cdot NH_2) \cdot CH_2 \cdot CH_2 \cdot CO_2H$ s. Syst. No. 281 (Bd. III, S. 675) unter den Derivaten der Lävulinsäure; Benzaldehydsemicarbazon $C_6H_5 \cdot CH{:}N \cdot NH \cdot CO \cdot NH_2$ s. Syst. No. 632 (Bd. VII, S. 229) unter den Derivaten des Benzaldehyds.

Senföle (Thiocarbimide).

Alkyl- und Arylsenföle $R \cdot N{:}CS$ sind beim Amin $R \cdot NH_2$ als Kohlensäure-Derivate eingeordnet. Beispiel: Methylsenföl $CH_3 \cdot N{:}CS$ s. Syst. No. 335 (Bd. IV, S. 77) unter den Derivaten des Methylamins; Phenylsenföl $C_6H_5 \cdot N{:}CS$ s. Syst. No. 1640 (Bd. XII, S. 453) unter den Derivaten des Anilins.

Acylthiocarbimide $R \cdot CO \cdot N{:}CS$ sind entweder als Derivate der Carbonsäure $R \cdot CO_2H$ oder als Derivate der Isothiocyansäure $HN{:}CS$ (Monothiokohlensäureimid) eingeordnet, je nachdem die Carbonsäure $R \cdot CO_2H$ im System eine spätere oder eine frühere Stelle als Kohlensäure einnimmt. Beispiele: Acetylthiocarbimid $CH_3 \cdot CO \cdot N{:}CS$ s. Syst. No. 215 (Bd. III, S. 173) unter den Derivaten der Isothiocyansäure; Benzoylthiocarbimid $C_6H_5 \cdot CO \cdot N{:}CS$ s. Syst. No. 920 (Bd. IX, S. 222) unter den Derivaten der Benzoesäure.

Sesquiterpene.

Sesquiterpene, die sicher acyclisch sind, s. Syst. No. 14 (Bd. I, S. 267).

Sesquiterpene, die sicher cyclisch sind, s. Syst. No. 471 (Bd. V, S. 459—470). Beispiele: Cadinen s. Syst. No. 471 (Bd. V, S. 459); α-Santalen s. Syst. No. 471 (Bd. V, S. 462).

Sesquiterpene, bei denen es ungewiß ist, ob sie acyclisch oder cyclisch sind, sind in der 4. Hauptabteilung (Naturstoffe) zu finden. Beispiele: Galipen s. Syst. No. 4728 (bei Angosturarindenöl); Conimen s. Syst. No. 4745 (bei Harz aus Icica heptaphylla).

Silicium-Verbindungen mit direkter Bindung C—Si.

Acyclische Silicium-Verbindungen s. Syst. No. 419—425 (Bd. IV, S. 625—630) [z. B. Triäthylmonosilan $(C_2H_5)_3SiH$; Äthylmonosilansäure $C_2H_5 \cdot SiO_2H$].

Isocyclische Silicium-Verbindungen s. Syst. No. 2333 [z. B. $(C_6H_5 \cdot CH_2)_2Si(OH)_2$].

Heterocyclische Silicium-Verbindungen (mit extranuclear gebundenem Si) s. bei den einzelnen Heteroklassen.

Stannane usw.

Siehe: Zinn-Verbindungen.

Sterine.

Sterine s. Syst. No. 4729a—4729c. Beispiele: Ergosterin, Cholesterin.

Stibine usw.

Siehe: Antimon-Verbindungen.

Substitutionsprodukte.

Siehe: Halogen- und Nitro-Substitutionsprodukte, Nitroso-Verbindungen, Azide.

Sulfide.

Alkyl- und Arylsulfide $R \cdot S \cdot R$ sind als funktionelle Derivate des zugehörigen Mercaptans $R \cdot SH$ (s. d.) eingeordnet. Beispiele: Dimethylsulfid $(CH_3)_2S$ s. Syst. No. 19 (Bd. I, S. 288) unter den Derivaten des Methylmercaptans; Bis-[β-amino-äthyl]-sulfid $H_2N \cdot CH_2 \cdot CH_2 \cdot S \cdot CH_2 \cdot CH_2 \cdot NH_2$ s. Syst. No. 353 (Bd. IV, S. 287) unter den Derivaten des β-Amino-äthylmercaptans.

Semicarbazone — Sulfonsäuren.

Alkyl- und Arylsulfide der Form $R \cdot S \cdot R'$ sind als Derivate desjenigen Mercaptans ($R \cdot SH$ oder $R' \cdot SH$) eingeordnet, das im System die spätere Stelle einnimmt. Beispiel: Acetonyl-phenyl-sulfid $CH_3 \cdot CO \cdot CH_2 \cdot S \cdot C_6H_5$ s. Syst. No. 524 (Bd. VI, S. 306) unter den Derivaten des Thiophenols.

Acylsulfide $R \cdot CO \cdot S \cdot CO \cdot R$ bezw. $R \cdot CO \cdot S \cdot CO \cdot R'$ sind als Derivate von Monothiocarbonsäuren eingeordnet. Beispiel: Dibenzoylsulfid $C_6H_5 \cdot CO \cdot S \cdot CO \cdot C_6H_5$ s. Syst. No. 939 (Bd. IX, S. 423) unter den Derivaten der Monothiobenzoesäure.

Sulfinide.

Sulfinide sind unter den heterocyclischen Verbindungen mit je 1 cyclisch gebundenen Sauerstoff- und Stickstoffatom als Oxyde der Schwefel-Analoga eingeordnet (vgl. S. 7, § 5; S. 32, § 30). Beispiele: o-Benzoesäuresulfinid (Saccharin) $C_6H_4{<}^{SO_2}_{CO}{>}NH$ s. Syst. No. 4277 im Anschluß an $C_6H_4{<}^{O}_{CO}{>}NH$; Sulfinid der 2-Sulfo-4-methoxy-benzoesäure $CH_3 \cdot O \cdot C_6H_3{<}^{SO_2}_{CO}{>}NH$ s. Syst. No. 4300.

Sulfinsäuren.

Acyclische Sulfinsäuren s. Syst. No. 323 (Bd. IV, S. 1—3) (z. B. Methansulfinsäure).
Isocyclische Sulfinsäuren s. Syst. No. 1505—1513 (Bd. XI, S. 1—22) (z. B. Benzolsulfinsäure).
Heterocyclische Sulfinsäuren s. bei den einzelnen Heteroklassen.

Sulfo-carbonsäuren.

Acyclische Sulfo-carbonsäuren s. Syst. No. 330 (Bd. IV, S. 21—26). Beispiel: Sulfobernsteinsäure $HO_2C \cdot CH_2 \cdot CH(SO_3H) \cdot CO_2H$ s. Syst. No. 330 (Bd. IV, S. 25).
Isocyclische Sulfo-carbonsäuren s. Syst. No. 1583—1590 (Bd. XI, S. 368—421). Beispiele: o-Sulfo-benzoesäure $HO_2C \cdot C_6H_4 \cdot SO_3H$ s. Syst. No. 1585 (Bd. XI, S. 369); Disulfo-salicylsäure $HO_2C \cdot C_6H_2(OH)(SO_3H)_2$ s. Syst. No. 1588 (Bd. XI, S. 413).
Heterocyclische Sulfo-carbonsäuren s. bei den einzelnen Heteroklassen. Beispiel: Sulfocinchoninsäure $HO_2C \cdot C_9H_5N \cdot SO_3H$ s. Syst. No. 3383.

Sulfone.
Siehe auch: Disulfone.

Die Sulfone $R \cdot SO_2 \cdot R$ bezw. $R \cdot SO_2 \cdot R'$ sind im Anschluß an die zugehörigen Sulfide $R \cdot S \cdot R$ bezw. $R \cdot S \cdot R'$ (vgl. S. 32, § 30) bei den Mercaptanen $R \cdot SH$ bezw. $R' \cdot SH$ (s. d.) eingeordnet. Beispiele: Äthyl-isoamyl-sulfon $C_2H_5 \cdot SO_2 \cdot C_5H_{11}$ s. Syst. No. 24 (Bd. I, S. 405) unter den Derivaten des Isoamylmercaptans; Phenyl-[2-oxy-phenyl]-sulfon $C_6H_5 \cdot SO_2 \cdot C_6H_4 \cdot OH$ s. Syst. No. 553 (Bd. VI, S. 793) unter den Derivaten des Monothiobrenzcatechins; Bis-[γ-amino-propyl]-sulfon $(H_2N \cdot CH_2 \cdot CH_2 \cdot CH_2)_2SO_2$ s. Syst. No. 354 (Bd. IV, S. 288) unter den Derivaten des γ-Amino-propylmercaptans.

Sulfonium-Verbindungen.

Sulfonium-Verbindungen $R_3 \cdot S \cdot OH$ sind beim zugehörigen Mercaptan $R \cdot SH$ (s. d.) eingeordnet (vgl. S. 32, § 30); Sulfonium-Verbindungen der Form $(R)(R')(R'')S \cdot OH$ sind entweder bei $R \cdot SH$ oder bei $R' \cdot SH$ oder bei $R'' \cdot SH$ angeordnet, je nachdem, welches dieser 3 Mercaptane im System die späteste Stelle einnimmt. Beispiele: Trimethylsulfoniumhydroxyd $(CH_3)_3S \cdot OH$ s. Syst. No. 19 (Bd I, S. 290) bei Methylmercaptan; Methylisopropylbenzylsulfoniumchlorid $C_6H_5 \cdot CH_2 \cdot S(CH_3)[CH(CH_3)_2]Cl$ s. Syst. No. 528 (Bd. VI, S. 454) bei Benzylmercaptan.

Sulfonsäuren.
Siehe auch: Oxy-sulfonsäuren, Oxo-sulfonsäuren, Sulfo-carbonsäuren, Amino-sulfonsäuren, Azo-sulfonsäuren.

Acyclische Sulfonsäuren s. Syst. No. 324—327 (Bd. IV, S. 4—13) (z. B. Methansulfonsäure).
Isocyclische Sulfonsäuren s. Syst. No. 1514—1544 (Bd. XI, S. 23—231) (z. B. Cyclohexansulfonsäure, Benzoldisulfonsäuren).
Heterocyclische Sulfonsäuren s. bei den einzelnen Heteroklassen. Beispiel: Pyridinsulfonsäuren $C_5H_4N \cdot SO_3H$ s. Syst. No. 3378.

Sulfoxyde.

Die Sulfoxyde $R \cdot SO \cdot R$ bezw. $R \cdot SO \cdot R'$ sind im Anschluß an die zugehörigen Sulfide $R \cdot S \cdot R$ bezw. $R \cdot S \cdot R'$ (vgl. S. 32, § 30) bei den Mercaptanen $R \cdot SH$ bezw. $R' \cdot SH$ (s. d.) eingeordnet. Beispiele: Äthyl-isoamyl-sulfoxyd $C_2H_5 \cdot SO \cdot C_5H_{11}$ s. Syst. No. 24 (Bd. I, S. 405) unter den Derivaten des Isoamylmercaptans; $a.a$-Dinaphthylsulfoxyd $C_{10}H_7 \cdot SO \cdot C_{10}H_7$ s. Syst. No. 537 (Bd. VI, S. 623) unter den Derivaten des Thio-a-naphthols; 1.4-Bis-methylsulfoxydbenzol $C_6H_4(SO \cdot CH_3)_2$ s. Syst. No. 555 (Bd. VI, S. 868) unter den Derivaten des Dithiohydrochinons.

Sultame.

Sultame sind unter den heterocyclischen Verbindungen mit je 1 cyclisch gebundenen Sauerstoff- und Stickstoffatom als Oxyde der Schwefel-Analoga eingeordnet (vgl. S. 7, § 5; S. 32, § 30). Beispiele: Sultam der Naphthylamin-(1)-sulfonsäure-(8) (Naphthsultam) s. Syst. No. 4197 im Anschluß an [HN—O Struktur]; Sultam der Naphthylendiamin-(1.2)-disulfonsäure-(3.8) [HN—SO$_2$ Struktur mit H$_2$N und HO$_3$S] s. Syst. No. 4390.

Sultone.

Sultone sind unter den heterocyclischen Verbindungen mit 2 cyclisch gebundenen Sauerstoffatomen als Oxyde der Schwefel-Analoga eingeordnet (vgl. S. 7, § 5; S. 32, § 30). Beispiele: Sulton der Benzylalkohol-sulfonsäure-(2) $C_6H_4{<}^{SO_2}_{CH_2}{>}O$ s. Syst. No. 2672 im Anschluß an $C_6H_4{<}^{O}_{CH_2}{>}O$; Sulton der Naphthol-(1)-sulfonsäure-(8) (Naphthsulton) [O—SO$_2$ Struktur] s. Syst. No. 2675; Sulton der Naphthol-(1)-disulfonsäure-(3.8) (Naphthsulton-sulfonsäure) [O—SO$_2$ Struktur mit HO$_3$S] s. Syst. No. 2906.

Superoxyde.
Siehe: Peroxyde.

Tellurinsäuren und Telluronsäuren.

Acyclische Tellurinsäuren $R \cdot TeO_2H$ und Telluronsäuren $R \cdot TeO_3H$ s. Syst. No. 331a. Isocyclische Tellurinsäuren und Telluronsäuren s. Syst. No. 1591a.

Tellur-Verbindungen.
Siehe auch: Tellurinsäuren, Telluronsäuren.

Die Tellur-Verbindungen erfahren systematisch die gleiche Behandlung wie die Schwefel- und Selen-Verbindungen (s. d.). Beispiele: Dimethyltellurid $(CH_3)_2Te$ s. Syst. No. 19 (Bd. I, S. 291) unter den Derivaten des Methylalkohols; Diphenyltelluroxyd $(C_6H_5)_2TeO$ s. Syst. No. 524a (Bd. VI, S. 347) unter den Derivaten des Phenols; $a.a$-Dinaphthyltellurid $(C_{10}H_7)_2Te$ s. Syst. No. 537 (Bd. VI, S. 626) unter den Derivaten des a-Naphthols.

Terpene.

Acyclische Terpene s. Syst. No. 13 (Bd. I, S. 264) (z. B. Ocimen, Myrcen).

Cyclische Terpene s. Syst. No. 456—460 (Bd. V, S. 123—165) (z. B. Limonen, Phellandren, Pinen, Camphen, Tricyclen).

Tetrazane.

Acyclische Tetrazane s. Syst. No. 399.

Isocyclische Tetrazane s. Syst. No. 2243—2246 (z. B. $[C_6H_5 \cdot CH:N \cdot N(C_6H_5)—]_2$).

Tetrazene.

Acyclische Tetrazene s. Syst. No. 400 (Bd. IV, S. 579) [z. B. Tetramethyltetrazen $(CH_3)_2\overset{.}{N}\cdot N:N\cdot N(CH_3)_2$].

Isocyclische Tetrazene s. Syst. No. 2247—2250 [z. B. Diphenyltetrazen $C_6H_5\cdot N:N\cdot N(C_6H_5)\cdot NH_2$].

Tetrosen.

Tetrosen s. Syst. No. 124 (Bd. I, S. 855—856) (z. B. Erythrose, Erythrulose).

Thetine.

Thetine sind im Anschluß an ihre Hydratformen, die tertiären Sulfoniumhydroxyde (s. d.), als Anhydride unbekannter Molekulargröße eingeordnet (vgl. S. 6). Beispiele: Dimethylthetin $(CH_3)_2S{<}{\overset{O}{\underset{CH_2}{}}}{>}CO$ als Anhydrid von $(CH_3)_2S(OH)\cdot CH_2\cdot CO_2H$ s. Syst. No. 220 (Bd. III, S. 247) unter den Derivaten der Thioglykolsäure.

Das Thetin $S{<}{\overset{CH_2\cdot CH_2}{\underset{CH_2\cdot CH_2}{}}}{>}S{<}{\overset{O}{\underset{CH_2}{}}}{>}CO$ als Anhydrid von $S{<}{\overset{CH_2\cdot CH_2}{\underset{CH_2\cdot CH_2}{}}}{>}S(OH)\cdot CH_2\cdot CO_2H$ s. Syst. No. 2668 bei Diäthylendisulfid.

Thioaldehyde.

Thioaldehyde sind bei den entsprechenden Aldehyden als Schwefel-Analoga eingeordnet. Beispiele: Thioacetaldehyd $CH_3\cdot CHS$ s. Syst. No. 80 (Bd. I, S. 628); Thiobenzaldehyd $[C_6H_5\cdot CHS]_x$ s. Syst. No. 637 (Bd. VII, S. 266); Thiofurfurol $[C_4H_3O\cdot CHS]_x$ s. Syst. No. 2461.

Polymere Thioaldehyde von bekannter Molekulargröße sind entsprechend ihrer Formel unter den heterocyclischen Verbindungen eingeordnet. Beispiel: Tris-thiobenzaldehyd $C_6H_5\cdot CH{<}{\overset{S-CH(C_6H_5)}{\underset{S-CH(C_6H_5)}{}}}{>}S$ s. Syst. No. 2952.

Thiocarbimide.
Siehe: Senföle.

Thiocarbonsäuren.

Thiocarbonsäuren sind bei den entsprechenden Carbonsäuren als Schwefel-Analoga eingeordnet. Beispiele: Monothioessigsäure $CH_3\cdot COSH$ s. Syst. No. 161 (Bd. II, S. 230); Dithiobenzoesäure $C_6H_5\cdot CS_2H$ s. Syst. No. 940 (Bd. IX, S. 427).

Thioharnstoffe.
Siehe: Harnstoffe.

Thioketone.

Thioketone sind bei den entsprechenden Ketonen als Schwefel-Analoga eingeordnet. Beispiele: Thioaceton $CH_3\cdot CS\cdot CH_3$ s. Syst. No. 86 (Bd. I, S. 662); Thiobenzophenon $C_6H_5\cdot CS\cdot C_6H_5$ s. Syst. No. 652 (Bd. VII, S. 429); Thioacridon $C_6H_4{<}{\overset{CS}{\underset{NH}{}}}{>}C_6H_4$ s. Syst. No. 3187.

Thiophenole.
Siehe: Mercaptane.

Thiosäuren.
Siehe: Thiocarbonsäuren, Thiosulfonsäuren.

Thiosemicarbazide.
Siehe: Semicarbazide.

Thiosulfonsäuren.

Thiosulfonsäuren $R\cdot SO_2\cdot SH$ sind als Schwefel-Analoga der entsprechenden Sulfonsäuren $R\cdot SO_2\cdot OH$ eingeordnet. Beispiele: Äthanthiosulfonsäure $C_2H_5\cdot SO_2\cdot SH$ s. Syst. No. 325 (Bd. IV, S. 7) unter den Derivaten der Äthansulfonsäure; p-Anisolthiosulfonsäure $CH_3\cdot O\cdot C_6H_4\cdot SO_2\cdot SH$ s. Syst. No. 1551 (Bd. XI, S. 249) unter den Derivaten der p-Phenolsulfonsäure.

Die sogenannten Thiosulfonsäuren $R \cdot S \cdot SO_3H$ sind als Schwefelsäure-Derivate von Mercaptanen $R \cdot SH$ (s. d.) eingeordnet. Beispiel: „Hydrochinon-bis-thiosulfonsäure" $C_6H_2(OH)_2(S \cdot SO_3H)_2$ s. Syst. No. 593 (Bd. VI, S. 1158) unter den Derivaten des entsprechenden Dioxy-dimercapto-benzols.

Thio-Verbindungen.
Siehe auch den Artikel Schwefel-Verbindungen.

Triazane.
Acyclische Triazane s. Syst. No. 396.

Isocyclische Triazane s. Syst. No. 2222—2225 [z. B. Benzal-formyl-phenyltriazan $C_6H_5 \cdot CH:N \cdot N(C_6H_5) \cdot NH \cdot CHO$].

Triazene.
Acyclische Triazene s. Syst. No. 397 (Bd. IV, S. 578) (z. B. Dimethyltriazen $CH_3 \cdot N : N \cdot NH \cdot CH_3$).

Isocyclische Triazene s. Syst. No. 2226—2238 (z. B. Phenyltriazen $C_6H_5 \cdot N:N \cdot NH_2$, Diazoaminobenzol $C_6H_5 \cdot N:N \cdot NH \cdot C_6H_5$).

Triazo-Verbindungen.
Siehe: Azide.

Ureide.
Siehe: Harnstoffe.

Urethane.
Siehe: Carbamidsäureester.

Wismut-Verbindungen mit direkter Bindung C—Bi.
Acyclische Wismut-Verbindungen s. Syst. No. 418 (Bd. IV, S. 622—624) [z. B. Trimethylbismutin $(CH_3)_3Bi$; Äthylwismutdichlorid $C_2H_5 \cdot BiCl_2$].

Isocyclische Wismut-Verbindungen s. Syst. No. 2332 [z. B. Diphenylwismutjodid $(C_6H_5)_2BiI$].

Heterocyclische Wismut-Verbindungen (mit extranuclear gebundenem Bi) s. bei den einzelnen Heteroklassen.

Zink-Verbindungen mit direkter Bindung C—Zn.
Acyclische Zink-Verbindungen s. Syst. No. 438 (Bd. IV, S. 671—677) [z. B. Zinkdiäthyl $(C_2H_5)_2Zn$, Äthylzinkjodid $C_2H_5 \cdot ZnI$].

Isocyclische Zink-Verbindungen s. Syst. No. 2337a.

Heterocyclische Zink-Verbindungen (mit extranuclear gebundenem Zn) s. bei den einzelnen Heteroklassen.

Zinn-Verbindungen mit direkter Bindung C—Sn.
Acyclische Zinn-Verbindungen s. Syst. No. 427—432 (Bd. IV, S. 631—638) [z. B. Tetraäthylstannan $(C_2H_5)_4Sn$; Dimethylstannon $(CH_3)_2SnO$, Methylstannonsäure $CH_3 \cdot SnO \cdot OH$].

Isocyclische Zinn-Verbindungen s. Syst. No. 2334 (z. B. Tetraphenylstannan).

Heterocyclische Zinn-Verbindungen (mit extranuclear gebundenem Sn) s. bei den einzelnen Heteroklassen.

Zuckerarten.
Siehe: Kohlenhydrate.

VERLAG VON JULIUS SPRINGER / BERLIN

Beilsteins Handbuch der organischen Chemie

Vierte Auflage.

Die Literatur bis 1. Januar 1910 umfassend.

Herausgegeben von der

Deutschen Chemischen Gesellschaft.

Bearbeitet von

Bernhard Prager, Paul Jacobsohn †, Paul Schmidt und Dora Stern.

Bisher liegen vor:

Erster Band: Leitsätze für die systematische Anordnung. Acyclische Kohlenwasserstoffe. Oxy- und Oxo-Verbindungen. XXXV, 983 Seiten. 1918. Geb. RM 128.—

Zweiter Band: Acyclische Monocarbonsäuren und Polycarbonsäuren. VIII, 920 Seiten 1920. Geb. RM 116.—

Dritter Band: Acyclische Oxy-Carbonsäuren und Oxo-Carbonsäuren. X, 938 Seiten. 1921. Geb. RM 118.—

Vierter Band: Acyclische Sulfinsäuren und Sulfonsäuren. Acyclische Amine, Hydroxylamine, Hydrazine und weitere Verbindungen mit Stickstoff-Funktionen. Acyclische C-Phosphor-, C-Arsen-, C-Antimon-, C-Wismut-, C-Silicium-Verbindungen und metallorganische Verbindungen. XVI, 734 Seiten. 1922. Geb. RM 94.—

Fünfter Band: Cyclische Kohlenwasserstoffe. VI, 796 Seiten. 1922. Geb. RM 100.—

Sechster Band: Isocyclische Oxy-Verbindungen. X, 1285 Seiten. 1923. Geb. RM 162.—

Siebenter Band: Isocyclische Monooxo-Verbindungen und Polyoxo-Verbindungen. VIII, 955 Seiten. 1925. Geb. RM 128.—

Achter Band: Isocyclische Oxy-Oxo-Verbindungen. VIII, 616 Seiten. 1925. Geb. RM 80.—

Neunter Band: Isocyclische Monocarbonsäuren und Polycarbonsäuren. XI, 1063 Seiten. 1926. Geb. RM 160.—

Zehnter Band: Isocyclische Oxy-Carbonsäuren und Oxo-Carbonsäuren.. XII, 1124 Seiten. 1927. Geb. RM 164.—

Elfter Band: Isocyclische Reihe. Mono- und Polysulfinsäuren, Oxy- und Oxo-Sulfinsäuren, Sulfinsäuren der Carbonsäuren, Mono- und Polysulfonsäuren, Oxy- und Oxo-Sulfonsäuren, Sulfonsäuren der Carbonsäuren und der Sulfinsäuren. Selenin- und Selenonsäuren. IX, 443 Seiten. 1928. Geb. RM 90.—

Von dem etwa 15 Bände umfassenden Ergänzungswerk liegt bisher vor:

Erster Band: Als Ergänzung des ersten Bandes des Hauptwerkes. XIV, 492 Seiten. 1928. Geb. RM 76.—

VERLAG VON JULIUS SPRINGER / BERLIN

Untersuchungen über Enzyme. Von Geh.-Rat Professor Dr. **Richard Willstätter,** München, in Gemeinschaft mit Wolfgang Graßmann, Heinrich Kraut, Richard Kuhn, Ernst Waldschmidt-Leitz und mit O. Ambros, E. Bamann, E. Bauer, E. Berner, W. Csányi (Halden), W. Deutsch, W. Duisberg, S. Duñaiturria, H. Dyckerhoff, F. Eichhorn, O. Erbacher, W. Fremery, G. E. v. Grundherr, W. Haag, A. Harteneck, F. Haurowitz, H. Heiß, A. R. F. Hesse, H. Kumagawa, G. Künstner, O. Lind, K. Linderström-Lang, K. Lobinger, Ch. D. Lowry jr., A. Madinaveitia, F. Memmen, G. Oppenheimer, H. Persiel, W. Petrou, A. Pollinger, F. Racke, K. Riehmann †, H. Rubenbauer, A. Schäffner, K. Schneider, G. Schudel †, H. Sobotka, W. Steibelt, A. Stoll, J. Waldschmidt-Graser, W. Wassermann, H. Weber, E. Wenzel.
In zwei Bänden. Mit 183 Abbildungen. XXVII, 1775 Seiten. 1928. Beide Bände werden nur zusammen abgegeben. RM 124.—, in Halbfranz geb. RM 138.—

Die Sammlung veranschaulicht die Art und Weise der Arbeit in einem deutschen Hochschulinstitut, das Zusammenwirken des Lehrers mit den Schülern, das Heranreifen der Schüler zu Selbständigkeit und führenden Leistungen. Die Niederschrift und Ausarbeitung seiner Abhandlungen ist in der Regel vom Herausgeber gemeinsam mit seinen Mitarbeitern besorgt worden. Bei den hier gesammelten Arbeiten handelt es sich bei der überwiegenden Zahl um Abhandlungen, die bereits an verschiedenen Orten zum Abdruck gelangt sind. Der größte Teil der vorliegenden Untersuchungen stammt aus den Jahren 1919—1925.

Der Inhalt des Buches besteht in Beobachtungen über die Freilegung von Enzymen aus der Zelle z. B. eines Pilzes, in Methoden für die Bestimmung und die Isolierung der Enzyme, für die Steigerung der enzymatischen Konzentrationen, namentlich durch Verfahren der Adsorption, und in Ergebnissen über die Spezifität der Enzyme, im besonderen der Carbohydrasen, der Proteasen und Lipasen. Die Adsorptionsmethodik ist so weit entwickelt worden, daß quantitative Trennungen von einander nahestehenden Enzymen sowie von Enzymen und Aktivatoren oder Hemmungskörpern gelingen.

Ⓑ **Neue Methoden und Ergebnisse der Enzymforschung.**
Enzymchemische Untersuchungen aus dem Laboratorium R. Willstätters. Von Dr. **W. Graßmann,** München. (Sonderausgabe aus „Ergebnisse der Physiologie", Band 27.) Mit 10 Abbildungen im Text. IV, 146 Seiten. 1928. RM 12.60

Ⓑ **Chemie der Enzyme.** Von Professor Dr. **Hans v. Euler,** Stockholm.
In drei Teilen.
I. Teil: Allgemeine Chemie der Enzyme. Dritte, nach schwedischen Vorlesungen vollständig umgearbeitete Auflage. Mit 50 Textabbildungen und 1 Tafel. XII, 422 Seiten. 1925. RM 25.50, geb. RM 28.—
II. Teil: Spezielle Chemie der Enzyme. 1. Abschnitt: Die hydrolysierenden Enzyme der Ester, Kohlenhydrate und Glukoside. Bearbeitet von Hans v. Euler, K. Josephson, K. Myrbäck und K. Sjöberg. Dritte, umgearbeitete Auflage. Mit 65 Abbildungen im Text. X, 472 Seiten. 1928. RM 39.60
II. Teil: Spezielle Chemie der Enzyme. 2. Abschnitt: Die hydrolysierenden Enzyme der Nucleinsäuren, Amide, Peptide und Proteine. Bearbeitet von Hans v. Euler und Karl Myrbäck. Zweite und dritte, nach schwedischen Vorlesungen vollständig umgearbeitete Auflage. Mit 47 Textfiguren. Autoren-Verzeichnis zum 1. und 2. Abschnitt. IX, Seite 313—624. 1927. RM 24.—

Ⓑ bezeichnet die Werke der Verlagsbuchhandlung J. F. Bergmann, München.

If you have any concerns about our products,
you can contact us on
ProductSafety@springernature.com

In case Publisher is established outside the EU,
the EU authorized representative is:
**Springer Nature Customer Service Center GmbH
Europaplatz 3, 69115 Heidelberg, Germany**

Printed by Libri Plureos GmbH
in Hamburg, Germany